透明质酸研究与应用

郭学平　赵　燕　主编

科学出版社
北　京

内 容 简 介

本书全面系统地介绍了透明质酸的基础研究和应用开发。全书共20章，内容涵盖了透明质酸的发现历程、应用简史、基本性质及其在人体内的代谢和生理作用。书中详细探讨了透明质酸及其低分子质量和寡聚形式的生产方法，以及透明质酸的交联和修饰技术。此外，本书还深入分析了透明质酸在多个领域的广泛应用，包括医疗美容、眼科、骨科、口腔科、耳鼻喉科、伤口愈合和术后防粘连、药物载体、组织工程与再生医学、肿瘤治疗、生殖医学和泌尿学、个人护理品、食品以及其他新兴领域。最后，书中还介绍了透明质酸产品的相关质量标准和检测方法。

本书主要为从事医药、整形美容、化妆品及日用品研发的企业、科研院所相关技术人员提供透明质酸相关的技术信息和应用信息，也可供从事透明质酸基础研究和应用研究的科技工作者和高校师生阅读参考。

图书在版编目 (CIP) 数据

透明质酸研究与应用 / 郭学平，赵燕主编. -- 北京 ：科学出版社，2025. 3. -- ISBN 978-7-03-081268-1

Ⅰ. Q538

中国国家版本馆 CIP 数据核字第 2025CU6300 号

责任编辑：王　静　刘　晶 / 责任校对：杨　赛
责任印制：肖　兴 / 封面设计：无极书装

科学出版社 出版
北京东黄城根北街 16 号
邮政编码: 100717
http://www.sciencep.com
涿州市般润文化传播有限公司印刷
科学出版社发行　各地新华书店经销
*
2025 年 3 月第　一　版　开本：720×1000　1/16
2025 年 3 月第一次印刷　印张：28 3/4
字数：600 000

定价：268.00 元

（如有印装质量问题，我社负责调换）

《透明质酸研究与应用》
编委会名单

主　编　郭学平　赵　燕

副主编　刘文庆　赵　娜　朱环宇

编　委（按姓氏笔画排序）

王玉玲　王秀娟　王海英
石艳丽　乔莉苹　刘建建
李　超　李　霞　宋永民
张　燕　张晓鸥　陈玉娟
栾贻宏　黄思玲　阚洪玲
穆淑娥

主　审　王凤山

主编简介

郭学平，男，汉族，1965 年 1 月生，山东新泰人，山东大学微生物与生化药学博士，研究员，曾任山东省生物药物研究院副主任、主任、副院长，华熙生物科技股份有限公司副总经理、首席科学家。现任华熙唐安生物科技（山东）有限公司董事长，兼任山东大学特聘教授、博士生导师，中国生物材料学会理事，中国生物化学与分子生物学会工业专业分会常务委员，中国药学会生化与生物技术药物专业委员会委员，中国生物发酵产业协会副理事长，中国整形美容协会新技术与新材料分会常务理事、副会长，《药物生物技术》杂志编委等职。曾获国家科学技术进步奖二等奖、吴阶平-保罗•杨森医药研究奖、中国专利金奖、山东省科学技术进步奖一等奖等科技奖项。被评为享受国务院特殊津贴专家、泰山产业领军人才、山东省有突出贡献的中青年专家。

专注于透明质酸（简称 HA）研究 38 年，实现了 HA 产业技术革新，形成了国际领先的 HA 生物合成技术体系和结构修饰技术体系。国内首创发酵法生产 HA，并成功实现 HA 发酵产业化，结束了中国鸡冠提取法生产 HA 的落后局面，带领研发团队经过十几年的不懈努力，持续精进，助力华熙生物成为全球 HA 领军企业，引领中国 HA 发酵产业占据全球市场 80%以上份额；全球首次实现 HA 裂解酶和酶切寡聚 HA 的规模化发酵法生产，取代了传统的化学降解法，不同分子量的精准控制使得产品具有更广泛的应用；主持开发的注射用修饰透明质酸钠凝胶（润百颜®）是国内首个获 CFDA 批准的软组织填充剂，填补了国内空白；在国内率先采用终端湿热灭菌技术生产骨科用关节注射液，无菌保障水平提高 1000 倍，被国家药监局推广为行业标准灭菌方式。先后承担了国家“八五”、“九五”科技攻关计划、国家火炬计划、国家重点研发计划、山东省重大科技攻关计划、山东省重点研发计划等科研项目二十余项。主持或参与起草了 4 项 HA 相关国家行业标准，拥有国内外授权专利 400 余项，发表论文 170 余篇，参编专著 8 部。带领团队自主研究开发多个 HA 下游终端产品，包括国家二类新药 1 个、注射级原料药 1 个、药用辅料 1 个、III 类医疗器械 8 个、II 类医疗器械 17 个。

赵燕，女，华熙生物科技股份有限公司董事长兼总裁，硕士学位。

21世纪是生物学的世纪。2000年，赵燕女士接触微生物发酵领域，对细胞工厂生产各种生物活性物产生浓厚兴趣，并投资以微生物发酵HA为核心的华熙生物，此后带领企业快速发展。目前，华熙生物已成为全球领先、以合成生物科技为驱动、以细胞工厂为载体的生物科技公司和生物材料公司，其通过生物制造生产的透明质酸市场规模及占有率居世界第一。

全球透明质酸产业迄今为止共发生过四次产业革命，赵燕女士领导华熙生物通过技术创新引领了其中的三次——微生物发酵规模化生产透明质酸、酶切法制备寡聚透明质酸、合成生物技术生产透明质酸，将透明质酸应用领域扩大至千行百业，如组织工程、计生、胃肠、口腔、靶向药、洗护、纺织、彩妆、用纸等，参与起草和编制多项国家标准，多次填补行业空白，成为行业的开拓者和引领者，树立并夯实中国在全球透明质酸领域的龙头地位。

赵燕女士前瞻性地引领企业战略布局“合成生物”，华熙生物目前已成为全球领先的合成生物全产业链平台企业，以合成生物技术支撑生物制造，并打通产学研，搭建全球最大的中试成果转换平台，大力推动科研成果的产业转化和市场转化，以绿色制造助力国家“双碳”战略落地；同时成立国内首支合成生物CVC基金，发挥企业创新主体作用和龙头效应，赋能合成生物支撑的生物制造产业发展升级。

赵燕女士也是华熙国际投资集团创始人、董事长。华熙国际成立于1989年，已发展成为一家集投资、运营及实体产业发展于一体的大型综合性集团公司，投资建设了北京华熙LIVE•五棵松等项目。

赵燕女士秉承“健康、美丽、快乐”的目标和宗旨，重视可持续发展，并积极承担社会责任，创立了民办公益性的时代美术馆，以及关注中国原生态文化的“云中公益”项目，不断通过华熙的力量和平台，造福社会、回馈人民。

2022年3月，赵燕女士荣获2021年度“全国三八红旗手”称号。

2024年3月，赵燕女士荣登“2024福布斯中国杰出商界女性100”榜单。

序

经过几年的辛苦编撰，郭学平博士和赵燕女士主编的《透明质酸研究与应用》一书终于要面世了，这是一本篇幅约六十万字的学术著作，系统梳理了透明质酸科学研究的历史脉络，凝练了该领域基础研究与应用开发的重要成果，并综述了近年来透明质酸领域的学术前沿动态。承蒙主编信任，得以执笔作序，深感荣幸之至。

透明质酸自被发现以来，已有近百年的历史。最初它并不为人所熟知，在一代又一代研究者对透明质酸的结构、功能、生理作用、应用等方面的持续研究和努力下，伴随着科学技术的发展进步，才成就了近三四十年透明质酸研究和应用从医疗领域向医美、化妆品、食品等领域纵深拓展，成为生物多糖研究与开发的热点，同时也使透明质酸成为千家万户的消费热点。

我与该书主编之一郭学平博士的相识可追溯至 20 世纪 80 年代初的山东医科大学（现山东大学齐鲁医学院）。我们先后师从我国著名生化药物研究先驱张天民教授（1928—2014），在其指导下完成了研究生学业。张天民教授作为我国杰出的生化药学家，毕生致力于生化与生物技术药物的研发及人才培养工作，成功主导了透明质酸、肝素、低分子肝素等多糖类药物的研发，为我国药学科技事业的发展作出了卓越贡献。郭学平博士秉承师志，在近四十年的职业生涯中，他深耕透明质酸研究与应用领域，以几十年的时间长度倾注精力与热情，深度挖掘透明质酸的生物合成与产业潜能，广泛拓展透明质酸的应用领域。1990 年，他在国内最先开展微生物发酵法生产透明质酸并取得技术突破，受到中国生物技术发展中心的重视，先后列入国家“八五”和“九五”科技攻关计划项目。最值得关注的是，项目完成后成功地实现产业化，以生物发酵技术为基础建立的企业——华熙生物科技股份有限公司（原福瑞达生物化工有限公司），经过二十余年的不懈努力，已成为全球市场占有率最高的透明质酸生产企业，推动中国成为全球透明质酸研发与生产的领跑者。郭学平博士带领科研团队，始终强调基础研究与应用创新的协同，将透明质酸应用从医药、化妆品领域拓展至食品、口腔护理等领域，并创造性地采用高活性酶解技术制备低分子量和寡聚透明质酸，进一步拓展了透明质酸的应用范围；同时，他们还参与了多项透明质酸标准的起草和编制工作。

该书内容涵盖了近二十年来透明质酸研究和应用的热点领域的重要进展，

资料丰富，内容翔实，引文众多。尤其是产品应用方面的实例，更是可以给透明质酸研究和应用的科研人员提供不可多得的参考与启迪。

科技进步正以前所未有的速度改变着我们的生活。曾经“曲高和寡”的透明质酸，如今已通过多元化的产品形态走进千家万户，切实提升了人们的生活品质。展望未来，在互联网、合成生物学、人工智能等创新技术的驱动下，透明质酸行业必将迎来更广阔的发展空间。该书的出版，不仅是对过去百年研究的系统总结，更是开启新篇章的重要里程碑，必将为透明质酸领域的科研工作者提供不可或缺的参考与指引。

王凤山

2025 年 1 月于山东大学齐鲁医学院

前　言

透明质酸（hyaluronic acid，HA）是一种天然高分子多糖，广泛存在于人和动物体内，具有优异的保水性、润滑性、黏弹性、生物相容性及可生物降解性。自1934年被发现以来，HA在医药、日化等领域的应用研究不断深入。20世纪80年代后，发酵法制备逐渐取代传统提取法，显著降低了HA的生产成本，提高了产量，提升了HA原料的可及性，为其下游应用范围的扩展，提供了坚实的物质基础。同时，HA衍生物及低分子量HA和寡聚HA的开发进一步拓展了其应用领域。

目前，HA已广泛应用于医药、医疗美容、个人护理品、食品等领域。随着再生医学和生殖医学的发展，HA作为天然生物聚合物材料，在这些领域也得到了应用。此外，HA在纺织、造纸、宠物等新兴领域也逐渐崭露头角，显示出其应用的深度和广度在不断扩展。2021年，全球HA市场销量达720t，中国已成为HA原料的第一生产大国。

本书主编在中国最早开始HA的发酵生产研究，结合近四十年的研发和产业化实践，全面总结了HA在国外和国内的基础研究和应用研究现状。全书共20章，内容系统全面。第1章和第2章重点介绍了HA的发现历程、应用简史及其基本性质。第3章和第4章详细阐述了HA在人体内的代谢过程和生理作用，为HA的应用提供了理论基础。第5章至第7章主要探讨了HA、低分子量HA及寡聚HA的生产工艺，以及HA的交联和修饰技术，这些内容构成了HA应用的物质基础。第8章至第19章分别介绍了HA在不同领域的广泛应用：在医药领域，HA的应用尤为广泛，例如在医疗美容中用于制备真皮填充剂和水光注射剂；在眼科领域，HA常用于滴眼液和眼科黏弹剂；在骨科领域，HA注射液主要用于骨关节炎的治疗和症状缓解；此外，HA制备的医疗产品还可用于术后防粘连以及作为伤口敷料，具有防止感染和促进愈合的作用。在化妆品领域，HA作为重要的保湿剂广受欢迎，而部分HA衍生物还具备保湿以外的其他功能。同时，HA也是一种功能食品原料，具有独特的营养价值，能够改善皮肤衰老和关节功能。HA在一些新兴日化领域也逐渐得到应用。第20章则重点介绍了HA产品的质量标准及相关检测方法。

本书的编写团队成员均来自华熙生物科技股份有限公司（华熙生物），具有丰富的研发、质量和生产管理经验，书中内容紧密结合实际工作，并对行业现状进行了系统总结。衷心感谢编写团队所有成员的辛勤付出，同时感谢华熙生物对本书编写与出版的大力支持。科学研究和新产品研发日新月异，相关文献和信息不断更新。由于编者视野和专业水平局限，书中难免存在疏漏和不足之处，恳请读者批评指正。

编　者

2024年12月

目　录

第 1 章　透明质酸的发现及应用简史

透明质酸（hyaluronic acid，HA）又名玻璃酸、玻尿酸，是 D-葡萄糖醛酸和 *N*-乙酰氨基葡萄糖为双糖单位组成的天然高分子多糖，广泛存在于人和动物体内，主要分布于关节腔滑液、眼玻璃体、皮肤、脐带，少量分布于血液、肌肉、心、脑、肝、脾、肾、肠等。HA 具有良好的保水性、润滑性、黏弹性、可生物降解性及生物相容性等，是最理想的保湿剂和生物医学材料之一，在医药、化妆品和营养保健品领域有着广泛的应用。HA 的发现、生产和应用经历了长达一百多年的历史，其间有许多做出巨大贡献的人物，也有许多趣闻轶事。进入 21 世纪之后，HA 在医学美容、化妆品及功能性食品方面的广泛应用使其成为消费领域的网红产品。健康和美丽一直都是人们永恒的追求，而随着社会的发展和生活水平的提高，人们追求健康和美丽的途径也在不断拓宽。医学美容可以从根本上改善面部的皮肤状态，使用护肤品可延缓皮肤的衰老，而服用各种保健食品可补充人体缺失的营养物质、维护人体健康。以上提到的途径中都有 HA 的身影。此外，在一些疾病如骨关节炎、眼部疾病的治疗及手术后护理过程中，HA 也发挥着不可替代的作用。

本章对 HA 的研究及应用历史进行了简述，便于人们对 HA 研究与应用的发展脉络有一个整体了解。

1.1　透明质酸的发现

1880 年，法国科学家 Portes 在对家兔的眼玻璃体进行显微观察时发现，玻璃体内部并没有细胞，而是由一种特殊的黏性物质组成，这种物质与稀乙酸反应可生成沉淀，Portes 称之为“hyalomucine”（透明黏蛋白），这可能是书面记载中关于 HA 最早的研究。此后，多位研究者也发表了类似的结果，其中有文章提出这种物质的硫含量显著低于“cornea mucoid”（角膜类黏蛋白），应该是不同的物质（Balazs and Jeanloz，1965）。基于这些研究结果，1918 年，Levene 和 Lópezsuárez 以牛玻璃体为原料，采用氢氧化钠（3%）处理、碱式乙酸铅沉淀，随后用乙酸和乙醇洗涤，最终制备出一种新的多糖，该多糖与他们从脐带中制备的多糖一样，经水解后检测到一个乙酰基对应一个葡萄糖胺、一个葡萄糖醛酸和一个硫酸根，他们将其命名为“mucoitin-sulfuric acid”（硫酸黏液素），而这实际上是含有硫酸盐杂质的 HA。这两位科学家没有意识到这是一种未被发现的多糖，遗憾地与 HA 的发现失之交臂。

目前公认的 HA 发现者是 Karl Meyer（图 1-1）。1934 年，Karl Meyer 从牛眼玻璃体（bovine vitreous body）中分离出一种含有糖醛酸（uronic acid）和氨基糖的大分子多糖，根据其玻璃体来源和糖醛酸成分，将其命名为“hyaluronic acid”。其中，“hyal-”来源于希腊语中的“hyalos（透明的，玻璃状的）”；“-uronic acid”即指糖醛酸，“hyaluronic acid”翻译成中文即“透明质酸”或“玻璃酸”。中国台湾地区将“hyaluronic acid”翻译为“玻尿酸”，可能是将“-uronic acid”误译为“尿酸”所致，但“玻尿酸”一词却在美容消费领域广泛流行，其家喻户晓程度远远超过了“透明质酸”或“玻璃酸”。此后十余年间，Karl Meyer 及其所在实验室的研究人员又先后从牛的关节滑液、人脐带和牛角膜组织中提取获得 HA，也有其他研究报道微生物、人类和动物的组织、器官、肿瘤中存在 HA（Laurent and Fraser，1992）。

图 1-1　HA 的发现者 Karl Meyer（1899—1990）

1937 年，Kendall 等从 3 种 A 群溶血性链球菌的培养液中分离出 HA，这是从微生物中发现 HA 的最早记录。虽然 A 群溶血性链球菌是一种致病性链球菌，但这一发现为以后的发酵法生产 HA 提供了最初的研究基础。

1940 年，Karl Meyer 建立了从肺炎链球菌中提取透明质酸酶的方法，利用这一方法，他还从 A 群溶血性链球菌、韦氏梭菌和牛脾脏中获得了透明质酸酶。20 世纪 50 年代，Karl Meyer 以透明质酸酶为工具，先后分离获得了 HA 二糖和 HA 寡糖，并对其组成和性质进行了研究，根据所获得的信息推断出完整聚合物的结构。如图 1-2 所示，HA 是由双糖组成的长链聚合物，由 D-葡萄糖醛酸和 *N*-乙酰氨基葡萄糖通过 β-1,4 和 β-1,3 糖苷键连接。相关研究在国际知名科学期刊 *Nature* 上发表（Rapport et al.，1951）。

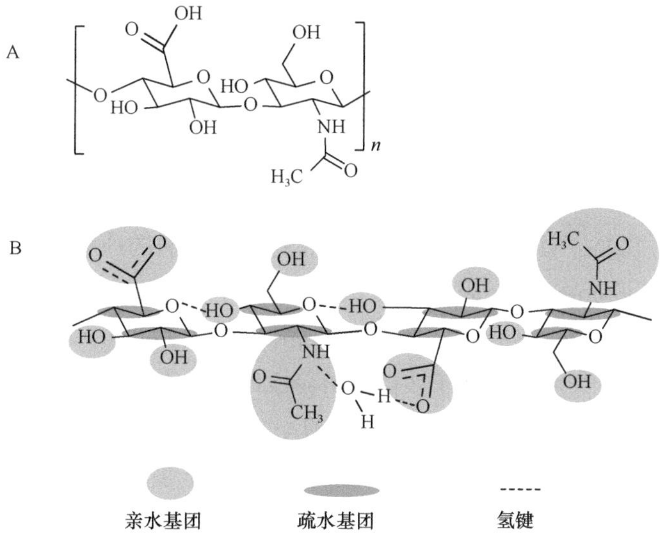

图 1-2 HA 的双糖单元和四糖单元结构（Fallacara et al.，2018）

A. HA 双糖单元；B. HA 四糖单元

1.2 透明质酸的应用研究

Endre A. Balazs 是 HA 应用研究的先驱（图 1-3）。1937 年，Balazs 进入布达佩斯大学学习，师从 Tivadar Huzella 教授研究植物果胶。但是，Balazs 对动物细胞间基质及其组成成分的研究更感兴趣。他认为动物细胞间基质可能也存在着类似果胶的多糖成分，而在拜读过 Karl Meyer 的论文后，他的这一想法更为坚定。在确定牛关节滑液中存在着类似果胶的多糖后，Balazs 于 1941 年申请了“利用奶牛膝关节分泌物来代替蛋清进行烘焙的方法”的专利。虽然这个专利并未得到实际应用，但这似乎说明，与其他科学家相比，Balazs 更关注 HA 的实际应用（Hargittai and Hargittai，2003）。

图 1-3 HA 应用研究之父 Endre A. Balazs（1920—2015）

1942 年，Balazs 首次提出 HA 可作为治疗关节疾病的药物，为日后的“黏弹性补充疗法”（visco-supplementation）奠定了基础（Balazs，1974）。

1947 年 7 月，Balazs 参加在斯德哥尔摩举行的第六届国际实验细胞学大会，在会上做了题为“细胞外大分子多糖对培养成纤维细胞的发育和生长的影响”的演讲，主要介绍了糖胺聚糖中的一种——HA。此次演讲内容非常受欢迎，Balazs 收到了很多机构的邀请，最终决定去斯德哥尔摩卡罗林斯卡学院（Karolinska Institute，KI）实验组织学系做访问研究员。在这里，他结识了当时还是学生的 Torvard C. Laurent（图 1-4）并指导了他的研究工作。Laurent 在 Balazs 的指导下开展了 HA 的相关研究，发现从人脐带中提取 HA 时，提取液的 pH 和盐浓度会影响产物的黏度，而 HA 溶液经紫外线照射后，黏度会大大降低，暗示 HA 能消除自由基；另外，研究还发现硫酸化 HA 能够抑制酶的活性并影响细胞生长。

1951 年，Balazs 移居美国，在波士顿 Retina 基金会从事管理工作。在他的领导下，Retina 基金会的研究所对各种动物的眼玻璃体及其中所含的 HA 进行了充分研究，此后又进一步扩展到对关节滑液中 HA 的研究。这些研究使得 Balazs 坚信 HA 可以在眼科手术和关节炎治疗中发挥巨大作用。

在 Balazs 去美国开展研究时，Laurent 则选择留在瑞典继续学习。然而，对 HA 研究共同的浓厚兴趣使两人很快再续前缘。1953～1954 年，Laurent 远赴美国加入 Balazs 所在的 Retina 基金会，参与对眼玻璃体 HA 的研究。回到瑞典后，他采用 X 射线衍射和光散射技术研究 HA 的空间结构，确定 HA 的平均分子量及其在溶液中的随机线团结构。Laurent 实验推导出的 HA 特性黏数与分子量之间的经验公式，至今仍是经典的 HA 分子量测定方法。

图 1-4　HA 研究的先驱——Torvard C. Laurent（1930—2009）

1.2.1　透明质酸在化妆品领域应用的兴起

HA 用于化妆品起源于一个戏剧性事件。1974 年，时尚杂志 *Vogue* 发表了一篇文章，声称卷心菜（cabbage）中含有大量的 HA（图 1-5），具有很好的美容作用。

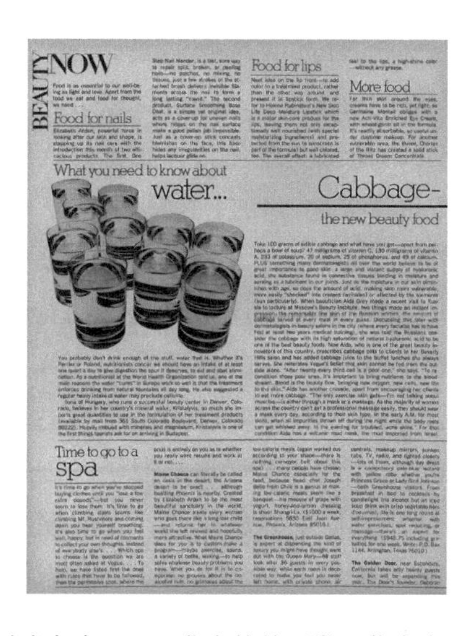

BEAUTY NOW

Food for nails

Food for lips

More food

What you need to know about water...

Cabbage—

the new beauty food

Time to go to a spa

图 1-5　时尚杂志 *Vogue* 发表的关于卷心菜中含 HA 的文章

Balazs 看到后简直不相信自己的眼睛——以他的认知，HA 不会存在于任何植物中。为了阻断这种谬论的传播，Balazs 找到该篇文章的作者，本来只是想纠正其文章中的错误，但交谈中却把话题神奇地转换到共同合作，用真正的 HA 来做化妆品，最终促成全球最早的 HA 护肤品——Lurogel®和 Elastrogel®的诞生（1981 年）。Balazs 于 1981 年创建 Biomatrix 公司，然后于 1982 年把 HA 推荐给化妆品公司 Estée Lauder（雅诗兰黛），将其添加进 Night Repair®护肤品中，取得了巨大成功，至今仍是雅诗兰黛的热销系列。直到 2000 年，Biomatrix 一直是 Night Repair® 系列 HA 的主要供应商。目前，HA 已是公认的天然保湿因子，得到全球护肤品市场的认可和青睐。

1.2.2 透明质酸眼科手术黏弹剂和骨科关节注射液的研发

1970 年之前，研究人员主要进行 HA 的组成、结构、自然分布、性质等基础研究，应用方面的相关研究相对较少。Balazs 在总结了自己和其他研究人员有关 HA 的前期研究基础上，敏锐地发现 HA 在眼科手术、骨关节炎治疗方面有巨大的应用价值。1968 年，Balazs 成立了 Biotrics 公司研究 HA 的医学应用。当时，HA 应用中首先需要解决的是纯化问题，从鸡冠或脐带提取的 HA，同时含有这些动物组织中的蛋白质和核酸等杂质，而这类大分子杂质的存在会引起过敏或炎症反应，必须分离去除。Balazs 经过大量试验，摸索出一种去除杂质的方法，即用氯仿反复处理 HA 提取液，然后使蛋白质和核酸变性，从而制得一种非致炎性透明质酸钠（non-inflammatory fraction of Na-hyaluronate，NIF-NaHA ），并于 1979 年取得专利（Balazs EA，“Ultrapure hyaluronic acid and the use thereof”，U.S. Patent，US4141973，1979.）。他试图在美国寻找合作伙伴转化生产，但没有制药公司对他的 HA 技术和产品感兴趣。1971 年，Balazs 在瑞典乌普萨拉拜访老友 Torvard Laurent，并在他家中巧遇 Harry Hint。Harry 也是当年 Balazs 与 Pharmacia 在 KI 时的学生，此时已是瑞典制药公司 Pharmacia 的首席科学家。1972 年年底，Balazs 与 Pharmacia 达成了合作，将自己研发的 HA 相关技术和专利授权给 Pharmacia 公司。最初的合作产品是 HA 膝关节腔注射液，用于治疗关节炎，减轻疼痛，也就是后来的关节黏弹性补充疗法。但研发进展并不顺利，临床试验结果并不支持其疗效，使该产品的研发一度搁浅。在此期间发生了一件有趣的事，使 HA 引发关注：1976 年，在蒙特利尔奥运会上，代表法国出战马术比赛的赛马 Rivage 意外跛足，兽医将 Pharmacia 的 HA 注射液注入马关节腔，让它奇迹般地跑完全程并夺冠。此事件被称为“蒙特利尔的奇迹”，引起轰动，使得人们开始关注 HA 在骨关节领域的应用（Svensson，2015）。

1976 年，在与眼科医生 David Miller 的通信中，Balazs 了解到 Miller 正在寻找一种黏弹性保护剂用于眼科手术中，这与 Balazs 早年的研究不谋而合，于是推荐 Miller 试用 Pharmacia 的 HA 注射液。Miller 的临床试用效果非常理想，并在国际眼科大会上报告了 HA 用于白内障手术的成功案例。Balazs 敏锐地抓住这一机遇，将一度停滞的 HA 注射液的研发方向从骨科转为眼科，成功推出全球第一款 HA 眼科手术黏弹性辅助剂（ophthalmic viscoelastic device，OVD），商品名 Healon®。1979 年，在戛纳举行的第一届人工晶状体植入术国际会议上，Miller、Stegmann 和 Balazs 共同撰写了题为“黏性手术和透明质酸在人工晶状体植入术中的应用”（*Viscosurgery and the use of Na-hyaluronate in intraocular lens implantations*）的报告，自此产生眼科“黏性手术”（viscosurgery）这一概念。1979 年，FDA 批准 Healon®为眼科医疗器械产品；1980 年，Healon®进入美国市场，并在 1983 年一跃成为 Pharmacia 公司的王牌产品。但 Healon®在眼科领域的成功并没有让 Pharmacia 重新开始其用于治疗膝关节炎的临床研究，直到 1989 年 Pharmcia 与 Balazs 的合作走到尽头，也未能实现 Balazs 将 Healon®用于治疗人膝关节炎的最初设想。由于 Pharmacia 错失良机，日本生化学工业株式会社的 ARTZ®在 HA 骨科领域应用捷足先登。

1981 年，Balazs 创建了 Biomatrix 公司，1983 年研制出了世界上首个交联 HA 水凝胶——Hylan B，最初设想用于眼玻璃体置换以治疗视网膜脱落，后来又开发了 HA 的高分子衍生物产品——Hylan A，将这两种物质混合制成黏弹性制剂 Synvisc®（欣维可），用于膝关节炎治疗，于 20 世纪 90 年代中期上市。Synvisc®的开发成功，促成 2000 年波士顿 Genzyme 制药公司收购 Biomatrix，后来又开发了术后防粘连膜 Seperafilm®。2011 年，Sanofi（赛诺菲）公司收购 Genzyme，这些 HA 产品成为 Sanofi 公司旗下的产品。

HA 在滴眼液中的应用，最初也与 Healon®有关。Mengher 等（1986）发现，用 Healon®的 10 倍稀释液（含 0.1%HA）可改善干眼症患者泪膜破裂时间（tear break-up time，TBUT），触发了 HA 滴眼液产品的开发。1987 年，日本 Santen 制药申报了第一个 HA 滴眼液的专利（JP17021087）。如今，0.1%和 0.3%的 HA 滴眼液已成为国内外治疗干眼症最常用的药物之一。

1.2.3 透明质酸真皮填充剂的诞生

除了眼科和骨科的应用，Balazs 还是 HA 真皮填充剂（dermal filler）的发明者，之前常用的填充剂成分多为液体石蜡、硅油、聚丙烯酰胺凝胶、牛胶原蛋白等，患者注射后容易产生过敏或其他副作用，市场急需一种安全的可替代产品。Balazs 最初用二乙烯基砜（divinyl sulfone，DVS）对从鸡冠提取的 HA 进行化学交联，这就是 Hylan B。1990 年，Balazs 又在 Hylan B 的基础上研制出全球第一款交联 HA 真皮填充剂 Hylaform®，于 1995 年获得了欧洲 CE 认证，2004 年获 FDA 批准在美国上市。但不知何原因，其在欧洲和北美市场并未热卖，所以鲜为人知。后来被市场和医美消费者所熟知的 HA 填充剂是 Balazs 的跟随者 Bengt Ågerup 开发的另一款产品 Restylane®（瑞蓝）。

Bengt Ågerup 最初是 Pharmacia 的 Healon®项目研发负责人，1984 年离开 Pharmacia 公司，同年进入 Balazs 的 Biomatrix 瑞典分公司，1987 年任 CEO，负责 Hylaform®的临床试验并于 1995 年取得欧洲 CE 认证。在此期间，Bengt Ågerup 于 1985 年在 Uppsala 成立了 Q-Med 公司，他另辟蹊径，使用细菌发酵来源的 HA，用 1,4-丁二醇二缩水甘油醚（butanediol diglycidyl ether，BDDE）为交联剂，研制了新型 HA 真皮填充剂，获得了 NASHA（Non Animal Stablized HA）专利，并于 1996 年获得 CE 认证。Restylane®横空出世，迅速占领了欧洲市场，虽然比 Hylaform®晚了一年，但 Restylane®是第一款成功打开欧美市场、被医美行业和消费者广泛认可的真皮填充剂。Restylane®也是世界上第一个用发酵法来源的 HA 生产的真皮填充剂，至今仍然是真皮填充剂的世界知名品牌。Restylane®与 Hylaform®虽然在 HA 来源和交联剂方面有所不同，但还是侵犯了 Biomatrix 的知识产权和竞业禁止协议，Balazs 起诉了 Bengt 及其 Q-Med 公司，两公司最终和解并达成了经济赔偿协议。

1992 年，Bengt Ågerup 将从鸡冠提取 HA 并生产眼科用黏弹剂的技术转让给了法国 Corneal 公司，该公司的主要产品是眼科人工晶体，在白内障摘除与人工晶体植入时需要用 HA 黏弹剂。在技术转让结束时，Bengt 向 Corneal 公司的技术负责人 Giller Bos 展示了交联 HA 真皮填充剂，Corneal 公司自此也开始研发 HA 真皮填充剂。该公司的产品 Juvéderm®于 2000 年通过欧洲 CE 认证，一问世就相继引爆了欧洲和美国市场。后来 Corneal 公司被美国 Allergan 公司收购，原 Corneal 公司的 Giller Bos 等多人离职创建了多个 HA 填充剂公司和品牌，例如，Anteis 公司的 Esthélis 和 Belotero Balance，瑞士 Teoxane 公司的 Teosyal®，法国

Laboratoires Vivacy 公司的 Stylage®，Genzyme 公司生产的 Prevelle® Silk 和 Puragen®等，其渊源都可追溯到 Juvéderm®。

综上所述，Balazs 开创了 HA 在眼科、骨科、真皮填充剂和护肤品四大领域的应用，至今仍是 HA 最重要的产品开发方向，是当之无愧的 HA 应用之父，是 HA 发展历史上最具影响力的人物之一。

1.3　透明质酸的工业化生产

早期 HA 大多是从鸡冠提取获得的，而真正的大规模工业化生产则是从发酵开始。1937 年，Kendall 发现链球菌可产生 HA，为后来的发酵法生产 HA 奠定了理论基础。早在 1961 年，美国的 George 就公开了发酵法生产 HA 的专利，但一直未投入工业化生产。20 世纪 80 年代初期，日本资生堂公司最早开始研究工业化发酵生产 HA，至 80 年代中期，发酵生产的 HA 上市，实现了 HA 原料领域的突破。

1.4　国内透明质酸产业化赶超之路

我国的 HA 研究起步较晚，最初是采用鸡冠提取法生产 HA，不仅产量低，纯度及杂质控制与国际先进公司也存在一定的差距。

国内最早开始 HA 研究的是山东医科大学的张天民教授（图 1-6），他是我国早期的生化药物奠基人之一。早在 20 世纪 80 年代初，有位眼科专家拿着从国外带回的眼科黏弹剂 Healon®找到张教授，看能否研制这种临床急需的产品，因为进口该产品的价格为每支两百多美元，这在当时非常昂贵，普通患者根本负担不起。于是张天民教授就开始了 HA 的制备研究（沈渤江等，1985），带领学生成功从人脐带和公鸡冠中提取出 HA，其理化性质与国外产品相似，且无菌制剂在家兔眼部应用无不良反应（沈渤江和张天民，1985a）；1985 年，成功研制出可用于眼科手术的 HA 注射液（黏弹剂）（沈渤江和张天民，1985b），这是我国最早的一款 HA 制剂。1993 年，张天民教授的学生凌沛学等人创建了山东福瑞达制药有限公司，开辟了中国 HA 产业化应用之路，并开发了一系列 HA 的制剂，如眼科黏弹剂、骨科注射液、滴眼液、防粘连剂等，以及 HA 化妆品。1995 年，研究课题“玻璃酸钠注射液的研制”获得国家科学技术进步奖三等奖。1996 年，由山东省商业科学技术研究所研制、山东正大福瑞达制药有限公司（现“博士伦福瑞达制药”）

生产的玻璃酸钠注射液（商品名：施沛特）获卫生部批准上市，用于膝骨关节炎、肩周炎等症的改善治疗。

图 1-6　国内 HA 研究第一人——张天民（1928—2014）

随着 HA 产业化的发展，HA 原料的生产遇到瓶颈，鸡冠原料资源少、产量低、成本高，所得产品纯度低，亟须研究一种新技术来解决此难题，张天民教授的学生郭学平（图 1-7）检索到此时日本资生堂公司已开始用细菌发酵法生产 HA，意识到这将是一个重要的研究方向和解决之道——如果可以通过微生物发酵法生产 HA，将大大降低 HA 的生产成本，HA 产量将不再受鸡冠原料的限制。由于之前从未接触过发酵技术，郭学平一直未能下定决心。直到 1990 年，郭学平在参加全国工业生化学会的会议时，看到一篇关于发酵生产 HA 的文章，这坚定了他研究发酵法生产 HA 的决心，于是，生化制药专业出身的郭学平毅然投身于对他来说完全陌生的发酵领域。在经历了无数次失败后，郭学平于 1992 年筛选出一株 HA 生产菌株，并成功地使用发酵法生产出 HA，该项目获得了国家“八五”“九五”科技攻关计划的支持。为了将此研究成果产业化，2000 年，山东福瑞达生物化工有限公司（现为华熙生物科技股份有限公司，简称“华熙生物”），开启了利用微生物发酵技术工业化生产 HA 的新方式，从此改写了我国只能用鸡冠等动物组织器官提取法生产 HA 的历史。得益于先进的技术创新，与全球同行业竞争者相比，华熙生物的 HA 原料产品始终占据技术和质量优势，HA 的发酵水平逐年提升，产品品质不断提高。2007 年，凭此核心技术，华熙生物成为了全球规模最大的 HA 生产商。

图1-7　中国发酵法生产HA第一人——郭学平

中国目前已成为HA第一生产大国。2021年Frost & Sullivan咨询公司的调查数据显示，HA全球市场销量为720t，中国企业HA全球市场占有率高达87%，全球产销量前五位的生产商均为山东省企业，华熙生物作为HA领域的龙头企业，产销量与第二、三、四、五位之和相当。随着中国HA发酵产业的崛起，日本和欧洲HA发酵企业的市场占有率逐年走低，国际生物发酵业巨头丹麦Novozyme公司于2016年停止了HA的生产，最早发酵生产HA的日本资生堂公司也于2019年关闭HA发酵业务。

2012年，华熙生物开发的润百颜®注射用修饰透明质酸钠凝胶作为第一个国产交联HA真皮填充剂获批上市，填补了国内该领域的空白，打破国外产品垄断。此外，华熙生物在全球分别首次实现透明质酸酶和酶切寡聚透明质酸的规模化生产，扩展了HA类原料的产品种类；在国内率先采用终端湿热灭菌方式对HA注射液进行灭菌，使无菌保证水平从千分之一提高到百万分之一，被国家药品监督管理局推广为行业标准灭菌方式；华熙生物参与制定了《中国药典》《美国药典》《欧洲药典》中的HA原料药标准；华熙生物还参与制定了7项国家行业标准，其中与HA相关的包括《QB/T 4416—2012 化妆品用原料 透明质酸钠》《YY/T 0962—2014 整形手术用交联透明质酸钠凝胶》《YY/T 0308—2015 医用透明质酸钠凝胶》《YY/T 1571—2017 组织工程医疗器械产品 透明质酸钠》等；获得国内外专利500余项，发表论文200余篇，参编专著8部；通过自主研发获得全球HA原料药、药品、医疗器械等注册资质120余项，备案功能性护肤品2000余种、功能性食品 20 余种，极大地拓展了 HA 在医药、食品、化妆品领域的应用。

在国内，另一个 HA 研发生产比较集中的地区就是上海。这些研究主要发端于曾任上海生物制品研究所研究员的顾其胜。早在 20 世纪 80 年代中期，顾其胜就开始研究从脐带中提取 HA 并制备 HA 眼科手术黏弹剂，用于白内障摘除及人工晶体植入术、青光眼手术、角膜穿孔修复术等眼科手术（殷汝桂等，1990）。1992 年，顾其胜辞去了公职，投身生物医药产业，先后创办上海建华精细生物制品公司、上海其胜生物材料技术研究所有限公司和上海其胜生物制剂有限公司，致力于以 HA 和几丁质等生物大分子为基质的新型生物医用材料的开发、生产和销售。1994 年，顾其胜研发的“医用透明质酸钠凝胶”获国家食品药品监督管理局批准，成为我国第一个透明质酸 III 类医疗器械产品。

1.5 透明质酸的新应用和未来发展趋势

随着社会的发展，口服美容保健理念不断深入人心，其中，含 HA 的口服美容保健食品在日本已获得了极大的成功，许多国家也开始逐渐接受并认可食品中添加 HA。2004 年，华熙生物在中国最早开始 HA 新食品原料的申报；2008 年，卫生部批准 HA 作为新资源食品添加到保健食品中。日本在 2009 年制定了完整的 HA 食品行业标准，充分肯定了 HA 的食用安全性。 2016 年，韩国食品药品安全厅批准 HA 为公示型的功能原料，允许 HA 作为食品添加剂用于食品制造。2019 年，巴西国家卫生监督局批准华熙生物生产的 HA 作为膳食补充原料。另外，美国、英国、加拿大和捷克等国家也有多款含 HA 的食品上市，足见 HA 作为食品原料已被认可。2020 年，国家卫生健康委员会批准华熙生物申报的 HA 为新食品原料，可添加到乳制品、饮料、酒类、糖果等普通食品中，这是 HA 在我国食品领域迈出的重要一步。

近些年，随着 HA 的广泛应用，广大民众对其了解越来越深入。作为一种优良的生物医用材料，HA 在组织工程领域的研究越来越多。生物 3D 打印技术中，HA 作为生物墨水（bioinks），可以与细胞混合，打印出具备优良形状保真度的各种结构（Jang et al.，2018）。目前，以 HA 为基础的组织工程支架已被用于骨和软骨再生、心血管组织修复重建、神经修复与再生、角膜再生等领域的研究，且已有一些成熟的产品投入市场。HYALOFAST®是 Anika 公司研制的、由 HYAFF®-11 纤维组成的无菌骨/软骨修复无纺布支架材料，已取得欧洲医疗器械 CE 认证，可作为自体骨髓抽吸浓缩物的可生物降解载体。HyStem®是美国 Advanced Biomatrix

公司推出的产品，由硫醇化 HA（Glycosil®）、硫醇化明胶（Gelin-S®）及交联剂聚乙二醇二丙烯酸酯（poly（ethylene glycol）diacrylate，PEGDA）组成，室温下混合后即可形成水凝胶，可用于干细胞的体外培养和分化、3D 生物打印，以及细胞治疗的可降解支架等（Abdalla　et al.，2013；Liu et al.，2013）。HA 作为生殖液、生殖细胞和生殖道黏膜的重要组成成分，在精子/卵子形成、受精、受精卵的输送和着床等多个过程中发挥着重要的作用，因此 HA 被广泛应用于生殖医学及生殖保健的多个领域，包括精子质量检测、精子筛选、体外受精、胚胎体外培养、胚胎移植等过程中，能够提高受精率和胚胎质量，降低受孕后的流产率（Miller et al.，2019；Lepine et al.，2019）。一些公司推出了商品化的试剂盒，如 PICSI® dishes、SpermCatch™、SpermSlow™ 等，在国内，也有深圳市博锐德生物科技有限公司生产的精子-HA 结合试验试剂盒上市。瑞典 Vitrolife 公司推出的一系列与辅助生殖相关的培养液和缓冲液中均添加了 HA，以提高溶液的黏弹性及其与胚胎的亲和性。

经过 100 多年的研究和开发，HA 在医药（眼科、骨科等）、医疗美容（真皮填充剂等）、化妆品和健康食品四大经典领域已经有了长足的发展，但对于 HA 的研发脚步没有停歇，许多新的应用方兴未艾。口腔护理方面，HA 牙膏已上市；HA 润滑剂用于安全套，可为人们带来更好的体验；HA 添加于纸巾，可使其更加柔软；HA 用于纺织品使内衣更加舒适。HA 这一神奇的生物大分子，正在多方位走进大众生活。

1.6　国内外透明质酸发展大事记

国外发展大事记

1934 年：Karl Meyer 在牛眼玻璃体中发现 HA，此后又从牛关节滑液、人脐带和牛角膜组织中提取获得 HA。

1937 年：Forrest E. Kendall 从 3 种 A 群溶血性链球菌的培养液中分离出 HA，这是从微生物中发现 HA 的最早记录。

1940 年：Karl Meyer 建立了从肺炎链球菌中提取透明质酸酶的方法，此后在 A 群溶血性链球菌、韦氏梭菌和牛脾脏中也获得了透明质酸酶。

1942 年：Endre A. Balazs 在对牛关节滑液进行研究后，首次提出 HA 可作为治疗关节疾病的药物，为日后的“黏弹性补充疗法（visco-supplementation）”奠定了基础。

1947 年：Endre Balazs 受邀担任瑞典斯德哥尔摩卡罗林斯卡学院（KI）组织学系的访问研究员。他的学生 Torvard Laurent 后来成为瑞典生物化学和微生物学领域的带头人之一，另一个学生 Harry Hint 后来成为瑞典制药公司 Pharmacia 的首席科学家。

1951 年：Karl Meyer 等通过对 HA 二糖和 HA 寡糖的研究获得 HA 的单糖组成和糖链结构，相关研究在国际知名科学期刊 *Nature* 上发表。

1951 年：Endre Balazs 离开 KI，成为波士顿 Retina 基金会研究部主任，重点对动物玻璃体和关节滑液中的 HA 展开研究。

1968 年：Endre Balazs 创办 Biotrics 公司，开始将其关于 HA 的研究成果商业化。

1972 年：Pharmacia 与 Biotrics 公司签订了"短期经营许可协议（Option to License Agreement，OLA）"，达成合作，该协议在 1973 年和 1974 年分别续期一次。

1976 年：Healonid® Vet 于 10 月在法国兽医市场推出。兽医通过关节腔注射 HA 注射液治疗奥运会赛马的事迹，使 HA 在骨关节领域的应用得到了关注。同年，Balazs 在与眼科医生 David Miller 的交流中发现了将 HA 应用于白内障手术的可能，随后展开相关临床研究。

1979 年：在戛纳举行的第一届人工晶状体植入术国际会议上，Miller、Stegmann 和 Balazs 共同撰写了题为"黏性手术和透明质酸在人工晶状体植入术中的应用"（*Viscosurgery and the use of Na-hyaluronate in intraocular lens implantations*）的报告，自此产生眼科"黏性手术"（viscosurgery）这一概念。同年，FDA 批准 Healon®为眼科医疗器械产品。

1980 年：4 月，Healon®在美国上市。

1981 年：Endre Balazs 成立 Biomatrix 公司，不久后便成功推出了公司同名 HA 原料产品 Biomatrix®。

1982 年：知名化妆品公司 Estée Lauder（雅诗兰黛）将 Biomatrix®添加进 Night Repair®护肤品中，取得了巨大成功。

1983 年：Biomatrix 宣布研发出世界上首个交联 HA 水凝胶——Hylan B。

1984 年：Bengt Ågerup 离开 Pharmacia 并与 Biomatrix 签署咨询协议；Biomatrix 宣布研发出 HA 的高分子衍生物产品——Hylan A。

1985 年：Bengt Ågerup 在 Biomatrix 瑞典分公司任职期间创建 Q-Med 公司；Biomatrix 宣布研发出 HylanG-F 20，也就是后来的 Synvisc®（欣维可）。

1986 年：Waldemar Kita 创办 Corneal；Healon®在日本上市。

1987 年：日本生化学工业株式会社抢先推出了世界第一款作为药品应用于骨

关节炎的 HA 注射液产品 ARTZ®；同年，日本 Santen 制药申报了第一个 HA 滴眼液的专利（JP17021087），也就是后来的爱丽®滴眼液。

1992 年：Synvisc®在加拿大推出。

1995 年：Biomatrix 旗下的 Synvisc®和 Hylaform®获得 CE 认证；Q-Med 提交 NASHA 专利申请。

1996 年：Collagen 公司在欧洲市场推出 Hylaform®；Q-Med 公司获得 Restylane®的 CE 认证，并在不久后推向市场；日本批准 HA 为既存添加物。

2000 年：Corneal 旗下的 Juvéderm®获得 CE 认证。

2003 年：Q-Med 公司旗下 Restylane®获得 FDA 批准。

2004 年：Hylaform®获得 FDA 批准。

2006 年：Juvéderm®获得 FDA 批准。

2009 年：日本制定了完整的 HA 食品行业标准，充分肯定了 HA 的食用安全性。

2016 年，韩国 MFDS 批准 HA 为公示型的功能原料，允许 HA 作为食品添加剂用于食品制造。

2019 年，巴西 ANVISA 批准华熙生物透明质酸钠为膳食补充原料。

国内发展大事记

1980 年，张天民从人脐带及鸡冠中成功提取 HA。

1985 年，张天民研制出可用于眼科手术的 HA 注射液（黏弹剂），这是我国最早的一款 HA 制剂。

1992 年，郭学平实现发酵法制备 HA，其研究课题“发酵生产透明质酸药物研究”先后被列入国家“八五”科技攻关计划项目，为国内首创。顾其胜创建上海其胜生物制剂有限公司（简称“其胜生物”）。

1993 年，凌沛学创建山东福瑞达制药有限公司（简称“福瑞达制药”）。

1994 年，顾其胜研发的“医用透明质酸钠凝胶”获国家医药管理局批准，成为我国第一个透明质酸 III 类医疗器械。

1995 年，“玻璃酸钠注射液的研制”获得国家科学技术进步奖三等奖。

1996 年，郭学平继续研究课题“发酵生产透明质酸药物研究”并列入国家“九五”科技攻关计划项目。同年，由山东省商业科学技术研究所研制、山东正大福瑞达制药有限公司（现“博士伦福瑞达制药”）生产的玻璃酸钠注射液（商品名：施沛特）获卫生部批准作为新药西药品种上市。

1998 年，华熙生物科技股份有限公司（简称“华熙生物”）前身“山东福瑞达生物化工有限公司”成立，开始微生物发酵法生产 HA。

2004 年，“玻璃酸钠及其药物制剂的研究开发”荣获国家科学技术进步奖二等奖。

2007 年，华熙生物成为全球规模最大的 HA 生产商。

2008 年，国家卫生部批准 HA 作为新资源食品添加到保健食品中。

2012 年，郭学平在国际上首创酶切法大规模制备低分子及寡聚 HA。中国的第一款国产交联透明质酸真皮填充剂“润百颜®”获批上市。

2020 年，HA 作为新食品原料被批准。

2021 年，国家卫生健康委员会发布正式公告，批准由华熙生物申报的透明质酸钠为新食品原料。

（郭学平　朱环宇）

参 考 文 献

沈渤江, 凌沛学, 张天民. 1985. 透明质酸研究概况. 生化药物杂志, (2): 23-27.

沈渤江, 张天民. 1985a. 人脐带眼科用透明质酸的制备和分析检验. 山东医学院学报, (4): 15-19, 14.

沈渤江, 张天民. 1985b. 透明质酸的制备及其用于眼前节手术的实验研究. 医药工业, (12): 31.

殷汝桂, 胡文明, 宋月莲, 等, 1990. 国产透明质酸钠在显微眼外科的临床应用. 实用眼科杂志, 8(10): 3.

Abdalla S, Makhoul G, Duong M, et al. 2013. Hyaluronic acid-based hydrogel induces neovascularization and improves cardiac function in a rat model of myocardial infarction. Interactive Cardiovascular and Thoracic Surgery, 17(5): 767-772.

Balazs E A, Jeanloz R W. 1965. Biochemistry: The Amino Sugars. The chemistry and biology of compounds containing amino sugars. Vol. 2A, Distribution and Biological Role. New York: Eds. Academic Press: 405-406.

Balazs E A. 1974. Disorders of the Knee. The physical properties of synovial fluid and the special role of hyaluronic acid. Philadelphia: J. B. Lippincott & Co.: 63-75.

Fallacara A, Baldini E, Manfredini S, et al. 2018. Hyaluronic acid in the third millennium. Polymers, 10(7): 701.

George H. 1961. Medium and method for producing and isolating hyaluronic acid. US814753

Gaetani R, Feyen D A M, Verhage V, et al. 2015. Epicardial application of cardiac progenitor cells in a 3D-printed gelatin/hyaluronic acid patch preserves cardiac function after myocardial infarction. Biomaterials, 61: 339-348.

Hargittai I, Hargittai M. 2003. Candid Science III: More Conversations with Famous Chemists. London: Imperial College Press.

Jang J, Park J Y, Gao G, et al. 2018. Biomaterials-based 3D cell printing for next-generation therapeutics and diagnostics. Biomaterials, 156: 88-106.

Kendall F E, Heidelberger M, Dawson M H. 1937. A serologically inactive polysaccharide elaborated by mucoid strains of group a hemolytic *Streptococcus*. Journal of Biological Chemistry, 118(1): 61-69.

Laurent T C, Fraser J R. 1992. Hyaluronan. The FASEB Journal, 6(7): 2397-2404.

Lepine S, McDowell S, Searle L M, et al. 2019. Advanced sperm selection techniques for assisted reproduction. Cochrane Database of Systematic Reviews, 7(7): CD010461.

Levene P A, Lópezsuárez J. 1918. Mucins and mucoids. Journal of Biological Chemistry, 36(1): 105-126.

Liu Y, Wang R L, Zarembinski T I, et al. 2013. The application of hyaluronic acid hydrogels to retinal progenitor cell transplantation. Tissue Engineering Part A, 19(1-2): 135-142.

Mengher L S, Pandher K S, Bron A J, et al. 1986. Effect of sodium hyaluronate (0.1%) on break-up time (NIBUT) in patients with dry eyes. British Journal of Ophthalmology, 70(6): 442-447.

Meyer K, Hobby G L, Chaffee E, et al. 1940. The hydrolysis of hyaluronic acid by bacterial enzymes. Journal of Experimental Medicine, 71(2): 137-146.

Meyer K, Palmer J W.1934. The polysaccharide of the vitreous humor. Journal of Biological Chemistry, 107(3): 629-634.

Miller D, Pavitt S, Sharma V, et al. 2019. Physiological, hyaluronan-selected intracytoplasmic sperm injection for infertility treatment (HABSelect): A parallel, two-group, randomised trial. Lancet, 393(10170): 416-422.

Rapport M M, Weissmann B, Linker A, et al. 1951. Isolation of a crystalline disaccharide, hyalobiuronic acid, from hyaluronic acid. Nature, 168(4284): 996-997.

Svensson B. 2015. The Magic Molecule: That Has Improved the Lives of Millions. Linköping: Linköping University Electronic Press: 11-45.

第 2 章　透明质酸概述

透明质酸（hyaluronic acid，HA）是一种在动物组织中广泛存在的糖胺聚糖，是细胞外基质（extracellular matrix，ECM）的重要组成成分，具有保湿、润滑、结构支撑等重要的生理作用。作为一种重要的生物大分子，HA 的结构和理化性质逐渐被揭示，这也是 HA 应用的基础。

2.1　透明质酸的自然存在

在包括人在内的动物体内，HA 的分布极其广泛，几乎所有脊椎动物组织中都或多或少地存在 HA（表 2-1）（Dahl et al.，1989；Kobayashi et al.，1999；Saito et al.，2000；Teixeira Gomes et al.，2009；Perry et al.，2010；Kershaw-Young et al.，2012）。而在植物中，目前尚未发现 HA 的存在。

表 2-1　HA 在部分动物组织或体液中的浓度

物种	组织或体液	浓度
人	脐带	4100 mg/L
	关节滑液	1400～3600 mg/L
	尿	0.01～0.1 mg/L
	血浆	0.03～0.18 mg/L
	皮肤	200 mg/L
	玻璃体	140～338 mg/L
	胸淋巴	8.5～18 mg/L
	房水	0.3～2.2 mg/L
	腰脊髓液	0.02～0.32 mg/L
	脑室液	0.053 mg/L

续表

物种	组织或体液	浓度
绵羊	关节滑液	540 mg/L
	玻璃体	260 mg/L
	房水	1.6～5.4 mg/L
	血浆	0.01～0.1 mg/L
	精浆（公）	2.3 μg/mL
	羊水（母）	5.1 μg/mL（12 周） 1.9 μg/mL（15～17 周）
	子宫颈（母）	2.1 ng/mg（干燥组织） 3.0 ng/mg（促黄体生成激素飙升前的干燥组织） 2.0 ng/mg（促黄体生成激素飙升后的干燥组织）
兔	关节滑液	3890 mg/L
	玻璃体	29 mg/L
	房水	0.6～2.5 mg/L
	血浆	0.019～0.086 mg/L
	脑	54～76 mg/L
	肌肉	27 mg/L
大鼠	胸淋巴	5.4 mg/L
	房水	0.2 mg/L
	血浆	0.048～0.26 mg/L
牛	鼻软骨	1200 mg/L
鸡	雄鸡冠	7500 mg/L

在微生物中，HA 主要存在于链球菌属（*Streptococcus*）细菌的荚膜中，是一种荚膜多糖。细菌荚膜中的 HA 可以帮助细菌实现对动物的免疫逃逸。另外，多杀巴斯德菌（*Pasteurella multocida*）等也能产生 HA。

HA 的来源不同，其分子量也有区别。从动物组织中提取的 HA，分子量一般为几百至几千 kDa。例如，常见的用于提取 HA 的生物原料公鸡冠中 HA 的分子量约为 1200 kDa，牛眼玻璃体中 HA 的分子量为 770～1700 kDa，人脐带中 HA 的分子量约为 3400 kDa。此外，细菌产生的 HA 的分子量为 1000～4000 kDa 不等。自然界中的 HA 分子量普遍较大，而 HA 酶切技术的发展使得生产分子量小于 10 kDa 的寡聚 HA 成为可能。HA 的生物功能与其分子量密切相关，相关内容将在后面章节详细讨论。

2.2 透明质酸的命名

目前，商品 HA 通常是以盐的形式存在，包括透明质酸钠、透明质酸锌和透明质酸钾等，其中透明质酸钠最为常见。为避免定义上的困难，Balazs 等（1986）提议将 HA 与阳离子形成的离子对或盐类物质统称为“hyaluronan”；郭学平和张天民(2006)参考同属于糖胺聚糖的肝素和硫酸软骨素的译名，建议把“hyaluronan”译为“透明质素”。目前，“ hyaluronic acid”被译为“透明质酸”；而在药品相关领域，遵照《中华人民共和国药典（2020 年版）》和国家相关药品标准的规定，使用“玻璃酸钠”代指 HA 的钠盐。本书也遵照以上惯例处理。需要注意的是，“玻尿酸”是中国台湾地区早年对 HA 的错误译名，但因在美容领域使用较多，现已成为普通消费者对 HA 的俗称。

2.3 透明质酸的结构

自 1934 年发现 HA 以来，科学家们就致力于研究 HA 分子的结构，但是受限于当时的技术水平，十余年间并未有所突破。Meyer 课题组提取纯化了透明质酸酶，并用于 HA 的酶解，成功获得了 HA 二糖。他们根据元素组成和单糖组成分析结果，推测 HA 是由 D-葡萄糖醛酸和 *N*-乙酰氨基葡萄糖（摩尔比 1:1）通过糖苷键连接而成（Rapport et al.，1951）。Fessler 和 Fessler（1966）通过对 HA 的电镜观察，发现 HA 分子是一条线性单链。Laurent（1987）最终确定 HA 的双糖单位是以 β-1,3 糖苷键连接的 D-葡萄糖醛酸和 *N*-乙酰氨基葡萄糖，各双糖单位间通过 β-1,4 糖苷键重复连接，组成了线性的链状高分子。

随着研究技术的发展和应用，科学家们对 HA 分子结构，特别是其空间结构也有了进一步的了解。光散射法是指利用光散射现象研究高聚物分子的内部结构，是研究水溶液中高聚物结构的重要方法。Laurent 和 Gergely（1955）发现，在水中充分溶解的 HA 分子，以半刚性的不规则线团形式存在。Scott 和 Tigwell（1978）发现，这些 HA 分子的糖醛酸残基中所含有的乙二醇结构较不容易被高碘酸氧化，这可能是由于其羧基、乙酰氨基和羟基之间的氢键相互作用在一定程度上保护了乙二醇结构。

当溶液中的 HA 达到一定浓度后，受分子内和分子间氢键及非极性相互作用力影响，HA 分子形成空间网状结构，这种结构与 HA 的多种生物功能密切相关。Atkins 和 Sheehan（1973）通过电子显微镜观察到 HA 分子有序地排列成行，形成了类似蜂窝的网状结构。维持 HA 三维网状结构的分子间作用力并不强，当溶液 pH、温度、离子强度等外部环境条件改变时，该网状结构则随之发生变化。

2.4　透明质酸的性质

作为一种天然线性多糖，HA 具备多种特殊的理化性质，而这些性质也是其被广泛应用于医药、化妆品、食品等领域的基础。因此，研究 HA 的理化性质对于其实际应用具有至关重要的指导意义。

2.4.1　流变学特性

流变学是从应力、应变、温度和时间等方面来研究物体变形和（或）流动的物理力学。通常，材料的特征可以用 4 个基本的流变学概念来描述，即弹性、塑性、黏性和强度。HA 溶液就具有特殊的弹性、黏性和塑性。

HA 溶液是一种非牛顿流体，其剪切黏度随剪切速率或剪切应力的改变而发生变化。在高剪切速率下，溶液中呈不规则线圈状的 HA 分子会被拉长伸直，包括分子内氢键和分子疏水效应在内的分子内部阻力大大降低，从而使溶液的黏滞性减小（Pisárčik et al.，1995；Snetkov et al.，2020）。

为了描述 HA 溶液的流变学性质，科学家们引入了储能模量（storage modulus，G′）、损耗模量（lost modulus，G″）和复合黏度（complex viscosity，η*）三个参数。G′表征体系的类固体特性，也就是所谓的弹性；G″表征体系的类液体特性，也就是所谓的黏性；而 η*则表征体系对剪切流动的总阻力。Dodero 等（2019）发现，HA 溶液在低振荡频率下表现为类液体，在高振荡频率下则表现为类固体，且随着 HA 分子量和浓度的增加，HA 溶液表现出更高的 G′、G″和 η*值。这可以用 HA 的空间结构变化加以解释。在溶液中，HA 分子会形成空间网状结构，当溶液发生振荡时，这种空间网状结构就会在外力作用下解离，HA 溶液的黏性会降低；而随着振荡频率的进一步升高，原本解开的分子又重新纠缠在一起，溶液也就显示出弹性。HA 分子量的增加和浓度的升高均有利于空间网状结构的形成，因而 HA 溶液的 G′、G″和 η*值也随之提高。

2.4.2 亲水性

由于含有大量羧基和羟基，HA 可通过氢键结合相当于自身 1000 倍的水分子（Gary and Hales，2004），这赋予了 HA 优良的亲水性和保水性能。HA 分子在溶液中的伸展程度也在一定程度上影响 HA 的保水能力，HA 链伸展得越完全，其在溶液中占有的体积就越大，HA 分子的水合量也就越大。而未与 HA 结合的水分子也会被包埋在 HA 分子的空间网络结构中，使得 HA 空间网络整体膨胀（Cowman et al.，2015）。

2.4.3 渗透压

溶剂分子从低浓度溶质溶液穿过半透膜进入高浓度溶质溶液时产生的压力被称为渗透压。溶液的渗透压与溶质的性质和溶质粒子数目相关。根据溶质的不同性质，溶液渗透压可分为晶体渗透压和胶体渗透压。晶体渗透压主要由小分子物质产生，如无机盐、单糖等；胶体渗透压主要由大分子的胶体物质产生，如蛋白质、多糖等。人体内的体液，如血浆、组织液等，其渗透压都是由晶体渗透压和胶体渗透压共同组成的，二者的性质存在差异。晶体渗透压具有依数性，即晶体渗透压的大小只与溶液中溶质粒子的数量呈线性正相关关系，而与溶质的性质无关。胶体渗透压则不同，溶质的性质（分子量、电性等）、溶质的浓度、溶液的 pH 和离子强度都会对渗透压产生影响（Dull and Hahn，2023）。

HA 是一种生物大分子物质，因此其溶液渗透压也符合胶体渗透压的特性。HA 的分子量和浓度会影响其溶液的渗透压。如图 2-1 所示，同一浓度下，HA 溶液的渗透压会随平均分子量的升高而下降；当分子量不变时，HA 溶液的渗透压会随其浓度的升高而快速增加（Bothner and Wik，1987）。

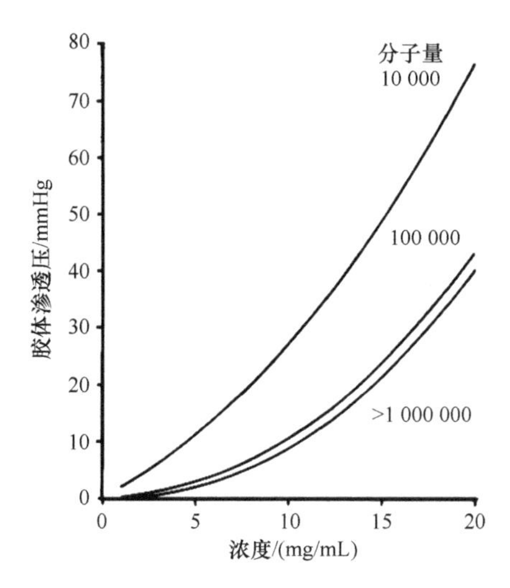

图 2-1　HA 溶液的胶体渗透压与其分子量和浓度的关系（Bothner and Wik，1987）

2.4.4　透明质酸的降解

在动物体内，HA 主要通过特异性酶催化降解及与活性氧自由基作用降解两条途径降解成小分子片段或寡糖，然后在体内其他酶的作用下进一步降解为单糖，并参与动物体内的其他代谢活动，最终转化为二氧化碳和水排出体外。具体内容详见后续章节。

（赵　娜　黄思玲　徐小曼　朱环宇）

参 考 文 献

郭学平, 张天民. 2006. "Hyaluronic acid"和"Hyaluronan"一词的来历及其中译名. 中国生化药物杂志, 27(2): 127.

Atkins E D, Sheehan J K. 1973. Hyaluronates: Relation between molecular conformations. Science, 179(4073): 562-564.

Balazs E A, Laurent T C, Jeanloz R W. 1986. Nomenclature of hyaluronic acid. Biochemical Journal, 235(3): 903.

Bothner H, Wik O. 1987. Rheology of hyaluronate. Acta Oto-Laryngologica Supplementum, 442: 25-30.

Cowman M K, Schmidt T A, Raghavan P, et al. 2015. Viscoelastic properties of hyaluronan in physiological conditions. F1000Research, 4: 622.

Dahl L B, Kimpton W G, Cahill R N, et al. 1989. The origin and fate of hyaluronan in amniotic fluid. Journal of Developmental Physiology, 12(4): 209-218.

Dodero A, Williams R, Gagliardi S, et al. 2019. A micro-rheological and rheological study of biopolymers solutions: Hyaluronic acid. Carbohydrate Polymers, 203: 349-355.
Dull R O, Hahn R G. 2023. Hypovolemia with peripheral edema: What is wrong?. Critical Care, 27(1): 206.
Fessler J H, Fessler L I. 1966. Electron microscopic visualization of the polysaccharide hyaluronic acid. Proceedings of the National Academy of Sciences of the United States of America, 56(1): 141-147.
Garg H G, Hales C A. 2004. Chemistry and Biology of Hyaluronan. Amsterdam: Elsevier Science Ltd: 250.
Kershaw-Young C M, Evans G, Maxwell W M C. 2012. Glycosaminoglycans in the accessory sex glands, testes and seminal plasma of alpaca and ram. Reproduction, Fertility, and Development, 24(2): 362-369.
Kobayashi H, Sun G W, Tanaka Y, et al. 1999. Serum hyaluronic acid levels during pregnancy and labor. Obstetrics and Gynecology, 93(4): 480-484.
Laurent T C. 1987. Biochemistry of hyaluronan. Acta Oto-Laryngologica Supplementum, 442: 7-24.
Laurent T C, Gergely J. 1955. Light scattering studies on hyaluronic acid. Journal of Biological Chemistry, 212(1): 325-333.
Perry K, Haresign W, Wathes D C, et al. 2010. Hyaluronan (HA) content, the ratio of HA fragments and the expression of CD44 in the ovine cervix vary with the stage of the oestrous cycle. Reproduction, 140(1): 133-141.
Pisárčik M, Bakoš D, Čeppan M. 1995. Non-Newtonian properties of hyaluronic acid aqueous solution. Colloids and Surfaces A: Physicochemical and Engineering Aspects, 97(3): 197-202.
Rapport M M, Weissmann B, Linker A, et al. 1951. Isolation of a crystalline disaccharide, hyalobiuronic acid, from hyaluronic acid. Nature, 168(4284): 996-997.
Saito H, Kaneko T, Takahashi T, et al. 2000. Hyaluronan in follicular fluids and fertilization of oocytes. Fertility and Sterility, 74(6): 1148-1152.
Scott J E, Tigwell M J. 1978. Periodate oxidation and the shapes of glycosaminoglycuronans in solution. Biochemical Journal, 173(1): 103-114.
Snetkov P, Zakharova K, Morozkina S, et al. 2020. Hyaluronic acid: The influence of molecular weight on structural, physical, physico-chemical, and degradable properties of biopolymer. Polymers, 12(8): 1800.
Teixeira Gomes R C, Verna C, Nader H B, et al. 2009. Concentration and distribution of hyaluronic acid in mouse uterus throughout the estrous cycle. Fertility and Sterility, 92(2): 785-792.

第 3 章　透明质酸在人体内的代谢

3.1　人体内透明质酸的生物合成

人体内透明质酸（hyaluronic acid，HA）的合成是涉及糖类、氨基酸、脂类及核酸等生物物质代谢的复杂过程，且与细胞能量代谢密切相关。该过程有多种酶参与，如己糖激酶、磷酸葡萄糖变位酶、磷酸葡萄糖异构酶、UDP-葡萄糖焦磷酸化酶、UDP-葡萄糖脱氢酶、谷氨酰胺果糖-6-磷酸氨基转移酶、磷酸化-*N*-乙酰氨基葡萄糖异构酶、UDP-*N*-乙酰氨基葡萄糖焦磷酸化酶等。

3.1.1　透明质酸的体内合成途径

与其他糖胺聚糖在高尔基体中的合成不同，HA 的合成是在跨膜的透明质酸合酶（hyaluronan synthase，HAS）催化下，以 UDP-葡萄糖醛酸（UDP-GlcA）和 UDP-*N*-乙酰氨基葡萄糖（UDP-GlcNAc）为底物的细胞内合成过程。与其他生物合成过程类似，HA 的生物合成是一个消耗能量的过程。如图 3-1 所示，细胞摄取葡萄糖后，在己糖激酶和葡萄糖激酶的作用下生成葡萄糖-6-磷酸（Glc-6-P），此后经两条路径分别生成 UDP-GlcNAc 和 UDP-GlcA（Caon et al.，2021）。其中一条路径是在磷酸葡萄糖变位酶、谷氨酰胺果糖-6-磷酸氨基转移酶和氨基葡萄糖-*N*-乙酰氨基转移酶等酶的作用下，Glc-6-P 与谷氨酰胺、乙酰辅酶 A 生成 *N*-乙酰氨基葡萄糖-1-磷酸，然后在 UDP-*N*-乙酰氨基葡萄糖焦磷酸化酶的作用下与三磷酸尿苷（UTP）提供的 UDP 基团相连，生成 UDP-GlcNAc。另一条路径是 Glc-6-P 在磷酸葡萄糖异构酶的作用下生成 Glc-1-P，然后在 UDP-葡萄糖焦磷酸化酶的作用下与 UDP 基团相连生成 UDP-葡萄糖，最后脱氢生成 UDP-GlcA。以上两条合成路径的能量来源主要是 UTP。

细胞内合成的 UDP-GlcA 和 UDP-GlcNAc 会扩散到细胞膜，与 HAS 的底物结合位点结合，随后两种底物交替添加到生长的 HA 链的非还原端，并交替生成 β-1,3 糖苷键和 β-1,4 糖苷键。不断延长的 HA 链，通过 HAS 的孔状结构输送到细胞外并继续延伸，直至 HA 合成完成。生成的 HA 分子链随后被释放到细胞外。

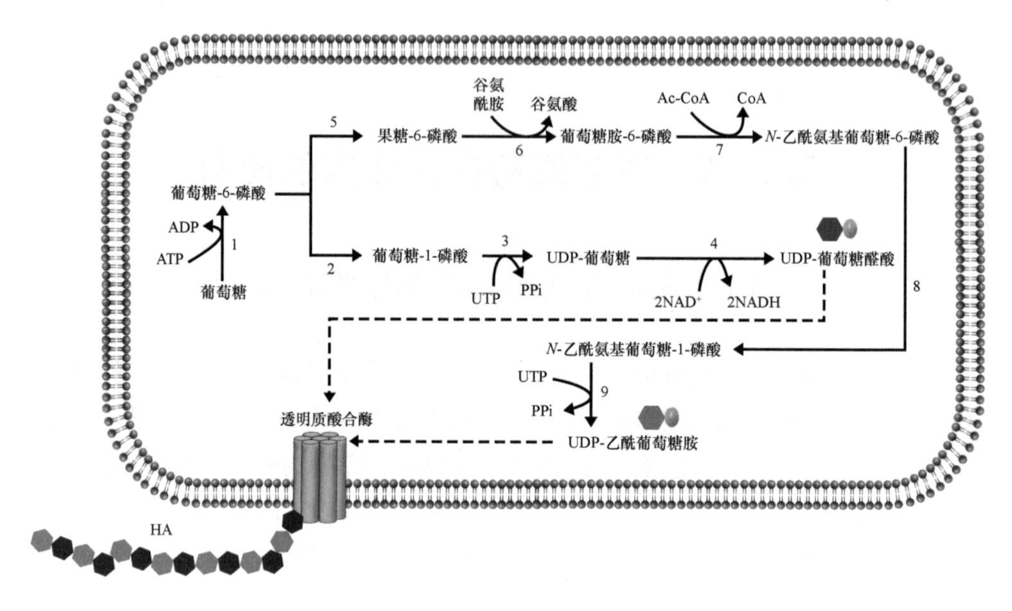

图 3-1　人体内 HA 的合成途径

1. 己糖激酶/葡萄糖激酶；2. 磷酸葡萄糖变位酶；3. UDP-葡萄糖焦磷酸化酶；4. UDP-葡萄糖脱氢酶；5. 磷酸葡萄糖异构酶；6. 谷氨酰胺-果糖-6-磷酸转氨酶；7. 氨基葡萄糖-磷酸-*N*-乙酰氨基转移酶；8. 乙酰氨基葡萄糖变位酶；9. UDP-*N*-乙酰氨基葡萄糖焦磷酸化酶

在胞外肿瘤坏死因子诱导基因 6（tumor necrosis factor-stimulated gene-6，TSG6）的作用下，间 α 胰蛋白酶抑制物（inter-α-trypsin inhibitor，IαI）的重链（heavy chain，HC）可与 HA 的 GlcNAc 残基上的 C6 羟基结合，形成 HA-HC 复合物，这些复合物在卵母细胞成熟、树突状细胞激活以及哮喘等生理和病理过程中起着重要作用。

3.1.2　透明质酸合酶

透明质酸合酶（HAS）是 HA 生物合成过程中的关键酶。真核生物中存在三种 HAS，被分别命名为 HAS1、HAS2 和 HAS3。它们属于同工酶，而编码这三种 HAS 的基因位于三条不同的染色体上（Spicer et al.，1997；Spicer and McDonald，1998）。这三种 HAS 均为膜蛋白，都能够从头开始催化合成 HA，但催化速率和调节方式不同。HAS1 催化速率最低，产物的分子量从 200 kDa 到 2000 kDa 不等。HAS2 在成人正常组织中广泛分布，产生的 HA 分子量一般大于 2000 kDa，这种酶与应激情况下的 HA 合成增加有关，还参与胚胎发育、组织发育和修复等生理过程，与细胞迁移和侵袭、细胞增殖及发育过程中的血管生成也有关。HAS3 是最活跃的 HA 合酶，能催化 HA 链的大量合成，产生的 HA 分子量偏小，这些短链 HA 能够与细胞表面受体相互作用发生级联反应，激活相应的信号转导，从而调节细胞的行为。

3.1.3　透明质酸体内合成的调控

HA 的生物合成是一个非常复杂的过程，受多种因素的调控。

在基因水平上，三种 *HAS* 基因的启动子序列中均包含多种转录因子的结合位点，如 SP1、NF-Y/CCAAT、NF-κB 等。一些生长因子、炎症因子和激素就是通过激活相应的转录因子而促进 HAS 的合成。*HAS2* 基因除了包含编码 HAS2 的序列，还包含编码 HAS2 的反义 RNA（HAS2-AS1）的序列，该序列能与编码 HAS2 的 mRNA 中的一段序列发生碱基互补结合，这一反应可能会抑制 HAS2 mRNA 的翻译（Chao and Spicer，2005），但也可能通过与核转录因子的结合促进 HAS2 mRNA 的合成（Michael et al.，2011；Vigetti et al.，2014）。

HA 的合成还受到其反应底物的调控。4-甲基伞形酮（4-methylumbelliferone，4-MU）是一种 HA 合成抑制剂，它能在葡萄糖醛酸转移酶的催化下与 UDP-GlcA 反应，耗尽细胞内的 UDP-GlcA，进而抑制 HA 的合成（Kakizaki et al.，2004）。而在人体内，底物对 HA 合成的调节则更为复杂。一些调控 HAS 合成的转录因子，如 YY1 和 SP1，可发生 O 位的 *N*-乙酰氨基葡萄糖修饰，修饰后的转录因子与 HAS 启动子的亲和力显著提高。而这个糖基化修饰过程的底物即为 UDP-GlcNAc，这也就意味着细胞内的 UDP-GlcNAc 含量可以影响 HA 的合成（Jokela et al.，2011）。还有研究发现，HAS 的糖基转移酶结构域存在泛素化修饰，这是其发挥活性的必要条件，而催化 HAS 发生泛素化修饰的酶——泛素化酶 E1，其活性也受到 O 位的 *N*-乙酰氨基葡萄糖修饰的调控，这可能也是底物调控 HA 生物合成的一条途径（Guinez et al.，2008）。

3.2　人体内透明质酸的降解

人体内的 HA 主要被透明质酸酶（hyaluronidase）特异性降解，也可被硫酸软骨素酶降解。此外，活性氧（reactive oxygen species，ROS）也可以引起 HA 的非特异性降解。活性氧对 HA 的非特异性降解通常在炎症部位发生。活性氧的类型多种多样，作用方式也各不相同。经过酶促反应和自由基反应，HA 转化为寡糖，在 β-葡糖醛酸酶和 β-*N*-乙酰氨基葡糖苷酶的共同作用下进一步降解为双糖，最后在外切糖苷酶的作用下被降解为 D-葡萄糖醛酸和 *N*-乙酰氨基葡萄糖两种单糖。前者直接进入了细胞葡糖醛酸代谢途径，后者则被磷酸化为 6-磷酸-*N*-乙酰氨基葡萄糖，通过 *N*-乙酰氨基葡糖脱乙酰化酶的作用生成 6-磷酸-氨基葡萄糖，然后进入其他细胞代谢途径中。

3.2.1 透明质酸的酶解反应

人体内已知编码序列的透明质酸酶有 5 种，分别是人类 Hyal-1、Hyal-2、Hyal-3、Hyal-4 和 PH-20/Spam1（Thompson et al.，1994；Stern，2003）。Hyal-1 是一种溶酶体酶，可将高分子量 HA 降解为寡糖，产物主要是四糖；Hyal-2 通过糖基磷脂酰肌醇（glycosylphosphatidylinositol，GPI）锚定在细胞膜上，可将高分子量 HA 降解成分子量在 20 kDa 左右、由大约 50 个双糖单位组成的片段（Lepperdinger et al.，2001）；Hyal-3 的结构和催化特性尚不明晰；Hyal-4 也是通过 GPI 锚定在细胞膜上的透明质酸酶，对软骨素和硫酸软骨素也具有显著的降解活性，而其详细结构和特性目前尚不清楚。PH-20 或 Spam1（sperm adhesion molecule 1）能够促进精子通过卵丘团进入卵子，是受精所必需的蛋白因子。PH-20 主要存在于精子内的一种溶酶体结构——顶体中，可与卵子周围的卵丘基质结合（Cherr et al.，2001）。

所有人类透明质酸酶的催化结构域都含有一个（β/α）8TIM（triosephosphate isomerase）桶形折叠结构，支持与底物结合并通过双置换保留机制对底物进行降解。TIM 桶形结构较宽的一端有一个巨大且细长的裂缝结构，可结合一个长度不小于 8 个单糖残基的 HA 片段；而透明质酸酶的催化活性部位则在该裂缝内，主要是由带正电荷的疏水性氨基酸残基组成，易于结合带负电荷的 HA。如图 3-2 所示，透明质酸酶的催化过程中最重要的参与者有两个：一个是位于酶的催化结构域中作为氢供体的谷氨酸残基（Glu）；另一个是作为氢配体的、透明质酸 *N*-乙酰基上的羰基氧。

整个催化过程主要包括以下几步：①透明质酸酶的催化结构域与底物 HA 结合；②催化位点周围的氨基酸残基与 HA 相互作用，将 HA 的亲核羰基定位在将被切割的 β-1,4 糖苷键旁边，羰基氧攻击同一糖环上的 C_1 原子，两者形成共价中间体，这会导致多糖非还原端一侧的糖苷键断裂及端基 C_1 原子构象的反转；③质子化的 Glu 通过脱质子过程将氢提供给糖苷氧，留下被切割的糖苷键还原侧的 HA 链；④羰基氧-C_1 键被水分子水解，C_1 的构型发生二次反转，Glu 重新质子化，为下一步的催化步骤做好准备；⑤糖苷键非还原侧 HA 产物从透明质酸酶的活性部位释放，二者发生相对位移，为下一步降解做准备（Stern and Jedrzejas，2006）。

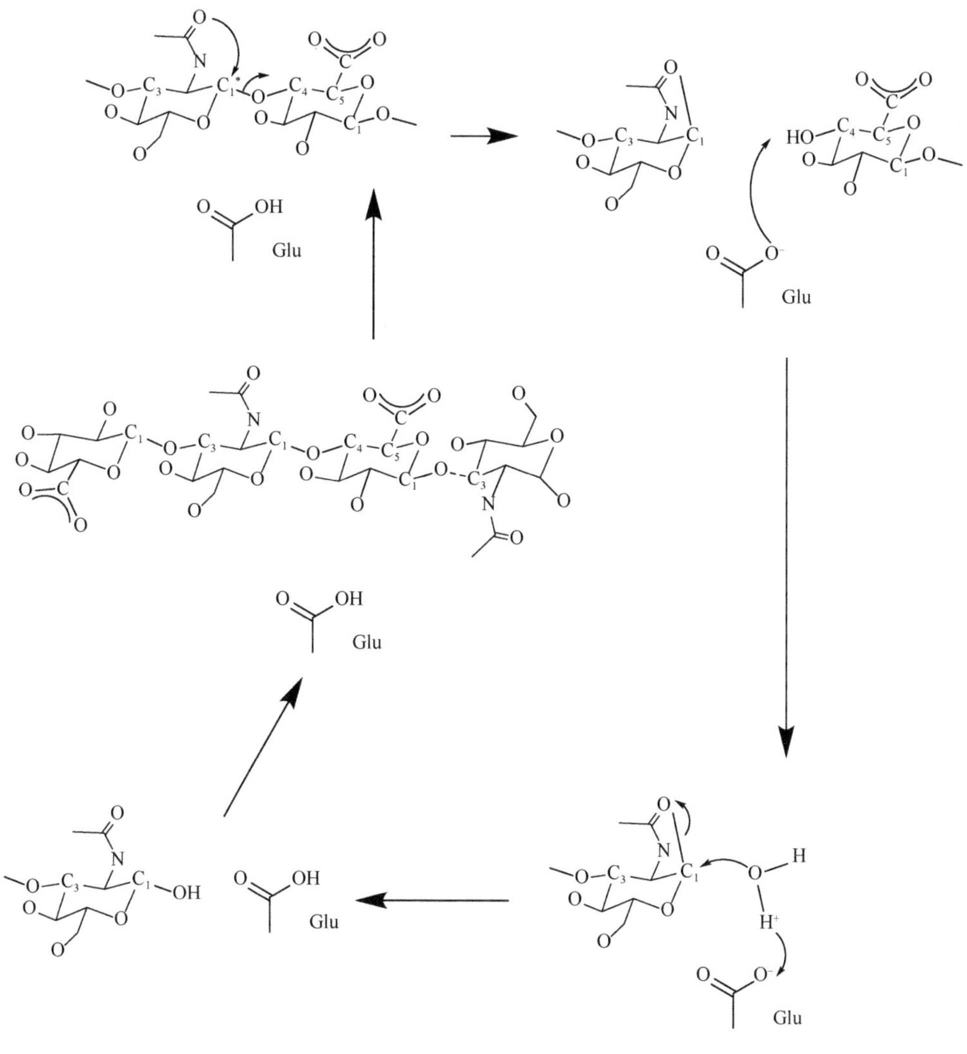

图 3-2　透明质酸酶的催化机制

人体内不同组织器官中 Hyal-1 和 Hyal-2 发挥的作用是不同的。Natowicz 等（1996）和 Triggs-Raine 等（1999）发现了一种由缺乏 Hyal-1 活性引起的人类遗传性疾病，并将其命名为黏多糖病 IX 型。该疾病患者表现为身材矮小，全身皮肤肿胀，关节面上出现能导致短暂疼痛的软组织肿块及双侧关节积液，但无神经及内脏受损。此外，组织学研究还发现，患者的巨噬细胞中充满了大量的膜结合空泡，其中含有密集的絮状物质，成纤维细胞溶酶体中 HA 的积累较少，滑膜液和骨骼组织中 HA 含量丰富，患者的血清透明质酸酶活性不足，HA 浓度高于正常水平

38～90 倍。Hyal-2 缺陷是引发人类和小鼠口腔颌面裂的病因之一，此外还可能是听力损失和心脏异常表征的一大病因，这可能是 Hyal-2 缺陷导致了 HA 增加，从而促进内皮细胞向间充质细胞的转化和间充质细胞的增殖，导致间充质细胞增加，进而影响了相关组织的正常发育（Chowdhury et al.，2017）。由此可知，HA 酶解对人体的生长发育和正常生理过程具有重要意义。然而，到目前为止，HA 酶解的调控机制尚不十分明晰。

3.2.2 透明质酸的活性氧降解

活性氧（ROS）是人体内一类氧的单电子还原产物的总称，是电子未能被呼吸链传递到末端氧化酶而直接消耗细胞内氧分子形成的，具有很高的氧化性和反应性。正常状态下，人体内会产生一定量的 ROS，这些 ROS 会被抗氧化物质快速消耗掉，因此不会对人体产生不利影响。然而在压力条件下，人体会快速生成过量的 ROS，无法被代谢掉的 ROS 就会与人体内的生物物质发生反应，破坏它们的结构，影响正常的生理功能。研究发现，许多人类疾病都与 ROS 密切相关。例如，慢性骨关节炎和类风湿性关节炎的急性炎症期，大量中性粒细胞在患处聚集并被激活，这些细胞会在分泌炎症因子的同时产生大量 ROS；而骨关节炎和类风湿性关节炎患者的关节滑膜液中，HA 的分子量大幅下降，其润滑性也显著降低。已经有许多研究人员报道了不同 ROS 物质对 HA 的降解作用，包括超氧阴离子自由基（O_2^-）、过氧化氢（H_2O_2）、羟基自由基（·OH）、次氯酸（HClO）、一氧化氮（NO）、过氧亚硝酸盐（$ONOO^-$）、单线态氧等。

如图 3-3 所示，·OH 具有非常高的反应活性，HA 与·OH 自由基反应的第一步是从 GlcA 的端基碳提取一个氢离子，使端基碳带有一个未配对电子；然后，·OH 与 H_2O 反应形成 O_2^-，并将 O_2^- 添加到端基碳上；最后，在 O_2^- 消除的过程中形成大量的开链产物（Deeble et al.，1990）。

次氯酸（HClO）被认为是炎症过程中造成组织损伤的关键 ROS，是细胞线粒体内的 H_2O_2 和 Cl^- 经髓过氧化物酶（myeloperoxidase）催化生成的（Strzepa et al.，2017）。HClO 与 HA 的 *N*-乙酰基侧链反应，导致糖苷键的断裂，最初反应生成的瞬时产物（[R-NCl-C(O)-R']）会逐渐分解（图 3-4）。在风湿性疾病患者滑膜液中检测到这种瞬时产物的浓度升高也支持了该观点（Schiller et al.，1996；Rees et al.，2004）。

$$\cdot OH + RH \longrightarrow H_2O + R\cdot$$

$$H\cdot + O_2 \longrightarrow HO_2^{\cdot}$$

$$R\cdot + O_2 \longrightarrow RO_2^{\cdot}$$

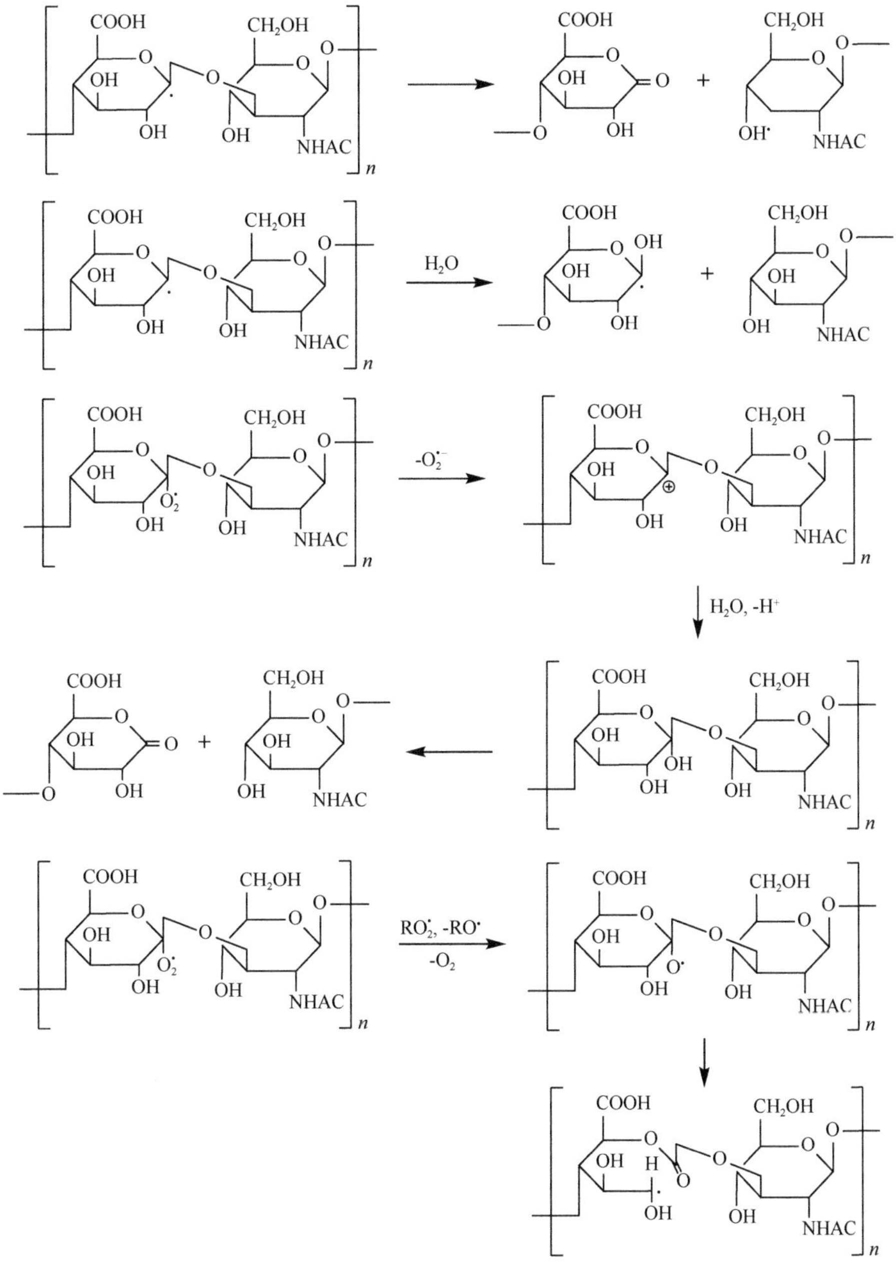

图 3-3　HA 与·OH 自由基的反应（Deeble et al.，1990）

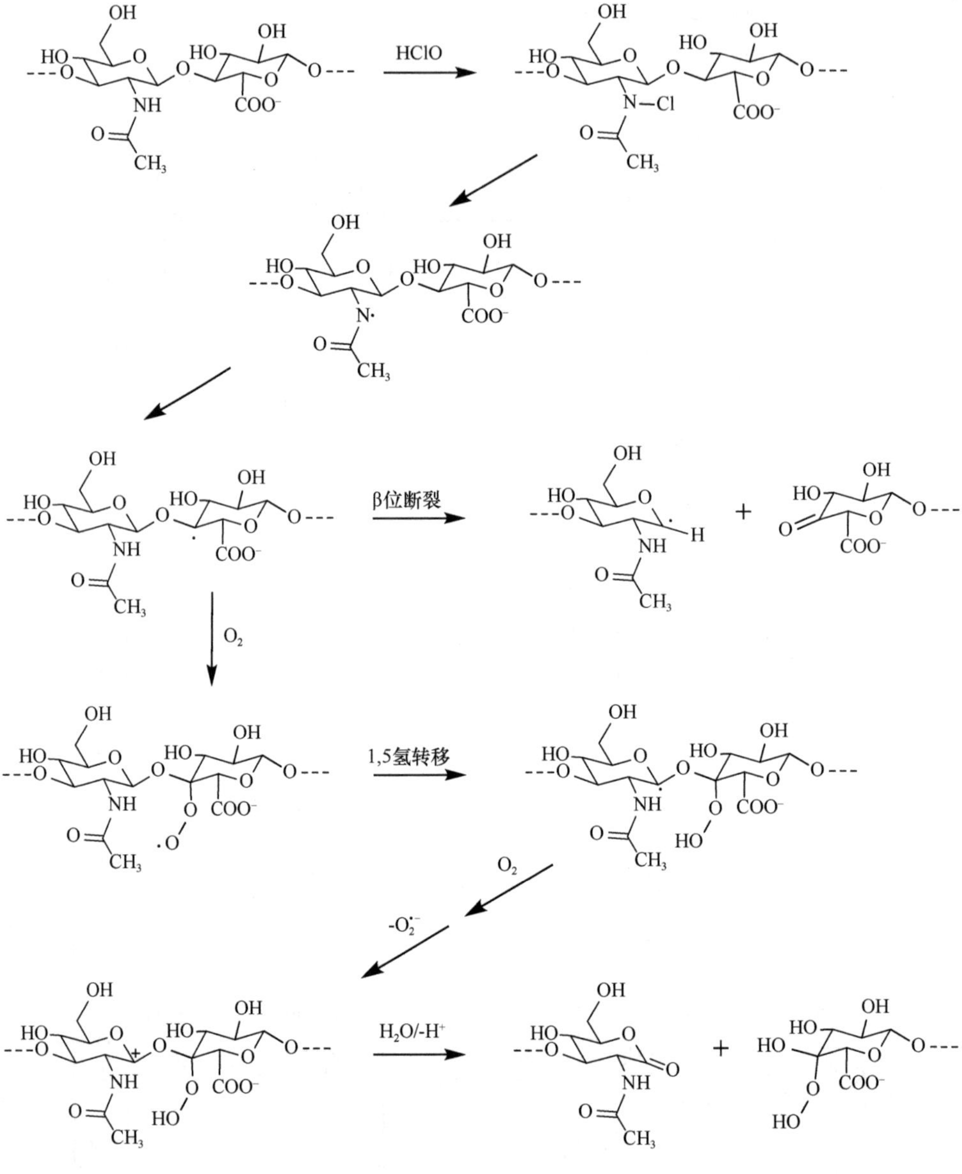

图 3-4 次氯酸与 HA 的反应（Rees et al.，2004）

过氧亚硝酸阴离子（$ONOO^-$）是一种反应活性很高的自由基，在体内易被分解为多种其他自由基。Li 等（1997）在中性 pH 条件下用过氧亚硝酸处理 HA，发现产物的黏度降低，且与底物相比，产物的琼脂糖凝胶电泳图谱也发生了改变，这表明 HA 分子量显著降低。Al-Assaf 等（2003）研究了 $ONOO^-$与 HA 的反应，提出 HA 链的断裂不是由过氧亚硝酸盐本身造成的，而是由中间产物·OH 引发的，而 $ONOO^-$及其相关反应产物降解 HA 的效率明显低于·OH。有研究对比了含有过量 H_2O_2 的过氧亚硝酸盐和用二氧化锰去除 H_2O_2 后的过氧亚硝酸盐降解 HA 的效果，结果表明 $ONOO^-$对 HA 的降解效率比较低，而锰离子或者 HA 样品中存在的微量金属离子诱导过氧亚硝酸盐分解产生活性氧混合物，从而加速了 HA 的降解（Stankovská et al.，2006；Kennett and Davies，2007）。

综上可知，由于不同种类的 ROS 之间存在着复杂的相互转化，所以很难证明某种特定 ROS 在降解 HA 的过程中发挥的作用和相关机制。但不可否认的是，在人体内，ROS 是引发 HA 降解的重要物质，在伴随着 ROS 过量生成的炎症反应等生理过程中，产生 ROS 的周围组织会同时发生 HA 的降解。HA 的降解反应消耗了 ROS，因此认为 HA 可清除体内的 ROS。

3.3　人体器官组织内透明质酸的分解代谢

哺乳动物每天降解和重新合成的 HA 大约占体内总含量的 1/3（约 5 g）。在皮肤中，HA 的代谢半衰期约为 1.5 d，在软骨中，为 2～3 周；血液循环中的 HA 可被肝窦内皮细胞快速降解，因而半衰期较短，为 2～5 min（Reed et al.，1990；Fraser et al.，1997）。对哺乳动物而言，HA 在局部组织中的分解代谢可能不是体内 HA 降解的主要途径。细胞外基质中的原生透明质酸被部分降解为约 1000 kDa 的片段，进入淋巴系统，其中约 85%的 HA 被淋巴结摄取和降解；其余的则进入血液，并通过受体介导的内吞作用被肝脏或脾脏降解（Fraser et al.，1985；Laurent et al.，1991；Jadin et al.，2012）。淋巴结和肝窦内皮细胞对 HA 的降解，使血液中的 HA 浓度保持在较低水平。研究 HA 在各器官组织中的分解代谢，对临床疾病的诊断和治疗具有重要的指导意义。

3.3.1　皮肤中透明质酸的分解代谢

皮肤中 HA 的代谢半衰期一般为 1～1.5 d。早期研究认为皮肤中的 HA 主要是在淋巴结中分解，少部分 HA 进入血液，最终在肝脏中彻底降解为单糖。但近期也有研究表明，HA 也可在皮肤组织直接分解。Laurent 等（1991）在兔后爪部位皮下注射 ^{125}I 标记的 HA，测定了皮肤中游离 HA 的清除率，结果显示，至少有 12%的 HA 在注射部位的皮肤组织中被降解。值得一提的是，皮肤中 HA 的含量会随着年龄的增长逐渐下降（Longas et al.，1987）。

在皮肤中，HA 的降解一般是经由 CD44-Hyal2 途径进行。HA 通过与细胞表面 CD44 和 Hyal-2 相互作用，被富集在细胞表面的特殊微环境中，随后这一区域的脂膜内陷形成内吞小泡，将复合物转入胞内（Hua et al.，1993）。而 HA 与 CD44 的相互作用会激活细胞膜上的 Na^+/H^+交换蛋白-1（Na^+/H^+ exchanger-1，NHE-1），使得局部微环境中的 H^+增加，从而激活 Hyal-2 的透明质酸酶活性，将 HA 降解为片段（Bourguignon et al.，2004），这些 HA 片段经内吞小泡运输到溶酶体后，进一步降解成单糖。

近年的研究发现，皮肤成纤维细胞表面的一种 HA 解聚蛋白 HYBID（hyaluronan binding protein involved in hyaluronan depolymerization）也与皮肤中 HA 的降解密切相关。HYBID 介导皮肤成纤维细胞通过网格蛋白包被小窝（clathrin-coated pit）途径内吞 HA，HA 在内吞小泡中被降解成 10～100 kDa 的片段（Kobayashi et al.，2020；Yoshida and Okada，2019）。

3.3.2 骨关节中透明质酸的分解代谢

日本学者详细研究了 ^{14}C 标记的高分子量 HA 在兔膝关节中的代谢路径和体内分布情况（Akima et al.，1994）。结果表明，^{14}C 标记的 HA 分子在膝关节的半衰期为 32 h。注射后，从滑膜组织中提取的 HA 的分子量分布与注射前相似，只含有少量的低分子量 HA，这说明 HA 在滑膜组织中仅发生了轻微降解，且这一过程主要是通过经典的 CD44-Hyal2 途径实现的。大部分注入关节内的 HA 都是先进入滑膜、软骨和邻近肌肉组织间隙，随后进入淋巴结发生降解，并最终在肝脏完成彻底降解。

骨关节炎会促进关节滑液中 HA 的代谢。Fraser 等（1993）将氚标记的 HA 注射入绵羊关节中来测定关节滑液中 HA 的代谢半衰期。正常情况下，HA 在羊关节中的半衰期为 20.8 h，但在关节炎情况下半衰期降至 11.5 h，HA 局部周转率从 3.5%/h 增加到 6.3%/h，同时在外周组织中观察到放射性信号。这是由于骨关节炎会引起关节中 ROS 堆积，而堆积的 ROS 会使关节滑液中的 HA 分子量降低，从而大大降低了关节滑液的黏度，促进其流出（McDonald and Levick，1995）。

3.3.3 淋巴中透明质酸的分解代谢

组织中的 HA 可随着组织液进入淋巴系统中（Lebel et al.，1988）。Armstrong

和 Bell（2002a，2002b）测定家兔足跟皮肤、腓肠肌和足前淋巴中 HA 的分子量时发现，前两种组织中 HA 分子量大于 400 kDa，淋巴中则主要是分子量较低的 HA（$<$ 79 kDa）。传出淋巴液中的 HA 含量明显低于传入淋巴液，并在淋巴结中检测到 *N*-乙酰氨基葡萄糖、乙酸盐和磷酸-*N*-乙酰氨基葡萄糖等 HA 降解产物，这表明部分 HA 可能在淋巴结中发生降解。但对于具体情况，科学家并未达成统一，有的认为局部组织中 HA 被淋巴吸收并在淋巴结中分解，随后被转运；有的则认为 HA 主要是在局部组织中分解，生成的 HA 片段被淋巴迅速吸收转运，而淋巴结中发生的 HA 分解则非常有限。

目前认为，淋巴系统中介导中高分子量 HA 内吞的主要受体是 LYVE-1（lymphatic vessel endothelial receptor-1），其在淋巴管内皮细胞和基底外侧细胞表面表达，是一种受到严格调控且具有重要生理功能的受体，可与游离或固定化的 HA 结合并介导其进入淋巴（Banerji et al.，1999；Nightingale et al.，2009；Lawrance et al.，2016）。

3.3.4　血液中透明质酸的分解代谢

血浆中的 HA 主要在肝脏中降解。给实验兔静脉注射微量 ^{3}H-HA，测得血浆中 HA 的半衰期为 2.5～4.5 min，约 90%的放射性信号集中在肝脏处，此外只在脾脏发现少量信号。随着时间的推移，放射性信号在肝脏内滞留的比例越来越小，大部分物质被降解并以 ^3H_2O 的形式释放；还有一部分通过氢交换结合到其他生物物质中；少量转化为脂类和其他化合物，参与到机体的代谢循环中；也有少量的低分子量 HA 通过肾脏排出体外（Fraser et al.，1981；1984；1985）。

HA 内吞受体（hyaluronic acid receptor for endocytosis，HARE）是介导这个过程的主要受体。该受体在肝脏、脾脏和淋巴结的内皮细胞中表达，可与 HA 结合并介导其内化，内化后的 HA 运输到溶酶体中并被降解，从而完成 HA 正常的周转过程。Weigel（2019）从大鼠肝脏中获得 HARE 基因的 cDNA，与 Ig-κ 链的 N 端先导序列融合，瞬时转染细胞，从而观察到了 HARE 与 HA 的结合，及其介导的细胞对 HA 的内吞作用。人与大鼠的 HARE 具有 77%的序列同源性，胞外结构域保守，能特异性结合 ^{125}I-HA。HARE 与 HA 结合后，介导周围的细胞膜发生折叠而形成细胞膜网格蛋白有被小泡，随后经内吞作用进入细胞内。而与 HA 结合的 HARE 还会发生磷酸化，可激活 ERK1/2（extracellular signal-regulated kinase1/2）和 JNK（c-Jun *N*-terminal kinase）等信号激酶，从而实现细胞内的信号转导

（Kyosseva et al.，2008）。

（赵 娜 黄思玲 徐小曼 朱环宇）

参 考 文 献

Akima K, Matsuo K, Kobayashi S I, et al. 1994. Studies on the metabolic fate of sodium hyaluronate (SL-1010) after intra-articular administration V: Distribution, metabolism and excretion after intra-articular injection into rabbit shoulder. Drug Metabolism and Pharmacokinetics, 9(4): 510-521.

Al-Assaf S, Navaratnam S, Parsons B J, et al. 2003. Chain scission of hyaluronan by peroxynitrite. Archives of Biochemistry and Biophysics, 411(1): 73-82.

Armstrong S E, Bell D R. 2002a. Ischemia-reperfusion does not cause significant hyaluronan depolymerization in skeletal muscle. Microvascular Research, 64(2): 353-362.

Armstrong S E, Bell D R. 2002b. Relationship between lymph and tissue hyaluronan in skin and skeletal muscle. American Journal of Physiology Heart and Circulatory Physiology, 283(6): H2485-H2494.

Banerji S, Ni J, Wang S X, et al. 1999. LYVE-1, a new homologue of the CD44 glycoprotein, is a lymph-specific receptor for hyaluronan. Journal of Cell Biology, 144(4): 789-801.

Bourguignon L Y W, Singleton P A, Diedrich F, et al. 2004. CD44 interaction with Na^+-H^+ exchanger (NHE1) creates acidic microenvironments leading to hyaluronidase-2 and cathepsin B activation and breast tumor cell invasion. Journal of Biological Chemistry, 279(26): 26991-27007.

Caon I, Parnigoni A, Viola M, et al. 2021. Cell energy metabolism and hyaluronan synthesis. Journal of Histochemistry and Cytochemistry, 69(1): 35-47.

Chao H, Spicer A P. 2005. Natural antisense mRNAs to hyaluronan synthase 2 inhibit hyaluronan biosynthesis and cell proliferation. Journal of Biological Chemistry, 280(30): 27513-27522.

Cherr G N, Yudin A I, Overstreet J W. 2001. The dual functions of GPI-anchored PH-20: Hyaluronidase and intracellular signaling. Matrix Biology, 20(8): 515-525.

Chowdhury B, Xiang B, Liu M, et al. 2017. Hyaluronidase 2 deficiency causes increased mesenchymal cells, congenital heart defects, and heart failure. Circulation Cardiovascular Genetics, 10(1): e001598.

Deeble D J, Bothe E, Schuchmann H P, et al. 1990. The kinetics of hydroxyl-radical-induced strand breakage of hyaluronic acid. A pulse radiolysis study using conductometry and laser-light-scattering. Zeitschrift Fur Naturforschung C, Journal of Biosciences, 45(9-10): 1031-1043.

Fraser J R, Alcorn D, Laurent T C, et al. 1985. Uptake of circulating hyaluronic acid by the rat liver. Cellular localization in situ. Cell and Tissue Research, 242(3): 505-510.

Fraser J R, Kimpton W G, Pierscionek B K, et al. 1993. The kinetics of hyaluronan in normal and acutely inflamed synovial joints: observations with experimental arthritis in sheep. Semin in Arthritis and Rheumatism, 22(6 Suppl 1): 9-17.

Fraser J R, Laurent T C, Engström-Laurent A, et al. 1984. Elimination of hyaluronic acid from the blood stream in the human. Clinical and Experimental Pharmacology & Physiology, 11(1): 17-25.

Fraser J R, Laurent T C, Laurent U B. 1997. Hyaluronan: Its nature, distribution, functions and turnover. Journal of Internal Medicine, 242(1): 27-33.

Fraser J R, Laurent T C, Pertoft H, et al. 1981. Plasma clearance, tissue distribution and metabolism of hyaluronic acid injected intravenously in the rabbit. Biochemical Journal, 200(2): 415-424.

Guinez C, Mir A M, Dehennaut V, et al. 2008. Protein ubiquitination is modulated by O-GlcNAc glycosylation. The FASEB Journal, 22(8): 2901-2911.

Hua Q, Knudson C B, Knudson W. 1993. Internalization of hyaluronan by chondrocytes occurs *via* receptor-mediated endocytosis. Journal of Cell Science, 106(Pt 1): 365-375.

Jadin L, Bookbinder L H, Frost G I. 2012. A comprehensive model of hyaluronan turnover in the mouse. Matrix Biology, 31(2): 81-89.

Jokela T A, Makkonen K M, Oikari S, et al. 2011. Cellular content of UDP-N-acetylhexosamines controls hyaluronan synthase 2 expression and correlates with O-linked N-acetylglucosamine modification of transcription factors YY1 and SP1. Journal of Biological Chemistry, 286(38): 33632-33640.

Kakizaki I, Kojima K, Takagaki K, et al. 2004. A novel mechanism for the inhibition of hyaluronan biosynthesis by 4-methylumbelliferone. Journal of Biological Chemistry, 279(32): 33281-33289.

Kennett E C, Davies M J. 2007. Degradation of matrix glycosaminoglycans by peroxynitrite/ peroxynitrous acid: Evidence for a hydroxyl-radical-like mechanism. Free Radical Biology and Medicine, 42(8): 1278-1289.

Kobayashi T, Chanmee T, Itano N. 2020. Hyaluronan: Metabolism and function. Biomolecules, 10(11): 1525.

Kyosseva S V, Harris E N, Weigel P H. 2008. The hyaluronan receptor for endocytosis mediates hyaluronan-dependent signal transduction *via* extracellular signal-regulated kinases. Journal of Biological Chemistry, 283(22): 15047-15055.

Laurent U B, Dahl L B, Reed R K. 1991. Catabolism of hyaluronan in rabbit skin takes place locally, in lymph nodes and liver. Experimental Physiology, 76(5): 695-703.

Lawrance W, Banerji S, Day A J, et al. 2016. Binding of hyaluronan to the native lymphatic vessel endothelial receptor LYVE-1 is critically dependent on receptor clustering and hyaluronan organization. Journal of Biological Chemistry, 291(15): 8014-8030.

Lebel L, Smith L, Risberg B, et al. 1988. Effect of increased hydrostatic pressure on lymphatic elimination of hyaluronan from sheep lung. Journal of Applied Physiology, 64(4): 1327-1332.

Lepperdinger G, Müllegger J, Kreil G. 2001. Hyal2-less active, but more versatile? Matrix Biology, 20(8): 509-514.

Li M, Rosenfeld L, Vilar R E, et al. 1997. Degradation of hyaluronan by peroxynitrite. Archives of Biochemistry and Biophysics, 341(2): 245-250.

Longas M O, Russell C S, He X Y. 1987. Evidence for structural changes in dermatan sulfate and hyaluronic acid with aging. Carbohydrate Research, 159(1): 127-136.

McDonald J N, Levick J R. 1995. Effect of intra-articular hyaluronan on pressure-flow relation across synovium in anaesthetized rabbits. Journal of Physiology, 485(Pt 1): 179-193.

Michael D R, Phillips A O, Krupa A, et al. 2011. The human hyaluronan synthase 2(HAS2)gene and its natural antisense RNA exhibit coordinated expression in the renal proximal tubular epithelial cell. Journal of Biological Chemistry, 286(22): 19523-19532.

Natowicz M R, Short M P, Wang Y, et al. 1996. Clinical and biochemical manifestations of hyaluronidase deficiency. New England Journal of Medicine, 335(14): 1029-1033.

Nightingale T D, Frayne M E, Clasper S, et al. 2009. A mechanism of sialylation functionally silences the hyaluronan receptor LYVE-1 in lymphatic endothelium. Journal of Biological Chemistry, 284(6): 3935-3945.

Reed R K, Laurent U B, Fraser J R, et al. 1990. Removal rate of [^{3}H]hyaluronan injected subcutaneously in rabbits. The American Journal of Physiology, 259(2 Pt 2): H532-H535.

Rees M D, Hawkins C L, Davies M J. 2004. Hypochlorite and superoxide radicals can act synergistically to induce fragmentation of hyaluronan and chondroitin sulphates. Biochemical Journal, 381(Pt 1): 175-184.

Schiller J, Arnhold J, Sonntag K, et al. 1996. NMR studies on human, pathologically changed synovial fluids: Role of hypochlorous acid. Magnetic Resonance in Medicine, 35(6): 848-853.

Spicer A P, McDonald J A. 1998. Characterization and molecular evolution of a vertebrate hyaluronan synthase gene family. Journal of Biological Chemistry, 273(4): 1923-1932.

Spicer A P, Seldin M F, Olsen A S, et al. 1997. Chromosomal localization of the human and mouse hyaluronan synthase genes. Genomics, 41(3): 493-497.

Stankovská M, Hrabárová E, Valachová K, et al. 2006. The degradative action of peroxynitrite on high-molecular-weight hyaluronan. Neuro Endocrinology Letters, 27(Suppl 2): 31-34.

Stern R. 2003. Devising a pathway for hyaluronan catabolism: are we there yet? Glycobiology, 13(12): 105R-115R.

Stern R, Jedrzejas M J. 2006. Hyaluronidases: their genomics, structures, and mechanisms of action. Chemical Reviews, 106(3): 818-839.

Strzepa A, Pritchard K A, Dittel B N. 2017. Myeloperoxidase: A new player in autoimmunity. Cellular Immunology, 317: 1-8.

Thompson J D, Higgins D G, Gibson T J. 1994. CLUSTAL W: Improving the sensitivity of progressive multiple sequence alignment through sequence weighting, position-specific gap penalties and weight matrix choice. Nucleic Acids Research, 22(22): 4673-4680.

Triggs-Raine B, Salo T J, Zhang H, et al. 1999. Mutations in HYAL1, a member of a tandemly distributed multigene family encoding disparate hyaluronidase activities, cause a newly described lysosomal disorder, mucopolysaccharidosis IX. Proceedings of the National Academy of Sciences of the United States of America, 96(11): 6296-6300.

Vigetti D, Deleonibus S, Moretto P, et al. 2014. Natural antisense transcript for hyaluronan synthase 2(HAS2-AS1) induces transcription of HAS2 *via* protein O-GlcNAcylation. Journal of Biological Chemistry, 289(42): 28816-28826.

Weigel P H. 2019. Discovery of the liver hyaluronan receptor for endocytosis(HARE)and its progressive emergence as the multi-ligand scavenger receptor stabilin-2. Biomolecules, 9(9): 454.

Yoshida H, Okada Y. 2019. Role of HYBID (hyaluronan binding protein involved in hyaluronan depolymerization), alias KIAA1199/CEMIP, in hyaluronan degradation in normal and photoaged skin. International Journal of Molecular Sciences, 20(22): 5804.

第4章　透明质酸的生理作用

透明质酸（hyaluronic acid，HA）是普遍存在于脊椎动物各组织中的糖胺聚糖，在结缔组织中含量更高，是构成细胞外基质（extracellular matrix，ECM）和细胞间质（intercellular matrix，ICM）的主要成分。在维持组织稳态方面，HA起到重要作用。以蛋白多糖形式存在的HA还与多种细胞外大分子相互作用，在ECM和ICM的组装、细胞内信号转导和细胞间信息交互等方面发挥作用。因此，HA对组织生长发育及其生理功能的实现都具有重要的作用。

4.1　透明质酸在组织器官中的作用

4.1.1　保湿作用

HA分子中含有大量羧基和羟基，可通过氢键和分子间相互作用与周围环境中的大量水分子结合。人体真皮中的HA，对于保持皮肤的含水量和充盈度至关重要。在黏膜组织，如口腔黏膜、鼻黏膜、子宫内膜等，其中的HA可以帮助保持黏膜的湿润。一些结缔组织则通过HA调节组织含水量，从而调整组织的弹性。另外，HA的保水作用还对组织渗透压的调控有重要意义。

4.1.2　润滑作用

研究表明，HA溶液具黏弹性和润滑性，能够对抗外部的剪切力。而在人体组织中，HA可以缓冲和吸收组织运动时产生的压力。这一作用在关节滑液有突出的体现。

HA是关节滑液的主要成分。人膝关节滑液含量约2 mL，其中HA的浓度为2.5～4 mg/mL，分子量约为5000 kDa，由组成关节腔的B型滑膜细胞或成纤维细胞合成并分泌到关节腔中。骨关节炎患者的膝关节中，HA的分子量降低，含量降至正常时的1/2～1/3，这导致关节滑液的黏弹性明显下降（Watterson and Esdaile，2000）。

不同运动状态下，关节滑液表现出不同的性能。在正常行走或缓慢运动时，关节滑液对关节内各组织起到润滑作用，减少组织间的摩擦；当运动强度较大时，关节滑液起到减震作用，缓解外部应力对关节带来的冲击；当关节遇到挤压时，关节滑液中的水和小分子物质会沿着软骨表面或间隙扩散至基质中，滑液中剩余的 HA-蛋白质大分子复合物浓度增加，形成稳定的凝胶状态，可以起到保护软骨的作用（Hlaváček，1993a；1993b）。也有研究认为，关节滑液中的 HA 本身不是一种良好的边界润滑剂，但可在其他蛋白质的协同作用下锚定在软骨外表面，并与磷脂酰胆碱形成复合物，这种复合物结构强韧，能更有效地缓冲软骨之间的摩擦（Lin et al.，2020）。

4.1.3 渗透压调节和分子排阻作用

组织中的 HA 除了能保持组织的湿润，还参与了组织器官渗透压的调节，这对于维持组织器官的正常形态具有至关重要的作用。

机体组织中含有蛋白聚糖网络和胶原蛋白网络两种纤维网状结构。HA 除了参与形成蛋白聚糖网络，也以游离形式存在于组织中。蛋白聚糖网络和胶原蛋白网络相互作用，使机体组织的渗透压和弹性力达到平衡状态（Fessler，1957；Meyer et al.，1983）。若用透明质酸酶降解组织中的 HA，就会打破两个网状体系的平衡状态，导致组织变形。

玻璃体是人体眼球组织，存在于晶状体和视网膜之间，具有重要的屈光作用。玻璃体以胶原纤维网状结构为骨架，其中充满 HA 凝胶体，因而具有一定的黏弹性，能保持一定的形状和伸缩性，承受来自周围组织的压力和张力。HA 的保水性赋予了玻璃体一定的渗透压，可吸纳水分子至玻璃体内，而胶原纤维网的弹性性能可使水分子排出玻璃体，通过两者的共同作用调节玻璃体内的水分含量，维持玻璃体的水分平衡和生理功能（Fessler，1957；Equi et al.，1997）。

组织中 HA 分子形成的三维网状结构还能发挥类似“过滤器”作用。HA 三维网络对小分子物质的扩散和转运影响不大，但会影响大分子物质的扩散和转运。在机体中，这种分子筛作用具有重要的生理意义，如调节组织和细胞的物质交换、调节胶原纤维等代谢产物的定位等。

4.2 透明质酸受体和结合蛋白

HA 的许多生理功能是通过与特定的蛋白质结合实现的，如 CD44、RHAMM

（hyaluronan-mediated motility receptor）、LYVE1（lymphatic vessel endothelial receptor-1）和 HARE（hyaluronic acid receptor for endocytosis）等。通过与这些细胞表面受体的相互作用，HA 实现了对细胞增殖分化、迁移及 HA 自身降解等生理活动的调控。

4.2.1　CD44

CD44 是一种分布很广的细胞表面受体，在几乎所有类型的人类细胞表面（包括白细胞、巨噬细胞、红细胞、纤维母细胞、上皮细胞、内皮细胞等）都有表达，因而也得到了广泛研究。

CD44 是一种含有多结构域的完整跨膜糖蛋白，存在多种亚型，分子量最小为 85 kDa，最大的可达 200 kDa 以上（Teriete et al.，2004；Misra et al.，2015）。人体内最常见的 CD44 是 85 kDa 亚型，也是分子量最小的 CD44 形式，被称为 CD44s。如图 4-1 所示，CD44 由 3 个结构域构成，分别是含有 248 个氨基酸残基的 N 端胞外域、含有 21 个氨基酸残基的跨膜域，以及含有 72 个氨基酸残基的 C 端胞内域。不同 CD44 的胞外域靠近细胞膜的一段肽链存在差异，称为可变区。目前已发现 10 种 CD44 亚型，分别命名为 CD44v1～CD44v10（Borland et al.，1998）。CD44 的 N 端胞外域（21～45 位残基和 144～167 位残基）含有两个碱性

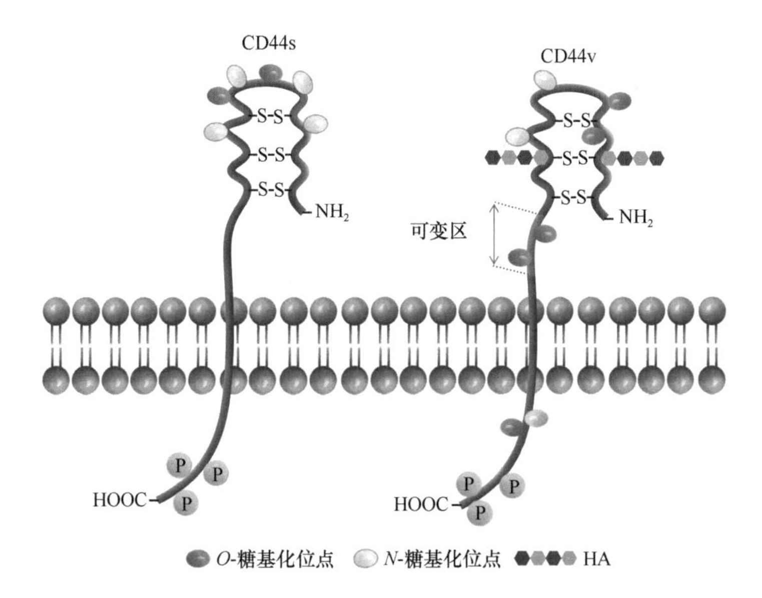

图 4-1　CD44 的结构模拟图

基序（BX7B），可通过电荷作用直接与 HA 结合；胞外域中的二硫键保证了 HA 与碱性基序结合的稳定性，对 HA 与 CD44 的结合至关重要（Liao et al.，1995）；而胞外域的糖基修饰则影响着 HA 与 CD44 的亲和力（Skelton et al.，1998），具有特定修饰的 CD44 才能与 HA 有效结合并激活下游的信号通路（Lesley et al.，1997）。

当 HA 与 CD44 的胞外域结合后，CD44 的胞内域会发生磷酸化修饰，进而触发下游的一系列信号通路，如 PI3K/PDK1/Akt 级联通路和 Ras 磷酸化级联通路等，从而调节细胞功能。除了激活胞内域，HA 还能促进 CD44 与其他细胞的表面受体相互作用，通过细胞-细胞相互作用实现细胞间通讯和对组织功能的调节。

4.2.2 RHAMM

RHAMM 也称为 CD168，存在于多种细胞类型中（Crainie et al.，1999）。不同亚型的 RHAMM 分布不同，可分布于细胞表面、细胞质中或细胞核内，也可分泌到细胞外。它们的共同点在于通过其富含碱性氨基酸残基的 C 端与 HA 结合。

HA 与 RHAMM 的相互作用可激活多种下游激酶，包括 Ras、黏着斑激酶（focal adhesion kinase）、ERK1/2（extracellular signal-regulated kinase1/2）、蛋白激酶 C 和 PI3K 等，从而对细胞功能进行调控（Zaman et al.，2005；Kouvidi，et al.，2011；Nikitovic et al.，2013）。研究发现，敲除 RHAMM 的编码基因会影响 CD44 在质膜上的定位和信号转导。HA 与 RHAMM 之间的相互作用，在组织修复和炎症中起着重要作用。在巨噬细胞中，HA 可通过 RHAMM 影响细胞活化；在成纤维细胞中，RHAMM 高表达，HA 与其相互作用可促进细胞增殖，而敲除 RHAMM 的编码基因会降低它们的愈合特性和迁移能力（Tolg et al. 2003；Zaman et al.，2005；Tolg et al.，2006）。

4.2.3 LYVE1

LYVE1 是一种跨膜糖蛋白，与 CD44 有高度同源性，其空间结构也与 CD44 极其相似。LYVE1 常表达于淋巴系统，在肝窦内皮细胞、淋巴结网状细胞和巨噬细胞中都有发现（Wróbel et al.，2005；Schledzewski et al.，2006；Jackson，2019），是淋巴管的特异性标记物（Akishima et al.，2004）。LYVE1 在炎症组织和肿瘤组织中浸润的巨噬细胞也有表达，在头颈部鳞状细胞癌的预后评估中也是一个重要的指标（Maula et al.，2003）。

对于 LYVE1 发挥的生理作用，目前还没有定论，但可以肯定的是，它与 HA 的转运和清除密切相关。HA 与 LYVE1 结合后会发生内化，随后复合物会被运输到溶酶体中消化，且这一过程并不是通常由网格蛋白或小窝蛋白介导的细胞内吞（Tammi et al.，2001）。也有人认为，LYVE1 与细胞向淋巴管的迁移有关。研究表明，敲除 LYVE1 的编码基因并没有引起组织的代谢异常，可能存在着其他与 LYVE1 作用类似的受体（Johnson et al.，2006；Gale et al.，2007）。

4.2.4 HARE/Stabilin2

在吞噬细胞表面，有一类与异物识别和清除密切相关的受体，被称为清道夫受体（scavenger receptor）。HARE 就是识别 HA 并介导其内吞清除的一类清道夫受体。

HARE 存在于肝、脾和淋巴结的内皮细胞及巨噬细胞，也存在于眼、脑、肾和心脏等不同组织的内皮细胞（Zhou et al.，2000）。HARE 是 Stabilin2 蛋白水解产生的片段，分子量为 190 kDa。Stabilin2 也是一种清道夫受体，属于 I 型膜蛋白，其胞外域靠近跨膜区的一段肽链被称为连接模块（link module），包含由 92 个氨基酸残基组成的 HA 结合基序以及结合其他糖胺聚糖的基序。HARE 保留了 Stabilin2 的一部分胞外域，其中就包括连接模块，因此能结合 HA 和其他糖胺聚糖（Zhou et al.，2000；McGary et al.，2003）。HARE 与 HA 结合后，会使其胞内域的特定酪氨酸残基发生磷酸化，介导网格蛋白包被小泡的形成，从而实现对 HA 的内吞。随后，小泡将 HA 运送到溶酶体进行清除（Pandey et al.，2008）。

HARE 与 HA 结合引起的胞内域磷酸化能激活细胞内的一些信号通路。Pandey 等（2013）发现，分子量为 40～400 kDa 的 HA 与 HARE 相互作用，可刺激 ERK1/2 和 NF-κB 活化。进一步的研究发现，正常情况下，HARE 只介导 HA 的内吞清除，只有 HARE 的 Asn^{2280} 发生 *N*-糖基化修饰时，HA 的结合才会引起 ERK1/2 和 NF-κB 的活化。他们认为，40～400 kDa 的 HA 分子会引起 HARE 的二聚化，而只有含 *N*-糖基化-Asn^{2280} 的 HARE 二聚体才能稳定存在，并活化 ERK1/2 和 NF-κB（Pandey et al.，2013）。

4.2.5 TLR

TLR（Toll-like receptor）是一类 I 型细胞膜蛋白，能够识别来自细菌的、具有保守结构的分子并快速启动先天性免疫反应，是人体免疫系统对病原体的第一道防线。TLR2 可识别脂蛋白、脂多肽、脂壁酸、阿拉伯甘聚糖及酵母多糖等多种病原体表面物质，TLR4 能够识别革兰氏阴性菌脂多糖、体内坏死细胞释放的热休克蛋白和糖胺聚糖，它们与 HA 寡糖结合后，在髓样分化因子的共同作用下，能够激活巨噬细胞，使其分泌趋化因子。体外模型也证实了该结果，即 HA 不能激活敲除了 TLR2、TLR4 和髓样分化因子基因的巨噬细胞，无法使其分泌趋化因子（Takeuchi et al.，1999）。HA 与 TLR 结合，能激活 PI3K/PDK1/Akt 级联通路，并活化 NF-κB 相关蛋白（Jiang et al.，2005）。由于 TLR 广泛表达于多种细胞表面，发挥着不同的作用，因此对于不同细胞，HA 与 TLR 的相互作用也会产生不同的影响。

除了以上比较常见的受体，科学家还发现了其他 HA 结合蛋白，如 HA 结合蛋白 1（hyaluronan binding protein 1，HABP1）等。这些蛋白质，有的只发挥某种特定的生理作用，有的目前还处于研究中。

4.3 透明质酸对细胞活动的调控作用

研究表明，HA 参与多种细胞活动的调控，包括细胞增殖、细胞迁移、细胞分化等。另外，HA 也对细胞起着重要的保护作用。下文将对这些功能进行详述。

4.3.1 细胞保护

研究表明，高分子量 HA 能保护细胞免受自由基和炎症因子的损伤。Grishko 等（2009）发现，HA 能够通过减少炎症因子 IL-1β 和 TNF-α 诱导生成的 ROS 而抑制其对人软骨细胞线粒体 DNA 的损伤，从而减少细胞的凋亡；Ye 等（2012）则发现，HA 能抑制硫柳汞（thimerosal）对人结膜上皮细胞的损伤，降低 ROS 的生成及其对 DNA 的损伤；Gallorini 等（2020）也证实了 HA 通过减少 ROS 损伤抑制 H_2O_2 诱导的人腱细胞的凋亡。总而言之，HA 通过抑制 ROS 对细胞的损伤起到保护细胞的作用。HA 抑制 ROS 损伤的原理目前尚无定论，一般认为 HA 可通过降解反应来消耗掉细胞生成的 ROS。

近年来，超高分子量 HA（> 6×10^6 Da）在细胞保护中的作用得到了广泛研究，它可能是裸鼹鼠保持长寿的重要因子。裸鼹鼠（naked mole-rat），即裸滨鼠（*Heterocephalus glaber*），属于哺乳动物纲啮齿目豪猪亚目，它们的皮肤表面没有皮毛，也没有视觉和痛觉，终生在黑暗的地下巢穴中生活。它们是最长寿的鼠类，寿命长达 30 年，是其他鼠类的 10 倍。Seluanov 和 Gorbunova 领导的课题组发现，裸鼹鼠的纤维母细胞分泌一种超高分子量 HA，由于裸鼹鼠体内透明质酸酶活性降低和其透明质酸合酶 2（hyaluronan synthetase 2，HAS2）的独特序列，这种高分子量的 HA 在裸鼹鼠组织中大量积累。通过敲除 HAS2 或过表达透明质酸酶 Hyal-2 的基因去除超高分子量 HA 后，裸鼹鼠细胞就容易发生恶性转化，并容易在小鼠体内形成肿瘤（Tian et al.，2013）。超高分子量 HA 能显著抑制自由基对裸鼹鼠细胞、鼠源细胞和人源细胞的损伤，并有效改善阿霉素和辐射引起的细胞周期阻滞，且效果显著优于常见的 HA 分子。超高分子量 HA 对细胞的保护作用可能主要与 CD44 有关。超高分子量 HA 阻滞了 CD44 与其他蛋白质的相互作用，从而抑制了 CD44 相关基因的表达。其中一些基因的表达产物，如 ELK、EGR1、CD44-ICD 等，是 p53 的调控因子，能够促进 p53 的活化。p53 是一种肿瘤抑制蛋白，其被活化后能引起细胞的衰老和凋亡，而超高分子量 HA 通过阻碍 p53 的活化，起到抑制细胞衰老、凋亡的作用（Takasugi et al.，2020）。

Seluanov 和 Gorbunova 领导的课题组将裸鼹鼠体内主要催化超高分子量 HA 合成的酶 nmrHAS2 的编码基因 nmr*Has2* 转化到小鼠的基因组内并诱导其稳定表达。与野生型相比，该转基因小鼠族群多种组织中的 HA 含量显著提高，寿命显著延长，身体状态更年轻，自发癌症和药物诱发癌症的发病率均明显降低，转录组特征向长寿物种的转录组特征转移；进一步研究发现，转基因小鼠体内多个组织的炎症明显减轻。课题组认为 nmrHAS2 催化合成的超分子量 HA 通过多种途径减少炎症，包括对免疫细胞的直接调节、防止氧化应激和改善衰老过程中的肠道屏障功能等，从而延长了转基因小鼠的寿命，提升了健康状态（Zhang et al.，2023）。

4.3.2　细胞黏附和迁移

在成纤维细胞、上皮细胞、白细胞、平滑肌细胞、内皮细胞和精子等多种细胞的体外迁移过程中，HA 都发挥了作用。HA 是细胞黏附迁移的普遍调节因子，通过影响细胞的黏附和迁移，实现对血管生成、组织分化等生理过程及炎症、肿瘤发生发展等病理过程的调节。

作为 ECM 的主要成分，HA 分子会与其他生物大分子组成复杂的三维网状结构，这一结构会对大分子和细胞产生空间阻隔作用，且生理条件下 HA 分子为聚阴离子，不会与其他糖胺聚糖和磷脂发生静电相互作用，从而减少细胞间的非特异性吸附。HA 介导的细胞黏附和迁移往往是通过其与特定的细胞表面受体相互作用实现的，包括 CD44（Miyake et al.，1990）、RHAMM（Zaman et al.，2005）、C1q（Vidergar et al.，2019）等。不同细胞则是通过“CD44-HA-CD44”三明治结构实现细胞间的黏附（Johnson and Ruffell，2009）。

在炎症、肿瘤等病理条件下，细胞会生成透明质酸酶和活性氧，降解其周围 ECM 中的 HA，生成低分子量 HA。低分子量 HA 通过与细胞表面受体的结合，激活下游蛋白激酶并拉动细胞骨架上的肌动蛋白丝，从而促进细胞的移动。研究表明，在很多肿瘤组织中，透明质酸合酶和透明质酸酶的表达都有显著升高，从而提高了肿瘤组织中 HA 与低分子量 HA 的含量。低分子量 HA 促进了肿瘤细胞的迁移（Mcatee et al.，2014）。除透明质酸酶外，科学家也发现了其他可能发挥类似作用的蛋白。Irie 等（2021）发现，多种肿瘤细胞高表达跨膜蛋白 2（transmembrane protein 2，TMEM2），TMEM2 也能降解 ECM 内的 HA，这可能与肿瘤细胞的侵袭密切相关。

4.3.3 细胞分化

细胞分化是一个非常复杂的过程，受多种细胞因子和信号通路的调控。若细胞来源、细胞种类、分化方向不同，则与之相关的信号调控也会有所不同，HA 在细胞分化过程中起到的作用也随之不同，HA 的分子量和浓度对其产生的影响也就会不同。在这里，我们仅以人来源的干细胞为例进行简要介绍。

HA 可促进干细胞向骨/软骨分化。例如，HA 可通过与 CD44 的结合而激活 ERK 通路，从而促进人脂肪来源间充质干细胞向软骨分化，且在分子量为 80～2000 kDa 的 HA 中，2000 kDa 的 HA 具有最好的促软骨生成效果（Wu et al.，2018）；此外，通过激活同一条信号通路，HA（300 kDa）也能促进人羊膜来源间充质干细胞向软骨分化（Luo et al.，2020）。而将 HA 加入 DAG 成骨分化培养基中，可通过对 TGFβ/Smad 通路协同促进人羊膜来源间充质干细胞向成骨细胞的分化（Zhang et al.，2019）。HA 还可通过激活 Wnt/β-catenin 信号通路，促进人羊膜来源间充质干细胞的增殖，并保留其分化能力（Liu et al.，2016）。人骨髓来源干细胞与高分子量 HA（1.8 MDa）共培养，可促进糖胺聚糖的生成和分泌，从而促进 ECM 形成，这有利于细胞向软骨细胞分化（Monaco et al.，2020）。

HA 可促进肌肉干细胞向肌肉分化。在损伤的肌肉组织中，炎症细胞会通过分泌 IFN-γ、IL-6 和 TNF-α 等促炎性细胞因子抑制肌肉干细胞的增殖，而肌肉干细胞则通过对组蛋白 H2 的 Lys27 残基的去甲基化激活 *Has2* 基因表达，从而促进细胞向 ECM 中分泌 HA；这些 HA 分子可抑制促炎性细胞因子的作用，激活肌肉干细胞的增殖，从而启动损伤肌肉的再生（Nakka et al.，2022）。

作为 ECM 的重要组成成分，HA 也对干细胞的分化和多种器官的形成起着重要的结构支撑及生理学调控作用。因此，HA 及其衍生物是组织工程中得到广泛应用的支架材料之一。科学家利用 HA 及其衍生物构建的组织工程材料，实现了干细胞向骨、软骨、神经和血管等细胞及组织的分化。具体内容将在第 14 章进行详细介绍。

4.4　透明质酸在重要生理过程中的作用

4.4.1　炎症

炎症是人体对刺激的一种防御反应，涉及免疫细胞的活化和炎症因子的释放，表现为组织的红、肿、热、痛和功能障碍等。一般来说，炎症有利于清除外界刺激，但同时也会对人体内的正常组织产生损伤，产生炎症性疾病。作为 ECM 的重要组成成分，HA 是炎症反应的参与者之一，在炎症反应过程中，HA 会被降解成分子量较小的 HA 片段，这些片段也发挥着不同的作用。

当人体组织发生炎症时，炎症部位的血管上皮细胞和基质细胞就会合成并分泌高分子量 HA。多个 HA 分子互相接触，会形成类似锁链的结构。免疫细胞可通过 CD44、RHAMM 及 LYVE-1 等细胞表面受体与该结构相互作用并紧密结合，从而实现对免疫细胞的募集（Day and de la Motte，2005）。

除了免疫细胞，血小板也能与 HA 锁链结构结合，此时血小板中的 Hyal-2 转移到血小板膜表面，将 HA 降解成片段（de la Motte et al.，2009）。而炎症过程中细胞释放的 ROS 也能降解 HA。HA 片段可通过与免疫细胞表面的 TLR2 和 TLR4 相互作用，激活并促进其释放 TNF-α、IL-12、IL-1β、MMP 等促炎性细胞因子（Taylor et al.，2007），这一过程虽然加剧了炎症反应，但能促进免疫细胞对病原体和凋亡细胞的清除（Jiang et al.，2005）。

需要注意的是，对于低分子量 HA 与炎症的关系，科学研究仍存在争议。美国食品药品监督管理局（Food and Drug Administration，FDA）科学工程实验中心的 Lyle 等（2010）发现，在排除内毒素的干扰后，低分子量 HA（4.77 kDa、6.55 kDa、17 kDa、35 kDa、64 kDa、132 kDa、 485kDa、1100 kDa 和 1700 kDa）不会引起小鼠巨噬细胞 RAW 264.7、大鼠脾细胞和大鼠贴壁分化原代巨噬细胞释放炎症分子 NO。Olsson 等（2018）则研究了不同分子量的医药级 HA（1680 kDa、234 kDa、28 kDa、4～10 kDa）对类风湿关节炎患者滑膜成纤维细胞和软骨细胞，以及对健康供者外周血单核细胞的影响，他们发现虽然以上细胞均表达 TLR4 和 CD44，但在 HA 刺激后未检测到 IL-1β、IL-6、IL-8、IL-10、IL-12 或 TNF-α 的释放增加。还有研究发现，低分子量 HA 可通过与 TLR4 的结合，诱导包括皮肤角质细胞、肠上皮细胞在内的多种细胞产生 β-防御素 2（β-defensin 2）（Gariboldi et al.，2008；Hill et al.，2012）。β-防御素 2 是哺乳动物细胞分泌的一种抗菌肽，具有独特的抗菌作用，且不容易产生抗药性。这些研究表明，低分子量 HA 对免疫系统的作用是非常复杂的，而目前的研究结果可能还没有全面揭示低分子量 HA 在炎症反应中发挥的作用。

4.4.2 受精

排卵前几个小时，在促卵泡激素（follicle-stimulating hormone，FSH）的作用下，卵母细胞周围的卵丘细胞中 HAS 增加，特别是 HAS2 有大幅度增加，从而使卵丘细胞合成并分泌大量的大分子 HA，这使得其周围 ECM 的黏弹性增强（Russell and Salustri，2006）。HA 与 ECM 中的间-α-胰蛋白酶抑制因子（inter-α-inhibitor，IαI）的重链结合，会促进卵丘-卵母细胞复合体膨胀而形成卵丘，之后，卵丘从卵泡壁脱离，向输卵管转移（Nagyova et al.，2004）。

雄性哺乳动物的大部分生殖器官，如附睾、前列腺、精囊等，均可分泌 HA。精浆中也含有 HA。研究证明，精浆中的 HA 与精子的活动性密切相关，HA 通过与精子质膜上的 HA 结合蛋白 1（hyaluronan binding protein 1，HABP1）相互作用调控精子的活动性（Ghosh et al.，2002）。在精子的质膜上有透明质酸酶 PH-20，当精子与卵子接触时，PH-20 就会降解包裹卵细胞的基质中的 HA，促进顶体反应（acrosome reaction）的发生，帮助精子与卵子结合（Sabeur et al.，1998）。因此，卵泡液中 HA 的含量是衡量体外受精成功与否的指标之一，而精子与 HA 的结合能力则是衡量精子活力的重要指标之一（Babayan et al.，2008）。

4.4.3 胚胎发育

受精卵形成后，会继续沿输卵管向子宫移动，在此过程中会进行快速增殖和分化。研究表明，输卵管内壁细胞会向输卵管液中分泌 HA，且主要是由 HAS3

催化合成的、分子量较小的 HA（Bergqvist et al.，2005），而 Hyal-2 的表达也显著上升，促进 HA 的降解。以上变化均可提高输卵管液中低分子量 HA 的含量，这可能有助于受精卵的增殖（Marei et al.，2013）。受精卵经过 24～30 h 的快速分裂增殖形成囊胚，而组成囊胚的胚胎干细胞中，HAS2 的表达显著升高，这一过程与胚胎的上皮-间质转化（epithelial–mesenchymal transition）密切相关，是胚胎发育过程的重要一环（Shukla et al.，2010）。

有研究表明，胚胎发育期间，心内膜细胞产生的 HA 有助于心内膜垫的形成，并可促进心脏瓣膜发育过程中的内皮细胞向间充质细胞转化。HAS2 正负调节的相对平衡维持了 HA 的稳态和心内膜的大小（Lagendijk et al.，2013）。HA 也广泛分布于中枢神经系统中，可促进神经嵴细胞与背侧神经管的分离，在调节背神经管中神经嵴细胞的迁移方面发挥重要作用。除了调节神经元功能和细胞迁移外，HA 还可能影响干细胞的分化和成熟。有报道称，无论是在体内还是在体外，HA 都能通过与 TLR2 的相互作用，抑制少突胶质前体细胞的成熟和髓鞘的再生（Sloane et al.，2010）。

4.4.4 血管生成

血管生成，也称新生毛细血管的生成，与许多生理和病理过程密切相关，如胚胎发育、伤口修复、黄体形成、类风湿关节炎、动脉粥样硬化、银屑病、糖尿病视网膜病变、肿瘤生长和转移等。体外和体内研究都证明，HA 的局部浓度和分子量大小都对血管生成过程有直接影响。

大量研究表明，HA 对血管生成的作用与其分子量密切相关。HA 的部分酶解产物可以诱导鸡尿囊绒膜（chick chorioallantoic membrane，CAM）血管的形成（West et al.，1985），且只有长度超过三个双糖单位的寡糖（4～25 个双糖单位）才具备这种功能（Arnold et al.，1987）。这些 HA 片段具有刺激血管内皮细胞增殖和迁移、促进胶原合成和芽管形成的功能（Rooney et al.，1993；Lccs et al.，1995；Montesano et al.，1996）。而与低分子量 HA 不同的是，高分子量 HA 则会抑制血管的生成（Deed et al.，1997）。

HA 促血管生成的作用与它的两个主要结合蛋白——RHAMM 和 CD44 密切相关。Turley 等（2002）发现，原代人内皮细胞中的 RHAMM 结合低分子量 HA 后，可活化 MAPK、ERK1/2 等与细胞分裂相关的激酶，从而促进内皮细胞的增殖。Savani 等（2001）发现，抑制 CD44 会阻止血管内皮细胞的黏附和增殖。虽然普遍认为，低分子量 HA 是诱导血管生成的主要分子，但也有研究表明，高分子量 HA 可通过与牛主动脉内皮细胞中的 CD44v10 结合，促进内皮细胞的迁移（Singleton and Bourguignon，2002）。然而，与低分子量 HA 相比，高分子量 HA 激活相关途径的活性较弱（Lokeshwar and Selzer，2000）。

除了 RHAMM 和 CD44，HA 也可能通过与 ezrin 和 merlin 的结合调节血管生成，ezrin 和 merlin 属于 ezrin 蛋白家族，是与 CD44 和细胞骨架蛋白 F-actin 相互作用的重要连锁蛋白。它们都可与 CD44 的 C 端发生相互作用，且二者存在竞争（Morrison et al.，2001；Martin et al.，2003）。CD44 的 C 端与 ezrin/merlin 的 N 端结合，触发一系列级联反应，参与调节细胞增殖和迁移（Zohar et al.，2000）。ezrin 是刺激细胞增殖和迁移的重要因子，merlin 抑制细胞增殖，而 HA 可调节两者的激活状态和表达（Brown et al.，2005；Bai et al.，2007）。低分子量 HA 促进内皮细胞增殖的作用可能与 ezrin 的表达和激活有关，而高分子量 HA 抑制内皮细胞增殖的作用可能与 merlin 的表达和激活有关（Mo et al.，2011）。

研究还发现，CD44 和 RHAMM 等细胞表面受体似乎与多种生长因子存在协同作用，包括血管内皮细胞生长因子、成纤维细胞生长因子和肝素衍生生长因子等。这使得 HA 或者低分子量 HA 相关的信号机制变得更加复杂，这些相互作用的机制和形式尚不明确，可能与某些疾病的发生发展密切相关，对其作用机制的深入探究及其在临床中的应用可能会为疾病诊断和治疗提供新的途径。

4.4.5 肿瘤的发生发展

在肿瘤发生发展的过程中，肿瘤周边的 ECM 会发生广泛的重建。重建后的肿瘤 ECM 作为肿瘤微环境的重要组成部分，是支持肿瘤细胞生存、增殖和侵袭的重要结构基础，在肿瘤发展过程中起着重要作用。HA 作为 ECM 的重要组成部分，与肿瘤的免疫逃逸、肿瘤组织血管生成、肿瘤转移及肿瘤耐药等都密切相关。

肿瘤细胞的一大特点就是无限增殖，这就需要充足的血液为其提供营养，而肿瘤组织周围常伴随新血管生成。前文已述，低分子量 HA 可促进血管生成，而在肿瘤组织中，这一点也得到了证实。Koyama 等（2007）发现，由 16 个双糖单位组成的低分子量 HA 促进了肿瘤组织中血管的生成，而肿瘤组织中的高分子量 HA 则与多功能蛋白聚糖（versican）协同促进肿瘤基质细胞的活化并分泌碱性成纤维细胞生长因子（basic fibroblast growth factor，bFGF），间接促进肿瘤组织血管的生成。

HA 还影响肿瘤细胞的迁移和侵袭。低分子量 HA 可刺激肿瘤 ECM 中基质金属蛋白酶（matrix metalloproteinase，MMP）的表达，MMP 对肿瘤 ECM 中的蛋白聚糖具有降解作用，从而间接促进肿瘤细胞的转移和侵袭（Fieber et al.，2004）。

HA 与肿瘤相关巨噬细胞（tumor-associated macrophages，TAM）的活化也密切相关。TAM 也是肿瘤微环境的重要组成部分，现已证明其促进了肿瘤的生长、侵袭、转移和耐药（Pan et al.，2020）。前文已述，HA 及其片段参与了免疫细胞的募集和活化过程。与之类似，肿瘤组织中的高分子量 HA 促进了对肿瘤组织中单核/巨噬细胞的募集（Kobayashi et al.，2010），而 HA 片段则促进了这些细胞的活化。巨噬细胞会进一步分化为 M1 型和 M2 型，其中 M1 型具有免疫促进作用，而 M2 型则有免疫抑制作用。HA 片段会促进 M2 型巨噬细胞的形成，这有助于肿瘤细胞的免疫逃逸（Kuang et al.，2007）。

HA 可能与肿瘤细胞的新陈代谢有关。在乳腺癌活检组织中，谷氨酰胺-果糖-6-磷酸酰胺转移酶-2（glutamine-fructose-6-phosphate amidotransferase-2，GFAT-2）的表达显著上调（Oikari et al.，2018）。该酶是 UDP-*N*-乙酰氨基葡萄糖（UDP-*N*-GlcNAc）合成的关键酶，而 UDP-*N*-GlcNAc 又通过己糖胺生物合成途径（hexosamine biosynthetic pathway）连接肿瘤细胞内蛋白质、脂质和核酸的代谢。有研究表明，在乳腺癌细胞中，UDP-GlcNAc 增加可促进肿瘤细胞中 HA 的生物合成。而对于敲除 *GFAT1* 基因的胰腺导管腺癌（pancreatic ductal adenocarcinomas）细胞，HA 可替代被阻断的代谢途径而使其存活（Kim et al.，2021）。

HA 及相关蛋白可能成为治疗癌症的新靶点。4-甲基伞形酮（4-methylumbelliferone，4-MU）是常用的 HA 合成抑制剂。在哺乳动物体内，尿苷二磷酸转移酶可催化 UDP-葡萄糖醛酸与 4-MU 反应生成 4-甲基伞型酮-葡糖苷酸（4-methylumbelliferyl glucuronide），从而耗尽细胞质中的 UDP-葡萄糖醛酸，使细胞因缺乏底物而无法合成 HA（Nagy et al.，2015）。4-MU 还能降低 HAS2、HAS3 的表达，并通过反馈机制间接降低 CD44 和 RHAMM 受体的表达，从而抑制肿瘤细胞的增殖、迁移和侵袭（Kultti et al.，2009）。但这种方法对肿瘤相关 HA 没有特异性，因此没有进入进一步的临床研究。Isoyama 等（2006）合成了一种 *O*-硫酸化 HA（sHA），可通过结合透明质酸酶 Hyal-1 的变构位点对其产生非常有效的非竞争性抑制。给移植了前列腺肿瘤的无胸腺小鼠腹腔注射 sHA，发现 sHA 通过抑制 Hyal-1 反馈调节 CD44 和 RHAMM 的表达，受体表达的减少又抑制了 PI3K/Akt 信号通路的活化，所以使肿瘤的增殖和侵袭能力显著降低（Kultti et al.，

2009）。

除了调节 HA 相关通路的药物，科学家们也研究了利用透明质酸酶辅助治疗肿瘤的可能性。在一种胰腺癌小鼠模型中，Provenzano 等（2012）采用一种聚乙二醇修饰的透明质酸酶（PEGPH20）降解肿瘤组织中的 HA，诱导肿瘤血管破裂，显著升高间质液体压力，从而促进了肿瘤组织的灌注；PEGPH20 与其他化疗药物（如吉西他滨等）联用，可提高药物对肿瘤细胞的杀伤作用，从而提高小鼠的生存率并延长生存时间。Gong 等（2016）也发现，给移植了乳腺肿瘤的小鼠瘤内注射透明质酸酶后再静注纳米药物，肿瘤对药物的摄取量提高了 2 倍。

由于具备大分子性、优异的生物相容性和大量的可反应基团，HA 也被作为骨架材料或修饰材料，用于荷载抗肿瘤药物的纳米给药体系的制备，现已取得了一定的研究成果，具体内容详见第 13 章。

4.5 透明质酸在疾病诊断中的应用

一般来说，免疫分析是生物样品定量分析中准确度比较高的方法，通过抗原-抗体的特异性反应实现对目标化合物的定量分析。然而，HA 不具有种属特异性和抗原性，无法通过免疫动物获得抗体，这阻碍了 HA 免疫分析方法的开发。随着科学家们发现 HA 可与软骨蛋白聚糖发生特异性结合，HA 免疫分析方法的开发又有了新的可能性。Tengblad（1980）对从软骨中提取的 HA 结合蛋白（hyaluronan binding-protein，HABP）进行同位素标记，利用 HA 和 HA 取代的 Sepharose 凝胶与标记后的 HABP 之间的竞争性结合，构建了对 HA 水溶液的定量分析方法，检测限可达到纳克级别。这一方法被用于动物和人的体液及组织液中 HA 的定量分析，证明了该方法的可用性（Laurent and Tengblad，1980）。随着科学家们对方法的不断改进，HA 的免疫定量分析方法已经相对成熟。目前，免疫法是临床上对生物样本中 HA 进行定量分析的常用方法，包括放射免疫分析法、酶联免疫分析法、化学发光法等，原理均是 HA 与 HABP 的特异性结合，具体试验方法可分为夹心法或竞争法。HA 作为一些疾病的重要标志，已成为辅助诊断和病程检测的指标。

4.5.1 肝纤维化和肝硬化

肝纤维化（liver fibrosis）是肝脏损伤修复过程中的一种病理状态。一般认为，病毒、酒精、药物、代谢异常等因素均可能导致肝细胞损伤和炎症反应，当炎症反应得不到有效控制时，就会引起以上皮间充质化为主的细胞转化，进而导致 ECM 的过度沉积，表现为肝纤维化，随着病程的进一步发展就会恶化为肝硬化。

血液中的 HA 主要是在肝脏完成分解代谢，当肝脏受到损伤时，HA 分解代谢受阻，就会在血液中堆积。血液中 HA 的含量会随着肝损伤程度的加深而递增，能反映肝纤维化的程度。临床研究发现，各种病因导致的肝硬化患者，其血清 HA 水平均会显著上升；当疾病得到有效控制时，血清 HA 水平就随之下降（Li et al.，2012；Parkes et al.，2012；Rodart et al.，2021）。HA 含量的增加能够反映肝纤维化的程度，因此可以作为肝纤维化的敏感指标之一。一些非侵入性的肝纤维化诊断模型，如 HepaScore、增强肝纤维化评分（enhanced liver fibrosis score）等，均把血清 HA 水平作为评价指标纳入算法中。

4.5.2 肾损伤

血液中未被分解代谢的 HA 会通过肾脏排出体外，而当肾小球功能受损时，其滤过作用发生异常，HA 通过尿液的排泄就会受到影响，进而导致血液中 HA 的增加。因此，在肝功能正常的情况下，血中 HA 浓度升高可作为判断肾功能异常的指标之一。黄雌友等（2023）探究了新诊断 2 型糖尿病患者的血清 HA 水平对早期肾脏损伤的诊断价值，发现患者血清 HA 与肾损伤指标尿白蛋白/肌酐比（urinary albumin creatinine ratio，UACR）、尿 α1 微球蛋白（urine α1-microglobulin，α1-MG）、中性粒细胞明胶酶相关脂质运载蛋白（neutrophil gelatinase associated lipid transporter，NGAL）及 Sdc-1 呈正相关（$P<0.01$），表明检测血清 HA 有助于评估新诊断 2 型糖尿病早期肾脏损伤。

4.5.3 肿瘤

前文已述，在肿瘤发生发展的过程中，HA 作为肿瘤 ECM 的重要组成物质起作用。因此，HA、HA 合成酶和降解酶，以及 HA 结合蛋白的水平可能作为一些肿瘤的辅助诊断指标和病程检测指标。Zhao 等（2022）对接受化疗的小细胞肺癌患者血清 HA 水平进行检测，发现动态检测 HA 可以预测患者的预后；另外，血清 HA 水平可能成为非小细胞肺癌骨转移的独立预测因素。Markowska 等（2023）通过回顾文献，研究了血清 HA 及其相关酶和结合蛋白的水平与女性恶性肿瘤病程的关系，包括乳腺癌、宫颈癌、子宫内膜癌和卵巢癌。他们认为，HA 及其相关物质可能是以上恶性肿瘤的关键预后生物标志物，但具体的关系还需要通过更广泛的临床研究来确证。HA 及相关代谢酶的水平也可作为肿瘤转移评分的标志物。El-Mezayen 等（2012）通过多元判别分析（multivariate discriminate analysis，MDA）提出了一种针对大肠癌转移的评分函数，包含 6 个生化指标，分别是血清 HA、透明质酸酶、*N*-乙酰-β-D-葡萄糖苷酶、β-葡萄糖苷酶、葡萄糖醛酸和一氧化氮，该函数的判别临界值为 0.24，大于 0.24 表示患者患有转移性大肠癌，利用该方法可正确识别出 92%的转移性大肠癌患者，且阳性和阴性预测准确率也很高。类似的评价方法在转移性乳腺癌中也得到了应用，该函数采用了血清 HA、透明质酸酶、肿瘤标志物 CA15.3、β-葡萄糖醛酸酶、*N*-乙酰-β-D-氨基葡萄糖苷酶、葡萄糖醛酸和葡萄糖胺 7 个生化指标，评分大于 0.85 表示为转移性乳腺癌，小于 0.85 表示为非转移性乳腺癌，在临床中该模型正确划分了 87%的转移性乳腺癌患者（El-Mezayen et al.，2013）。

（赵　娜　黄思玲　徐小曼　朱环宇）

参 考 文 献

黄雌友, 朱升龙, 孙旦芹, 等. 2023. 新诊断 2 型糖尿病患者血清糖萼脱落标志物水平对早期肾脏损伤的诊断价值. 中国糖尿病杂志, 31(8): 576-580.

Akishima Y, Ito K, Zhang L J, et al. 2004. Immunohistochemical detection of human small lymphatic vessels under normal and pathological conditions using the LYVE-1 antibody. Virchows Archiv, 444(2): 153-157.

Arnold F, West D C, Schofield P F, et al. 1987. Angiogenic activity in human wound fluid. International Journal of Microcirculation, Clinical and Experimental, 5(4): 381-386.

Babayan A, Neuer A, Dieterle S, et al. 2008. Hyaluronan in follicular fluid and embryo implantation following *in vitro* fertilization and embryo transfer. Journal of Assisted Reproduction and Genetics, 25(9/10): 473-476.

Bai Y, Liu Y J, Wang H, et al. 2007. Inhibition of the hyaluronan-CD44 interaction by merlin contributes to the tumor-suppressor activity of merlin. Oncogene, 26(6): 836-850.

Benitez A, Yates T J, Lopez L E, et al. 2011. Targeting hyaluronidase for cancer therapy: antitumor activity of sulfated hyaluronic acid in prostate cancer cells. Cancer Research, 71(12): 4085-4095.

Bergqvist A S, Yokoo M, Heldin P, et al. 2005. Hyaluronan and its binding proteins in the epithelium and intraluminal fluid of the bovine oviduct. Zygote, 13(3): 207-218.

Borland G, Ross J A, Guy K. 1998. Forms and functions of CD44. Immunology, 93(2): 139-148.

Brown K L, Birkenhead D, Lai J C Y, et al. 2005. Regulation of hyaluronan binding by F-actin and colocalization of CD44 and phosphorylated ezrin/radixin/moesin (ERM) proteins in myeloid cells. Experimental Cell Research, 303(2): 400-414.

Crainie M, Belch A R, Mant M J, et al. 1999. Overexpression of the receptor for hyaluronan-mediated motility (RHAMM) characterizes the malignant clone in multiple myeloma: identification of three distinct RHAMM variants. Blood, 93(5): 1684-1696.

Day A J, de la Motte C A. 2005. Hyaluronan cross-linking: a protective mechanism in inflammation? Trends in Immunology, 26(12): 637-643.

de la Motte C, Nigro J, Vasanji A, et al. 2009. Platelet-derived hyaluronidase 2 cleaves hyaluronan into fragments that trigger monocyte-mediated production of proinflammatory cytokines. The American Journal of Pathology, 174(6): 2254-2264.

Deed R, Rooney P, Kumar P, et al. 1997. Early-response gene signalling is induced by angiogenic oligosaccharides of hyaluronan in endothelial cells. Inhibition by non-angiogenic, high-molecular-weight hyaluronan. International Journal of Cancer, 71(2): 251-256.

El-Mezayen H A, Toson El S A, Darwish H, et al. 2012. Discriminant function based on parameters of hyaluronic acid metabolism and nitric oxide to differentiate metastatic from non-metastatic colorectal cancer patients. Tumour Biology, 33(4): 995-1004.

El-Mezayen H A, Toson El S A, Darwish H, et al. 2013. Development of a novel metastatic breast cancer score based on hyaluronic acid metabolism. Medical Oncology, 30(1): 404.

Equi R A, Jumper M, Cha C, et al. 1997. Hyaluronan polymer size modulates intraocular pressure. Journal of Ocular Pharmacology and Therapeutics, 13(4): 289-295.

Fessler J H. 1957. Water and mucopolysaccharide as structural components of connective tissue. Nature, 179(4556): 426-427.

Fieber C, Baumann P, Vallon R, et al. 2004. Hyaluronan-oligosaccharide-induced transcription of metalloproteases. Journal of Cell Science, 117(Pt 2): 359-367.

Filion M C, Phillips N C. 2001. Pro-inflammatory activity of contaminating DNA in hyaluronic acid preparations. Journal of Pharmacy and Pharmacology, 53(4): 555-561.

Gale N W, Prevo R, Espinosa J, et al. 2007. Normal lymphatic development and function in mice deficient for the lymphatic hyaluronan receptor LYVE-1. Molecular and Cellular Biology, 27(2): 595-604.

Gallorini M, Berardi A C, Gissi C, et al. 2020. Nrf2-mediated cytoprotective effect of four different hyaluronic acids by molecular weight in human tenocytes. Journal of Drug Targeting, 28(2): 212-224.

Gariboldi S, Palazzo M, Zanobbio L, et al. 2008. Low molecular weight hyaluronic acid increases the self-defense of skin epithelium by induction of beta-defensin 2 *via* TLR2 and TLR4. Journal of Immunology, 181(3): 2103-2110.

Ghosh I, Bharadwaj A, Datta K. 2002. Reduction in the level of hyaluronan binding protein 1(HABP1) is associated with loss of sperm motility. Journal of Reproductive Immunology, 53(1/2): 45-54.

Gomis A, Pawlak M, Balazs E A, et al. 2004. Effects of different molecular weight elastoviscous hyaluronan solutions on articular nociceptive afferents. Arthritis and Rheumatism, 50(1): 314-326.

Gong H, Chao Y, Xiang J, et al. 2016. Hyaluronidase to enhance nanoparticle-based photodynamic tumor therapy. Nano Letters, 16(4): 2512-2521.

Grishko V, Xu M, Ho R, et al. 2009. Effects of hyaluronic acid on mitochondrial function and mitochondria-driven apoptosis following oxidative stress in human chondrocytes. Journal of

Biological Chemistry, 284(14): 9132-9139.

Hill D R, Kessler S P, Rho H K, et al. 2012. Specific-sized hyaluronan fragments promote expression of human β-defensin 2 in intestinal epithelium. Journal of Biological Chemistry, 287(36): 30610-30624.

Hlaváček M. 1993a. The role of synovial fluid filtration by cartilage in lubrication of synovial joints—I. mixture model of synovial fluid. Journal of Biomechanics, 26(10): 1145-1150.

Hlaváček M. 1993b. The role of synovial fluid filtration by cartilage in lubrication of synovial joints: II. squeeze-film lubrication: Homogeneous filtration. Journal of Biomechanics, 26(10): 1151-1160.

Irie F, Tobisawa Y, Murao A, et al. 2021. The cell surface hyaluronidase TMEM2 regulates cell adhesion and migration *via* degradation of hyaluronan at focal adhesion sites. Journal of Biological Chemistry, 296: 100481.

Isoyama T, Thwaites D, Selzer M G, et al. 2006. Differential selectivity of hyaluronidase inhibitors toward acidic and basic hyaluronidases. Glycobiology, 16(1): 11-21.

Jackson D G. 2019. Hyaluronan in the lymphatics: The key role of the hyaluronan receptor LYVE-1 in leucocyte trafficking. Matrix Biology, 78-79: 219-235.

Jiang D H, Liang J R, Fan J, et al. 2005. Regulation of lung injury and repair by Toll-like receptors and hyaluronan. Nature Medicine, 11(11): 1173-1179.

Johnson L A, Clasper S, Holt A P, et al. 2006. An inflammation-induced mechanism for leukocyte transmigration across lymphatic vessel endothelium. The Journal of Experimental Medicine, 203(12): 2763-2777.

Johnson P, Ruffell B. 2009. CD44 and its role in inflammation and inflammatory diseases. Inflammation & Allergy Drug Targets, 8(3): 208-220.

Kim P K, Halbrook C J, Kerk S A, et al. 2021. Hyaluronic acid fuels pancreatic cancer cell growth. eLife, 10: e62645.

Kobayashi N, Miyoshi S, Mikami T, et al. 2010. Hyaluronan deficiency in tumor stroma impairs macrophage trafficking and tumor neovascularization. Cancer Research, 70(18): 7073-7083.

Kouvidi K, Berdiaki A, Nikitovic D, et al. 2011. Role of receptor for hyaluronic acid-mediated motility (RHAMM) in low molecular weight hyaluronan (LMWHA)-mediated fibrosarcoma cell adhesion. Journal of Biological Chemistry, 286(44): 38509-38520.

Koyama H, Hibi T, Isogai Z, et al. 2007. Hyperproduction of hyaluronan in neu-induced mammary tumor accelerates angiogenesis through stromal cell recruitment possible involvement of versican/PG-M. The American Journal of Pathology, 170(3): 1086-1099.

Kuang D M, Wu Y, Chen N N, et al. 2007. Tumor-derived hyaluronan induces formation of immunosuppressive macrophages through transient early activation of monocytes. Blood, 110(2): 587-595.

Kultti A, Pasonen-Seppänen S, Jauhiainen M, et al. 2009. 4-Methylumbelliferone inhibits hyaluronan synthesis by depletion of cellular UDP-glucuronic acid and downregulation of hyaluronan synthase 2 and 3. Experimental Cell Research, 315(11): 1914-1923.

Lagendijk A K, Szabó A, Merks R M H, et al. 2013. Hyaluronan: a critical regulator of endothelial-to-mesenchymal transition during cardiac valve formation. Trends in Cardiovascular Medicine, 23(5): 135-142.

Laurent U B G, Tengblad A. 1980. Determination of hyaluronate in biological samples by a specific radioassay technique. Analytical Biochemistry, 109(2): 386-394.

Lees V C, Fan T P, West D C. 1995. Angiogenesis in a delayed revascularization model is accelerated by angiogenic oligosaccharides of hyaluronan. Laboratory Investigation; a Journal of Technical Methods and Pathology, 73(2): 259-266.

Lesley J, Hyman R, English N, et al. 1997. CD44 in inflammation and metastasis. Glycoconjugate Journal, 14(5): 611-622.

Li F, Zhu C L, Zhang H, et al. 2012. Role of hyaluronic acid and laminin as serum markers for predicting significant fibrosis in patients with chronic hepatitis B. The Brazilian Journal of Infectious Diseases, 16(1): 9-14.

Liao H X, Lee D M, Levesque M C, et al. 1995. N-terminal and central regions of the human CD44 extracellular domain participate in cell surface hyaluronan binding. Journal of Immunology, 155(8): 3938-3945.

Lin W F, Liu Z, Kampf N, et al. 2020. The role of hyaluronic acid in cartilage boundary lubrication. Cells, 9(7): 1606.

Liu R M, Sun R G, Zhang L T, et al. 2016. Hyaluronic acid enhances proliferation of human amniotic mesenchymal stem cells through activation of Wnt/β-catenin signaling pathway. Experimental Cell Research, 345(2): 218-229.

Lokeshwar V B, Selzer M G. 2000. Differences in hyaluronic acid-mediated functions and signaling in arterial, microvessel, and vein-derived human endothelial cells. Journal of Biological Chemistry, 275(36): 27641-27649.

Luo Y, Wang A T, Zhang Q F, et al. 2020. *RASL11B* gene enhances hyaluronic acid-mediated chondrogenic differentiation in human amniotic mesenchymal stem cells *via* the activation of Sox9/ERK/smad signals. Experimental Biology and Medicine, 245(18): 1708-1721.

Lyle D B, Breger J C, Baeva L F, et al. 2010. Low molecular weight hyaluronic acid effects on murine macrophage nitric oxide production. Journal of Biomedical Materials Research Part A, 94(3): 893-904.

Marei W F A, Salavati M, Fouladi-Nashta A A. 2013. Critical role of hyaluronidase-2 during preimplantation embryo development. Molecular Human Reproduction, 19(9): 590-599.

Markowska A, Antoszczak M, Markowska J, et al. 2023. Role of hyaluronic acid in selected malignant neoplasms in women. Biomedicines, 11(2): 304.

Martin T A, Harrison G, Mansel R E, et al. 2003. The role of the CD44/ezrin complex in cancer metastasis. Critical Reviews in Oncology/Hematology, 46(2): 165-186.

Maula S M, Luukkaa M, Grénman R, et al. 2003. Intratumoral lymphatics are essential for the metastatic spread and prognosis in squamous cell carcinomas of the head and neck region. Cancer Research, 63(8): 1920-1926.

McAtee C O, Barycki J J, Simpson M A. 2014. Emerging roles for hyaluronidase in cancer metastasis and therapy. Advances in Cancer Research, 123: 1-34.

McGary C T, Weigel J A, Weigel P H. 2003. Study of hyaluronan-binding proteins and receptors using iodinated hyaluronan derivatives. Methods in Enzymology, 363: 354-365.

Meyer F A, Laver-Rudich Z, Tanenbaum R. 1983. Evidence for a mechanical coupling of glycoprotein microfibrils with collagen fibrils in Wharton's jelly. Biochimica et Biophysica Acta

(BBA)- General Subjects, 755(3): 376-387.

Misra S, Hascall V C, Markwald R R, et al. 2015. Interactions between hyaluronan and its receptors(CD44, RHAMM)regulate the activities of inflammation and cancer. Frontiers in Immunology, 6: 201.

Miyake K, Underhill C B, Lesley J, et al. 1990. Hyaluronate can function as a cell adhesion molecule and CD44 participates in hyaluronate recognition. The Journal of Experimental Medicine, 172(1): 69-75.

Mo W, Yang C X, Liu Y W, et al. 2011. The influence of hyaluronic acid on vascular endothelial cell proliferation and the relationship with ezrin/merlin expression. Acta Biochimica et Biophysica Sinica, 43(12): 930-939.

Monaco G, El Haj A J, Alini M, et al. 2020. Sodium hyaluronate supplemented culture media as a new hMSC chondrogenic differentiation media-model for *in vitro/ex vivo* screening of potential cartilage repair therapies. Frontiers in Bioengineering and Biotechnology, 8: 243.

Montesano R, Kumar S, Orci L, et al. 1996. Synergistic effect of hyaluronan oligosaccharides and vascular endothelial growth factor on angiogenesis *in vitro*. Laboratory Investigation; a Journal of Technical Methods and Pathology, 75(2): 249-262.

Morrison H, Sherman L S, Legg J, et al. 2001. The *NF2* tumor suppressor gene product, merlin, mediates contact inhibition of growth through interactions with CD44. Genes & Development, 15(8): 968-980.

Nagy N, Kuipers H F, Frymoyer A R, et al. 2015. 4-methylumbelliferone treatment and hyaluronan inhibition as a therapeutic strategy in inflammation, autoimmunity, and cancer. Frontiers in Immunology, 6: 123.

Nagyova E, Camaioni A, Prochazka R, et al. 2004. Covalent transfer of heavy chains of inter-alpha-trypsin inhibitor family proteins to hyaluronan in *in vivo* and *in vitro* expanded porcine oocyte-cumulus complexes. Biology of Reproduction, 71(6): 1838-1843.

Nakka K, Hachmer S, Mokhtari Z, et al. 2022. JMJD3 activated hyaluronan synthesis drives muscle regeneration in an inflammatory environment. Science, 377(6606): 666-669.

Nikitovic D, Kouvidi K, Karamanos N K, et al. 2013. The roles of hyaluronan/RHAMM/CD44 and their respective interactions along the insidious pathways of fibrosarcoma progression. BioMed Research International, 2013: 929531.

Oikari S, Kettunen T, Tiainen S, et al. 2018. UDP-sugar accumulation drives hyaluronan synthesis in breast cancer. Matrix Biology, 67: 63-74.

Olsson M, Bremer L, Aulin C, et al. 2018. Fragmented hyaluronan has no alarmin function assessed in arthritis synovial fibroblast and chondrocyte cultures. Innate Immunity, 24(2): 131-141.

Pan Y Y, Yu Y D, Wang X J, et al. 2020. Tumor-associated macrophages in tumor immunity. Frontiers in Immunology, 11: 583084.

Pandey M S, Baggenstoss B A, Washburn J, et al. 2013. The hyaluronan receptor for endocytosis (HARE) activates NF-κB-mediated gene expression in response to 40-400-kDa, but not smaller or larger, hyaluronans. Journal of Biological Chemistry, 288(20): 14068-14079.

Pandey M S, Harris E N, Weigel J A, et al. 2008. The cytoplasmic domain of the hyaluronan receptor for endocytosis (HARE) contains multiple endocytic motifs targeting coated pit-mediated internalization. Journal of Biological Chemistry, 283(31): 21453-21461.

Pandey M S, Weigel P H. 2014. A hyaluronan receptor for endocytosis (HARE) link domain N-glycan is required for extracellular signal-regulated kinase (ERK) and nuclear factor-κB (NF-κB) signaling in response to the uptake of hyaluronan but not heparin, dermatan sulfate, or acetylated low density lipoprotein (LDL). Journal of Biological Chemistry, 289(32): 21807-21817.

Parkes J, Guha I N, Harris S, et al. 2012. Systematic review of the diagnostic performance of serum markers of liver fibrosis in alcoholic liver disease. Comparative Hepatology, 11(1): 5.

Provenzano P P, Cuevas C, Chang A E, et al. 2012. Enzymatic targeting of the stroma ablates physical barriers to treatment of pancreatic ductal adenocarcinoma. Cancer Cell, 21(3): 418-429.

Rodart I F, Pares M M, Mendes A, et al. 2021. Diagnostic accuracy of serum hyaluronan for detecting HCV infection and liver fibrosis in asymptomatic blood donors. Molecules, 26(13): 3892.

Rooney P, Wang M, Kumar P, et al. 1993. Angiogenic oligosaccharides of hyaluronan enhance the production of collagens by endothelial cells. Journal of Cell Science, 105(Pt 1): 213-218.

Russell D L, Salustri A. 2006. Extracellular matrix of the cumulus-oocyte complex. Seminars in Reproductive Medicine, 24(4): 217-227.

Sabeur K, Cherr G N, Yudin A I, et al. 1998. Hyaluronic acid enhances induction of the acrosome reaction of human sperm through interaction with the PH-20 protein. Zygote, 6(2): 103-111.

Savani R C, Cao G, Pooler P M, et al. 2001. Differential involvement of the hyaluronan (HA) receptors CD44 and receptor for HA-mediated motility in endothelial cell function and angiogenesis. Journal of Biological Chemistry, 276(39): 36770-36778.

Schledzewski K, Falkowski M, Moldenhauer G, et al. 2006. Lymphatic endothelium-specific hyaluronan receptor LYVE-1 is expressed by stabilin-1+, F4/80+, CD11b+ macrophages in malignant tumours and wound healing tissue *in vivo* and in bone marrow cultures *in vitro*: implications for the assessment of lymphangiogenesis. Journal of Pathology, 209(1): 67-77.

Shukla S, Nair R, Rolle M W, et al. 2010. Synthesis and organization of hyaluronan and versican by embryonic stem cells undergoing embryoid body differentiation. Journal of Histochemistry and Cytochemistry, 58(4): 345-358.

Singleton P A, Bourguignon L Y W. 2002. CD44v10 interaction with Rho-kinase (ROK) activates inositol 1, 4, 5-triphosphate (IP3) receptor-mediated Ca^{2+} signaling during hyaluronan (HA)-induced endothelial cell migration. Cell Motility and the Cytoskeleton, 53(4): 293-316.

Skelton T P, Zeng C, Nocks A, et al. 1998. Glycosylation provides both stimulatory and inhibitory effects on cell surface and soluble CD44 binding to hyaluronan. Journal of Cell Biology, 140(2): 431-446.

Sloane J A, Batt C, Ma Y, et al. 2010. Hyaluronan blocks oligodendrocyte progenitor maturation and remyelination through TLR2. Proceedings of the National Academy of Sciences of the United States of America, 107(25): 11555-11560.

Takasugi M, Firsanov D, Tombline G, et al. 2020. Naked mole-rat very-high-molecular-mass hyaluronan exhibits superior cytoprotective properties. Nature Communications, 11(1): 2376.

Takeuchi O, Hoshino K, Kawai T, et al. 1999. Differential roles of TLR2 and TLR4 in recognition of gram-negative and gram-positive bacterial cell wall components. Immunity, 11(4): 443-451.

Tammi R, Rilla K, Pienimaki J P, et al. 2001. Hyaluronan enters keratinocytes by a novel endocytic route for catabolism. Journal of Biological Chemistry, 276(37): 35111-35122.

Taylor K R, Yamasaki K, Radek K A, et al. 2007. Recognition of hyaluronan released in sterile injury involves a unique receptor complex dependent on toll-like receptor 4, CD44, and MD-2. Journal of Biological Chemistry, 282(25): 18265-18275.

Tengblad A. 1980. Quantitative analysis of hyaluronate in nanogram amounts. Biochemical Journal, 185(1): 101-105.

Teriete P, Banerji S, Noble M, et al. 2004. Structure of the regulatory hyaluronan binding domain in the inflammatory leukocyte homing receptor CD44. Molecular Cell, 13(4): 483-496.

Tian X, Azpurua J, Hine C, et al. 2013. High-molecular-mass hyaluronan mediates the cancer resistance of the naked mole rat. Nature, 499(7458): 346-349.

Tolg C, Hamilton S R, Nakrieko K A, et al. 2006. Rhamm-/- fibroblasts are defective in CD44-mediated ERK1, 2 motogenic signaling, leading to defective skin wound repair. Journal of Cell Biology, 175(6): 1017-1028.

Tolg C, Poon R, Fodde R, et al. 2003. Genetic deletion of receptor for hyaluronan-mediated motility (Rhamm) attenuates the formation of aggressive fibromatosis (desmoid tumor). Oncogene, 22(44): 6873-6882.

Turley E A, Noble P W, Bourguignon L Y W. 2002. Signaling properties of hyaluronan receptors. Journal of Biological Chemistry, 277(7): 4589-4592.

Vidergar R, Agostinis C, Zacchi P, et al. 2019. Evaluation of the interplay between the complement protein C1q and hyaluronic acid in promoting cell adhesion. Journal of Visualized Experiments, (148): e58688.

Watterson J R, Esdaile J M. 2000. Viscosupplementation: therapeutic mechanisms and clinical potential in osteoarthritis of the knee. Journal of the American Academy of Orthopaedic Surgeons, 8(5): 277-284.

West D C, Hampson I N, Arnold F, et al. 1985. Angiogenesis induced by degradation products of hyaluronic acid. Science, 228(4705): 1324-1326.

Wróbel T, Dziegiel P, Mazur G, et al. 2005. LYVE-1 expression on high endothelial venules(HEVs)of lymph nodes. Lymphology, 38(3): 107-110.

Wu S C, Chen C H, Wang J Y, et al. 2018. Hyaluronan size alters chondrogenesis of adipose-derived stem cells *via* the CD44/ERK/SOX-9 pathway. Acta Biomaterialia, 66: 224-237.

Ye J, Zhang H N, Wu H, et al. 2012. Cytoprotective effect of hyaluronic acid and hydroxypropyl methylcellulose against DNA damage induced by thimerosal in Chang conjunctival cells. Graefe's Archive for Clinical and Experimental Ophthalmology, 250(10): 1459-1466.

Zaman A, Cui Z, Foley J P, et al. 2005. Expression and role of the hyaluronan receptor RHAMM in inflammation after bleomycin injury. American Journal of Respiratory Cell and Molecular Biology, 33(5): 447-454.

Zhang L T, Liu R M, Luo Y, et al. 2019. Hyaluronic acid promotes osteogenic differentiation of human amniotic mesenchymal stem cells *via* the TGF-β/Smad signalling pathway. Life Sciences, 232: 116669.

Zhang Z H, Tian X, Lu J Y, et al. 2023. Increased hyaluronan by naked mole-rat Has2 improves healthspan in mice. Nature, 621(7977): 196-205.

Zhao C, Zhang Z Y, Hu X S, et al. 2022. Hyaluronic acid correlates with bone metastasis and predicts poor prognosis in small-cell lung cancer patients. Frontiers in Endocrinology, 12: 785192.

Zhou B, Weigel J A, Fauss L, et al. 2000. Identification of the hyaluronan receptor for endocytosis (HARE). Journal of Biological Chemistry, 275(48): 37733-37741.

Zohar R, Suzuki N, Suzuki K, et al. 2000. Intracellular osteopontin is an integral component of the CD44-ERM complex involved in cell migration. Journal of Cellular Physiology, 184(1): 118-130.

第 5 章　透明质酸的生产

透明质酸（hyaluronic acid，HA）作为一种酸性黏多糖，对人体多种生理功能起到重要的作用，在化妆品、医药、食品等多个领域都有着非常广泛的应用。当前，HA 的生产主要有动物组织提取法、微生物发酵法和合成生物学法三种方式。动物组织提取法存在原材料有限、工艺复杂、分离难度大、污染风险大等多种问题；微生物发酵法能够克服动物组织提取法存在的不足，因而备受青睐；合成生物学法是新出现的方法，还有许多技术上的困难亟待解决。本章将对动物组织提取法、微生物发酵法、合成生物学法三种生产 HA 的方法进行详细介绍，包括生物合成通路、工艺路线、工艺条件及存在的问题等。

5.1　概　　述

20 世纪 30 年代开始，Meyer（1947）先后在动物的眼玻璃体、脐带、皮肤、关节滑液、公鸡冠等许多结缔组织中提取得到 HA。考虑到原料来源难易、HA 含量高低等问题，可用于生产的原料主要是鸡冠。但是，动物组织提取法存在原料来源受限、提取工艺复杂、与其他硫酸化黏多糖分离难度大、存在病毒污染风险等诸多问题，使 HA 的广泛应用受到限制。Kendall 等（1937）首次发现链球菌也可以产生 HA，且 HA 可以被分泌到培养液中；此外，用于培养细菌的蛋白胨、葡萄糖等原料非常容易获得，批次之间的稳定性良好，因而微生物发酵法能在克服动物组织提取法的不足的同时，可以显著提高 HA 的产量和质量，降低生产成本。目前，微生物发酵法已成为全球 HA 生产商采用的主要生产方法。

随着基因编辑和合成生物学的发展，在底盘细胞中构建 HA 合成途径，以提高 HA 产率和分子量的研究也逐渐升温。但是，合成生物学方法生产 HA，菌体密度大、纯化困难、分子量较低，这些都是亟待解决的产业化问题。

5.2　动物组织提取法

科学家们从动物组织中提取 HA 的最初目的是研究 HA 的性质、阐述其生理作用。早期的研究者探索提取 HA 的常用原料包括公鸡冠、人脐带、牛眼玻璃体、牛关节滑液、鱼眼、猪皮等，综合考虑这些原料中 HA 含量及分子量的高低、可获取性和成本等因素，公鸡冠被认为是最适合用于规模化提取生产 HA 的原料，HA 含量可达到 7500 mg /kg，因而成为生产中最常用的原料（Laurent and Fraser，1992）。

以公鸡冠为原料提取 HA 时，首先需要将鸡冠搅碎或匀浆，用胰蛋白酶、链霉蛋白酶等去除原料中的蛋白质，然后使用氯仿-乙醇混合液反复处理，除去致炎性物质，再用氯化十六烷基吡啶（cetylpyridinium chloride，CPC；带正电荷）与 HA（带负电荷）形成 CPC-HA 沉淀，随后用氯化钠溶液解离，最后用乙醇沉淀法得到 HA，真空干燥即得到 HA 干品。

从脐带中提取 HA 时，需要先将脐带中的血液凝固物清除干净，然后把脐带用组织匀浆机捣碎、用生理盐水搅拌浸提、用链霉蛋白酶水解 HA 提取液中的蛋白质，再用三氯甲烷去除脂溶性物质，然后用乙醇沉淀得到 HA，真空干燥即得 HA 干品。同样也可借助 CPC-HA 沉淀法进一步纯化。

采用动物眼玻璃体提取 HA 时，先将冷冻的玻璃体融化后匀浆，离心得到上清液，用丙酮沉淀，再复溶，用三氯乙酸去除蛋白质，经 CPC-HA 沉淀、氯化钠溶液解离、乙醇反复沉淀得到 HA，真空干燥即得 HA 干品。

尽管从动物组织中提取 HA 的技术已经比较成熟，但是仍存在着不可避免的问题。动物组织中除了 HA，还含有很多蛋白质、核酸及其他糖胺聚糖等生物物质，需要通过比较复杂的过程加以去除，这导致从动物组织中提取的 HA 产量较低、成本较高。HA 产品中的蛋白质等生物物质不能被彻底去除，就有可能导致过敏反应；动物组织还可能携带难以去除的病毒，这些病毒会对使用者产生严重的影响。因此，在生产过程中必须密切关注这些问题，以确保 HA 产品的安全性（Sze et al.，2016）。

5.3　微生物发酵法

Kendall 等（1937）首次发现 A 群链球菌可以产生 HA，因而早年间的研究主要集中在 A 群链球菌等致病菌。此后科学家们又发现，C 群链球菌同样可以产生 HA，但对人体致病性较弱，可能是工业化生产 HA 的优选菌株。1984 年，日本资生堂最早开始研究工业化发酵生产 HA；20 世纪 80 年代中期，由微生物发酵法生产的 HA 进入市场，实现了 HA 原料领域的突破。在中国，通过微生物发酵法生产 HA 的研究起步稍晚，但发展迅速。1990 年，郭学平率先开始研究发酵法生产 HA 并成功实现产业化，改变了我国只能用鸡冠提取法生产 HA 的落后历史。依托该发酵生产技术创立的华熙生物科技股份有限公司，经过二十余年的发展，成为全球领先的 HA 生产商。

5.3.1 透明质酸的微生物合成

最早研究 HA 生物合成的是 Albert Dorfman，他使用了同位素标记的特殊前体来分析组成HA双糖单位的14个碳原子的来源。将葡萄糖的碳原子进行标记后，加入培养链球菌的培养基中进行培养，分析 HA 产物的组成，发现葡萄糖在菌体内被转化成氨基葡萄糖和葡萄糖醛酸（Dorfman et al.，1955；Roseman et al.，1953）；后来，Cifonelli 和 Dorfman（1957）又证实了尿苷二磷酸-*N*-乙酰氨基葡萄糖（UDP-GlcNAc）和尿苷二磷酸-葡萄糖醛酸（UDP-GlcA）是 HA 生物合成反应的两个直接前体。

随着研究的不断深入，人们逐渐阐明了原核生物中 HA 的生物合成途径（Widner et al.，2005）。如图 5-1 所示，通过菌体内的糖代谢反应，葡萄糖被转化为葡萄糖-6-磷酸，而 HA 生物合成的直接前体 UDP-GlcNAc 和 UDP-GlcA 都是由葡萄糖-6-磷酸经过一系列反应生成的。在磷酸葡萄糖异构酶作用下，葡萄糖-6-磷酸可转化为果糖-6-磷酸，而果糖-6-磷酸可通过 4 步酶促反应转化为 UDP-GlcNAc，UDP-GlcA 则是由葡萄糖-6-磷酸经 3 步酶促反应生成。最后，在透明质酸合酶（hyaluronan synthase，HAS）的作用下，通过 β-1,3 和 β-1,4 糖苷键交替连接 UDP-GlcA 和 UDP-GlcNAc 形成 HA。

5.3.2 透明质酸合酶

透明质酸合酶（HAS）是一类特异性双功能糖基转移酶，同时催化葡萄糖醛酸和乙酰氨基葡萄糖的转移反应。DeAngelis 等（1993b）在 1993 年首次从 A 群链球菌中分离和鉴别出 HAS 基因，随后科研人员又相继从微生物、病毒、两栖动物和哺乳动物中分离得到 HAS。根据 HAS 的来源、结构及催化机制的不同，可以将其分为两种类型，即 Class Ⅰ和 Class Ⅱ（Weigel and DeAngelis，2007）。链球菌 HAS 属于 Class Ⅰ家族，而来自多杀巴斯德菌（*Pasteurella multocida*）的 HAS（*pm*HAS）是唯一的 Class Ⅱ成员。两类 HAS 的区别见表 5-1。

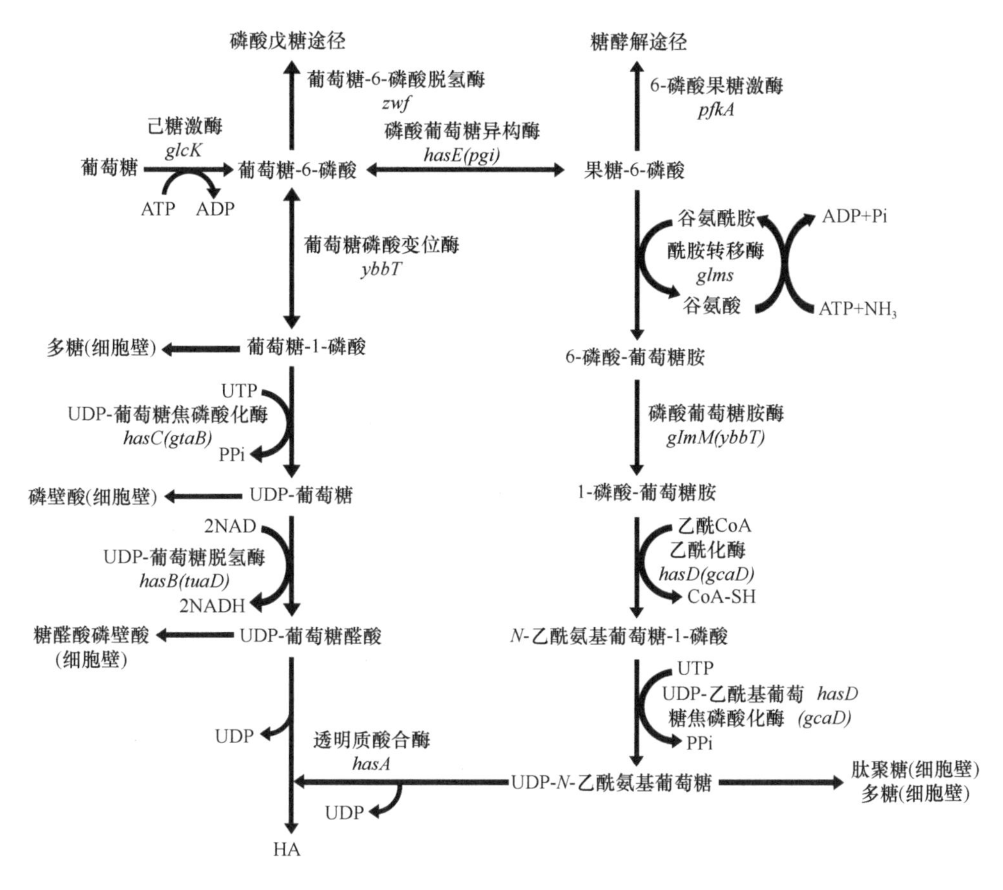

图 5-1　原核生物中 HA 的生物合成途径

表 5-1　透明质酸合酶分类

	Class Ⅰ	Class Ⅱ
成员	链球菌 HAS、鸟类 HAS、两栖动物 HAS 和哺乳动物 HAS1、HAS2、HAS3	*pm*HAS
肽链长度	417～588 个氨基酸残基	972 个氨基酸残基
膜结合位点	从 N 端到 C 端有 6～8 个膜相关区域	C 端膜锚着点
糖基转移酶-2 模块数量	1	2
HA 合成方向	还原端或非还原端	非还原端
底物利用	未发现利用 HA 寡糖	利用 HA 寡糖
与膜的关系	与膜脂结合	与膜脂结合

1. HAS 的分子结构

科学家们对马链球菌、类马链球菌和兽疫链球菌分类的认识经过了不断的更迭。人们最初把可合成 HA 的 C 群链球菌命名为类马链球菌（*Streptococcus equisimilis*）和兽疫链球菌（*Streptococcus zooepidemicus*），认为以上两种菌是与马链球菌（*Streptococcus equi*）并列的链球菌种属；到 20 世纪 80 年代，科学家根据分子生物学研究结果，把类马链球菌和兽疫链球菌分别归为马链球菌类马亚种和马链球菌兽疫亚种。而近年来的研究认为，所谓马链球菌类马亚种，实际上是马链球菌的一种特殊状态，因此取消了马链球菌类马亚种的这个分类。为了便于表述，本书中只采用科学家们报道各菌株时使用的分类和命名。

基于对 A 群酿脓链球菌透明质酸合酶（*Streptococcus pyogenes* HAS，*sp*HAS）和 C 群马链球菌透明质酸合酶（*Streptococcus equi* HAS，*se*HAS）的结构分析可知（Pummill et al.，2001；Tlapak-Simmons et al.，1998），具有活性的 HAS 由一个酶蛋白分子和分子量约为 23 kDa 的修饰基团组成，其中的修饰基团是心磷脂，这种脂质是组成细菌细胞膜的常见磷脂，与 HAS 的活性密切相关（Tlapak-Simmons et al.，1999a）。所有的 Class I HAS 都含有类似的磷脂修饰基团，这个修饰基团可帮助 HAS 创造一个类似核心的结构，从而使长链 HA 通过膜分泌到胞外。而对 *pm*HAS 的研究表明，*pm*HAS 的活性单元为其蛋白单体，无须磷脂或其他分子协助便可完成 HA 的合成。多杀巴斯德菌中存在独立的多糖大分子转运蛋白，可将合成的 HA 转运到胞外。

对 HAS 的拓扑结构研究发现（Vigetti et al.，2014；Heldermon et al.，2001），链球菌的 Class Ⅰ HAS 具有多个跨膜结构域和膜相关结构域，这些结构域与蛋白质的催化活性密切相关。Class Ⅰ HAS 含有的 6 个膜相关区域，其中有 4 个跨膜结构域、2 个膜相关结构域（图 5-2），其余大部分蛋白质序列存在于细胞内部，包括 N 端和 C 端序列，只有约 5%的酶蛋白序列暴露在细胞外。而 Class Ⅱ HAS 分子中只在 C 端含有一个单独的跨膜域（Weigel et al.，1997）。链球菌 Class Ⅰ HAS 的氨基酸序列与哺乳动物 HAS 有 50%～95%的相似性，包含 4～6 个半胱氨酸残基，无二硫键。*sp*HAS 分子中虽然含有很多半胱氨酸残基，但与其催化活性无关（DeAngelis，1999b）。

2. HAS 的催化特性

HAS 是膜结合酶，其催化活性部位位于膜内。HAS 分子的催化活性区域中含有多个重要的活性部位，包括 UDP-GlcNAc 和 UDP-GlcA 的结合部位、GlcNAc β（1–4）转移酶和 UDP-GlcA β（1–3）转移酶活性部位、HA 接受部位和 HA 外运部位。值得一提的是，Class Ⅱ HAS 并不含有 HA 外运部位。UDP-GlcNAc 和

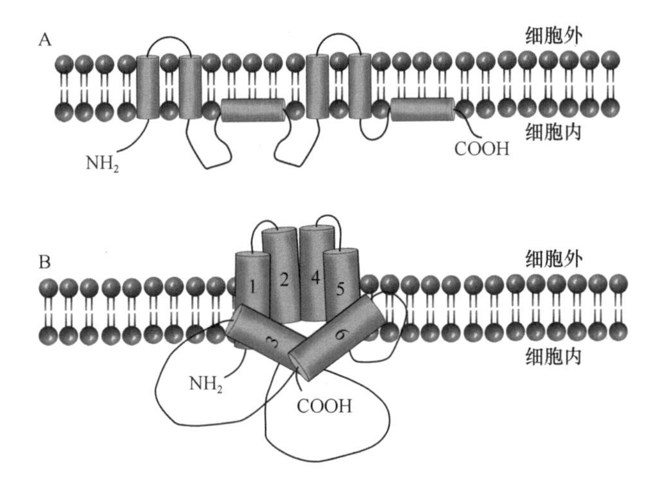

图 5-2　链球菌 Class Ⅰ HAS 示意图（修改自 Vigetti et al.，2014）

A. 链球菌 Class Ⅰ HAS 平面结构；B. 链球菌 Class Ⅰ HAS 三维结构

UDP-GlcA 经 HAS 催化合成的 HA 链从胞质向外延伸，并输出到胞外（图 5-3，图中柱状区域为 HAS）。一些研究表明，当合成反应进行时，两种前体 UDP-GlcA 和 UDP-GlcNAc 需要接近等摩尔浓度，否则 HAS 会停止催化 HA 的合成，其中一种前体如果过量，就可能成为另一种前体的竞争性抑制剂。

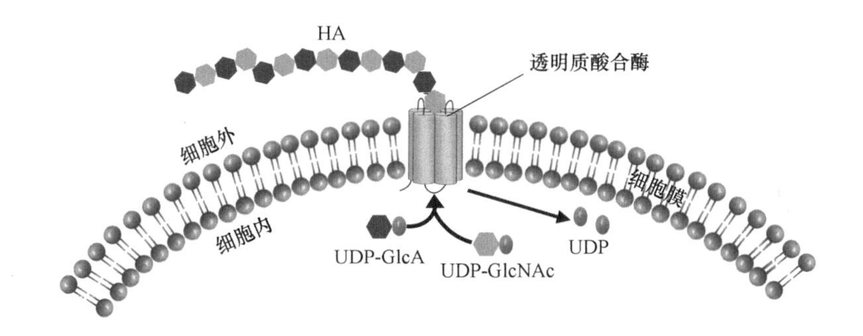

图 5-3　HA 合成示意图（修改自 DeAngelis，1999a）

Class Ⅰ HAS 和 Class Ⅱ HAS 在催化 HA 的合成时存在一定的差异。每次催化反应中，存在于细菌和哺乳动物中的 Class Ⅰ HAS 在 HA 链的还原端加入一个双糖单位，而两栖动物和病毒中的 Class Ⅰ HAS 是从非还原端起始反应，Class Ⅱ HAS 则是从 HA 的非还原端延伸糖链。

不同来源的 HAS 的动力学行为非常类似。*sp*HAS 利用底物 UDP-GlcA 和 UDP-GlcNAc 的 K_m 值分别为（40±4）μmol/L 和（149±3）μmol/L，*se*HAS 利用底

物 UDP-GlcA 和 UDP-GlcNAc 的 K_m 值分别为（51±5）μmol/L 和（60±7）μmol/L（Tlapak-Simmons et al.，1999b）。而对于三种哺乳动物 HA 合酶来说，HAS1 利用 UDP-GlcNAc 和 UDP-GlcA 的 K_m 值均高于 HAS2 和 HAS3。当 UDP-GlcNAc 或 UDP-GlcA 浓度为 1 mmol/L 时，HAS1 利用 UDP-GlcNAc 的 K_m 值是（1011.4±37.6）μmol/L，利用 UDP-GlcA 的 K_m 值是（72.9±4.3）μmol/L（Itano and Kimata，2002；Itano et al.，1999；Yoshida et al.，2000）。

3. HAS 产生的 HA 的特点

HAS 产生的 HA 不是单一大小的，而是分子量从 0.1 MDa 到 10 MDa 不等。HA 产物的分子量取决于 HAS 释放产物的速度。在 HA 链释放前，若 HAS 可催化 50 000 个单糖的连接反应，则释放的 HA 分子量就相当于 10 MDa。HAS 释放 HA 的机制还不清楚。有一种猜测是，HA 的释放可能与 UDP-HA 连接的稳定性有关；另一种猜测则是，HA 的释放可能与 HA-HAS 复合物的稳定性有关，HA 链延长和释放间保持着动态平衡（Itano and Kimata，2002）。尽管所有的 HAS 都可以催化 HA 的合成，但是不同 HAS 催化生成的 HA 的分子量是不同的（Yoshida et al.，2000；Tlapak-Simmon et al.，1999b；Crater et al.，1995），例如，人类 HAS 中，HAS1 和 HAS3 催化生成的 HA 的平均分子量在 0.2～2.0 MDa 范围内，而 HAS2 合成的 HA 的分子量却大于 2 MDa。

5.3.3 链球菌发酵生产 HA

1937 年，Kendall 等（1937）发现链球菌属中具有β-溶血性的 A 群酿脓链球菌可产生 HA。但该菌株具有很强的病原性，能引起多种人体感染，因而无法用于 HA 的生产。Hosoya 等（1991）从牛鼻黏膜中分离到一株具有较强 HA 生产能力的马链球菌兽疫亚种（*Streptococcus equi* subsp. *zooepidemicus*）的原始菌种。随后，科学家们又发现有多个种属的菌株具有产生 HA 的能力，但这些菌株均有下列一种或多种缺点，如具有溶血性和毒性、产透明质酸酶、HA 产率低等，上述不利因素阻碍了这些微生物应用于 HA 的工业化生产。因此，科学家们一直在研究通过菌种改良来克服这些缺点，从而获得可用于工业生产 HA 的菌株。

1. 编码基因

20 世纪 90 年代初，科学家们在 A 群链球菌的基因组中发现了与 HA 生物合成（*has*）相关的操纵子（operon），包括：*hasA*，编码 HAS；*hasB*，编码 UDP-葡萄糖脱氢酶（UDP-glucose dehydrogenase）；*hasC*，编码 UDP-葡萄糖焦磷酸化酶（Crater et al.，1995）。Blank 等（2008）对兽疫链球菌的操纵子进行了详细研究，发现兽疫链球菌操纵子的编码基因依次为：*hasA* 和 *hasB*；*glmU*，编码 *N*-乙酰葡糖胺-1-磷酸尿苷酰转移酶（*N*-acetylglucosamine-1-phosphate uridyl transferase）；*pgi*，编码葡萄糖-6-磷酸异构酶（glucose-6-phosphate isomerase）。*hasA* 上游 50 bp 的碱基序列是转录起始位点和一个 σ70 启动子。而在酿脓链球菌中，*hasC*、*glmU* 和 *pgi* 组成了另一个操纵子，其中 *glmU* 和 *pgi* 分别被命名为 *hasD* 和 *hasE*。

2. 菌种选育

1）诱变剂育种

诱变剂包括物理诱变剂、化学诱变剂和生物诱变剂。目前报道的用作 HA 生产菌的诱变剂主要有亚硝基胍（nitrosoguanidine，NTG）、紫外线和 ^{60}Co 辐照等。

Hosoya 等（1991）从牛鼻黏膜中分离到一株具有较强 HA 生产能力的兽疫链球菌原始菌种。经过 NTG 诱变处理后，获得了不具有β-溶血性、不产生透明质酸酶的变异株 YIT2030，生产的 HA 分子量为 2.16 MDa（黏度法）。该菌种在 5 L 发酵罐间歇发酵过程中产率可达到 6.7 g/L。Kim 等（1996）用类似方法由一株马链球菌得到高产菌株 KFCC 10830，不具有β-溶血性，不产生透明质酸酶，且具备卡那霉素抗性，用不同的发酵方法生产 HA，其产率为 6～7 g/L，分子量为 2.9～5.0 MDa。

姚敏杰等（1995）分别用紫外线、^{60}Co 辐照和 NTG 对马链球菌进行诱变育种，发现 3 种诱变方法均使 HA 的产率有所提高，但 NTG 效果较好；而通过紫外线诱变产生的菌株，其 HA 产量不稳定。单次诱变对 HA 产量的改变并不明显。经 NTG 大剂量（10%）→小剂量（1%）→大剂量（10%）的重复诱变后，获得的马链球菌 N2506 菌株的摇瓶产率达 2.3 g/L，且不溶血、不产透明质酸酶。刘玉焕等（1998）也采用 NTG 重复诱变兽疫链球菌，得到一株 HA 高产菌株 T12，此菌株不产透明质酸酶和溶血素，发酵产率为 4.9 g/L。

张淑荣等（1999）用紫外线、γ射线及辅助磁场分别或组合诱变兽疫链球菌，发现γ射线与磁场复合处理菌株，比用上述单一因素或其他组合效果更好，所得菌株的 HA 产率为 3～5 g/L。Stahl（2003）用 NTG 诱变兽疫链球菌 CCUG 22971 菌株，得到一株产高分子量 HA 的变异株，在温度 31～33℃、pH5.80～5.95 的培养条件下，其分子量可达 600 万以上，但产率较低，最高只有 0.8 g/L。陈乌桥等（1994）、孙建等（2006）采用紫外线和 NTG 复合处理产 HA 菌株，得到溶血性减弱、产率提高的菌株。

罗瑞明等（2003）用紫外线对兽疫链球菌菌株 NUF-305 进行诱变，得到突变株 NUF-306，使 HA 的产率从 1.8 g/L 提高到 3.0 g/L，分子量从 2.1 MDa 提高到 3.2MDa；突变株经多次传代，HA 产率及分子量保持稳定。冯建成等（2005）用紫外线处理马链球菌菌株 SH-0，筛选出溶血素和透明质酸酶双缺陷型突变株 SH-2，HA 产率比原菌株提高 5 倍；突变株经 5 次传代后，其产量及 HA 的分子量仍保持稳定。

2）原生质体诱变育种

微生物细胞膜表面存在着一层无色透明、坚韧而有弹性的结构，称为细胞壁，其对微生物细胞具有重要的保护作用。原生质体是微生物细胞用机械法或酶解法去掉细胞壁后剩下的、由原生质膜包裹的内含物，它保持原细胞的一切生物学活性，但是对外界环境影响更加敏感，对诱变剂的诱变效应也更为强烈，因而更适用于诱变育种。

20 世纪 70 年代以来，各种原生质体操作技术已成为工业微生物育种的重要手段，并取得了较大成就。以微生物原生质体为材料的常见育种方法有原生质体再生育种、原生质体诱变育种、原生质体转化育种、原生质体融合育种及其他原生质体育种等。原生质体诱变与普通材料诱变类似，使用的诱变剂通常分为物理诱变剂和化学诱变剂。

罗强和孙启玲（2003）用 NTG 处理兽疫链球菌原生质体进行诱变育种，发现制备原生质体的最佳条件是：采用 0.6 mg/mL 溶菌酶高渗溶液在 30℃水浴下酶解 20 min，然后加入 NTG 进行诱变得到诱变菌株 H235，HA 的产率从 0.47 g/L 提高到 1.43 g/L。

近年来，激光诱变原生质体已成功应用于多种微生物。滕利荣等（2004）研究了不同功率氦-氖（He-Ne）激光对兽疫链球菌原生质体诱变育种的影响，以及酶浓度、酶解时间、高渗液的选择、预处理及高渗预培养等因素对原生质体制备与再生的影响。通过以上研究，确定制备原生质体的最佳条件为：经 1.2%甘氨酸预培养 2 h 后，于 39℃的 NaCl 高渗体系中用 50 U/mL 的溶菌酶处理 60 min。在此条件下，原生质体形成率可达 94.6%，再生率可达 18.5%。然后用不同功率的 He-Ne 激光照射不同时间诱变原生质体，当功率密度为 40 mW/cm^2、照射时间为

300 s 时，其致死率可达 99.88%。存活的菌株 HA 产率绝大部分都有所提高，正突变率达 97%，其中最高可达到原始菌株的 4.5 倍。

3. 发酵工艺

链球菌属对营养的需求相当复杂。培养初期，培养基中需要添加全血或血清。大规模培养所用培养基中，氮源主要是酵母提取物、蛋白胨，碳源主要是葡萄糖、蔗糖和淀粉水解物。培养基中还必须含有足量的无机盐和微量元素，特别是 Mg^{2+}，它是 HAS 的激活剂，是生产 HA 必须要添加的无机盐。不同链球菌合成氨基酸的能力是不同的，且该能力还与其生长条件密切相关。高海军等（2000）在研究营养条件对兽疫链球菌生长的影响时发现，只有保证充足的核苷酸，特别是尿苷一磷酸（uridine monophosphate，UMP）的供给，微生物才能正常生长代谢并合成 HA；同时，由于多种氨基酸的缺陷，外源氨基酸必须均衡全面，细菌才能正常生长代谢。

pH 是影响链球菌生长和 HA 产率的重要因素。Johns 等（1994）发现，在 pH（6.7±0.2）的条件下培养链球菌时，HA 浓度和产量最大。Stoolmiller 和 Dorfman（1969）发现，HAS 催化 HA 合成的最适 pH 是 7.1，许多专利文献都采用了这一结果。Kim 等（1996）发现，pH 7.0 时，马链球菌的 HA 产率最大，而 pH 低于 6.0 或高于 8.0 时，HA 产率都明显下降。

温度也是影响 HA 产率的因素之一。Kim 等（1996）报道，在一定范围内，HA 的产率随温度的升高而增加，到 37℃时达到最大，高于此温度时，HA 的产率则会随温度的升高而降低；HA 分子量随温度的变化也表现出了同样的规律。但 Sten（2003）的研究表明，较低温度（31~33℃）培养链球菌时，HA 产率较低，但得到的 HA 分子量较大。

Johns 等（1994）报道，低搅拌速率下，HA 合成速率降低，而葡萄糖转化为乳酸的速率提高。低搅拌速率还会影响营养物质向菌体的传递及菌体周围乳酸的转移。在高搅拌速率下，HA 的假塑性造成溶液黏度的降低，从而减轻上述问题的影响。另外，高搅拌速率会使菌体的 HA 荚膜释放到培养基中，提高产率，但高速的物理剪切也会使 HA 分子断裂，从而降低 HA 的分子量。

通气培养时，当菌体达到对数生长期的末期，葡萄糖倾向于转化为乙酸以获得更多的能量。链球菌缺少完整的三羧酸循环代谢乙酸，但能利用分子氧氧化一定量的烟酰胺代谢物。相比厌氧发酵，通气培养时 HA 浓度和葡萄糖转化为 HA 的转化率都有所提高。

培养基初始葡萄糖浓度对HA的分子量影响很大。Armstrong和Johns（1997）研究发现，把培养基中初始葡萄糖浓度从20 g/L提高到40 g/L后，HA的分子量的分布范围可从2.0～2.2 MDa提高到3.0～3.2 MDa。HA的分子量表现出了对时间的依赖性，在培养过程的早期为 2.5 MDa，在对数生长期的末期最大可达到3.2 MDa。

在培养基中添加HA合成的前体物质和某些促进生长的因子，如尿嘧啶、天冬氨酸、氨基葡萄糖、丙酮酸和3-羟基丁酮等，可使HA产率显著提高（森川清志等，1987）。

调节细胞膜通透性也可提高HA的产量。日本有专利介绍（森田裕，1986），在培养基中加入溶菌酶或表面活性剂（如Tween 80），能使HA达到稳产、高产。添加的溶菌酶和表面活性剂可增加链球菌细胞膜的通透性，从而使产生的HA易于分泌出细胞外，降低了HA在细胞表面的积累，改善了细胞周围的环境条件。

抑制HA酶对HA的降解，可提高HA的产量和分子量。在发酵过程中添加某些有机物，如在微生物生长的延滞期或在培养的过程中间歇性添加含有羟基的酚类化合物（宫本隆雄和昭尺亮三，1989），可以抑制HA酶的活性，防止HA分子的降解，从而获得高分子量的HA，同时HA产量也有很大提高。

目前，发酵生产HA的方式有分批发酵法、半连续发酵法和连续发酵法。连续发酵法可提高HA产量和分子量，而且可避免分批发酵法在稳定期产生毒素的缺点，也避免了传统分批发酵过程中菌体破裂导致的细胞内容物释放及随后给纯化过程带来的困难。高海军等（1999）对摇瓶的分批和补料发酵方式以及小罐的分批和流加发酵方式生产HA进行了比较研究，并对发酵机制进行了初步探讨。结果表明，在耗糖量相同的情况下，分批发酵的HA产量和转化率比多次加料或流加发酵的更高。分批发酵中，HA和副产物乳酸的产量均与菌体量相关；而流加发酵中，乳酸产量与菌体量相关，HA含量在菌体生长前期与菌体量相关，而后期随菌体量增加而下降。流加发酵的菌体比生长速率远高于分批发酵。研究人员还在2.5L小型发酵罐中对发酵过程的动力学进行了研究，利用功能单元理论建立了以碳源为限制性底物的动力学模型。

4. 纯化工艺

HA发酵液通常黏度较大，除了含有HA外，还含有菌体、残留培养基成分、杂蛋白、核酸和菌体代谢产物等杂质。如何从发酵液中分离纯化HA，最终得到符合食品级、化妆品级甚至医药级质量要求的产品，这是HA生产过程中非常重要的问题。HA 含量较高时，发酵液的黏度很高，需要用水稀释后再通过离心或过滤去除菌体，滤液再经乙醇沉淀、CPC 沉淀、超滤等手段进行分离纯化，最后用乙醇沉淀，真空干燥制得最终产品。终产品为白色纤维状或粉末状固态物质（郭学平，2002）。

1）除菌体

HA 是胞外产物，在发酵液中游离存在，与动物组织提取法相比更易于分离纯化。纯化过程中，首先要杀灭并去除发酵液中的菌体。通常加入杀菌剂或加热到 75～80℃灭活菌体，然后离心或过滤除菌。最常用的杀菌剂为甲醛、三氯乙酸和十二烷基硫酸钠（SDS）。由于 HA 是线性分子，不适合用陶瓷膜过滤除菌体。

2）乙醇沉淀

用乙醇沉淀 HA 时，HA 溶液中一定要有盐的存在，否则沉淀无法形成，这是酸性黏多糖的共同特点。通常在发酵液中加入 1%～4%的 NaCl 即可。乙醇沉淀 HA，除了分离去除小分子杂质，还有一个重要的作用是脱色，经多次乙醇沉淀后，HA 可成为白色沉淀（郭学平等，1998）。乙醇沉淀法是一种较为常用的方法，但是在大规模生产中使用时，危险性较大，因此在生产过程中一定要严格控制，注意防火防爆。

3）除杂蛋白

发酵液中的杂蛋白种类复杂，主要来自残留的培养基、菌体合成分泌的蛋白质，以及少量菌体破裂时释放的细胞内容物等。去除杂蛋白的方法有加热变性法、蛋白酶酶解法、活性炭吸附法、树脂吸附法等。此外，还可以采用超滤法，该法不仅能去除杂蛋白，还能去除其他小分子物质。除去杂蛋白、核酸等物质后，得到杂质较少的 HA 溶液，将此 HA 溶液进行乙醇沉淀、真空干燥或者直接喷雾干燥，即可得到 HA 粉末。

5.4　合成生物学法

随着基因编辑和合成生物学的发展，研究人员通过在底盘细胞中构建 HA 合成途径，试图提高 HA 产率和分子量，是目前 HA 发酵研究的热门课题。

合成生物学本质上具有工程学的特性，是利用生物系统已有的全部或部分代谢网络，引入合成 HA 的基因模块，并对基因模块进行调控，最终实现高产 HA。

HA 的异源生产需要 UDP-GlcA、UDP-GlcNAc 及 HAS。一般来说，常用的底盘细胞（大肠杆菌、谷氨酸棒杆菌、枯草芽孢杆菌等）缺乏 HA 合成操纵子中的 *hasA* 基因，因此，在宿主微生物的基因组中插入 *hasA* 并使其正常表达，就可以使宿主菌产生 HA。

通过合成生物学生产 HA 必须要解决以下几个问题。第一，必须选择合适的底盘细胞，许多工程菌虽然已被广泛用于基因工程研究，但是其本身仍存在致病性，不适用于医药级、食品级和化妆品级原料的生产，美国食品药品监督管理局（Food and Drug Administration，FDA）所认定的 GRAS（generally recognized as safe，公认安全）菌株是生产这些原料的合适的底盘菌株。第二，为适应生产的需求，工程菌株需要达到更高的 HA 产率和更大的分子量，使其质量与利用链球菌生产的产品持平。第三，整个生产过程及获得的产品都必须达到医药和食品领域应用的相关法规与标准的要求，才可能进入市场。

因为 HA 合酶序列、结构（Mandawe et al.，2018；Schulte et al.，2019），以及宿主细胞代谢能力的变化均会导致 HA 产量或分子量的差异，所以选择合适的 HA 合酶和底盘菌株是成功实现 HA 异源合成的关键。

目前已报道用于 HA 异源生产的宿主菌包括大肠杆菌、枯草芽孢杆菌、乳酸乳球菌、谷氨酸棒杆菌和嗜热链球菌。

5.4.1 大肠杆菌异源合成 HA

大肠杆菌（*Escherichia coli*）属于革兰氏阴性菌，是一种常见的微生物细胞工厂，其基因组测序已经完成，且基因操作工具非常成熟，适合作为异源合成 HA 的宿主菌。

1. 调控 HA 合成路径

1993 年，美国俄克拉荷马大学 DeAngelis 等人首次发现 HAS 基因并导入大肠杆菌中，成功发酵出 HA（DeAngelis et al.，1993a）。Yu 和 Stephanopoulos（2008）在大肠杆菌中异源表达了酿脓链球菌 *hasA*（*ssehasA*）。他们首先根据大肠杆菌密码子偏好性对 *ssehasA* 进行了序列优化，然后从大肠杆菌的基因组中克隆了 *hasB*、*hasC* 和 *hasD* 的同源基因序列，构建了不同的人工操纵子，并克隆到 pMBAD 质粒中，从而构建了一系列重组载体，最后将这些重组载体转入大肠杆菌中并对其进行培养及 HA 的合成。结果表明，具有 *ssehasA-hasB* 和 *ssehasA-hasB-hasC* 操纵子的重组菌，在补充碳源的条件下，HA 产量都可达 0.25 g/L，前者的分子量为 0.51 MDa，后者则为 1.6 MDa（Yu and Stephanopoulos，2008）；通过进一步的全局转录工程改造，HA 产量提高到 0.7 g/L（Yu et al.，2008）。

Mao 等（2009）克隆了多杀巴斯德菌的 *pmhasA* 基因与 *E. coli* K5 的 UDP-葡萄糖脱氢酶基因，并将它们整合到 pHK 质粒中，成功实现了在 *E. coli* K5 中异源合成 HA。他们又对 HA 的发酵生产过程进行了优化，通过在培养过程中通入纯氧、添加底物合成前体葡萄糖胺及使用磷霉素抑制细胞壁合成等手段，使得重组大肠杆菌合成 HA 的产量达到了 3.8 g/L，分子量为 1.5 MDa。

2. 调控代谢旁路

为了将半乳糖转化为 UDP-葡萄糖醛酸，Woo 等（2019）构建了携带兽疫链球菌 *hasA* 基因的原始菌株，又通过敲除编码半乳糖转录抑制因子 *galR* 和 *galS* 来激活利用半乳糖的 Leloir 途径，同时阻断了 *pfkA*（编码 6-P-果糖激酶）和 *zwf*（编码-6-P-葡萄糖脱氢酶）的编码途径。批量培养的最终工程菌株可以从葡萄糖和半乳糖中产生 29.98 mg/L 的透明质酸，这证明了在工程大肠杆菌中由葡萄糖和半乳糖产生透明质酸的可能性。

3. 调控透明质酸合酶

Yang 等（2017）发现，马链球菌 HAS（*se*HAS）C 端的 9 个氨基酸残基（aa409～417）的缺失会使 *se*HAS 失活。为了进一步阐明 *se*HAS 的 C 端的功能，他们克隆了马链球菌的基因序列，并对 C 端 aa409～417 的氨基酸残基进行了定点突变，然后把突变后的序列转化到 *E.coli* R413 进行异源表达和 HA 合成。结果表明，aa409～417 的定点突变提高了 HA 的分子量，这证明了 *se*HAS 催化合成的 HA 分子量大小与 *se*HAS 和 HA 结合的亲和力相关。

目前，大肠杆菌异源合成 HA 的研究相对较少，产量也偏低。大肠杆菌并不是食品安全级菌株，存在一定的致病性，因而不是异源生产 HA 的首选底盘细胞。

5.4.2 枯草芽孢杆菌异源合成 HA

枯草芽孢杆菌（*Bacillus subtilis*）属于革兰氏阳性菌，并且是 FDA 认定的 GRAS 菌株。与大肠杆菌一样，枯草芽孢杆菌具有比较完善的生物大分子分泌体系及种类齐全的基因操作工具（质粒载体、基因组编辑工具等），其在生产生物化学品和酶制剂领域的应用十分广泛（Perkins et al.，1999；Sauer et al.，1998；Harwood，1992；Debabov，1982）。

1. 调控 HA 合成途径

2005年，美国俄克拉荷马大学 Widner 等人首次用枯草芽孢杆菌成功发酵 HA，并申请专利（Widner et al.，2005）。后来他们将该项专利许可给 Novozyme（诺维信）公司。他们在枯草芽孢杆菌中克隆了来自马链球菌的 HAS 基因 *hasA*，并共表达了枯草芽孢杆菌 UDP 单糖合成途径中所需要的同工酶基因，首次实现了 HA 在枯草芽孢杆菌的异源合成。不同的操纵子基因组合中，*hasA-hasB* 的 HA 产量是 *hasA* 的 10 倍，达到链球菌工业化的水平。与 *hasA-hasB* 相比，*hasA-hasB-hasC* 和 *hasA-hasB-hasD* 对 HA 产量提高幅度很低，因此作者确定枯草芽孢杆菌异源合成 HA 的过程中，葡萄糖醛酸的水平是限制条件，编码 UDP-葡萄糖脱氢酶的基因 *hasB* 是 HA 生产的关键基因（Widner et al.，2005）。其他的研究也证明了这个观点。Jia 等（2013）利用枯草芽孢杆菌 168 表达 *pmhasA*，拥有 *pmhasA-hasB-hasC* 操纵子的菌株的 HA 产量比 *pmhasA-hasD* 菌株更高，两个重组菌株的 HA 产量分别为 6.8 g/L（4.5 MDa）和 2.4 g/L（1.3 MDa）。2011 年，Novozyme 公司利用重组枯草芽孢杆菌生产 HA 的生产线在天津投产，但该项目已于 2015 年下半年关闭。

除了 *hasA*、UDP-葡萄糖醛酸合成的 *hasB* 和 UDP-乙酰氨基葡萄糖合成的 *hasD* 外，HA 合成途径上的其他基因对 HA 在枯草芽孢杆菌的异源合成也有影响。Jin 等（2016）通过共表达参与葡萄糖醛酸（*tuaD* 和 *gtaB*）和乙酰氨基葡萄糖（*glmU*、*glmM* 和 *glmS*）合成的枯草芽孢杆菌内源基因，使 HA 的产量增加到 2.72 g/L，分子量为 1.40～1.83 MDa。

2. 调控代谢旁路

HA 生物合成的底物是由葡萄糖-1-磷酸和果糖-6-磷酸转化而来的，而这两种物质是细菌糖代谢过程中的重要起始底物。因此，适当减少这两种物质进入细菌的糖代谢途径，可能有利于 HA 的生成。Westbrook 等（2018b）替换了枯草芽孢杆菌菌株 AW008 的启动子，生成菌株 AW009，摇瓶培养 10 h 后，HA 产率（0.97 g/L）达到 AW008（0.48 g/L）的两倍。他们应用成簇规律间隔短回文重复序列干扰（clustered regularly interspaced short palindromic repeats interference，CRISPRi）技术分别或同时沉默了糖酵解途径中的第一个关键基因 *pfkA* 和磷酸戊糖途径中的第

一个关键基因 *zwf* 的表达，这使得 HA 产量显著提高。他们又高表达参与膜心磷脂生物合成途径的基因，从而提高细胞内心磷脂的水平，并通过抑制细胞分裂引发蛋白 FtsZ 的表达而促进心磷脂沿侧膜重排，使 HA 产量提高了 2 倍，达到 1.46 g/L，同时 HA 分子量达到 2.10 MDa（Westbrook et al.，2018a）。Jin 等（2016）将果糖-6-磷酸激酶编码基因 *pfkA* 的起始密码子 ATG 突变为 TTG，阻碍了葡萄糖进入糖酵解途径，使 HA 产量进一步提升至 3.15 g/L。发酵罐放大生产时，最优菌株产量可达 5.96 g/L，分子量为 1.42 MDa。Li 等（2019）在枯草芽孢杆菌中表达乳房链球菌的 *hasA*，并敲除了编码孢子形成相关蛋白的 *sigF* 基因，使 HA 产量提高了 30.03%。

在工程菌株生产 HA 的过程中，高浓度的 HA 会使培养基的黏度增加，导致培养基溶氧量减少，从而影响 HA 的合成。因此，增加培养基的溶氧量有助于 HA 的发酵生产。加入透明质酸酶可以将 HA 链分解成更小的片段，从而降低黏度。Jin 等(2016)通过引入兽疫链球菌的 HAS 基因实现了枯草芽孢杆菌异源合成 HA，在此基础上将水蛭透明质酸酶（leech hyaluronidase）基因整合到枯草芽孢杆菌的基因组中，并通过 N 端序列改造使其主动表达，从而降低培养基的黏度，增加溶氧量。3 L 发酵罐培养过程中 HA 产量从 5.96 g/L 大幅增加到 19.38 g/L，且分子量可控制在 2.20～1.42 MDa 范围内。Chien 和 Lee（2007a）在枯草芽孢杆菌中引入血红蛋白基因（*vgb*），与 *hasA* 和 *tuaD* 基因共表达，血红蛋白的引入可增加细菌对氧气的摄入，使 HA 产量从 0.9 g/L 提高到 1.8 g/L。额外加入氧载体也可以解决由于黏度太大带来的氧气传递问题。Westbrook 等（2018c）考察了加入不同氧载体对重组枯草芽孢杆菌生产 HA 的影响，发现正十六烷效果最好，HA 产量从 3.2g/L 提升到 4.6 g/L。

对枯草芽孢杆菌异源合成 HA 以及菌株强化改造的研究相对全面，既有代谢途径方面的改造，也有细胞结构层面的优化。与兽疫链球菌生产的 HA 相比，枯草芽孢杆菌所生产的 HA 分子量也达到百万道尔顿以上，但是在产量上还不具备明显优势。另外，在发酵后期，枯草芽孢杆菌会形成芽胞，不利于大规模连续生产。

5.4.3　乳酸乳球菌异源合成 HA

与枯草芽孢杆菌一样，乳酸乳球菌（*Lactococcus lactis*）也是一种 GRAS 革兰氏阳性菌。乳酸链球菌素控制的基因表达系统（nisin-controlled gene expression system，NICE）是最成功和使用最广泛的乳酸乳球菌基因操作工具之一（Mierau and Kleerebezem，2005；Kuipers et al.，1997），也是乳酸乳球菌中最常用的食品级诱导表达系统（Zhang et al.，2002）。乳酸乳球菌可以生产奶制品，如酸奶、干酪等，是可食用的安全表达载体，因此乳酸乳球菌及其产生的 HA 能够直接应用于奶制品中（不用分离纯化）。

1. 调控 HA 合成途径

Chien 和 Lee（2007b）在乳酸乳球菌中过表达了来自马链球菌的 *sehasA* 基因，HA 产量仅有 0.08 g/L；而与 *hasB* 共表达时，HA 产量提升至 0.65 g/L，这说明乳酸乳球菌本身所合成的 UDP-葡萄糖脱氢酶无法满足 HA 合成的需要，UDP-葡萄糖醛酸的水平是 HA 生产的限制条件，这个结论与利用枯草芽孢杆菌生产 HA 时相同。随后，印度理工大学 Jayaraman 课题组对乳酸乳球菌异源合成 HA 途径进行了改进，他们在 *sehasA-hasB* 的基础上又过表达了 *hasC*，使产量提升至 1.8 g/L（Prasad et al.，2010）。

NICE 系统诱导剂的浓度是影响重组乳酸乳球菌 HA 产量的重要因素。Sunguroğlu 等（2018）构建了通过 NICE 系统调控表达的、含有兽疫链球菌 *hasA* 基因的重组质粒，并转化到乳酸乳球菌中，在 7.5 ng/mL 乳酸链球菌肽的诱导下，HA 产量达到 6.092 g/L。Sheng 等（2015）构建了 PnisA 启动子控制、NICE 系统调控的 *hasA-hasB-hasC* 操纵子质粒，将其转入乳酸乳球菌，从而构建了重组菌株 NFHA01，用 10 ng/mL 乳酸链球菌素（nisin）诱导，HA 产量可达 0.594 g/L。

质粒表达系统并不稳定，在传代过程中可能发生重组基因的丢失。Hmar 等（2014）将 HAS 基因以及与 HA 合成相关的基因（*hasA-hasB* 和 *hasA-hasB-hasC*）整合到乳酸乳杆菌的染色体中，与采用质粒表达的重组菌株相比，产生的 HA 分子量增大了一倍。HA 的分子量差异可能与其合成前体比例（UDP-乙酰氨基葡糖/UDP-葡萄糖醛酸）及 *hasA/hasB* mRNA 的比例有关。在利用质粒携带外源基因的重组菌株中，*hasA* 基因表达量较高，而 *hasB* 基因表达量较低，HAS 催化合成 HA 链时没有足够的底物，导致产物分子量相对较低。在将外源基因整合到菌株的基因组中后，表达的 HA 合酶相对较少，可与 HA 合酶结合的前体增加，有助于合成分子量更高的 HA。

2. 调控代谢旁路

Prasad 等（2010）在构建合成 HA 的乳酸乳球菌的基础上，敲除了副产物乳

酸的合成基因 *ldh*，使得 HA 产量达到 3.0 g/L。他们发现，不含 *ldh* 基因的菌株中，NAD^+/NADH 比值要高于原始菌株，而 UDP-葡萄糖醛酸/UDP-乙酰氨基葡萄糖比值接近于 1，这正是产生 HA 的最佳底物浓度比（Kaur and Jayaraman，2016）。他们在另一项研究中，通过乳酸乳球菌基因组规模代谢网络模型 MG1363 的辅助，发现肌苷的合成与 HA 的合成存在正相关关系，通过向培养基中额外添加肌苷，可以将 HA 产量从 0.4g/L 提升到 1.1 g/L（Badri et al.，2019）。

尽管乳酸乳球菌生产的 HA 分子量达百万道尔顿以上，但是其产量不具备优势，从而限制了它的应用。

5.4.4　谷氨酸棒杆菌异源合成 HA

谷氨酸棒杆菌（*Corynebacterium glutamicum*）也是一种被广泛应用于食品工业的 GRAS 革兰氏阳性菌，多年的研究使科学家们对它的代谢和调节网络有了广泛的了解（Teramoto et al.，2011；Becker and Wittmann，2012）。迄今为止，有多种遗传工具可用于谷氨酸棒杆菌的改造，新的操作工具也不断被开发出来（Nešvera and Pátek，2011）。

1. 调控 HA 合成路径

Wang 等（2020）对谷氨酸棒杆菌异源合成 HA 及相关基因的调节进行了充分研究。他们在 *C. glutamicum* ATCC 13032 菌株中分别过表达了来自不同菌株的 HAS 基因，发现摇瓶培养时，表达链球菌 HAS 的菌株 HA 产量最高（1.5 g/L）。在此基础上，他们又在重组菌株中分别引入与 HA 生物合成相关的基因，包括 *hasB*、*hasC*、*hasD*、*glmS* 和 *glmM* 等，发现过表达 *hasB* 时有最高的 HA 产量（为 4.5 g/L）。他们进一步将 *hasB* 与 *glmS* 或 *glmM* 共表达，将 HA 产量进一步提高到 5.4 g/L 和 5.0 g/L。

Cheng 等（2016）将去除罕见密码子的 *ssehas* 基因引入谷氨酸棒杆菌，构建了包含 *ssehasA*、*ssehasA-hasB* 和 *ssehasA-hasB-hasC* 的三个不同操纵子的质粒，转入谷氨酸棒杆菌，其中 *ssehasA-hasB* 菌株获得了最高的 HA 产量，达到 2.0 g/L，分子量为 0.98 MDa，在 5 L 发酵罐中 HA 产量为 8.3 g/L，最大分子量为 1.30 MDa。

2. 调控代谢旁路

吴瑶（2017）在谷氨酸棒杆菌中建立了 HA 和甘油的联产代谢途径，通过甘油的合成来消除副产物乳酸和乙酸的积累，并平衡细胞内的还原力。经过摇瓶发酵，重组菌可以积累 4.3 g/L 的 HA 和 12.3 g/L 的甘油；通过进一步改造，该菌株还可实现 HA 和 1,3-丙二醇的联产。乳酸是丙酮酸经乳酸脱氢酶（lactate dehydrogenase，LDH）催化形成的副产物，会造成 HA 合成前体的浪费。为了满足 HA 合成的能量需求，Cheng 等（2017）通过敲除 *C. glutamicum-hasAB* 中的乳酸脱氢酶基因来阻断乳酸的生成，使 HA 产量从 5.4 g/L 提高到 7.2 g/L；进一步采用流加葡萄糖的策略培养重组菌，HA 产量可达到 21.6 g/L。

Wang 等（2020）研究了与 HA 合成竞争的途径，细胞外多糖的生物合成涉及 HA 合成中间代谢物的消耗，如 UDP-葡萄糖醛酸的前体 UDP-葡萄糖。在 *C. glutamicum* ATCC 13032 中引入酿脓链球菌的基因 *spHasA*，又敲除可能参与胞外多糖生物合成的糖基转移酶基因（*cg0424*、*cg0420*），摇瓶发酵中 HA 产量提高了 14.9%，达到 6.4 g/L。菌株产生的 HA 分子不是直接分泌到培养基中，而是形成一层黏液，包裹着分裂的细胞，改变其细胞形态并抑制代谢，然后 HA 再逐渐从外层释放并溶解在培养液中，这就阻碍了菌体对营养物质的吸收和 HA 的生产。通过在发酵过程中添加浓度为 1500 U/mL、3000 U/mL、6000 U/mL 的水蛭透明质酸酶降解菌体周围的 HA，可使产量分别提高到 46.2 g/L、57.5 g/L 和 74.1 g/L，同时使 HA 的分子量分别降低到 155 kDa、91 kDa 和 53 kDa。

Cheng 等（2019）在基因组规模代谢网络模型的指导下，对重组表达链球菌 HAS 的谷氨酸棒杆菌进行全面改造，上调 *has* 操纵子的基因表达，下调与糖酵解、丙酮酸脱氢酶复合物、磷酸戊糖途径（pentose phosphate pathway，PPP）、乳酸和乙酸合成途径相关的基因表达，将 HA 产量提升至 28.7g/L。

3. 优化培养条件

Cheng 等（2019）对重组谷氨酸棒杆菌的发酵培养基进行优化，使 HA 产量达到 4.1 g/L，分子量为 0.92 MDa。当进行发酵罐放大试验时，重组谷氨酸棒杆菌的 HA 产量提升至 8.3 g/L，但是高效液相分子量图谱呈现双峰分布，高分子量组分为 1.3 MDa，占 17.1%；低分子量组分为 0.31 MDa，占 82.9%。与 Hoffmann 和 Altenbuchner（2014）的研究结果类似，在重组谷氨酸棒杆菌中，HA 的产量和分子量存在负相关关系。导致这一现象的原因可能是在强化 HA 合成的过程中，HA 合成速率变快，正在生长的 HA 链与 HAS 结合时间变短，从而使分子量下降。低分子量 HA 不会使发酵过程中培养液体系黏度过大而影响传质。这就可以将 HA 的生产进一步强化至更高的水平，而不像链球菌生产体系，无论采用什么方法都很难突破 15 g/L 的最大产量。低分子量的 HA 也可通过乙醇沉淀的方法从发酵上清液中分离出来。现有的低分子量 HA 生产工艺是利用透明质酸酶将高分子量 HA 降解成低分子量 HA 并纯化获得。

Hoffmann 和 Altenbuchner（2014）在谷氨酸棒杆菌中异源表达链球菌 *hasA*，以及与 HA 生物合成相关的酶，构建了能合成 HA 的菌株，并研究了培养基对 HA 产量和分子量的影响，发现在不同配方的培养基中，HA 的产量和分子量均不同。在 HA 产量较高（1.24 g/L）的 CGXII 培养基中，产物分子量均在 0.27 MDa 以下；而 HA 产量较低（0.36 g/L）的 MEK700 培养基中，产物分子量可达 1.4 MDa。

5.4.5　嗜热链球菌异源合成 HA

嗜热链球菌（*Streptococcus thermophilus*）是一种益生菌，是发酵酸奶和奶酪的常用菌种，可以产生胞外多糖（exopolysaccharide，EPS）。嗜热链球菌来源的 EPS 具有降低胆固醇、抗肿瘤和促进肠道黏附等生理功能，还可以作为食品添加剂和稳定剂，显著改善食物口感和特性。

1. 调控 HA 合成途径

王凤山领导的课题组（Ma et al.，2022）通过强化 HA 合成途径来加强 HA 在嗜热链球菌中的生物合成。首先在嗜热链球菌 LMD-9（野生菌株）中过表达不同来源的 HAS，结果表明，过表达酿脓链球菌 HAS 的菌株 P11-SP 优于过表达嗜热链球菌 HAS 或兽疫链球菌 HAS 的菌株，其产率为 5.50 mg/L，是野生菌株的 1.62 倍。在 P11-SP 基础上，过表达兽疫链球菌来源的 *hasB* 和 *hasC* 来促进前体 UDP-GlcA 的合成，所得菌株 P32-ZBC 的 HA 产率可以提高至原始菌株的 13 倍；在此基础上过表达前体 UDP-GlcNAc 合成途径中的关键酶 *glmS*，所得菌株 P32-ZBCS 的产率提高至 53.91 mg/L。

2. 调控代谢旁路

王凤山领导的课题组（Ma et al.，2022）通过减少副产物（如胞外多糖和乳酸）的合成来促进 HA 的合成。将菌株 P32-ZBCS 中产胞外多糖的关键基因 *epsA* 敲除后得到菌株 DE，伴随着副产物胞外多糖产量的下降，HA 的产率提高至 61.84 mg/L；进一步利用无痕基因操作系统和 CRISPRi 系统对乳酸脱氢酶进行突变，以降低乳酸脱氢酶的活性，从而使更多的葡萄糖流向 HA 合成，而不是流向乳酸合成，得到菌株 L1 的产率达到了 77.83 mg/L。以上结果证明，嗜热链球菌中 HA 合成能力的强化可以通过降低副产物的竞争来实现。

该研究在嗜热链球菌中增强了 HA 合成途径，使菌体外形成一层荚膜，增强了其在体内给药环境下耐受与定植的能力，同时可以持续不断地补充 HA。

5.4.6 马链球菌的基因工程改造生产 HA

通过对比不同底盘细胞发酵生产 HA（表 5-2），我们可以看到野生马链球菌发酵生产 HA，产率能达到 12～14 g/L，而分子量达到 3000 kDa 以上，生产效率达到 0.45 g/（L·h），葡萄糖转化率约为 16%，单位 OD 的 HA 产量为 2.08 g。根据文献报道，以谷氨酸棒状杆菌为底盘细胞合成 HA，与通过马链球菌合成 HA 相比，产率有了显著提升，但葡萄糖的转化率与马链球菌水平相当，发酵液菌密度通常是链球菌发酵液菌密度的 10～30 倍，单位菌体量的产率较低，这就造成纯化过程的难度显著提高。

表 5-2 不同底盘细胞发酵产 HA 参数比较

项目	*S. zooepidemicus* 野生型	*B. subtilis* 168（Jin et al.，2016）工程菌	*C. glutamicum* 13032（Wang et al.，2020）工程菌	*L. lactis* NZ9020（Jeeva et al.，2022）工程菌
分子量 /kDa	＞3000	2.2～1420	51～56	1100～1250
产率/（g/L）	12～14	19.38	74.10	4.60
生产效率/[g/(L·h)]	0.45	0.20	1.03	0.12
糖转化率/%	16	/	16	14
单位 OD 的 HA 产率/（g/OD_{600}）	2.08	0.51	0.32	—

1. 提高菌种安全性的菌种改造

目前，HA 工业生产菌株主要是 C 群链球菌，该种菌有一定的致病性。经过对一些马链球菌野生菌株的全基因测序及序列翻译，发现马链球菌自身携带一些致病性基因（表 5-3），如溶血性基因。其他多是黏附类蛋白的基因，帮助细菌黏附于宿主细胞上，这些基因与 HA 的合成代谢无关。在 HA 生产过程中，这些基因不表达或者表达后经过纯化均可以去除。敲除这些基因将大大降低菌株的致病风险，同时降低菌株的代谢负担，提高 HA 的生产效率，这将是 HA 生产菌株基因改造的重要方向。通过不断敲除菌株上的致病基因，马链球菌可能会被改造成为一种重要的安全模式底盘细胞。

表 5-3　马链球菌部分可能致病基因列表

致病机理	致病基因
参与菌株对宿主细胞的黏附、识别和定植	层粘连蛋白；细胞壁表面锚定家族蛋白；胶原结合蛋白 CPA、链激酶；分选酶 SrtA；神经氨酸苷酶 NanA、IgG 结合蛋白、纤维结合素结合蛋白、胆碱结合蛋白
抵抗宿主吞噬细胞对菌株的吞噬作用	类 M 蛋白、脂蛋白轮状酶 SlrA、烯醇化酶、抗体降解蛋白
参与菌株免疫逃逸	细胞膜蛋白 Capa、超氧化物歧化酶（SOD）
产生溶血素 S，引起宿主细胞溶血	溶血性 Sag 基因簇
参与从宿主获取营养	金属结合脂蛋白、锌金属蛋白酶、透明质酸酶

以上致病基因列表数据由 VFDB 数据库分析所得。VFDB 数据库是由中国医学科学院研发、目前已收集了包括 74 属（1811 种毒力因子）细菌独立基因序列信息的病原菌毒力因子预测数据库。

但马链球菌菌株编辑工具有限，编辑效率较低，敲除原产菌中毒力基因的研究进展缓慢。李尧等（2010）用温度敏感基因敲除载体系统 pJR700 成功构建了链球菌血红素受体基因缺失突变株用于 HA 生产。天津科技大学孙晓燕（2014）成功构建了兽疫链球菌的基因无缝敲除系统，并通过敲除透明质酸合酶基因（*hasA*）来验证该系统的可行性。

2. 提高发酵产率与分子量调控的菌种改造

早期研究人员认为，HA 的前体合成量越多，HA 产量越高。而最近的研究发现，UDP-GlcA 是 HA 生物合成的限制因素，而 UDP-GlcNAc 不是产量的主要限制因素，因为各类微生物自身合成的 UDP-GlcNAc 足以满足 HA 的合成，因此，相较于 UDP-GlcA，提高 UDP-GlcNAc 浓度对 HA 产量影响较小。而 HA 分子量的调控机制尚无统一结论。Sheng 等（2009）将兽疫链球菌 HAS 基因 *szhasA* 和 UDP-葡萄糖 6-脱氢酶（UDP-glucose 6-dehydrogenase，UGD）基因 *szhasB* 置于两个不同的诱导启动子调控下，并将其导入乳酸乳球菌中，首次在活细胞体内验证了生物合成 HA 分子量的大小受底物浓度与 HAS 浓度之间比率影响，并得到微生物合成 HA 的分子量与该比率呈正相关关系的结论。韦朝宝（2019）通过在兽疫链球菌 WSH-24 中过表达透明质酸合酶 HasA 以及优化表达水蛭来源的透明质酸酶 LHAase 重组菌株，摇瓶发酵 24 h，透明质酸积累至 0.97 g/L，比野生菌提高了 182.0%。在 3 L 发酵罐中发酵 24 h，透明质酸生产强度为 294.2 mg/（L·h），HA 积累至 7.06 g/L，比野生菌的发酵产率提高了 112.4%。HA 合成和能量代谢密切相关，且 UDP-GlcA 合成途径中需要消耗 NAD^+，而链球菌中不具有完整的 TCA 循环，只能通过乳酸代谢来补给 NAD^+，造成约 80%的碳源被浪费，甚至乳酸积累会导致 pH 下降，抑制 HA 合成。罗凯来（2016）以马链球菌 ATCC39920 为研究对象，敲除乳酸脱氢酶基因，并表达 NADH 氧化酶，以及能够提高摄氧能力的透明颤菌血红蛋白 VHb，探究乳酸代谢对马链球菌 HA 合成的影响。发酵结果表明，菌株失去乳酸合成能力，生物量下降 45%，HA 产量为 1.28 g/L，为野生株的 37.7%，HA 分子量对比野生株的 2.13 MDa 下降至 1.44 MDa，耗糖速度下降，乳酸前体物质丙酮酸积累到 17 g/L。张晋宇（2005）将聚羟基丁酸（polyhydroxybutyric acid，PHB）合成基因 *phbCAB* 在马链球菌中表达，在工程菌中构建了一个新的 NAD^+补给途径，乳酸合成产量从 64 g/L 降低到 41 g/L，同时 HA 产量达到 7.29 g/L，比野生菌提高了 1 g/L 以上。尽管已有部分针对马链球菌进行基因工程编辑的报道，但是取得的成果十分有限，一方面是因为马链球菌为非模式底盘细胞，缺乏高效的基因工程编辑工具；另一方面，由于对菌株自身信息的了解有限，与现有野生菌生产 HA 相比，针对 HA 发酵产率及分子量提高的马链球菌菌株改造也缺乏实质性进展。随着基因编辑技术及人工智能的发展，开发更加高效的基因编辑技术，利用 Alphafold 及代谢网络模型等技术手段，使得大幅提高菌种安全性、提高 HA 生产效率逐渐成为可能，也是今后研究的重点方向。

以野生马链球菌作为生产菌株，与以谷氨酸棒状杆菌为底盘通过对比不同底盘细胞发酵生产 HA 相比具有其固有的优势。如果能够对马链球菌进行基因工程改造，提高菌种安全性的同时，提高发酵产率，将进一步降低 HA 的生产成本，推动 HA 行业的发展。

5.4.7 异源合成 HA 的分离纯化

异源合成 HA 的分离纯化，与从链球菌发酵液中分离纯化的步骤基本一致。但是异源合成 HA 发酵液中菌体量大，产生的杂蛋白、核酸等杂质更多，所以纯化工艺更为复杂。异源合成 HA 的发酵液菌密度通常是链球菌发酵液菌密度的 10～30 倍，因此需要先用水稀释后，再通过离心或过滤除菌体，滤液经乙醇沉淀、CPC 沉淀、超滤等方法进行分离纯化，最后用有机溶剂沉淀、真空干燥或喷雾干燥制得终产品，产品为白色纤维状或粉末状。

（石艳丽　乔莉苹）

参 考 文 献

陈乌桥, 刘祖同, 孔金明. 1994. 透明质酸产生菌的诱变育种及发酵条件. 清华大学学报(自然科学版), 34(6): 63-67.

冯建成, 崔贞华, 尹姣, 等. 2005. 透明质酸产生菌的紫外诱变及摇瓶条件的优化. 湖北大学学报(自然科学版), 27(1): 57-60, 67.

高海军, 陈坚, 管轶众, 等. 1999. 不同培养方式下兽疫链球菌发酵生产透明质酸的研究. 应用与环境生物学报, 5(6): 614-617.

高海军, 陈坚, 章燕芳, 等. 2000. 营养条件对兽疫链球菌发酵生产透明质酸的影响. 生物工程学报, 16(3): 396-399.

郭学平, 王春喜, 凌沛学, 等. 1998. 透明质酸及其发酵生产概述. 中国生化药物杂志, 19(4): 209-212.

郭学平. 2002. 微生物发酵法生产透明质酸. 精细与专用化学品, 10(3): 21-22, 17.

李尧, 蓝小玲, 李学如, 等. 2010. 一种构建马链球菌兽疫亚种血红素受体基因缺失突变株的方法. 微生物学报, (6): 6.

刘玉焕, 钟英长, 周世宁. 1998. 高产透明质酸菌种 T12 的研究. 中山大学学报(自然科学版), 37(S1): 71-73.

罗凯来. 2016. 兽疫链球菌乳酸途径改造对透明质酸合成的研究. 天津: 天津科技大学硕士学位论文.

罗强, 孙启玲. 2003. 原生质体诱变选育透明质酸菌株及发酵条件的优化. 四川大学学报(自然科学版), 40(5): 949-952.

罗瑞明, 郭美锦, 储炬, 等. 2003. 高产、大分子透明质酸突变株 NUF-036 的选育. 无锡轻工大学学报(食品与生物技术), 22(2): 14-17.

孙建, 霍向东, 张志东. 2006. 透明质酸产生菌的诱变选育及发酵工艺的研究. 新疆农业科学, 43(1): 72-74.

孙晓燕. 2014. 兽疫链球菌基因敲除系统的建立及 hasE 功能研究. 天津: 天津科技大学硕士学位论文.

滕利荣, 刘岩厚, 张佳, 等. 2004. 兽疫链球菌原生质体激光诱变及高产菌株筛选. 微生物学通报, 31(1): 40-45.

韦朝宝. 2019. 透明质酸代谢途径优化及透明质酸寡糖合成. 无锡: 江南大学硕士学位论文.

吴瑶. 2017. 重组谷氨酸棒杆菌合成透明质酸的代谢工程与发酵研究. 北京: 清华大学硕士学位论文.

姚敏杰, 安海平, 陈玉铭. 1995. 透明质酸发酵法制备研究——第二报. 透明质酸发酵工艺和提取工艺条件研究. 江苏食品与发酵, (2): 19-25.

张晋宇. 2005. 表达 phbCAB 基因对兽疫链球菌中乳酸及透明质酸产量的影响. 北京: 清华大学硕士学位论文.

张淑荣, 许伟坚, 张鹏, 等. 1999. 发酵法生产透明质酸菌种的选育. 北京化工大学学报(自然科学版), 26(1): 1-4.

森川清志, 浜井昭夫, 掘江克之. 1987. ヒアルロン酸の制造法: 日本, 62-257901.

森田裕. 1986. ヒアルロン酸の制造法: 日本, 昭 61-239898.

宫本隆雄, 昭尺亮三. 1989. ヒアルロン酸の制造方法: 日本, 平 1-225491.

Armstrong D C, Johns M R. 1997. Culture conditions affect the molecular weight properties of hyaluronic acid produced by *Streptococcus zooepidemicus*. Applied and Environmental Microbiology, 63(7): 2759-2764.

Badri A, Raman K, Jayaraman G. 2019. Uncovering novel pathways for enhancing hyaluronan synthesis in recombinant *Lactococcus lactis*: genome-scale metabolic modeling and experimental validation. Processes, 7(6): 343.

Becker J, Wittmann C. 2012. Bio-based production of chemicals, materials and fuels–*Corynebacterium glutamicum* as versatile cell factory. Current Opinion in Biotechnology, 23(4): 631-640.

Blank L M, Hugenholtz P, Nielsen L K. 2008. Evolution of the hyaluronic acid synthesis (has) operon in *Streptococcus zooepidemicus* and other pathogenic streptococci. Journal of Molecular Evolution, 67(1): 13-22.

Cheng F Y, Gong Q Y, Yu H M, et al. 2016. High-titer biosynthesis of hyaluronic acid by recombinant *Corynebacterium glutamicum*. Biotechnology Journal, 11(4): 574-584.

Cheng F Y, Luozhong S J, Guo Z G, et al. 2017. Enhanced biosynthesis of hyaluronic acid using engineered *Corynebacterium glutamicum via* metabolic pathway regulation. Biotechnology Journal, 12(10): 1700191.

Cheng F Y, Yu H M, Stephanopoulos G. 2019. Engineering *Corynebacterium glutamicum* for high-titer biosynthesis of hyaluronic acid. Metabolic Engineering, 55: 276-289.

Chien L J, Lee C K. 2007a. Enhanced hyaluronic acid production in *Bacillus subtilis* by coexpressing bacterial hemoglobin. Biotechnology Progress, 23(5): 1017-1022.

Chien L J, Lee C K. 2007b. Hyaluronic acid production by recombinant *Lactococcus lactis*. Applied Microbiology and Biotechnology, 77(2): 339-346.

Cifonelli J A, Dorfman A. 1957. The biosynthesis of hyaluronic acid by group a *Streptococcus*. V. The uridine nucleotides of group A *Streptococcus*. Journal of Biological Chemistry, 228(2): 547-557.

Crater D L, Dougherty B A, van de Rijn I. 1995. Molecular characterization of *hasC* from an operon required for hyaluronic acid synthesis in group A *Streptococci*: demonstration of UDP-glucose pyrophosphorylase activity. Journal of Biological Chemistry, 270(48): 28676-28680.

DeAngelis P L, Papaconstantinou J, Weigel P H. 1993a. Isolation of a *Streptococcus pyogenes* gene locus that directs hyaluronan biosynthesis in acapsular mutants and in heterologous bacteria. Journal of Biological Chemistry, 268(20): 14568-14571.

DeAngelis P L, Papaconstantinou J, Weigel P H. 1993b. Molecular cloning, identification, and sequence of the hyaluronan synthase gene from group A *Streptococcus pyogenes*. Journal of Biological Chemistry, 268(26): 19181-19184.

DeAngelis P L. 1999a. Hyaluronan synthases: fascinating glycosyltransferases from vertebrates, bacterial pathogens, and algal viruses. Cellular and Molecular Life Sciences, 56(7-8): 670-682.

DeAngelis P L. 1999b. Molecular directionality of polysaccharide polymerization by the *Pasteurella multocida* hyaluronan synthase. Journal of Biological Chemistry, 274(37): 26557-26562.

Debabov V G, 1982. The industrial use of bacilli//Dubnau D A.(eds). *Bacillus subtilis*. Cambridge: Academic Press: 331-370.

Dorfman A, Roseman S, Moses F E, et al. 1955. The biosynthesis of hyaluronic acid by group a *Streptococcus*. II. Origin of the N-acetylglucosamine moiety. The Journal of Biological Chemistry, 212(2): 583-591.

Harwood C R. 1992. *Bacillus subtilis* and its relatives: molecular biological and industrial workhorses. Trends in Biotechnology, 10(7): 247-256.

Heldermon C, DeAngelis P L, Weigel P H. 2001. Topological organization of the hyaluronan synthase from *Streptococcus pyogenes*. Journal of Biological Chemistry, 276(3): 2037-2046.

Hmar R V, Prasad S B, Jayaraman G, et al. 2014. Chromosomal integration of hyaluronic acid synthesis (has) genes enhances the molecular weight of hyaluronan produced in *Lactococcus lactis*. Biotechnology Journal, 9(12): 1554-1564.

Hoffmann J, Altenbuchner J. 2014. Hyaluronic acid production with *Corynebacterium glutamicum*: effect of media composition on yield and molecular weight. Journal of Applied Microbiology, 117(3): 663-678.

Hosoya H, Kimura M, Endo H, et al. 1991. Novel production process of hyaluronic acid and bacterium strain therefor: U.S. 5023175.

Itano N, Kimata K. 2002. Mammalian hyaluronan synthases. IUBMB Life, 54(4): 195-199.

Itano N, Sawai T, Yoshida M, et al. 1999. Three isoforms of mammalian hyaluronan synthases have distinct enzymatic properties. Journal of Biological Chemistry, 274(35): 25085-25092.

Jeeva P, Jayaprakash S R, Jayaraman G. 2022. Hyaluronic acid production is enhanced by harnessing the heme-induced respiration in recombinant *Lactococcus lactis* cultures.Biochemical Engineering Journal, 2022: 182.

Jia Y N, Zhu J, Chen X F, et al. 2013. Metabolic engineering of *Bacillus subtilis* for the efficient biosynthesis of uniform hyaluronic acid with controlled molecular weights. Bioresource Technology, 132: 427-431.

Jin P, Kang Z, Yuan P H, et al. 2016. Production of specific-molecular-weight hyaluronan by metabolically engineered *Bacillus subtilis* 168. Metabolic Engineering, 35: 21-30.

Johns M R, Goh L T, Oeggerli A. 1994. Effect of pH, agitation and aeration on hyaluronic acid production by*Streptococcus zooepidemicus*. Biotechnology Letters, 16(5): 507-512.

Kaur M, Jayaraman G. 2016. Hyaluronan production and molecular weight is enhanced in pathway-engineered strains of lactate dehydrogenase-deficient *Lactococcus lactis*. Metabolic Engineering Communications, 3: 15-23.

Kendall F E, Heidelberger M, Dawson M H. 1937. A serologically inactive polysaccharide elaborated by mucoid strains of group a hemolytic *Streptococcus*. Journal of Biological Chemistry, 118(1): 61-69.

Kim J H, Yoo S J, Oh D K, et al. 1996. Selection of a *Streptococcus equi* mutant and optimization of culture conditions for the production of high molecular weight hyaluronic acid. Enzyme and Microbial Technology, 19(6): 440-445.

Kuipers O P, de Ruyter P G G A, Kleerebezem M, et al. 1997. Controlled overproduction of proteins by lactic acid bacteria. Trends in Biotechnology, 15(4): 135-140.

Laurent T C, Fraser J R. 1992. Hyaluronan. FASEB Journal, 6(7): 2397-2404.

Li Y Y, Li G Q, Zhao X, et al. 2019. Regulation of hyaluronic acid molecular weight and titer by temperature in engineered *Bacillus subtilis*. 3 Biotech, 9(6): 225.

Ma D X, Zhou Y, Wu L D, et al. 2022. Enhanced stability and function of probiotic *Streptococcus thermophilus* with self-encapsulation by increasing the biosynthesis of hyaluronan. ACS Applied Materials & Interfaces, 14(38): 42963-42975.

Mandawe J, Infanzon B, Eisele A, et al. 2018. Directed evolution of hyaluronic acid synthase from *Pasteurella multocida* towards high-molecular-weight hyaluronic acid. Chembiochem, 19(13): 1414-1423.

Mao Z C, Shin H D, Chen R. 2009. A recombinant *E. coli* bioprocess for hyaluronan synthesis. Applied Microbiology and Biotechnology, 84(1): 63-69.

Markovitz A, Cifonelli J A, Dorfman A. 1959. The biosynthesis of hyaluronic acid by group a *Streptococcus*: VI. Biosynthesis from uridine nucleotides in cell-free extracts. Journal of Biological Chemistry, 234: 2343-2350.

Meyer K. 1947. The biological significance of hyaluronic acid and hyaluronidase. Physiological Reviews, 27(3): 335-359.

Mierau I, Kleerebezem M. 2005. 10 years of the nisin-controlled gene expression system(NICE)in *Lactococcus lactis*. Applied Microbiology and Biotechnology, 68(6): 705-717.

Nešvera J, Pátek M. 2011. Tools for genetic manipulations in *Corynebacterium glutamicum* and their applications. Applied Microbiology and Biotechnology, 90(5): 1641-1654.

Perkins J B, Sloma A, Hermann T, et al. 1999. Genetic engineering of *Bacillus subtilis* for the commercial production of riboflavin. Journal of Industrial Microbiology and Biotechnology, 22(1): 8-18.

Prasad S B, Jayaraman G, Ramachandran K B. 2010. Hyaluronic acid production is enhanced by the additional co-expression of UDP-glucose pyrophosphorylase in *Lactococcus lactis*. Applied Microbiology and Biotechnology, 86(1): 273-283.

Pummill P E, Kempner E S, DeAngelis P L. 2001. Functional molecular mass of a vertebrate hyaluronan synthase as determined by radiation inactivation analysis. Journal of Biological Chemistry, 276(43): 39832-39835.

Roseman S, Ludowieg J, Moses F E, et al. 1954. The biosynthesis of hyaluronic acid by group a *Streptococcus*: II. Origin of the glucuronic acid. Journal of Biological Chemistry, 206(2): 665-669.

Roseman S, Moses F E, Ludowieg J, et al. 1953. The biosynthesis of hyaluronic acid by group a *Streptococcus*: I. Utilization of 1-C14-glucose. Journal of Biological Chemistry, 203(1): 213-225.

Sauer U, Cameron D C, Bailey J E. 1998. Metabolic capacity of *Bacillus subtilis* for the production of purine nucleosides, riboflavin, and folic acid. Biotechnology and Bioengineering, 59(2): 227-238.

Schulte S, Doss S S, Jeeva P, et al. 2019. Exploiting the diversity of streptococcal hyaluronan synthases for the production of molecular weight-tailored hyaluronan. Applied Microbiology and Biotechnology, 103(18): 7567-7581.

Sheng J Z, Ling P X, Wang F S. 2015. Constructing a recombinant hyaluronic acid biosynthesis operon and producing food-grade hyaluronic acid in *Lactococcus lactis*. Journal of Industrial Microbiology & Biotechnology, 42(2): 197-206.

Sheng J Z, Ling P X, Zhu X Q, et al. 2009. Use of induction promoters to regulate hyaluronan synthase and UDP-glucose-6-dehydrogenase of *Streptococcus zooepidemicus* expression in *Lactococcus lactis*: a case study of the regulation mechanism of hyaluronic acid polymer. Journal of Applied Microbiology, 107(1): 136-144.

Stahl S. 2003. Method for production of hyaluronic acid and isolated strains of supercapsulated *streptococci*: US, 20030134393A1.

Sten S. 2003. Method and means for the production of hyaluronic acid: US, 6537795.

Stoolmiller A C, Dorfman A. 1969. The biosynthesis of hyaluronic acid by *Streptococcus*. Journal of Biological Chemistry, 244(2): 236-246.

Sun X Y, Yang D D, Wang Y Y, et al. 2013. Development of a markerless gene deletion system for *Streptococcus zooepidemicus*: functional characterization of hyaluronan synthase gene. Applied Microbiology and Biotechnology, 97(19): 8629-8636.

Sunguroğlu C, Sezgin D E, Aytar Çelik P, et al. 2018. Higher titer hyaluronic acid production in recombinant *Lactococcus lactis*. Preparative Biochemistry & Biotechnology, 48(8): 734-742.

Sze J H, Brownlie J C, Love C A. 2016. Biotechnological production of hyaluronic acid: a mini review. 3 Biotech, 6(1): 67.

Teramoto H, Inui M, Yukawa H. 2011. Transcriptional regulators of multiple genes involved in carbon metabolism in *Corynebacterium glutamicum*. Journal of Biotechnology, 154(2-3): 114-125.

Tlapak-Simmons V L, Baggenstoss B A, Clyne T, et al. 1999a. Purification and lipid dependence of the recombinant hyaluronan synthases from *Streptococcus pyogenes* and *Streptococcus equisimilis*. Journal of Biological Chemistry, 274(7): 4239-4245.

Tlapak-Simmons V L, Baggenstoss B A, Kumari K, et al. 1999b. Kinetic characterization of the recombinant hyaluronan synthases from *Streptococcus pyogenes* and *Streptococcus equisimilis*. Journal of Biological Chemistry, 274(7): 4246-4253.

Tlapak-Simmons V L, Kempner E S, Baggenstoss B A, et al. 1998. The active streptococcal hyaluronan synthases (HASs) contain a single HAS monomer and multiple cardiolipin molecules. Journal of Biological Chemistry, 273(40): 26100-26109.

Vigetti D, Viola M, Karousou E, et al. 2014. Metabolic control of hyaluronan synthases. Matrix Biology, 35: 8-13.

Wang Y, Hu L T, Huang H, et al. 2020. Eliminating the capsule-like layer to promote glucose uptake for hyaluronan production by engineered *Corynebacterium glutamicum*. Nature Communications, 11(1): 3120.

Weigel P H, DeAngelis P L. 2007. Hyaluronan synthases: a decade-plus of novel glycosyltransferases]. Journal of Biological Chemistry, 282(51): 36777-36781.

Weigel P H, Hascall V C, Tammi M. 1997. Hyaluronan synthases. Journal of Biological Chemistry, 272(22): 13997-14000.

Westbrook A W, Ren X, Moo-Young M, et al. 2018a. Engineering of cell membrane to enhance heterologous production of hyaluronic acid in *Bacillus subtilis*. Biotechnology and Bioengineering, 115(1): 216-231.

Westbrook A W, Ren X, Oh J, et al. 2018b. Metabolic engineering to enhance heterologous production of hyaluronic acid in *Bacillus subtilis*. Metabolic Engineering, 47: 401-413.

Westbrook A W, Ren X, Moo-Young M, et al. 2018c. Application of hydrocarbon and perfluorocarbon oxygen vectors to enhance heterologous production of hyaluronic acid in engineered *Bacillus subtilis*. Biotechnology and Bioengineering, 115(5): 1239-1252.

Widner B, Behr R, Von Dollen S, et al. 2005. Hyaluronic acid production in *Bacillus subtilis*. Applied and Environmental Microbiology, 71(7): 3747-3752.

Woo J E, Seong H J, Lee S Y, et al. 2019. Metabolic engineering of *Escherichia coli* for the production of hyaluronic acid from glucose and galactose. Frontiers in Bioengineering and Biotechnology, 7: 351.

Yang J, Cheng F Y, Yu H M, et al. 2017. Key role of the carboxyl terminus of hyaluronan synthase in processive synthesis and size control of hyaluronic acid polymers. Biomacromolecules, 18(4): 1064-1073.

Yoshida M, Itano N, Yamada Y, et al. 2000. *In vitro* synthesis of hyaluronan by a single protein derived from mouse HAS1 gene and characterization of amino acid residues essential for the activity. Journal of Biological Chemistry, 275(1): 497-506.

Yu H M, Stephanopoulos G. 2008. Metabolic engineering of *Escherichia coli* for biosynthesis of hyaluronic acid. Metabolic Engineering, 10(1): 24-32.

Yu H M, Tyo K, Alper H, et al. 2008. A high-throughput screen for hyaluronic acid accumulation in recombinant *Escherichia coli* transformed by libraries of engineered sigma factors. Biotechnology and Bioengineering, 101(4): 788-796.

Zhang Z Z, Chen X Z, Jia S F, et al. 2002. Food-grade gene expression systems for lactic acid bacteria. Chinese Journal of Biotechnology, 18(4): 516-520.

第6章 低分子量及寡聚透明质酸制备

低分子量透明质酸（low molecular weight hyaluronic acid，LMW-HA）的分子量范围尚无统一标准，一般为10～500 kDa。寡聚透明质酸（oligomeric hyaluronic acid，Oligo-HA）一般指分子量在10 kDa以下、单糖残基数量为2～40的HA分子片段。第1章中已经提到，LMW-HA和Oligo-HA在人体内具有与高分子量HA不同的生物活性，在创伤修复、炎症、癌症等生理病理过程中发挥着重要作用。为满足研究的需求，科学家们很早就开始研究制备LMW-HA和Oligo-HA的方法。随着LMW-HA和Oligo-HA的一些生理活性逐渐被阐明，工业化生产LMW-HA和Oligo-HA的工艺也越来越成熟。

生产LMW-HA及Oligo-HA的常规降解方法有物理降解法和化学降解法，但这两种方法都存在耗时长、能耗高、易造成环境污染、降解产物结构不完整等缺点。近年来，以华熙生物为代表的HA生产企业，开发了不同的酶法降解工艺，并实现了工业化生产，进而拓展了HA的应用领域和应用场景。

6.1 概 述

6.1.1 低分子量及寡聚透明质酸的生物活性

研究发现，LMW-HA和Oligo-HA具有与普通透明质酸（hyaluronic acid，HA）不同的生物活性。在炎症发展过程中，被激活的免疫细胞分泌的透明质酸酶会将细胞外基质中的HA降解成片段，而这些片段参与调控体内的炎症反应；在创伤修复过程中，LMW-HA和Oligo-HA能促进伤口的愈合；在卵子形成、受精及受精卵生长发育过程中，LMW-HA和Oligo-HA也发挥着重要作用。此外，LMW-HA和Oligo-HA还可以作为靶向肿瘤的特异分子。相关内容已在第4章详述。为了研究LMW-HA和Oligo-HA的上述生物活性，科学家采用了多种方法制备LMW-HA和Oligo-HA。

6.1.2 低分子量及寡聚透明质酸的制备方法

过去，HA 降解的方法主要有物理降解法和化学降解法，近几年有学者利用透明质酸酶降解法进行生产。其中，物理降解法很难将 HA 分子量降至 10 kDa 以下，而酶降解法和化学降解法可以制备不同分子量的 LMW-HA 和 Oligo-HA。酶降解法降解 HA 时，只断裂单糖分子间的糖苷键，而不会对糖的结构造成破坏，且反应条件温和，制备的 LMW-HA 和 Oligo-HA 的质量优于化学法制备的产品，且不会造成环境污染。化学降解法则需要较剧烈的反应条件（如较高的酸碱浓度等）才能达到最大程度的降解，此时，不但糖链上的糖苷键断裂，单糖（葡糖醛酸和乙酰氨基葡萄糖）残基的结构也可能遭到破坏，如单糖六元环断裂、乙酰基被水解等，这会对制得的 LMW-HA 和 Oligo-HA 的生物活性产生一定影响，其生产过程还会对环境造成污染。商品化透明质酸酶价格昂贵且来源有限，限制了酶降解法透明质酸的规模化生产。一直以来，市场上在售的 LMW-HA 及 Oligo-HA 只能通过化学降解法制备，生产厂家包括 Contipro CAS（捷克）、Kewpie Corporation（日本）、Bioland Ltd.（韩国）、Soliance（法国）、山东众山生物科技有限公司等；直到 2011 年华熙生物攻克了酶降解法制备 LMW-HA 和 Oligo-HA 的技术难题，在国际上首次实现了 LMW-HA 及 Oligo-HA 的大规模制备。

6.2 物理降解法制备低分子量及寡聚透明质酸

物理降解法主要包括热降解法、辐照降解法、超声降解法等多种方法。

6.2.1 热降解法

在加热条件下，HA 链会发生随机断裂，从而降解为低分子量片段。在干燥状态和水溶液状态下，HA 都会发生热降解。一般来说，同样温度下，分子量较大的 HA 的降解速率大于分子量较小的 HA，因此，HA 的分子量越低，热稳定性越好。蒋秋燕等（2006）将浓度为 9 mg/mL、分子量为 2173.2 kDa 的 HA 在 100℃条件下通过流通蒸汽法进行热降解，随着热处理时间的延长，HA 分子量逐渐降低，特性黏数和分子量变化速率减小，而葡糖醛酸含量基本不变。回归分析表明，HA 分子量（Mw）与热处理时间（t）符合对数方程 $Mw=-47.18\ln t+154.64$。

董科云等（2006）研究了 HA 溶液（1%）和粉末分别在不同温度条件下放置不同时间的平均分子量（Mw）变化，结果见图 6-1、表 6-1、图 6-2、表 6-2。由以上图表可知，HA 粉末及其溶液均随着温度的升高，降解速率逐渐加快。在相同温度下，HA 粉末与 HA 溶液的热稳定性无显著差异。

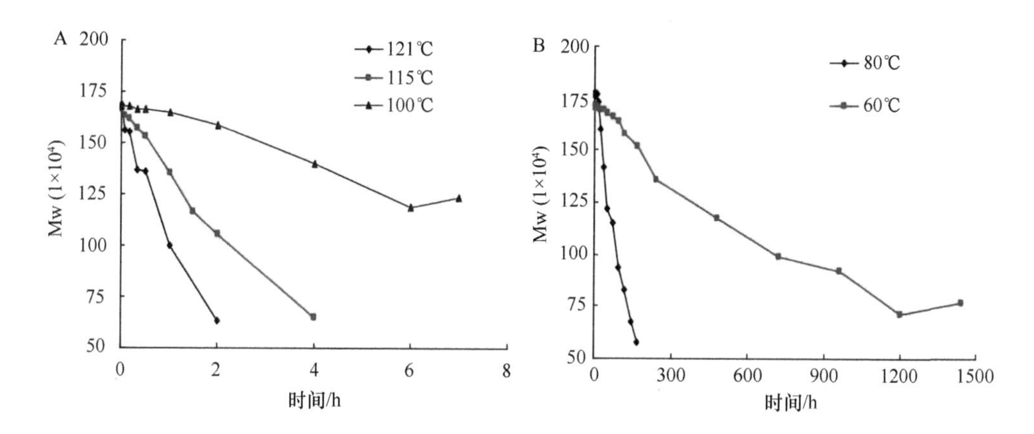

图 6-1　HA 溶液在不同温度下 Mw 随时间的变化

A. 在 121℃、115℃、100℃下 Mw 随时间的变化；B. 在 80℃、60℃下 Mw 随时间的变化

表 6-1　HA 水溶液的热稳定性实验数据

温度/℃	*T*/K	Mw 与时间的关系式	相关系数（*r*）	降解常数 *k*（1×10^{-3}）	lg*k*
121	394	lgMw=2.2206–0.2105*t*	–0.9972	484.7845	–0.3145
115	388	lgMw=2.2279–0.1041*t*	–0.9991	239.6800	–0.6204
100	373	lgMw=2.2321–0.02207*t*	–0.9801	50.8317	–1.2939
80	353	lgMw=2.2584–0.002933*t*	–0.9971	6.7536	–2.1705
60	333	lgMw=2.2301–0.0002803*t*	–0.9860	0.6455	–3.1901

Mondek 等（2015）比较了 HA 溶液和 HA 粉末在不同温度下的降解情况，发现 HA 溶液（1%）和 HA 粉末在 37℃和 60℃环境下恒温加热 3 h 后，分子量均下降了不到 15%；温度上升到 90℃时，加热 2 h 后分子量即下降了 15%以上；而当温度上升到 120℃时，加热 3 h 后分子量即下降了 80%左右。

6.2.2　辐照降解法

HA 的热降解需要在较高温度下进行，否则整个反应过程比较缓慢（Lowry et al.，1994）。在实际生产中为了节能增速，热降解通常与化学降解联用。

放射性同位素衰变过程中会释放 α、β、γ 等射线，这些射线照射到水中会释放出大量能量，从而使水分子解离生成 H·和 OH·，与 HA 分子反应导致糖苷键的断裂和 HA 链的降解。

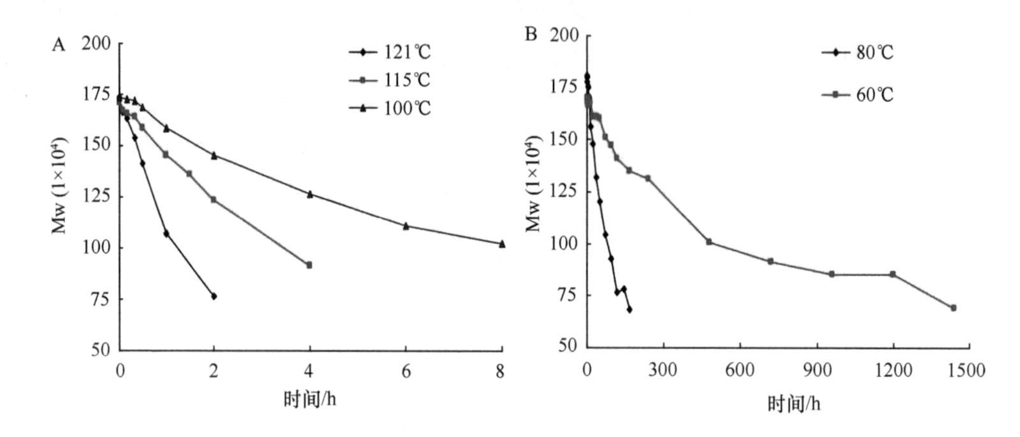

图 6-2　HA 粉末在不同温度下 Mw 随时间的变化

A. 在 121℃、115℃、100℃下 Mw 随时间的变化；B. 在 80℃、60℃下 Mw 随时间的变化

表 6-2　HA 粉末的热稳定性实验数据

温度/℃	*T*/K	Mw 与时间的关系式	相关系数（*r*）	降解常数 *k*（1×10^{-3}）	lg*k*
121	394	lgMw=2.2378–0.1814*t*	–0.9953	417.8166	–0.3790
110	383	lgMw=2.2328–0.06835*t*	–0.9993	157.4119	–0.8030
100	373	lgMw=2.2365–0.03035*t*	–0.9930	69.8935	–1.1556
80	353	lgMw=2.2409–0.002653*t*	–0.9875	6.1088	–2.2140
60	333	lgMw=2.2043–0.0002698*t*	–0.9700	0.6214	–3.2066

邹朝晖等（2011）采用 ^{60}Co-γ 射线对 HA-氯化钠溶液进行辐照处理，结果表明，射线照射对 HA 的黏度和颜色均有一定的影响，而通过紫外线和红外线扫描观察，HA 在辐照前后的吸收特征峰没有太大的变化，但吸收强度发生变化，且 HA 对 DPPH 自由基的清除作用随着辐照剂量的增大逐渐增强。

科学家们对辐照降解法制备的 LMW-HA 的生物活性进行了研究。Kim 等（2008）将 HA 配制成 0.4%的水溶液，采用 ^{60}Co-γ 射线对其进行辐照降解，发现 5kGy ^{60}Co-γ 辐照与未辐照的 HA 具有相当的肝保护作用。Huang 等（2019）也通过 ^{60}Co-γ 射线辐照制备了 LMW-HA，^{13}C-核磁共振检测发现，降解后的 HA 分子中的羰基碳吸收有所增加，表明 LMW-HA 的结构发生了变化，这可能与 LMW-HA 显著的抗氧化和促创伤愈合活性有关。

6.2.3 超声降解法

超声波是一种机械波，必须依赖水、空气等介质进行传播。超声波也是降解生物大分子的一种常用的手段。超声波降解生物大分子的具体机制非常复杂，一般认为，超声波作用于液体时会产生强大的拉应力，从而在液体中撕出一些气泡，称为空化（cavitation）。这些气泡里有的是溶于液体中的气体，有的甚至是真空的。当这些气泡破碎时，外部气体进入气泡时会相互摩擦产生电荷，从而使水分子解离，产生大量 H·和 OH·，这些自由基与 HA 的糖苷键相互作用，会使 HA 糖苷键断裂而被降解。因此，超声降解不会对 HA 的单糖结构产生影响（Suslick et al., 1999）。

早在 20 世纪 90 年代，Chabreček 等（1990）就开始研究超声法降解 HA，发现随着超声强度的增大和超声时间的延长，样品中 HA 的分子量逐渐下降。HA 分子量较大时，其降解速率也比较快；当 HA 达到某个特定的分子量时，就不会再观察到进一步的降解，这个分子量与 HA 底物的初始分子量无关，而是与超声波的强度有关。Miyazaki 等（2001）的研究也进一步证实，超声降解 HA 的反应遵循非随机降解过程。研究人员还考察了 HA 浓度、反应体系的离子种类和离子强度对反应速率的影响，发现在超声强度不变的情况下，存在对应最大初始反应速率的 HA 浓度和离子强度，而单价阳离子中，存在 Na^+的反应体系具有最高的初始降解速率。

超声降解最大的劣势是效率较低。Kubo 等（1993）用超声（20 kHz，7.5 W）降解 HA（Mw 1000 kDa），经过 10 h 平均分子量才降到 3 kDa。付杰等（2007）也研究了超声对于 HA 的降解作用，发现 0.05% HA 在 0.2 mol/L NaCl 溶液中，Mw 的对数与超声时间成反比；而超声强度越大，Mw 的对数值降低得越快；当超声强度超过 55 W 时，降解速率迅速增加，到 181.5 W 时 Mw 可降低到 1.2 kDa 左右。

6.3 化学降解法制备低分子量及寡聚透明质酸

6.3.1 酸碱降解法

在酸性或碱性溶液中，HA 分子会发生水解。在合适的酸碱度环境下，HA 可以实现快速水解。然而，这种水解反应是 HA 分子的随机断裂，因此产物包括寡聚 HA 及组成 HA 的单糖，很难控制反应生成特定的寡聚 HA。

HA 的酸碱水解过程非常复杂。Tokita 和 Okamoto（1995）利用 ^{13}C-核磁共振光谱研究和理论量子化学计算对 HA 水解反应的具体机制进行了研究，发现 HA 的酸性和碱性水解均遵循一级动力学；酸性水解发生在葡萄糖醛酸基团，而碱性水解发生在 *N*-乙酰氨基葡萄糖基团；酸性水解反应是一步完成的（图 6-3），而碱性水解是通过两步反应完成的（图 6-4）。此外，HA 酸性水解时还会发生外消旋作用，导致 HA 酸水解产物中可能含有 HA 分子中没有的结构（Reed et al.，1989）。

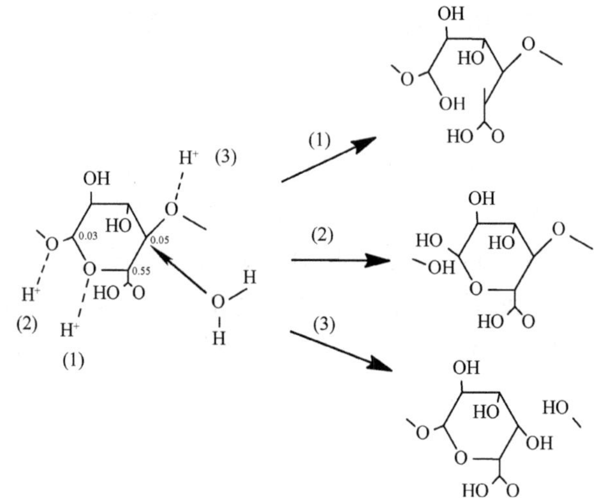

图 6-3 酸性条件下 HA 降解的原理（Tokita and Okamoto，1995）

H^+可能从 3 个不同位置进攻糖醛酸残基，其对应的降解途径在图中分别以（1）～（3）表示

前文提到，酸碱降解往往会配合热降解共同进行。董科云等（2006）详细研究了 121℃时 HA-NaCl 溶液在不同 pH 条件下的稳定性（图 6-5、图 6-6），并对不同 pH 条件下 Mw 随时间的变化进行了分析（表 6-3）。从结果可以看出，在相同的温度条件下，水溶液中的 HA 在酸性条件下降解更为迅速。

6.3.2 氧化试剂降解

如第 3 章所述，HA 可在氧自由基的作用下发生降解。例如，在臭氧（Wu，2012）、过氧化氢（H_2O_2）（Mashitah et al.，2005；刘龙等，2008；郭学平等，2004）等氧化剂的作用下，HA 可被快速氧化降解。其中，H_2O_2 对 HA 的氧化降解具有一定的实用价值。

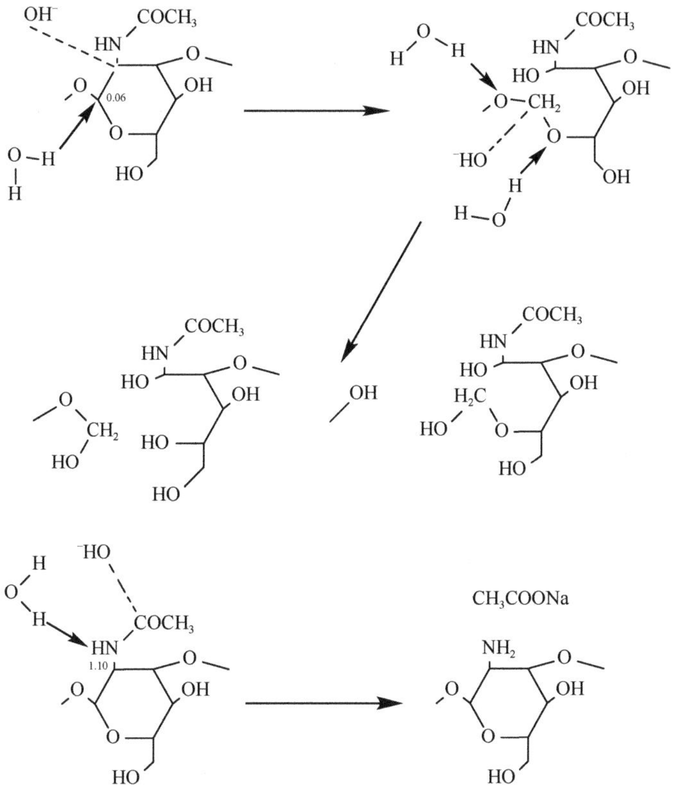

图 6-4　碱性条件下 HA 的降解原理（Tokita and Okamoto，1995）

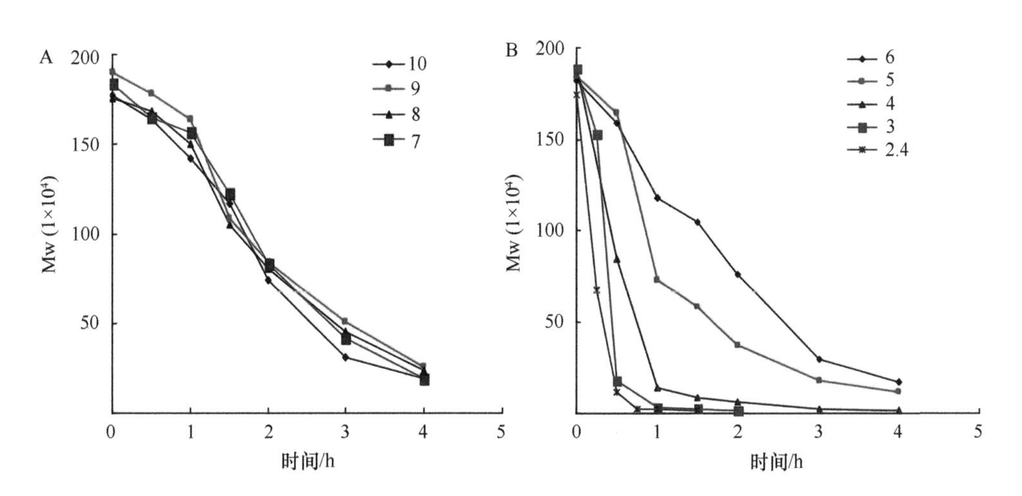

图 6-5　HA 水溶液在 121℃不同 pH 条件下 Mw 随时间的变化

A. 在 pH 分别为 7、8、9、10 下 Mw 随时间的变化；B. 在 pH 分别为 2.4、3、4、5、6 下 Mw 随时间的变化

表 6-3　不同 pH 下 HA 水溶液和的稳定性实验数据

pH	HA 水溶液			HA-NaCl 溶液		
	Mw 与时间的关系式	相关系数（r）	降解常数（k）	Mw 与时间的关系式	相关系数（r）	降解常数（k）
10	lgMw=2.3559–0.2645t	–0.9796	0.6090	lgMw=2.3281–0.2766t	–0.9842	0.6369
9	lgMw=2.3635–0.2279t	–0.9861	0.5248	lgMw=2.3205–0.2063t	–0.9797	0.4751
8	lgMw=2.3362–0.2293t	–0.9862	0.5280	lgMw=2.3498–0.2389t	–0.9642	0.5502
7	lgMw=2.3749–0.2537t	–0.9774	0.5843	lgMw=2.3649–0.1885t	–0.9749	0.4342
6	lgMw=2.3373–0.2686t	–0.9864	0.6187	lgMw=2.3210–0.2112t	–0.9837	0.4865
5	lg$M$w=2.2611–0.3197t	–0.9877	0.7363	lgMw=2.2268–0.3011t	–0.9722	0.6934
4	lgMw=1.9683–0.5117t	–0.9397	1.1785	lgMw=1.9777–0.4376t	–0.9391	1.0079
3	lgMw=2.1174–1.1327t	–0.9370	2.6087	lgMw=1.9885–0.9739t	–0.9627	2.2428
2	lgMw=1.9803–1.4736t	–0.9138	3.3938	lgMw=2.1908–1.4890t	–0.9651	3.4292

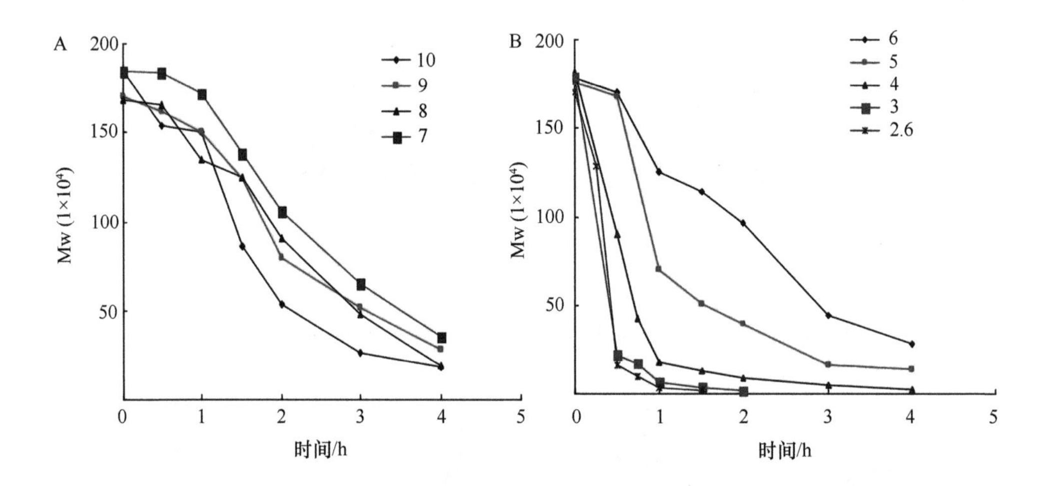

图 6-6　HA-NaCl 水溶液在 121℃不同 pH 条件下 Mw 随时间的变化

A. pH 分别为 7、8、9、10 时 NaCl 水溶液中 HA 的 Mw 随时间的变化；B. pH 分别为 2.6、3、4、5、6 时 NaCl 水溶液中 HA 的 Mw 随时间的变化

郭学平等（2004）研究了不同浓度的 H_2O_2 在不同温度下对 HA 分子量的影响，结果表明，0.1%的 H_2O_2 就能够达到快速降解 HA 的目的，且由于 H_2O_2 的分解产物为水和氧气，不会污染产物。

除了在后期纯化工艺中添加 H_2O_2 来降低透明质酸的分子量外，在细菌发酵生产 HA 的过程中添加 H_2O_2（Mashitah et al.，2005）或者同时添加 H_2O_2 和抗坏血酸（刘龙等，2008）也能达到同样的效果。在发酵过程中降解 HA，可降低发酵液的黏度、提高发酵液溶氧，从而提高 HA 的产率。

6.4　酶降解法制备低分子量及寡聚透明质酸

透明质酸酶是一类能够降解 HA 的酶的总称。早在 1928 年，Duran-Reynals 在研究哺乳动物睾丸及其他组织提取物时发现了一种“扩散因子”（spreading factor），它可以促进皮下注射的疫苗、染料等更好地扩散（Duran-Reynals ，1928）。1940 年，Meyer 将这种“扩散因子”命名为“hyaluronidase”，也就是透明质酸酶（Meyer et al.，1940）。此后，人们从许多微生物及生物组织内检测到了透明质酸酶，包括：细菌、真菌；非脊椎动物如水蛭、甲壳类动物的毒液等；脊椎动物如蛇、蜥蜴的毒液；哺乳动物睾丸及其他器官（如肝脏、肾脏、淋巴系统及皮肤）等。从这些微生物和生物组织中纯化出的透明质酸酶，在分子量、底物特异性、最适 pH 及降解机制上各不相同。

由于来源有限，试剂级的透明质酸酶（如牛睾丸酶）通常用来在实验室制备少量的 LMW-HA 和 Oligo-HA。由于动物来源的透明质酸酶资源太少且成本太高，为适应大规模工业化生产 LMW-HA 和 Oligo-HA，需要使用微生物发酵生产的透明质酸酶或者通过异源表达获得的一些动物酶（如水蛭酶）等，以达到工业化生产资源量大、成本低的需求。

6.4.1　透明质酸酶

1928 年，科学家发现人睾丸提取物中含有透明质酸酶（Weill et al.，1952）。1966 年，Bonner 等利用比色法测定了人血清中透明质酸酶的活性（Bonner and Cantey ，1966）。1971 年，Meyer 根据透明质酸酶（hyaluronidase，HAase）作用机制的不同，将其分为以下三类（图 6-7）（Meyer，1971）。

（1）内切 β-*N*-乙酰氨基葡糖苷酶（EC 3.2.1.35），属于水解酶，作用于 β-1,4 糖苷键，终产物主要为四糖，另外也可作用于软骨素或硫酸软骨素，同时具有水解及转糖苷酶活性。哺乳动物及动物毒液来源的透明质酸酶属于此类，其中研究最多的是睾丸、蜂毒及溶酶体透明质酸酶。

（2）水蛭、十二指肠虫来源的透明质酸酶（EC 3.2.1.36），属于内切-β-葡糖苷酸酶，同时也是水解酶，作用于 β-1,3 糖苷键，因此在降解产物的还原端具有糖醛酸残基，终产物为四糖、六糖，可特异性降解 HA。

（3）细菌透明质酸酶（EC 4.2.2.1），也称为透明质酸裂解酶（hyaluronate lyase），作用于 β-1,4 糖苷键，通过 β-消去机制得到 4,5-不饱和双糖。链球菌属

（*Streptococcus*）、葡萄球菌属（*Staphylococcus*）、梭菌属（*Clostridium*）、丙酸杆菌属（*Propionibacterium*）、消化链球菌属（*Peptostreptococcus*）及链霉菌属（*Streptomyces*）等微生物均可合成透明质酸酶（Jedrzejas and Chantalat，2000；Li et al.，2000；Pritchard et al.，2000），只是它们在底物特异性上表现不同。

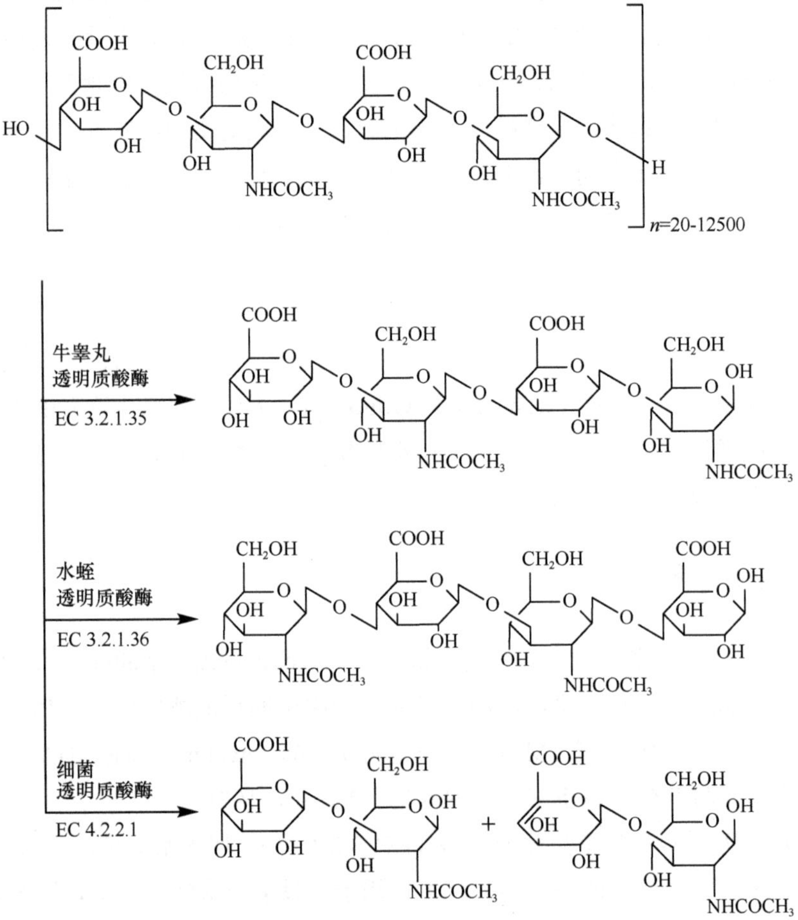

图 6-7 透明质酸酶的分类

根据序列的同源性，透明质酸酶也可以简单地分为原核生物透明质酸酶和真核生物透明质酸酶两大类。

随着对透明质酸酶研究的深入，以及对透明质酸酶结构和功能认识的加深，科学家们认可了 Meyer 对透明质酸酶的分类，因而这种分类方式也沿用至今。

6.4.1.1　真核生物透明质酸酶

2004 年至今，美国食品药品监督管理局相继批准了牛睾丸来源透明质酸酶、羊睾丸来源透明质酸酶和重组人透明质酸酶 PH20 三种透明质酸酶制剂。在临床上，透明质酸酶与局部麻醉药（主要是眼科用药）以及抗肿瘤药物等联用，通过降解组织中的 HA 以增强药物弥散，改善药物效果和维持时间（Kaul et al.，2021）。透明质酸酶制剂也可用于降解交联 HA 填充剂，消除 HA 美容填充后发生的不良反应（李漫等，2019）。

1）牛睾丸透明质酸酶

人们很早就发现，哺乳动物的睾丸提取物具有透明质酸酶活性。牛或羊的睾丸透明质酸酶作为扩散因子应用于临床已有多年历史（Takagaki et al.，1994）。

牛睾丸透明质酸酶（bovine testicular hyaluronidase，BTH）是内切酶（EC 3.2.1.35），可通过断裂 β-1,4-糖苷键降解 HA。除了降解 HA，BTH 也可以降解软骨素、4-硫酸软骨素和 6-硫酸软骨素。BTH 降解 HA 的主要产物是四糖，而饱和二糖是其分子量最小的降解产物（Bonner and Cantey，1966）。BTH 在酸性及中性 pH 条件下均有酶活，但是不同的文献报道中，pH 对于 BTH 酶活的影响曲线各不相同，这可能是受 HA 来源、酶活检测方法及降解条件的影响（Seaton et al.，2000；Csóka et al.，1998；Muckenschnabel et al.，1998； Highsmith et al.，1975；Bonner and Cantey，1966）。除了能够降解 HA，BTH 也能催化反方向的反应，即具备转糖苷酶活性。BTH 转糖苷酶活性的大小由反应体系的 pH 及盐浓度决定。Saitoh 等研究发现，BTH 作为转糖苷酶的最适 pH 为 7.0，而作为水解酶则需要 pH < 5.0 才有活性，只有当反应体系中存在 NaCl 时，BTH 才能表现出较高的转糖苷酶活性，而当 NaCl 浓度高于 0.5 mol/L 时，转糖苷酶活性则受到完全抑制（Saitoh et al.，1995）。

2）重组人透明质酸酶

从全基因序列来看，人类基因组上包含 6 个透明质酸酶序列，分为两组：第一组的 3 个透明质酸酶基因序列位于 3p21.3 染色体上，编码 *hyal-1*，*hyal-2* 和 *hyal-3*；第二组的 3 个透明质酸酶基因序列位于 7q31.3 染色体上，编码 *hyal-4*，*hyal-P1* 和 *ph20/spam1*（Csoka et al.，2001）。其中，*hyal-P1* 是一个不表达的假基因，与其他 5 个透明质酸酶基因序列的相似性为 33%～42%（Stern and Jedrzejas，2006）。这几种透明质酸酶的结构催化特性和功能参见第 3 章。

虽然动物来源的透明质酸酶的提取方法相对比较成熟，但产品存在着纯度低、免疫原性高及潜在病毒污染的风险。牛睾丸透明质酸酶一级序列有 553 个氨基酸残基，而人透明质酸酶 PH-20 有 509 个氨基酸残基，且二者的相似度很低（图 6-8），从第 470 个氨基酸到它们各自的羧基末端存在多个间隙。人们普遍认为，人透明质酸酶 PH-20 是固定在质膜上的。完整的人透明质酸酶 PH-20 在酸性条件下有活性，共有 12 个半胱氨酸残基，且有多个 *N*-糖基化位点，因此，为防止变性，只能在哺乳动物细胞表达系统中进行表达。

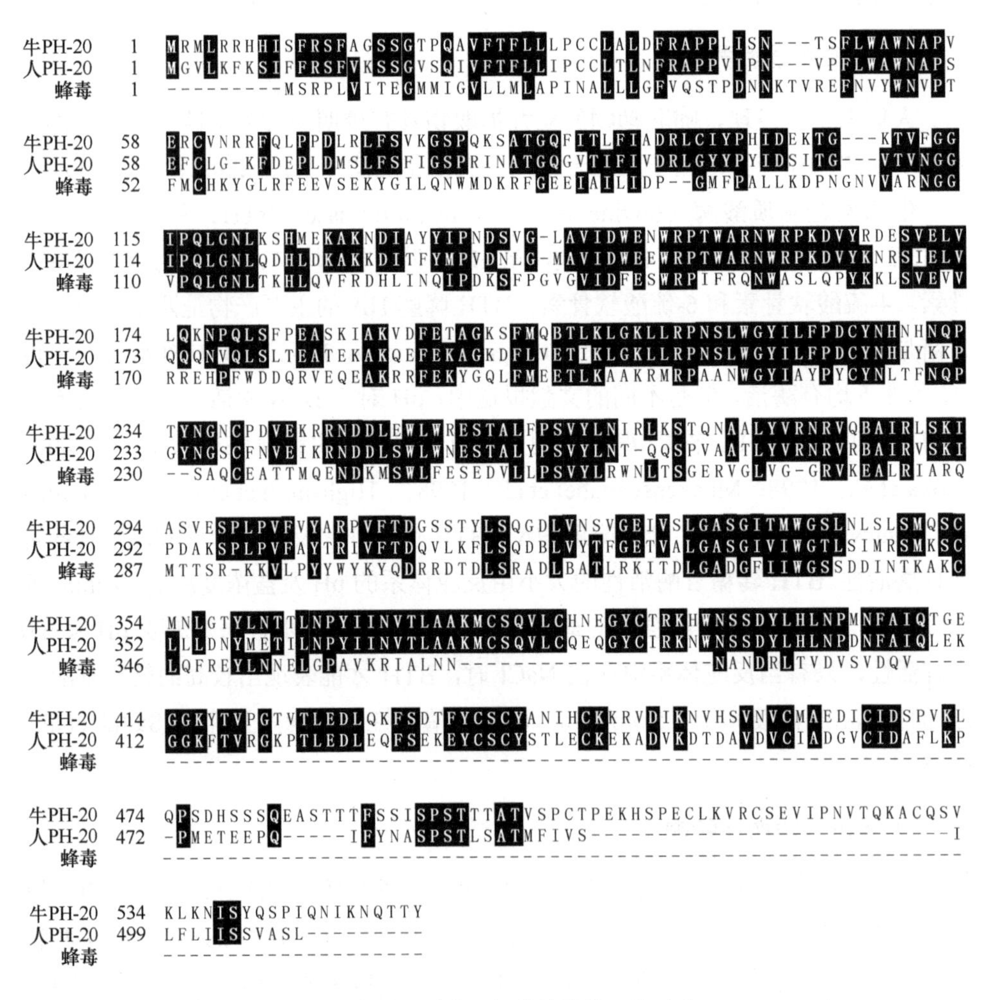

图 6-8 牛、人、蜂毒透明质酶一级结构比较（修改自 Frost，2007）

图中黑色标记为同源氨基酸序列

为获得重组人透明质酸酶，Frost 等人将人透明质酸酶 PH-20 中一段可溶性肽链（aa1～482）的 cDNA 序列克隆到一个商业化的双顺反子细胞病毒载体中。该载体以二氢叶酸还原酶（dihydrofolate reductase，DHFR）为选择标记，将其转入 DHFR 缺失的中国仓鼠卵巢（Chinese hamster ovary，CHO）细胞株中，可用梯度浓度的氨甲蝶呤将分泌透明质酸酶的细胞株筛选出来，最终经过 4 步柱层析，可得到比活大于 10^5 USP 单位/mg 蛋白质的透明质酸酶，该工程酶含有 447 个氨基酸残基，分子量为 61 kDa，且具有 6 个 *N*-糖基化位点（Frost，2007）。

3）水蛭透明质酸酶

1957 年，Linker 等首次报道了水蛭提取物的透明质酸酶活性。但直到 2000 年以后，才有两种水蛭来源的透明质酸酶序列被科学家们阐明（Jin et al.，2014；Kordowicz et al.，2000）。这两种透明质酸酶序列有 97%的同源性，与哺乳动物肝素酶有着 35%的同源性（Jin et al.，2014）。根据 Meyer 对透明质酸酶的分类，水蛭透明质酸酶属于第二类透明质酸酶，即内切-β-葡糖苷酸酶，该酶特异性降解 HA 时作用于 β-1,3-糖苷键，因此在降解产物的还原端具有糖醛酸残基，终产物为四糖和六糖。

科研人员对水蛭透明质酸酶的异源表达进行了大量研究。Kang 等（2016）以毕赤酵母为工程菌，将信号肽 nsB 和两亲肽 AP 与水蛭透明质酸酶序列进行融合表达，显著提高了重组水蛭透明质酸酶分泌表达的产率。他们又采用枯草芽孢杆菌为工程菌，将枯草芽孢杆菌分泌信号肽及 6×His 标签序列连接到透明质酸酶序列的 N 端，并采用组成型强启动子调控其表达，构建了重组载体，实现了水蛭透明质酸酶的异源表达，得到具有降解活性的可溶性透明质酸酶（康振等，2014）。重组透明质酸酶不具转糖苷酶活性，且通过控制酶切时间和酶的添加量，可以将 HA 降解成目标分子量的寡糖，因而有可能用于 LMW-HA 和 Oligo-HA 的大规模生产（Huang et al.，2020；Wei et al.，2019）。此外，重组水蛭透明质酸酶还被用于降解重组表达 HA 的谷氨酸棒状杆菌菌体周围的 HA 荚膜层，以促进工程菌对葡萄糖的吸收（Wang et al.，2020），提高 HA 的发酵水平。

6.4.1.2　微生物透明质酸酶

许多微生物能够产生透明质酸酶。Girish 和 Kemparaju（2007）对这些产透明质酸酶的微生物进行了总结，具体见表 6-4。迄今为止，一系列微生物透明质酸酶的氨基酸序列已得到解析。根据 Meyer 对透明质酸酶的分类，微生物来源的透

明质酸酶作用于 β-1,4 糖苷键，通过 β-消去机制得到 4,5-不饱和双糖。但是随着众多不同微生物来源的透明质酸酶被发现，科学家们发现，不同微生物来源的透明质酸酶，其生成和分泌情况及催化特点有所不同。

表 6-4　部分产透明质酸酶的微生物

分类	菌株名称
革兰氏阴性菌	气单胞菌属（*Aeromonas*）
	弧菌属（*Vibrio*）
	贝内克菌属（*Beneckea*）
	变形杆菌属（*Proteus*）：普通变形杆菌（*P. vulgaris*）
	拟杆菌属（*Bacteroides*）：脆弱拟杆菌（*B. fragilis*），普通拟杆菌（*B. vulgatus*），卵形拟杆菌（*B. ovatus*），产黑色素拟杆菌（*B. melaninogenicus*），不解糖拟杆菌（*B. asaccharolyticus*）
	梭杆菌属（*Fusobacterium*）：死亡梭杆菌（*F. mortiferum*）
革兰氏阳性菌	链球菌属（*Streptococcus*）：肺炎链球菌（*S. pneumoniae*），中间链球菌（*S. intermedicus*），星群链球菌（*S. constellatus*），停乳链球菌（*S. dysgalactiae*），乳房链球菌（*S. uberis*），猪链球菌（*S. suis*），酿脓链球菌（*S. pyogenes*），马链球菌（*S. equi*），无乳链球菌（*S. agalactiae*）
	葡萄球菌属（*Staphylococcus*）：猪葡萄球菌猪亚种（*S. hyicus* subsp. *hyicus*），金黄色葡萄球菌（*S. aureus*）.
	丙酸杆菌属（*Propionibacterium*）：痤疮丙酸杆菌（*P. acnes*），颗粒丙酸杆菌（*P. granulosum*）
	链霉菌（*Streptomyces*）：天蓝色链霉菌（*S. coelicolor*），透明质酸链霉菌（*S. hyalurolyticus*），灰色链霉菌（*S. griseus*）
	消化链球菌属（*Peptostreptococcus*）
噬菌体	酿脓链球菌（*Streptococcus pyogenes*）噬菌体
真菌	念珠菌属（*Candida*）：白色念珠菌（*C. albicans*），热带念珠菌（*C. tropicalis*），季也蒙念珠菌（*C. guillermondii*），近平滑念珠菌（*C. parapsilosis*），克鲁斯念珠菌（*C. krusei*）
	巴西副球孢子菌（*Paracoccidioides brasiliensis*）

1）细菌来源透明质酸酶

细菌产生的透明质酸酶一般是胞外酶，其中，革兰氏阳性菌合成的透明质酸酶会被锚定在细胞膜上，而革兰氏阴性菌合成的透明质酸酶会被分泌到菌体外（Sindelar et al.，2021）。一些细菌透明质酸酶是内切酶，可将 HA 降解为一系列不同分子量的寡糖，再以这些寡糖为底物进一步发生降解反应（Ndeh et al.，2018；Tao et al.，2017）；而另一些细菌透明质酸酶则是外切酶，从 HA 链的一端开始催化酶切反应，每次切下一个不饱和二糖，直到整个 HA 链被酶切完毕（Wang et al.，2021；Marion et al.，2012）。一些细菌透明质酸酶除了以 HA 为底物外，还能酶切软骨素和硫酸软骨素。HA 经酶降解后生成寡糖，这些寡糖会通过不同方式进入细菌的细胞质中，从而进一步被降解和利用（Ndeh et al.，2020；Oiki et al.，2019a；Oiki et al.，2019b）。

2）其他微生物来源透明质酸酶

透明质酸链霉菌（*Streptomyces hyalurolyticus*）是一种放线菌，含有多种透明质酸酶，值得一提的是，其中有一种酶能够作用于 β-1,4 糖苷键和 β-1,3 糖苷键，因此其反应产物中含有由奇数个单糖单位组成的寡糖（Price et al.，1997）。

一些小型真菌也能合成透明质酸酶。这些透明质酸酶只以 HA 为底物，酶解产物是以 *N*-乙酰基葡糖胺为还原端的饱和双糖（Bobkova et al.，2018）。

寄生于酿脓链球菌（*Streptococcus pyogenes*）和马链球菌（*Streptococcus equi*）的噬菌体，其基因组中也含有编码透明质酸酶的序列。相比于细菌来源的透明质酸酶，噬菌体合成的透明质酸酶分子量较小，只以 HA 为底物，类似于细菌透明质酸内切酶，可将 HA 酶切为不同分子量的不饱和寡糖。然而，细菌来源的透明质酸酶和噬菌体来源的透明质酸酶几乎没有结构的同源性（Mishra et al.，2006；Smith et al.，2005；Baker et al.，2002）。

6.4.2 酶法工业化生产低分子量及寡聚透明质酸

在实验室中，常用透明质酸酶降解大分子 HA 制备低分子量和寡聚 HA。所用的酶包括生化试剂类和生化药品的透明质酸酶，这些已商品化酶的生产量非常低，主要以生化研究和医学应用为目的，一般以毫克为计价单位，价格昂贵，无法应用于低分子量及寡聚透明质酸的规模化生产。

华熙生物一直致力于透明质酸酶的生产和酶法制备 LMW-HA 及 Oligo-HA 技术的开发，先后实现了多种透明质酸酶的微生物重组表达和发酵生产。2011 年，华熙生物的科研人员从空气中筛选出一株产透明质酸酶的芽孢杆菌属菌株，命名为 *Bacillus* sp. A50，并从发酵液中分离纯化得到了透明质酸酶（HAase-*B*），这是当时国际上首次报道来自芽孢杆菌的透明质酸酶（Guo et al.，2014），其发酵液酶

活是 1×10^5～3×10^5IU/mL，远高于文献报道的酶活，可用于大规模生产透明质酸酶、LMW-HA 及 Oligo-HA。

根据对 HAase-*B* 酶学性质的测试，确定该酶在 44℃时酶活最高，在 40～44℃时酶活相对稳定，45℃之后酶活便开始急剧下降，46℃时残余酶活仅为最高酶活的 25%。当温度达到 60℃或者更高时，透明质酸酶彻底失活（图 6-9A）。

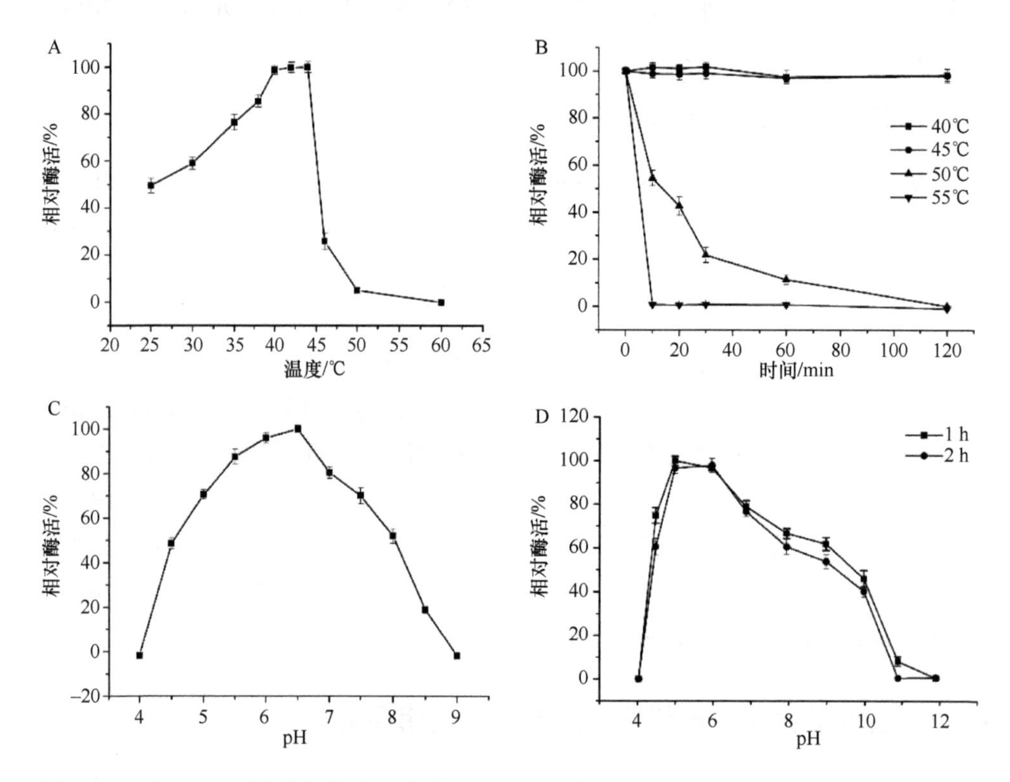

图 6-9 温度及 pH 对芽孢杆菌透明质酸酶 HAase-*B* 酶活及稳定性的影响（Guo et al.，2014）

A. HAase-*B* 酶活随温度变化的情况；B. HAase-*B* 在不同温度下孵育，酶活随时间变化的情况；C. HAase-*B* 酶活随 pH 变化的情况；D. HAase-*B* 在不同 pH 下孵育，酶活随时间变化的情况

在 40℃或 45℃温浴 120 min，酶活基本没有变化；当温度达到 50℃时，孵育 120 min 时酶完全失活；当温度达到 55℃时，孵育 10 min 酶完全失活（图 6-9B）。在实际生产过程中，常温及低温下酶活保持高度稳定，有利于生产用酶的储存和运输，而温度稍高时可短时间内失活，且可在灭活时减少能耗，降低成本。

6.4.2.1　真核生物来源透明质酸酶的开发

华熙生物与江南大学合作，实现了水蛭透明质酸酶（EC 3.2.1.36）在巴斯德毕赤酵母（*Pichia pastoris*）中的高水平重组表达（Huang et al.，2020）。之后，华熙生物又完成了重大突破，通过对基因的改造实现了蚂蚁透明质酸酶（EC 3.2.1.35）在酵母菌中的高效重组表达，并对酶学性质进行了表征（图 6-10）。从图 6-10A、B 中可以看出，重组蚂蚁透明质酸酶的最适反应温度为 55℃，在最适反应温度下孵育 4 h，重组透明质酸酶完全丧失酶活，表明该透明质酸酶对温度比较敏感；从图 6-10C、D 中可以看出，重组蚂蚁透明质酸酶的最适 pH 为 5.0，在 pH4.0～7.5 范围内都保持较高的 pH 稳定性；从图 6-10E 可以看出，重组蚂蚁透明质酸酶的底物谱较宽，既能水解 HA，也能水解非硫酸化形式的软骨素及硫酸软骨素，但是对肝素没有水解活力；Morgan-Elson 反应显示，与水蛭透明质酸酶相比，重组蚂蚁透明质酸酶水解 HA 的 β-1,4-糖苷键，产物的还原端为 *N*-乙酰氨基葡萄糖。

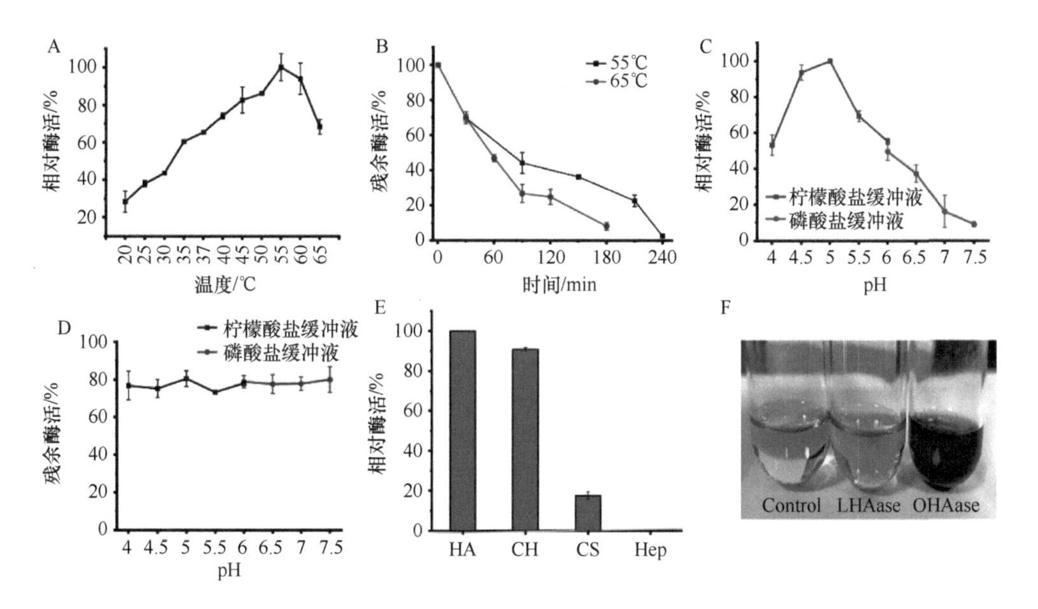

图 6-10　重组蚂蚁透明质酸酶酶学性质

A. 重组蚂蚁透明质酸酶的最适反应温度；B. 重组蚂蚁透明质酸酶在最适反应温度下的孵育时间；C. 重组蚂蚁透明质酸酶的最适反应 pH；D. 重组蚂蚁透明质酸酶在最适反应 pH 下的相对酶活；E. 重组蚂蚁透明质酸酶的底物谱，包括透明质酸（HA）、软骨素（chondroitin，CH）、硫酸软骨素（chondroitin sulfate，CS）、肝素（heparin，Hep）；F. 不同透明质酸酶的 Morgan-Elson 反应，其中 Control 为空白对照，LHAase 指水蛭透明质酸酶，OHAase 指重组蚂蚁透明质酸酶在发酵生产中，芽孢杆菌透明质酸酶、水蛭透明质酸酶和蚂蚁透明质酸酶都达到了较高的产率(表 6-5)，但催化特性和降解产物又截然不同，是生产 LMW-HA 及 Oligo-HA 的重要工具。

表 6-5　华熙生物三种透明质酸酶对比

名称	生产菌种	产率	比酶活
芽孢杆菌透明质酸酶（EC 4.2.2.1）	芽孢杆菌（*Bacillus* sp. A50）	10^5 U/mL	10^6 U/mg 蛋白
水蛭透明质酸酶（EC 3.2.1.36）	毕赤酵母（*P. pastoris*）	2.12×10^6 U/mL（3L 发酵罐）	
蚂蚁透明质酸酶（EC 3.2.1.35）	毕赤酵母（*P. pastoris*）	4×10^5 U/mL（5L 发酵罐）	

6.4.2.2　酶法制备低分子量及寡聚透明质酸

自 2011 年发现芽孢杆菌透明质酸酶以来，以重组表达的各类透明质酸酶为工具，华熙生物拉开了酶法规模化生产 LMW-HA 及 Oligo-HA 的序幕，陆续在美国、日本、韩国、欧洲等国家和地区申请专利并得到授权（表 6-6），同时申请了一系列中国专利，促进了 LMW-HA 及 Oligo-HA 的制备工艺开发及应用。利用芽孢杆菌透明质酸酶，华熙生物相继研制了分子量在 10 kDa 和 5000 Da 以下的寡聚 HA 产品，主要应用于化妆品领域，扩展了 HA 在化妆品领域的应用场景。

表 6-6　华熙生物获得的透明质酸酶相关专利

专利号	国家/条约	专利名称
US-9493755-B2	美国	*Bacillus*，Hyaluronidase，and Uses Thereof
5957096	日本	一种芽孢杆菌、一种透明质酸酶及其用途
10-1736790	韩国	一种芽孢杆菌、一种透明质酸酶及其用途
ZL201210317032.5	中国	酶切法制备寡聚透明质酸盐的方法及所得寡聚透明质酸盐和其应用
ZL201210497017.3	中国	一种芽孢杆菌、一种透明质酸酶及其制备方法和用途
ZL201210499375.8	中国	一种低分子透明质酸盐、其制备方法及用途
ZL201510427147.3	中国	寡聚透明质酸或者寡聚透明质酸盐的用途及其组合物
ZL201611127881.9	中国	一种固液双相酶解与超滤联用制备超低分子量透明质酸寡糖及其盐的方法
ZL202010543684.5	中国	一种透明质酸或其盐酶降解的方法
ZL201911377680.8	中国	一种大规模制备高纯度不饱和透明质酸二糖的方法
ZL201911377702.0	中国	一种酶解制备低分子量或寡聚透明质酸或其盐的方法
ZL202110626688.4	中国	一种透明质酸酶活性检测方法

2019 年 12 月，酶切法制备寡聚透明质酸盐的方法、所得寡聚透明质酸盐及其应用（ZL201210317032.5）获得了中国专利金奖。

利用重组水蛭透明质酸酶，华熙生物生产了分子量 800 Da 的寡聚 HA，实现了新的突破。目前，通过对多种透明质酸酶的综合利用，华熙生物的科研人员已经在实验室水平实现了以糖醛酸为还原端的透明质酸二糖、四糖、六糖和八糖的高纯度（98%以上）制备，以及分别以 D-葡萄糖醛酸和 *N*-乙酰氨基葡萄糖为还原端、含 2～20 个糖残基的 HA 寡糖的制备。这些具有确切结构的 HA 寡糖构成的寡糖库，未来将用于糖组学和糖功能学研究，使科研人员对 HA 的活性和功能有更进一步的认识，从而促进 HA 在现代生物医药领域的应用。

除了在 HA 发酵液或高分子 HA 溶液中加入透明质酸酶进行降解外，近年也有学者在 HA 发酵的过程中加入透明质酸酶，或者是在 HA 生产菌株中引入透明质酸酶基因，构建同时产 HA 及透明质酸酶的菌株进行 LMW-HA 及 Oligo-HA 的制备。

（乔莉苹　王　浩）

参 考 文 献

董科云, 王海英, 郭学平, 等. 2006. 透明质酸钠热稳定性的研究. 食品与药品, 8(1): 29-33.

付杰, 郭学平, 王凤山. 2007. 超声对生物大分子的生物效应及其在透明质酸降解中的应用//2007 年全国生化与生物技术药物学术年会论文集.

郭学平, 刘爱华, 葛保胜, 等. 2004. 过氧化氢氧化降解法制备低分子玻璃酸. 中国生化药物杂志, 24(1): 10-12, 39.

蒋秋燕, 凌沛学, 林洪, 等. 2006. 透明质酸的热降解研究. 中国医药工业杂志, 37(1): 15-16, 49.

康振, 陈坚, 堵国成, 等. 2014. 一种表达透明质酸酶的重组枯草芽孢杆菌. 中国, CN104278005 A.

刘龙, 堵国成, 王淼, 等. 2008. 一种在发酵过程中添加过氧化氢和抗坏血酸生产小分子质量透明质酸的方法. 中国, CN101294180 B.

李漫, 刘建建, 苏江伟, 等. 2019. 透明质酸酶的研究进展. 食品与药品, 21(4): 336-340.

邹朝晖, 王强, 王志东, 等. 2011. 辐照对透明质酸理化特性的影响. 食品科学, 32(3): 117-120.

Baker J R, Dong S L, Pritchard D G. 2002. The hyaluronan lyase of *Streptococcus pyogenes* bacteriophage H4489A. Biochemical Journal, 365(Pt 1): 317-322.

Bobkova L, Smirnou D, Krcmar M, et al. 2018. Discovery and characteristic of hyaluronidases from filamentous fungi. Current Biotechnology, 7(1): 2-9.

Bonner W M Jr, Cantey E Y. 1966. Colorimetric method for determination of serum hyaluronidase activity. Clinica Chimica Acta, 13(6): 746-752.

Chabreček P, Šoltés L, Kállay Z, et al. 1990. Gel permeation chromatographic characterization of sodium hyaluronate and its fractions prepared by ultrasonic degradation. Chromatographia, 30(3): 201-204.

Csóka T B, Frost G I, Heng H H Q, et al. 1998. The hyaluronidase gene *HYAL1* maps to chromosome 3p21.2–p21.3 in human and 9F1–F2 in mouse, a conserved candidate tumor suppressor locus. Genomics, 48(1): 63-70.

Csoka A B, Frost G I, Stern R. 2001. The six hyaluronidase-like genes in the human and mouse genomes. Matrix Biology, 20(8): 499-508.

Dřímalová E, Velebný V, Sasinková V, et al. 2005. Degradation of hyaluronan by ultrasonication in comparison to microwave and conventional heating. Carbohydrate Polymers, 61(4): 420-426.

Duran-Reynals F. 1928. Exaltation de l'activité du virus vaccinal par les extraits de certains organes. Comptes Rendus BiologiesCR Soc Biol, 99: 6-7.

Frost G I. 2007. Recombinant human hyaluronidase (rHuPH20): an enabling platform for subcutaneous drug and fluid administration. Expert Opinion on Drug Delivery, 4(4): 427-440.

Girish K S, Kemparaju K. 2007. The magic glue hyaluronan and its eraser hyaluronidase: a biological overview. Life Sciences, 80(21): 1921-1943.

Guo X P, Shi Y L, Sheng J Z, et al. 2014. A novel hyaluronidase produced by *Bacillus* sp. A50. PLoS One, 9(4): e94156.

Highsmith S, Garvin J H Jr, Chipman D M. 1975. Mechanism of action of bovine testicular hyaluronidase. Mapping of the active site. The Journal of Biological Chemistry, 250(18): 7473-7480.

Huang H, Liang Q X, Wang Y, et al. 2020. High-level constitutive expression of leech hyaluronidase with combined strategies in recombinant *Pichia pastoris*. Applied Microbiology and Biotechnology, 104(4): 1621-1632.

Huang Y C, Huang K Y, Lew W Z, et al. 2019. Gamma-irradiation-prepared low molecular weight hyaluronic acid promotes skin wound healing. Polymers, 11(7): 1214.

Jedrzejas M J, Chantalat L. 2000. Structural studies of *Streptococcus agalactiae* hyaluronate lyase. Acta Crystallographica Section D, Biological Crystallography, 56(Pt 4): 460-463.

Jin P, Kang Z, Zhang N, et al. 2014. High-yield novel leech hyaluronidase to expedite the preparation of specific hyaluronan oligomers. Scientific Reports, 4: 4471.

Kang Z, Zhang N, Zhang Y F. 2016. Enhanced production of leech hyaluronidase by optimizing secretion and cultivation in *Pichia pastoris*. Applied Microbiology and Biotechnology, 100(2): 707-717.

Kaul A, Short W D, Wang X Y, et al. 2021. Hyaluronidases in human diseases. International Journal of Molecular Sciences, 22(6): 3204.

Kim J K, Sung N Y, Srinivasan P, et al. 2008. Effect of gamma irradiated hyaluronic acid on acetaminophen induced acute hepatotoxicity. Chemico-Biological Interactions, 172(2): 141-153.

Kordowicz M, Gussow D, Hofmann U, et al. 2000. Hyaluronidase from the hirudinaria manillensis isolation, purification and recombinant method of production. DK, DK1185666T3.

Kubo K, Nakamura T, Takagaki K, et al. 1993. Depolymerization of hyaluronan by sonication. Glycoconjugate Journal, 10(6): 435-439.

Linker A, Hoffman P, Meyer K. 1957. The hyaluronidase of the leech: an endoglucuronidase. Nature, 180(4590): 810-811.

Li S, Jedrzejas M J. 2001. Hyaluronan binding and degradation by *Streptococcus agalactiae* hyaluronate lyase. Journal of Biological Chemistry, 276(44): 41407-41416.

Li S, Kelly S J, Lamani E, et al. 2000. Structural basis of hyaluronan degradation by *Streptococcus pneumoniae* hyaluronate lyase. EMBO Journal, 19(6): 1228-1240.

Liu L, Du G C, Chen J, et al. 2008. Influence of hyaluronidase addition on the production of hyaluronic acid by batch culture of *Streptococcus zooepidemicus*. Food Chemistry, 110(4): 923-926.

Lowry K M, Beavers E M. 1994. Thermal stability of sodium hyaluronate in aqueous solution. Journal of Biomedical Materials Research, 28(10): 1239-1244.

Marion C, Stewart J M, Tazi M F, et al. 2012. *Streptococcus pneumoniae* can utilize multiple sources of hyaluronic acid for growth. Infection and Immunity, 80(4): 1390-1398.

Mashitah M D, Masitah H, Ramachandran K B. 2005. Sensitivity to hydrogen peroxide of growth and hyaluronic acid production by *Streptococcus zooepidemicus* ATCC 39920. Developments in Chemical Engineering and Mineral Processing, 13(5-6): 531-540.

Meyer K. 1971. 11 Hyaluronidases//Boyer P D. eds. The Enzymes Volume 5. Amsterdam: Elsevier: 307-320.

Meyer K, Hobby G L, Chaffee E, et al. 1940. The hydrolysis of hyaluronic acid by bacterial enzymes. The Journal of Experimental Medicine, 71(2): 137-146.

Mishra P, Akhtar M S, Bhakuni V. 2006. Unusual structural features of the bacteriophage-associated hyaluronate lyase(hylp2). Journal of Biological Chemistry, 281(11): 7143-7150.

Miyazaki T, Yomota C, Okada S. 2001. Ultrasonic depolymerization of hyaluronic acid. Polymer Degradation and Stability, 74(1): 77-85.

Mondek J, Kalina M, Simulescu V, et al. 2015. Thermal degradation of high molar mass hyaluronan in solution and in powder; comparison with BSA. Polymer Degradation and Stability, 120: 107-113.

Muckenschnabel I, Bernhardt G, Spruss T, et al. 1998. Pharmacokinetics and tissue distribution of bovine testicular hyaluronidase and vinblastine in mice: an attempt to optimize the mode of adjuvant hyaluronidase administration in cancer chemotherapy. Cancer Letters, 131(1): 71-84.

Ndeh D, Baslé A, Strahl H, et al. 2020. Metabolism of multiple glycosaminoglycans by Bacteroides thetaiotaomicron is orchestrated by a versatile core genetic locus. Nature Communications, 11(1): 646.

Ndeh D, Munoz Munoz J, Cartmell A, et al. 2018. The human gut microbe *Bacteroides thetaiotaomicron* encodes the founding member of a novel glycosaminoglycan-degrading polysaccharide lyase family PL29.Journal of Biological Chemistry, 293(46): 17906-17916.

Oiki S, Nakamichi Y, Maruyama Y, et al. 2019a. Streptococcal phosphotransferase system imports unsaturated hyaluronan disaccharide derived from host extracellular matrices. PLoS One, 14(11): e0224753.

Oiki S, Sato M, Mikami B, et al. 2019b. Substrate recognition by bacterial solute-binding protein is responsible for import of extracellular hyaluronan and chondroitin sulfate from the animal host. Bioscience, Biotechnology, and Biochemistry, 83(10): 1946-1954.

Price K N, Tuinman A, Baker D C, et al. 1997. Isolation and characterization by electrospray-ionization mass spectrometry and high-performance anion-exchange chromatography of oligosaccharides derived from hyaluronic acid by hyaluronate lyase digestion: observation of some heretofore unobserved oligosaccharides that contain an odd number of units. Carbohydrate

Research, 303(3): 303-311.

Pritchard D G, Trent J O, Li X, et al. 2000. Characterization of the active site of group B streptococcal hyaluronan lyase. Proteins, 40(1): 126-134.

Reed C E, Li X, Reed W F. 1989. The effects of pH on hyaluronate as observed by light scattering. Biopolymers, 28(11): 1981-2000.

Reháková M, Bakos D, Soldán M, et al. 1994. Depolymerization reactions of hyaluronic acid in solution. International Journal of Biological Macromolecules, 16(3): 121-124.

Saitoh H, Takagaki K, Majima M, et al. 1995. Enzymic reconstruction of glycosaminoglycan oligosaccharide chains using the transglycosylation reaction of bovine testicular hyaluronidase. Journal of Biological Chemistry, 270(8): 3741-3747.

Seaton G J, Hall L, Jones R. 2000. Rat sperm 2B1 glycoprotein(PH20)contains a C-terminal sequence motif for attachment of a glycosyl phosphatidylinositol anchor. Effects of endoproteolytic cleavage on hyaluronidase activity. Biology of Reproduction, 62(6): 1667-1676.

Sindelar M, Jilkova J, Kubala L, et al. 2021. Hyaluronidases and hyaluronate lyases: From humans to bacteriophages. Colloids and Surfaces B: Biointerfaces, 208: 112095.

Smith N L, Taylor E J, Lindsay A M, et al. 2005. Structure of a group A streptococcal phage-encoded virulence factor reveals a catalytically active triple-stranded β-helix. Proceedings of the National Academy of Sciences of the United States of America, 102(49): 17652-17657.

Stern R, Jedrzejas M J. 2006. Hyaluronidases: their genomics, structures, and mechanisms of action. Chemical Reviews, 106(3): 818-839.

Suslick K S, Didenko Y, Fang M M, et al. 1999. Acoustic cavitation and its chemical consequences. Philosophical Transactions of the Royal Society of London Series A: Mathematical, Physical & Engineering Sciences, 357(1751): 335-353.

Takagaki K, Nakamura T, Izumi J, et al. 1994. Characterization of hydrolysis and transglycosylation by testicular hyaluronidase using ion-spray mass spectrometry. Biochemistry, 33(21): 6503-6507.

Tao L, Song F, Xu N Y, et al. 2017. New insights into the action of bacterial chondroitinase AC I and hyaluronidase on hyaluronic acid. Carbohydrate Polymers, 158: 85-92.

Tokita Y, Okamoto A. 1995. Hydrolytic degradation of hyaluronic acid. Polymer Degradation and Stability, 48(2): 269-273.

Wang X Y, Wei Z W, Wu H, et al. 2021. Characterization of a hyaluronic acid utilization locus and identification of two hyaluronate lyases in a marine bacterium *Vibrio alginolyticus* LWW-9. Frontiers in Microbiology, 12: 696096.

Wang Y, Hu L T, Huang H, et al. 2020. Eliminating the capsule-like layer to promote glucose uptake for hyaluronan production by engineered *Corynebacterium glutamicum*. Nature Communications, 11(1): 3120.

Wei C B, Du G C, Chen J, et al. 2019. Construction of engineered *Streptococcus zooepidemicus* for the production of hyaluronic acid ligosaccharide. Chinese Journal of Biotechnology, 35(5): 805-815.

Weill R, Ceccaldi P F, DE Charpal O. 1952. A histological study of the action of depolymerizing enzymes on dental ivory. Comptes Rendus Des Seances de La Societe de Biologie et de Ses Filiales, 146(1-2): 6-7.

Wu Y. 2012. Preparation of low-molecular-weight hyaluronic acid by ozone treatment. Carbohydrate Polymers, 89(2): 709-712.

第 7 章　透明质酸的交联和修饰

透明质酸（hyaluronic acid，HA）具有独特的黏弹性、优良的保水性、组织相容性和非免疫原性，其作为细胞外基质的组成成分，不仅是简单的空间填充物，而且执行着调节细胞外液的化学组成、润滑和促进创伤愈合及组织修复等多种功能，在临床上有着广泛的应用。由于天然 HA 凝胶稳定性差、对透明质酸酶和自由基敏感、在体内保持时间短、力学强度差，限制了其在组织工程和生物医药领域的应用。通过对 HA 分子进行交联和化学修饰，可以增强其力学强度、稳定性和抗降解能力等，使得 HA 在体内可以维持更长时间，进而获得了一系列新型的、具有生物活性和功能性的 HA 凝胶，扩大了 HA 的应用范围。

7.1　概　述

HA 可以通过两种方式进行改性：交联和修饰。HA 的交联是通过化学方式（如加入交联剂）来实现的，交联反应使线性的聚合物生成三维空间网络结构。HA 的修饰是基于与交联相同的化学反应过程。两者区别在于，修饰是化合物通过单个化学键接枝到 HA 分子的活性基团上，而交联是通过两个或多个化学键连接 HA 分子上的活性基团。

7.2　透明质酸交联

为了使经化学交联修饰的 HA 材料更好地满足生物相容性、力学强度及可降解性的要求，一般需要通过调节反应条件和交联剂种类及用量来控制产物的交联度。HA 结构中的羟基、羧基、乙酰氨基和还原末端都可以作为反应位点。目前研究最多的是对 HA 的羟基和羧基进行交联改性，例如，采用 1,4-丁二醇二缩水甘油醚（1,4-butanediol diglycidyl ether，BDDE）、聚乙二醇二缩水甘油醚[poly（ethylene glycol）diglycidyl ether，PEG-DGE]和二乙烯基砜（divinyl sulfone，DVS）等作为交联剂与 HA 的羟基交联，或采用碳二亚胺和己二酸二酰肼（adipic dihydrazide，ADH）等与 HA 的羧基交联。

7.2.1 双环氧化合物交联

双环氧化合物可以与 HA 发生交联反应。在碱性环境中，环氧环开环与 HA 上的羟基发生反应，生成含醚键的交联产物；在酸性环境中，环氧环开环与 HA 上的羧基发生反应，生成含酯键的交联产物。虽然双环氧化合物在酸性和碱性条件下均可与 HA 分子发生交联反应，但在实际应用中多为碱性条件下进行交联，其反应式见图 7-1。

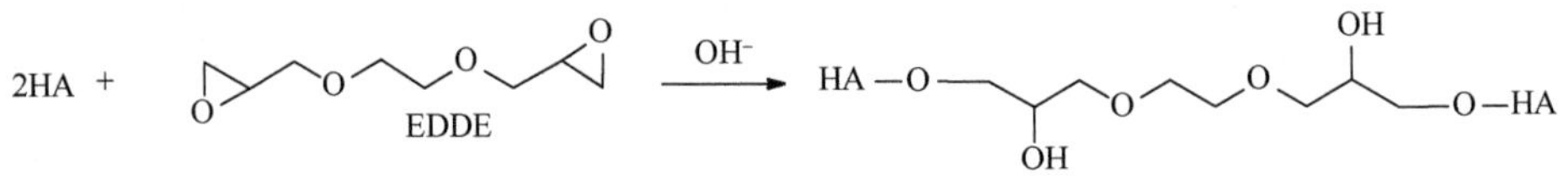

图 7-1 双环氧化合物与 HA 的反应过程

常用于交联 HA 的双环氧化合物主要有 1,2-乙二醇二缩水甘油醚（1,2-ethanediol diglycidyl ether，EDDE）、BDDE、1,2,3,4-二环氧丁烷以及 1,2,7,8-二环氧辛烷（1,2,7,8-diepoxyoctane，DEO）等。

Al-Sibani 等（2017）研究了使用 BDDE 交联 HA 的反应中，HA 底物起始浓度对最终产物的影响。他们以 HA 起始浓度为 7%～14%，制备了一系列交联 HA 凝胶，测定了其降解速率、溶胀能力及孔隙情况。酶解实验结果显示，酶解 4 d 以后，HA 起始浓度为 10%的样品中 *N*-乙酰氨基葡糖（*N*-acetylglucosamine，NAG）含量为原料的 25.1%，而 HA 起始浓度为 7%及 14%的样品中 NAG 含量分别仅为 15.9%和 19.5%；随着 HA 初始浓度的增加，水凝胶的溶胀能力逐渐下降，直到起始浓度为 10%的 HA 水凝胶呈现相反的趋势。扫描电子显微镜（scanning electron microscope，SEM）显示，以 10%的起始浓度制备的交联 HA 水凝胶更均匀，孔隙更加致密。为了探究在较低交联剂用量的条件下提高交联效率的新策略，Al-Sibani 等（2016）研究了反应方式对 BDDE 交联 HA 效率的影响。他们分别采用大批量一锅混匀法（凝胶 1）和小批量混合再组合法（凝胶 2）制备交联 HA 凝胶。研究结果表明，混合方式对交联反应具有一定的影响，凝胶 2 的抗酶解性能优于凝胶 1；而凝胶 1 在蒸馏水中的溶胀率则显著高于凝胶 2；扫描电子显微镜显示凝胶 2 具有更致密的网络结构和更小的孔径，傅里叶变换红外光谱（Fourier transform infrared spectroscopy，FT-IR）和核磁共振（nuclear magnetic resonance，NMR）结果也证明了凝胶 2 比凝胶 1 具有更高的交联度。Baek 等（2018）则研究了反应温度对 BDDE 交联 HA 水凝胶的物理性质的影响，结果表明，在碱性条件下，低温反应可以显著提高交联 HA 凝胶的性能，这可能是由于在较低的温度下，HA 的交联率和 HA 在碱性条件下的降解率的比值增大，从而形成更密集的聚合物网络，同时又不影响凝胶的生物相容性。Choi 等（2015）通过改变 BDDE 用量和反应时间来制备不同的交联 HA 凝胶，结果发现，在一定范围内，交联反应时间越长，交联剂用量越多，所得凝胶的交联度越高，其弹性模量也越高。交联 HA 凝胶与非交联 HA 一样，均具有抗炎作用，但交联度过高会导致较高的细胞毒性，因此需要适当控制其交联度。

以改性聚乙二醇作为交联剂可以制备安全性较高的交联 HA 产品，中国专利 CN106589424A“一种注射用交联透明质酸凝胶及其制备方法”中使用改性聚乙二醇——聚乙二醇二缩水甘油醚交联 HA（刘建建等，2020）。所得凝胶具备高内聚性和高黏弹性，填充能力强，在皮下组织中维持时间长，减少了凝胶移位的发生。同时，制备的凝胶分子抗酶解性能明显增强，可以在体内维持更长的时间。

目前，市场上使用双环氧化合物作为交联剂的软组织填充剂产品相对较多，包括使用 BDDE 作为交联剂的 Restylane®系列产品、Juvéderm®系列产品、润百颜®、润致®系列产品等，以及使用 DEO 作为交联剂的 Puragen™系列产品等。

7.2.2　二乙烯基砜交联

碱性条件下，二乙烯基砜（DVS）在室温下就可以与 HA 分子上的羟基发生反应，形成由磺酰二乙基交联的、含醚键的三维网状结构，其反应过程如图 7-2 所示。

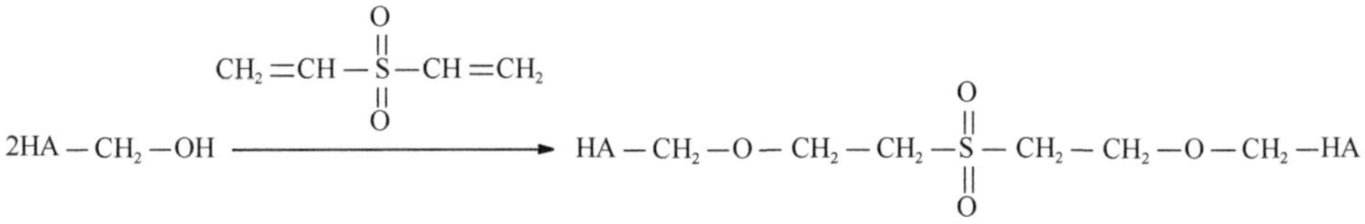

$$2HA-CH_2-OH \xrightarrow{CH_2=CH-\overset{\overset{\displaystyle O}{\|}}{\underset{\underset{\displaystyle O}{\|}}{S}}-CH=CH_2} HA-CH_2-O-CH_2-CH_2-\overset{\overset{\displaystyle O}{\|}}{\underset{\underset{\displaystyle O}{\|}}{S}}-CH_2-CH_2-O-CH_2-HA$$

图 7-2　DVS 与 HA 的反应过程

控制反应条件，特别是 HA 和 DVS 浓度，就可以得到具有不同理化性质的 DVS 交联 HA 产物。Shimojo 等（2015）以不同质量比的 HA 与 DVS 进行交联反应，结果表明，交联度越高，所得产物就具有越高的黏弹性、抗酶解性能和推挤力，同时具有更低的溶胀度，表现出牛顿假塑性行为，因此可以通过调控交联度来制备不同用途的 DVS-HA 产品。例如，Credi 等（2014）用 DVS 作为交联剂，采用均相交联工艺，通过控制 DVS 用量、反应时间等条件，制备出具有良好的机械性能和生物相容性，且非常接近干细胞细胞外基质（extracellular matrix，ECM）的交联 HA。De Sarno 等（2019）研究了交联 HA 在磁共振成像（magnetic resonance imaging，MRI）中的应用，通过阐明交联 HA 的弛豫特性与 HA 浓度和 DVS 用量的关系，发现控制 HA 浓度和 DVS 用量可得到不同交联度的交联 HA，而交联度又直接决定了其流变性能，进而影响这类生物医用材料的 MRI 信号。

与 DVS 一样，聚乙二醇二丙烯酸酯（polyethylene glycol diacrylate，PEGDA）也可作为交联剂，与 HA 反应形成水不溶的交联凝胶，其反应机理与 DVS 交联 HA 相同，不同点在于 PEGDA 为柔性长链，其反应活性低于 DVS。目前研究较多的是 PEGDA 与巯基化 HA 的交联反应。Godesky 和 Shreiber（2020）采用巯基化 HA（HA-SH）和 PEGDA 制备了交联水凝胶，可以作为生物墨水用于 3D 生物打印，并通过调节交联反应程度来改变材料的强度。

目前，市场上使用 DVS 作为交联剂的交联 HA 产品主要用于组织填充剂及关节腔注射液，如美国 Genzyme 公司的早期产品 Hylaform®系列、Synvisc®系列及我国的海薇®产品。然而，DVS 属于危险化学品，其毒性是 1,4-丁二醇二缩水甘油醚的 30 倍，限制了其在医药领域的应用。

7.2.3 碳二亚胺交联

早在 20 世纪 80 年代，研究者就开始用一系列碳二亚胺类化合物对 HA 进行化学交联，如 *N*，*N'*-二环己基碳二亚胺（*N*，*N'*-dicyclohexylcarbodiimide，DCC）、*N*，*N'*-二异丙基碳二亚胺（*N*，*N'*-diisopropylcarbodiimide，DIC）等。碳二亚胺类交联剂能使两个分子直接通过共价键连接，而无需任何连接物或间隔物。碳二亚胺与 HA 的反应过程如图 7-3 所示。

DCC 是与 HA 交联反应效果最好且被研究最早的碳二亚胺之一。1991 年，Kuo 等（1991）合成了一系列用作交联剂的碳二亚胺，并首次使用 DCC 与 HA 反应得到了交联 HA 产物。然而，由于 DCC 是非水溶性的，极大地限制了其在交联 HA 方面的应用。与 DCC 相比，DIC 为液态，但其反应产物 *N*，*N'*-二异丙基脲需要通过有机溶剂萃取去除。1-（3-二甲氨基丙基）-3-乙基碳二亚胺盐酸盐[1-（3-dimethylaminopropyl）-3-ethylcarbodiimide hydrochloride，EDC]是碳二亚胺系列中活性较高且为水溶性的缩合剂和偶联剂，其在反应后可通过洗涤的方式去除，因此可用作生物多糖、多肽、高分子改性的交联剂和缩合剂。EDC 的分子结构见图 7-4。

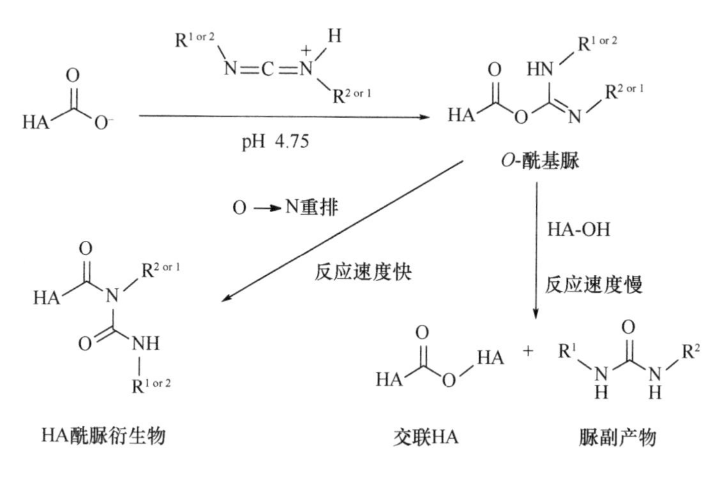

图 7-3　碳二亚胺与 HA 的反应过程

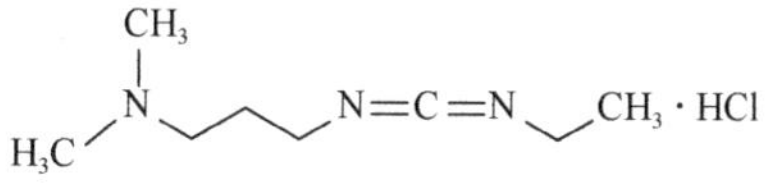

图 7-4　EDC 的分子结构

Chen 等（2014）通过 EDC 交联制备了一种新型的耐水性交联 HA 纤维膜，在 PBS 和水中的稳定性得到了明显提高，通过 FT-IR 分析证实了酯键的生成，通过差式扫描量热法（differential scanning calorimetry，DSC）和热重分析（thermogravimetric analysis，TGA）证明交联后的 HA 与水的键合能力显著增强。Henderson 等（2015）以 EDC 和 *N*-羟基丁二酰亚胺（*N*-hydroxysuccinimide，NHS）为交联剂制备了一种高交联度的 HA 凝胶支架材料，材料中存在大量孔隙，有利于细胞的附着、生长和繁殖；凝胶材料的弹性可通过改变交联度和 HA 的浓度来调节，且无细胞毒性，可用于组织工程的支架材料。

研究表明，碳二亚胺介导的交联反应，对反应体系的酸碱度高度敏感，当与 HA 发生交联反应时，更容易形成无法进一步反应的酰基脲，因此交联产物的生成量较少（Young et al.，2004）。鉴于碳二亚胺在交联 HA 方面的局限性，Kuo 等（2000）开发了使用双碳二亚胺交联 HA 的新技术。他们合成了几种芳香族或脂肪族双碳二亚胺作为 HA 的交联剂，其反应过程如图 7-5 所示。

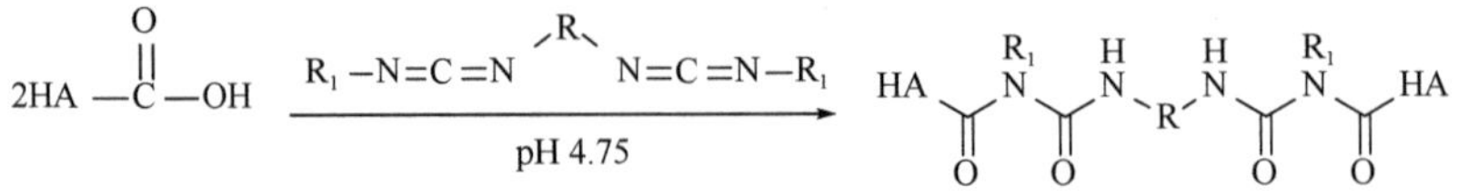

$$2HA-\overset{O}{\overset{\|}{C}}-OH \xrightarrow[pH\ 4.75]{R_1-N=C=N-R-N=C=N-R_1}$$

图 7-5　双碳二亚胺与 HA 的反应过程

水溶性的双碳二亚胺交联 HA 所得的产物并不稳定，在生理缓冲液中仅能维持两周左右，这可能是因为反应过程中双碳二亚胺容易自交联生成不能反应的酰脲。但是，在有机溶剂/水溶液组成的反应体系中，HA 与双碳二亚胺发生反应即可得到交联程度较高且更稳定的产物。Sadozai 等（2007）公开的专利中对比研究了使用两种 HA 组合物治疗骨关节炎的效果：一种为单碳二亚胺与 HA 的交联反应产物，其中既包括 HA 羧基衍生化产物，也包括 *N*-酰脲和 *O*-酰脲；另一种组合物为交联 HA 凝胶，该交联凝胶是双碳二亚胺与 HA 在适当 pH 条件下反应制得的，HA 与单碳二亚胺和双碳二亚胺反应，其反应机理相同，反应产物却不相同。

通过双碳二亚胺交联形成的 HA 衍生物，可以用于制备组织工程支架，也可以用作软组织填充剂、关节润滑及创面辅料等。2006 年获 FDA 批准上市的 Elevess® 即为双碳二亚胺交联 HA 产品，是由 Anika Therapeutics 公司生产的用于注射填充的产品。

7.2.4　Ugi 和 Passerini 交联

交联 HA 的制备也可以通过多成分交联反应来实现，如 Ugi 反应和 Passerini 反应。Ugi 反应由 4 种成分参与，分别是羧酸、醛、异腈和胺。当双功能胺与 HA 发生交联反应时，加入甲醛和环己基异腈，可以形成稳定的酰胺键，从而得到交联 HA 产物，其反应过程如图 7-6 所示。Passerini 反应由 3 种成分参与，分别是羧酸、醛和异腈。双功能醛与异腈连接，然后与 HA 的羧基形成酯键，从而得到交联 HA 产物，其过程如图 7-7 所示。

Ugi 反应和 Passerini 反应都能实现 HA 的交联，但二者又有明显的不同：Passerini 反应制备的交联凝胶稳定性稍差，这可能是交联反应过程中生成的酯键

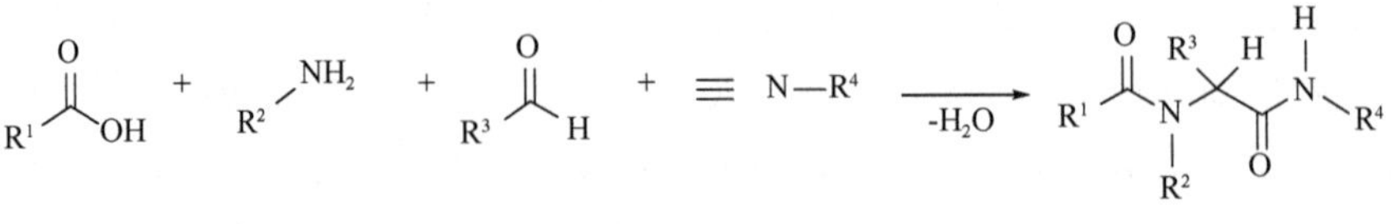

$$R^1COOH + R^2NH_2 + R^3CHO + {\equiv}N-R^4 \xrightarrow{-H_2O} R^1C(=O)N(R^2)CH(R^3)C(=O)NHR^4$$

图 7-6　Ugi 反应

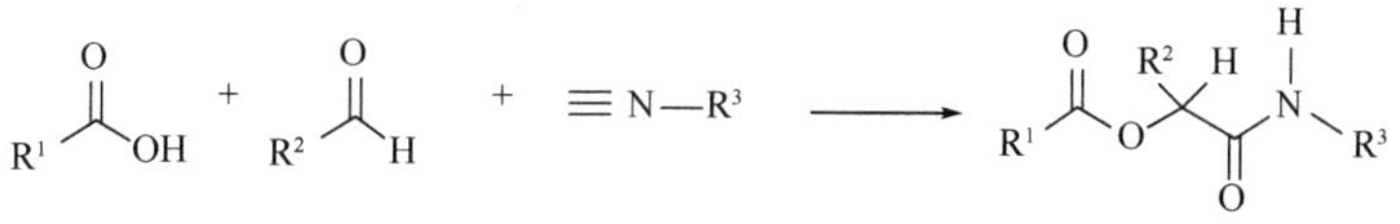

图 7-7 Passerini 反应

被水解导致的；而 Ugi 反应生成的酰胺键则比较稳定，因此产物稳定性也会比较高。此外，Passerini 反应的产物一般都为透明凝胶，而 Ugi 反应产物的透明度则与参与反应的多糖类型、交联剂的种类和交联度等有关。

Crescenzi 等（2003）使用赖氨酸乙酯作为交联剂，利用 Ugi 反应制备了理论交联度为 6%～20%的交联 HA 凝胶。他们采用 HA/赖氨酸/甲醛/环己基异氰酸酯体系进行 Ugi 缩合反应，其收率大约为 75%，与其他多糖的缩合收率非常接近。Hauck 等（2018）以 HA 为基础组分，通过 Passerini-3CR 和 Ugi-4CR 多组分反应，一步合成了交联凝胶。Passerini-3CR 反应中，将 12 mg 分子量为 40～65 kDa 的 HA 溶于 200 μL 去离子水中，完全溶解后使用 2 mol/L 的盐酸调 pH 至 3.5，后加入二醛基聚乙二醇和异腈化物，发生交联反应。Ugi-4CR 反应中加入的是聚乙二醇二胺，并额外加入了甲醛以发生交联反应。他们的研究发现，通过 Passerini-3CR 反应制备的交联 HA 凝胶，在 pH 大于 7 的条件下就会降解（如图 7-8 A 所示）；而通过 Ugi-4CR 反应制备的交联 HA 凝胶对 pH 不敏感（如图 7-8 B 所示）。

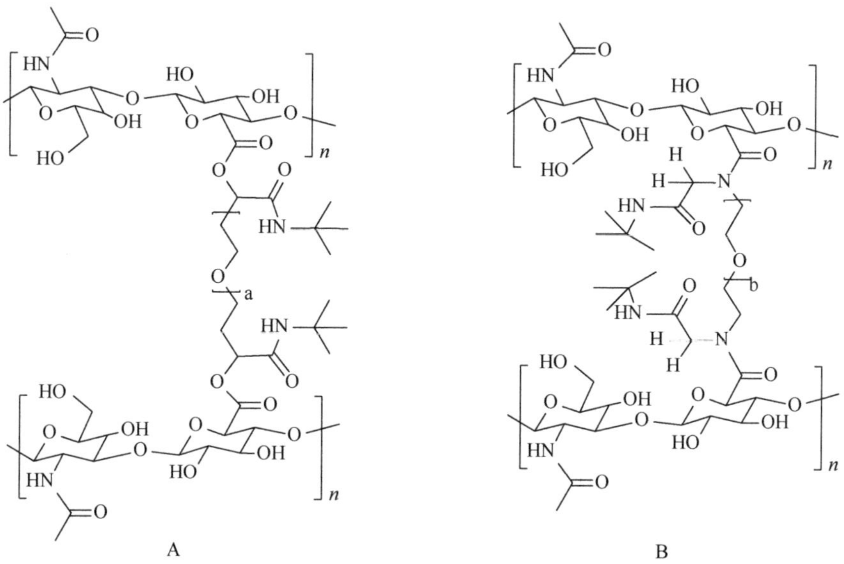

图 7-8 Passerini 反应和 Ugi 反应

A. Passerini-3CR 交联位点的化学结构；B. Ugi-4CR 交联位点的化学结构

7.2.5 酰肼交联

在酸性条件下，HA 的羧基与 EDC 形成 *O*-酰基脲，随后，酰肼化合物的胺基作为亲核试剂进攻 *O*-酰基脲，从而形成酰胺键结合在一起，生成交联 HA 产物，其反应过程如图 7-9 所示。

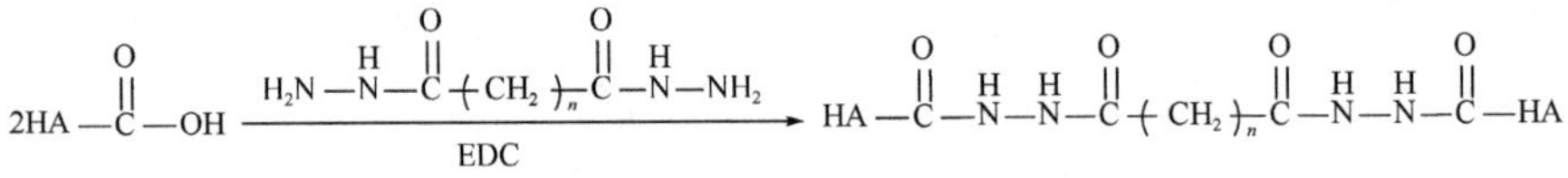

$$2\mathrm{HA}-\overset{\overset{\displaystyle\mathrm{O}}{\|}}{\mathrm{C}}-\mathrm{OH}\ \xrightarrow[\mathrm{EDC}]{\mathrm{H_2N}-\overset{\mathrm{H}}{\mathrm{N}}-\overset{\overset{\displaystyle\mathrm{O}}{\|}}{\mathrm{C}}+\mathrm{CH_2}+_n\overset{\overset{\displaystyle\mathrm{O}}{\|}}{\mathrm{C}}-\overset{\mathrm{H}}{\mathrm{N}}-\mathrm{NH_2}}\ \mathrm{HA}-\overset{\overset{\displaystyle\mathrm{O}}{\|}}{\mathrm{C}}-\overset{\mathrm{H}}{\mathrm{N}}-\overset{\mathrm{H}}{\mathrm{N}}-\overset{\overset{\displaystyle\mathrm{O}}{\|}}{\mathrm{C}}+\mathrm{CH_2}+_n\overset{\overset{\displaystyle\mathrm{O}}{\|}}{\mathrm{C}}-\overset{\mathrm{H}}{\mathrm{N}}-\overset{\mathrm{H}}{\mathrm{N}}-\overset{\overset{\displaystyle\mathrm{O}}{\|}}{\mathrm{C}}-\mathrm{HA}$$

图 7-9　酰肼类物质与 HA 反应过程

酰肼化合物交联 HA 的反应需要在一定的 pH 范围内（3.5～4.7）进行。随着反应的进行，H^+不断被消耗，pH 逐渐升高，需要不断调节 pH 使其处于合适范围。研究者发现，酰肼交联的 HA 产物，其稳定性与交联剂的结构有关，但与交联度的相关性反而较小，例如，含有更多疏水基团的酰肼交联剂制备的交联 HA 凝胶，其抗酶解性能更强。

Šedová 等（2019）研究了不同酰肼制备的 HA 水凝胶的性能，主要包括交联剂中酰肼基团的数量、链的支化程度及链的长短对产物的影响。他们制备了一种三官能团的酰肼交联剂，并与己二酸二酰肼、草酸二酰肼，以及分子量分别为 2 kDa 和 10 kDa 的四臂聚乙二醇酰肼分别用于交联反应制备交联 HA。结果显示，交联剂的结构对反应速率及产物稳定性有显著影响，而酰肼基团的数目对反应速率及产物稳定性的影响较小。Cui 等（2014）通过二酮与酰肼改性的 HA 进行简单的反应，成功地制备了交联 HA 水凝胶，该交联 HA 水凝胶具有高孔隙形态，流变学测试表明其具有良好的弹性性能。此外，随着交联度的增加，HA 水凝胶的溶胀率和降解率逐渐降低，但热稳定性变化不大。

7.2.6 双氨基化合物交联

目前，大部分研究所使用的交联剂都是传统的化学交联剂，交联剂本身的细胞毒性比较大，这势必影响交联 HA 材料的生物相容性；此外，残留的交联剂还可能会引起体内的炎症反应。基于此，有研究使用氨基酸类双氨基化合物作为交联剂，用来制备交联 HA 凝胶。通常，分子内含有两个氨基的赖氨酸被认为是理想的天然交联剂。魏长征等在“一种氨基酸交联透明质酸钠凝胶的制备方法”（专利号 CN 104761734）中，使用赖氨酸乙酯二盐酸盐作为交联剂制备了交联 HA 凝胶。首先将透明质酸钠经强酸型离子交换树脂活化为透明质酸，加入四丁基氢氧化铵（tetrabutylammonium hydroxide，TBAH）转化为透明质酸盐，以二甲基亚砜作为溶剂，在三乙胺（triethylamine，TEA）和 2-氯-1-甲基吡啶鎓碘化物（2-chloro-1-methylpyridinium iodide，CMPI）介导下，两个氨基与 HA 进行酰胺化交联反应（图 7-10）。其制备的凝胶在低浓度下具有耐高温、抗酶解等特性，并且具有较高的黏弹性。

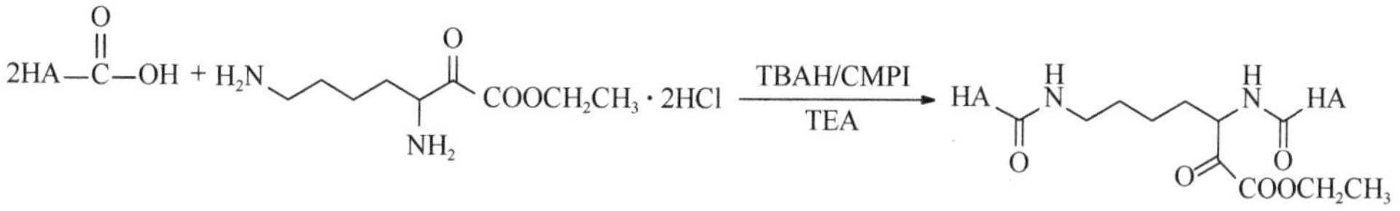

图 7-10　赖氨酸乙酯二盐酸盐与 HA 反应过程

7.2.7　光介导交联

光介导交联的主要原理是：在可见光或紫外线的照射下，光引发剂产生自由基而引起聚合物的交联反应。HA 发生光交联反应的前提条件是 HA 分子上必须含有某些基团，这些基团被一定波长的光照射后可以结合在一起，此类基团包括丙烯酸类、巯基-烯基等。通常的操作是先将反应体系混合均匀，然后经一定波长的光线照射，使 HA 发生交联反应，最后获得交联均匀的 HA 凝胶。光交联反应可以在生理条件下进行，不会对组织细胞产生毒副作用。可以将凝胶前体与引发剂植入到缺陷部位，然后使用强光透皮照射，在组织内原位合成交联凝胶。由于光交联后不需要纯化，因此可以先将药物加到反应体系中，制备具有三维网络结构的药物缓释载体。

Fan 等（2019）将细胞冻存技术与低温凝胶制备工艺相结合，在冷冻条件下通过 UV 光交联 HA 甲基丙烯酸酯衍生物（HA-MA），制备了一种具有大孔结构的细胞胶囊式低温凝胶，这种凝胶可将软骨细胞和人骨髓间充质干细胞两种模型细胞均匀地包裹起来，且具有较高的存活率，而大孔结构为细胞生长提供了更多的生存空间，并促进物质的运输和交换。其反应过程如图 7-11 所示。Donnelly 等（2017）使用酪胺修饰的 HA（HA-TA）制备了一种可调节机械性能的光交联凝胶，并将其用于关节软骨的修复。他们使用核黄素作为光引发剂，HA-TA 经紫外线照射，得到自交联 HA 凝胶，通过改变 HA-TA 和光引发剂的起始浓度及紫外线照射时长，可以调控交联凝胶的机械性能。交联凝胶上的酪胺残基可以与软骨细胞外基质中的芳香氨基酸残基反应，从而使交联凝胶连接到软骨表面，以修复关节软骨缺陷、增强软骨组织和宿主组织之间缝隙的联结。

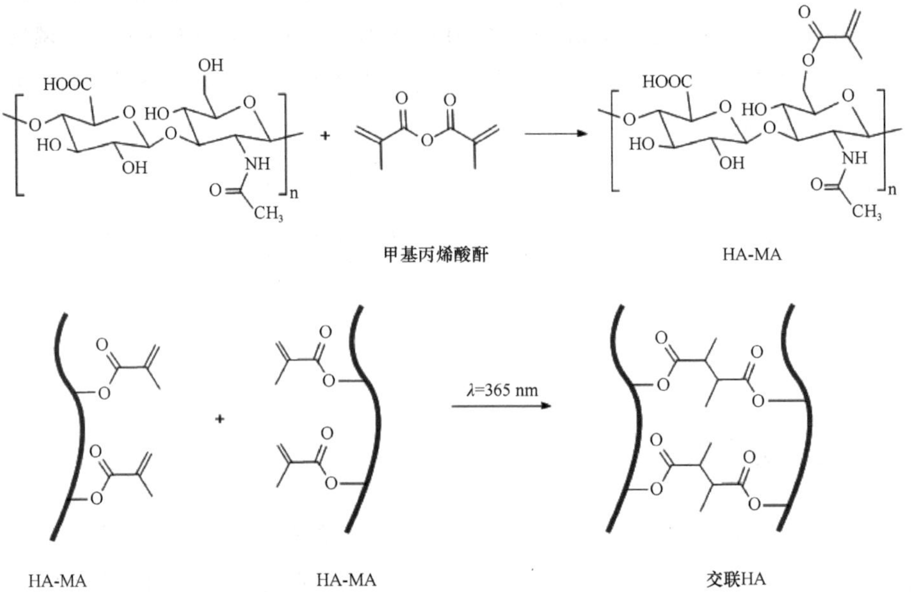

图 7-11　UV 光交联 HA-MA 制备交联 HA 凝胶

Gramlich 等（2013）根据巯基-烯点击反应以及光交联的原理，将降冰片烯修饰的 HA（NorHA）与二硫醇在紫外线照射下发生交联反应，制备出一种具有良好机械性能的新型光交联 HA 凝胶。首先将 HA 通过离子交换树脂转换成四丁基铵盐（HA-TBA），然后将 5-降冰片烯-2 羧酸耦合到 HA 骨架得到 NorHA。经紫外线照射，在光引发剂 I2959 与二硫苏糖醇（dithiothreitol，DTT）的作用下发生交联，生成交联 HA 凝胶。所得产品无毒且具有良好的机械性能，有望成为研究生物系统中机械性能和分子效应的理想材料。

目前，光交联常用的领域主要是 3D 生物打印，在打印过程中实现材料的原位快速成型，相关内容将在第 14 章“透明质酸在组织工程与再生医学领域的应用”中进行详细介绍。

7.2.8　酶介导交联

酶介导的 HA 交联反应因反应条件温和、具有酶特异性且生物相容性好，越来越受到研究者的关注，酶介导的 HA 交联反应也更多地应用于水凝胶的开发。该类水凝胶被用于生物活性分子的控释及细胞包封；此外，使用此类水凝胶作为组织工程的支架具有广阔的应用前景。目前研究较多的酶有辣根过氧化物酶、谷氨酰胺转氨酶及半乳糖氧化酶。

Bagheri 等（2021）制备了酚取代透明质酸（HA-Ph），通过辣根过氧化物酶（horseradish peroxidase，HRP）催化的氧化交联反应可生成水凝胶，前体 HA-Ph 中的酚基团对交联 HA 水凝胶的疏水性和力学性能有很大影响，都随着酚基团含量的增加而增加。细胞试验显示，酚含量较高的交联 HA 水凝胶具有非常好的细胞黏附、扩散和增殖能力（图 7-12）。Behrendt 等（2020）将人骨髓间充质干细胞包裹在 HA-Ph 中，然后加入 HRP 和不同浓度的过氧化氢（H_2O_2，0.3～2mmol/L）发生交联反应，得到交联 HA 水凝胶。这种交联水凝胶可以在微创手术过程中直接注射到病理位置，并在较短的时间内凝胶化，黏附在软骨上。此外，该水凝胶还可以在不引入外源性生长因子的情况下诱导人转化生长因子 β1（transforming growth factor β1，TGF-β1）的产生和激活，是一种在软骨修复方面具有很高临床应用价值的生物材料。Khanmohammadi 等（2017）通过 HRP 催化的反应制备了

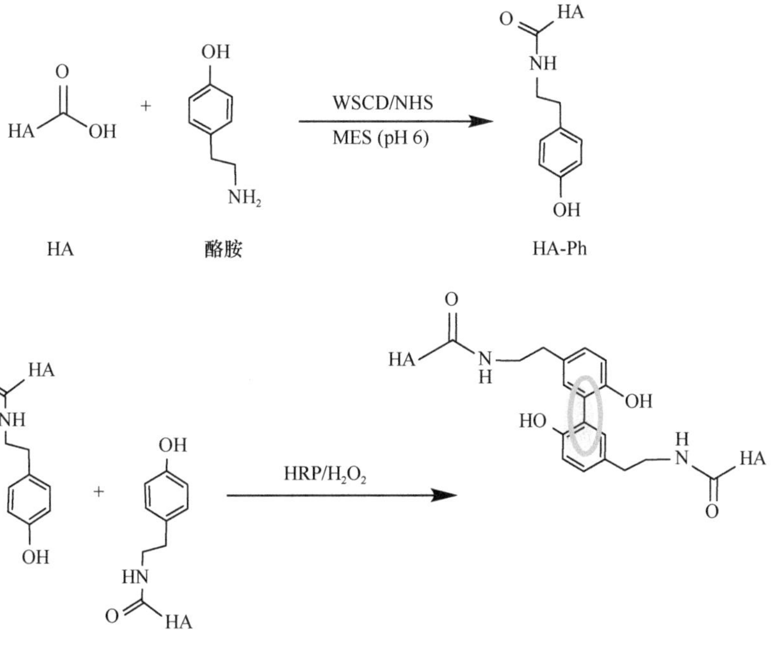

图 7-12　辣根过氧化物酶介导 HA-Ph 的交联反应

WSCD，水溶性碳二亚胺盐酸盐（water-soluble carbodiimide hydrochloride）；MES，2-吗啉乙磺酸（2-morpholinoethane sulfonic acid）

可负载细胞的 HA-Ph 中空水凝胶纤维，通过改变流速及交联反应底物的浓度，可以控制纤维的直径和膜厚度。水凝胶纤维的中空结构有利于被包裹细胞的生长；将这种含细胞的HA-Ph纤维在旋转圆管上滚动捆扎，可得到宏观尺度的纤维结构，这种纤维结构可用于设计复杂结构的人工组织。Wang 等（2020）以 HA-Ph 为底物，经辣根过氧化物酶和半乳糖氧化酶双酶催化得到交联水凝胶，这种交联水凝胶具有良好的注射性，对小鼠骨髓间充质干细胞具有良好的细胞相容性，细胞毒性极低，可用于 3D 干细胞培养和组织工程。

酶交联的天然高分子水凝胶具有良好的生物相容性，但力学强度较低。科研人员试图通过制备混合水凝胶来解决这一问题。Fan 等（2015）采用谷氨酰胺转氨酶催化交联明胶，辣根过氧化物酶催化交联 HA-Ph，将两者混合制备了明胶/HA 互穿网络（interpenetrating polymer network，IPN）。这种水凝胶的抗压程度比纯 HA 水凝胶高 10 倍，且具有可调的含水量和可降解性，以及良好的细胞黏附能力。

酶介导的交联 HA 也被用于体内原位交联。Ren 等（2015）开发了一种用于组织工程的热响应型可注射水凝胶支架材料。他们将包覆 HRP 的温敏型脂质体悬浮在 HA-Ph 和过氧化氢溶液中，在 20℃条件下，该混合物在数小时内均保持液态并可被注射至人体内，而在体温条件下，脂质体膜的通透性大大增加，从而释放出包裹在其中的 HRP，催化 HA 发生交联反应，形成交联水凝胶支架。通过调节 HRP 的包封与释放、反应底物浓度等可调节凝胶化速率，从而满足临床的各种需求。因此，原位酶介导的交联 HA 水凝胶可以作为各种组织工程应用的支架（如软骨等），或被用作药物载体，甚至作为软组织填充剂等。

7.2.9 其他类交联

通过点击化学反应制备交联 HA 水凝胶，即将 HA 进行化学改性后，通过环加成或双键加成等点击化学特征反应制备交联 HA 凝胶。参与点击化学反应的官能团一般具有高特定反应性，在交联过程中反应迅速、区域选择性和产率高，也具有较高的热力学驱动力。此外，此类反应条件一般都比较温和（在生理条件下即可发生），有效解决了传统交联反应中副反应多、收率较低的问题。

点击化学最典型的例子是过渡态金属 Cu（I）催化的炔-叠氮化物环加成反应（图 7-13），但反应中使用的 Cu（I）是有毒性的金属盐，且较难除去，应用到生物体内会带来较大风险。因而，采用无铜催化的方式制备交联水凝胶已经成为该领域的一个研究趋势。除了炔-叠氮化物环加成反应外，Diels-Alder（第尔斯-阿尔德）反应、Michael（迈克尔）加成反应也是本领域的研究重点。

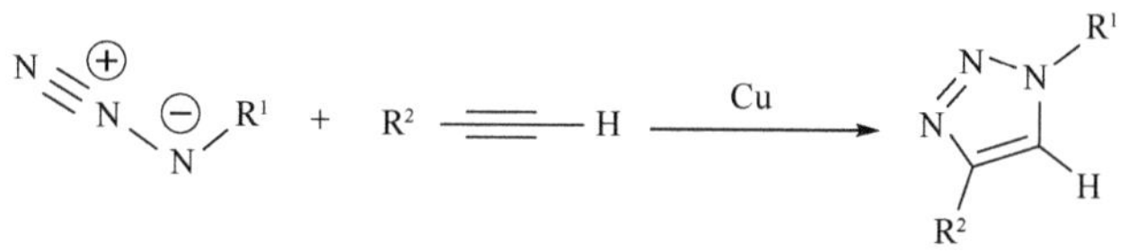

图 7-13　炔-叠氮化物环加成反应（廖伊铭等，2022）

Takahashi 等（2013）合成了叠氮修饰的 HA（HA-A）和环辛烷修饰的 HA（HA-C），然后采用双管注射器将 HA-A 与 HA-C 溶液混匀并注射进体内，生理条件下二者原位交联生成交联 HA 凝胶，该凝胶具有较好的生物相容性，且能在体内停留较长时间（图 7-14）。Fu 等（2017）使用环辛烷修饰的 HA 与叠氮修饰的 PEG 制备交联 HA 水凝胶，具体过程如图 7-15 所示。其制备的水凝胶成胶时间短、力学性能好、降解速度慢，具有优异的细胞相容性，且具有可注射性，可作为整形外科的注射填充材料。

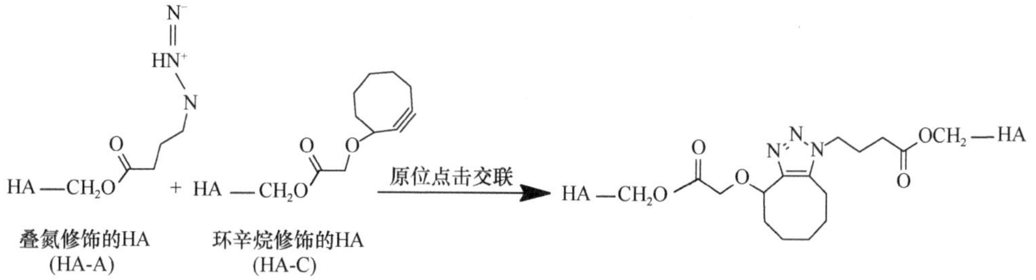

图 7-14　HA-A 和 HA-C 原位成胶

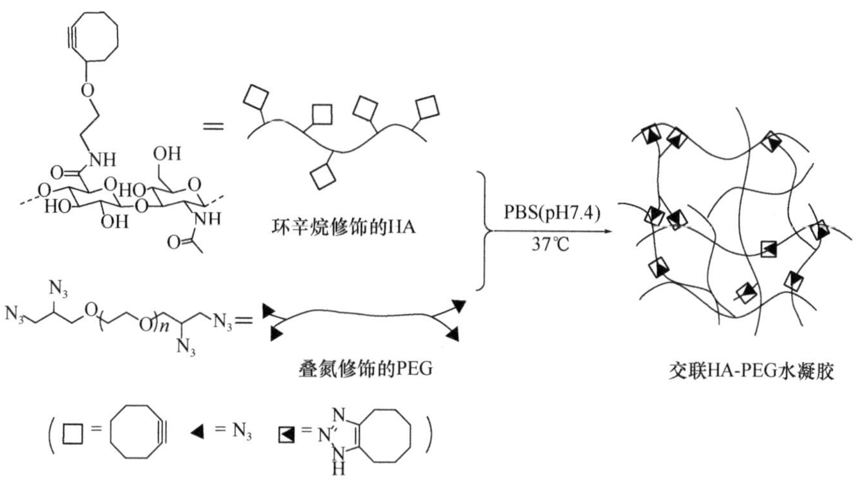

图 7-15　HA-PEG 水凝胶制备过程

Diels-Alder 反应也可被用于制备交联 HA 凝胶。Diels-Alder 反应主要是指富电子的双烯体（如呋喃衍生物等）与缺电子的亲双烯体（如马来酰亚胺衍生物等）进行[4+2]环加成反应，从而形成稳定的六元环。

Nimmo 等（2011）设计了一种简单的一步制备交联 HA 水凝胶的方法，他们先合成了呋喃修饰的 HA 衍生物，通过与双马来酰亚胺聚乙二醇发生 Diels-Alder 点击化学反应生成交联 HA 水凝胶。通过控制呋喃与马来酰亚胺的比例，可调节交联水凝胶的力学性能和降解性能，其反应过程如图 7-16 所示。

Fan 等（2015）利用 Diels-Alder 反应，在不添加任何化学催化剂的情况下，制备了一种可以控释和缓释地塞米松的交联 HA 水凝胶。他们首先合成了呋喃修饰的 HA、马来酰亚胺修饰的 HA 以及呋喃修饰的地塞米松，并通过 Diels-Alder 反应使三者形成凝胶。Diels-Alder 反应制备的交联 HA 凝胶生物相容性良好，无细胞毒性，且可以实现地塞米松的缓释。

Ju 等（2020）制备了四嗪修饰的透明质酸钠（HA-TET）和反式环辛烯修饰的透明质酸钠（HA-TCO），运用四嗪和反式环辛烯的点击交联 Diels-Alder 反应系统制备了可注射的交联 HA 凝胶。将 HA-TET 与 HA-TCO 的水溶液混合即可发生反应，形成交联 HA 凝胶。反应可以在生理条件下进行，注射入应用部位即可实现原位交联。

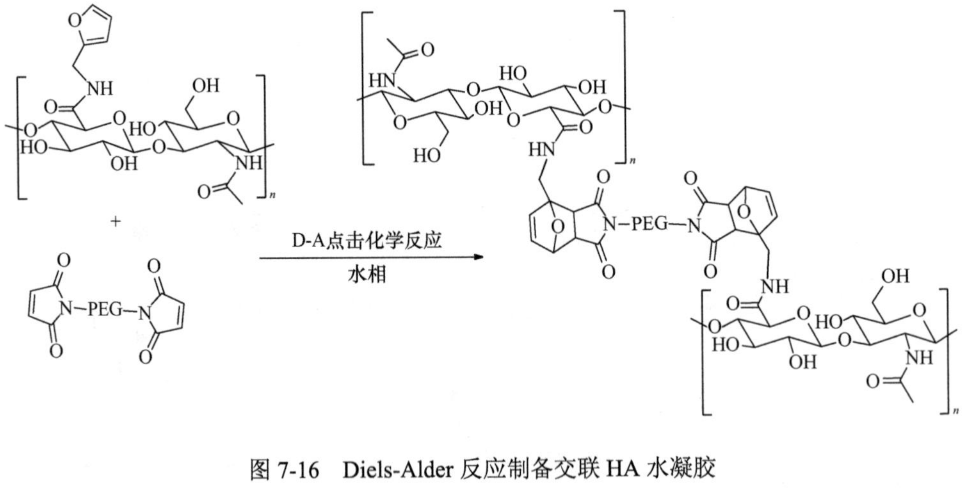

图 7-16　Diels-Alder 反应制备交联 HA 水凝胶

Michael 加成反应也是常见的点击化学反应。Cao 等（2019）通过巯基-烯点击反应，设计了一种可注射交联 HA 凝胶，首先将巯基和丙烯酸酯基接枝到 HA

上，并使用 FT-IR 和 ^{1}H-NMR 进行了表征，水凝胶的凝胶化时间、形态、注射推挤力、溶胀性、降解时间、机械性能等性质都随分子量的变化而变化。同时，该研究还表明这种基于透明质酸的可注射水凝胶是一种极好的细胞保护剂，具有良好的生物相容性，在细胞递送和术后抗粘连等生物医学应用领域具有一定的潜力。Liu 等（2015）以巯基化 HA（HA-SH）和丙烯酸化超支化聚磷酰胺酯（HPPAE-AC）为原料，制备了可注射杂化水凝胶（HPPAE-HA），经 Michael 加成反应可发生原位聚合。Yegappan 等（2019）通过多巴胺在水-乙醇混合溶液中氧化自聚合制备了聚多巴胺（polydopamine，PDA）纳米颗粒，然后用半胱氨酸与 HA 反应制备了巯基功能化透明质酸（HA-Cys），通过 Michael 加成反应，PDA 纳米颗粒与 HA-Cys 发生交联反应，制得交联水凝胶。流变学研究表明，该凝胶具有良好的机械稳定性，且具可注射性。

有文献报道，通过修饰后的 HA 在生理条件下自身发生交联反应也被称为自交联。He 等（2017）制备了一种新型可注射的自交联 HA-SH 水凝胶，他们首先制备了巯基化透明质酸（HA-SH），在生理条件（pH7.4，37℃）下，HA-SH 可以通过巯基的氧化生成二硫键，然后自交联形成水凝胶。该交联凝胶在体内可以被谷胱甘肽（glutathione，GSH）降解，因此自交联 HA 凝胶药物载体可以包封多种药物。Hong 等（2021）通过多巴胺的氨基与 HA 的羧基反应，制备了多巴胺修饰的 HA（HA-DA）。HA-DA 在体内生理条件下通过自氧化发生交联反应，无须化学交联剂就能形成水凝胶，这个过程可以通过体内溶解氧进一步加速，制备的 HA-DA 凝胶具有良好的力学性能，且易于注射。意大利 Fidia 公司开发了 CMPI 试剂交联 HA 的技术 ACP®（auto-crosslinked polymer）。采用 ACP®制备的凝胶溶于水后形成透明凝胶，主要用于腹腔和妇科手术，防止术后粘连；也可以用作细胞生长支架，帮助受损组织修复。常州百瑞吉生物医药有限公司的“千创复 ™”医用自交联透明质酸钠凝胶及“伊可颜 ™”自交联透明质酸钠凝胶也是自交联 HA 产品，分别用于耳鼻喉黏膜修复及医美领域。

7.3　透明质酸修饰

HA 常用的修饰方式是通过共价键连接修饰。HA 分子的可修饰基团有羧基、羟基、脱乙酰基后的胺基。

7.3.1 羧基修饰

HA 的羧基修饰反应主要有酰胺化反应和酯化反应。酰胺化反应是伯胺类或酰肼类物质与活化后的羧基反应形成酰胺键；酯化反应通常是先将 HA 转化成四丁基铵盐的形式，然后羧基与羟基在非水相中发生酯化反应。

1. 羧基酰胺化

HA 改性最常用的方法之一是活化后的羧基基团与胺基基团反应形成酰胺键。整个反应一般包括两个过程：首先是羧基基团的活化，活化剂与羧基基团生成一种加成物；随后，胺基基团作为亲核基团，取代活化基团形成酰胺键。常见的 HA 羧基活化剂有碳二亚胺类、氯化 4-（4,6-二甲氧基-1,3,5-三嗪-2）-4-甲基吗啉[4-（4,6-dimethoxy [1,3,5]triazin-2-yl）-4-methylmorpholinium chloride hydrate，DMTMM]、1,1′-羰基二咪唑（1,1′-carbonyldiimidazole，CDI）、2-氯-1-甲基吡啶鎓碘化物（CMPI）等。

1）碳二亚胺类介导的羧基酰胺化

在 pH 4.75 条件下，碳二亚胺中的氮质子化，与羧基发生反应形成 *O*-酰基脲。当有伯胺作为亲核试剂时，*O*-酰基脲被进攻形成酰胺键（林枞等，2004）。随着反应的进行，pH 升高，不稳定的中间产物 *O*-酰基脲转化成稳定的 *N*-酰基脲（通过 O→N 迁移机制，分子内重排），转变后的 *N*-酰基脲无法与伯胺形成酰胺键（Young et al.，2004）。其反应过程如图 7-3 所示。该反应对体系酸碱度有很高的依赖性，若反应过程中不调节 pH，反应速度就会下降，直至停止质子的消耗。Serban 等（2010）通过 EDC 活化羧基将乙二胺接枝到 HA 分子链上，制备了乙二胺修饰的 HA（图 7-17）。他们在反应体系中引入水溶性荧光团 sulfo-NHS-AMCA，该染料

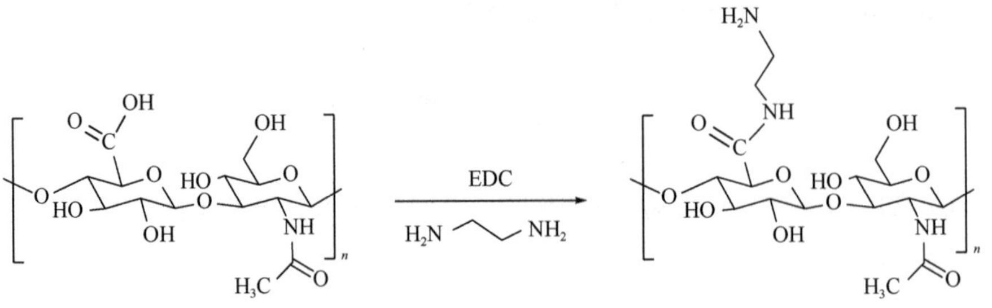

图 7-17　碳二亚胺类介导的乙二胺修饰 HA

的 *N*-琥珀酰亚胺酯与乙二胺化 HA 上的伯胺反应，生成激发/发射波长范围在 345～350nm/440～460nm 的蓝色荧光化合物。通过荧光反应证实了分子上存在伯胺，并且通过荧光复合物在 346nm 处的吸光度定量测定伯胺的含量，最多达到了 12%。

碱性条件有助于伯胺类物质去质子化，促进酰胺键的形成，但在碱性条件下，EDC 更快速地水解为 *N*-酰基脲副产物，这就会抑制酰胺化反应的发生。因此，pK_a 值高的伯胺不容易与 HA 结合。用 pK_a 值更低（2～3）的肼类物质代替伯胺类化合物，可以获得更高的修饰度（Schanté et al.，2011）。Sigen 等（2020）在水相中以 1-乙基-（3-二甲基氨基丙基）-3-乙基碳酰二亚胺盐酸盐[1-（3-dimethylaminopropyl）-3-ethylcarbodiimide hydrochloride，EDCI]作为活化剂，成功将甲基丙烯酰肼接枝到 HA 链上（图 7-18）。该方法大大降低了活化剂的用量，其 HA 的修饰度可以控制在 26%～86%范围内。

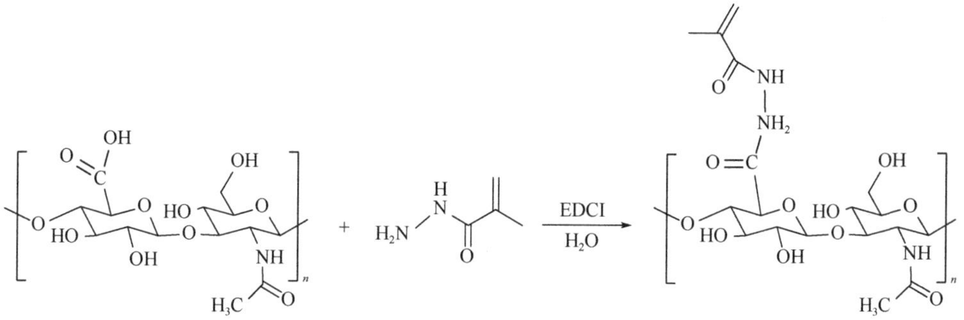

图 7-18　EDCI 介导的甲基丙烯酰肼修饰 HA

EDC 介导的活化过程中产生了 *N*-酰基脲，而 *N*-酰基脲的生成降低了亲核反应的反应速率。为了减少 *N*-酰基脲的生成，Santhanam 等（2015）和 Yan 等（2012）分别在反应中加入 *N*-羟基丁二酰亚胺（NHS）或 1-羟基苯并三唑（1-hydroxybenzotriazole，HOBt）以改善这一问题。EDC 与羧基反应生成 *O*-酰基脲后，NHS 和 HOBt 与其反应生成更稳定且不可重排的中间体，减少了反应副产物 *N*-酰基脲的产生，提高了亲核反应的发生效率（图 7-19）。Ganesh 等（2013）筛选了一系列不同烷基链长度的脂肪胺化合物，通过 EDC/NHS 活化接枝到 HA 链上，实现 HA 的疏水性改造，用于制备自组装纳米系统。这些脂肪胺包括单官能团脂肪胺（正丁胺、正己胺、正辛胺、十二烷胺、十八烷胺）、双官能团脂肪胺（1,6-己二胺、1,8-辛二胺）（图 7-20）。为了评估修饰的 HA 宏观结构的自组装能力，他们将修饰后的 HA

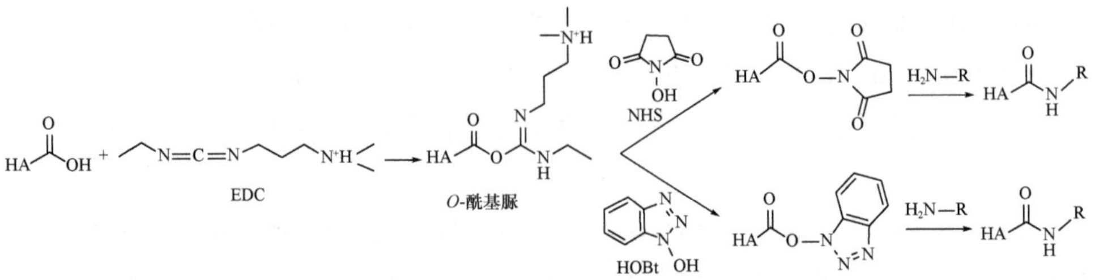

图 7-19　NHS 与 HOBt 参与下 EDC 介导的 HA 羧基酰胺化修饰 HA

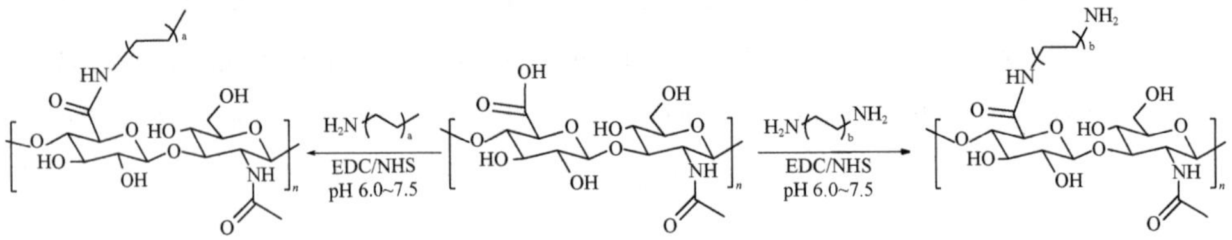

图 7-20　不同烷基链长度的脂肪胺修饰 HA

以 1～10 mg/mL 的浓度悬浮在水中，观察不同类别脂肪胺修饰的 HA 和二胺类修饰的 HA 的临界胶束浓度。结果发现，较短烷基链的脂肪胺修饰 HA 分子不能进行自我组装，如修饰度在 10%～12%以下的丁胺修饰的 HA，而具有 6 个或更多碳原子烷基链的脂肪胺修饰 HA 分子可以在水中自组装形成纳米尺寸微球。

EDC 介导的 HA 酰胺化的优点是反应温和，可在水溶液中进行，并且可以保持 HA 分子链的完整性。但 EDC 在 pH 4～6 的反应体系中会自发水解（Niether and Wiegand ，2019），需要加入大量的 EDC 才能保持反应的高效进行。为克服这一难题，可以将反应体系由水相溶剂改为有机溶剂。HA 的钠盐在有机溶剂中不溶解，Schneider 等（2007）将 HA 钠盐在 HCl 溶液中透析 20 h 转化为酸性形式，溶于二甲基亚砜（dimethyl sulfoxide，DMSO）中，经 EDC 和 NHS 介导形成酰胺键，其修饰度可达到 60%～80%。而 Pedrosa 等（2014）为使 HA 溶于 DMSO 中，用 AG 50W-X8 阳离子交换树脂将亲脂性的四丁基溴化铵（tetrabutylammonium bromide，TBA）交换到 HA 的羧基上，得到 HA-TBA。HA-TBA 溶于 DMSO 中，加入 EDC 和 NHS 活化羧基，活化后的羧基与 11-氨基-1-十一烷硫醇中的胺基反应形成酰胺键，得到两亲性 HA 衍生物，反应过程如图 7-21 所示。这种两亲性 HA 衍生物的修饰度可达 11%，并且在水中可以自组装形成纳米微球结构，其平均直径为（80.2±0.4）nm，稳定性达到 6 个月以上。

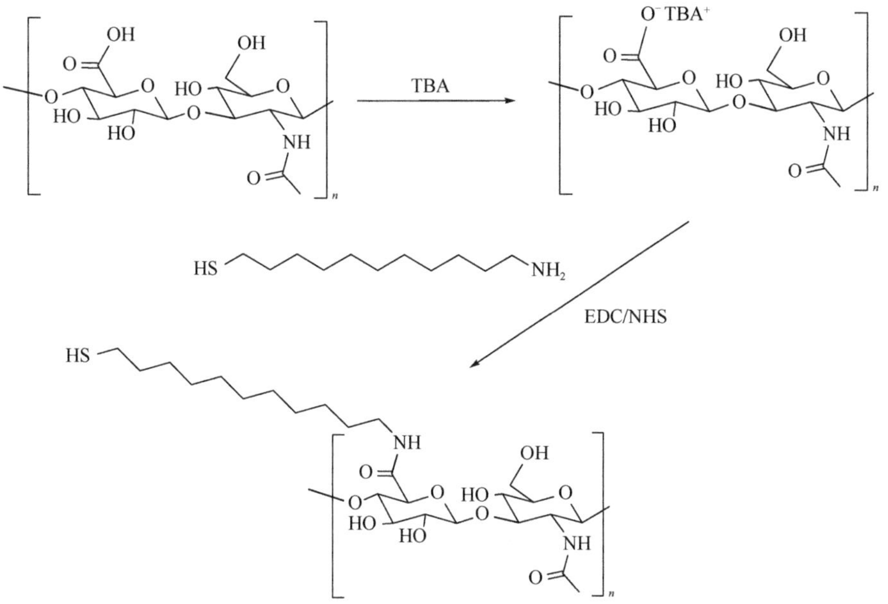

图 7-21　11-氨基-1-十一烷硫醇修饰 HA

2）DMTMM 介导的羧基酰胺化

由于 EDC 的活化对 pH 的要求严格，且会生成难以除去的 *N*-酰基脲衍生物，研究者们也在寻求新的解决方案。Bergman 等（2007）运用 DMTMM 作为活化剂激活 HA 的羧基基团；反应体系是体积比为 3 : 2 的水-乙腈 pH 中性混合液，同时加入 2-氯-4,6-二甲氧基-1,3,5-三嗪（2-chloro-4,6-dimethoxy-1,3,5-triazine，CDMT）和 4-甲基吗啉（4-methylmorpholine，NMM），反应在室温下进行。首先，NMM 与 CDMT 反应生成 DMTMM，DMTMM 与羧基反应生成活化的酯，再与伯胺反应生成酰胺（图 7-22）。为了避免在反应系统中引入有毒物质乙腈，Wang 等（2018）通过在水中加入 CDMT 和 NMM 生成 DMTMM，介导 HA 羧基的活化，

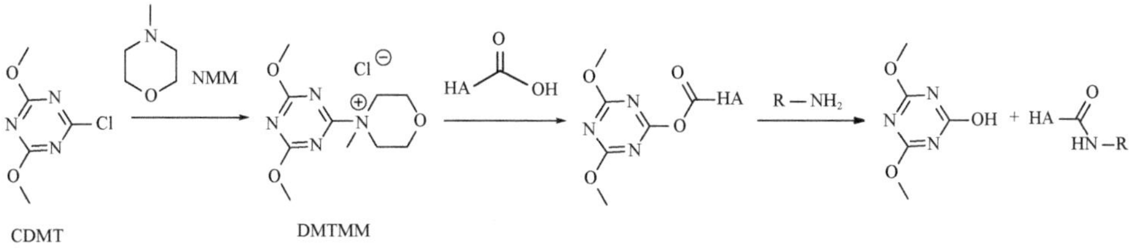

图 7-22　DMTMM 介导的 HA 羧基酰胺化

将 2-噻吩乙胺（2-thiophene ethylamine，2-TEA）接枝到 HA 分子上，成功制备 HA-2TEA，他们将该物质用于小鼠原代肝细胞培养，在羧甲基纤维素凝胶中添加 HA-2TEA，可以抑制上皮-间质转化，能够有效保持培养过程中细胞上皮形态。

为了治疗骨性关节炎，日本 Seikagaku 公司开发了一种新型化合物——双氯芬酸乙基透明质酸（Joycle®关节注射液 30 mg/3ml）。首先通过 2-氨基乙醇的羟基与双氯芬酸的羧基反应生成酯键，然后将 2-氨基乙醇接枝到双氯芬酸上；得到的化合物在 DMTMM 介导下，在 50%的乙醇溶液中与 HA 分子上的羧基形成酰胺键，从而制备得到双氯芬酸乙基透明质酸（Yoshioka et al.，2018；宫本建司等，2019）（图 7-23）。在关节腔中，双氯芬酸乙基透明质酸通过酯键水解的方式逐步释放双氯芬酸，因此药物既具有双氯芬酸的抗炎镇痛作用，又可以抑制关节软骨退变，使滑液功能正常化。

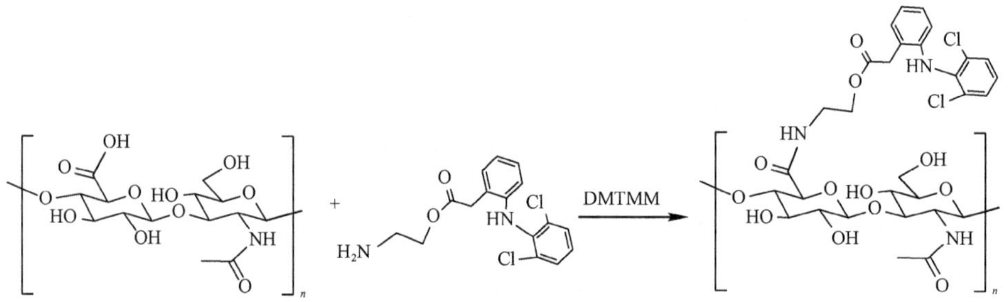

图 7-23　双氯芬酸乙基透明质酸的制备

3）CDI 介导的羧基酰胺化

Bellini 和 Topai（2013）研究了 CDI 对 HA 羧基的活化反应。该反应的反应体系为 DMSO，因此需要先把 HA 转化成 HA-TBA，才能溶于反应体系。CDI 与 HA 反应形成高活性的反应中间体，该中间体可快速重组为更稳定的 HA-咪唑中间体，从而与胺基反应形成酰胺键（图 7-24）。但该反应需要很长的反应时间，HA-咪唑中间体的形成需要 12 h，酰胺化反应需要 48 h。

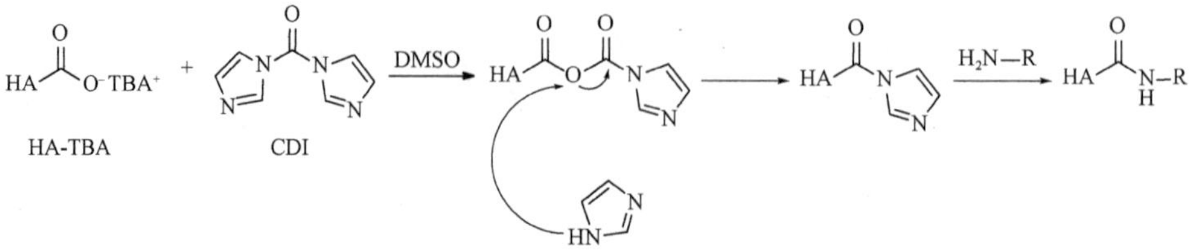

图 7-24　CDI 介导的 HA 羧基酰胺化修饰 HA

D’Este 等（2012）也采用这种反应体系将聚 *N*-异丙基丙烯酰胺[poly（*N*-isopropylacrylamide），PINPAM]接枝到 HA 分子链上，他们分析了反应体系中有无水存在对反应效率的影响，结果表明，无水环境有助于避免反应中间体的水解，但过量 CDI 的存在会与胺基反应生成异氰酸酯，该衍生物将不可逆地阻碍随后的酰胺化反应。在胺基化合物加入前，加入少量的水可以水解不与羧基反应的 CDI，从而提高反应效率。此外，作者在同等条件下采用 EDC/NHS 活化方式得到的 HA 修饰度约为 CDI 活化方式的一半。PINPAM 为热敏高分子聚合物，当 PINPAM 修饰的 HA 修饰度在 6%～7%范围内时，在温度诱导的溶胶-凝胶转变方面表现出最好的性能，在较窄的温度范围内具有较宽的黏弹性跨度。

4）CMPI 介导的羧基酰胺化

Barbucci 等（2000）以疏水性的有机溶剂 *N*，*N*-二甲基甲酰胺（*N*，*N*-dimethylformamide，DMF）作为反应溶剂，将 CMPI 作为活化剂，活化 HA 的羧基。首先将 HA 转化成四丁基铵盐，使其溶于有机试剂。在反应体系中，CMPI 与 HA 的羧基反应，形成一种吡啶中间体，并且释放氯离子。氯离子会与 TBA 结合，随后，亲核的胺基与活化后的 HA 羧基反应生成酰胺键。在反应体系中加入少量的三乙胺，能够捕获反应中生成的氢离子和碘离子，促进反应的进行（图 7-25）。Schanté 等（2012）以 CMPI 作为活化剂，采用同样的方式分别将不同的氨基酸（丙氨酸、缬氨酸、丝氨酸、苏氨酸、酪氨酸、苯丙氨酸、天冬氨酸、精氨酸）以酰胺键的形式接枝到 HA 链上。他们比较了不同氨基酸修饰的 HA 的降解性能，结果显示，尽管氨基酸存在不同的差异，但所有氨基酸修饰的 HA 都比天然 HA 更耐降解；此外，具有羧酸基团的氨基酸（如天冬氨酸）和具有羟基的氨基酸（苏氨酸、丝氨酸或酪氨酸）对透明质酸酶具有较强的抵抗力。

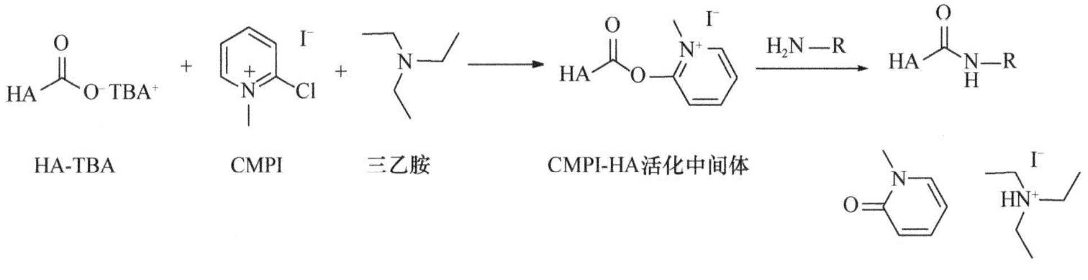

图 7-25　CMPI 介导的 HA 羧基酰胺化修饰 HA

2. 羧基酯化

HA 的羧基端酯化能提高其疏水性，同时，生成材料的机械性能和抗酶解性能会有很大提高。羧基端的酯化反应一般在非水介质中进行。例如，HA 的羧基首先被转化为四丁基铵盐的形式，然后在有机相中与烷基卤化物发生酯化反应。Pelletier 等（2001）将 HA 转化成四丁基铵盐的形式，在 DMSO 中将十八烷基溴接枝到 HA 的羧基上，制备了两亲 HA 衍生物（图 7-26）。这类衍生物通常在水中具有聚集性和自组装性，从而使溶液具有高黏度，通过材料的疏水性可形成物理交联的网状凝胶材料。随着烷基化修饰度的逐渐增加，这种材料会变得更硬、更疏水，而疏水性的增加会提高材料对透明质酸酶的抗性。

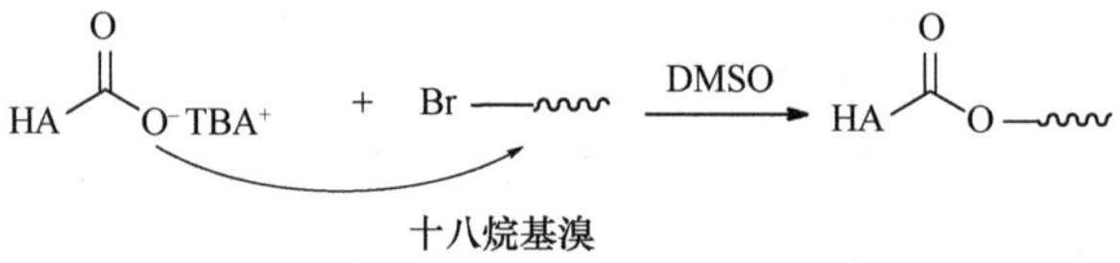

图 7-26　十八烷基溴修饰 HA

意大利 Fidia 公司采用同样的方式制备了一系列 HA 酯类衍生物（Netti et al., 2019），包括 HA 乙酯（HYAFF®7）、HA 苄酯（HYAFF®11）、HA 十二烷基酯（HYAFF®73）等（图 7-27），这些材料主要用于制备组织工程支架和外科手术后瘢痕的修复等。

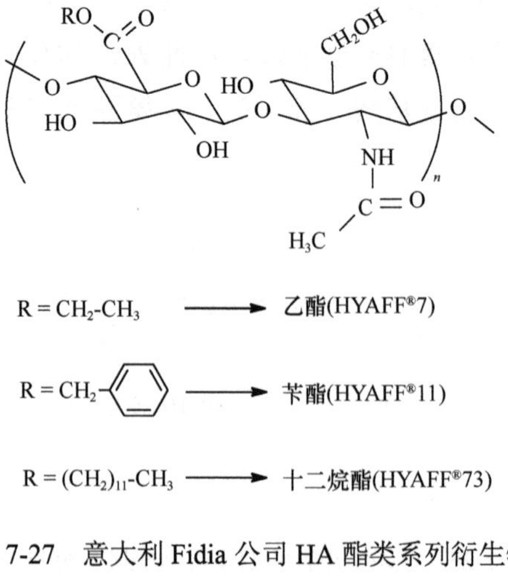

图 7-27　意大利 Fidia 公司 HA 酯类系列衍生物

7.3.2 羟基修饰

1. 羟基醚化

HA 的羟基形成醚键是常见的反应方式。当反应体系的 pH 高于 HA 羟基的 pK_a 值（约为 10）时，羟基会发生去质子化，此时的羟基比羧基更亲核，环氧化物会优先与羟基反应形成醚键，从而将修饰物接枝到 HA 链上。

Petersen 等（2013）将 HA 接枝到球囊导管材料聚十二内酰胺表面，形成了 HA 涂层。他们首先将聚十二内酰胺使用 3-环氧基丙基三甲氧基硅烷进行硅烷化处理，处理后的聚十二内酰胺表面具有了裸露的环氧基团，与 HA 的羟基反应，将 HA 接枝到聚十二内酰胺表面形成 HA 涂层（图 7-28），通过电镜观察可以看到这一光滑均匀的 HA 涂层，并且经 HA 涂层后的材料可以继续进行修饰或交联反应，制备载药的生物材料。

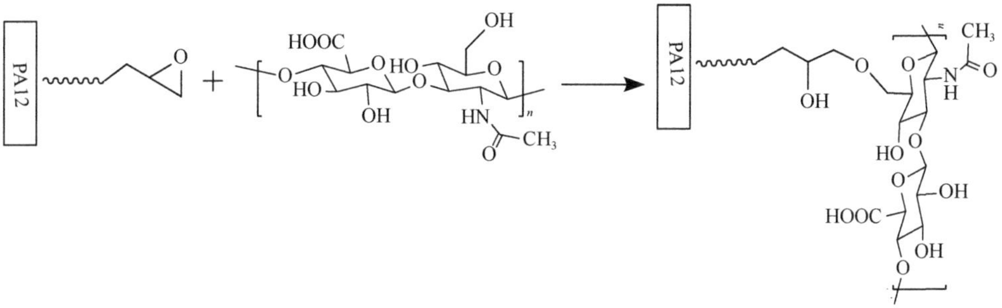

图 7-28　聚十二内酰胺制备 HA 涂层

与环氧化物类似，环硫化物也可以与 HA 的羟基反应形成硫醇修饰的 HA 衍生物。Agrahari 等（2016）在水相中将环硫乙烷接枝到 HA 链上，得到 HA 的巯基衍生物（HA-SH）。该反应是将环硫乙烷与 HA 混匀后调节 pH 至 9.5，并在室温下反应 24 h。反应后的巯基连接形成二硫键，然后经二硫苏糖醇打断二硫键得到 HA-SH（图 7-29）。该反应的速率比环氧化物慢，可能是环硫乙烷的溶解度及其本身的开环聚合反应限制了反应速率。

2. 羟基酯化

Tømmeraas 等（2011）将芳香族琥珀酸酐和烯基琥珀酸酐通过琥珀酸酐的开环接枝到 HA 羟基上形成酯键，制备一系列的两亲 HA 衍生物。这些酸酐包括辛

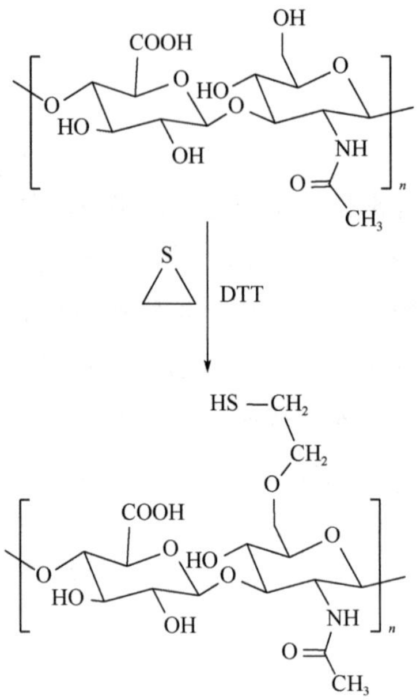

图 7-29　DTT 介导的环硫乙烷修饰 HA

烯基琥珀酸酐、壬烯基琥珀酸酐、十二碳烯基琥珀酸酐、十六碳烯基琥珀酸酐、十八碳烯基琥珀酸酐和苯基琥珀酸酐（图 7-30）。该反应需要在碱性环境下进行（pH 8～9），25℃反应 16 h，其修饰度测试可以达到 1.5%～19%，反应条件较为温和。他们发现这些两亲 HA 衍生物分别具有一个临界聚集浓度，在此之上即可形成稳定的胶束，这种 HA 衍生物可用于低水溶性药物的运输。

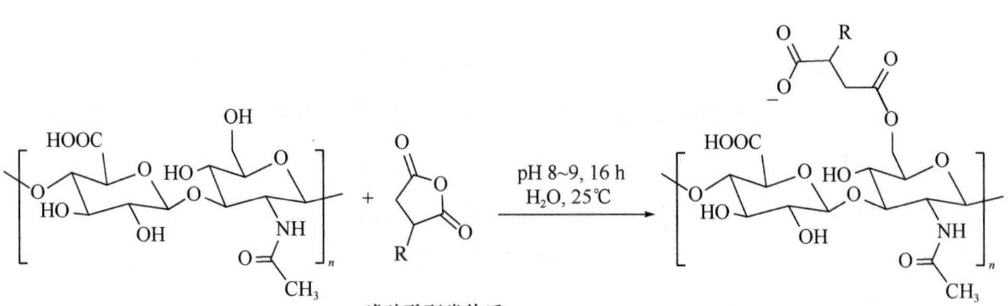

琥珀酸酐类物质

图 7-30　琥珀酸酐类物质修饰 HA

Saturnino 等（2014）通过乙酸酐与 HA 的羟基反应形成酯键制备乙酰化 HA（图 7-31），他们将 HA 溶于甲苯中，并加入 4-二甲氨基吡啶（4-dimethylaminopyridine，DMAP）

和过量的乙酸酐，反应 24 h 得到乙酰化 HA，相比于未修饰的 HA，乙酰化 HA 具有更高的生物利用度，并且在 2,2′-联氮双（3-乙基苯并噻唑啉-6-磺酸）[2,2′-azinobis-（3-ethylbenzthiazoline-6-sulphonate），ABTS]自由基阳离子和小鼠单核/巨噬细胞系中，乙酰化 HA 表现出更高的自由基清除能力和抗炎活性。

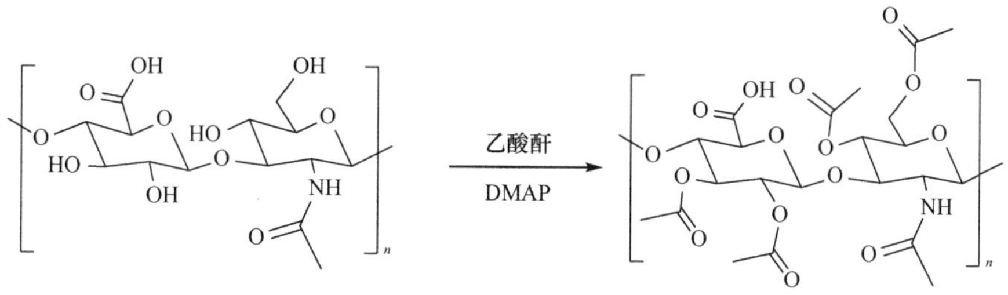

图 7-31　乙酰化 HA 的制备

甲基丙烯酸化的 HA 衍生物可以作为制备光交联水凝胶的前体。Hachet 等（2012）通过甲基丙烯酸酐与 HA 的羟基进行酯交换反应，从而将甲基丙烯酸接枝到 HA 链上（图 7-32），他们发现在水相中由于甲基丙烯酸酐的溶解度低，只能得到较低的修饰度（≤0.20），过量添加甲基丙烯酸酐也未能改变这种状况；在有机相 DMSO 中，甲基丙烯酸酐有更高的溶解度，能够得到更高的修饰度（0.32～0.60），但其反应时间达到了 5～10 d。

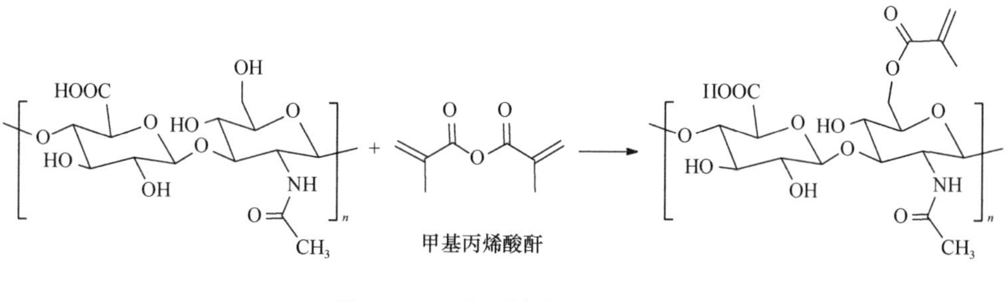

图 7-32　甲基丙烯酸酐修饰 HA

酸酐类物质的溶解度有限，反应中为了达到预期的化学改性，必须使用过量的试剂；此外，这类方法大多在有机相中完成反应。为解决这一问题，Huerta-Angeles 等（2014）采用 2,4,6-三氯苯甲酰氯（2,4,6-trichlorobenzoyl chloride，TCBC）作为活化剂，使用三乙胺作为质子受体，脂肪酸与加入的 TCBC 反应得到脂肪族-芳香族酸酐。该脂肪族-芳香族酸酐中含有两个羰基，可以参与酯交换反应。在水-四氢呋喃的混合溶液中，脂肪族-芳香族酸酐与HA的羟基反应生成酯化衍生物。通过TCBC的介导，可以将短（C6～C8）、中（C10～C14）和长（C16～C18）脂肪酸活化并接枝到HA的羟基上。该方法制备的HA衍生物修饰度高达36%（图7-33），脂肪酸的长度对该反应的影响最大，随着链长的增加，可达到的最大取代度也在减小。

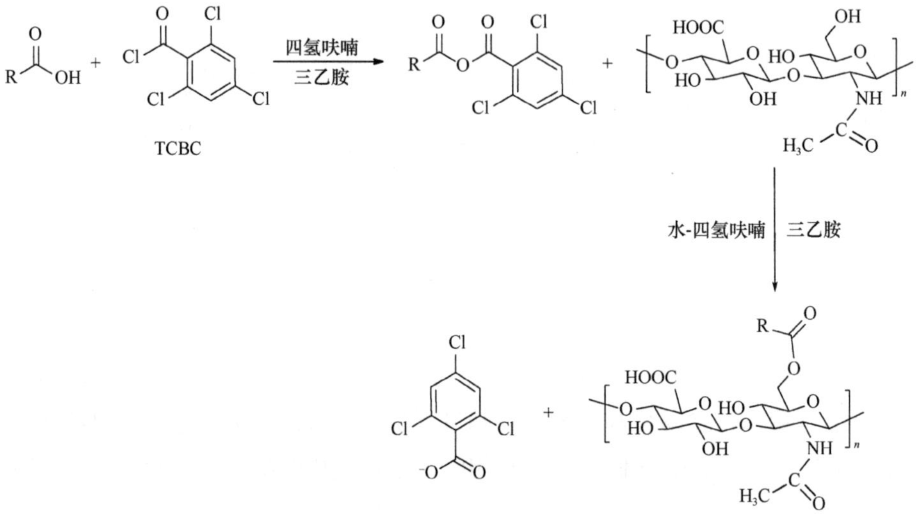

图7-33 TCBC介导的羟基酯化修饰HA

另一种羟基酯化的策略是HA的羟基经二（4-硝基苯基）碳酸酯[bis（4-nitrophenyl）carbonate，4-NPBC]介导，与胺基反应生成氨基甲酸酯（图7-34）。该反应可以在水相或有机相中进行，通常具有较高的效率。Palumbo等（2012）在有机相中经4-NPBC介导，通过氨基甲酸酯的形式将乙二胺接枝到HA的羟基上。该反应主要有两步：首先将HA-TBA溶解于DMSO中，4-NPBC与HA的羟基反应生成HA-4-硝基苯基酯；然后通过亲核取代反应将乙二胺接枝到HA链上，其修饰度达到了22%～50%。4-NPBC对羟基的反应效率非常高，这种活化过程可以使HA与其他亲核分子反应形成氨基甲酸酯，如肼类或其他单胺基化合物。

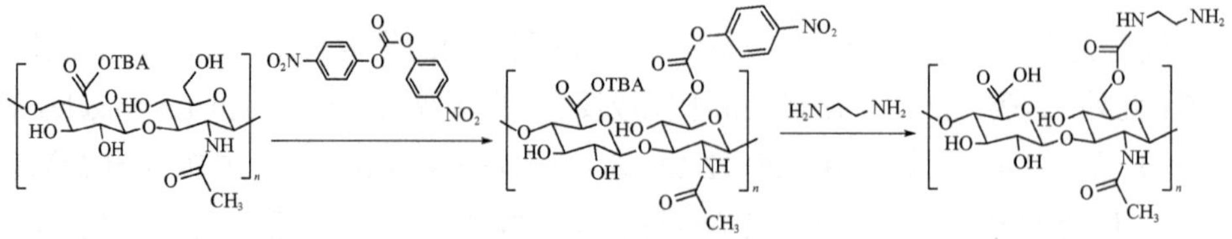

图7-34 4-NPBC介导的乙二胺修饰HA

3. 羟基硫酸化

硫酸化是通过硫酸化剂（三氧化硫/吡啶络合物、三氧化硫/二甲基甲酰胺络合物等）与羟基反应完成的，每个双糖单位可以有 1～4 个羟基发生硫酸化，而硫酸化程度取决于硫酸化剂/HA 双糖单位的比例（图 7-35）。HA 的 6 号位 OH 基团首先被硫酸化，随着硫酸化程度的增加，硫酸化 HA 的凝血时间明显延长（Magnani et al.，1996）。Hintze 等（2009）用不同的硫酸化剂制备了不同硫酸化程度的 HA。以三氧化硫/吡啶络合物作为硫酸化剂制备了低硫酸化 HA（硫酸化程度为 1），以三氧化硫/二甲基甲酰胺络合物作为硫酸化剂制备了高硫酸化 HA（硫酸化程度为 2.8）。他们比较了不同硫酸化程度的 HA 与重组人骨形态发生蛋白（recombinant human bone morphogenetic protein-4，rhBMP-4）的结合能力，发现相比于未修饰的透明质酸钠，硫酸化 HA 的结合能力更强，并且随硫酸化程度增加，结合能力增强。

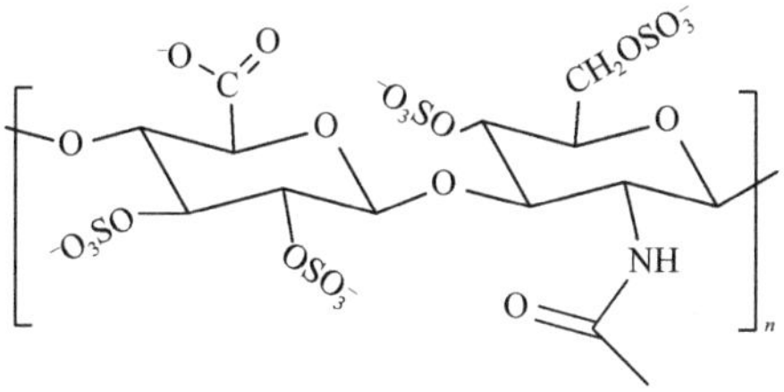

图 7-35　硫酸化 HA

4. 羟基氧化

以高碘酸钠（$NaIO_4$）为氧化剂氧化 HA 是一种很常见的羟基氧化改性方法。$NaIO_4$ 氧化 HA 链中葡萄糖醛酸的第二和第三碳原子（C-2 和 C-3）上的邻近羟基，导致 C-C 键的断裂，在葡萄糖醛酸上形成两个醛基（图 7-36）。

HA 与高碘酸钠混合后在室温黑暗环境下反应，经乙二醇中和高碘酸钠后得到氧化的 HA。氧化后的 HA 中醛基可与胺基反应，进而对 HA 进行修饰。Nair 等（2011）利用壳聚糖和氧化 HA 制备水凝胶，氧化 HA 的醛基与壳聚糖的胺基之间通过席夫碱反应形成共价键，得到了壳聚糖-HA 聚合物水凝胶。该凝胶具有很高的细胞相容性，经冷冻干燥后可以制备多孔支架。细胞被封装在凝胶中，可保留 95%以上的活细胞，使其成为一种理想的可注射组织工程材料。Zhou 等（2020）运用同样的方式氧化 HA 分子链制备醛基修饰的 HA，得到的氧化后 HA

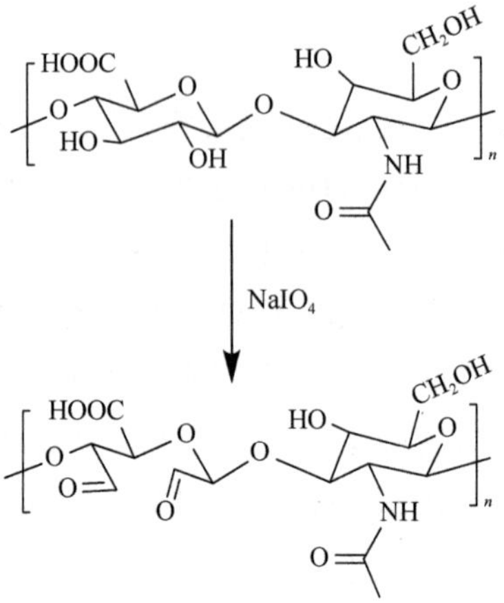

图 7-36　$NaIO_4$氧化 HA 反应

与多巴胺的胺基反应生成多巴胺修饰的 HA。该反应路线发生的席夫碱反应可在生理环境下进行，与 EDC/NHS 介导的羧基活化后与多巴胺形成酰胺键的反应路线相比，避免了在低 pH 下（EDC/NHS 活化需要在 pH 4.7 的环境下进行）多巴胺修饰度较低。该反应获得的多巴胺修饰 HA 可以进一步用于制备交联水凝胶。

7.3.3　*N*-乙酰氨基去乙酰化

Gao 等（2019）将 HA 与一水合肼、硫酸肼和碘酸一起在 65℃下处理 72 h，HA 的 *N*-乙酰氨基葡萄糖上的乙酰基脱离，得到去乙酰化的 HA（图 7-37）。制备的去乙酰化 HA 的去乙酰度可以达到 42%，但去乙酰化反应需要在 65℃下的硫酸肼中进行 72 h，高温和酸性环境会引起 HA 分子链的断裂。

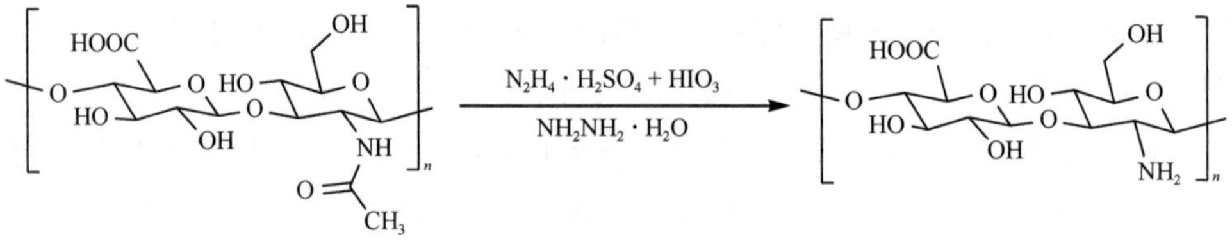

图 7-37　HA 去乙酰化反应

Zhang 等（2013）采用了相同的方式制备去乙酰化的 HA，并对其吸湿能力和保湿能力进行了研究，结果表明，去乙酰化 HA 在 81%和 43%相对湿度条件下的吸湿能力，以及在干燥和 43%相对湿度条件下的保湿能力均明显小于其各自的未修饰 HA。

（刘建建　吴万福　苏江伟　张　燕）

参考文献

林枞, 徐政, 顾其胜, 等. 2004. 碳化二亚胺对透明质酸进行化学修饰的研究. 上海生物医学工程, 25(1): 17-21.

刘建建, 郭学平, 苏江伟, 等. 2020. 一种注射用交联透明质酸凝胶及其制备方法: 中国, CN106589424B.

廖伊铭, 吴宝琪, 唐荣志, 等. 2022. 环张力促进的叠氮-炔环加成反应. 化学进展, 34(10): 2134-2145.

魏长征, 李莉莉, 奚宏伟, 等. 2018.一种氨基酸交联透明质酸钠凝胶的制备方法: 中国, CN104761734 B.

宫本建司, 安田洋祐, 竹内久征. 2019. グリコサミノグリカン誘導体及びその製造方法: 日本, JP6453214B2.

Agrahari V, Meng J N, Ezoulin M J, et al. 2016. Stimuli-sensitive thiolated hyaluronic acid based nanofibers: synthesis, preclinical safety and *in vitro* anti-HIV activity. Nanomedicine, 11(22): 2935-2958.

Al-Sibani M, Al-Harrasi A, Neubert R H H. 2017. Effect of hyaluronic acid initial concentration on cross-linking efficiency of hyaluronic acid-based hydrogels used in biomedical and cosmetic applications. Die Pharmazie-An International Journal of Pharmaceutical Sciences, 72(2): 81-86.

Al-Sibani M, Al-Harrasi A, Neubert R H H. 2016. Study of the effect of mixing approach on cross-linking efficiency of hyaluronic acid-based hydrogel cross-linked with 1, 4-butanediol diglycidyl ether. European Journal of Pharmaceutical Sciences, 91: 131-137.

Baek J, Fan Y F, Jeong S H, et al. 2018. Facile strategy involving low-temperature chemical cross-linking to enhance the physical and biological properties of hyaluronic acid hydrogel. Carbohydrate Polymers, 202: 545-553.

Bagheri S, Bagher Z, Hassanzadeh S, et al. 2021. Control of cellular adhesiveness in hyaluronic acid-based hydrogel through varying degrees of phenol moiety cross-linking. Journal of Biomedical Materials Research Part A, 109(5): 649-658.

Barbucci R, Rappuoli R, Borzacchiello A, et al. 2000. Synthesis, chemical and rheological characterization of new hyaluronic acid-based hydrogels. Journal of Biomaterials Science Polymer Edition, 11(4): 383-399.

Behrendt P, Ladner Y, Stoddart M J, et al. 2020. Articular joint-simulating mechanical load activates endogenous TGF-β in a highly cellularized bioadhesive hydrogel for cartilage repair. The American Journal of Sports Medicine, 48(1): 210-221.

Bellini D, Topai A. 2013. Amides of hyaluronic acid and the derivatives thereof and a process for their preparation: U.S. Patent 8, 575, 129[P].

Bergman K, Elvingson C, Hilborn J, et al. 2007. Hyaluronic acid derivatives prepared in aqueous media by triazine-activated amidation. Biomacromolecules, 8(7): 2190-2195.

Cao W X, Sui J H, Ma M C, et al. 2019. The preparation and biocompatible evaluation of injectable dual crosslinking hyaluronic acid hydrogels as cytoprotective agents. Journal of Materials Chemistry B, 7(28): 4413-4423.

Chen J, Peng C, Nie J, et al. 2014. Lyophilization as a novel approach for preparation of water resistant HA fiber membranes by crosslinked with EDC. Carbohydrate Polymers, 102(1): 8-11.

Choi S C, Yoo M A, Lee S Y, et al. 2015. Modulation of biomechanical properties of hyaluronic acid hydrogels by crosslinking agents. Journal of Biomedical Materials Research Part A, 103(9): 3072-3080.

Credi C, Biella S, De Marco C, et al. 2014. Fine tuning and measurement of mechanical properties of crosslinked hyaluronic acid hydrogels as biomimetic scaffold coating in regenerative medicine. Journal of the Mechanical Behavior of Biomedical Materials, 29: 309-316.

Crescenzi V, Francescangeli A, Capitani D, et al. 2003. Hyaluronan networking *via* Ugi's condensation using lysine as cross-linker diamine. Carbohydrate Polymers, 53(3): 311-316.

Cui N, Qian J M, Zhao N, et al. 2014. Functional hyaluronic acid hydrogels prepared by a novel method. Materials Science and Engineering: C, 45: 573-577.

D'Este M, Alini M, Eglin D. 2012. Single step synthesis and characterization of thermoresponsive hyaluronan hydrogels. Carbohydrate Polymers, 90(3): 1378-1385.

De Sarno F, Ponsiglione A M, Grimaldi A M, et al. 2019. Effect of crosslinking agent to design nanostructured hyaluronic acid-based hydrogels with improved relaxometric properties. Carbohydrate Polymers, 222: 114991.

Donnelly P E, Chen T, Finch A, et al. 2017. Photocrosslinked tyramine-substituted hyaluronate hydrogels with tunable mechanical properties improve immediate tissue-hydrogel interfacial strength in articular cartilage. Journal of Biomaterials Science Polymer Edition, 28(6): 582-600.

Fan C J, Ling Y, Deng W S, et al. 2019. A novel cell encapsulatable cryogel (CECG) with macro-porous structures and high permeability: a three-dimensional cell culture scaffold for enhanced cell adhesion and proliferation. Biomedical Materials, 14(5): 055006.

Fan M, Ma Y, Zhang Z W, et al. 2015. Biodegradable hyaluronic acid hydrogels to control release of dexamethasone through aqueous Diels-Alder chemistry for adipose tissue engineering. Materials Science and Engineering: C, 56: 311-317.

Fan Z P, Zhang Y M, Fang S, et al. 2015. Bienzymatically crosslinked gelatin/hyaluronic acid interpenetrating network hydrogels: preparation and characterization. RSC Advances, 5(3): 1929-1936.

Fu S L, Dong H, Deng X Y, et al. 2017. Injectable hyaluronic acid/poly (ethylene glycol) hydrogels crosslinked *via* strain-promoted azide-alkyne cycloaddition click reaction. Carbohydrate Polymers, 169: 332-340.

Ganesh S, Iyer A K, Morrissey D V, et al. 2013. Hyaluronic acid based self-assembling nanosystems for CD44 target mediated siRNA delivery to solid tumors. Biomaterials, 34(13): 3489-3502.

Gao Q Q, Zhang C M, Zhang E X, et al. 2019. Zwitterionic pH-responsive hyaluronic acid polymer micelles for delivery of doxorubicin. Colloids and Surfaces B: Biointerfaces, 178: 412-420.

Godesky M D, Shreiber D I, 2020. Hyaluronic acid-based hydrogels with independently tunable mechanical and bioactive signaling features. Biointerphases, 14(6): 061005.

Gramlich W M, Kim I L, Burdick J A. 2013. Synthesis and orthogonal photopatterning of hyaluronic acid hydrogels with thiol-norbornene chemistry. Biomaterials, 34(38): 9803-9811.

Hachet E, Van Den Berghe H, Bayma E, et al. 2012. Design of biomimetic cell-interactive substrates using hyaluronic acid hydrogels with tunable mechanical properties. Biomacromolecules, 13(6): 1818-1827.

Hauck N, Seixas N, Centeno S P, et al. 2018. Droplet-assisted microfluidic fabrication and characterization of multifunctional polysaccharide microgels formed by multicomponent reactions. Polymers, 10(10): 1055.

He M M, Sui J H, Chen Y F, et al. 2017. Localized multidrug co-delivery by injectable self-crosslinking hydrogel for synergistic combinational chemotherapy. Journal of Materials Chemistry B, 5(25): 4852-4862.

Henderson T M A, Ladewig K, Haylock D N, et al. 2015. Formation and characterisation of a modifiable soft macro-porous hyaluronic acid cryogel platform. Journal of Biomaterials Science Polymer Edition, 26(13): 881-897.

Hintze V, Moeller S, Schnabelrauch M, et al. 2009. Modifications of hyaluronan influence the interaction with human bone morphogenetic protein-4(hBMP-4). Biomacromolecules, 10(12): 3290-3297.

Hong B M, Hong G L, Gwak M A, et al. 2021. Self-crosslinkable hyaluronate-based hydrogels as a soft tissue filler. International Journal of Biological Macromolecules, 185: 98-110.

Huerta-Angeles G, Bobek M, Příkopová E, et al. 2014. Novel synthetic method for the preparation of amphiphilic hyaluronan by means of aliphatic aromatic anhydrides. Carbohydrate Polymers, 111: 883-891.

Ju H J, Park M, Park J H, et al. 2020. *In vivo* imaging of click-crosslinked hydrogel depots following intratympanic injection. Materials, 13(14): 3070.

Khanmohammadi M, Sakai S, Taya M. 2017. Fabrication of single and bundled filament-like tissues using biodegradable hyaluronic acid-based hollow hydrogel fibers. International Journal of Biological Macromolecules, 104: 204-212.

Kuo J W, Swann D A, Prestwich G D. 1991. Chemical modification of hyaluronic acid by carbodiimides. Bioconjugate Chemistry, 2(4): 232-241.

Kuo J W, Swann D A, Prestwich G D. 2000. Method for treating wounds using modified hyaluronic acid crosslinked with biscarbodiimide: US6096727A.

Liu Y H, Zhang F H, Ru Y Y. 2015. Hyperbranched phosphoramidate-hyaluronan hybrid: a reduction-sensitive injectable hydrogel for controlled protein release. Carbohydrate Polymers, 117: 304-311.

Magnani A, Albanese A, Lamponi S, et al. 1996. Blood-interaction performance of differently sulphated hyaluronic acids. Thrombosis Research, 81(3): 383-395.

Nair S, Remya N S, Remya S, et al. 2011. A biodegradable *in situ* injectable hydrogel based on chitosan and oxidized hyaluronic acid for tissue engineering applications. Carbohydrate Polymers, 85(4): 838-844.

Netti P, Ambrosio L, Nicolais L. 2019. Thermodynamics of water sorption in hyaluronic acid and its derivatives//Ottenbrite R M, Kim S W. (eds). Polymeric Drugs and Drug Delivery Systems. Boca Raton: CRC Press: 169.

Niether D, Wiegand S. 2019. Thermodiffusion and hydrolysis of 1-ethyl-3-(3-dimethylaminopropyl) carbodiimide (EDC). The European Physical Journal E, Soft Matter, 42(9): 117.

Nimmo C M, Owen S C, Shoichet M S. 2011. Diels-Alder Click cross-linked hyaluronic acid hydrogels for tissue engineering. Biomacromolecules, 12(3): 824-830.

Palumbo F S, Pitarresi G, Fiorica C, et al. 2012. *In situ* forming hydrogels of new amino hyaluronic acid/benzoyl-cysteine derivatives as potential scaffolds for cartilage regeneration. Soft Matter, 8(18): 4918-4927.

Pedrosa S S, Gonçalves C, David L, et al. 2014. A novel crosslinked hyaluronic acid nanogel for drug delivery. Macromolecular Bioscience, 14(11): 1556-1568.

Pelletier S, Hubert P, Payan E, et al. 2001. Amphiphilic derivatives of sodium alginate and hyaluronate for cartilage repair: rheological properties. Journal of Biomedical Materials Research, 54(1): 102-108.

Petersen S, Kaule S, Teske M, et al. 2013. Development and *in vitro* characterization of hyaluronic acid-based coatings for implant-associated local drug delivery systems. Journal of Chemistry, 2013(1): 587875.

Ren C D, Kurisawa M, Chung J E, et al. 2015. Liposomal delivery of horseradish peroxidase for thermally triggered injectable hyaluronic acid-tyramine hydrogel scaffolds. Journal of Materials Chemistry B, 3(23): 4663-4670.

Sadozai K, Sherwood C, Bui K, et al. 2007. Treatment of arthritis and other musculoskeletal disorders with crosslinked hyaluronic acid: US8323617B2.

Santhanam S, Liang J, Baid R, et al. 2015. Investigating thiol-modification on hyaluronan *via* carbodiimide chemistry using response surface methodology. Journal of Biomedical Materials Research Part A, 103(7): 2300-2308.

Saturnino C, Sinicropi M S, Parisi O I, et al. 2014. Acetylated hyaluronic acid: enhanced bioavailability and biological studies. BioMed Research International, 2014: 921549.

Schanté C E, Zuber G, Herlin C, et al. 2012. Improvement of hyaluronic acid enzymatic stability by the grafting of amino-acids. Carbohydrate Polymers, 87(3): 2211-2216.

Schanté C E, Zuber G, Herlin C, et al. 2011. Chemical modifications of hyaluronic acid for the synthesis of derivatives for a broad range of biomedical applications. Carbohydrate Polymers, 85(3): 469-489.

Schneider A, Picart C, Senger B, et al. 2007. Layer-by-layer films from hyaluronan and amine-modified hyaluronan. Langmuir, 23(5): 2655-2662.

Šedová P, Buffa R, Šilhár P, et al. 2019. The effect of hydrazide linkers on hyaluronan hydrazone hydrogels. Carbohydrate Polymers, 216: 63-71.

Serban M A, Kluge J A, Laha M M, et al. 2010. Modular elastic patches: mechanical and biological effects. Biomacromolecules, 11(9): 2230-2237.

Shimojo A A M, Pires A M B, Lichy R, et al. 2015. The crosslinking degree controls the mechanical, rheological, and swelling properties of hyaluronic acid microparticles. Journal of Biomedical Materials Research Part A, 103(2): 730-737.

Sigen A, Zeng M, Johnson M, et al. 2020. Green synthetic approach for photo-cross-linkable methacryloyl hyaluronic acid with a tailored substitution degree. Biomacromolecules, 21(6): 2229-2235.

Takahashi A, Suzuki Y, Suhara T, et al. 2013. *In situ* cross-linkable hydrogel of hyaluronan produced via copper-free click chemistry. Biomacromolecules, 14(10): 3581-3588.

Tømmeraas K, Mellergaard M, Malle B M, et al. 2011. New amphiphilic hyaluronan derivatives based on modification with alkenyl and aryl succinic anhydrides. Carbohydrate Polymers, 85(1): 173-179.

Wang L, Zhou Y, Dai J, et al. 2018. 2-Thiophene ethylamine modified hyaluronic acid with its application on hepatocytes culture. Materials Science and Engineering C, 88: 157-165.

Wang L Y, Li J R, Zhang D, et al. 2020. Dual-enzymatically crosslinked and injectable hyaluronic acid hydrogels for potential application in tissue engineering. RSC Advances, 10(5): 2870-2876.

Yan X M, Seo M S, Hwang E J, et al. 2012. Improved synthesis of hyaluronic acid hydrogel and its effect on tissue augmentation. Journal of Biomaterials Applications, 27(2): 179-186.

Yegappan R, Selvaprithiviraj V, Mohandas A, et al. 2019. Nano polydopamine crosslinked thiol-functionalized hyaluronic acid hydrogel for angiogenic drug delivery. Colloids and Surfaces B: Biointerfaces, 177: 41-49.

Yoshioka K, Kisukeda T, Zuinen R, et al. 2018. Pharmacological effects of N-[2-[[2-[2-[(2, 6-dichlorophenyl) amino]phenyl]acetyl]oxy]ethyl]hyaluronamide (diclofenac Etalhyaluronate, SI-613), a novel sodium hyaluronate derivative chemically linked with diclofenac. BMC Musculoskeletal Disorders, 19(1): 157.

Young J J, Cheng K M, Tsou T L, et al. 2004. Preparation of cross-linked hyaluronic acid film using 2-chloro-1-methylpyridinium iodide or water-soluble 1-ethyl-(3, 3-dimethylaminopropyl) carbodiimide. Journal of Biomaterials Science Polymer Edition, 15(6): 767-780.

Zhang W X, Mu H B, Zhang A M, et al. 2013. A decrease in moisture absorption-retention capacity of N-deacetylation of hyaluronic acid. Glycoconjugate Journal, 30(6): 577-583.

Zhou D, Li S Z, Pei M J, et al. 2020. Dopamine-modified hyaluronic acid hydrogel adhesives with fast-forming and high tissue adhesion. ACS Applied Materials & Interfaces, 12(16): 18225-18234.

第 8 章　透明质酸在医疗美容领域的应用

随着人们生活水平的提高和大众对整形美容观念的改变，人们更加追求维持年轻态面容和改善外观瑕疵及缺陷，这促进了医疗美容行业的蓬勃发展。微创整形美容是医疗美容的一个重要组成分支。近年来，随着人们对面部衰老机制的深入了解，微创整形美容也得到了迅速发展。

透明质酸（hyaluronic acid，HA）作为一种生物相容性良好的医学高分子材料，其应用非常广泛，特别是在微创整形美容领域占据了重要的位置。HA 填充剂可恢复面部皮肤因年龄或疾病而丢失的容积，修复轮廓，恢复皮肤年轻外观；HA 水光注射产品可以直接将细胞外基质成分或其他功能成分注射至真皮层，改善皮肤干燥、肤色暗沉等问题；可溶性微针美容产品近年来逐渐盛行；HA 医用敷料产品在微创整形美容后恢复过程中发挥了重要作用。

8.1　概　　述

医疗美容（medical aesthetic）简称“医美”，是指运用手术、药物、医疗器械，以及其他具有创伤性或者侵入性的医学技术方法对人的容貌和人体各部位形态进行的修复与再塑。医美技术可分为手术和非手术两大类。其中，非手术微创整形美容技术是指通过注射美容和皮肤表面修复技术（如激光、化学剥脱、医用敷料等）来实现对面部的优化。非手术类医美风险低、起效快，因而逐渐成为消费者追捧的热点。20 世纪 90 年代，HA 作为医美填充剂首先出现在国外，其后经过 30 多年的发展，目前已成为应用最广泛的软组织填充剂。随着市场需求扩大和技术发展，HA 及 HA+营养成分注射水光、含 HA 的医美术后修复产品大量涌现。本章主要介绍 HA 在医美领域的应用，包括用作软组织填充剂、水光注射液、可溶性微针、医用敷料等。

8.2　交联透明质酸填充剂

早在 19 世纪 30 年代就出现了以液体石蜡和凡士林为主的第一代注射填充材料；20 世纪 40～50 年代，人们开始使用注射硅胶；之后的几十年里，逐渐出现化学合成高分子聚合物注射材料；直至 20 世纪 80 年代，动物来源的胶原蛋白等生物材料的引入开启了注射美容的新纪元。1989 年，首个动物来源 HA 类填充剂——Hylaform®上市，开始了 HA 在美容整形领域的变革；1996 年，首个以微生物发酵的 HA 为原料制备的 HA 填充剂—— Restylane®上市，迅速占领市场，自此 HA 成为最新一代的注射填充材料（Goldberg，2018）。现在，各品牌的交联 HA 填充剂都是采用微生物发酵制备的 HA 原料。

一些面部填充剂，如石蜡、自体脂肪、硅胶和牛胶原蛋白，经常会出现不同程度的副作用和严重并发症，包括注射填充剂迁移、肉芽肿性炎症、组织坏死和过敏反应（Wolkow et al.，2018）。而 HA 填充剂可以有效避免这些副作用的发生（Goldberg，2018）。HA 无种属差异性，是人体本身具有的内源性物质，具有无毒、无免疫原性和无刺激性的良好特性，相较于其他材料的填充剂安全性更高。最初的研究认为，HA 填充剂是通过其本身的空间填充特性及水合能力来增加软组织容积的（Heitmiller et al.，2021）。随后的一些研究表明，注射 HA 填充剂可以为真皮中的细胞外基质（extracellular matrix，ECM）提供结构支持，促进成纤维细胞的活化和胶原的生成与沉积。注射 HA 填充剂后至少 3 个月，在皮肤活检中仍能够观察到 I 型胶原水平的增加。

相较天然 HA，交联 HA 填充剂具有更高的稳定性，能在人体内留存更长时间，一般可达到 6～12 个月，有的甚至可达 18～24 个月之久（Tan et al.，2018；Kim and Sykes，2011）。交联 HA 填充剂具有与其他类型填充剂不同的特点：①安全可靠，效果持久；②HA 通过微生物发酵获得，避免了动物性病毒传播疾病的风险；③HA 无种属差异性，生物相容性好；④HA 在人体内可完全降解；⑤HA 致敏率极低，无须进行皮试；⑥如果注射效果不佳或产生副作用，可以通过注射透明质酸酶降解消除 HA（Choi et al.，2015）。

8.2.1　交联透明质酸填充剂的主要性能指标

不同种类的 HA 填充剂，其物理化学特性和临床疗效各有不同，所以了解交联 HA 填充剂的主要理化特性并选择合适的产品是非常重要的。描述交联 HA 填充剂的主要理化性质有修饰度、溶胀度、粒度、流变学性能、内聚性、体外酶解性能和 HA 含量等。

1. 修饰度和交联度

交联反应过程中，双功能化的交联剂中，有的交联剂两端均与不同的 HA 链反应，有的交联剂一端反应而另一端悬垂。在不同文献研究中，关于修饰度的定义各有不同。其中一种修饰度的定义为 HA 链中被修饰的双糖单位在总双糖单位中的摩尔占比（杨莹莹等，2019）。可以认为，修饰度（degree of modification）描述的就是 HA 分子交联修饰和悬垂修饰的总和，即总修饰度。交联修饰率描述的是交联修饰在总修饰度中的占比。在其他因素固定的情况下，总修饰度越高，HA 越不容易被透明质酸酶降解，在体内的存留时间也就越长。然而，总修饰度太高会降低产品的生物相容性，导致注射部位产生机体炎症反应（张建民，2009），因此总修饰度并不是越高越好。总修饰度一定时，交联修饰率越高，抗形变能力越强，硬度越高，抗降解能力越强，体内维持时间越长。因此，优选的交联技术应该是高效交联的，即交联剂用量少、利用效率高，总修饰度低但是交联修饰率高，获得的凝胶性能优异，既能维持更长的体内保留时间，又不影响产品的生物相容性。

由于 HA 分子量大，分子链长，经过交联剂的随机修饰和交联，最终形成的交联 HA 具有复杂的三维网状的结构，其结构和修饰度的分析一直是产品质量控制的难点。

近年来，透明质酸酶（hyaluronidase，HAase）的应用为交联 HA 修饰度和修饰位点的深度分析提供了可能性。细菌来源的 HAase 可特异性作用于 HA 双糖之间的 1,4-糖苷键，使大分子 HA 彻底降解为双糖。利用透明质酸酶将交联 HA 彻底降解后，降解产物可分为两类：一类是未经修饰的透明质酸双糖；另一类是带有交联剂残基的修饰片段，而修饰片段又可分为悬垂修饰和交联修饰。选择合适的色谱柱将这些片段分离，然后采用质谱等手段对各个片段进行定性定量，不仅可计算出各种修饰片段的百分比，还可通过二级/三级质谱确认交联剂的连接位点（Zhang et al.，2023）。表 8-1 为应用该方法对两种来源的交联 HA 填充剂进行修饰度分析的结果。

表 8-1　交联透明质酸钠填充剂修饰度分析结果

产品代号	总修饰度/%	交联修饰度/%	交联修饰率/%
B	4.21	1.03	24.52
J	10.71	1.56	14.60

上述两种产品在临床应用中，填充性能和维持时间相近，但 J 产品的临床不良反应率更高。经修饰度分析，B 产品总修饰度低但交联修饰率高，J 产品总修饰

度高但交联修饰率低，揭示 B 产品交联剂用量少，产品更安全。生产工艺中有效交联反应率的提高可帮助获得更安全有效的产品。

2. 粒度

经过交联修饰的 HA 凝胶形成空间网状结构，凝胶特性表现为溶胀而不溶解，交联纯化后凝胶呈大块状（图 8-1）。为了使交联 HA 凝胶能顺利通过注射针头而填充至皮内/皮下，需要将大块状凝胶制成合适的粒度大小。凝胶颗粒粒度（particle size）影响注射时推挤力的大小；另外，凝胶颗粒粒度对 HA 软组织填充剂的临床应用影响很大（La Gatta et al.，2016）。例如，瑞典 Q-Med AB 公司最早开发了以 1,4-丁二醇二缩水甘油醚（1,4-butanediol diglycidyl ether，BDDE）为交联剂的交联 HA 软组织填充剂 Restylane®；之后，又在 Restylane®的基础上，通过调整凝胶颗粒粒度和修饰度，陆续开发了用于不同填充层次和部位的系列产品，例如，小颗粒的 Restylane® Touch 用于纠正浅表皱纹，特别是眼周及口周的浅表皱纹；中小颗粒的 Restylane®用于真皮中层，改善鼻唇沟；中大颗粒的 Restylane® Perlane 用

图 8-1　HA 经交联纯化后的大块凝胶

于纠正较深的皱纹和面部塑型；大颗粒的 Restylane® SubQ 用于皮下脂肪组织至骨膜以上组织，以补充组织容积和面部塑形（Verpaele and Strand，2006）。经过多年发展，国产交联 HA 填充剂也逐渐达到了粒度的精细区分，例如，润致®（华熙生物）系列产品，从润致®1 号至润致®5 号，凝胶颗粒粒度逐渐增大。总体来说，粒度越小的产品，适合注射的皮肤层次越浅，注射后轮廓越光滑，但持久性越差（Tan et al.，2018）；粒度越大的填充剂，适合注射的皮肤层次越深，越适合纠正重度皱纹和塑形，维持时间越长，注射时推挤力较大，并且在注射过浅时无法提供光滑的美容效果。

3. 流变学

交联 HA 填充剂是一种黏弹性凝胶，其黏性允许材料变形并通过针管流动，而弹性使其能够在体内保持形状（Heitmiller et al.，2021），这种特性也就是材料的流变学特性（rheological property）。流变学是研究介于固体和液体之间的所有材料流动和（或）变形的科学（Fallacara et al.，2017）。流变学研究的体系被定义为“软物质”，如混悬液、凝胶和泡沫等。弹性模量（G′）、黏性模量（G″）和损耗因子（tan δ，tan δ = G″/ G′）是表征产品的主要参数，能够将材料的结构与它在受到应力时的流动和变形联系起来。其中，G′和 G″是两个最常用的参数，也是可以直接测量得到的参数（Hong et al.，2018；Kim and Sykes，2011）。但是目前对交联 HA 凝胶黏弹性的测量尚没有统一的方法。G′是“储存/弹性模量”，用来衡量凝胶的弹性行为或在剪切变形后可以恢复其形状的程度，常用于描述和预测填充剂的提升能力（Hee et al.，2015）。G″是“损耗/黏性模量”，反映了在剪切应力消除后凝胶无法完全恢复其形状的能力，与黏度并不直接相关。

面部填充剂受到的力主要有两个来源：一部分是填充部位的肌肉活动、上覆脂肪和皮肤的张力所产生的对填充剂的内在压力；另一部分是日常活动中施加在填充部位的外力。每个解剖区域受到的机械力强度和频率都不同，因此填充在不同解剖区域的填充剂会发生不同变形。沿填充剂材料表面施加的应力会使材料发生变形；作用于材料中心的垂直压力会使填充剂发生压缩变形，材料被压扁；而垂直向外的拉伸力则使材料被拉长。以上这些过程中，填充剂发生不同变形，而其总体积并不会发生改变。

交联 HA 填充剂的流变学性质可用于预测其临床表现。G′值较高意味着填充剂更坚硬。一般双相产品的弹性模量 G′远大于单相产品，即硬度大。通常认为，坚硬的凝胶具有更好的抗变形能力，更适于注射至较深的皮下组织或骨膜前，从而降低凝胶颗粒的触感；而较柔软的凝胶容易变形，通常更适合于中到浅层植入，如纠正细纹或褶皱。不同注射部位也应选择具有适当黏弹性的填充剂（Pierre et al.，2015）。应用于面颊的填充剂需具有足够的 G′以承受剪切力，还应具有中高度的内聚性，以确保产品能在其上覆肌肉组织的重复收缩下尽量不发生位移；治疗眶周/口周细纹的填充剂应具有低内聚性和低至中等 G′，减少产生皮丘的风险；对于鼻子和下巴，理想的填充剂应该具有高内聚性和高 G′。另外，患者的皮肤状态也是一个需要考虑的因素（Fagien et al.，2019）。对于皮肤较薄的患者，产品的触感/可见度是一个重要的考虑因素，此时低 G′值的产品通常是最合适的，因为低 G′值的产品更柔软，更容易在组织中分布。

关于产品流变学参数比较的研究也有许多。杨莹莹等（2019）对 15 种交联 HA 填充剂的流变学参数进行检测研究，发现一般交联 HA 填充剂的 G′在 1000Pa 以内，G″在 300Pa 以内。一般双相产品的 G′远大于单相产品，而单相产品的 G′和 G″都比较低。Fagien 等（2019）对 FDA 批准的交联 HA 填充剂进行了流变学和其他理化性能的比较研究，发现 Juvéderm Ultra®、Juvéderm Ultra Plus®、Juvéderm® Voluma® XC、Juvéderm® Vollure® XC、Juvéderm® Volbella® XC 设计的产品尽管 G′较低，但拥有更高的内聚性来提高其面部提升能力。Gutowski（2016）认为，就临床应用范围而言，低 G′的产品可能更适用于细纹、皱纹和柔软的部位（如嘴唇），而高 G′的产品可能更适合深层组织填充，如中度到重度鼻唇沟皱纹和颧骨增强。

4. 溶胀度

溶胀度（degree of swelling）用来表示交联 HA 凝胶的水化（饱和）状态。交联 HA 的分子结构是一种高分子网络结构，它能够保持一定的形状，同时能够吸收大量的水，然后溶胀形成水凝胶；水不饱和时，凝胶很容易从周围体液中吸收水，直到达到水化平衡。当凝胶吸水接近饱和状态时，其在注射后不会出现明显的膨胀。凝胶的溶胀度因产品而异，水化程度低的填充剂在注射后会有提升能力，因为它们在注射后会继续吸收大量的液体并膨胀，从而实现面部提升（La Gatta et al.，2016）。

5. 内聚性

内聚性（cohesion）描述了交联 HA 填充剂内将各个交联 HA 单元结合在

一起的内部黏附力。交联技术决定了凝胶的网络结构。由于缺乏标准化的测量技术，凝胶内聚性到目前为止并未得到科学家的认可，与其相关的科学观点也存在矛盾。Sundaram 等（2015）提出了一种可以直观地评价填充剂内聚性的方法，并比较了 6 种 FDA 批准上市的 HA 填充剂的内聚性，结果显示内聚性越高，填充剂的形状保持得越好，发生折叠和塌陷的可能性就越低。不过也有人认为，凝胶的内聚性越低，可塑性就越强（Heitmiller et al.，2021）。杨莹莹等（2019）研究发现，单相产品的内聚性明显高于双相产品。这可能因为双相产品是由高弹性的（高 G′值）交联 HA 凝胶颗粒混悬液组成，凝胶颗粒之间的内聚力较低。

如果将内聚性低的双相产品注射至面部等经常受到挤压的部位，凝胶沉积物会由于频繁地承受压力和形变而迅速失去形状及延展性，直至变成只有数个粒径厚度的平坦层，因此应避免将这类凝胶注射至受压频繁的部位。当然，注射层次也很重要，在空间很小的真皮层中，双相填充剂会紧密地整合到真皮基质中，扩散范围就比较小；而在皮下水平面或者骨膜前平面，平面的滑动空间会增加填充剂横向扩散的概率（Pierre et al.，2015）。

6. 体外酶解性能

体外酶解性能是交联 HA 填充剂的一项重要质控指标，其虽然不能完全反映体内交联 HA 填充剂降解情况，但是对预测相同适应证下的体内维持时间有一定指导意义，一般体外酶解时间越长，则体内维持时间越长。另外，体外酶解对医生使用透明质酸酶及时解决不良反应也有一定参考价值。从杨莹莹等（2019）的研究可以看出，交联 HA 填充剂的颗粒越大，交联度越高，体外酶解时间就越长。

7. 透明质酸含量

HA 含量一般是指交联填充剂产品中的 HA 占比，包括溶液中的游离 HA 和凝胶中的交联 HA（Kablik et al.，2009）。交联 HA 是起支撑和容积修复作用的成分，加入游离 HA 的目的是增加产品的润滑性，从而利于凝胶从注射器中被推挤出来。

8.2.2 交联透明质酸填充剂的分类

1. 单相交联透明质酸与双相交联透明质酸

由于交联技术不同，目前国内外市场上存在两种类型的 HA 填充剂：双相产品和单相产品（王慕瑶等，2017；da Costa et al.，2017；Prasetyo et al.，2016）。如图 8-2 所示，凝胶经染色后，在普通光学显微镜下，双相产品有明显的边界清晰的颗粒，常见产品如润百颜®（华熙生物）、Restylane®（Q-Med AB）等；而单相产品无边界清晰的颗粒，常见产品如润致®Natural（华熙生物）、Juvéderm Ultra®（Allergan）。还有一些文献对单相凝胶进一步进行了划分，即单相单致密凝胶和单相多致密凝胶。单相单致密凝胶是单一密度、单一相态的 HA 进行交联获得的产品；单相多致密凝胶是在混合之前对 HA 分别进行交联所获得的连续交联单相 HA 凝胶（Dugaret et al.，2018；Flynn et al.，2011）。

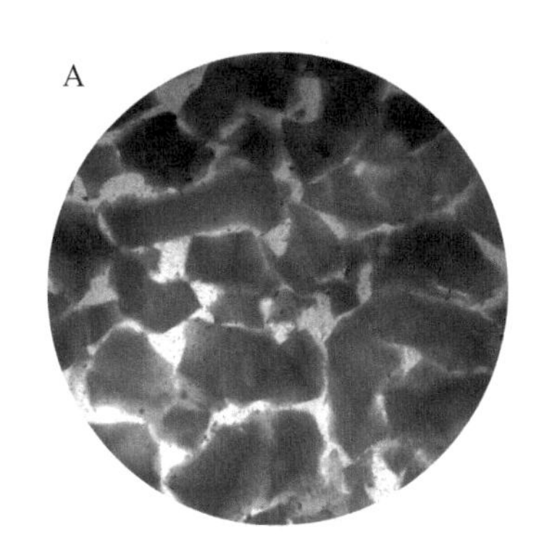

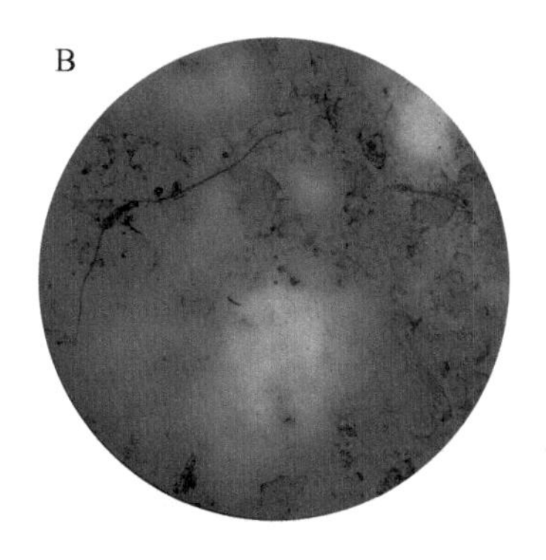

图 8-2　两种类型的 HA 填充剂显微照片（10×10）
A. 双相产品（润百颜®）；B. 单相产品（润致®Natural）

关于单相和双相填充剂的比较研究目前已有很多，有人认为单相和双相产品在应用方面存在区别；也有人提出相反的观点（Öhrlund and Edsman，2015），认为这种划分仅是从“相态”上的一种区分，对医生的实际应用并没有参考意义。Dugaret 等（2018）和 Flynn 等（2011）考察不同类型的 HA 填充剂注射至人体皮肤后的分布情况，结果显示，双相凝胶通常以大块聚积的方式沉积在网状真皮深层，单相单致密凝胶则以大块聚积的方式在整个网状真皮层均匀分布，而单相多致密凝胶则以分散的方式分布在整个网状真皮层。Zhou 等（2016）比较了两种 HA 填充剂对亚洲人鼻唇部皱纹的改善效果，其中一种是单相单致密凝胶 Matrifill®（16 mg/mL，交联剂 DVS；Haohai，Shanghai，China），另一种是双相凝胶 Restylane®（20 mg/mL；Q-Med AB，Uppsala，Sweden）。两种产品均能显著改善鼻唇部皱纹，但是单相单致密产品注射的量更少。da Costa 等（2017）选取了三种市售 HA 填充剂：双相产品 Perfectha Derm®（20 mg/mL；ObvieLine，Dardilly，France）；单相单致密产品 Teosyal Global Action®（25 mg/mL；Teoxane，Paris，France）；单相多致密产品 Esthelis Basic®（22.5 mg/mL；Anteis，Lonay，Switzerland）。25 位女性受试者在背部脊柱旁平行进行三组试验，每组选取 3 个点，分别注射 0.2 mL 对应的 HA 凝胶，于注射后的第 2、92 和 184 天分别进行组织学检查。结果显示，184 天之后，三种凝胶减少情况为：单相多致密凝胶减少 62.5%，单相单致密凝胶减少 25%，双相凝胶减少 12.5%。由此可见，双相凝胶和单相单致密凝胶的持久性优于单相多致密凝胶。

2. 添加其他有效成分的交联透明质酸填充剂

一些填充剂产品通过添加其他有效成分，能够达到改善使用感、养护皮肤、促进伤口愈合等目的。这些成分包括利多卡因麻醉剂、氨基酸、维生素、矿物质和抗氧化剂等。

1）利多卡因

最早上市的交联 HA 填充剂是不含麻醉剂成分的（Bacos and Dayan，2019）。当对面部敏感皮肤进行注射填充时，需要进行适当的疼痛控制。控制局部疼痛的常用方法包括冰敷和使用局部麻醉药利多卡因/普鲁卡因乳膏。随着技术发展，科学家们制备了含有利多卡因麻醉剂的交联 HA 填充剂。Sharma 等（2018）对 Uma Jeunesse Classic（Cambridge Biotech，UK）（不含利多卡因）和 Uma Jeunesse Ultra（Cambridge Biotech，UK）（含 3 mg/mL 利多卡因）进行了比较研究，发现 Uma Jeunesse Ultra 能有效地减轻患者注射时和注射后疼痛。Kühne 等（2016）评价了单相多致密系列凝胶 Belotero®（Anteis SA）中含利多卡因产品的安全性和有效性。患者在注射期间和注射后的平均疼痛评分都较低，除 1 例瘀伤外，所有不良反应均为轻度至中度。由此可见，含有利多卡因的填充剂对各种面部美容适应证都是安全有效的。Lee 等（2017）考察含有利多卡因的 HA IDF plus 和不含利多卡因的 HA IDF（Yvoire® classics；LG Life Sciences）用于鼻唇沟填充时的安全性、有效性和疼痛缓解效果。受试者一侧鼻唇沟注射 HA IDF plus，另一侧鼻唇沟注射 HA IDF。注射后，受试者即刻感觉到注射 HA IDF plus 一侧的疼痛感明显低于注射 HA IDF 一侧，而两种填充剂的有效性和安全性没有明显差异。Fagien 等（2018）比较了 Restylane® Refyne（HA_{RRL}，含利多卡因）和 Juvéderm Ultra®（HA_{JU}，不含利多卡因）的功效及安全性，结果显示，HA_{RRL} 与 HA_{JU} 拥有相似的安全性和有效性。

2）氨基酸/维生素/矿物质

有些交联 HA 填充剂中也会添加一些氨基酸、维生素或矿物质成分，以增强美容效果。氨基酸是构成蛋白质的基本单位，通过在填充剂中加入微量氨基酸成分，可在注射的同时为皮肤修复提供营养。维生素是人和动物为维持正常的生理功能而必须从食物中获得的一类微量有机物质。水溶性维生素是能在水中溶解的一组维生素，常是辅酶或辅基的组成部分。某些水溶性维生素对皮肤改善有特定作用，如维生素 C 可以起到美白作用。矿物质又称无机盐，是构成人体组织和维持正常生理功能必需的各种无机元素的总称，是人体必需的七大营养素之一。有些矿物质还是多种酶的活化剂、辅因子或组成成分。矿物质是无法自身产生、合成的。国外已有几种含氨基酸、维生素或矿物质的交联 HA 填充剂产品上市。Teosyal Redensity® II（Teoxane Laboratories，Switzerland）是针对黑眼圈和眼袋等眼部问题的透明质酸产品，国内有人称其为“泰奥熊猫针”。Teosyal Redensity® II 的主要成分有交联 HA、非交联 HA、复合营养成分和盐酸利多卡因。其中，HA 总含量 15 mg/mL，复合营养成分包括 8 种氨基酸（甘氨酸、赖氨酸、苏氨酸、脯氨酸、异亮氨酸、亮氨酸、缬氨酸、精氨酸）、3 种抗氧化剂（谷胱甘肽、*N*-乙酰-L-半胱氨酸、硫辛酸）、2 种矿物质（锌、铜）和 1 种维生素（B_6）。Teosyal Redensity® II 专为眼周设计，能够有效促进眼周肌肤细胞更新，抵抗自由基侵害，协助细胞代谢，对改善眼部凹陷、细纹、黑眼圈效果非常明显，适用于黑眼圈、眼袋、泪沟及眼周细纹等眼部问题。Revitafill®系列产品（Revitacare，France）在交联 HA 凝胶中添加了甘氨酸和脯氨酸，以促进胶原蛋白的合成。

3）抗氧化剂

据文献报道，交联 HA 填充剂中常添加的抗氧化剂包括甘露醇、山梨醇和甘油等。甘露醇的安全性已经得到证实，在食品和制药工业中得到广泛应用。André 和 Villain（2017）发现，与 HA 填充剂组合时，甘露醇不仅可以减少注射引起的炎症和肿胀，还能防止注射的 HA 被自由基降解。已上市的添加抗氧化剂的产品有：添加了甘露醇的法国 Vivacy 的 Stylage® 系列产品、德国 Merz 的 Glytone 3，以及添加了甘油的 Belotero® Revive。Kim 等（2016）考察了一种含甘露醇的新型单相 HA 填充剂在用于中重度鼻唇部皱纹治疗中的安全性和有效性。受试品为 Glytone 3（Merz Pharmaceuticals GmbH）单相凝胶，HA 含量为 23 mg/mL，甘露醇含量为 41 mg/mL；对照品为 Restylane® Perlane（Q-Med

AB）双相凝胶，HA 含量为 20 mg/mL，不含甘露醇。结果显示，与 Restylane® Perlane 相比，Glytone 3 在中重度鼻唇部皱纹治疗后 6 个月内具有更好的疗效，两者局部耐受性相似。

4）其他

除了常见的局麻剂、抗氧化剂、氨基酸、维生素和矿物质等成分，目前也有一些添加其他成分的交联 HA 填充剂，如聚糖酐微球、聚己内酯、左旋聚乳酸和多核苷酸等。例如，北京爱美客公司开发了添加了羟丙基甲基纤维素的交联 HA 填充剂产品；加拿大 Prollenium 公司的 Redexis® Ultra 产品，含交联 HA 与聚糖酐微球；德国 Zimmer 公司也有交联 HA 和聚糖酐微球的组合产品。Kim 等（2020）研究了添加多核苷酸的交联 HA 产品与单独的交联 HA 产品在有效性和安全性方面的区别。结果显示，添加多核苷酸的 HA 复合填充剂可以刺激成纤维细胞的生长，并促进容积增长和皮肤再生。

目前，科研人员也在开发新型修饰 HA 填充剂。Jeong 等（2017）通过原位沉降法制备了一种作为软组织填充剂使用的 HA-羟基磷灰石复合水凝胶，以增强其机械性能及生物性能。与一般交联 HA 水凝胶相比，HA-羟基磷灰石复合水凝胶具有更高的强度和内聚力。此复合水凝胶能通过刺激胶原蛋白的合成来增强真皮基质。HA-羟基磷灰石复合水凝胶比单纯的 HA 凝胶具有良好的抗酶解性能和填充效果，可以用于鼻唇沟等部位的填充。Wu 等（2017）合成了一种新型的 PSA（polysialic acid）-HA 共聚物，以改善 HA 在体内的稳定性。研究人员采用 SEM、元素分析、Zeta 电位等方法对共聚物进行了表征，也进行了进一步的生物功能测试，包括细胞毒性试验，以及热原和溶血试验。结果表明，PSA-HA 共聚物符合生物材料的医学要求。体内降解试验表明，该共聚物可以降低皮肤的刺激性，延长交联 HA 的维持时间。

8.2.3　常见的交联透明质酸填充剂产品

国外已有交联 HA 填充剂产品 100 多个，主要产品见表 8-2；国内获批上市交联 HA 填充剂产品已有 30 多个，主要产品见表 8-3。

国外交联剂种类较多，所以单独列出。国内除了海薇®是 DVS 交联剂，其他都是 BDDE 交联剂，主要区别是含量、是否含利多卡因。

表 8-2 国外获批上市的主要交联 HA 填充剂

商品名	生产商	交联剂	首次批准年份	
			CE	FDA
Restylane®	Q-Med AB（瑞典）	BDDE	1996	2003
Juvéderm®	Allergan（美国）	BDDE	2000	2006
Teosyal®	Teoxane（瑞士）	BDDE	2004	—
Belotero®	Anteis SA（德国）	BDDE	2005	2011
Elevess®	Anika Therapeutics（美国）	BCDI	2007	2006
Prevelle® Silk	Mentor Corporation（美国）	DVS	—	2008
Stylage®	Vicacy（法国）	BDDE	2008	—
Yvoire®	LG Life Science（韩国）	BDDE	2014	—
Neauvia®	EUmaterials S.r.l（意大利）	活化的 PEG	2015	—

注：BCDI，双碳二亚胺；DVS，二乙烯基砜；PEG，聚乙二醇。

表 8-3 国内获批上市的主要交联 HA 填充剂

商品名	生产商	HA 含量/（mg/mL）	利多卡因含量/（mg/mL）	首次批准年份
瑞蓝®2	Q-Med AB	20	——	2008
润百颜®	华熙生物	20	——	2012
伊婉® classics	LG Life Sciences	22	——	2013
海薇®	上海其胜	16	——	2013
舒颜®	北京蒙博润	20	——	2014
伊婉® volume s	LG Life Sciences	22	——	2014
艾莉薇®	Humedix Co.，Ltd.	23	——	2015
爱芙莱®	北京爱美客	23	3	2015
乔雅登雅致®	Allergan	24	——	2015
乔雅登极致®	Allergan	24	——	2015
欣菲聆®	杭州协合	22	——	2015
伊婉® volume plus	LG Life Scienccs	20	3	2015
伊婉® classic plus	LG Life Sciences	20	3	2016
润致®3	华熙生物	20	3	2016
Princess® Volume	CROMA GmbH	23	——	2017
瑞蓝®丽瑅®	Q-Med AB	20	——	2018
乔雅登®丰颜®	Allergan	20	——	2019
润致®Natural	华熙生物	20	3	2019
瑞蓝®唯瑅®	Q-Med AB	20	——	2019
瑞蓝®瑞瑅®	Q-Med AB	20	3	2020
润致®Aqua	华熙生物	12	3	2020
乔雅登®缇颜®	Allergan	17.5	3	2020

8.2.4 交联透明质酸填充剂的临床应用

交联 HA 填充剂可用于整个面部、颈部、手部等软组织填充，也有少数应用于其他身体部位的填充，如隆胸、丰臀等。到目前为止，注册批准的 HA 填充剂适应证逐渐丰富。2003 年，美国 FDA 批准的 HA 填充剂的预期用途为矫正鼻唇沟；至 2011 年，批准了 Restylane®用于黏膜下注射丰唇；此后，逐渐批准了 HA 填充剂用于矫正额纹、眉间纹、泪沟、鱼尾纹和口角纹，以及眉毛提升、丰颞部、隆鼻、面颊提升和丰下巴等，并取得了很好的疗效。表 8-4 列举了几款国内外主要的交联 HA 填充剂在不同国家和地区批准的适应证。在临床医学美学上，常把面部划分为上面部（眉间、前额、颞部、眉毛和眶上缘）、中面部（眶周下区、颧骨、上颌骨、鼻唇沟和鼻）和下面部（口周、嘴唇、下巴和下颌骨）（Bacos and Dayan，2019）。虽然产品批准了特定的适用部位，但是通常临床医生会根据自己的经验选择合适的 HA 填充剂注射至其他部位。以下主要介绍交联 HA 填充剂在各个部位应用的研究报道。

表 8-4 国内外主要交联 HA 填充剂在不同国家和地区批准适应证

品名	公司	中国 NMPA	美国 FDA/欧盟 CE
Restylane®（国内瑞蓝®2）	Q-Med AB	用于面部真皮组织中层填充以纠正中重度鼻唇沟皱纹	FDA：用于真皮中深层注射以矫正中重度面部皱纹和褶皱，如鼻唇沟；还可用于 21 岁以上患者黏膜下注射以丰唇
Restylane® Eyelight（FDA 批准 Restylane-L®新适应证；国内瑞蓝®瑞瑅®）		用于面部真皮组织中层填充以纠正中重度鼻唇沟皱纹	FDA：适用于改善 21 岁以上患者的眶下凹陷
Restylane® Lyft（即 Restylane® Perlane；国内瑞蓝®丽瑅®）		适用于纠正中到重度鼻唇沟皱纹以及鼻背和（或）鼻根塑形。纠正中到重度鼻唇沟皱纹时，应注射入面部真皮组织深层和（或）皮下组织浅层。用于鼻背和（或）鼻根塑形时，应注射入骨膜上层	FDA：用于真皮深层至皮下组织浅层注射以矫正中重度面部皱纹和褶皱，如鼻唇沟；也用于 21 岁以上患者皮下至骨膜上注射以丰颊或矫正年龄相关的中面部轮廓缺陷；还可用于 21 岁以上患者手背部皮下平面注射以恢复手背容积
Restylane® Volyme（前 Emervel® Volume；国内瑞蓝®丰采®）		用于矫正中面部容量缺失和（或）中面部轮廓缺陷，注射层次为皮下、骨膜上层	CE：该产品旨在增加面部组织容积。建议用于矫正面部容积，如脸颊和下巴。根据要治疗的区域和组织支撑，应将产品注射到骨膜上层或皮下
Restylane® Defyne（前 Emervel® Deep；国内瑞蓝®定采®）		适用于面部真皮组织中层至深层填充以纠正中度至重度鼻唇沟皱纹；适用于注射到骨膜上，填充下颌区域，以改善轻度至中度下颌后缩患者的下颌轮廓	FDA：用于真皮中深层注射以矫正中重度面部皱纹和褶皱，如鼻唇沟；还可适用于注射到中深层真皮（皮下和/或骨膜上），以填充下颌区域，从而改善 21 岁以上患者轻度至中度下颌后缩

续表

品名	公司	中国 NMPA	美国 FDA/欧盟 CE
Restylane® Skinboosters™ Vital（国内瑞蓝®唯瑅®）		用于 18 岁以上手背部需要增加组织容量的人群；用于手背部真皮层，最佳为真皮深层的注射，以改善手部皮肤外观	CE：本产品旨在恢复皮肤水平衡，改善皮肤结构和皮肤弹性。应注射在皮肤真皮层中，优选真皮深层
润百颜®（BioHyalux®）	华熙生物	适用于面部真皮组织中层至深层注射以纠正中重度鼻唇部皱纹	CE：用于面部真皮中层至深层注射，以矫正中度至重度面部皱纹和褶皱，增强面部组织容积
Juvéderm® Voluma® XC（国内乔雅登®丰颜®）	Allergan	用于面颊部深层（皮下和/或骨膜上）注射，以重塑面部容积；适用于鼻背、鼻小柱和前鼻棘部位骨膜上层（硬骨膜上和/或软骨膜上）注射，以改善外鼻体积及形态	适用于 21 岁以上的成年人面部深层（皮下和/或骨膜上）注射，用于脸颊增大，以纠正年龄相关的中面部容积不足；也用于下颌部位改善下颌轮廓；还可用于颞部骨膜上注射以改善颞部凹陷
Juvéderm® Volbella® XC（国内乔雅登®质颜®）		通过注射至唇红体和唇红缘的唇黏膜、真皮浅层或中层，以矫正唇部不对称、轮廓畸形和容积缺损等结构缺陷	FDA：用于 21 岁以上成人的丰唇和唇部矫正；用于改善 21 岁以上成人的眶下凹陷
Juvéderm® Volift® XC（即 FDA Juvéderm® Vollure® XC，国内乔雅登®缇颜®）		用于面部真皮深层注射，以纠正中重度鼻唇沟皱纹	FDA：适用于 21 岁以上成人注射到真皮中层至深层，用于矫正中度至重度面部皱纹和褶皱（如鼻唇沟）
Belotero® Balance Lidocaine（国内保柔缇®）	Anteis SA	适用于面部真皮组织中层注射，纠正中度鼻唇沟皱纹	FDA：用于真皮中层至深层注射，以矫正中度至重度面部皱纹和皱褶，如鼻唇沟
Teosyal Redensity® II	Teoxane	NA	CE：用于修复面部、颈部、前胸区域有老化迹象的皮肤；也用于细纹和皮肤褶皱填充，包括眶下区域和黑眼圈

NA 表示在该地区未批准上市。

由表 8-4 可知，同一个 HA 填充剂产品在不同国家和地区批准的适应证范围有所不同，一般国外批准的适应证范围相较国内更广泛。

1. 鼻和鼻周

交联 HA 填充剂被正式批准的第一个适应证就是矫正鼻唇沟（nasolabial fold，NLF），目前，交联 HA 填充剂是 NLF 治疗中最常用的填充剂。它可以为目标区域提供容积，减少褶皱的出现，并可恢复治疗区域的自然三维轮廓。国内上市的用于鼻唇沟的交联 HA 填充剂很多，其中瑞蓝® 2（Q-Med AB）于 2008 年在中国批准上市，是国内首款交联 HA 填充剂；润百颜®（华熙生物）于 2012 年在中国批准上市，是首款国产交联 HA 填充剂。

Wu 等（2016）比较了润百颜®（HA 20 mg/mL，华熙生物）与 Restylane®（HA 20 mg/mL，Q-Med AB）治疗鼻唇沟的有效性和安全性，共有 88 例中度至重度鼻唇沟受试者入组。在鼻唇沟一侧注射润百颜®，另一侧注射 Restylane®，观察 6 个月内两种产品矫正鼻唇沟的安全性和有效性。结果表明，注射后，两种填充剂对鼻唇沟均有很好的矫正效果，在注射后 6 个月，两侧鼻唇沟效果无显著性差异，效果可维持 6～12 个月。安全性方面，两种产品注射后引起的不良反应主要为注射部位肿胀、疼痛、瘙痒、触痛、淤青等，大部分在 1 周内缓解，未见严重的不良反应。

Rhee 等（2014）比较了 Elravie®（HA 23 mg/mL，Humedix）与 Restylane®（HA 20 mg/mL，Q-Med AB）治疗中重度鼻唇部皱纹的安全性和有效性。患者一侧注射 Elravie®，另一侧注射 Restylane®。在第 24 周时，注射 Elravie®一侧 WSRS（面部皱纹严重级别表）相对于基线的平均改善为 2.18 ± 0.42，注射 Restylane®一侧则为 2.16 ± 0.41，证明两种填充剂在注射后 6 个月内有相同的改善效果。两种填充剂均具有良好的耐受性，不良反应轻微且短暂。

Zhou 等（2016）比较了两种 HA 填充剂改善亚洲人鼻唇部皱纹的效果，其中一种是单相单致密凝胶（16 mg/mL，交联剂 DVS，Matrifill®；Haohai），另一种是双相凝胶（20 mg/mL，交联剂 BDDE，Restylane®；Q-Med AB）。结果显示，两种产品均能显著改善鼻唇部皱纹，但是单相单致密凝胶产品需要的体积更少。

HA 填充剂可以解决鼻根较平、鼻尖较短、鼻背塌陷、驼峰鼻、鼻假体植入后缺陷等问题。Restylane® Perlane（Q-Med AB）也在原有纠正中到重度鼻唇沟皱纹的基础上，新增了适应证——鼻背和（或）鼻根塑形。用于鼻背和（或）鼻根塑形时，应注射入骨膜上层。Juvéderm® Voluma®（Allergan）已于 2022 年在中国批准上市，用于鼻背、鼻小柱和前鼻棘部位骨膜上层（硬骨膜上和/或软骨膜上）注射，以改善外鼻体积及形态。

Liew 等（2016）研究了 Juvéderm® Voluma®用于亚洲人隆鼻整形的安全性、有效性和维持时间。共筛选 29 例受试者入组，首次随访（113 天）时，93.1%的受试者获得临床意义上的矫正（美学改善量表评分≥1 级）；最后一次就诊（421 天）时，79.3%患者对本填充剂表示满意或非常满意。所有患者报告的不良反应轻微且与填充剂无关。这项研究表明，交联 HA 填充剂可以用于亚洲人的隆鼻整形，产品安全、有效，效果可以维持 12 个月以上。

2. 额部

前额填充常选择中等黏弹性的交联 HA 填充剂。对于额部水平纹，为了避免出现结节，建议选择低黏弹性的交联 HA 填充剂。2020 年，中国上市了一款专门针对额部的交联 HA 填充剂产品——润致®Aqua 型（华熙生物），交联 HA 含量 12 mg/mL，添加了 0.3%的盐酸利多卡因，适合用于面部真皮组织浅层到中层注射以纠正额部皱纹，是目前国内唯一一款明确额部适应证的交联 HA 填充剂产品。

国外虽没有批准专门针对额部适应证的交联 HA 填充剂，但是有部分临床研究报道。例如，在一项临床研究中（Bertossi et al.，2019），51 名受试者通过注射 Juvéderm® Volbella®（HA 15 mg/mL，Allergan）和 Juvéderm® Volift®（HA 17.5 mg/mL，Allergan）进行前额部位填充。经治疗后，所有受试者的美学评分均有所改善。在治疗过程中，未出现填充剂移位、过敏反应等。常见不良反应为瘀伤、疼痛和肿胀，一周内均可自行消退。

3. 颞部

颞部就是我们日常生活中俗称的“太阳穴”，颞部凹陷是面部老化的标志之一。HA 填充剂已成功应用于颞部的容积修复和重塑。颞部填充时选择的 HA 填充剂应具有较高的提升能力；也可以将低弹性和内聚性的 HA 填充剂注射至太阳穴的皮下，以平滑前额到太阳穴的过渡区域。

Baumann 等（2019）研究了 Juvéderm® Voluma® XC（HA 20 mg/mL，Allergan）用于颞部凹陷填充的安全性和有效性。在这项为期 12 个月的临床研究中，30 名受试者注射 Juvéderm® Voluma® XC 进行颞部填充。1 个月后，29 名接受回访的受试者均表现出颞部凹陷明显改善，98%的受试者改善效果维持了 12 个月。研究中未出现血管损伤或视力障碍等不良反应。40%的受试者在注射后出现轻度至中度的咀嚼时下颌疼痛，与注射量无关且为自限性。

Moradi 等（2013）探讨了小颗粒交联 HA 填充剂 Restylane®（HA 20 mg/mL，Q-Med AB）用于纠正颞部凹陷的临床研究，对 20 名中度至重度颞部凹陷的患者进行颞部填充治疗，并于治疗后的第 4 周、12 周、24 周和 12 个月进行随访。在第 4 周至第 12 个月期间，所有患者的颞部凹陷均得到改善，表现为颞窝无凹陷或仅轻度凹陷。研究期间的所有不良反应均为轻度或中度，并在 2 周内缓解。

4. 眼周

高耸而饱满的眉弓可使面部呈现立体感，提高面部整体的美感。改善眉弓低平的方法有很多，主要有 HA 填充、假体植入及自体脂肪填充等。高弹性和内聚力的交联 HA 填充剂可以提供更好的支撑作用，并防止扩散和位移，达到提升眉弓的效果。

在一项使用注射用交联透明质酸钠凝胶对 63 例眉弓低平的受试者进行眉弓填充的临床研究中（周劼等，2022），所有受试者治疗后即刻效果明显，眉弓低平的症状均得到不同程度改善。在 1～6 个月的随访中，受试者对治疗效果表示满意。研究中未出现治疗后形态欠佳及填充剂移位等不良反应。

在一项临床试验中，研究人员为 15 名受试者注射了一种交联 HA 填充剂（Italfarmacia，含交联 HA、甘氨酸、脯氨酸）以改善眉弓低平，于治疗后的第 3 个月和 6 个月进行随访。结果显示，所有受试者的眉弓均得到提升，效果可维持 6 个月。研究期间未出现与注射相关的炎症或肿胀（Scarano et al.，2022）。

眶下区域是眼周衰老的另一个重要部位。眶下区凹陷是眶周老化的重要表现，治疗方法通常分为非手术矫正和手术矫正。在非手术矫正方法中，主要是通过填充可降解材料（如 HA、胶原蛋白等）改善泪槽畸形和眶下区容量不足（倪小丽和王大光，2020）。填充剂在眶下区周围的薄皮肤及皮下组织中容易形成皮丘和不规则凸起，因此，为确保注射后皮肤表面光滑，在眶下区域多使用中、低黏弹性的 HA 填充剂。

Restylane® Eyelight（Q-Med AB）是 FDA 于 2023 年批准的用于改善 21 岁以上人群眶下凹陷的交联 HA 填充剂产品，其中 HA 含量为 20 mg/mL，添加了 0.3%的利多卡因。临床试验显示，245 名受试者注射 Restylane® Eyelight 后，87%的受试者在第 3 个月时眶下凹陷减少，耐受性良好；80%的受试者在 6 个月时仍感满意。大多数受试者未报道任何治疗相关不良反应；与眶下注射有关的最常见不良反应包括注射部位肿胀、泛红、触痛、疼痛、瘀伤、瘙痒和肿块。

Teosyal Redensity® II（Teoxane）是一款交联 HA 填充剂，交联 HA 15 mg/mL，同时添加了真皮重塑组合物（8 种氨基酸、3 种抗氧化剂、2 种矿物质和维生素 B_6）和 0.3%的利多卡因，产品已在欧盟上市，用于修复面部、颈部、前胸区域有老化迹象的皮肤，也用于细纹和皮肤褶皱填充，包括眶下区域和黑眼圈。Berguiga 和 Galatoire（2017）对 Teosyal Redensity® II 用于眶下凹陷的安全性和有效性进行了研究。对 151 名受试者注射本产品治疗眶下凹陷，注射总体积为 0.96 mL。90%

以上的受试者眶下凹陷在注射后即刻得到明显改善，患者满意度高，效果可维持 1 年。主要不良反应为瘀伤、肿胀、红肿，无严重不良事件发生，产品耐受性好。

5. 面颊

近年来，追求中面部的丰盈已成为注射美容的一大主流。在面部年轻化的纠正设计中，第一步应该是矫正中面部的容积损失（Wollina，2016）。在中面部注射填充剂对邻近的美学单元也会产生有益影响，如纠正泪槽畸形、鼻唇沟褶皱和上唇形态。高内聚性、高硬度的 HA 填充剂产品可以用来填充面颊内侧的脂肪垫，从而在重塑面颊的同时减少鼻唇沟褶皱。

Restylane® Lyft 是瑞士 Q-Med AB 公司的交联 HA 填充剂，交联剂为 BDDE，添加了 0.3%的利多卡因，于 2015 年 7 月被 FDA 批准用于颊部填充及 21 岁以上因皮肤衰老造成中面部凹陷患者的矫正。在 200 名患者的临床试验中，采用 Restylane® Lyft 治疗后，88.7%的患者中面部右侧和左侧后方在第 2 个月得到改善，而且超过一半的患者改善效果维持了 12 个月；在试验中观察到的最常见不良反应包括压痛、泛红、淤血、肿胀和瘙痒等。这些不良反应随时间推移，症状逐渐消退，大部分都在 2 周内消失。Weiss 等（2016）考察了 Restylane® Lyft 在中面部缺陷治疗中的有效性，将受试者以 3 : 1 比例随机分为两组，即 Restylane® Lyft 组和无处理组。结果证实，Restylane® Lyft 能显著改善中面部缺陷，效果可持续 12 个月。

美国 Allergan 公司生产的 Juvéderm® Voluma® XC 于 2013 年通过美国 FDA 审批，用于 21 岁以上成人的面颊填充以改善年龄相关的中面部体积缺失。Few 等（2015）考察了 Juvéderm® Voluma® XC 填充面颊的有效性，结果显示，在治疗后的 6 个月和 24 个月时，分别有 92.8%和 79.0%的患者面颊体积得到显著改善，89.8%和 75.8%的患者对于面部表情表示满意。常见的治疗部位不良反应包括压痛、肿胀、僵硬和肿块，大多数为轻到中度，持续时间不超过 2 周。Philipp-Dormston 等（2014）考察了 Juvéderm® Voluma® XC 填充面颊的效果。共有 115 例患者参与了试验。结果表明，Juvéderm® Voluma® XC 具有很好的面颊填充效果，且具有减轻患者注射疼痛的效果。

国内也已上市了多款针对中面部的 HA 填充剂产品。2019 年，Juvéderm® Voluma®（Allergan）被批准国内上市，适用于面颊部深层（皮下和/或骨膜上）注射，以重塑面部容积；另一款含利多卡因的产品 Juvéderm® Voluma® with Lidocaine 也于 2021 年批准用于面颊部的适应证。2022 年，中国上市了一款专门针对中面部的国产交联 HA 填充剂产品——注射用交联透明质酸钠凝胶（华熙生物），适用于注射到皮下至骨膜上层以矫正中面部容量缺失和（或）中面部轮廓缺陷。2023 年，Restylane® Volyme（Q-Med AB）被批准在国内上市，用于矫正中面部容量缺失和（或）中面部轮廓缺陷，注射层次为皮下、骨膜上层。

6. 唇部

唇部随着年龄增长会变窄、变平，呈现老态。注射 HA 填充剂丰唇已逐渐成为应用最多的美容项目之一。进口产品 Juvéderm® Volbella® XC（Allergan）于 2021 年在中国上市，通过注射至唇红体和唇红缘的唇黏膜、真皮浅层或中层，以矫正唇部不对称、轮廓畸形和容积缺损等结构缺陷。国产产品注射用交联透明质酸钠凝胶（华熙生物）于 2023 年获批上市，通过注射填充于唇红体和唇红缘的皮下组织（皮下层）来修复外形、矫正轮廓，以达到令人满意的效果。

Raspaldo 等（2015）对比了 Juvéderm® Volbella® XC（HA 15 mg/mL ，Allergan）与 Restylane-L®（HA 20 mg/mL，Q-Med AB）的安全性和有效性。将 280 名受试者分为两组，分别给予 Juvéderm® Volbella® XC 或 Restylane-L®治疗，进行为期 12 个月的随访。结果表明，Juvéderm® Volbella® XC 对口周和唇部的治疗安全有效，效果可维持 12 个月。

在一项临床试验报告中，研究者采用多中心、随机、无治疗对照设计，试验组受试者给予注射用交联透明质酸钠凝胶（华熙生物），有效性评价指标主要为注射后 3 个月和注射后 6 个月受试者的嘴唇丰满度改善率，安全性指标包括常见注射部位局部反应和不良事件发生率。在产品注射治疗后 3 个月，试验组受试者嘴唇丰满度改善率为 90.00%；注射后 6 个月，受试者嘴唇丰满度改善率为 73.64%。注射部位局部反应主要为红肿、疼痛、硬结、淤青，均为轻度反应，80%受试者注射部位局部反应持续时间不超过 14 天，未采取措施，可自行缓解。发生的预期不良事件是由注射操作引起，主要为唇部硬结、淤青、疼痛、淤血等，均为轻度，可自行缓解；未发生与器械相关的非预期不良事件。

Hilton 等（2018）比较了 Restylane® Kysse with Lidocaine（HA-RK，又名 Emervel® Lips Lidocaine，HA 20 mg/mL）与 Juvéderm® Volbella® XC（HA-JV）两种 HA 填充剂用于丰唇的长期安全性和有效性，两者都是经 FDA 批准用于丰唇的交联 HA 填充剂。受试者共 60 人，被随机分组，分别注射 HA-RK（*N*=31）或 HA-JV（*N*=29）改善唇部丰满度，以 5 分制计，改善 1 等级以上为有效。结果发现，唇部丰满度改善 1 等级以上时，HA-RK 需要的体积较小（HA-RK 1.54 mL，HA-JV

1.94 mL）。在 6 个月时，60.0% 的 HA-RK 受试者和 57.7%的 HA-JV 受试者唇部丰满度仍然维持较好；在 12 个月时，71.4%和 76.0%的受试者仍有美学改善。

7. 下巴

交联 HA 填充剂可用于修复颏部皱纹，也可以用于改善下颌后缩。注射时应选择高硬度和内聚性的填充剂，如 Juvéderm® Voluma®、Restylane® Defyne 和 Restylane® Lyft 等。

Restylane® Defyne 是 Q-Med AB 公司开发的交联 HA 填充剂，交联剂为 BDDE，HA 标示浓度为 20 mg/mL。2023 年，Restylane® Defyne 在国家药品监督管理局批准的用于面部真皮组织中层至深层填充以纠正中度至重度鼻唇沟皱纹基础上，新增适应证，用于注射到骨膜上填充下颌区域，以改善轻度至中度下颌后缩患者的下颌轮廓。这也是国内首个可进行“下巴填充”的 HA 填充剂。在一项临床研究中，140 名 22 岁及以上的受试者被随机分为 Restylane® Defyne 治疗组（N=107）或无治疗对照组（N=33），治疗组 81%的受试者在第 12 周下颌后缩得到了明显改善，74%的受试者认为改善效果维持了 48 周（Marcus et al.，2022）。常见不良反应为疼痛、瘀伤、肿胀等，未出现严重的治疗相关不良事件，大部分不良反应在 14 天内消失。

Juvéderm® Voluma® XC 是 Allergan 公司生产的交联 HA 填充剂，交联剂 BDDE，HA 标示浓度为 20 mg/mL。Juvéderm® Voluma® XC 于 2013 年获 FDA 批准，用以纠正与年龄相关的中面部体积不足；2020 年获 FDA 批准，增加下巴区域适应证。在一项临床研究中，192 名 22 岁及以上的下颌后缩受试者被随机分为 Juvéderm® Voluma® XC 治疗组（N=144）和无治疗对照组（N=48）。在治疗后第 6 个月，与对照组相比，治疗组受试者下颌后缩得到了明显改善；在第 12 个月时，治疗效果仍然明显（Beer et al.，2021）。最常见的不良反应为压痛和肿胀，出现面部蜂窝组织炎和注射部位炎症两种严重不良反应。在研究期间，所有相关的不良反应均恢复且无后遗症。

8. 颈部

过去，美容的重点主要集中在面部；近年来，消费者对颈部的治疗需求显著增加。随着年龄的增长和多种外界因素的影响，颈部皮肤胶原纤维和成纤维细胞的数量逐渐减少，从而导致真皮基质体积的减少，进而造成颈部皱纹。对于水平颈纹，注射 HA 填充剂是一个很好的治疗选择。目前，国内外尚无批准针对颈部的交联 HA 填充剂产品，仅有部分交联 HA 填充剂颈部应用的临床文献报道。

Lee 和 Kim（2018）用交联 HA 填充剂进行水平颈纹的矫正。14 名受试者采用自身对照法，在颈纹一侧注射单相交联 HA 填充剂 Belotero® Balance（Anteis SA），另一侧注射双相交联 HA 填充剂 Restylane® Vital（Q-Med AB），注射剂量为每侧平均 1.01 mL，于治疗前和治疗后 2 个月进行对比，评价颈纹改善情况。结果显示，两种交联 HA 填充剂均能明显改善水平颈纹，效果可维持至少 2 个月。不良反应主要为轻度或中度颈部皮肤不规则凸起和颈纹暂时性加深。

9. 手部

除了面部和颈部，手也是身体表观衰老比较明显的部位。手部年轻化的目的是修复失去的容积以尽量减少静脉和肌腱突出，恢复皮肤光滑、健康的外观。文献中报道过多种使手部年轻化的方法，包括皮肤切除术、激光、化学剥脱及注射 HA 填充剂等。

2020 年，Restylane® Vital（Q-Med AB）获国内批准，适用对象为 18 岁以上手背部需要增加组织容量的人群，用于手背部真皮层，最佳为真皮深层的注射，以改善手部皮肤外观，是国内首款明确用于手部的交联 HA 填充剂产品。

Nikolis 和 Enright（2018）使用小颗粒的交联 HA 填充剂（Restylane® Vital 20 mg/mL 和 Vital Light 12 mg/mL）来实现手部皮肤的年轻化，其中最大注射剂量为每只手 0.5 mL。通过对 20 例受试者的临床评价发现，小颗粒交联 HA 填充剂可以通过改善皮肤水合度来改善手部皮肤质量，效果可维持 12 周。不良反应均为轻度，如暂时性红斑、肿胀、瘀伤，无严重不良反应报告。

Dallara（2012）报道了 99 位受试者，通过 Juvéderm® Ultra 3（交联 HA 24 mg/mL）和 Juvéderm® Hydrate™（非交联 HA 13.5 mg/mL，甘露醇 0.9%）（Allergan）的联合应用来治疗手部老化的案例。首次治疗时（第 0 天）注射 Juvéderm® Ultra 3，平均剂量为每只手 1.02 mL；第二次随访（第 15 天）时注射 Juvéderm® Hydrate™，平均剂量为每只手 0.91 mL；第 30 天时进行最终的评价。注射前手部老化量表（hand aging scale）的平均评分为 3.18，在研究结束时降至 1.73（$P<0.0001$），患者满意度超过 50%。不良事件发生率为 8.2%，主要症状包括水肿、血肿、发红和疼痛。

Restylane® Silk 是 FDA 批准的一款交联 HA 填充剂，适用于 21 岁以上患者的黏膜下注射以丰唇和真皮注射以矫正口周皱纹，也有医生用其进行手部填充。Wilkerson 和 Goldberg（2018）评估了 Restylane® Silk（交联 HA 20 mg/mL，Q-Med

AB）用于手部填充的安全性和有效性。25 名年龄在 40～70 岁之间的健康女性志愿者，在 1 只手的背部注射 Restylane® Silk 凝胶后随访 6 个月。88%以上的受试者在治疗后 1 个月有改善，83%的受试者在治疗后 6 个月仍保持改善，无不良事件报告。结果表明，注射 Restylane® Silk 可以有效改善手背部组织变薄，以及光老化造成手背部外观不佳的问题，且充分体现了其用于手部填充的安全性和有效性。

10. 其他应用

瑞典 Q-Med AB 公司曾开发过一款用于身体塑形的交联 HA 填充剂产品 Macrolane™，交联 HA 含量 20 mg/mL。该产品于 2007 年首先在法国批准上市，一年后在欧盟获批，2007～2012 年广泛用于隆胸。在一项临床研究中（Hedén et al.，2011），24 名未孕、未哺乳、乳房较小的女性接受了注射 Macrolane™ 以改善乳房外观。治疗后 6 个月，乳房外观改善率为 83%；在 12 个月时，69%的受试者乳房仍被认为有所改善，产品耐受性良好，无炎症反应或严重不良事件，最常见的不良反应是包膜挛缩。但是，后来研究发现，Macrolane™ 用于隆胸存在一些风险：第一，使用此产品进行隆胸需要多次侵入性操作，可能会在乳房组织中引起不良炎症，从而增加患乳腺癌的风险；第二，产品注射后存在形成结节和高发生率包膜挛缩的风险；第三，影响乳房成像，可能导致乳房疾病诊断的延迟。综合因素下，最终该产品于 2012 年后停产退市（Chaput et al.，2012）。

Macrolane™（Q-Med AB）除了曾用于隆胸，还用于丰臀。De Meyere 等（2014）报道了一项注射 Macrolane™ 来恢复臀部容积和轮廓的研究。61 名受试者接受了 Macrolane™ 臀部填充，人均注射体积为 340 mL（200～420 mL）。第 6 个月时，80%的受试者表现出明显改善，有 40%的受试者认为改善效果持续到第 24 个月。在研究期间，常见不良反应有压痛、疼痛、肿胀、瘙痒、发红和瘀伤，注射体积越大，肿胀、疼痛和发红的倾向越高。大多数不良反应为轻度至中度，一般 7 天后消失。随着 Macrolane™ 的停产，市场上出现了其替代产品。Hyacorp MLF1、Hyacorp MLF2 和 Genefill Contour 是 BioScience 公司推出的用于身体塑形的交联 HA 填充剂，交联 HA 含量均为 20 mg/mL，10mL/支，三者仅凝胶颗粒粒度和黏度不同。这三个产品于 2013 年取得欧盟认证，用作恢复容积和塑造身体轮廓，注射深度因治疗部位而异，可皮下和骨膜上应用。在欧洲市场上，三者常被用于丰臀。

痤疮疤痕症状在95%的痤疮患者中都存在，如何减轻或修复痤疮留下的疤痕症状是值得深入研究的方向。填充剂虽常用于面部软组织填充，但近年来有研究发现其对治疗痤疮疤痕也有不错的效果（Forbat et al.，2017）。Goodman 等（2016）进行了一项注射交联 HA 凝胶治疗痤疮疤痕的研究。5 名患有萎缩性痤疮疤痕的患者，每人接受两次治疗，间隔 2 周，于第二次治疗后随访 3 个月。通过在痤疮疤痕部位注射交联 HA 填充剂 Juvéderm® Voluma®（20 mg/mL，Allergan）来支撑皮肤、提拉疤痕，使其恢复平坦外观。从结果来看，治疗后 3 个月内，所有患者的疤痕数量均减少，疤痕均得到改善。

较大的耳垂在中国传统文化中是“富有”的象征，因此受到广大群众的青睐。Qian 等（2017）探讨了交联 HA 填充剂注射增大耳垂的应用及其在中国人群中的临床效果。在 2013 年 3 月至 2015 年 3 月期间，共 19 例患者（38 只耳朵）接受 HA 注射填充增大耳垂，每只耳朵的 HA 填充剂注射体积为 0.3～0.5 mL。结果显示，所有接受耳垂增大的患者治疗后立即表现出效果，耳垂的形态学改善明显，效果持续时间为 6～9 个月。19 例患者中有 2 例注射部位出现轻微淤青，但是在注射后 7 天内完全消失。研究组没有观察到血管栓塞、感染、结节或肉芽肿等并发症，表明注射 HA 填充剂以增大耳垂是一种安全、有效、简单的方法，具有良好的应用前景。

一些临床治疗会引起医源性面部或身体脂肪萎缩的不良反应，特别是人体免疫缺陷病毒（HIV）的抗逆转录病毒疗法以及皮质类固醇肌内注射时误注到皮下脂肪等，这两种情况都可能导致脂肪萎缩。交联 HA 填充剂在纠正脂肪萎缩方面有效。在一项研究报告中，医生使用 Juvéderm® Voluma®（Allergan）治疗 HIV 相关的面部脂肪萎缩，于治疗后 1 个月、1 年、2 年和 3 年进行随访，结果显示，交联 HA 填充剂治疗后 3 年仍有效果（Hausauer and Jones，2018）。

8.2.5 交联透明质酸填充剂的常见不良反应及处理

交联 HA 填充剂发生的不良反应一般为暂时的、轻度至中度的注射后局部反应，极少发生严重的不良反应。早期的不良反应一般出现在注射后即刻至 1 个月内，主要为淤青、肿胀、红斑、瘙痒、触痛等，一般症状较轻微，2 周内自愈（Huang et al.，2013）。迟发性不良反应通常出现在注射后 1～12 个月内，甚至更长时间，可表现为结节、炎症、肉芽肿、坏死等。很多不良反应的发生与医师的注射技术紧密相关，熟练和专业的注射技术可以大大减少甚至避免某些不良反应的发生。

Heydenrych 等（2018）提出，在面部美容过程中避免 HA 填充剂相关并发症主要关注三个方面的问题：①患者相关因素，包括患者皮肤状况、系统性疾病及服药情况、病史及过敏史、之前接受过的医美整形手术情况等；②产品相关因素，包括 HA 纯度、蛋白残留、核酸残留、交联剂残留、粒度、修饰度、溶胀性等；③美容程序相关因素，包括医美前后及过程中的影像学跟踪评估、治疗方案、注射技术及无菌保护措施等。

尽管近年来关于 HA 填充剂并发症处理的研究很多，但在医美领域尚未对最佳的并发症处理方案达成共识。以下主要介绍一些有文献报道的注射交联 HA 填充剂后的并发症，以及在治疗方面的专家建议。

淤青是一种常见的填充剂注射并发症（Urdiales-Gálvez et al.，2018），发生淤青的风险可以通过以下措施降低：降低填充剂注射速度；注射填充剂前 7～10 天不要使用任何抗凝血剂；避免在经期、感冒发烧期、口腔科治疗后等时期注射；另外，建议治疗后 24 h 内避免剧烈运动（中国整形美容协会微创与皮肤整形美容分会，2018）。

肿胀是常见的填充剂注射早期并发症。注射后即刻出现短暂的肿胀是正常的，根据使用的产品特性，肿胀的时间和严重程度可能有所不同。最常见的发生肿胀的部位是唇部和眶周区域。对于轻度肿胀，可通过冷敷缓解；中度到重度肿胀则需要服用抗炎药物。

血管性水肿通常起病早，但可持续发作 6 周以上（Urdiales-Gálvez et al.，2018）。这些病例通常很难治疗，对药物的反应也不尽相同。水肿宜选用最小剂量的口服类固醇来控制。

注射交联 HA 填充剂后，填充部位可能会即刻出现皮肤发红现象，这是正常的表现。对于持久性红斑，建议局部使用中等强度的类固醇。然而，应避免长期使用高效类固醇。此外，维生素 K 乳膏可能有助于加速红斑的消退。

当患者有疱疹病毒感染史时，皮肤填充剂注射可能导致其复发。大多数疱疹复发发生在口周、鼻黏膜和硬腭黏膜。对于有严重疱疹病史（3 次以上）的患者，当计划在易发疱疹的部位注射时，应预防性地给予抗疱疹药物。

软组织填充剂注射后血管栓塞是一种严重的并发症，主要是由操作不当，填充剂被注射进入血管造成。血管栓塞常伴随皮肤坏死，这是最危险的并发症之一。为避免不可逆的伤害，需要尽早识别血管栓塞并迅速积极地治疗。Hong 等（2017）认为注射填充后 3 天内是治疗血管栓塞并发症的“黄金治疗时间”。血管栓塞的两个主要诊断症状是疼痛和皮肤颜色的改变。动脉栓塞的典型症状是即刻的、严重的疼痛和颜色变化（白色斑点），而静脉栓塞可能伴有较轻的、钝性或延迟性疼痛（在某些情况下可能没有疼痛）。由于血管栓塞是罕见的事件，目前的预防和处理建议几乎完全基于专家意见和共识报告。当怀疑血管栓塞时，应立即停止注射并迅速进行治疗，治疗策略包括使用透明质酸酶、热敷、按摩或轻拍该部位，并使用 2%硝酸甘油糊剂促进血管扩张。

视网膜动脉阻塞是一种罕见但严重的视觉并发症，主要症状是失明，注射后几秒钟内即可出现。其他相关症状有注射部位疼痛和头痛。视网膜动脉阻塞超过 60～90 min 会导致不可逆转的失明，因此注射 HA 填充剂时如果出现视力下降，应立即停止注射，并迅速采取扩张血管、眼球按摩等急救措施，严重的需进行手术治疗。

注射软组织填充剂感染率较低，估计为 0.04%～0.2%（Ferneini et al.，2017）。这些感染大多是由于注射时消毒不彻底造成皮肤污染物渗入注射部位。感染可能发生在早期、治疗后几天，或延迟发生在治疗后数周至数年，可大致分为急性感染和迟发性慢性感染。急性感染在注射部位表现为急性炎症或脓肿；迟发性慢性感染通常发生在注射后 2 周或 2 周以上，往往影响区域更广泛。可通过口服抗生素治疗，配合透明质酸酶、激光或手术引流脓肿等手段。

肉芽肿反应是一种迟发性不良反应，是交联 HA 填充后最严重的并发症之一。去除局部注射的填充剂是一种关键的处理方法。通常首选通过注射透明质酸酶去除，其次考虑手术切除。若患者有炎性结节，则可接受抗生素治疗。在一项面部皮肤软组织填充相关炎症反应的 19 例回顾性分析中（吴琳等，2020），有 7 例诊断为异物肉芽肿，表现为结节大部分边界清楚，质坚韧，囊肿可有波动感，皮肤可有轻度红晕。其中 3 例予透明质酸酶（HAase，100 U/mL）溶解 1 次，2 例予口服激素联合抗感染治疗，1 例皮疹局限者手术切除，治疗均有效；异物肉芽肿合并水肿患者 1 例，予复方倍他米松肌内注射、激素或 HAase 局部注射多次，1 年后结节逐渐消退。王艺霏等（2022）报道了 1 例颈部及手背注射交联 HA 填充剂引发迟发性肉芽肿的病例。患者填充部位出现肿胀性结节，无发热、瘙痒、关节疼痛等不适，经诊断为迟发性肉芽肿反应。予口服美满霉素 0.1 g，每天 2 次；强的松每天 30 mg，每 2 周减量 10 mg，治疗 2 个月后皮损逐渐消退。Wang 等（2021）报道了一位下巴注射交联 HA 填充剂 3 个月后出现硬结和肿胀的病例。患者下巴肿胀、硬结、疼痛和压痛。接受了 2 周的口服抗生素治疗，症状没有缓解。从病变处取出的活检标本显示有异物反应，接受了透明质酸酶下颚注射、全身皮质类固醇、抗组胺药和克林霉素治疗。症状在 7 天内得到改善。每 4 周进行一次门诊随访，未发现复发。

8.3　水光注射液

1952 年，法国医生 Michel Pistor 首次提出“Mesotherapy”疗法，又称“中胚层疗法”。中胚层疗法在医美领域有多种设备和方法可供选择，最常见的有水光注射、微针疗法等。

近年来，水光注射是市场上最受欢迎的医美项目之一，其市场广阔，前景巨大，但随着水光注射市场的迅速扩大，一系列问题也随之而来，例如，水光注射产品的价格和质量参差不齐，产品超范围使用。为加强对水光注射市场的监管，2022 年 3 月 30 日，国家药品监督管理局发布了《关于调整〈医疗器械分类目录〉部分内容的公告（2022 年第 30 号）》，其中对水光注射产品进行了明确的分类，用于注射到真皮层，主要通过所含透明质酸钠等材料的保湿、补水作用改善皮肤状态，按照Ⅲ类医疗器械监管。自此，水光注射市场从“鱼龙混杂”正式走向合规发展之路。目前，国内尚没有批准水光注射适应证的产品上市，但是从国家药品监督管理局临床试验备案公示来看，目前已有几十项水光注射临床备案信息。

皮肤老化在很大程度上可归因于皮肤成纤维细胞功能障碍导致其生物合成活动的减少，合成的细胞外基质不足以维持皮肤年轻的外观（Prikhnenko，2015）。水光注射可以直接将细胞外基质成分或其他功能成分注射至真皮层。常见的水光注射液可分为四类：纯 HA 制剂；以 HA 为载体、富含多种营养物质的制剂；以某一其他成分（如胶原、PDRN 等）为主的制剂；协同多个成分的配方制剂。

HA 类水光注射液可分为纯 HA 产品，以及以 HA 为载体、富含多种营养物质的产品。其中的 HA 可以是非交联 HA，也可以是交联 HA。真皮内注射的非交联 HA 会被很快清除，非交联 HA 注射水光产品一般注射间隔为 2～4 周。相比之下，交联 HA 可以在体内维持较长的时间，注射间隔相对更长。

由于水光注射液一般注射至较浅的皮肤层次，而交联 HA 的修饰度过高、凝胶颗粒过大、HA 浓度过高等因素会导致注射至皮肤浅层至中层后易出现凹凸不平、结节等现象，影响外观。因此，低修饰度、小颗粒或无颗粒、中低 HA 浓度的交联 HA 凝胶更适合作为水光注射液。

目前已有多项 HA 类水光注射产品修复细纹、恢复皮肤弹性以及改善皮肤质量的临床研究。

Skinvive^{TM}（VYC-12L；Allergan）是 2023 年 FDA 批准上市的首款交联 HA 水光注射产品，可以改善脸颊皮肤平滑度，效果长达 6 个月。在一项随机、多中心、双盲、延迟治疗对照研究中（Alexiades et al.，2023），209 名受试者以 2:1 的比例随机分配到试验组（VYC-12L 组，N=136）或生理盐水对照组（DTC 组，N=73）。在基线检查，以及治疗后 1 个月、2 个月、4 个月、6 个月采用 Allergan 脸颊皮肤平滑度表（ACSS）和 Allergan 细纹量表（AFLS）进行评估分析。在整个研究过程中，VYC-12L 组的 ACSS 和 AFLS 应答率保持一致，第 6 个月的应答率分别为 55.6%和 63.2%，显著高于 DTC 组。在整个研究过程中，VYC-12L 治疗后皮肤的含水量增加。通过对中重度脸颊皮肤粗糙受试者的皮肤平滑度和细纹进行评估并测量皮肤含水量，结果表明，VYC-12L 对皮肤质量产生了显著的、持久的改善，效果可维持 6 个月。

在一项对润致®Aqua（华熙生物）的临床观察中（刘秀峰等，2021），研究人员使用水光注射仪对受试者面部注射润致®Aqua，每个月注射一次，共 3 次。于治疗前，以及 3 次治疗后 1 个月、2 个月、3 个月采用 VISIA 检测仪评估皮肤质量并记录受试者不良反应及满意度。结果显示，在 32 例受试者中，面部皮肤纹理、皱纹、毛孔、毛细血管扩张、色斑等均有改善，治疗后 1 个月 32 例（100%）有效，疗程结束后 3 个月时 28 例（87.51%）仍有效。治疗后不良反应发生率较低，治疗过程中疼痛轻微。

Lee 等（2015）对 30 例女性患者面部注射 Restylane® Vital（Q-Med AB），共注射 3 次，每次间隔 4 周，每次注射 2 mL。疗程结束后，定期对皮肤表面粗糙度、弹性、亮度、水分和细纹的改善情况及患者满意度进行评估。结果显示，大部分患者（77%）对治疗结果满意，66%的患者效果维持时间超过 4 个月。

8.4 可溶性微针

微针由数十个或数百个规则排列的微针阵列与一个支撑微针的基座构成。阵列的针头一般由硅、金属、玻璃或可降解材料等制备（Kim et al.，2019）。使用时，微针穿刺皮肤，在角质层形成微通道，将活性成分传递至表皮深层或真皮。根据针的构造不同，微针可分为中空和实心两类。可溶性微针是一种以生物可降解材料制备的实心微针。HA 可溶性微针贴片一般以 HA 和（或）修饰 HA 为基质材料，辅以少量活性成分，制作成微米级针状突起并立于贴片上，应用时贴敷于皮肤，并轻微按压以使针状突起刺入表层皮肤，一定时间之后 HA 溶解，将活性成分直接释放于表皮或真皮层而发挥作用。通过添加不同的活性成分，微针可达到不同的美容目的，如美白、祛鱼尾纹、祛痘印等。

目前，国内市场销售的 HA 可溶性微针贴片产品的基质均为非交联 HA，如克奥妮斯微晶美容膜（CosMED Pharmaceutical Co. Ltd.，Japan）、艾派丝玻尿酸微针贴片（Raphas，Korea）。文献报道的 HA 可溶性微针研究也以非交联 HA 为基质居多。例如，Lee 等（2018）以 HA 为基质制备了一种治疗银屑病斑块的微针贴片（Therapass® RMD-6.5A，Raphas，Cheonan，Korea）；Choi 等（2017）制备了一种 HA 微针贴片，用以改善鱼尾纹，取得了良好效果；Lee 等（2020）制备了一种以 HA 为基质、负载还原型谷胱甘肽的微针贴片，不仅可以促进谷胱甘肽的吸收，还可以达到无痛效果，同时能减少谷胱甘肽的不良气味。

以交联 HA 为基质制备可溶性微针的报道较少。Choi 等（2018）以交联 HA 为基质制备了交联 HA 微针贴片，并与非交联 HA 微针贴片在穿透成功率、机械破坏率和溶解速率方面进行了比较研究，结果表明，交联 HA 微针贴片可延缓 HA 降解、缓释药物和降低皮肤的肿胀。但是在该研究中，由于 HA 水凝胶在高交联度下的流动性低，只能使用低交联度的 HA。Kim 等（2020）制备了交联 HA 可溶性微针贴片，该微针贴片生物相容性良好，具有药物缓释性，可连续数天持续释放药物。

Avcil 等（2020）评估了一种含有生物活性成分的 HA 微针贴片的安全性和有效性。贴片的主要成分包括 HA、精氨酸/赖氨酸多肽、乙酰八肽-3、棕榈酰三肽- 5、腺苷和海藻提取物。在为期 12 周的试验中，20 名受试者每周 2 次将贴片应用于眼角区域，治疗结束后采用仪器分析皮肤含水量、密度、厚度等。结果表明，该贴片耐受性良好，没有受试者报告不良反应。受试者细纹/皱纹减少了 25.8%，皮肤水分改善 15.4%，真皮的皮肤密度和厚度分别增加 14.2%和 12.9%。

一项应用 HA 微针贴片改善受试者皮肤质量的研究中，受试者每周使用 2 次微针贴片，6 周后评估其有效性（Zvezdin et al.，2020）。微针贴片的针体长度约 450 μm，含 HA、阿魏酸等成分。结果显示，受试者皮肤平均粗糙指数降低 65.32%，78.3%的受试者皮肤弹性增加，89.9%的受试者表皮皱纹减轻，无不良反应。由此可见，该可溶性微针贴片能够改善皮肤质量，且安全、有效、便捷。

8.5 医用敷料

在 20 世纪中期，英国皇家医学会 Winter 博士在动物试验中证实，湿性环境下伤口愈合的速度是干性环境下的 2 倍，该研究成果为现代湿性伤口愈合理论奠定了基础，同时亦促进了湿性伤口愈合在护理技术方面的应用（Winter，1962）。医用敷料是根据湿润愈合理论研制的用于覆盖皮肤创面的医用材料，其中 HA 作为敷料材料使用，具有良好的生物相容性及安全性，一方面，HA 是由葡萄糖醛酸和乙酰氨基葡糖双糖单位组成的一种直链高分子黏多糖，广泛存在于人、动物和微生物体内，无种属差异性，是人体本身具有的内源性物质，无毒、无免疫原性；另一方面，HA 分子结构中含有大量的羟基、羧基等亲水基团，可通过氢键作用，结合大量水分子，使其具有吸附其自身质量 500～1000 倍水分的特性。经研究表明，含有 HA 的医用敷料可以使得皮肤创面保持湿润，形成保护层并促进伤口的愈合；HA 在保湿的同时，还能改善皮肤的生长条件，为真皮胶原蛋白和弹性纤维的合成提供优越的条件。此外，高浓度、高分子量的 HA 具有抗炎、调控胶原纤维合成、防止痂皮形成等功能（赵京玉和柴家科，2011）。目前，HA 敷料按产品型式不同，可分为液体/喷剂、凝胶、敷贴、冻干粉末、冻干海绵等；包装形式有含无纺布的铝箔袋、硼硅玻璃类的西林瓶/针管、聚乙烯类软膏管/塑料瓶/塑料管/塑料软管（次抛）等。含有 HA 成分的医用敷料主要应用于医美术后护理、痤疮、皮炎等方面。

8.5.1 医疗美容术后修护

现代医疗美容手段主要包括声光电治疗、化学剥脱治疗、局部注射治疗等方式，大多数都是利用精准的物理、化学、药理作用对皮肤的表皮及真皮组织进行可控的破坏和重塑，从而达到治疗的效果。但是，在治疗的过程中，皮肤角质层会受到不同程度的损伤，形成创面，引发一系列皮肤屏障受损的症状，如红斑、水肿、灼热、色素沉积、瘢痕等。医美术后科学修护能够加速创面愈合，提升皮肤修复速度。

例如，市售产品理肤泉医用创面敷料（欧莱雅）是华熙生物与欧莱雅合作设计开发的一款含有 HA 成分的敷料，主要用于完整皮肤屏障受损后浅表创面的护理。在一项临床研究中，试验组对面部接受激光治疗后的受试者给予理肤泉医用创面敷料和上海市皮肤病医院自制的单乳膏，对照组只给予单乳膏，连续使用 7

天。试验结束后，皮肤图像分析仪定量结果显示，相对于对照组，试验组的红色区、棕色斑和纹理明显改善（$P<0.05$），CK 皮肤测试仪检测结果显示，在激光治疗后的不同的时间点，试验组的皮肤含水量明显高于对照组，各个时间点经皮水分丢失明显低于对照组（$P<0.05$），表明 HA 敷料可以促进激光术后皮肤的屏障修复（陈凤娟等，2022）。

邱实等（2015）通过对 146 例接受面部强脉冲光治疗的患者术后应用 HA 敷料的效果进行了研究，结果显示，接受 HA 敷料湿敷的患者（试验组）面部皮肤红斑、干燥及脱屑的发生率明显低于未使用 HA 敷料的对照组，且试验组治疗后满意度高于对照组，由此可见，HA 敷料具有促进皮肤修复、创面愈合的作用。

痤疮是临床常见的一种慢性皮肤疾病，多发生于青少年期间，目前针对痤疮有效的治疗手段主要包括化学剥脱、药物治疗等，其中 CO_2 点阵激光治疗效果最为显著，但术后仍会出现红斑、水肿、结痂、肤色沉着等现象。术后使用 HA 敷料可以为创面提供利于愈合的微环境，修复皮肤屏障，减少瘢痕肉芽组织的形成，经研究发现，CO_2 点阵激光联合 HA 敷料治疗痤疮凹陷性瘢痕具有显著的效果。

唐许等（2017）对 100 例轻中度痤疮后凹陷性瘢痕患者进行脉冲 CO_2 点阵激光治疗后，采用 HA 敷料进行术后护理，术后患者按照 20 min/次的频率使用，连续使用 3 天。研究结果显示，外用 HA 可以明显减轻点阵激光束后的红斑等不良反应，并且可以缩短局部的结痂时间，减轻术后皮肤干燥、紧绷，提高患者的舒适度。

林琳等（2021）采用 HA 敷料对点阵激光术后的患者进行修护，研究结果同样表明，使用 HA 敷料缩短了患者结痂时间、痂皮脱落时间及愈合时间，HA 明显促进了面部痤疮凹陷性瘢痕患者的创面愈合；同时使用 HA 敷料还减轻了患者的疼痛程度（潘永正等，2014）。

8.5.2　皮炎应用

皮炎是一种慢性、反复发作的皮肤疾病，是皮肤对于化学制剂、蛋白质、细菌与真菌等物质的变应性反应，其类型分为多种，包括特应性皮炎、脂溢性皮炎、激素依赖性皮炎等。不管是自身免疫的影响，还是外界环境变化、空气污染、化妆品的不合理使用等，均是导致皮炎发生的重要因素。皮炎具体表现有皮肤出现剥脱、变厚、变色及碰触时发痒等现象，上述症状会导致皮肤屏障受损，因此治疗皮炎必须修护皮肤创面。

HA 可以通过调节胶原的合成及胶原纤维的活性，从而促进表皮生长因子的表达，进而促进皮肤细胞的新生；同时，HA 具有抗炎及保湿作用，能够达到消除炎症、修复受损皮肤的目的（Monslow et al.，2009）。基于上述优势，HA 敷料在皮炎治疗方面具有重要的应用。

崔成军（2015）通过对 50 多例皮炎患者分别进行了 HA 敷料治疗（试验组）和海普林软膏治疗（对照组），治疗 1 个月后，试验组的有效率达到 93.75%，对照组的有效率为 92.5%，证明 HA 敷料同海普林软膏一样对面部皮炎安全有效。

包宝龙（2022）对糠酸莫米松乳膏联合绽妍 HA 系列敷料治疗女性面部皮炎进行了相关研究。研究中将 88 例特应性皮炎患者随机均分为观察组和对照组，对照组给予糠酸莫米松乳膏进行治疗，观察组加 HA 系列敷料（医用修护敷料、皮肤修护敷料）辅助治疗，分别于第 7 天和第 14 天对两组临床疗效、 安全性进行评估，比较两组患者治疗前后的湿疹面积及严重程度（EASI）评分、临床疗效和安全性，并于治疗 2 周内和治疗结束 1 个月随访，进行安全性和复发性评价。结果表明，治疗后 VAS 评分、EASI 评分均较治疗前降低，且观察组各时间段均显著低于对照组，差异具有统计学意义（$P<0.05$）。观察组的痊愈率达到 63.64%，有效率为 88.64%；对照组痊愈率为 27.27%，有效率为 68.18%，观察组有效率明显高于对照组。88 例患者中，观察组变态反应发生率为 6.82%，对照组为 22.73%。治疗后 1 个月随访，观察组的复发率（4.55%）显著低于对照组复发率（25.00%），表明 HA 敷料可有效改善面部皮炎患者的皮肤屏障功能，具有良好的安全性和有效性。

祝行行等（2016）进行了 HA 凝胶与他克莫司软膏治疗面部脂溢性皮炎疗效观察，试验组外用 HA 凝胶，对照组使用他克莫司软膏，并于治疗后 1 天、7 天、14 天、28 天进行随访。疗程结束后，对照组和试验组在疗效、角质层含水量方面改善一致，表明 HA 治疗面部脂溢性皮炎疗效与他克莫司软膏一致。此外，HA 凝胶能改善皮肤屏障功能，减轻皮损。

（刘建建　杨莹莹　张　燕）

参 考 文 献

包宝龙. 2022. 绽妍透明质酸系列敷料辅助治疗女性面部皮炎的临床观察. 九江学院学报(自然科学版), 37(4): 116-118.

陈凤娟, 柯锦, 钱丽洁, 等. 2022. 透明质酸敷料促进 Picoway 激光术后皮肤屏障的修复. 基础医学与临床, 42(12): 1916-1920.
崔成军. 2015. 透明质酸敷料治疗颜面再发性皮炎的疗效观察. 基层医学论坛, 19(4): 573-574.
林琳, 宋俊红, 陈立荣. 2021. 透明质酸敷料联合超脉冲点阵 CO_2 激光对面部痤疮凹陷性瘢痕患者瘢痕修复情况及疼痛程度的影响. 中国美容医学, 30(11): 48-50.
刘秀峰, 段志优, 向杨, 等. 2021. 水光注射微交联透明质酸治疗面部年轻化的临床观察. 中华医学美学美容杂志, 27(5): 428-431.
倪小丽, 王大光. 2020. 透明质酸分区域分层次填充矫治眶下区凹陷疗效观察. 中国美容医学, 29(2): 23-27.
潘永正, 吴迪, 张敬东, 等. 2014. 透明质酸敷料用于面部超脉冲 CO_2 点阵激光术后的临床观察. 中国激光医学杂志, 23(2): 90-93, 114.
邱实, 宛利民, 盛艳利, 等. 2015. 透明质酸敷料在面部强脉冲光治疗术后的皮肤修复效果. 中国医师杂志, 17(11): 1745-1746.
孙敏, 谢红付, 施为, 等. 2016. 含透明质酸的保湿护肤品治疗面部脂溢性皮炎的临床研究. 中国皮肤性病学杂志, 30(4): 437-440.
唐桂茹, 朱紫婷. 2022. 注射用透明质酸钠复合溶液用于治疗颈部横纹的疗效研究. 中国医疗美容, 12(9): 18-22.
唐许, 龚成, 刘慧. 2017. 透明质酸敷料联合超脉冲 CO_2 点阵激光治疗面部痤疮凹陷性瘢痕疗效分析. 中国美容医学, 26(10): 88-89, 115.
王慕瑶, 蒋伊晨, 吴可伦, 等. 2017. 六种注射用交联透明质酸钠的形态学观察及体外酶降解实验. 中国美容医学, 26(4): 52-56.
王艺霏, 李延, 陶娟. 2022. 透明质酸面颈部及手背填充引发迟发性肉芽肿 1 例. 中国医疗美容, 12(2): 10-12.
吴琳, 刘兰婷, 李云会, 等. 2020. 面部皮肤软组织填充相关炎症反应 19 例回顾性分析. 中国皮肤性病学杂志, 34(7): 791-795.
杨莹莹, 吴万福, 刘建建, 等. 2019. 透明质酸软组织填充剂理化性质和体外酶解时间的对比研究. 中国美容整形外科杂志, 30(8): 495-499.
张建民. 2009. 注射美容填充剂——透明质酸的性能. 上海食品药品监管情报研究, (4): 25-28.
赵京玉, 柴家科. 2011. 外源性透明质酸对创面愈合影响的研究进展. 中华损伤与修复杂志, 6(1): 107-110.
中国整形美容协会微创与皮肤整形美容分会. 2018. 透明质酸填充剂注射后迟发不良反应的专家共识. 中国美容整形外科杂志, 29(3): 前插 3-1 -前插 3-3.
周劼, 仲媛, 陈媛, 等. 2022. 透明质酸填充眉弓改善上面部轮廓低平的临床研究. 中国医疗美容, 12(11): 21-24.
祝行行, 连石, 朱威. 2016. 透明质酸凝胶与他克莫司软膏治疗面部脂溢性皮炎疗效观察. 实用皮肤病学杂志, 9(6): 356-358.
Alexiades M, Palm M D, Kaufman-Janette J, et al. 2023. A randomized, multicenter, evaluator-blind study to evaluate the safety and effectiveness of VYC-12L treatment for skin quality improvements. Dermatologic Surgery, 49(7): 682-688.

André P, Villain F. 2017. Free radical scavenging properties of mannitol and its role as a constituent of hyaluronic acid fillers: a literature review. International Journal of Cosmetic Science, 39(4): 355-360.

Avcil M, Akman G, Klokkers J, et al. 2020. Efficacy of bioactive peptides loaded on hyaluronic acid microneedle patches: a monocentric clinical study. Journal of Cosmetic Dermatology, 19(2): 328-337.

Bacos J T, Dayan S H. 2019. Superficial dermal fillers with hyaluronic acid. Facial Plastic Surgery, 35(3): 219-223.

Baumann L S, Weisberg E M, Mayans M, et al. 2019. Open label study evaluating efficacy, safety, and effects on perception of age after injectable 20 mg/mL hyaluronic acid gel for volumization of facial temples. Journal of Drugs in Dermatology, 18(1): 67-74.

Beer K, Kaufman-Janette J, Bank D, et al. 2021. Safe and effective chin augmentation with the hyaluronic acid injectable filler, VYC-20L. Dermatologic Surgery, 47(1): 80-85.

Berguiga M, Galatoire O. 2017. Tear trough rejuvenation: a safety evaluation of the treatment by a semi-cross-linked hyaluronic acid filler. Orbit, 36(1): 22-26.

Berros P, Armstrong B K, Foti P, et al. 2018. Cosmetic adolescent filler: an innovative treatment of the "selfie" complex. Ophthalmic Plastic and Reconstructive Surgery, 34(4): 366-368.

Bertossi D, Lanaro L, Dell'Acqua I, et al. 2019. Injectable profiloplasty: forehead, nose, lips, and chin filler treatment. Journal of Cosmetic Dermatology, 18(4): 976-984.

Brandt F S, Cazzaniga A, Strangman N, et al. 2012. Long-term effectiveness and safety of small gel particle hyaluronic acid for hand rejuvenation. Dermatologic Surgery, 38(7 Pt 2): 1128-1135.

Butterwick K, Marmur E, Narurkar V, et al. 2015. HYC-24L demonstrates greater effectiveness with less pain than CPM-22.5 for treatment of perioral lines in a randomized controlled trial. Dermatologic Surgery, 41(12): 1351-1360.

Calisti A, Elattar A. 2017. Three-dimensional vision: circumferential nonsurgical neck rejuvenation. Dermatologic Surgery, 43(9): 1186-1189.

Carley S K, Kraus C N, Cohen J L. 2020. Nitroglycerin, or not, when treating impending filler necrosis. Dermatologic Surgery, 46(1): 31-40.

Carruthers J, Carruthers A, Humphrey S. 2015. Introduction to fillers. Plastic and Reconstructive Surgery, 136(5 Suppl): 120S-131S.

Chaput B, Chavoin J P, Crouzet C, et al. 2012. Macrolane is no longer allowed in aesthetic breast augmentation in France. Will this decision extend to the rest of the world?. Journal of Plastic, Reconstructive & Aesthetic Surgery, 65(4): 527-528.

Chiang Y Z, Pierone G, Al-Niaimi F. 2017. Dermal fillers: pathophysiology, prevention and treatment of complications.Journal of the European Academy of Dermatology and Venereology, 31(3): 405-413.

Choi J T, Park S J, Park J H. 2018. Microneedles containing cross-linked hyaluronic acid particulates for control of degradation and swelling behaviour after administration into skin. Journal of Drug Targeting, 26(10): 884-894.

Choi S Y, Kwon H J, Ahn G R, et al. 2017. Hyaluronic acid microneedle patch for the improvement of crow's feet wrinkles. Dermatologic Therapy, 30(6): 1-5.

Choi W J, Han S W, Kim J E, et al. 2015. The efficacy and safety of lidocaine-containing hyaluronic acid dermal filler for treatment of nasolabial folds: a multicenter, randomized clinical study. Aesthetic Plastic Surgery, 39(6): 953-962.

da Costa A, Biccigo D G Z, de Souza Weimann E T, et al. 2017. Durability of three different types of hyaluronic acid fillers in skin: are there differences among biphasic, monophasic monodensified, and monophasic polydensified products?. Aesthetic Surgery Journal, 37(5): 573-581.

Dallara J M. 2012. A prospective, noninterventional study of the treatment of the aging hand with Juvéderm Ultra® 3 and Juvéderm® Hydrate. Aesthetic Plastic Surgery, 36(4): 949-954.

De Maio M, Wu W T L, Goodman G J, et al. 2017. Facial assessment and injection guide for botulinum toxin and injectable hyaluronic acid fillers: focus on the lower face. Plastic and Reconstructive Surger, 140(3): 393e-404e.

De Meyere B, Mir-Mir S, Peñas J, et al. 2014. Stabilized hyaluronic acid gel for volume restoration and contouring of the buttocks: 24-month efficacy and safety. Aesthetic Plastic Surgery, 38(2): 404-412.

Doh E J, Kim J, Lee D H, et al. 2018. Neck rejuvenation using a multimodal approach in Asians. Journal of Dermatological Treatment, 29(4): 400-404.

Dugaret A S, Bertino B, Gauthier B, et al. 2018. An innovative method to quantitate tissue integration of hyaluronic acid-based dermal fillers. Skin Research and Technology, 24(3): 423-431.

Fagien S, Bertucci V, von Grote E, et al. 2019. Rheologic and physicochemical properties used to differentiate injectable hyaluronic acid filler products. Plastic and Reconstructive Surgery, 143(4): 707e-720e.

Fagien S, Monheit G, Jones D, et al. 2018. Hyaluronic acid gel with (HARRL) and without lidocaine (HAJU) for the treatment of moderate-to-severe nasolabial folds: a randomized, evaluator-blinded, phase III study. Dermatologic Surgery, 44(4): 549-556.

Fallacara A, Manfredini S, Durini E, et al. 2017. Hyaluronic acid fillers in soft tissue regeneration. Facial Plastic Surgery, 33(1): 87-96.

Ferneini E M, Beauvais D, Aronin S I. 2017. An overview of infections associated with soft tissue facial fillers: identification, prevention, and treatment. Journal of Oral and Maxillofacial Surgery, 75(1): 160-166.

Few J, Cox S E, Paradkar-Mitragotri D, et al. 2015. A multicenter, single-blind randomized, controlled study of a volumizing hyaluronic acid filler for midface volume deficit: patient-reported outcomes at 2 years. Aesthetic Surgery Journal, 35(5): 589-599.

Flynn T C, Sarazin D, Bezzola A, et al. 2011. Comparative histology of intradermal implantation of mono and biphasic hyaluronic acid fillers. Dermatologic Surgery, 37(5): 637-643.

Forbat E, Ali F R, Al-Niaimi F. 2017. The role of fillers in the management of acne scars. Clinical and Experimental Dermatology, 42(4): 374-380.

Goodman G J, Van Den Broek A. 2016. The modified tower vertical filler technique for the treatment of post-acne scarring. Australasian Journal of Dermatology, 57: 19-23.

Goldberg D J. 2018. Dermal fillers. Aesthet dermatol. 4. Basel: Karger.

Gutowski K A. 2016. Hyaluronic acid fillers: science and clinical uses. Clinics in Plastic Surgery, 43(3): 489-496.

Halepas S, Peters S M, Goldsmith J L, et al. 2020. Vascular compromise after soft tissue facial fillers: case report and review of current treatment protocols. Journal of Oral and Maxillofacial Surgery,

78(3): 440-445.

Hausauer A K, Jones D H. 2018. Long-term correction of iatrogenic lipoatrophy with volumizing hyaluronic acid filler. Dermatologic Surgery, 44(Suppl 1): S60-S62.

Hedén P, Olenius M, Tengvar M. 2011. Macrolane for breast enhancement: 12-month follow-up. Plastic and Reconstructive Surgery, 127(2): 850-860.

Hee C K, Shumate G T, Narurkar V, et al. 2015. Rheological properties and *in vivo* performance characteristics of soft tissue fillers. Dermatologic Surgery, 41(Suppl 1): S373-S381.

Heitmiller K, Ring C, Saedi N. 2021. Rheologic properties of soft tissue fillers and implications for clinical use. Journal of Cosmetic Dermatology, 20(1): 28-34.

Heydenrych I, Kapoor K M, De Boulle K, et al. 2018. A 10-point plan for avoiding hyaluronic acid dermal filler-related complications during facial aesthetic procedures and algorithms for management. Clinical, Cosmetic and Investigational Dermatology, 11: 603-611.

Hilton S, Sattler G, Berg A K, et al. 2018. Randomized, evaluator-blinded study comparing safety and effect of two hyaluronic acid gels for lips enhancement. Dermatologic Surgery, 44(2): 261-269.

Hong J Y, Choi E J, Choi S Y, et al. 2018. Randomized, patient/evaluator-blinded, intraindividual comparison study to evaluate the efficacy and safety of a novel hyaluronic acid dermal filler in the treatment of nasolabial folds. Dermatologic Surgery, 44(4): 542-548.

Hong J Y, Seok J, Ahn G R, et al. 2017. Impending skin necrosis after dermal filler injection: a "golden time" for first-aid intervention. Dermatologic Therapy, 30(2): e12440.

Hu L L, Zhao K J, Song W M., 2020. Effect of mesotherapy with nanochip in the treatment of facial rejuvenation. Journal of Cosmetic and Laser Therapy, 22(2): 84-89.

Huang X L, Liang Y M, Li Q F. 2013. Safety and efficacy of hyaluronic acid for the correction of nasolabial folds: a meta-analysis. European Journal of Dermatology, 23(5): 592-599.

Ibrahim O, Overman J, Arndt K A, et al. 2018. Filler nodules: inflammatory or infectious? A review of biofilms and their implications on clinical practice. Dermatologic Surgery, 44(1): 53-60.

Jang M, Baek S, Kang G, et al. 2020. Dissolving microneedle with high molecular weight hyaluronic acid to improve skin wrinkles, dermal density and elasticity. International Journal of Cosmetic Science, 42(3): 302-309.

Jeong S H, Fan Y F, Cheon K H, et al. 2017. Hyaluronic acid-hydroxyapatite nanocomposite hydrogels for enhanced biophysical and biological performance in a dermal matrix. Journal of Biomedical Materials Research Part A, 105(12): 3315-3325.

Kablik J, Monheit G D, Yu L P, et al. 2009. Comparative physical properties of hyaluronic acid dermal fillers. Dermatologic Surgery, 35(Suppl 1): 302-312.

Kim B W, Moon I J, Yun W J, et al. 2016. A randomized, evaluator-blinded, split-face comparison study of the efficacy and safety of a novel mannitol containing monophasic hyaluronic acid dermal filler for the treatment of moderate to severe nasolabial folds. Annals of Dermatology, 28(3): 297-303.

Kim D S, Choi J T, Kim C B, et al. 2020. Microneedle array patch (MAP) consisting of crosslinked hyaluronic acid nanoparticles for processability and sustained release. Pharmaceutical Research, 37(3): 50.

Kim J E, Sykes J M. 2011. Hyaluronic acid fillers: history and overview. Facial Plastic Surgery, 27(6): 523-528.

Kim J H, Kwon T R, Lee S E, et al. 2020. Comparative evaluation of the effectiveness of novel hyaluronic acid-polynucleotide complex dermal filler. Scientific Reports, 10(1): 5127.

Kim Y, Bhattaccharjee S A, Beck-Broichsitter M, et al. 2019. Fabrication and characterization of hyaluronic acid microneedles to enhance delivery of magnesium ascorbyl phosphate into skin. Biomedical Microdevices, 21(4): 104.

Kühne U, Esmann J, von Heimburg D, et al. 2016. Safety and performance of cohesive polydensified matrix hyaluronic acid fillers with lidocaine in the clinical setting—an open-label, multicenter study. Clinical, Cosmetic and Investigational Dermatology, 9: 373-381.

La Gatta A, De Rosa M, Frezza M A, et al. 2016. Biophysical and biological characterization of a new line of hyaluronan-based dermal fillers: a scientific rationale to specific clinical indications. Materials Science and Engineering: C, 68: 565-572.

Lee B M, Han D G, Choi W S. 2015. Rejuvenating effects of facial hydrofilling using restylane vital. Archives of Plastic Surgery, 42(3): 282-287.

Lee J H, Hong G. 2018. Definitions of groove and hollowness of the infraorbital region and clinical treatment using soft-tissue filler. Arch Plast Surg, 45(3): 214-221.

Lee J H, Jung Y S, Kim G M, et al. 2018. A hyaluronic acid-based microneedle patch to treat psoriatic plaques: a pilot open trial. British Journal of Dermatology, 178(1): e24-e25.

Lee J H, Kim S H, Park E S. 2017. The efficacy and safety of HA IDF plus (with lidocaine) versus HA IDF (without lidocaine) in nasolabial folds injection: a randomized, multicenter, double-blind, split-face study. Aesthetic Plastic Surgery, 41(2): 422-428.

Lee S K, Kim H S. 2018. Correction of horizontal neck lines: our preliminary experience with hyaluronic acid fillers. Journal of Cosmetic Dermatology, 17(4): 590-595.

Lee Y C, Kumar S, Kim S H, et al. 2020. Odorless glutathione microneedle patches for skin whitening. Pharmaceutics, 12(2): 100.

Liew S, Scamp T, de Maio M, et al. 2016. Efficacy and safety of a hyaluronic acid filler to correct aesthetically detracting or deficient features of the Asian nose: a prospective, open-label, long-term study. Aesthetic Surgery Journal, 36(7): 760-772.

Marcus K, Moradi A, Kaufman-Janette J, et al. 2022. A randomized trial to assess effectiveness and safety of a hyaluronic acid filler for chin augmentation and correction of chin retrusion. Plastic and Reconstructive Surgery, 150(6): 1240e-1248e.

Marmur E. 2017. Novel use of fillers(chin, nose, hands)//Goldberg D J.(eds). Aesthetic Dermatology Volume 4 . Basel: S. Karger AG: 105-118.

McDonald J E, Knollinger A M. 2019. The use of hyaluronic acid subdermal filler for entropion in canines and felines: 40 cases. Veterinary Ophthalmology, 22(2): 105-115.

Monheit G, Beer K, Hardas B, et al. 2018. Safety and effectiveness of the hyaluronic acid dermal filler VYC-17.5L for nasolabial folds: results of a randomized, controlled study. Dermatologic Surgery, 44(5): 670-678.

Monslow J, Sato N, Mack J A, et al. 2009. Wounding-induced synthesis of hyaluronic acid in organotypic epidermal cultures requires the release of heparin-binding EGF and activation of the EGFR. Journal of Investigative Dermatology, 129(8): 2046-2058.

Moradi A, Shirazi A, Moradi J. 2013. A 12-month, prospective, evaluator-blinded study of small gel particle hyaluronic acid filler in the correction of temporal *Fossa* volume loss. Journal of Drugs in Dermatology, 12(4): 470-475.

Murthy R, Roos J C P, Goldberg R A. 2019. Periocular hyaluronic acid fillers: applications, implications, complications. Current Opinion in Ophthalmology, 30(5): 395-400.

Naik M N, Pujari A, Ali M J, et al. 2018. Nonsurgical correction of epiblepharon using hyaluronic acid gel. Journal of AAPOS, 22(3): 179-182.

Niforos F, Ogilvie P, Cavallini M, et al. 2019. VYC-12 injectable gel is safe and effective for improvement of facial skin topography: a prospective study. Clinical, Cosmetic and Investigational Dermatology, 12: 791-798.

Nikolis A, Enright K M. 2018. Evaluating the role of small particle hyaluronic acid fillers using micro-droplet technique in the face, neck and hands: a retrospective chart review. Clinical, Cosmetic and Investigational Dermatology, 11: 467-475.

Öhrlund J Å, Edsman K L M. 2015. The myth of the "biphasic" hyaluronic acid filler. Dermatologic Surgery, 41(Suppl 1): S358-S364.

Peng P H L, Peng J H. 2019. Treating the gummy smile with hyaluronic acid filler injection. Dermatologic Surgery, 45(3): 478-480.

Philipp-Dormston W G, Eccleston D, De Boulle K, et al. 2014. A prospective, observational study of the volumizing effect of open-label aesthetic use of Juvéderm® VOLUMA® with lidocaine in mid-face area. Journal of Cosmetic and Laser Therapy, 16(4): 171-179.

Pierre S, Liew S, Bernardin A. 2015. Basics of dermal filler rheology. Dermatologic Surgery, 41(Suppl 1): S120-S126.

Prager W, Agsten K, Kravtsov M, et al. 2017. Mid-face volumization with hyaluronic acid: injection technique and safety aspects from a controlled, randomized, double-blind clinical study. Journal of Drugs in Dermatology, 16(4): 351-357.

Prasetyo A D, Prager W, Rubin M G, et al. 2016. Hyaluronic acid fillers with cohesive polydensified matrix for soft-tissue augmentation and rejuvenation: a literature review. Clinical, Cosmetic and Investigational Dermatology, 9: 257-280.

Prikhnenko S. 2015. Polycomponent mesotherapy formulations for the treatment of skin aging and improvement of skin quality. Clinical, Cosmetic and Investigational Dermatology, 8: 151-157.

Qian W, Zhang Y K, Cao Q, et al. 2017. Clinical application of earlobe augmentation with hyaluronic acid filler in the Chinese population. Aesthetic Plastic Surgery, 41(1): 185-190.

Raspaldo H, Chantrey J, Belhaouari L, et al. 2015. Lip and perioral enhancement: a 12-month prospective, randomized, controlled study. Journal of Drugs in Dermatology, 14(12): 1444-1452.

Rhee D Y, Won C H, Chang S E, et al. 2014. Efficacy and safety of a new monophasic hyaluronic acid filler in the correction of nasolabial folds: a randomized, evaluator-blinded, split-face study. Journal of Dermatological Treatment, 25(5): 448-452.

Ribé A, Ribé N. 2011. Neck skin rejuvenation: histological and clinical changes after combined therapy with a fractional non-ablative laser and stabilized hyaluronic acid-based gel of non-animal origin. Journal of Cosmetic and Laser Therapy, 13(4): 154-161.

Scarano A, Rapone B, Amuso D, et al. 2022. Hyaluronic acid fillers enriched with Glycine and proline in eyebrow augmentation procedure. Aesthetic Plastic Surgery, 46(1): 419-428.

Sharma P P, Sharma D K, Carr A. 2018. Comparative study of UMA jeunesse classic® and UMA jeunesse ultra®. Aesthetic Plastic Surgery, 42(4): 1111-1118.

Streker M, Reuther T, Krueger N, et al. 2013. Stabilized hyaluronic acid-based gel of non-animal origin for skin rejuvenation: face, hand, and décolletage. Journal of Drugs in Dermatology, 12(9): 990-994.

Sundaram H, Rohrich R J, Liew S, et al. 2015. Cohesivity of hyaluronic acid fillers: development and clinical implications of a novel assay, pilot validation with a five-point grading scale, and evaluation of six U.S. food and drug administration-approved fillers. Plastic and Reconstructive Surgery, 136(4): 678-686.

Tan P, Kwong T Q, Malhotra R. 2018. Non-aesthetic indications for periocular hyaluronic acid filler treatment: a review. British Journal of Ophthalmology, 102(6): 725-735.

Trevidic P, Andre P, Benadiba L, et al. 2017. Prospective, split-face, randomized, long-term blinded objective comparison of the performance and tolerability of two new hyaluronic acid fillers. Dermatologic Surgery, 43(12): 1448-1457.

Urdiales-Gálvez F, Delgado N E, Figueiredo V, et al. 2018. Treatment of soft tissue filler complications: expert consensus recommendations. Aesthetic Plastic Surgery, 42(2): 498-510.

Verpaele A, Strand A. 2006. Restylane SubQ, a non-animal stabilized hyaluronic acid gel for soft tissue augmentation of the mid- and lower face. Aesthetic Surgery Journal, 26(1S): S10-S17.

Wang C Y, Sun T Y, Li H R, et al. 2021. Hypersensitivity caused by cosmetic injection: systematic review and case report. Aesthetic Plastic Surgery, 45(1): 263-272.

Weiss R A, Moradi A, Bank D, et al. 2016. Effectiveness and safety of large gel particle hyaluronic acid with lidocaine for correction of midface volume deficit or contour deficiency. Dermatologic Surgery, 42(6): 699-709.

Wilkerson E C, Goldberg D J. 2018. Small-particle hyaluronic acid gel treatment of photoaged hands. Dermatologic Surgery, 44(1): 68-74.

Wilson M V, Fabi S G, Greene R. 2017. Correction of age-related midface volume loss with low-volume hyaluronic acid filler. JAMA Facial Plastic Surgery, 19(2): 88-93.

Winter G D. 1962. Formation of the scab and the rate of epithelization of superficial wounds in the skin of the young domestic pig. Nature, 193: 293-294.

Wolkow N, Jakobiec F A, Dryja T P, et al. 2018. Mild complications or unusual persistence of porcine collagen and hyaluronic acid gel following periocular filler injections. Ophthalmic Plastic and Reconstructive Surgery, 34(5): e143-e146.

Wollina U. 2016. Facial rejuvenation starts in the midface: three-dimensional volumetric facial rejuvenation has beneficial effects on nontreated neighboring esthetic units. Journal of Cosmetic Dermatology, 15(1): 82-88.

Wu J R, Fu H, Jiang Y, et al. 2017. Preparation and characterization of a novel polysialic acid-hyaluronan graft copolymer potential as dermal filler. International Journal of Biological Macromolecules, 99: 692-698.

Wu Y, Sun N, Xu Y, et al. 2016. Clinical comparison between two hyaluronic acid-derived fillers in the treatment of nasolabial folds in Chinese subjects: BioHyalux versus restylane. Archives of Dermatological Research, 308(3): 145-151.

Zhang T J, Zhao S R, Chen Y J, et al. 2023. In-depth characterization of 1, 4-butanediol diglycidyl ether substituted hyaluronic acid hydrogels. Carbohydrate Polymers, 307: 120611.

Zhou S B, Xie Y, Chiang C A, et al. 2016. A randomized clinical trial of comparing monophasic

monodensified and biphasic nonanimal stabilized hyaluronic acid dermal fillers in treatment of Asian nasolabial folds. Dermatologic Surgery, 42(9): 1061-1068.
Zvezdin V, Kasatkina T, Kasatkin I, et al. 2020. Microneedle patch based on dissolving, detachable microneedle technology for improved skin quality of the periorbital region. part 2: clinical evaluation. International Journal of Cosmetic Science, 42(5): 429-435.

第9章　透明质酸在眼科中的应用

透明质酸（hyaluronic acid，HA），在药品中应用时以“玻璃酸钠”代指HA的钠盐，是一种广泛存在于生物体结缔组织中的线性直链高分子黏多糖，具有良好的保湿性、润滑性和黏弹性。眼球中含有大量的HA成分，存在于玻璃体、结膜、角膜上皮及泪液中。经过多年的研究、开发和临床应用，HA已被广泛应用于眼科手术和眼科疾病治疗中。

HA黏弹剂具有支撑眼前房、维持手术空间、保护角膜内皮细胞等作用，现已成为眼科白内障摘除、人工晶体植入等手术的必备辅助剂。含HA的滴眼液能够缓解视疲劳，对干眼症（dry eye syndrome，DES）具有治疗作用；HA作为辅料加入滴眼液中，可提高滴眼液的黏度，延长药物在眼球表面的滞留时间，增加生物利用度，改善药物的疗效。在隐形眼镜及其护理产品中添加HA，可以提高隐形眼镜的抗蛋白吸附性和保湿性，增强护理液的润滑性，提高佩戴者的舒适度。本章将以HA在各类别眼科产品中的作用为依据，进而阐述HA在眼科中的应用情况。

9.1　透明质酸黏弹剂

黏弹剂（ophthalmic viscosurgical device，OVD）是由HA、硫酸软骨素或甲基纤维素等成分组成的单方或复方产品，为具有高黏弹性、无色透明特性的大分子胶体溶液，其中，HA OVD产品应用最为广泛。HA OVD产品的高黏弹性和非牛顿流变学特性是其眼科手术临床应用的基础，其在低剪切速率下呈现高黏弹性，可维持和支撑前房；在高剪切速率下呈现较低的黏弹性，便于推注等手术操作。HA OVD产品的应用，使得之前不能完成的眼科手术成为现实，已被广泛应用于白内障摘除、人工晶体植入、角膜移植、眼外伤及青光眼手术等。

早在1874年，Weber将病变的玻璃体液从眼球内抽出，同时将替代物注入玻璃体，完成了玻璃体置换术。1895年，Deutschman将兔玻璃体注入兔视网膜脱落眼取得成功，表明了玻璃体置换材料用于眼科手术的可行性，推动了玻璃体置换材料的研究进程。临床上最早使用平衡盐溶液（balanced salt solution，BSS）和无菌空气填充前房，但在前房手术中牵拉到角膜时或进行复杂操作时BSS易流出，无菌空气易逸出，手术质量难以保障，因而被临床淘汰。1934 年，Meyer 和 Palmer 在牛眼玻璃体中发现并提取出了 HA，随着 HA 提取、纯化技术的日益成熟、科研人员对 HA 研究的日益透彻，Balazs 于 1979 年提出了"高纯度、非致炎的 HA 可作为眼科手术黏弹性辅助剂"的理念，并首次将 HA 应用于眼科手术中，在眼科界产生了"黏弹性手术"（viscosurgery）的概念。1980 年，全球第一个含有 HA 的 OVD——Healon®获得 FDA 的批准，作为眼前节手术 OVD，成为 20 世纪眼科手术的重大进展之一。

OVD 产品应具有无菌、无毒、无热原、无免疫原性和高生物相容性的特点，同时，还须具备高透光率及适宜的流变学性质。1985 年，山东大学张天民教授通过鸡冠提取，成功制备了符合开发 OVD 产品的 HA 原料，自此开启了国内 OVD 产品研发的序幕。

由于鸡冠提取法制备的 HA 工艺复杂，产量低，价格昂贵，且核酸、蛋白质等杂质含量较高，限制了含 HA 成分 OVD 产品的开发及应用。截至目前，国内仅有上海昊海生物科技股份有限公司生产的医用透明质酸钠凝胶（眼科黏弹剂专用）所用 HA 原料为鸡冠提取法制备。

随着微生物发酵法制备工艺的日益发展和产业化，相较于鸡冠提取法，微生物发酵法制备的 HA 原料产量更大、更经济、产品质量更高，且可以制备预期分子量的 HA，自此，国内 OVD 产品研发进入了高潮期，截至目前，国家药品监督管理局已经批准 18 个国内 HA OVD 产品。

9.1.1 透明质酸黏弹剂在白内障摘除与人工晶体植入术中的应用

白内障是由晶状体混浊和功能障碍引发的视觉障碍性疾病，会导致视力下降，严重的还会致盲。目前临床最常用、最有效的治疗方法是通过超声乳化等手术摘除混浊的晶状体后植入透明的人工晶体，因而，白内障治疗手术实际包含白内障摘除和人工晶体植入两个手术过程。含 HA 的 OVD 产品因其良好的生物相容性和适宜的流变学性质，在白内障摘除和人工晶体植入手术过程中发挥着重要作用。

植入人工晶体是超高度近视和角膜厚度不足患者恢复视力的最佳方式之一，需进行人工晶状体植入术。术中，医生会利用 OVD 产品的高黏弹性，支撑、扩展和维持稳定的前房空间，以便于后续手术操作。Ganesh 和 Brar（2016）在双侧人工晶状体植入手术中分别用 1%的 HA OVD 和 2%的羟丙基甲基纤维素（hydroxypropyl methyl cellulose，HPMC）处理患者的左右眼，发现 HA OVD 能显著缩短排空时间和手术时间；而且，与 2% HPMC 处理相比，HA OVD 处理下，眼压升高不显著，表现出良好的生物相容性。

HA OVD 产品因其 HA 浓度和分子量不同，导致在流变学、内聚性等方面显示出不同的特征：不同浓度下高分子量、长分子链的 HA OVD 产品偏内聚性，具有高剪切黏度；相应的，不同浓度下较低分子量和（或）较短分子链的 HA OVD 产品偏弥散性。具有物理特性差异的内聚性 OVD 和弥散性 OVD 在临床手术中对眼部组织的保护功能有所不同，但其应用于白内障摘除和人工晶体植入时具有共同的工作原理：HA 凝胶所形成的高分子网状结构具有特殊的流变学特性，其高黏弹性及仿形性使它在手术中可作为保护工具和手术工具，协助器械将组织轻柔地分离、移动和定位；另外，OVD 的高黏弹性能极好地扩展和维持前房空间；良好假塑性使其注入更方便和易控制；高聚合性使手术后清除更容易；高透明性使手术视野更清晰；可活动或推动组织，具有组织分离功能；可保护角膜内皮细胞和眼内组织，降低炎症反应。

随着技术的发展，超声乳化手术的安全性和效果显著提高，目前，超声乳化手术已成为治疗白内障的标准术式。然而，术中超声波的过多使用可能会对角膜内皮细胞造成损伤，一般认为，弥散性 OVD 的静态黏度和表面张力比较低，能均匀弥散地涂布于物体表面，在角膜内皮表面形成稳定的保护层，从而更好地隔绝超声乳化对角膜内皮细胞的损伤（Suzuki et al.，2016）。但在实际的临床研究中，不同 OVD 的效果与理论有所差距。例如，Oshika 等（2010）研究了 323 例白内障超声乳化手术和人工晶体植入手术中主刀医生对 DisCoVisc®和 Healon5®的应用情况，发现使用 DisCoVisc®时角膜上皮细胞的损伤更小；而 Modi 等（2011）对 200 多例接受白内障超声乳化手术和人工晶体植入手术的患者进行了研究，认为使用 Healon®和 DisCoVisc®的患者，其眼内压和上皮细胞损伤并没有显著差异。临床医生应根据产品特性和自身临床经验，灵活运用 HA OVD 产品，充分发挥产品性能，既要保证手术的操作空间，又要最大限度地减少角膜内皮细胞的损伤，最大化地辅助眼科显微手术的进行，并最大程度地减少各种因素导致的眼组织损伤。

9.1.2　透明质酸黏弹剂在角膜移植中的应用

角膜移植就是用正常的眼角膜替换患者现有的、发生病变的角膜，用于增进视力或治疗某些角膜疾患的治疗方法。角膜移植手术包括穿透角膜移植术、板层角膜移植术和人工角膜移植术等。HA OVD 在角膜移植手术的多个方面发挥着重要作用，其中最主要的作用是保护角膜。

Bor 等（2013）在切取角膜植片前，于眼球前房注入 OVD，发现能有效减少对供体角膜内皮细胞的机械性损伤。Jee 等（2016）的研究表明，在行穿透性角膜移植术前注射 OVD，可以很好地起到支撑前房、减少受体角膜内皮细胞损伤、保护虹膜、避免小梁网机械性损伤的作用。

大泡性角膜病变是激光虹膜切除术后的主要并发症。Peng 等（2009）对 5 例因大泡性角膜病变进行角膜内皮移植术的患者进行了治疗，患者均有玻璃体切除的病史且（或）伴有晶状体虹膜隔异常，术后移植片脱位。经前房注气的方法复位失败后，研究人员在前房内植片下方先注入少量 OVD（Healon GV®），再将空气注入到 OVD 中以顶压植片，最终植片成功复位。另外，在利用后弹力层角膜内皮移植术（descemet membrane endothelial keratoplasty，DMEK）治疗大泡性角膜病变时，发现使用低黏性分散性 OVD（Opegan®）可以很好地维持前房深度，降低对植入物的干扰和附着，并防止角膜内皮损伤（Bardoloi et al.，2020）。

9.1.3 透明质酸黏弹剂在眼外伤手术中的应用

眼外伤患者损伤情况复杂多变，如果手术方法得当，可明显减少患者痛苦和并发症，进而提高预后效果。HA OVD 产品可以维持眼压，对眼部结构，包括前房、角膜内皮、晶状体等都能起到良好的保护作用，在前房异物、前房瞳孔区异物和房角异物摘除过程中有固定及推动异物的作用，同时也是良好的补充剂（孔祥端，1997）。对于角膜裂伤、前房消失和虹膜脱出的患者，向眼球前房注入适量 HA OVD，能维持前房并避免虹膜嵌顿及晶状体损伤，有利于虹膜组织的还纳、防止术后虹膜萎缩和粘连的发生（魏捷等，2012）。对于严重角膜巩膜裂伤的患者，在玻璃体大量丢失的情况下注入 HA OVD，可暂时替代玻璃体维持眼内压，保持眼球正常形态，同时还有压迫止血的作用，也可避免眼内容物嵌顿，为后期手术创造条件。

此外，在眼外伤玻璃体手术中，HA OVD 还能用来保护视网膜，防止视网膜受到化学性或机械损伤。眼后段异物取出术中抓取异物时，特别是在抓取一些较大且表面不规则的异物时，异物可能发生掉落。掉落的异物可能导致视网膜医源性损伤，一旦损伤到黄斑区，则会造成严重的后果。在玻璃体腔中充填 HA OVD，可缓冲异物下坠时的冲力，从而避免或减轻异物对视网膜的损伤。此外，在内界膜染色前向黄斑裂孔及其周围注射少量 HA OVD，可以避免染色剂通过黄斑裂孔进入视网膜下，并减少染色剂对黄斑部视网膜的毒性作用（杨勋，2013）。

9.1.4　透明质酸黏弹剂在青光眼手术中的应用

青光眼是一组以视乳头萎缩及凹陷、视野缺损及视力下降为共同特征的疾病，病理性眼内压升高是其主要危险因素，持续的高眼压可给眼球各部分组织和视功能带来损害，造成视力下降和视野缩小等危害。

临床用于治疗青光眼的药物主要为局部滴眼剂，如马来酸噻吗洛尔滴眼液、布林佐胺滴眼液和拉坦前列素等。青光眼的手术治疗方式包括滤过性手术、青光眼阀门引流管植入术、虹膜周切术、睫状体光凝术和冷冻术等。然而，不管是药物干预还是手术治疗，降低眼内压是目前缓解青光眼发病进程的唯一有效方法。

小梁切除滤过性手术是应用最为广泛的青光眼治疗手术（Wang et al.，2018；Solanki et al.，2017；Bettin et al.，2016），该手术是在小梁上进行切口，形成能让房水排出眼外的功能性滤过性通道，使房水流回到静脉血管，从而达到调节眼压的目的。因此，功能性滤过泡的良好形成和滤过通道的持续通畅是小梁切除术成功的关键所在。但由于组织损伤修复时，滤过性通道易发生瘢痕化，导致滤过泡功能不完善，使房水流出受阻，从而易导致手术失败（Bettin et al.，2016；Liu et al.，2020）。针对此问题，目前小梁切除手术中多联合使用抗代谢药物和 HA OVD，以提高功能性滤过泡的形成率和手术的成功率。

如今，科研工作者对应用于青光眼手术的交联 HA OVD 的研究也越来越深入。大分子的交联 HA 有抗炎、防止组织粘连的作用，还能抑制成纤维细胞的渗出，在一定程度上减少瘢痕化形成（Solanki et al.，2017；Bettin et al.，2016；Liu et al.，2020）。Thaller 等（2018）报道了一种新型的 HA 水凝胶支架，该水凝胶支架可起到压力阀的作用。在一定的平衡压力下，HA 水凝胶支架关闭，超出压力后支架打开，使房水中的液体流出，以此调节和平衡眼压。

9.1.5　国内外含透明质酸的黏弹剂产品

国内外已上市的 HA OVD 信息见表 9-1。

表 9-1　国内外已上市 HA OVD 产品信息

产品名称	生产厂家	浓度	预期用途	主要成分
Healon®	Abbott Medical Optics，Inc.	1.0%	眼科手术辅助用医疗器械，用于白内障摘除术和人工晶体手术中	HA
Healon GV®		1.4%		
Healon® 5		2.3%		
DisCoVisc®	Alcon Laboratories，Inc.	1.6%HA+4%硫酸软骨素	眼科手术辅助用医疗器械，用于白内障摘除术和人工晶体手术中	HA、硫酸软骨素
Viscoat®		3%HA+4%硫酸软骨素	眼科手术辅助用医疗器械，用于白内障摘除术和人工晶体手术中	HA、硫酸软骨素
Provisc®		1.0%	眼科手术辅助用医疗器械，用于白内障摘除术和人工晶体手术中	HA
Amvisc®	Bausch&Lomb	1.2%	眼科手术辅助用医疗器械，用于白内障摘除术和人工晶体手术中	HA
Amvisc® Plus		1.6%	眼科手术辅助用医疗器械，用于白内障摘除术和人工晶体手术中	HA
Z-Hyalin®	Carl Zeiss Meditec AG	1.0%	眼科手术辅助用医疗器械，用于白内障摘除术和人工晶体手术中	HA
Z-Hyalin® plus		1.5%	眼科手术辅助用医疗器械，用于白内障摘除术和人工晶体手术中	HA
Z-Hyalcoat®		3%	眼科手术辅助用医疗器械，用于白内障摘除术和人工晶体手术中	HA
OPEGAN® 0.6	Seikagaku Corporation	0.6%	眼科手术辅助用医疗器械，用于白内障摘除术和人工晶体手术中	HA
OPEGAN® 1.1		1.1%	眼科手术辅助用医疗器械，用于白内障摘除术和人工晶体手术中	HA
Healaflow®	Aptissen S.A	2.25%	青光眼手术用透明质酸钠凝胶	交联 HA
医用透明质酸钠凝胶（爱维®）	山东博士伦福瑞达制药有限公司	1.7%	眼科手术辅助用医疗器械，用于白内障摘除术和人工晶体手术中	HA
医用透明质酸钠凝胶（海视健®）	华熙生物科技股份有限公司	2.0%	眼科手术辅助用医疗器械，用于白内障摘除术和人工晶体手术中	HA
医用透明质酸钠凝胶	河南宇宙人工晶状体研制有限公司	1.5%	眼科手术用黏弹剂，用于人工晶状体植入及取出术、角膜移植术、青光眼手术、视网膜剥离术、眼外伤手术及眼外科手术	HA
医用透明质酸钠凝胶	上海其胜生物制剂有限公司	2.0%	该产品作为黏弹性保护剂用于辅助眼科手术	HA
医用透明质酸钠凝胶（眼科黏弹剂专用）	上海昊海生物科技股份有限公司	1.4%	该产品作为眼科手术黏弹剂使用	HA
医用透明质酸钠凝胶（欣可聆®）	杭州协合医疗用品有限公司	1.0%	该产品作为黏弹性保护剂用于辅助眼科手术	HA
		1.2%		
		1.5%		
		2.0%		

9.2　玻璃酸钠滴眼液

HA 滴眼液是以 HA 为活性成分的滴眼剂，广泛应用于干眼症、角膜炎、眼外伤及眼科手术护理等方面，目前，国内外主流 HA 滴眼液中的 HA 浓度为 0.1% 和 0.3%。

9.2.1　玻璃酸钠滴眼液在干眼症中的应用

DES 是指多种原因引起的泪腺低分泌而导致的泪膜稳定性下降，并伴有眼部不适和（或）眼表组织病变。系统性疾病、年龄、环境以及过度用眼等因素，都可能导致干眼症的发生。干眼症的发病机制尚未完全明确，根据目前的研究可以大致分为：泪膜稳定性差及泪液高渗环境（Argüeso and Gipson，2012）、眼表炎症反应（Bucolo et al.，2019）、角膜/结膜上皮细胞凋亡（Pokroy et al.，2002）、神经调节异常（欧阳云等，2017；Zhang et al.，2016）和性激素异常（Rolando and Vagge，2017）等。

对于干眼症的治疗，首选人工泪液，用于缓解眼部不适症状。天然泪液具有特殊的流变特性，当眼睛处于静态时泪液具有较大黏性，而在眨眼时黏性要小得多。HA 溶液在眼内具有较好的流动性、黏性等特点，具有亲水能力及润滑作用，适宜用作人工泪液的主要成分；HA 可以结合丰富的水分子，为上皮细胞提供湿润的介质，从而更好地保护眼表，对干眼症具有明显的缓解作用。另外，HA 能与角膜表面和泪膜发生作用，对泪膜起稳定作用，湿润和润滑眼部，以消除眼部的不适症状。

HA 在 DES 治疗中的作用可能是多种作用机制的结果。第一，HA 通过与角膜和结膜细胞表面的 CD44 结合，可起到稳定眼表屏障和泪膜结构的作用（Baudouin et al.，2001）；第二，对于有中度干眼症的患者，HA 具有一定的局部抗炎作用；第三，高黏度的 HA 可以降低眼球运动和眨眼时角膜与眼睑之间的摩擦，从而减少角膜的机械损伤；第四，HA 具有优异的保水性，可以增加眼表的润湿性，减少眼泪的蒸发（Ang et al.，2017）。

研究表明，含不同浓度（0.1%～0.4%）HA 的人工泪液对干眼症均有较好的治疗效果，且使用较为安全（You et al.，2018；Pinto-Fraga，2017；López-de la Rosa et al.，2017）。和卡波姆、羧甲基纤维素、羟丙甲纤维素等制剂相比，HA 在改善泪液分泌方面更有效（Ang et al.，2017）。另有研究表明，高分子量的 HA 滴眼液在替代患者自体血清治疗严重干眼症方面具有一定潜力（Beck et al., 2019; Kojima et al., 2020），与自体血清滴眼液（autologous serum eye drop，ASED）相比，HA 滴眼液中无潜在的有害物质，也不需要采用专门的冷冻运输和储存方式，因而成本更低，应用时也更为安全。

Polack 和 Mcniece（1982）报道了用 0.1%的 HA 溶液（Healon®的 10 倍稀释液）治疗眼、黏膜、皮肤干燥综合征患者的研究，结果发现，其可以有效地缓解干燥性角结膜炎症状，减轻疼痛感及炎症反应程度。在随后的几年时间里，众多研究人员使用 HA 溶液治疗干眼症患者，均取得了很好的治疗效果。1986 年，Lakhbir 等人发现，含 0.1%的 HA 溶液可改善干眼症患者泪膜破裂时间（breakup time of tear film，BUT），该研究触发了 HA 滴眼液产品的开发。1987 年，日本 Santen 制药公司申报了第一个 HA 滴眼液的专利（JP17021087），且 HA 滴眼液已被日本药典（The Japanese Pharmacopoeia）收入。现如今，0.1%和 0.3%的 HA 滴眼液已成为国内外治疗干眼症常用的药物。

干眼症的治疗往往需要长期用药，但多项研究已经证实长期使用含防腐剂（尤其是苯扎氯铵）的滴眼液会对眼表造成损伤（Jaenen et al.，2007；Sarkar et al.，2012；Stevens et al.，2012）。近几十年，HA 滴眼液的发展史，本质上是在逐步减少 HA 滴眼液对防腐剂的使用，其中，包装材料的发展和升级过程不断地推动无菌 HA 滴眼液的研发进程。HA 滴眼液使用最初的普通滴眼剂瓶时，处方中需要添加防腐剂以保证产品质量；后来德国 URSAPHARM 公司首次使用了无防腐剂多剂量系统滴眼剂瓶（专利号 AU2005201364B2），开发了玻璃酸钠滴眼液（海露®）；随着药用高分子材料及制药工业装备的发展，BFS（blow-fill-seal）吹灌封一体机的问世，使得不含防腐剂的单剂量 HA 滴眼液研发成功。

国家药品监督管理局 2021～2023 年受理 HA 滴眼液注册数量分别为 13 个、18 个和 33 个，可预见未来市场将出现数量众多的 HA 滴眼液。2020 年，经国家药品监督管理局组织论证和审定，不含防腐剂的、规格为 0.1%的玻璃酸钠滴眼液由处方药转换为甲类非处方药。

9.2.2 国内外的玻璃酸钠滴眼液产品

目前国内外上市的 HA 滴眼液及其相关信息详见表 9-2。

表 9-2 国内外已上市 HA 滴眼液产品信息

产品名称	生产厂家	浓度	主要成分	适应证
爱丽®	Santen Pharmaceutical Co., Ltd.	0.1%	HA	角结膜上皮损伤，干眼症
		0.3%	HA	角结膜上皮损伤，干眼症
HYCOMOD®	URSAPHARM Arzneimittel GmbH	0.1%	HA	角结膜上皮损伤，干眼症
HYLO GEL®（海露®）		0.2%	HA	角结膜上皮损伤，干眼症
AEON™ Protect	Rayner Intraocular Lenses Limited	0.3%	HA	干眼症
AEON™ Protect Plus		0.3%	HA	缓解中重度干眼症
润洁®	山东博士伦福瑞达制药有限公司	0.1%	HA	干眼症
润丽®		0.3%	HA	角结膜上皮损伤，干眼症
润怡®	齐鲁制药有限公司	0.1%	HA	干眼症
爱尔明®	沈阳兴齐眼药股份有限公司	0.1%	HA	干眼症
联邦亮晶晶®	珠海联邦制药股份有限公司中山分公司	0.1%	HA	干眼症
		0.3%	HA	干眼症

9.2.3 玻璃酸钠滴眼液在角膜炎中的应用

角膜是位于眼球前壁的一层透明膜，覆盖虹膜、瞳孔及前房。角膜上皮层受到机械性、物理性和化学性等因素的损伤，抑或是角膜邻近组织病变，均会导致角膜炎的发生。研究表明，HA 能使损伤的上皮细胞顺利移行，促进伤口的愈合，对于角膜上皮病症具有一定的治疗作用（Chung et al.，1996）。

HA 对于角膜炎的治疗缓解或与分子量有关，高分子量（1525 kDa）HA 可显著改善穿透性角膜移植术后的结膜充血、结膜化脓、角膜浸润及异物感、灼烧感等不适症状，且效果优于低分子量（127 kDa）HA（Pattmöller et al.，2016）。使用高分子量 HA 治疗屈光手术后造成的角膜组织损伤，能达到与局部使用皮质类固醇和抗生素治疗一致的效果，有效地促进角膜上皮伤口的愈合，提高临床疗效和患者满意度（Calienno et al.，2018）。此外，HA 对 UVB（ultraviolet B）诱导的角膜上皮细胞损伤具有保护作用，且对比高分子量（1000 kDa）与低分子量（100 kDa）HA 的治疗效果发现，高分子量 HA 能显著降低 UVB 诱导的角膜细胞毒性作用，增加细胞迁移和伤口愈合能力（Li et al.，2013）。0.3%HA 局部治疗可以促进糖尿病小鼠角膜上皮细胞再生，增加角膜神经纤维和结膜杯状细胞密度（Di et al.，2017）。同样地，在治疗角膜损伤时，HA 与庆大霉素对角膜损伤的愈合速度相当，但 HA 对角膜上皮细胞结构的愈合更有利，可作为非感染性角膜糜烂的替代治疗方式（Stiebel-Kalish et al.，1998）。

在 HA 与其他成分联合治疗角膜炎方面，高低分子量 HA 复合物较单一分子量 HA 具有更合适的黏度以及更好的黏膜吸附性，可以提高制剂的生物利用度，同时在保护角膜上皮细胞方面具有更好的保湿及损伤修复作用（La Gatta et al.，2018）。以羧甲基壳聚糖、明胶、HA 制备的共混膜对角膜损伤的愈合具有很好的促进作用（Xu et al.，2018）。

9.2.4 玻璃酸钠滴眼液在眼外伤及眼科术后护理中的应用

眼外伤是由外界因素直接作用于眼部引起的眼结构和功能损害。眼外伤根据致伤因素，可分为机械性眼外伤和非机械性眼外伤。机械性眼外伤通常包括挫伤、穿通伤、异物伤等；非机械性眼外伤包括热烧伤、化学伤、辐射伤和毒气伤等。

严重眼外伤中，角膜损伤约占 51%，角膜的内皮细胞不可再生，因此，角膜损伤后可造成不同程度的瘢痕或角膜曲率改变，影响光线的透过，从而严重影响视力。因此，角膜外伤应及时处理，最大限度地减少瘢痕和散光，以期保留和恢复视功能（李凤鸣，2005）。

研究表明，高分子量 HA（1525 kDa）可通过调节生物合成途径、细胞迁移、细胞生长和蛋白质降解，显著降低氢氧化钠对角膜细胞的损伤，降低角膜水肿的发生率，促进伤口愈合（Wu et al.，2013，2017；Griffith et al.，2018）。对于糖尿病患者，玻璃体切除术造成的角膜损伤，0.18%HA 滴眼液具有促进角膜伤口愈合、加速角膜伤口表面重建的作用（Ling and Bastion，2019）。光折变性角膜切除术后，在眼部使用经修饰的 HA 凝胶可以增强角膜再上皮化能力，有望成为创伤、疾病或手术后的眼部伤口护理手段（Durrie et al.，2018）。

9.3 玻璃酸钠作为药用辅料在滴眼液中的应用

HA 具有保湿、润滑和增稠作用，用作滴眼液的药用辅料，具有提高药物生物利用度、减少不良反应、提高滴眼液稳定性及使用舒适性的优点。凌沛学和贺艳丽（1998）及其所在的山东省药学科学院在国内外率先将 HA 作为滴眼液辅料，并自 20 世纪 90 年代初，以添加 HA 辅料为创新点开发了多个含 HA 成分的滴眼液，最早可追溯到 1993 年上市的润舒®滴眼液，并有发明专利“含有玻璃酸钠的滴眼液及其制作方法”授权。

HA 作为药用辅料最早收录在 2003 年版的 *Handbook of Pharmaceutical Excipients* 中，并于 2023 年收录在《中华人民共和国药典（2020 年版）》第一增补本中。

9.3.1　玻璃酸钠作为药用辅料在滴眼液中的作用

1. 提高药物生物利用度

HA 作为滴眼液的媒介，可通过以下几个方面的作用提高生物利用度（凌沛学，2000）。①物理增黏作用：高黏性是 HA 水溶液具有的特性之一，也是其被用作药物媒介的主要原因，HA 能够明显增加药液的黏度，延长药物在用药部位的滞留时间，提高药物生物利用度。②膜亲和作用：HA 分子中含有大量带负电荷的羧基，能与眼表黏液成分中的羟基通过氢键结合，增加 HA 与眼表面亲和力。③与药物结合作用：HA 与药物的结合作用可以提高药物生物利用度，尤其是带正电荷的药物可与 HA 聚阴离子结合，促使药物在眼内缓慢释放。

2. 降低药物的副作用

HA 具有保湿润滑、抗炎和促修复等作用，能够缓解药物导致的眼局部刺激，提高患者的舒适度（庄铭忠，1998；田野青和张雁冰，1998；成立军等，2000）。此外，由于 HA 延长了药物在眼表的停留时间，使得药物可以局限在眼内，不易流入口、鼻腔中，从而减少了药物经口、鼻腔而引起的副作用；另外，HA 在减少眼局部刺激的同时，避免了结膜毛细血管的扩张，从而减少了药物在外周血管的消除，减少了全身毒副作用（凌沛学，2000）。

3. 保湿润滑作用

HA 对于滴眼液的作用除了物理增黏外，还可以利用 HA 天然的保湿润滑特性提高滴眼液的用药舒适度，0.1%以上的 HA 溶液可明显延长泪膜破裂时间，对眼球起润湿和保护作用。魏刚等（2002）在实验中发现 HA 溶液可使角膜表面与格林氏液间的接触角降低 10 度以上，显示出良好的角膜润湿性。

4. 降低防腐剂的毒性

HA 添加到滴眼液中可以减轻防腐剂的不良反应。多剂量滴眼液中常加入适宜的防腐剂，以防止在使用过程中因微生物污染对眼表造成危害，但多项研究已经证实长期使用含防腐剂（尤其是苯扎氯铵）的滴眼液会对眼表造成损伤（Jaenen et al.，2007；Sarkar et al.，2012；Stevens et al.，2012）。研究表明，HA对眼表具有较强的保护和抗氧化作用，能够有效降低防腐剂引起的不良反应（Debbasch et al.，2002）。刘艳和边玲（2005）的研究同样证实HA可显著降低苯扎氯铵等防腐剂的细胞毒性作用。此外，防腐剂通过促进细胞活性氧（reactive oxygen species，ROS）的过量生成进而诱导细胞凋亡，HA可以减轻多形核白细胞释放的活性氧的有害作用，并对牛角膜上皮细胞具有保护作用（Lym et al.，2004）。

9.3.2 玻璃酸钠作为药用辅料的滴眼液

目前，已上市HA作为药用辅料的滴眼液及其相关信息详见表9-3。

表9-3 HA作为药用辅料的滴眼液信息

商品名称	通用名称	主要成分	适应证	厂家
润舒®	氯霉素滴眼液	HA+氯霉素	结膜炎、沙眼、角膜炎和眼睑缘炎	山东博士伦福瑞达制药有限公司
	氧氟沙星滴眼液	HA+氧氟沙星	细菌性结膜炎、角膜炎、角膜溃疡、泪囊炎、术后感染等外眼感染	山东博士伦福瑞达制药有限公司
	复方硫酸软骨素滴眼液	HA+硫酸软骨素+维生素E+维生素B_6+尿囊素	眼疲劳、干眼症	山东博士伦福瑞达制药有限公司
润洁®	萘敏维滴眼液	HA+盐酸萘甲唑啉+马来酸氯苯那敏+维生素B_{12}	眼睛疲劳、结膜充血及眼睛发痒等	山东博士伦福瑞达制药有限公司
真瑞®	硝酸毛果芸香碱滴眼液	HA+硝酸毛果芸香碱	急性闭角型青光眼，慢性闭角型青光眼，开角型青光眼，继发性青光眼等	山东博士伦福瑞达制药有限公司
正大捷普®	阿昔洛韦滴眼液	HA+阿昔洛韦	单纯疱疹性角膜炎	山东博士伦福瑞达制药有限公司
闪亮®	妥布霉素滴眼液	HA+妥布霉素	敏感细菌所致的外眼及附属器的局部感染	津药永光（河北）制药有限公司
复尔扶明®	妥布霉素滴眼液	HA+妥布霉素	敏感细菌所致的外眼及附属器的局部感染	杭州民生药业有限公司
巴美洛®	盐酸环丙沙星滴眼液	HA+盐酸环丙沙星	敏感菌引起的外延部感染（如结膜炎等）	沈阳兴齐眼药股份有限公司
贝尼特®	硝酸毛果芸香碱滴眼液	HA+硝酸毛果芸香碱	急性闭角型青光眼、慢性闭角型青光眼、开角型青光眼、继发性青光眼等	沈阳兴齐眼药股份有限公司

续表

商品名称	通用名称	主要成分	适应证	厂家
福晶晶®	苄达赖氨酸滴眼液	HA+苄达赖氨酸	早期老年性白内障	珠海联邦制药股份有限公司中山分公司
莎普炎安®	甲磺酸帕珠沙星滴眼液	HA+甲磺酸帕珠沙星	敏感菌引起的细菌性结膜炎的治疗	浙江莎普爱思药业股份有限公司
目秀®	夏天无滴眼液	HA＋夏天无提取物+天然冰片	血瘀筋脉阻滞所致的青少年近视力下降、青少年假性近视	江西珍视明药业有限公司

总的来说，HA 既可以作为原料药制成滴眼液用于治疗干眼症，还可以作为药用辅料添加到滴眼液中提高药物的生物利用度。随着临床需求的增加，滴眼液中 HA 从最初单一的 0.1%增加到 0.15%、0.18%、0.2%及 0.3%等各种不同的浓度，相应的适应证范围也不断扩大。此外，HA 可以降低滴眼液中防腐剂的不良反应，因此最初应用于多剂量含防腐剂的产品开发。然而，随着研究的不断深入，以及对制剂安全性、舒适性的要求逐渐提高，为避免 HA 与滴眼液中阳离子防腐剂配伍出现沉淀、析出问题，减少防腐剂对于角膜的刺激和毒性，单剂量无防腐剂滴眼液及多剂量无防腐剂滴眼液正逐渐取代传统的多剂量含防腐剂滴眼液，成为市场主流。

9.4　透明质酸在眼部护理产品中的应用

9.4.1　透明质酸在接触镜护理产品中的应用

接触镜护理产品是当角膜接触镜（俗称“隐形眼镜”）从原始包装内取出后，能维持其安全和有效的接触镜附件，主要包括隐形眼镜护理液和隐形眼镜润滑液等产品形式。

隐形眼镜护理液的主要用途是清洁、消毒、冲洗、浸泡和储存镜片。多功能隐形眼镜护理液的配方比较复杂，包括防腐剂、保湿剂、清洁剂（表面活性剂）、螯合剂、缓冲剂和渗透压调节剂，可直接接触眼表，其中的一些成分还可以吸附在隐形眼镜表面，提高佩戴者的舒适度（Kuc and Lebow，2018）。HA 可以作为护理液中的保湿剂，增强护理液的润滑和保湿效果（Scheuer et al.，2016）；此外，还可以缓解眼睛疲劳、干涩不适等症状。国内外有很多眼部护理产品都选择添加 HA 作为保湿润滑剂，如博士伦公司的 Biotrue®多功能护理液、禾视®眼部护理液和 Oranska®眼部护理液等。

隐形眼镜润滑液主要用于对接触镜的湿润处理，配戴接触镜时滴入眼内起润滑作用，通常由保湿润滑剂、pH 调节剂、渗透压调节剂、络合剂、防腐剂等成分组成。HA 可以作为润滑液中的保湿润滑剂，增强润滑液的保湿和润滑效果，缓解配镜时的眼部干涩，提高佩戴眼镜时的舒适度，实现对眼睛和镜片的双重护理。目前已上市的含 HA 的隐形眼镜润滑液有 Blink®（眼力健杭州制药有限公司）、卫康®（上海卫康光学眼镜公司）、优润®（AVIZOR，S.A.）、VIS MED®（TRB Chemedica International SA）。除此之外，市面上新兴的隐形眼镜润滑液将 HA 和依克多因联合使用发挥双效保湿作用，如 Hydrelo™（bitop AG）、海露®亦蔻®（URSAPHARM GmbH）。

9.4.2 透明质酸在隐形眼镜中的应用

隐形眼镜是一种佩戴在眼球角膜上的镜片，用来矫正视力或者保护眼睛，但经常佩戴隐形眼镜会造成眼部的干涩不适。镜片表面湿润性的降低和蛋白质的沉积会导致隐形眼镜表面性质的改变，进而增大与眼部表面的摩擦，产生不适感（Samsom et al.，2018）。为了减少隐形眼镜的脱水和蛋白质的沉积，研究人员采用多种方法对镜片表面和镜片进行了修饰改性，HA 修饰就是其中之一。

Singh 等（2015）在隐形眼镜的表面共价连接 HA 结合肽，从而将 HA 结合在隐形眼镜表面，所得到的改性镜体表面的润湿性和保水性明显改善。Korogiannaki 等（2019）将 HA 共价连接到隐形眼镜镜片表面，所得到的改性镜片不会对角膜上皮细胞产生不良影响。另外，固定在隐形眼镜表面的 HA 可降低接触角、脱水速率，以及溶菌酶和白蛋白的非特异性吸附量，同时保持光学透明度（>92%）（Korogiannaki et al.，2017）。因此，可以认为 HA 修饰有助于改善隐形眼镜的表面性能、缓解佩戴隐形眼镜引起的眼部干燥和不适症状。

9.5 透明质酸在眼用制剂中的创新应用

HA 可以改善难溶性药物的溶解度。瑞巴派特是强效的抗氧化剂与自由基清除剂，通过增强泪液分泌并提高覆盖结膜与角膜表面黏液素的水平而发挥治疗干眼症的作用。瑞巴派特几乎不溶于水，因此，该药物难以制备成溶液型滴眼液。目前上市的瑞巴派特滴眼液为 2%的混悬滴眼液，瑞巴派特原料药需要经过微粉化处理以达到一定的粒径要求，制备成本高，用药剂量较大，患者的用药顺应性较差；此外，瑞巴派特溶解性低，致使其生物利用度低。将 HA 与瑞巴派特进行偶联，能够极大地提高瑞巴派特的溶解度，降低药物的使用剂量，还可以解决 HA 滴眼液药效持续时间短的问题。该偶联物结合了这两种不同作用机理的分子，大分子的 HA 具有即时缓解干眼的作用，小分子的瑞巴派特可以在眼表经过酯酶水解后释放出来，从而起到修复眼表黏膜细胞、促进黏蛋白分泌的作用（薛松等，2024）。

HA 在眼用原位凝胶制剂方面具有潜在的应用前景。原位凝胶是指在给药部位给药之后形成凝胶。制剂本身是液体，通过一定的引发转化条件，在眼部组织内由于温度或 pH 的变化促使溶液转变成胶体。原位凝胶的药物使用量比较准确，治疗效果有比较好的重现性。HA 是一种具有黏性性质的天然多糖，可用于调节原位凝胶的黏度和降解时间。疏水性酮康唑是治疗真菌性角膜炎的有效成分，但在水溶液中的溶解度较低。有研究为了提高生物相容性和眼表停留时间，将 HA 作为酮康唑载体制备了一种原位水凝胶来延长药物释放，并且经过动物试验证实对兔眼无刺激性反应，有助于药物吸收和药物递送，并改善眼睛舒适度（Zhu et al., 2018）。目前，抗体治疗视网膜疾病已取得了临床成功，但在目标组织中实现高浓度的抗体治疗仍具有挑战性。为减少注射次数和不良反应，Ilochonwu 等（2022）设计了一种呋喃改性 HA 和聚乙二醇聚合物的水凝胶，搭载贝伐珠单抗，注射后可在玻璃体内原位形成稳定的交联水凝胶，作为贝伐珠单抗的长效持续释放给药系统。该凝胶较容易使用小针注射到玻璃体腔中，同时降低给药频率，提高患者舒适度并降低治疗成本。随着众多科研人员深入研究该领域，HA 原位水凝胶平台将为药物或生物活性物的长效释放治疗眼部疾病提供巨大的潜力。

交联 HA 可以发挥良好的药物缓释作用。交联 HA 是 HA 经化学修饰后形成的衍生物，它克服了天然 IIA 在组织中易降解、易扩散、体内存留时间较短等缺点，进一步扩大了 HA 在医药领域的应用（凌沛学，2000）。陈建英等（2008）采用酰肼交联 HA 作为缓释材料制备环孢素缓释制剂，并对其体外释放进行研究，结果显示，酰肼交联 HA 凝胶呈一定孔隙的网状结构，有良好的生物可降解性和生物相容性，在含有透明质酸酶（hyaluronidase，HAase）的释放介质中，HAase 降解从交联 HA 凝胶膜表面开始逐渐深入到内部，凝胶网状结构不断被破坏，环孢素逐渐从网络结构中释放出来；通过调节交联 HA 的交联程度，可改变交联 HA 凝胶中环孢素的释放速率，从而获得最优的环孢素缓释制剂。

HA 可以用于眼部药物递送系统，提高药物的利用度。纳米颗粒制剂可以有效增加药物吸收，作为疏水性或不稳定药物的药物载体，从而与角膜上皮相互作用进入角膜细胞以减少药物降解。表没食子儿茶素没食子酸酯是一种绿茶多酚，可以减少眼表炎症，有研究表明，将其与 HA 合用制备纳米颗粒，添加至滴眼液中，可以增强药物吸收，改善家兔干眼症的症状（Cavet et al.，2011；Huang et al.，2018）。将 HA 进行修饰后与壳聚糖合用制备的纳米颗粒，可以改善青光眼药物的保留时间，并减少频繁给药导致的副作用（Wadhwa et al.，2010）。随着年龄的增长，可能会出现黄斑变性引发的眼部疾病，而叶黄素可以保护光感受器和视网膜色素上皮细胞，但是叶黄素具有疏水性，易被光热降解，将 HA 与叶黄素合用制备的纳米颗粒可以提高其生物利用度、物理稳定性并减少降解（Chittasupho et al.，2018）。

HA 可以作为组织工程支架修复受损角膜。目前，角膜移植治疗存在严重的角膜供体受限问题；此外，角膜移植物也会刺激宿主产生免疫反应，导致组织排斥或新增其他疾病。天然生物材料的应用在角膜组织修复和再生工程领域中脱颖而出。HA 是细胞外基质的重要成分，细胞外基质有助于脂肪干细胞及角膜缘上皮干细胞等细胞的迁移、黏附和增殖。HA 在伤口愈合和细胞生长中的作用使其在角膜组织工程和植入生物材料中具有一定的应用潜力，可以作为组织工程的支架，重建受损角膜。Liu 等（2013）开发了一种透明质酸-胶原蛋白-明胶膜，研究表明，该 HA 角膜修复膜具有良好的亲水性、光学性能和力学性能，与人类角膜的扩散特性相似，且细胞相容性良好。HA 角膜修复膜促进角膜愈合和细胞生长的特性，使得生物相容性材料在角膜组织工程中展现出了巨大的应用价值。

基于 HA 在眼用制剂方面的特性，随着对 HA 多方面多维度的深入挖掘，HA 及交联 HA 用于眼用制剂，在解决难溶性药物应用受限问题、新剂型开发、眼部药物递送及眼部组织工程等方面具有潜在的应用价值。

（李　超　韩月梅　张秀霞　李　敏）

参 考 文 献

陈建英, 凌沛学, 贺艳丽, 等. 2008. 环孢素眼植入凝胶膜的制备及其体外释放研究. 食品与药品, 10(11): 15-18.

成立军, 舒东, 刘叶玲, 等. 2000. 含玻璃酸钠的硝酸毛果芸香碱滴眼液. 中国生化药物杂志, 21(3): 144-145.

孔祥端, 张增群, 李焕芬. 1997. 粘弹剂在前房异物摘出中的应用. 眼外伤职业眼病杂志, 19(1): 45.

李凤鸣. 2005. 中华眼科学. 第二版下册. 北京: 人民卫生出版社.

凌沛学. 2000. 透明质酸. 北京: 中国轻工业出版社.

凌沛学, 贺艳丽. 1998. 玻璃酸钠的临床研究应用进展. 中国生化药物杂志, 19(4): 200-205.

凌沛学, 张琦新, 贺艳丽, 等.2002. 含有玻璃酸钠的滴眼液及其制作方法: CN1086590C.

刘艳, 边玲. 2005. 玻璃酸及卡波姆有效降低滴眼剂中防腐剂不良反应的作用. 食品与药品, 7(8): 43-46.

欧阳云, 彭俊, 谭涵宇, 等. 2017. 密蒙花颗粒剂对去势雄兔泪腺细胞凋亡因子 Bax、Bcl-2、Fas 和 FasL 的影响. 中国中西医结合杂志, 37(7): 858-862.

田野青, 张雁冰.1998. 捷普滴眼液治疗病毒性角膜炎的临床观察. 中国生化药物杂志, 19(5): 309.

魏刚, 丁平田, 崔咏艳, 等. 2002. 溶液粘度影响聚合物角膜滞留时间的体外评价. 药学学报, 37(6): 469-472.

魏捷, 蒋华, 张鸿瑫, 等. 2012. 透明质酸钠在角膜穿通伤伴虹膜脱出清创缝合中的应用. 实用医药杂志, 29(3): 224-225.

薛松, 张岱州, 毛楷凡, 等.2024. 透明质酸-瑞巴派特偶联物及其制备方法和眼用滴眼液: CN117530921A.

杨勋. 2013. 粘弹剂在玻璃体视网膜手术中的应用//2013 年第十九届全国眼外伤学术研讨会暨整合眼外科技术交流会论文汇编. 北京: 北京大学眼科中心: 50.

张丽荣, 冷玉敏, 贺艳丽, 等. 1999. 眼用溶液的载体——玻璃酸钠的作用机理和应用. 中国生化药物杂志, (5): 251-253.

庄铭忠.1998. 正大维他滴眼液治疗结膜炎的临床观察.中国生化药物杂志, 19(50): 332.

Ang B C H, Sng J J, Wang P X H, et al. 2017. Sodium hyaluronate in the treatment of dry eye syndrome: a systematic review and meta-analysis. Scientific Reports, 7(1): 9013.

Argüeso P, Gipson I K. 2012. Assessing mucin expression and function in human ocular surface epithelia *in vivo* and *in vitro*. Methods in Molecular Biology, 842: 313-325.

Balazs E A. 1979. Ultrapure hyaluronic acid and the use thereof : US, 4141973.

Bardoloi N, Sarkar S, Pilania A, et al. 2020. Pure phaco: phacoemulsification without ophthalmic viscosurgical devices. Journal of Cataract and Refractive Surgery, 46(2): 174-178.

Baudouin F, Brignole F, Dupas B, et al. 2001. Reduction in keratitis and CD44 expression in dry eye patients treated with a unique 0.18% sodium hyaluronate solution. Investigative Ophthalmology & Visual Science, 42: S32.

Beck R, Stachs O, Koschmieder A, et al. 2019. Hyaluronic acid as an alternative to autologous human serum eye drops: initial clinical results with high-molecular-weight hyaluronic acid eye drops. Case Reports in Ophthalmology, 10(2): 244-255.

Bettin P, Di Matteo F, Rabiolo A, et al. 2016. Deep sclerectomy with mitomycin C and injectable cross-linked hyaluronic acid implant: long-term results. Journal of Glaucoma, 25(6): e625-e629.

Bor E, Bourla D H, Kaiserman I, et al. 2013. The use of ophthalmic viscosurgical devices during donor's corneal harvesting. Current Eye Research, 38(6): 626-629.

Brjesky V V, Maychuk Y F, Petrayevsky A V, et al. 2014. Use of preservative-free hyaluronic acid (Hylabak®) for a range of patients with dry eye syndrome: experience in Russia. Clinical Ophthalmology, 8: 1169-1177.

Bucolo C, Fidilio A, Fresta C G, et al. 2019. Ocular pharmacological profile of hydrocortisone in dry eye disease. Frontiers in Pharmacology, 10: 1240.

Calienno R, Curcio C, Lanzini M, et al. 2018. *In vivo* and *ex vivo* evaluation of cell-cell interactions, adhesion and migration in ocular surface of patients undergone excimer laser refractive surgery after topical therapy with different lubricant eyedrops. International Ophthalmology, 38(4): 1591-1599.

Cavet M E, Harrington K L, Vollmer T R, et al. 2011. Anti-inflammatory and anti-oxidative effects of the green tea polyphenol epigallocatechin gallate in human corneal epithelial cells. Molecular Vision, 17: 533-542.

Chittasupho C, Posritong P, Ariyawong P. 2018. Stability, cytotoxicity, and retinal pigment epithelial cell binding of hyaluronic acid-coated PLGA nanoparticles encapsulating lutein. AAPS PharmSciTech, 20(1): 4.

Chun T, MacCalman T, Dinu V, et al. 2020. Hydrodynamic compatibility of hyaluronic acid and tamarind seed polysaccharide as ocular mucin supplements. Polymers (Basel), 12(10): 2272.

Chung J H, Kim H J, Fagerholmb P, et al. 1996. Effect of topically applied Na-hyaluronan on experimental corneal alkali wound healing. Korean Journal of Ophthalmology, 10(2): 68-75.

Debbasch C, De La Salle S B, Brignole F, et al. 2002. Cytoprotective effects of hyaluronic acid and Carbomer 934P in ocular surface epithelial cells. Investigative Ophthalmology & Visual Science, 43(11): 3409-3415.

Di G H, Qi X, Zhao X W, et al. 2017. Efficacy of sodium hyaluronate in murine diabetic ocular surface diseases. Cornea, 36(9): 1133-1138.

Doan S, Bremond-Gignac D, Chiambaretta F. 2018. Comparison of the effect of a hyaluronate-trehalose solution to hyaluronate alone on Ocular Surface Disease Index in patients with moderate to severe dry eye disease. Current Medical Research and Opinion, 34(8): 1373-1376.

Durrie D S, Wolsey D, Thompson V, et al. 2018. Ability of a new crosslinked polymer ocular bandage gel to accelerate reepithelialization after photorefractive keratectomy. Journal of Cataract & Refractive Surgery, 44(3): 369-375.

Griffith G L, Wirostko B, Lee H K, et al. 2018. Treatment of corneal chemical alkali burns with a crosslinked thiolated hyaluronic acid film. Burns, 44(5): 1179-1186.

Ganesh S, Brar S. 2016. Comparison of surgical time and IOP spikes with two ophthalmic viscosurgical devices following Visian STAAR (ICL, V4c model) insertion in the immediate postoperative period. Clinical Ophthalmology, 10: 207-211.

Hoopes P C. 1982. Sodium hyaluronate (Healon®) in anterior segment surgery: a review and a new use in extracapsular surgery. American Intra-Ocular Implant Society Journal, 8(2): 148-154.

Huang H Y, Wang M C, Chen Z Y, et al. 2018. Gelatin-epigallocatechin gallate nanoparticles with hyaluronic acid decoration as eye drops can treat rabbit dry-eye syndrome effectively *via* inflammatory relief. International Journal of Nanomedicine, 13: 7251-7273.

Ilochonwu B C, Mihajlovic M, Maas-Bakker R F, et al. 2022. Hyaluronic acid-PEG-based Diels-alder *In situ* forming hydrogels for sustained intraocular delivery of bevacizumab. Biomacromolecules, 23(7): 2914-2929.

Jaenen N, Baudouin C, Pouliquen P, et al. 2007. Ocular symptoms and signs with preserved and preservative-free glaucoma medications. European Journal of Ophthalmology, 17(3): 341-349.

Jee D, Sung Y M, Kim M S, et al. 2016. Anterior synechiolysis with healon needle and ophthalmic viscosurgical devices after anterior lamellar dissection in penetrating keratoplasty. Seminars in Ophthalmology, 31(6): 554-558.

Kojima T, Nagata T, Kudo H, et al. 2020. The effects of high molecular weight hyaluronic acid eye drop application in environmental dry eye stress model mice. International Journal of Molecular Sciences, 21(10): 3516.

Korogiannaki M, Jones L, Sheardown H. 2019. Impact of a hyaluronic acid-grafted layer on the surface properties of model silicone hydrogel contact lenses. Langmuir, 35(4): 950-961.

Korogiannaki M, Zhang J F, Sheardown H. 2017. Surface modification of model hydrogel contact lenses with hyaluronic acid *via* thiol-ene "click" chemistry for enhancing surface characteristics. Journal of Biomaterials Applications, 32(4): 446-462.

Kuc C J, Lebow K A. 2018. Contact lens solutions and contact lens discomfort: examining the correlations between solution components, keratitis, and contact lens discomfort. Eye & Contact Lens, 44(6): 355-366.

La Gatta A, Corsuto L, Salzillo R, et al. 2018. *In vitro* evaluation of hybrid cooperative complexes of hyaluronic acid as a potential new ophthalmic treatment. Journal of Ocular Pharmacology and Therapeutics, 34(10): 677-684.

Lazenby G W, Broocker G. 1981. The use of sodium hyaluronate (Healon) in intracapsular cataract extraction with insertion of anterior chamber intraocular lenses. Ophthalmic Surgery, 12(9): 646-649.

Li J M, Chou H C, Wang S H, et al. 2013. Hyaluronic acid-dependent protection against UVB-damaged human corneal cells. Environmental and Molecular Mutagenesis, 54(6): 429-449.

Ling K, Bastion M L C. 2019. Use of commercially available sodium hyaluronate 0.18% eye drops for corneal epithelial healing in diabetic patients. International Ophthalmology, 39(10): 2195-2203.

Liu Y, Ren L, Wang Y J. 2013. Crosslinked collagen–gelatin–hyaluronic acid biomimetic film for *Cornea* tissue engineering applications. Materials Science and Engineering: C, 33(1): 196-201.

Liu Y, Wang J C, Jin X, et al. 2020. A novel rat model of ocular hypertension by a single intracameral injection of cross-linked hyaluronic acid hydrogel (Healaflow®). Basic & Clinical Pharmacology & Toxicology, 127(5): 361-370.

López-de la Rosa A, Pinto-Fraga J, Blázquez Arauzo F, et al. 2017. Safety and efficacy of an artificial tear containing 0.3% hyaluronic acid in the management of moderate-to-severe dry eye disease. Eye & Contact Lens, 43(6): 383-388.

Lym H S, Suh Y, Park C K. 2004. Effects of hyaluronic acid on the polymorphonuclear leukocyte (PMN) release of active oxygen and protection of bovine corneal endothelial cells from activated PMNs. Korean Journal of Ophthalmology, 18(1): 23-28.

Maulvi F A, Soni T G, Shah D O. 2015. Extended release of hyaluronic acid from hydrogel contact lenses for dry eye syndrome. Journal of Biomaterials Science Polymer Edition, 26(15): 1035-1050.

Meyer K, Palmer J W. 1934. The polysaccharide of the vitreous humor. Journal of Biological Chemistry, 107(3): 629-634.

Moreira C A Jr, Armstrong D K, Jelliffe R W, et al. 1991. Sodium hyaluronate as a carrier for intravitreal gentamicin. An experimental study. Acta Ophthalmologica, 69(1): 45-49.

Modi S S, Davison J A, Walters T. 2011. Safety, efficacy, and intraoperative characteristics of DisCoVisc and Healon ophthalmic viscosurgical devices for cataract surgery. Clinical Ophthalmology, 5: 1381-1389.

Oshika T, Bissen-Miyajima H, Fujita Y, et al. 2010. Prospective randomized comparison of DisCoVisc and Healon5 in phacoemulsification and intraocular lens implantation. Eye, 24(8): 1376-1381.

Pattmöller M, Szentmáry N, Eppig T, et al. 2016. Safety of hyaluronic acid in postoperative treatment after penetrating keratoplasty. Klinische Monatsblatter Fur Augenheilkunde, 235(1): 64-72.

Peng R M, Hao Y S, Chen H J, et al. 2009. Endothelial keratoplasty: the use of viscoelastic as an aid in reattaching the dislocated graft in abnormally structured eyes. Ophthalmology, 116(10): 1897-1900.

Perényi K, Dienes L, Kornafeld A, et al. 2017. The effect of tear supplementation with 0.15% preservative-free zinc-hyaluronate on ocular surface sensations in patients with dry eye. Journal of Ocular Pharmacology and Therapeutics, 33(6): 487-492.

Pinto-Fraga J, López-de la Rosa A, Blázquez Arauzo F, et al. 2017. Efficacy and safety of 0.2% hyaluronic acid in the management of dry eye disease. Eye & Contact Lens, 43(1): 57-63.

Polack F M, Mcniece M T. 1982. Treatment of dry eyes with sodium hyaluronate (Healon®). Cornea, 1: 2.

Pokroy R, Tendler Y, Pollack A, et al. 2002. p53 expression in the normal murine eye. Investigative Ophthalmology & Visual Science, 43(6): 1736-1741.

Rolando M, Vagge A. 2017. Safety and efficacy of cortisol phosphate in hyaluronic acid vehicle in the treatment of dry eye in sjogren syndrome. Journal of Ocular Pharmacology and Therapeutics, 33(5): 383-390.

Sarkar J, Chaudhary S, Namavari A, et al. 2012. Corneal neurotoxicity due to topical benzalkonium chloride. Investigative Ophthalmology & Visual Science, 53(4): 1792-1802.

Samsom M, Korogiannaki M, Subbaraman L N, et al. 2018. Hyaluronan incorporation into model contact lens hydrogels as a built-in lubricant: effect of hydrogel composition and proteoglycan 4 as a lubricant in solution. Journal of Biomedical Materials Research Part B, Applied Biomaterials, 106(5): 1818-1826.

Scheuer C A, Rah M J, Reindel W T. 2016. Increased concentration of hyaluronan in tears after soaking contact lenses in Biotrue multipurpose solution. Clinical Ophthalmology, 10: 1945-1952.

Singh A, Li P, Beachley V, et al. 2015. A hyaluronic acid-binding contact lens with enhanced water retention. Contact Lens and Anterior Eye, 38(2): 79-84.

Solanki M, Kumar A, Upadhyay A, et al. 2017. Viscoelastic-augmented trabeculectomy: a newer concept. Indian Journal of Ophthalmology, 65(8): 705-711.

Stevens A M, Kestelyn P A, De Bacquer D, et al. 2012. Benzalkonium chloride induces anterior chamber inflammation in previously untreated patients with ocular hypertension as measured by flare meter: a randomized clinical trial. Acta Ophthalmologica, 90(3): e221-e224.

Stiebel-Kalish H, Gaton D D, Weinberger D, et al. 1998. A comparison of the effect of hyaluronic acid versus gentamicin on corneal epithelial healing. Eye(London, England), 12(Pt 5): 829-833.

Suzuki H, Igarashi T, Shiwa T, et al. 2016. Efficacy of ophthalmic viscosurgical devices in preventing temperature rise at the corneal endothelium during phacoemulsification. Current Eye Research, 41(12): 1548-1552.

Thaller M, Böhm H, Lingenfelder C, et al. 2018. Hyaluronic acid gels for pressure regulation in glaucoma treatment. Der Ophthalmologe, 115(3): 195-201.

Tseng C L, Hung Y J, Chen Z Y, et al. 2016. Synergistic effect of artificial tears containing epigallocatechin gallate and hyaluronic acid for the treatment of rabbits with dry eye syndrome. PLoS One, 11(6): e0157982.

Wang X, Dai W W, Dang Y L, et al. 2018. Five years' outcomes of trabeculectomy with cross-linked sodium hyaluronate gel implantation for Chinese glaucoma patients. Chinese Medical Journal, 131(13): 1562-1568.

Wadhwa S, Paliwal R, Paliwal S R, et al. 2010. Hyaluronic acid modified chitosan nanoparticles for effective management of glaucoma: development, characterization, and evaluation. Journal of Drug Targeting, 18(4): 292-302.

Wallerstein A, Jackson W B, Chambers J, et al. 2018. Management of post-LASIK dry eye: a multicenter randomized comparison of a new multi-ingredient artificial tear to carboxymethylcellulose. Clinical Ophthalmology, 12: 839-848.

Wei N, Xu X H, Huang C, et al. 2020. Hyaluronic acid-Pluronic® F127-laden soft contact lenses for corneal epithelial healing: *in vitro* and *in vivo* studies. AAPS PharmSciTech, 21(5): 162.

Wen Y, Zhang X C, Chen M S, et al. 2020. Sodium hyaluronate in the treatment of dry eye after cataract surgery: a meta-analysis. Annals of Palliative Medicine, 9(3): 927-939.

Wu W, Jiang H, Guo X N, et al. 2017. The protective role of hyaluronic acid in Cr(VI)-induced oxidative damage in corneal epithelial cells. Journal of Ophthalmology, 2017: 3678586.

Wu C L, Chou H C, Li J M, et al. 2013. Hyaluronic acid-dependent protection against alkali-burned human corneal cells. Electrophoresis, 34(3): 388-396.

Zhang X Y, Zhao L, Deng S J, et al. 2016. Dry eye syndrome in patients with diabetes mellitus: prevalence, etiology, and clinical characteristics. Journal of Ophthalmology, 2016: 8201053.

Xu W H, Wang Z Y, Liu Y, et al. 2018. Carboxymethyl chitosan/gelatin/hyaluronic acid blended-membranes as epithelia transplanting scaffold for corneal wound healing. Carbohydrate Polymers, 192: 240-250.

You I C, Li Y, Jin R J, et al. 2018. Comparison of 0.1%, 0.18%, and 0.3% hyaluronic acid eye drops in the treatment of experimental dry eye. Journal of Ocular Pharmacology and Therapeutics, 34(8): 557-564.

Zhu M Q, Wang J, Li N. 2018. A novel thermo-sensitive hydrogel-based on poly (N-isopropylacrylamide)/hyaluronic acid of ketoconazole for ophthalmic delivery. Artificial Cells, Nanomedicine, and Biotechnology, 46(6): 1282-1287.

第 10 章　透明质酸在骨科中的应用

骨关节炎（osteoarthritis，OA）是以关节软骨退行性病变为病理特征的关节常见疾病，常见于活动频繁的关节，如膝关节、肩关节、髋关节和腕关节等处。

骨关节炎是由多种因素导致的慢性进行性关节疾病，年龄、性别、基因、肥胖、体力活动和职业等都会对疾病产生影响。该病以关节疼痛、压痛、活动受限、骨摩擦音、积液时有渗出及不同程度的局部炎症表现为特征；病理上以不规则软骨损害、负重区域的软骨下骨硬化、软骨下囊肿、边缘骨赘增生及不同程度的滑膜炎为特征（陈万军和鲍同柱，2011；聂金桥，2019）。

透明质酸（hyaluronic acid，HA），在药品中应用时以“玻璃酸钠”代指 HA 的钠盐，是关节软骨和关节滑液的主要成分。关节中的 HA 由滑膜细胞和单核巨噬细胞合成，合成的 HA 首先进入并填充于滑膜细胞基质中，然后受关节运动挤压进入滑液，分布于软骨和韧带表面，部分渗透至软骨层（凌沛学，2000）。HA 因其独特的黏弹性和润滑性，在关节生理功能中发挥着至关重要的作用，其相关制剂产品已广泛用于关节疾病的治疗中。本章将对 HA 在关节疾病中的应用情况进行详细介绍。

10.1　透明质酸治疗关节疾病的作用机理

在正常的生理情况下，软骨细胞和成骨细胞能经受住外界及自身的机械应力和牵拉，但因年龄增长、肥胖、运动过量等引起的负荷过重和机械性损伤等，可能会导致软骨细胞的分解代谢和合成代谢失衡，从而分泌出大量的促炎性细胞因子（如 TNF-α、IL-1β、IL-6、IL-17）、诱导型一氧化氮合酶（inducible nitric oxide synthase，iNOS）、前列腺素 E2（Miwa et al.，2000）、基质金属蛋白酶（如 MMP-1、MMP-2、MMP-3、MMP-9、MMP-13）及自由基，导致软骨基质分解（Hwang and Kim，2015；Gupta et al.，2019）。另外，在这些有害化学物质的干扰下，关节液内的 HA 分子量、浓度及黏弹性均大幅度降低，润滑性下降，软骨发生降解和破坏，导致关节生理功能障碍（Aviad and Houpt，1994）。在关节腔内注射 HA 可提高关节滑液的润滑性和黏弹性，减轻骨关节炎患者的关节功能障碍，缓解患者症状，减缓疾病进展。虽然注射外源性 HA 并不能恢复和替代滑液中内源性 HA 的全部性质及活性，但它可以通过多种机制缓解关节炎症状，延缓病程发展。HA 对于治疗 OA 的主要作用机制如下。

（1）机械润滑：外源性 HA 增加滑液的润滑性和黏弹性。HA 可减少组织间的摩擦，缓冲应力对关节的撞击，对关节软骨等发挥保护作用（Plaas et al.，2011；Waller et al.，2012；Lu et al.，2013）。

（2）软骨保护：通过与 HA 受体 CD44 和 HA 调节的运动受体 RHAMM 结合，减少白细胞介素、前列腺素 E2、基质金属蛋白酶及自由基的合成和释放，减少软骨细胞凋亡，促进软骨细胞增殖（Altman et al.，2015；Chang et al.，2012；Hiraoka et al.，2009）。

（3）促进蛋白聚糖和糖胺聚糖合成：外源性 HA 通过 CD44 和细胞间黏附分子 1（intercelluar adhesion molecule-1，ICAM-1）结合，促进软骨细胞合成蛋白聚糖和糖胺聚糖，从而改善病理性关节液的性状，持续缓解症状，延缓病情进展（Miki et al.，2010；Yatabe et al.，2009；Maneiro et al.，2004；Williams et al.，2003）。

（4）镇痛：注射外源性 HA 可增强关节滑液的机械屏障作用，能有效地阻止炎症介质在关节腔中的扩散，减少炎症因子等对骨关节神经痛觉感受器的刺激，从而达到稳定关节疼痛感受器的作用，以减轻关节的疼痛感（Yoshioka et al.，2014；Boettger et al.，2011；De la Peña et al.，2002）。

10.2　透明质酸治疗骨关节炎的应用研究

《骨关节炎诊治指南（2018 年版）》明确提出 OA 的阶梯化治疗方案，目的在于改善症状、提高生活质量、延缓疾病进展，并避免过度治疗，使处于不同疾病阶段和程度的 OA 患者获得最适合自身病情的治疗方案。阶梯化治疗方案包括基础治疗、药物治疗、修复性手术治疗及重建手术治疗，具体见图 10-1。

根据目前国内外文献报道，HA 可用于多关节 OA、运动损伤性疾病及关节镜术后恢复，对缓解患者疼痛、改善关节功能等具有良好疗效，特别适用于非甾体抗炎药（nonsteroidal anti-inflammatory drug，NSAID）和镇痛药疗效欠佳或无法使用上述药物的患者。

关节腔内注射 HA 以弥补内源性 HA 不足，可缓解关节炎症状，延缓关节炎发展进程。早在 1942 年，Balazs 就提出了应用 HA 治疗关节疾病；此后，大量的

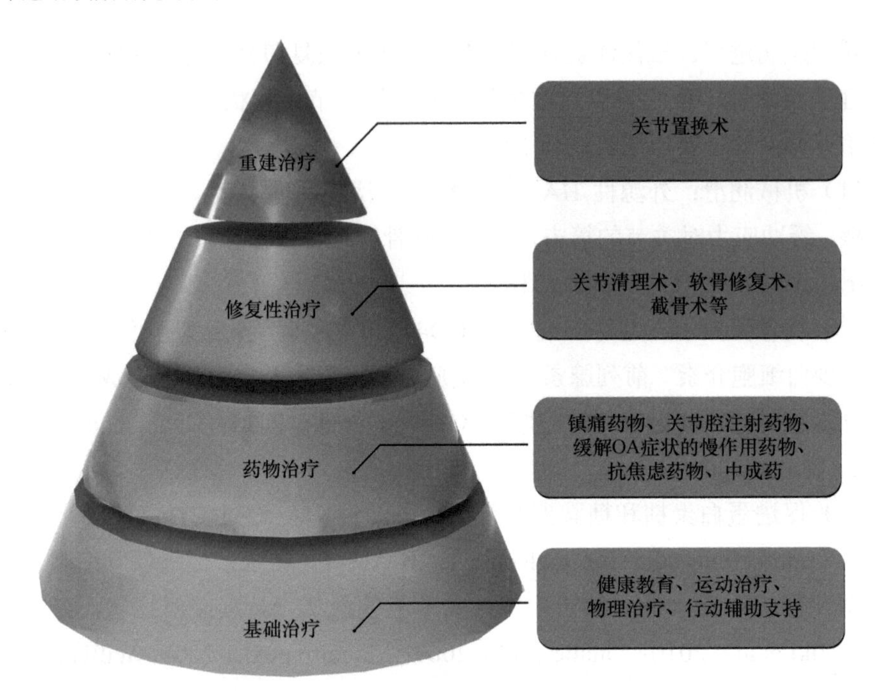

图 10-1 骨关节炎阶梯化治疗示意图

动物及临床试验对此进行了验证和研究，并由此产生了“黏弹性补充疗法（viscosupplementation）”治疗 OA 的概念。1970 年，Butler 等将 HA 注射到关节损伤的赛马关节腔内治疗赛马创伤性 OA 获得成功，随后世界各地开展了大量关于 HA 治疗关节炎的研究工作。1974 年，HA 首次被应用于 OA 的临床研究，有半数以上的患者症状明显减轻，患者关节的滑液黏度明显升高，未见明显不良反应，且缓解作用可维持数周乃至数月。

随着对 HA 研究的不断深入，临床上存在多种 HA 的应用形式，总的来说可分为 HA 注射液、交联 HA 注射液、HA 药物共轭物、HA 联合应用。

10.2.1 玻璃酸钠注射液

1987 年，由日本生化学工业株式会社研发的全球第一款 HA 注射液——阿尔治（ARTZ®）获得批准上市。该产品由 1% HA、氯化钠及磷酸盐缓冲液组成，适用于变形性膝关节病、肩关节周围炎，每周在关节处注射一次，连续注射 5 次，可持续 6 个月有效。该产品已在中国、美国、英国、德国、法国、荷兰、瑞典和澳大利亚等国家上市。

ARTZ®用于治疗膝关节炎已经完成了多个临床研究。Bronstone 等（2019）通过检索电子数据库（MEDLINE、PubMed、EMBASE、BIOSIS Previews、DDFU、SELMIC 和 Ichusi-Web）对 ARTZ®上市后的临床研究进行了汇总，其中，ARTZ®在日本被批准用于治疗骨关节炎的 2 项共 335 例 OA 患者的多中心、随机、双盲、安慰剂对照研究试验，每周注射 1 次，共注射 5 周，结果表明，患者的疼痛、肿胀、关节滑液情况都得到了整体改善。在澳大利亚开展的临床研究包括 203 例 OA 患者，在注射后第 6、10、14、18 周进行 WOMAC（Western Ontario and McMaster Universities osteoarthritis index）评分，ARTZ®的疼痛分数及僵硬分数较安慰剂组显著降低，关节功能改善得分高于安慰剂组。在瑞典（240 例 OA 患者）和英国（231 例 OA 患者）的临床研究，利用视觉模拟评分法（visual analogue scale，VAS）的结果进行协方差分析，在注射后第 1～5、13、20 周（瑞典）和注射后第 10、14、18 周（英国）进行评价，结果均显示 ARTZ®组有显著治疗效果。

Hyalgan®由 1% HA、氯化钠及磷酸盐缓冲液组成，适用于治疗膝关节 OA 疼痛，通过关节内注射给药。在美国进行的一项针对 495 名 OA 患者的 26 周双盲、多中心试验中，将 Hyalgan®与安慰剂进行比较，结果发现，与安慰剂相比，接受 HA 治疗的患者疼痛改善显著，耐受性良好，Hyalgan®可持续缓解疼痛并改善患者关节功能（Altman and Moskowitz，1998）。张连贵等（2001）对 30 例膝骨关节炎患者行关节腔穿刺注射 Hyalgan®，每次注射 2 mL，每周 1 次，根据病情连续使用 3～5 周，随诊时间 6 个月至 2 年，疗效明显，有效率达 93.3%。

以上临床研究表明，关节注射外源性 HA 能够显著缓解 OA 患者的运动障碍、关节疼痛及僵硬等症状。

截至目前，市场上已经出现了多种用于治疗关节炎的 HA 注射液产品，已上市的 HA 注射液浓度和装量各不相同，浓度范围多为 8～15 mg/mL，装量多为 2 mL、2.5 mL 及 3 mL。国内外上市的部分产品情况见表 10-1。

10.2.2　交联玻璃酸钠注射液

交联 HA 为 HA 经化学交联修饰所得，该类产品在保留了 HA 良好的生物相容性和生物功能的同时，还延长了 HA 在关节内的滞留时间，可减少疗程中的注射次数。

交联 HA 注射液 Synvisc®和 Synvisc-One®均为 Genzyme Corporation 研发的用于治疗骨关节炎的交联 HA 产品。Synvisc®规格为 2 mL（16 mg），需连续注射 3 次，

表 10-1　部分用于治疗关节炎的 HA 注射液产品信息

产品名称	生产厂家	规格	使用方法
ARTZ®	Seikagaku Corporation	2.5mL：25mg	1 支/（次·周），共注射 5 次
Adant®	Meiji Seika Pharma Co.，Ltd.	2.5mL：25mg	1 支/（次·周），共注射 5 次
Hyalgan®	Fidia Farmaceutici S.p.A	2mL：20mg	1 支/（次·周），共注射 3 次
Hymovis®		3mL：24mg	1 支/（次·周），共注射 2 次
Hyruan	LG Chem，Ltd.	2mL：20mg	1 支/（次·周），共注射 3 次
Orthovisc®	Anika Therapeutics，Inc.	2mL：30mg	1 支/（次·周），共注射 3～4 次
Sofast®（施沛特）	山东博士伦福瑞达制药有限公司	2mL：20mg 2.5mL：25mg	1 支/（次·周），共注射 5 次
海力达®	华熙生物科技股份有限公司	2.5mL：25mg	1 支/（次·周），共注射 5 次

可持续 26 周有效，于 1997 年获得美国食品药品监督管理局（Food and Drug Administration，FDA）批准，是全球最早上市的交联 HA 关节注射液。Synvisc-One 规格为 6 mL（48 mg），于 2009 年获 FDA 批准，注射一次可持续 26 周有效。

目前，Synvisc®已完成多个临床试验，且在多个国家上市。根据日本医药品医疗器械综合机构（Pharmaceuticals and Medical Devices Agency，PMDA）查询信息，为验证 Synvisc®的有效性和安全性，以保守疗法及现有药物疗法治疗无效且日常疼痛的患者为对象，设定 2 周的非治疗期，注入生理盐水作为对照，治疗 12 周后，与对照组相比，Synvisc®能够显著改善患者疼痛。黄海诗和高磊（2008）对 157 例膝骨关节炎患者行关节腔穿刺注射欣维可®，每周给药 1 次，连续治疗 3 周后，对关节症状及体征变化进行评价，结果显示，患者膝关节症状及体征均有显著改善（$P<0.01$），总有效率 94.6%，认为膝关节腔注射欣维可治疗膝骨关节炎，且安全有效。

Durolane®含有 2%交联 HA，用于关节内单次注射治疗轻度至中度膝关节或髋关节骨性关节炎，缓解由骨关节炎引起的疼痛并改善关节功能。Peck 和 Shepherd（2021）在一项 Meta 分析中发现，Durolane® 可显著改善膝骨关节炎的疼痛、身体机能和生活质量，优于或不劣于安慰剂、糖皮质激素、多次注射 HA 等治疗方法。

近年来，交联 HA 注射液的市场规模不断扩大，国内外市场上的主要产品见表 10-2。

表 10-2　部分交联 HA 注射液产品信息

产品名称	生产厂家	规格	使用方法
Gel-one®	Seikagaku Corporation	3 mL：30 mg	单次注射
Synvisc®	Genzyme Corporation	2 mL：16 mg	1 次/周，共 3 周
Synvisc-One®		6 mL：48 mg	单次注射
Durolane®	Bioventus LLC	3 mL：60 mg	单次注射
Hyruan ONE Inj®.	LG Chem，Ltd.	3 mL：60 mg	单次注射
MONOVISC®	Anika Therapeutics，Inc.	4 mL：88 mg	单次注射

10.2.3　透明质酸药物共轭物

近年来，以 HA 或修饰的 HA 作为骨架，通过共价键的方式将药物与 HA 分子结合获得新的缓控释药物已得到广泛关注。在骨关节炎治疗方面，已有 HA 共轭药物上市。

双氯芬酸透明质酸钠注射液（商品名 Joyclu®，规格为 3 mL：30 mg），于 2020 年在日本上市，是日本生化学工业株式会社研发的一种骨关节炎治疗药物，产品中的活性成分是由双氯芬酸通过 2-氨基乙醇连接到 HA 的葡萄糖醛酸部分得到的，结构式如图 10-2 所示。将该产品注射到关节腔内，可以通过酯键的水解断裂释放双氯芬酸；同时，HA 也可发挥镇痛作用。

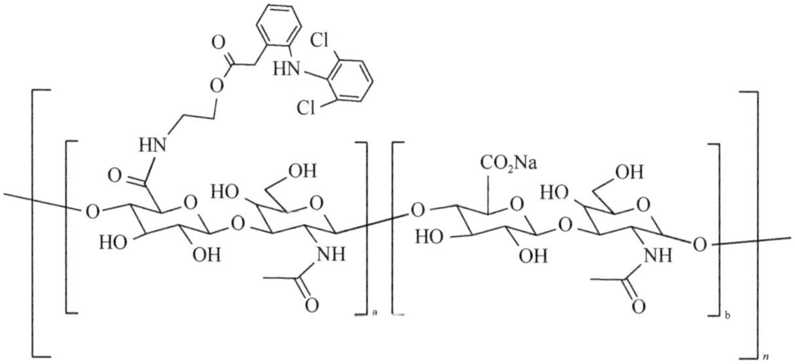

图 10-2　Joyclu®中活性成分的结构式

10.2.4　透明质酸联合应用

根据《骨关节炎诊治指南（2018 年版）》阶梯化治疗方案，在药物治疗、修复性手术治疗等阶段联合应用 HA，可更好地缓解关节疼痛、改善关节功能。

1. 透明质酸联合药物治疗

NSAID 可作为膝关节 OA 疼痛的首选治疗药物，疼痛症状持续存在或中重度疼痛 OA 患者可以口服 NSAID。轻中度 OA 患者可采用 HA 与 NSAID 联合应用的疗法，前期服用 NSAID 可快速缓解症状；同时，在关节腔内注射 HA，不仅可减少 NSAID 的用量，还可延长镇痛时间。

重度疼痛或经治疗后疼痛无缓解甚至加重的 OA 患者，可关节腔内注射糖皮质激素（如曲安奈德、倍他米松、地塞米松等）。糖皮质激素关节腔内注射后见效快，具有良好的抗过敏和抗炎作用，但长期使用会降低骨质，增加骨折的风险（Zhou et al.，2023）。国际骨关节炎研究学会将关节腔 HA 联合糖皮质激素注射作为治疗 OA 的方法，中度 OA 患者常采用该方式进行治疗。HA 与曲安奈德联合应用可发挥协同作用：曲安奈德具有较强的抗炎作用；HA 有利于稳定和恢复关节内微环境，减缓关节软骨的退变，减少曲安奈德对关节软骨的损伤（胡金良，2023；曹宇虎，2012）。焦递进等（2019）对截止到 2019 年 3 月的各数据库中关于曲安奈德联合 HA 治疗膝骨关节炎的临床随机对照试验的资料进行系统评价，发现与单独使用 HA 相比，HA 与曲安奈德联合用药的总有效率更高、膝关节功能改善更加明显。HA 与复方倍他米松联用治疗膝骨关节炎，具有有效润滑关节、降低炎症反应、缓解疼痛、促进关节恢复等优点（张新磊，2023；钟正明，2019）。CINGAL®是美国 Anika Therapeutics 公司研发的一种治疗膝关节骨关节炎的创新黏弹性补剂，由交联透明质酸 MONOVISC®和己曲安奈德构成，既可以短期内快速减轻膝关节疼痛，又可以长期性缓解膝关节炎症状（Hangody et al.，2018）。

除了糖皮质激素与 HA 的联合应用，临床上还将 HA、糖皮质激素和局麻药三者联合用于膝骨关节炎的治疗。有文献报道，重度 OA 患者在关节镜清除术后接受 HA、复方倍他米松和罗哌卡因关节腔内注射，可明显减轻疼痛，关节液中的炎性因子水平降低，膝关节功能得到改善（胡小辉等，2019；邹凯等，2019）。HA、小剂量复方倍他米松与利多卡因联合应用治疗距骨软骨损伤，在缓解疼痛、改善水肿及恢复关节功能方面也取得了不错的效果（王震宇等，2020）。

HA 与富血小板血浆（platelet-rich plasma，PRP）的联合应用也可能是临床治疗骨关节炎的有效治疗方式。PRP 是一种自体血小板浓缩物，含有高度浓缩的血小板和高水平的细胞生长因子，可改善关节疾病造成的损害，用于治疗骨关节炎、骨关节愈合、自体骨质移植等（Chen et al.，2020；Smyth et al.，2013，2016；Laudy et al.，2015）。PRP 已被提议作为膝关节退变的一种新的保守治疗选择，用以缓解症状和延长手术干预时间。临床研究表明，PRP 联合 HA 在骨关节炎治疗上具有协同作用，可以改善关节内环境，促进膝关节功能恢复（苏鸿年等，2022；郭锦锦等，2020），延缓软骨退化和钙化（Chiou et al.，2018），表现出比单独使用 PRP 或者 HA 更好的效果，可用于治疗骨关节炎、膝关节血友病性关节病等。在治疗关节炎方面，Xu 等（2021）发现，两者的联合应用可以有效改善疼痛，减少不良反应。PRP 和 HA 联合应用于膝关节血友病性关节病，患者疼痛和局部关节功能均得到了改善（Liou et al.，2021；Li et al.，2019）。

Cartistem®是目前全球第一种通过国家级批准的干细胞疗法治疗 OA 的药物，产品由 1.5 mL 的同种异体脐带血来源间充质干细胞与冻干透明质酸组成，将二者混合并在室温放置约 30 min 即可使用。Cartistem®需要在关节镜下使用：首先麻醉后暴露关节软骨，然后清除软骨缺损部位并打出孔洞，在软骨缺损孔洞中注入干细胞 HA 混合物，而后会在软骨缺损处分化为关节软骨，从而修复关节软骨损伤。

2. 透明质酸联合手术治疗

在关节镜清理术和微骨折手术中联合应用 HA，也表现出良好的治疗效果。

关节镜清理术是临床治疗早中期膝骨关节炎的常用手术方式，主要用于伴有交锁（关节在屈伸过程中突然在半屈曲位固定，伸直障碍，但可屈曲）或半月板撕裂的患者，通过关节镜游离体清理、半月板成形等手段，有效改善部分早、中期患者的症状。关节镜清理联合 HA 治疗膝骨关节炎具有积极的作用，能降低患者炎症细胞因子水平，与单独使用关节镜清理术相比，二者联合应用可更好地缓解关节疼痛、改善关节功能（黄林峰等，2021；付昌马等，2013）。

关节镜下微骨折术是在关节镜下使用特殊的手锥，在裸露的骨面上造成微型骨折，使骨髓成分溢出，促进关节软骨修复的微创疗法。临床研究显示，微骨折术在治疗膝关节软骨损伤中取得满意的效果，因其治疗软骨损伤具备操作简单、疗效优异、器械价格低廉等优点而得到广泛应用。手术中注射 HA 能有效地保护软骨创面，从而巩固疗效。微骨折术和 HA 注射联合应用可起到优势互补的作用，应用于退变及外伤的软骨损伤时，均可明显改善患者的膝关节功能，减轻疼痛症状（林伟等，2019；Shang et al.，2016；Doral et al.，2012）。

3. 透明质酸在其他关节疾病中的应用

肩周炎，又称为五十肩、冻结肩、粘连性关节囊炎（adhesive capsulitis），是由长期炎症引起的肩关节周围肌肉骨骼组织疾病，尤其是关节囊滑膜下层的炎症，伴有关节囊增厚、进行性纤维化和关节囊挛缩，临床表现为肩胛骨疼痛、活动不便（Ayhan et al.，2014；Neviaser and Hannafin，2010）。肩周炎的临床治疗主要以缓解疼痛以及恢复肩关节功能为目的。注射外源性 HA 能够润滑修复软骨组织，并可抑制关节囊成纤维细胞的增殖及粘连相关前胶原和细胞因子的表达，从而预防肩关节囊炎患者粘连的形成。Le 等（2017）通过临床研究发现，对肩周炎患者进行 HA 腔内注射，可缓解患者疼痛症状并促进患肢功能的恢复，可以达到与关节内注射可的松相同的临床效果（魏纯利等，2018）。

注射 HA 还可用于治疗网球肘。网球肘又称肱骨外上髁炎，是伸肌总腱起点处的一种慢性损伤性炎症，以肘关节外侧疼痛，以及用力握拳、伸腕时疼痛加重以致不能持物为主要临床表现，因早年发现网球运动员易患此病，故又名网球肘。临床研究表明，皮下及肌内注射 HA 可以明显减轻患部疼痛，增加患者握力，且注射后几乎无不良反应，具有一定的安全性（Zinger et al.，2022；Petrella et al.，2010）。

大骨节病（kashin-beck disease，KBD）是多发于儿童和少年的一种地方性变形性骨关节病，临床表现为关节变形、疼痛、肌肉萎缩和关节运动受限。Cao 等（2008）发现，晚期 KBD 具有与骨关节炎相似的病理表现，包括软骨基质降解和炎症细胞因子表达。Yu 等（2014）提出，HA 对 KBD 的作用可能与抑制细胞因子水平、特异性细胞受体水平和分子间相互作用有关。临床研究表明，关节内注射 HA 能明显改善 KBD 患者的膝关节功能障碍、关节疼痛和晨僵等症状，且不良反应发生率低（Tang et al.，2012；许鹏等，2004）。

肩峰撞击综合征是成人肩痛的最常见原因，患者抬高手臂或卧于患侧时会出现软组织的压迫性疼痛，其病理机制为肩峰下间隙的结构性狭窄。撞击综合征的康复目标是消除疼痛和恢复关节功能，最初可使用非甾体抗炎药、理疗、局部糖皮质激素注射等保守方法治疗，大多数患者通过保守治疗可在两年内取得不错的效果（Yang et al.，2016）。然而，糖皮质激素注射剂虽能有效缓解疼痛，长期应用会出现代谢功能紊乱、骨质疏松等多种副作用，Liu 等（2022）提出，与糖皮质激素相比，肩峰下注射 HA 具有较好的安全性，可有效地缓解疼痛和恢复关节功能。

4. 透明质酸在其他骨科疾病中的应用

肩袖损伤是因外伤或反复运动而引起的肩袖肌肉损伤，表现为肩颈部疼痛、肩关节无力、活动受限等。张乃（2020）发现，注射外源性 HA 可通过抑制炎症反应来减轻肩袖撕裂引起的疼痛。有学者对 HA 治疗肩袖损伤的临床研究进行了 Meta 分析，评价了 HA 治疗肩袖损伤的疗效及有效性，结果显示，HA 可以改善患者功能活动，提高患者生活质量，短期内缓解疼痛的效果明显（赵国源等，2021；Shibata et al.，2001）。

运动损伤是指在运动过程中出现的半月板损伤、骨折等损伤。HA 因其润滑及黏弹性，可用于缓解运动损伤的疼痛，并且起到修复作用。有研究显示，对半月板损伤的患者予以关节腔内注射 HA，可以起到润滑关节、缓减半月板与组织间的摩擦等作用，从而改善患者的膝关节活动度，减轻患者的炎症反应，增强手术效果（丁英奇等，2013；李群等，2024）。在膝关节骨折患者手术过程中予以 HA 注射液，可显著减轻患者的疼痛不适，改善术后的关节灵活度，并具有良好的术后防粘连效果（刘辉等，2013）。

肌腱为肌肉末端的结缔组织纤维束，具有传导肌肉收缩、控制关节活动的作用。正常情况下，肌腱组织中的腱鞘可分泌 HA，使肌腱平滑滑动。但当肌腱过度使用或年龄增长时，会产生不同程度的急慢性损伤，如手屈肌腱损伤、肌腱断裂等，影响肌腱的正常生理功能。Ostenil® Tendon 是 TRB Chemedica 公司的一款用于治疗肌腱疾病的 HA 产品，可在超声引导下将其注射到病变肌腱的腱鞘或滑囊内，促进肌腱滑动和生理修复过程。

骨质疏松性椎体压缩性骨折（osteoporotic vertebral compression fracture，OVCF）是骨质疏松性骨折中最常见的类型，多发于老年人。椎体成形术是 OVCF 的主要治疗手段，通过向病变椎体注入骨水泥达到强化椎体的目的。磷酸钙骨水泥是治疗 OVCF 常用的骨水泥，但其存在骨诱导性差等缺点。HA 和姜黄素共价结合可获得 HA-姜黄素化合物，将其添加到磷酸钙骨水泥中能够得到复合骨水泥。姜黄素的加入可提高骨诱导能力，进而促进骨缺损愈合；与 HA 的共价结合可改善其水溶性差的问题。该复合骨水泥具有良好的生物相容性和力学特性，可以促进成骨细胞增殖并增强其成骨能力（Zhang et al.，2023）。

（李　超　韩月梅　张秀霞　李　敏）

参 考 文 献

曹宇虎. 2012. 曲安奈德与透明质酸钠在膝骨性关节炎中的应用. 中国医药指南, 10(20): 554-555.
陈万军, 鲍同柱. 2011. 白介素-1 家族与骨性关节炎研究进展. 重庆医学, 40(31): 3198-3200.
丁英奇, 段永刚, 李耀华, 等. 2013. 透明质酸钠关节腔内注射治疗半月板损伤疗效观察. 河北医药, 35(23): 3589-3590.
付昌马, 钱春生, 章有才. 2013. 微骨折术联合玻璃酸钠注射修复膝关节软骨损伤. 实用骨科杂志, 19(2): 109-111.
郭锦锦, 张思敏, 买买提吐逊·吐尔地. 2020. 富血小板血浆联合透明质酸治疗颞下颌关节骨关节炎的研究进展. 中国医学创新, 17(36): 168-172.
胡金良. 2023. 曲安奈德局部疼痛点封闭联合玻璃酸钠关节腔内注射治疗膝关节骨性关节炎的临床观察. 中国处方药, 21(2): 107-110.
胡小辉, 李军, 唐佶颖, 等. 2019. 玻璃酸钠和复方倍他米松与罗哌卡因联合关节镜下清理术治疗膝骨关节炎. 中国临床研究, 32(9): 1224-1226.
黄海诗, 高磊. 2008. 关节腔内注射欣维可治疗膝骨关节炎疗效观察. 山东医药, 48(4): 83-84.
黄林峰, 顾蓥璇, 全小明, 等. 2021. 关节镜清理联合透明质酸钠注射治疗老年膝骨关节炎: 疼痛, 炎症因子及关节功能变化的 Meta 分析. 中国组织工程研究, 25(26): 4249-4256.
焦递进, 杨杰, 聂士超, 等, 2019. 曲安奈德联合透明质酸钠治疗膝关节骨性关节炎的 Meta 分析. 中华老年骨科与康复电子杂志, 5(6): 348-358.
李群, 傅明辉, 成昌桂, 等. 2024. 透明质酸钠关节腔内注射联合关节镜手术治疗水平撕裂型半月板损伤的效果. 中国医药导报, 21(1): 104-107.
林伟, 林任, 邱俊钦. 2019. 关节镜下清理术联合透明质酸钠注射对膝骨性关节炎炎症细胞因子的影响. 福建医药杂志, 41(3): 82-85.
凌沛学. 2000. 透明质酸. 北京: 中国轻工业出版社.
刘辉, 饶放萍, 钟雪平, 等. 2013. 透明质酸钠在骨折手术后膝关节粘连预防中的效果研究. 中国医学创新, 10(32): 49-50.
聂金桥. 2019. 膝骨性关节炎外科治疗进展. 临床医药文献电子杂志, 6(7): 184-185.
苏鸿年, 司马靓杰, 杨木强, 等. 2022. 富血小板血浆联合透明质酸钠治疗膝骨关节炎的效果观察. 中华全科医学, 20(9): 1509-1512.
王震宇, 唐康来, 杨方程, 等. 2020. 玻璃酸钠联合小剂量激素与利多卡因关节腔注射治疗 Hepple Ⅰ、Ⅱ型距骨顶软骨损伤. 中国骨与关节损伤杂志, 35(6): 654-656.
魏纯利, 张立冬, 李克华, 等. 2018. 玻璃酸钠腔内注射对肩周炎患者疼痛症状及患肢功能恢复的影响. 社区医学杂志, 16(4): 53-54.
许鹏, 郭雄, 靳卫章, 等. 2004. 关节腔内注射透明质酸钠治疗大骨节病的疗效观察. 中国地方病学杂志, 23(6): 588-590.
张连贵, 杨孝军, 张永宏, 等. 2001. 海尔根膝关节腔内注射治疗膝关节骨关节炎 30 例的体会.

宁夏医学杂志, 23(1): 54.
张新磊. 2023. 玻璃酸钠注射液联合复方倍他米松关节腔内注射治疗膝骨性关节炎的临床效果. 中国社区医师, 39(6): 69-71.
张乃. 2020. 肩袖损伤的发病机制, 分型及治疗进展. 实用临床医药杂志, 24(16): 129-132.
赵国源, 胡伟坚, 郭斯印, 等. 2021. 透明质酸治疗肩袖损伤疗效的 Meta 分析. 中国组织工程研究, 25(28): 4573-4579.
钟正明. 2019. 玻璃酸钠联合复方倍他米松关节腔内注射治疗老年膝骨关节炎的效果分析. 中西医结合心血管病电子杂志, 7(12): 26-27.
中华医学会骨科学分会关节外科学组. 2018. 骨关节炎诊疗指南(2018 年版). 中华骨科杂志, 38(12): 705-715.
邹凯, 左斌, 陈康. 2019. 关节镜清除术联合关节腔药物注射治疗重度膝关节骨性关节炎的效果观察. 中国骨与关节损伤杂志, 34(4): 395-396.
Altman R D, Moskowitz R. 1998. Intraarticular sodium hyaluronate (hyalgan) in the treatment of patients with osteoarthritis of the knee: a randomized clinical trial hyalgan study group. Journal of Rheumatology, 25(11): 2203-2212.
Altman R D, Manjoo A, Fierlinger A, et al. 2015. The mechanism of action for hyaluronic acid treatment in the osteoarthritic knee: a systematic review. BMC Musculoskeletal Disorders, 16: 321.
Aviad A D, Houpt J B. 1994. The molecular weight of therapeutic hyaluronan (sodium hyaluronate): how significant is it?. Journal of Rheumatology, 21(2): 297-301.
Ayhan E, Kesmezacar H, Akgun I. 2014. Intraarticular injections(corticosteroid, hyaluronic acid, platelet rich plasma) for the knee osteoarthritis. World Journal of Orthopedics, 5(3): 351-361.
Balazs E A, Denlinger J L. 1993. Viscosupplementation: a new concept in the treatment of osteoarthritis. Journal of Rheumatology Supplement, 39(5): 3-9.
Boettger M K, Kümmel D, Harrison A, et al. 2011. Evaluation of long-term antinociceptive properties of stabilized hyaluronic acid preparation (NASHA) in an animal model of repetitive joint pain. Arthritis Research & Therapy, 13(4): R110.
Bronstone A, Neary J T, Lambert T H, et al. 2019. Supartz (sodium hyaluronate) for the treatment of knee osteoarthritis: a review of efficacy and safety. Clinical Medicine Insights Arthritis and Musculoskeletal Disorders, 12: 1179544119835221.
Butler J, Rydell N, Balazs E A. 1970. Hyaluronic acid in synovial fluid. VI . Effect of intra-articular injection of hyaluronic acid on the clinical symptoms of the arthritis in track horses. Acta Veterinaria Scandinavica, 11(2): 139-146.
Cao J, Li S, Shi Z, et al. 2008. Articular cartilage metabolism in patients with kashin-beck disease: an endemic osteoarthropathy in China. Osteoarthritis and Cartilage, 16(6): 680-688.
Chang C C, Hsieh M S, Liao S T, et al. 2012. Hyaluronan regulates PPARγ and inflammatory responses in IL-1β-stimulated human chondrosarcoma cells, a model for osteoarthritis. Carbohydrate Polymers, 90(2): 1168-1175.
Chen Z H, Wang C, You D, et al. 2020. Platelet-rich plasma versus hyaluronic acid in the treatment of knee osteoarthritis: a meta-analysis. Medicine, 99(11): e19388.

Chiou C S, Wu C M, Dubey N K, et al. 2018. Mechanistic insight into hyaluronic acid and platelet-rich plasma-mediated anti-inflammatory and anti-apoptotic activities in osteoarthritic mice. Aging, 10(12): 4152-4165.

De la Peña E, Sala S, Rovira J C, et al. 2002. Elastoviscous substances with analgesic effects on joint pain reduce stretch-activated ion channel activity *in vitro*. Pain, 99(3): 501-508.

Doral M N, Bilge O, Batmaz G, et al. 2012. Treatment of osteochondral lesions of the talus with microfracture technique and postoperative hyaluronan injection. Knee Surgery Sports Traumatology Arthroscopy, 20(7): 1398-1403.

Gupta R C, Lall R, Srivastava A, et al. 2019. Hyaluronic acid: molecular mechanisms and therapeutic trajectory. Frontiers in Veterinary Science, 6: 192.

Hangody L, Szody R, Lukasik P, et al. 2018. Intraarticular injection of a cross-linked sodium hyaluronate combined with triamcinolone hexacetonide (cingal) to provide symptomatic relief of osteoarthritis of the knee: a randomized, double-blind, placebo-controlled multicenter clinical trial. Cartilage, 9(3): 276-283.

Hiraoka N, Takahashi K A, Arai Y, et al. 2009. Hyaluronan and intermittent hydrostatic pressure synergistically suppressed mmp-13 and il-6 expressions in osteoblasts from oa subchondral bone. Osteoarthritis and Cartilage, 17(supplement 1): S97.

Hwang H S, Kim H A. 2015. Chondrocyte apoptosis in the pathogenesis of osteoarthritis. International Journal of Molecular Sciences, 16(11): 26035-26054.

Laudy A B M, Bakker E W P, Rekers M, et al. 2015. Efficacy of platelet-rich plasma injections in osteoarthritis of the knee: a systematic review and meta-analysis. British Journal of Sports Medicine, 49(10): 657-672.

Le H V, Lee S J, Nazarian A, et al. 2017. Adhesive capsulitis of the shoulder: review of pathophysiology and current clinical treatments. Shoulder & Elbow, 9(2): 75-84.

Li T Y, Wu Y T, Chen L C, et al. 2019. An exploratory comparison of single intra-articular injection of platelet-rich plasma vs hyaluronic acid in treatment of haemophilic arthropathy of the knee. Haemophilia, 25(3): 484-492

Liou I H, Lu L Y, Lin K Y, et al. 2021. Combined intra-articular injections of hyaluronic acid and platelet-rich plasma for the treatment of haemophilic arthropathy: a case series study. Haemophilia, 27(2): e291-e294.

Liu W J, Lin B D, Yao H B, et al. 2022. Effects of sodium hyaluronate in the treatment of rotator cuff lesions: a systematic review and meta-analysis. Orthopaedic Journal of Sports Medicine, 10(8): 23259671221115743.

Lu H T, Sheu M T, Lin Y F, et al. 2013. Injectable hyaluronic-acid-doxycycline hydrogel therapy in experimental rabbit osteoarthritis. BMC Veterinary Research, 9: 68.

Maneiro E, de Andres M C, Fernández-Sueiro J L, et al. 2004. The biological action of hyaluronan on human osteoartritic articular chondrocytes: the importance of molecular weight. Clinical and Experimental Rheumatology, 22(3): 307-312.

Miwa M, Saura R, Hirata S, et al. 2000. Induction of apoptosis in bovine articular chondrocyte by prostaglandin E(2) through cAMP-dependent pathway. Osteoarthritis and Cartilage, 8(1): 17-24.

Miki Y, Teramura T, Tomiyama T, et al. 2010. Hyaluronan reversed proteoglycan synthesis inhibited by mechanical stress: possible involvement of antioxidant effect. Inflammation Research, 59(6):

471-477.

Neviaser A S, Hannafin J A. 2010. Adhesive capsulitis: a review of current treatment. The American Journal of Sports Medicine, 38(11): 2346-2356.

Petrella R J, Cogliano A, Decaria J, et al. 2010. Management of Tennis Elbow with sodium hyaluronate periarticular injections. Sports Medicine Arthroscopy Rehabilitation Therapy & Technology, 2(1): 4.

Peck J, Shepherd J P. 2021. Recurrent urinary tract infections: diagnosis, treatment, and prevention. Obstetrics and Gynecology Clinics of North America, 48(3): 501-513.

Plaas A, Li J, Riesco J, et al. 2011. Intraarticular injection of hyaluronan prevents cartilage erosion, periarticular fibrosis and mechanical allodynia and normalizes stance time in murine knee osteoarthritis. Arthritis Research & Therapy, 13(2): R46.

Shang X L, Tao H Y, Chen S Y, et al. 2016. Clinical and MRI outcomes of HA injection following arthroscopic microfracture for osteochondral lesions of the talus. Knee Surgery Sports Traumatology Arthroscopy, 24(4): 1243-1249.

Shibata Y, Midorikawa K, Emoto G, et al. 2001. Clinical evaluation of sodium hyaluronate for the treatment of patients with rotator cuff tear. Journal of Shoulder and Elbow Surgery, 10(3): 209-216.

Smyth N A, Haleem A M, Ross K A, et al. 2016. Platelet-rich plasma may improve osteochondral donor site healing in a rabbit model. Cartilage, 7(1): 104-111.

Smyth N A, Haleem A M, Murawski C D, et al. 2013. The effect of platelet-rich plasma on autologous osteochondral transplantation: an *in vivo* rabbit model. Journal of Bone and Joint Surgery American Volume, 95(24): 2185-2193.

Tang X, Zhou Z K, Shen B, et al. 2012. Serum levels of TNF-α, IL-1β, COMP, and CTX-II in patients with Kashin-Beck disease in Sichuan, China. Rheumatology International, 32(11): 3503-3509.

Waller K A, Zhang L X, Fleming B C, et al. 2012. Preventing friction-induced chondrocyte apoptosis: comparison of human synovial fluid and hylan G-F 20. The Journal of Rheumatology, 39(7): 1473-1480.

Williams J M, Zhang J, Kang H, et al. 2003. The effects of hyaluronic acid on fibronectin fragment mediated cartilage chondrolysis in skeletally mature rabbits. Osteoarthritis and Cartilage, 11(1): 44-49.

Xu Z, He Z X, Shu L P, et al. 2021. Intra-articular platelet-rich plasma combined with hyaluronic acid injection for knee osteoarthritis is superior to platelet-rich plasma or hyaluronic acid alone in inhibiting inflammation and improving pain and function. Arthroscopy, 37(3): 903-915.

Yatabe T, Mochizuki S, Takizawa M, et al. 2009. Hyaluronan inhibits expression of ADAMTS4 (aggrecanase-1) in human osteoarthritic chondrocytes. Annals of the Rheumatic Diseases, 68(6): 1051-1058.

Yang P L, Guo X, He X J, et al. 2016. The efficacy and safety of intra-articular injection of hyaluronic acid in the knee and physical therapy agents to treat kashin-beck disease: a prospective interventional study. Experimental and Therapeutic Medicine, 12(2): 739-745.

Yoshioka K, Yasuda Y, Kisukeda T, et al. 2014. Pharmacological effects of novel cross-linked hyaluronate, Gel-200, in experimental animal models of osteoarthritis and human cell lines. Osteoarthritis & Cartilage, 22(6): 879-887.

Yu F F, Xia C T, Fang H, et al. 2014. Evaluation of the therapeutic effect of treatment with intra-articular hyaluronic acid in knees for kashin-beck disease: a meta-analysis. Osteoarthritis and Cartilage, 22(6): 718-725.

Zhang Y, Xu H L, Wang J, et al. 2023. Incorporation of synthetic water-soluble curcumin polymeric drug within calcium phosphate cements for bone defect repairing. Materials Today Bio, 20: 100630.

Zhou R X, Zhang Y W, Cao M M, et al. 2023. Linking the relation between gut microbiota and glucocorticoid-induced osteoporosis. Journal of Bone and Mineral Metabolism, 41(2): 145-162.

Zinger G, Bregman A, Safran O, et al. 2022. Hyaluronic acid injections for chronic tennis elbow. BMC Sports Science, Medicine & Rehabilitation, 14(1): 8.

第 11 章　透明质酸及衍生物在口腔和耳鼻喉疾病治疗中的应用

11.1　概　　述

透明质酸（hyaluronic acid，HA）是口腔、耳鼻喉和呼吸系统各器官的重要组成成分，发挥着保湿、润滑、结构支撑及功能调节等重要的作用。尽管如此，HA 被应用于相关疾病的治疗和护理的历史并不算久。最初，高昂的价格阻碍了 HA 产品在临床上的应用。20 世纪 90 年代以来，随着发酵法生产 HA 技术的发展，HA 的价格大幅降低，HA 产品用于缓解和治疗相关疾病的研究逐渐增多。交联 HA 填充剂被用于相关矫形手术；而 HA 敷料也被用于口腔和耳鼻喉手术后的伤口保护和护理。本章将通过对临床研究的综述，简要介绍 HA 在口腔、呼吸系统及耳鼻喉疾病治疗、护理和预防方面的应用。

11.2　透明质酸及衍生物在口腔疾病治疗中的应用

HA 是牙周组织和口腔黏膜的重要组分，发挥着重要的结构和生理功能。HA 的保水性能够有效保持口腔黏膜的湿润，参与构成口腔中的组织结构，还与口腔中的炎症和伤口修复等生理过程密切相关（Casale et al.，2016）。牙周韧带（periodontal ligament，PDL）中的 HA 可能通过与 CD44 的相互作用影响其下游因子 Rho 依赖型激酶，从而调控 PDL 细胞的伸缩性（Al-Rekabi et al.，2019；Mueller et al.，2017）。

HA 具有抑菌作用。Pirnazar 等（1999）研究发现，高分子量 HA（1300 kDa）能显著抑制多种口腔致病微生物的增殖，包括伴放线放线杆菌（*Actinobacillus actinomycetemcomitans*）、口普氏菌（*Prevotella oris*）和金黄色葡萄球菌（*Staphylococcus aureus*）；此外，对表皮葡萄球菌（*Staphylococcus epidermidis*）、β-溶血型链球菌（β-hemolytic *Streptococcus*）及铜绿假单胞菌（*Pseudomonas aeruginosa*）等致病菌也有抑制作用（Carlson et al.，2004）。HA 的抗菌作用与其

理化性质和生物活性有关。HA 本身具有黏弹性和润滑性，可以阻碍病原菌在组织表面的附着、移动和扩散。一些病原菌通过分泌 HA 酶降解细胞外基质中的 HA，从而在组织中扩散传播，而外源 HA 则通过对这些酶的竞争性抑制，阻止其对细胞外基质的破坏（Zamboni et al.，2021）。

HA 在缓解和治疗口腔疾病的过程中也发挥着抗炎作用。Mesa 等（2002）通过对牙周炎患者的活组织的研究发现，外源高分子量 HA 能抑制炎症细胞增殖抗原 Ki-67 的表达，表明其能抑制炎症细胞的增殖。另外，HA 能阻碍炎症细胞表面 CD44 与其 HA 配体的相互作用，从而抑制炎症发生，起到抗炎作用。

基于以上重要的生物活性，研究人员对 HA 在口腔疾病治疗中的作用进行了深入探究，取得了一系列成果。

11.2.1　口腔干燥

口腔干燥是由于多种原因引起的口中唾液分泌不足，无法充分滋润口腔而造成患者口腔内的不适感，表现为口中干涩、喉咙干燥、口角干裂等症状。口腔干燥的病因非常复杂。根据病因的不同，口腔干燥症可分为老年性口腔干燥症、干燥综合征（Sjogren syndrome，SS）、放射性口腔干燥症等。

在无法彻底消除病因时，通过一些手段改善口腔干燥症状可以提升患者的生活质量。HA 作为唾液中的重要成分，添加到口喷剂和漱口水中，可起到长效保湿作用，有效缓解患者症状。Kawakami 等（2012）给 140 名主诉口干或有口干症状的居家老人提供了含 HA 的漱口水（KINUSUI®），并让他们居家使用，经过 2 周到 1 个月的使用后，85.7%的受试者表示自己的口干症状得到改善，且有 40%的受试者表示会继续使用。Rupe 等（2023）通过一个规模为 32 人的双盲随机临床试验，研究了一种含 HA 的漱口水（GUM® HYDRAL™，Etoy Switzerland）对放射性口干症患者的疗效，结果表明，与安慰剂（木糖醇水溶液）相比，使用 GUM® HYDRAL™ 的患者的满意度（Likert 量表）和改进的口干问卷（modified xerostomia questionnaire）值均较高（Mann-Whitney U 检验为 0.001），表明患者的口干症状得到改善，且没有不良反应。Takemura 等（2023）通过一项为期 8 周的双盲交叉临床试验证明了 GUM® HYDRAL™ 对口干症患者的疗效，发现经过 2 个月使用后，相对于安慰剂，使用受试产品能显著提高未刺激唾液流率（unstimulated saliva flow rate，USFR），患者的症状也得到有效改善。

11.2.2　口腔溃疡

口腔溃疡是指发生在口腔黏膜的局部溃疡性损伤，发作时局部疼痛剧烈，严重时会影响正常的饮食和说话。口腔溃疡的病因复杂，且容易复发，除了对因治疗，及时缓解症状也能极大减轻患者的痛苦。临床研究发现，局部施用 HA 可以有效缓解口腔溃疡引起的疼痛，并促进溃疡的愈合。

Nolan 等（2006）进行了包含 120 名复发性阿弗他溃疡（recurrent aphthous ulcer，RAU）患者的临床试验，患者每天 2～3 次口腔局部给予 0.2% HA 凝胶或安慰剂，连续 7 天。治疗第 4 天开始，HA 组患者的新溃疡发生率显著降低（P=0.047）；治疗第 5 天，HA 组的溃疡数量显著少于对照组（P<0.001）。Lee 等（2008）对 17 名贝赫切特综合征（Behcet syndrome）患者和 16 名 RAU 患者随机给予口腔局部 0.2% HA 凝胶或安慰剂，结果表明，使用 HA 凝胶的患者恢复加快，溃疡面积、局部发热和肿胀等症状均有改善。Yang 等（2020）对比了 HA 和地塞米松治疗儿童 RAU 的情况，发现 HA 改善溃疡面积、局部发热和肿胀等症状的作用与地塞米松相当。

放化疗是治疗恶性肿瘤的重要手段之一，然而由于选择性较差，会引起以口腔溃疡为代表的口腔黏膜损伤。HA 局部治疗可缓解和治疗这种口腔溃疡。意大利 Professional Dietetics 公司生产的 Mucosamin®喷雾是一种富含氨基酸的 HA 喷雾，能抑制氧自由基引发的黏膜损伤，可预防放化疗引起的口腔溃疡（Cirillo et al.，2015）。意大利 Biopharm 公司生产的 Mucosyte®漱口水含毛蕊花苷、聚乙烯吡咯烷酮（polyvinylpyrrolidone，PVP）和 HA，能显著改善急性淋巴母细胞白血病患儿的口腔溃疡发生率（P=0.0038）和由此引发的疼痛（P<0.005）（Bardellini et al.，2016）。Agha-Hosseini 等（2021）研究了一种复配维生素 E、曲安奈德和 HA 的漱口水对化疗患者口腔溃疡的影响，结果表明，相比于只含曲安奈德的漱口水，使用复配漱口水能更有效地减轻口腔溃疡给患者带来的疼痛（P<0.001）。

除了药物，一些口腔手术和组织检查也会损伤口腔黏膜，导致口腔溃疡。美国 Midatech Pharma 公司生产的 Gelclair®口腔凝胶含 HA 和 PVP，在口腔黏膜表面形成一层保护层，可快速有效缓解疼痛和口腔干燥。López-Jornet 等（2010）研究发现，Gelclair®对口腔黏膜组织活检后的疼痛有明显的缓解作用，效果与 0.2 %洗必泰相当。意大利 Curaden Healthcare 公司生产的 CURASEPT® ADS020 Trattamento Rigenerante 漱口水含 0.2%洗必泰和 0.2% HA，Palaia 等（2019）研究发现，口腔激光手术后使用该漱口水 2 周，患者的愈合指数百分率（percentage healing index）显著高于使用只含有 0.2%洗必泰漱口水的患者（P=0.001）。

HA 改善和治疗口腔溃疡的作用与它的保湿性有关。HA 可在口腔炎症部位形成一层保水屏障，对抗口腔环境中的刺激，起到保护黏膜的作用。HA 的抗炎作用则有助于改善口腔炎症，从而促进口腔溃疡的恢复。

11.2.3 牙周组织疾病

牙周组织包括牙周膜、牙槽骨和牙龈，对牙齿起到支持、固定和营养作用。因此，健康的牙周组织对维持口腔健康非常重要。HA 是牙龈、牙周韧带和牙槽骨的重要组分，且具有保水性、黏弹性、抗炎、抗水肿、抗氧化和抗菌等生物特性，因此可用于牙周疾病的辅助治疗。

1. 牙龈炎

平时不注意口腔卫生，会导致龈牙结合部牙菌斑堆积，长期刺激就会导致牙龈炎，表现为牙龈出血和牙龈局部不适。局部施用 HA 可辅助治疗牙龈炎。Jentsch 等（2003）对患有牙菌斑引起的牙龈炎的男性患者局部使用 0.2% HA 凝胶。经过 3 个月治疗，患者的菌斑指数（plaque index，PI）、龈乳头探诊出血指数以及龈沟液过氧化物酶和溶菌酶等指标相对于对照组均有显著改善。Pistorius 等（2005）则采用含 HA 的口喷剂对患者进行了 1 周的治疗，患者的 PI、龈沟出血指数和龈乳头探诊出血指数同样得到了显著改善。Sapna 和 Vandana（2011）、Sahayata 等（2014）的研究表明，口腔内局部使用 Gengigel®能有效改善牙菌斑、降低龈乳头探诊出血指数，并调节口腔菌群。

2. 慢性牙周炎

牙龈炎长期得不到有效治疗，炎症继续向深层扩展影响到牙周，就会引发牙周炎，临床表现为牙龈炎症、牙槽骨吸收及牙松动等。目前，治疗慢性牙周炎的方式一般是采用机械方法清除牙面上的菌斑牙石，配合正确的口腔护理并服用抗菌药物。在治疗过程中配合局部使用 HA 可以辅助治疗炎症，促进牙周组织恢复健康。

Polepalle 等（2015）在刮治和根面平整术（scaling and root planning，SRP）后牙龈下局部施用 Gengigel®，评价其对慢性牙周炎的临床效果，结果表明，HA 组的探诊出血（bleeding on probing，BOP）指数、牙周袋探诊深度（probing pocket depth，PPD）、临床附着水平（clinical attachment level，CAL）及 PI 等临床参数都显著降低。Mohammad 等（2023）对比了 SRP 后牙龈下局部施用 Gengigel®和 0.2%氯己定凝胶在疗效上的区别，发现 Gengigel®对临床牙周参数和炎症介质的改善作用与氯己定相似。Bevilacqua 等（2012）给中重度慢性牙周炎患者龈下施用 0.5 mL 含氨基酸和 HA 的凝胶，给药 7 天后，患者龈沟液中急性炎症标志物钙卫蛋白和髓过氧化物酶含量较对照组显著下降；给药 45 天后，患者的 BOP 和 PPD 都得到了显著改善。

11.2.4　牙科手术及术后护理

一些牙科手术，如拔牙、种植牙、牙周瓣膜手术等，会对牙周组织造成损伤并引发炎症，引起疼痛、肿胀、流血，严重影响患者的生活质量。局部使用含 HA 产品，可以对伤口起到保护作用，同时抑菌抗炎，促进伤口愈合，从而减轻患者的痛苦。一些由 HA 和 HA 衍生物组成的伤口敷料也被用于术后伤口的护理。

1. *拔牙*

牙槽骨炎是拔牙术后常见的一种并发症，可能是由细菌感染引起的，一般表现为拔牙后 3～4 天内出现剧烈疼痛和出血。临床探查可见拔牙窝内空虚或有腐败变性的血凝块，严重的还会引发破伤风。HA 生物相容性好，且能被生物降解，可填充拔牙后空洞的牙窝，预防和辅助治疗牙槽骨炎。

Gocmen 等（2015）在患者拔牙后立即于患处涂布 0.2 mL 0.8%HA 凝胶（Gengigel® PROF），与未经处理的患者相比，1 周后 HA 组患处白细胞浸润减少，血管生成增加。Guazzo 等（2018）在下颌阻生第三磨牙（俗称“智齿”）拔除术后使用了含氨基酸的 HA 凝胶（Aminogam®），术后 7 天里，与对照组（生理盐水）相比，实验组疼痛情况更轻，伤口开裂也更少。Yang 等（2020）考察了使用含 HA 漱口水（Mucobarrier®和 Aloclair®）对智齿拔除术后恢复的影响，经过 1 周的使用，两款漱口水均能缓解患者的疼痛、肿胀、出血等不适症状。Muñoz-Cámara 等（2021）以 Orabase®凝胶为基质，混合 HA（1%）制备了复合凝胶，于智齿拔除术后填充患者的拔牙窝，结果表明，与对照组相比，其能显著减轻患者在术后 24 h 内的疼痛（P=0.010）。

2. 牙种植

种植牙是目前修复缺失牙区域最有效也是最先进的治疗方法，即将人工种植体植入牙缺失区的牙骨中，从而恢复外观和部分咀嚼功能。比较常用的材质是金属钛和钛合金，这是因为金属钛在与骨组织直接接触一段时间后可与其结合，称为“骨结合”。虽然具备这样的特性，但是种植体实现骨结合还是需要一定的时间。在这期间，种植体作为异物可能会引起免疫反应，其表面附着的有害细菌形成的生物膜还可能引起感染（Darouiche，2004）。科学家们试图利用生物大分子对种植体表面进行涂布和修饰，以提高其生物相容性、抑制致病菌的附着。而 HA 就是其中一种修饰物。Yazan 等（2019）以新西兰大白兔为模型，术前在种植孔涂抹 HA 凝胶，术后 2 个月，种植体周围的新骨和牙本质生成情况良好。Zhong 等（2016）利用层层自组装技术将 HA 和壳聚糖结合在钛种植体表面，同时装载银纳米颗粒，可实现 14 天持续抗菌。

临床上，HA 还被用于牙种植的术后护理。研究表明，HA 能抑制种植体周围炎症，包括牙龈水肿、牙龈出血等。Genovesi 等（2017）发现，在牙种植术后使用含 0.1% HA 的氯己定漱口水，与不含 HA 的氯己定漱口水相比，术后水肿程度更低。Soriano-Lerma 等（2020）向刚进行过种植牙手术的患者的种植体牙周袋和牙周组织注射了 0.8%交联 HA 凝胶，然后每天口腔局部使用浓度为 0.2%的 HA 凝胶，每天 3 次，持续 45 天，结果表明，与对照组相比，患者口腔中致病菌群的相对丰度降低。Sánchez-Fernández 等（2021）的研究则表明，施用 0.8%交联 HA 凝胶后，患者的 BOP 和 PPD 均得到显著改善，其种植体龈沟液中炎症因子 IL-1β 和 TNF-α 也有所下降。

3. 牙周瓣膜手术

冠向复位瓣手术是治疗牙龈退缩的重要方法，在减少退缩、获得根面覆盖方面效果良好。Kumar 等（2014）在为 Millers I 度牙龈退缩患者进行冠向复位瓣手术后，在瓣膜提升和缝合前于牙根处施用 0.2% HA 凝胶（Gengigel®），术后 6 个月，使用 HA 的患者的退缩深度、PPD 和 CAL 均显著优于未使用的患者。Pilloni 等（2019）在为患者进行冠向复位瓣手术时施用了 HYADENT BG®，这是一种 BDDE 交联 HA 和非交联的 HA 以 8:1 的比例制成的混合凝胶；手术 18 个月后，患者的退缩深度、完全根覆盖率和平均根覆盖率均显著优于未使用 HA 的患者。Shirakata 等（2021）在比格犬上进行了类似研究，他们在瓣膜提升和缝合前将

HYADENT BG®施用于牙根处，术后 10 周，使用 HA 的患病犬牙龈退缩情况和 CAL 均较术前得到了改善，特别是牙骨质生成和结缔组织附着情况均显著优于对照组。

11.2.5　牙周骨内缺损填充

重度牙周炎往往会导致牙周骨内缺失。一般的牙周治疗无法实现牙周组织的再生，必须通过植骨术或引导牙周组织再生术进行治疗。研究表明，在进行这些手术时联合使用 HA，有助于牙周骨内缺失的修复。

Bhowmik 和 Rao（2021）将纳米羟基磷灰石材料（Sybograf®）与 HA 凝胶（Gengigel®）等比例混合后填充到牙周骨内缺损处进行治疗，手术 1 年后，相对于只填充 Sybograf®，患者的 PPD、CAL 和骨探诊深度都有显著改善。Vanden Bogaerde（2009）则是在牙周骨内缺损处埋植酯化 HA 纤维，手术 1 年后，患者的 PPD 平均减少 5.8 mm，CAL 平均增加 3.8 mm，表明患者的牙周骨内缺损得到了填充。Ballini 等（2009）将自体骨组织与一种酯化低分子量 HA（Hyaloss®）混合后填充到牙周骨内缺损处，手术 9 个月后，患者的 CAL 增加 2.6 mm，影像学检查表明牙周骨内缺损得到了填充；手术后 2 年，影像学检查表明患者手术部位依旧保持良好。

11.2.6　龈乳头缺陷填充

龈乳头是指位于相邻牙齿间楔状隙中的牙龈组织。龈乳头缺陷俗称“黑三角”，发生在前牙区时会影响患者的外形美观和正常发声。HA 作为重要的生物大分子，也可以用于龈乳头缺陷的填充。

Becker 等（2010）最早报道了采用 HA 凝胶填充治疗龈乳头缺陷的临床实例。他们从患者的缺陷龈乳头顶端注射了小于 0.2 mL 的 HA 凝胶，患者每 3 周接受一次治疗，共接受 3 次；共有 11 名患者接受治疗，治疗位点共 14 个；经过 25 周的随访，结果表明，接受治疗的位点龈乳头缺失情况都得到不同程度的改善。Singh 和 Vandana（2019）研究了不同浓度 HA 溶液（1%，2%，5%）填充治疗龈乳头缺陷的效果，发现只有 5% HA 显著改善了龈乳头缺陷。Castro-Calderón 等（2022）对 2021 年 9 月前发表的 HA 填充剂填充治疗龈乳头缺陷的临床研究进行了综述和分析，认为 HA 填充剂可以用于治疗龈乳头缺陷。

11.2.7 颞下颌关节紊乱

颞下颌关节紊乱（temporomandibular disorder，TMD）是影响到颞下颌关节、咀嚼肌群或两者都波及的一组病态表现，其临床症状为疼痛、张口受限、进食和言语等口颌功能障碍，严重影响患者的生活质量。HA 作为黏弹性补充剂治疗膝骨关节炎的历史已久，在治疗 TMD 方面也逐渐被大家关注。

Korkmaz 等（2016）发现，在 6 个月的回访过程中，与使用稳定型咬合板相比，2 次注射 HA 注射液对于 TMD 的疼痛症状、最大张口度和患者生活质量都有显著改善。李健等（2014）研究发现，颞下颌关节注射 HA 可有效改善 TMD 患者的多种功能障碍，但对颞下颌关节结构无明显影响。Sun 等（2018）和 Sikora 等（2020）的研究也证实了这一观点。Chęciński 等（2022）对 2021 年 12 月前发表的注射 HA 治疗颞下颌关节疼痛的临床研究进行了系统性分析，发现注射 HA 的确可以减轻颞下颌关节疼痛，有效改善下颌的运动性。Lemos 等（2015）对大鼠的研究发现，关节内注射 HA 能抑制颞颌下关节炎相关的组织学改变和关节盘增厚，还能抑制金属蛋白酶的活性，促进使胶原纤维有序排列。这在一定程度上揭示了 HA 治疗 TMD 的机制，但是在人体内的具体机制还有待于进一步研究。

11.3 透明质酸及衍生物在耳科疾病治疗中的应用和探索

人的听觉器包括外耳、中耳和内耳三部分，其中外耳、中耳是声波的传导装置，内耳的耳蜗是声波刺激感受器所在部位。外耳包括耳廓、外耳道和鼓膜三部分，具有收集和传导声波的功能。中耳包括鼓室、其后方与之相通的乳突窦和乳突小房、其前下方与咽相通的咽鼓管三部分。内耳位于颞骨岩部，居于中耳和内耳道底之间，包括由骨密质构成的一系列复杂的曲管，称骨迷路，骨迷路内部的膜性曲管则被称为膜迷路，这两部分构成了内耳。

目前，HA 主要以局部用药、手术填充剂和药物载体等形式应用于耳部手术及耳部疾病的治疗。

11.3.1 耳部手术

1. 鼓膜穿孔修复术

鼓膜是外耳道和中耳的分界，也是声波传导过程中必不可少的结构。鼓膜穿孔会造成不同程度的听力损失。导致鼓膜穿孔的原因有很多，包括耳外伤和感染等。80%的鼓膜穿孔病例可自然治愈，而长时间的鼓膜穿孔不愈就需要进行手术修补。

自 20 世纪 80 年代起，研究者就致力于局部使用 HA 以提高鼓膜穿孔的治愈率和缩短恢复时间，已在动物试验中取得了较好的效果（Hellström and Laurent，1987），且没有耳毒性（Martini et al.，1992）。但是大部分临床研究认为局部使用 HA 对鼓膜穿孔没有明显的改善（Abi Zeid Daou and Bassim，2020），故而研究者转而研究 HA 及其衍生物在鼓膜成形术中作为填充剂的可能性。Ahn 等（2012）对 287 例进行鼓膜成形术的患者分别给予伤口敷料 Gelfoam®（144 人）或浸泡过透明质酸-羧甲基纤维素（HA-Carboxymethyl cellulose，HA-CMC；Guardix®）的 Gelfoam®（143 人）作为中耳填充物，发现 HA-CMC 组的气骨导间距（air-bone gap，ABG）显著优于对照组（$P<0.05$），ABG< 10 dB 的患者比例也显著低于对照组（$P<0.05$）。美国 Anika 公司生产的 HYAFF®是 HA 的苄醇酯，其是多种术后敷料和填充物的原料。MeroGel®是以 HYAFF®为原料生产的一种敷料，可应用于耳道成形术、鼓膜修补术、鼓室成形术和镫骨及乳突手术。Deng 等（2018）对 205 例进行完壁式鼓室成形术合并听骨链重建手术的患者分别给予 MeroGel®、软骨或二者合并作为中耳填充物，发现相对于直接用软骨填充，直接或合并使用 MeroGel®对 ABG 的改善作用更为明显。美国 Medtronic 公司生产的 EpiFilm®和 EpiDisc®耳科膜片是以 HYAFF®为原料生产的具有微孔的薄膜。多项临床研究均表明，配合使用 EpiFilm®或 EpiDisc®可使脂肪组织移植鼓膜成形术的成功率上升到 80%以上（Saliba，2008；Saliba et al.，2012；Alhabib and Saliba，2017）。

2. 镫骨足板造孔术

镫骨足板造孔术是治疗耳硬化症的重要术式之一。患者术后会受到若干并发症的影响，其中眩晕的发生率达到 37%～45%（Angeli，2006），而病理性眼球震颤的发生率达到 73%（Fisch，1965）。这些并发症主要是血液和淋巴液通过孔进入迷路所致，因此术后需采用封闭剂进行封闭以防止并发症（Abi Zeid Daou and Bassim，2020）。HA 具有良好生物相容性，且可在生物体内降解，可被作为封闭剂应用于镫骨足板造孔术。Angeli（2006）发现镫骨足板造孔术术后给予 HA 凝胶封闭，可显著改善患者术后眩晕（P=0.043）和病理性眼球震颤（P=0.024）。Faramarzi 等（2021）的研究则表明，采用 HA 凝胶作为封闭剂的患者（63 例），其术后恢复情况与采用脂肪作为封闭剂的患者（60 例）相当，表明 HA 凝胶可作为脂肪的替代品。

3. 人工耳蜗植入术

人工耳蜗植入术是目前治疗重度或极重度感音性耳聋最为有效的手段。人工耳蜗实际上是一种电子装置，通过体外言语处理器将声音转换为一定编码形式的电信号，通过植入体内的电极系统直接刺激听神经产生神经冲动并传导到大脑，从而恢复或重建聋人的听觉功能。

在人工耳蜗植入术中，HA 一般作为润滑剂滴加在人工耳蜗造孔处，可减少植入时对周围神经的损伤。另外，HA 也能阻止手术过程中血液和盐离子对外淋巴液的污染。残余的 HA 可被代谢，没有耳毒性（Mens et al.，1997）。Laszig 等（2002）发现，在人工耳蜗造孔时滴加 HA 可以扩展视野，方便手术进行。

除了应用于人工耳蜗的植入，HA 也被用于人工耳蜗材料的修饰研究。人工耳蜗作为异物，在长期佩戴的过程中可能会由于慢性炎症而引起周围纤维组织增生，进而包裹住人工耳蜗的电极，提高其阻抗，影响其效果，还有可能进一步损伤患者残余的听力。因此，用于制造人工耳蜗的材料，特别是电极材料，必须具备较好的生物相容性，不易引发炎症，同时又具备优异的电学性能。Yu 等（2018）在人工耳蜗电极的类似物——聚二甲基硅氧烷细丝上连接了甾体抗炎药地塞米松，再用 HA 对其表面做进一步修饰，使材料的表面更平整，具备更好的亲水性，能显著抑制成纤维细胞的黏附和增殖，从而防止纤维组织对材料的包裹。Lee 等（2021）则设计了由金属镁、HA 和其他生物高分子材料组成的类神经元生物材料，在体液环境中即可传导神经冲动，且具有较好的生物相容性和生物可降解性。

11.3.2 耳部疾病的辅助治疗

1. 中耳炎

中耳炎是累及中耳全部或部分结构的炎性病变，可能是由细菌感染、耳道损伤以及其他上呼吸道疾病等因素引起。中耳炎会引起患者耳鸣、耳痛、听力受损等，严重的甚至导致耳聋；细菌感染引起的中耳炎还可能引起脑膜炎等颅内疾病，危及患者生命。目前，中耳炎的治疗方式一般还是抗菌治疗，对细菌感染引起的中耳炎采取抗生素治疗，同时积极治疗可能引发中耳炎的其他上呼吸道感染疾病，平时用消毒剂清洗耳道进行护理。

一些临床研究发现，采用 HA 溶液进行鼻腔灌洗可以改善中耳炎症状或减少中耳炎的发生。Cioffi 等(2017)研究发现,用含 HA 的高渗溶液(hypertonic solution)对分泌性中耳炎患儿进行鼻腔灌洗有助于改善症状，且能减少抗生素和类固醇激素的使用。Torretta 等（2016，2017）研究发现，持续用含 HA 的生理盐水进行鼻腔灌洗，对分泌性中耳炎和慢性腺样体炎症患儿的症状均有显著改善作用。

2. 感音神经性耳聋和梅尼埃病

感音神经性耳聋（sensorineural hearing loss，SNHL）是临床上最常见的耳聋类型，即对声音的感觉和认知功能发生障碍，病变部位通常在耳蜗、听神经或听觉中枢。梅尼埃病（Meniere's disease）是一种特发性内耳疾病，主要的病理改变为膜迷路积水，临床表现为反复发作的旋转性眩晕、波动性听力下降、耳鸣和耳闷胀感。鼓室内注射糖皮质激素是这两种疾病的治疗方法之一。而临床研究发现，在鼓室注射糖皮质激素时合并使用 HA，可以减少用药次数、增强药效。

Gouveris 等（2005）对 21 例不同类型 SNHL 患者进行了地塞米松合并 HA 鼓室注射治疗，患者平均给药次数为 2.7 次，33.3%的患者完全治愈，39.1%的患者部分治愈。Selivanova 等（2005）采用了类似的给药方式治疗了 18 例 SNHL 患者和 21 例梅尼埃病患者，SNHL 患者平均给药次数为 3.4 次，77.8%的患者各频段听力均得到显著提升，耳鸣也得到显著改善，除一人外，其他患者 2 年内均未复发；梅尼埃病患者平均给药次数为 3.35 次，71.4%的患者各频段听力均得到一定提升。Rogha 等（2019）研究发现，地塞米松联合 HA 鼓室内注射对梅尼埃病患者的眩晕症状有较好的改善作用。

11.3.3　耳蜗基因治疗中的辅助作用

对于由遗传因素引发的听力损失和耳聋，传统治疗并不能获得预期的效果，基因治疗可能是更为有效的手段（Lustig and Akil，2019）。而基因治疗成功的重要前提之一就是将基因药物有效递送到内耳。基因载体到达内耳前，必须通过中耳鼓室内侧的圆窗膜，而基因治疗中常用的腺病毒载体一般是无法通过圆窗膜的。Shibata 等（2012）发现在接种前在圆窗膜上涂抹 HA 可提高豚鼠耳蜗接种腺病毒的细胞表达水平，并减弱治疗引起的听性脑干反应（auditory brainstem response）。Kurioka 等（2016）利用哈特利（Hartley）豚鼠的研究也发现，经过 HA 预处理后，以仙台病毒为载体的转基因表达的效率提高了 100 倍，且不会造成听力损伤。HA 对病毒载体转染的促进作用可能是由于它改变了圆窗膜的透性，也可能是其黏滞性延长了病毒载体与圆窗膜的接触时间。目前，耳蜗基因治疗的临床研究还在进行中（Lustig and Akil，2019）。

11.4 透明质酸在呼吸系统疾病治疗中的应用

呼吸系统是人体与外界进行气体交换的一系列器官的总称，包括鼻、咽、喉、气管、支气管、肺及胸膜等组织，其中鼻、咽、喉、气管、支气管统称为呼吸道。临床上常将鼻、咽、喉称为上呼吸道，气管以下的气体通道（包括肺内各级支气管）部分称为下呼吸道。

在呼吸道中，HA 是支气管黏膜下腺体和被覆上皮的杯状细胞分泌的黏液的重要成分之一。HA 覆盖在气管黏膜层表面，通过黏膜纤毛清除、组织水合、抵御微生物及组织修复作用，可保持气管黏膜湿润，有助于代谢产物和过敏原的清除（Casale et al.，2015）。肺结缔组织内含有较高浓度的 HA（Lauer et al.，2015），主要由肺间质成纤维细胞合成和分泌，通过其保水性和黏弹性帮助维持肺的生物结构及功能完整性。研究发现，肺部炎症发展过程中，气道平滑肌细胞中的 HA 含量下降（Klagas et al.，2009），血清中 HA 酶 Hyal-1 活性增强，HA 酶解片段增加（Voynow et al.，2020）。在肺部炎症反应中，HA 可被炎症部位的透明质酸酶或氧自由基降解为低分子量（< 300kDa）HA 并发生聚集。HA 及其片段能与白细胞表面的 RHAMM、CD44 等受体结合，促进白细胞的迁移，以及与炎症相关细胞因子的释放（Lord et al.，2020）。

临床上，HA 主要用于鼻腔干燥、鼻炎等疾病的辅助治疗；一些含 HA 或 HA 衍生物的伤口敷料也被用于鼻部手术的术后护理。

11.4.1 鼻腔干燥

鼻腔干燥是由于鼻腔黏膜腺体分泌异常减少而导致的，往往伴有鼻痒、灼热感和鼻出血等症状，给患者带来极大困扰。鼻腔干燥多见于一些鼻部疾病，如干燥性鼻炎、萎缩性鼻炎等；另外，气候干燥、空气污染等环境问题也会导致鼻腔干燥不适。临床上，医生常会采用油膏、鼻喷剂、鼻腔冲洗剂等局部制剂缓解患者的不适感，HA 作为具备保湿作用的天然生物大分子，常被添加到这些制剂中，并在实际应用中发挥良好效果。Thieme 等（2020）研究了含 HA 鼻喷雾剂对干鼻症患者的影响，发现患者对含 HA 喷雾剂耐受良好，且明显有鼻腔湿润的感觉。

11.4.2　鼻炎

鼻炎是指各种原因引起的鼻腔黏膜和黏膜下组织炎症，临床表现为鼻塞、鼻痒、打喷嚏、流鼻涕、喉部不适等。鼻炎的主要治疗方式是通过服用药物消除炎症，同时辅助使用鼻喷剂、鼻腔冲洗剂等缓解症状。HA 是辅助制剂中比较常见的成分，除了缓解鼻腔干燥，HA 的抗炎和抗水肿活性能对鼻炎的其他症状起到改善作用。Macchi 等（2013a）对 75 例复发性上呼吸道感染儿童患者分别用 HA 溶液（38 例）或生理盐水对照溶液（37 例）进行鼻腔冲洗治疗。在为期 3 个月的间歇性治疗后，HA 对患者的鼻炎、鼻呼吸困难等症状有显著的改善作用，纤毛运动、腺样体肥大及细胞学、微生物学和内窥镜检查等临床指标也有显著改善。Monzani 等（2020）对 80 例慢性鼻窦炎患者进行每天两次的 HA 高渗溶液鼻腔灌洗，经过 20 天的治疗后，患者的鼻塞、鼻涕等症状得到了改善，特别是中鼻甲肿胀和内窥镜下检查鼻分泌都得到了显著改善，且患者用药感受良好，没有发现不良反应。

11.4.3　鼻腔手术的术后治疗和护理

HA 常被用于鼻腔手术的术后护理，不仅能防止术后粘连和瘢痕的形成，还能促进伤口的愈合，在临床研究中也取得了显著的效果。

Macchi 等（2013b）对 46 例接受过鼻内镜手术的患者分别用 HA 溶液（23 例）或生理盐水对照溶液（23 例）进行鼻腔冲洗治疗，在 3 个月的治疗后，HA 组患者的鼻呼吸情况、鼻黏膜完整性和鼻纤毛运动性均显著优于对照组。Cantone 等（2014）进行了包括 122 例患者的随机双盲试验，结果表明，HA 组患者生活质量和疾病改善情况均优于对照组患者。Cassano 等（2016）研究发现，与使用生理盐水相比，用 HA 生理盐水溶液进行鼻腔冲洗加快了纤毛细胞的恢复，从而促进了黏膜纤毛的清除和鼻黏膜的恢复。Mozzanica 等（2019）的研究发现，HA 生理盐水溶液冲洗鼻腔有助于功能性鼻内镜鼻窦手术的术后恢复，特别是头痛和嗅觉变化这两种症状显著减少。

一些研究采用的是 HA 与其他生物分子共混的体系。Kim 等（2007）将 Merocel® 医用海绵插入行鼻内镜鼻窦切除手术的患者鼻侧部，然后向海绵上注入 6 mL HA-CMC 溶液，36～48 h 后再补加一次，对照组则给予等量生理盐水。术后第 2 周，实验组的术后粘连发生率显著低于对照组。

还有一些研究采用了交联 HA 凝胶。Chang 等（2014）比较了交联 HA 凝胶（HyFence®）和 HA-CMC 共混凝胶（Guardix-Sol®）的抗粘连效果，发现二者均可有效预防鼻内镜鼻窦手术后的鼻腔粘连。Dal 和 Bahar（2017）评价了另一种交联 HA 凝胶（PureRegen® Gel Sinus）的抗粘连作用，术后第 8 周，使用 PureRegen® Gel Sinus 的患者鼻腔粘连的情况显著少于对照组，伤口的再上皮化也显著早于对照组。

11.4.4 肺部疾病的辅助治疗和护理

慢性阻塞性肺病（chronic obstructive pulmonary disease，COPD）是一种以进行性的气流受限为主要特征的慢性呼吸系统疾病，其发病机制复杂，一般认为其与肺部炎症反应密切相关（Szalontai et al. 2021）。临床研究发现，HA 对 COPD 及与其相关的炎症有改善作用。Cantor 等（2017）对 11 例 COPD 患者分别用 HA 溶液（8 例）或生理盐水对照溶液（3 例）进行雾化吸入治疗，每天 2 次，持续 14 天。HA 组患者痰液和血浆中的锁链素（desmosine）和异锁链素（isodesmosine）明显低于对照组，表明吸入 HA 抑制了肺弹力纤维的降解。基于此，他们又对 27 例 COPD 患者进行了为期 28 天的研究，结果表明，随着给药时间的延长，HA 组患者痰液和血浆中的锁链素及异锁链素水平均持续降低（Cantor et al.，2021）。目前他们的研究还在进行中。

雾化吸入高渗溶液常被作为呼吸系统疾病的辅助治疗和护理手段，能够有效促进气道黏液层的水合作用，提高黏液层的流动性，从而促进患者的黏膜纤毛清除和痰液排出，改善患者肺功能（Wills et al.，1997）。然而，有相当一部分患者不耐受高渗溶液雾化吸入，出现干咳、支气管痉挛、咽喉刺激、胸闷等不良反应（Elkins et al.，2006；Nicolson et al.，2012）。在高渗溶液中添加 HA，可提高患者的顺应性。囊性纤维化（cystic fibrosis，CF）是一种以气管阻塞和肺损伤为常见症状的常染色体隐性遗传病。雾化吸入高渗溶液是常用的辅助治疗和护理手段。Buonpensiero 等（2010）对 20 例 CF 患者分别进行了连续 2 天的雾化吸入含 HA（0.1%）的高渗溶液（7%）和高渗溶液（7%）的治疗，结果表明，加入 HA 显著提高了患者对雾化吸入治疗的顺应性和耐受性。Máiz Carro 等（2012）进行了更大规模的研究，在 81 例 CF 患者中，有 21 例不耐受高渗溶液治疗，而其中的 17 例则对含 HA（0.1%）的高渗溶液（7%）表现出了良好的耐受性，且所有患者都表示 HA 改善了咸味口感。Ros 等（2014）分别对 40 例 CF 患者使用含 HA（0.1%）

的高渗溶液和高渗溶液进行雾化吸入治疗，每天 2 次，共进行 28 天，结果表明，HA 降低了干咳、咽喉刺激等不良反应的发生率，使患者更愿意接受治疗。

11.5　透明质酸及衍生物在声带损伤治疗中的应用

声带是人体发声器官的主要结构，位于喉腔中部假声带（室带）下方，左右各一，由声韧带、肌肉和黏膜组成。声带由外到内可分为三层：黏膜层、韧带层和肌肉层。声带张开时出现一个等腰三角形的裂隙，称为声门裂。发声时，两侧声带拉紧，声门裂缩小或关闭，从气管或肺中冲出的气流冲击声带，使声带振动并发声。声带黏膜中分布着 HA，对声带的生理功能有重要的调控作用。HA 具有黏弹性和润滑性，能缓冲和吸收声带振动时产生的压力，从而减少其对声带的损伤（Walimbe et al.，2017）。

11.5.1　声带注射成形术

许多病理因素会导致声门闭合不全，临床主要表现为重度发声障碍、饮水呛咳等，严重影响患者生活质量。声带注射成形术是治疗声带麻痹及其引起的声门闭合不全和声带萎缩等疾病的一种重要手术方法。所谓声带注射成形术，就是根据声带的不同缺陷，将自体或异体物质注射填充到声带的不同部位，从而促进发声时声门闭合和声带振动，使声带功能趋于正常。声带注射成形术具有微创、简便、术后恢复快等优势。随着注射材料的发展和手术技术的进步，声带注射成形术正逐渐成为治疗声门闭合不良的首选治疗方式（徐驰宇等，2016）。

HA 作为声带中天然存在的生物大分子，具有良好的生物相容性，易于注射，因而可作为声带注射材料。交联 HA 能够改善 HA 本身的理化性质，延长其存留时间，从而扩大了 HA 在声带注射成形术中的应用范围。

Hallén 等（1998）将 HA-聚糖酐（Deflux®）注射进兔子的声带中，未出现炎症反应和排异反应，且注射部位都长出新生结缔组织，但是注射物只能在声带中存留一周。为了提高存留时间，研究人员换用了交联 HA 凝胶（Hylaform®），发现注射后一年内，受试动物声带内的 Hylaform®均未完全降解，且未出现炎症反应和排异反应，注射部位都长出新生结缔组织，表明 Hylaform®作为声带填充材料具有安全性（Hallén et al.，1999）。Choi 等（2012）研究发现，注射不同的 HA 填充剂（Rofilan®、Restylane®、Reviderm®）后，兔声带的黏弹性并未发生显著改变。Lim 等（2008）将交联 HA（Restylane®）注射到比格犬声带中，发现注射后第 9 月时已有 30%的 HA 被吸收，且没有明显的炎症反应。

临床上，Hertegård 等（2002）对比了应用交联 HA（Hylaform®）和牛胶原蛋白注射治疗声门闭合不全的效果。与使用牛胶原蛋白进行填充的患者相比，使用 Hylaform®术后患者的最长发声时间（maximum phonation time，MPT）更长，声带状态也更好，HA 的降解速率也低于牛胶原蛋白。Dorbeau 等（2017）给 20 例声门闭合不足的患者进行了交联 HA（Restylane®）注射成形术治疗并进行为期 6 个月的随访，发现治疗后第 6 个月时，患者的 MPT、嗓音障碍指数（voice handicap index，VHI）和主观 GRBAS 发声质量评分较治疗前均有显著改善，其中 2 例患者的声带振动完全恢复正常，而只有 3 例出现轻微并发症。Kim 等（2018）对 50 例声带麻痹患者进行了 HA 注射成形术，发现手术后患者的发声嗓音质量指数（acoustic voice quality index，AVQI）、倒谱峰值突出（cepstral peak prominence，CPP）、嗓音障碍指数-10（voice handicap index-10，VHI-10）及 MPT 等多项指标相比术前都得到了显著改善。van den Broek 等（2019）给声带萎缩患者进行了双侧声带 HA 注射治疗，患者的 VHI-30 指标有了显著提升，且主观感受有了很大改善。Liu 等（2020）采用最新的在线喉肌电图介导 HA（Juvederm®）声带注射治疗声门闭合不全，对接受手术的患者进行的回顾性调查显示，手术 3 个月后患者的 MPT 和 VHI-10 即有显著提升，主观 GRBAS 发声质量评分和声门闭合情况也有了一定改善；术后 6 个月内，未发现患者出现并发症。Wang 等（2020）对 2002 年 12 月至 2020 年 4 月声带注射 HA 或交联 HA 治疗单侧声带麻痹的临床研究进行了综述和分析，共纳入 14 项研究，采用的注射材料包括 HA 和交联 HA（Hylaform®、Restylane®、Deflux®），结果表明，HA 或交联 HA 注射成形术是治疗单侧声带麻痹的有效手段，通过注射填充 HA 或交联 HA，患者的声门闭合水平得到了提升，MPT 得到了延长，生活质量也得到了改善。Švejdová 等（2022）对 2000～2020 年发表的相关临床研究进行了综述和分析，也得出了类似的结论；另外，他们认为，与其他注射材料相比，HA 似乎对声带的振动功能有更有利的影响。

11.5.2 声带损伤修复和再生

声带损伤影响声带黏膜柔韧性，进而影响声带的正常振动，从而产生发音障碍。当损伤达到声韧带时，还会导致声门闭合不全，在发声时就会漏气。目前还没有治疗声带瘢痕的有效手段，主要还是对症治疗，以期改善发音状态。HA 具有促进伤口愈合、减少瘢痕生成的作用，因此科学家们研究了其预防和治疗声带瘢痕的可能性，特别是与其他药物联用或作为载药体系的治疗效果。Choi 等（2020）制备了 HA-海藻酸盐水凝胶并荷载了肝细胞生长因子（hepatocyte growth factor，HGF）。这一载药系统实现了 HGF 的控释，释药时间达到 3 周。以兔子为模型的研究表明，该凝胶改善了声带黏膜振动的黏弹性，抑制了 I 型胶原的生成和纤维化，达到抑制声带瘢痕形成的效果。

随着生命科技的发展，组织工程有可能成为治疗声带损伤和声带瘢痕的有效手段。HA 及交联 HA 可以作为干细胞骨架材料，配合组织工程手段实现声带的修复和再生。Xu 等（2011）将兔脂肪来源间充质干细胞（adipose-derived mesenchymal stem cell，ADMSC）与 HA 凝胶共培养，使 ADMSC 扩散到 HA 凝胶中并在其中持续增殖。采用手术法对兔子的声带进行损伤，术后 3～5 天后将含 ADMSC 的 HA 凝胶注射到受伤的声带。注射后 40 天，声带中 HA 和纤连蛋白含量显著增加，随后逐渐降到正常水平；注射后 3 个月，声带的胶原蛋白含量显著增加，分布散乱，随后逐渐降到正常水平；注射后 12 个月，声带恢复正常。这一研究证明了组织工程手段治疗声带损伤的可能性。Kim 等（2014）制备了荷载人脂肪来源间充质干细胞（human adipose-derived mesenchymal stem cell，hADMSC）的 HA-海藻酸盐水凝胶，并使用该凝胶治疗兔子的声带损伤。与只使用 hADMSC 相比，使用荷载 hADMSC 的 HA-海藻酸盐凝胶可减少伤处 I 型胶原的生成，增强 HGF 的活性，从而提高声带的黏弹性。Huang 等（2016）用 HA 水凝胶、HA-胶原混合水凝胶和 HA-脱细胞细胞外基质混合水凝胶分别与 hADMSC 共培养，发现这三种凝胶均能促进 hADMSC 的增殖，并能促进细胞分泌 HGF、 IL-8、血管内皮生长因子（vascular endothelial growth factor，VEGF）等生长因子，使细胞分化为声带纤维母细胞。Imaizumi 等（2017）制备了荷载人诱导型多能干细胞（human-induced pluripotent stem cell，HIPSC）的交联 HA 凝胶，并将其注射到裸大鼠受损伤的声带中，HIPSC 在大鼠声带中正常存活。

（黄思玲　赵　娜）

参考文献

李健，沈达，柳江太．2014．单纯透明质酸注射治疗对颞下颌关节功能和结构的影响．口腔医学研究，30(8): 763-764, 768.

徐驰宇，闫燕，马芙蓉．2016．声带运动障碍的手术治疗进展．中国微创外科杂志，16(5):

455-458, 474.

Abi Zeid Daou C, Bassim M. 2020. Hyaluronic acid in otology: Its uses, advantages and drawbacks—A review. American Journal of Otolaryngology, 41(2): 102375.

Agha-Hosseini F, Pourpasha M, Amanlou M, et al. 2021. Mouthwash containing vitamin E, triamcinolon, and hyaluronic acid compared to triamcinolone mouthwash alone in patients with radiotherapy-induced oral mucositis: randomized clinical trial. Frontiers in Oncology, 11: 614877.

Ahn J H, Lim H W, Hong H R. 2012. The clinical application and efficacy of sodium hyaluronate-carboxymethylcellulose during tympanomastoid surgery. Laryngoscope, 122(4): 912-915.

Al-Rekabi Z, Fura A M, Juhlin I, et al. 2019. Hyaluronan-CD44 interactions mediate contractility and migration in periodontal ligament cells. Cell Adhesion & Migration, 13(1): 138-150.

Alhabib S F, Saliba I. 2017. Hyaluronic acid fat graft myringoplasty versus autologous platelet rich plasma. Journal of Clinical Medicine Research, 9(1): 30-34.

Angeli S I. 2006. Hyaluronate gel stapedotomy. Otolaryngol Head Neck Surg, 134(2): 225-231.

Ballini A, Cantore S, Capodiferro S, et al. 2009. Esterified hyaluronic acid and autologous bone in the surgical correction of the infra-bone defects. International Journal of Medical Sciences, 6(2): 65-71.

Bardellini E, Amadori F, Schumacher R F, et al. 2016. Efficacy of a solution composed by verbascoside, polyvinylpyrrolidone (PVP) and sodium hyaluronate in the treatment of chemotherapy-induced oral mucositis in children with acute lymphoblastic leukemia. Journal of Pediatric Hematology/Oncology, 38(7): 559-562.

Becker W, Gabitov I, Stepanov M, et al. 2010. Minimally invasive treatment for papillae deficiencies in the esthetic zone: A pilot study. Clinical Implant Dentistry and Related Research, 12(1): 1-8.

Bevilacqua L, Eriani J, Serroni I, et al. 2012. Effectiveness of adjunctive subgingival administration of amino acids and sodium hyaluronate gel on clinical and immunological parameters in the treatment of chronic periodontitis. Annali Di Stomatologia, 3(2): 75-81.

Bhowmik E, Rao D P C. 2021. Clinicoradiographic evaluation of hyaluronan-nano hydroxyapatite composite graft in the management of periodontal infrabony defects. Journal of Indian Society of Periodontology, 25(3): 220-227.

Buonpensiero P, De Gregorio F, Sepe A, et al. 2010. Hyaluronic acid improves "pleasantness" and tolerability of nebulized hypertonic saline in a cohort of patients with cystic fibrosis. Advances in Therapy, 27(11): 870-878.

Cantone E, Castagna G, Sicignano S, et al. 2014. Impact of intranasal sodium hyaluronate on the short-term quality of life of patients undergoing functional endoscopic sinus surgery for chronic rhinosinusitis. International Forum of Allergy & Rhinology, 4(6): 484-487.

Cantor J O, Ma S R, Liu X J, et al. 2021. A 28-day clinical trial of aerosolized hyaluronan in alpha-1 antiprotease deficiency COPD using desmosine as a surrogate marker for drug efficacy. Respiratory Medicine, 182: 106402.

Cantor J, Ma S R, Turino G. 2017. A pilot clinical trial to determine the safety and efficacy of aerosolized hyaluronan as a treatment for COPD. International Journal of Chronic Obstructive

Pulmonary Disease, 12: 2747-2752.

Carlson G A, Dragoo J L, Samimi B, et al. 2004. Bacteriostatic properties of biomatrices against common orthopaedic pathogens. Biochemical and Biophysical Research Communications, 321(2): 472-478.

Casale M, Moffa A, Sabatino L, et al. 2015. Hyaluronic acid: perspectives in upper aero-digestive tract. A systematic review. PLoS One, 10(6): e0130637.

Casale M, Moffa A, Vella P, et al. 2016. Hyaluronic acid: Perspectives in dentistry. A systematic review. International Journal of Immunopathology and Pharmacology, 29(4): 572-582.

Cassano M, Russo G M, Granieri C, et al. 2016. Cytofunctional changes in nasal ciliated cells in patients treated with hyaluronate after nasal surgery. American Journal of Rhinology & Allergy, 30(2): 83-88.

Castro-Calderón A, Roccuzzo A, Ferrillo M, et al. 2022. Hyaluronic acid injection to restore the lost interproximal papilla: a systematic review. Acta Odontologica Scandinavica, 80(4): 295-307.

Chang C, Hong S M, Cho J H, et al. 2014. A randomized, multi-center, single blind, active-controlled, matched pairs clinical study to evaluate prevention of adhesion formation and safety of HyFence in patients after endoscopic sinus surgery. Clinical and Experimental Otorhinolaryngology, 7(1): 30-35.

Chęciński M, Sikora M, Chęcińska K, et al. 2022. The administration of hyaluronic acid into the temporomandibular joints' cavities increases the mandible's mobility: a systematic review and meta-analysis. Journal of Clinical Medicine, 11(7): 1901.

Choi J S, Heang Oh S, Kim Y M, et al. 2020. Hyaluronic acid/alginate hydrogel containing hepatocyte growth factor and promotion of vocal fold wound healing. Tissue Engineering and Regenerative Medicine, 17(5): 651-658.

Choi J S, Kim N J, Klemuk S, et al. 2012. Preservation of viscoelastic properties of rabbit vocal folds after implantation of hyaluronic acid-based biomaterials. Otolaryngology–Head and Neck Surgery, 147(3): 515-521.

Cioffi L, Gallo P, D'Avino A, et al. 2017. Clinical improvement of subacute and chronic otitis media with effusion treated with hyaluronic acid plus hypertonic solution *via* nasal lavage: a randomized controlled trial. Global Pediatric Health, 4: 2333794X17725983.

Cirillo N, Vicidomini A, McCullough M, et al. 2015. A hyaluronic acid-based compound inhibits fibroblast senescence induced by oxidative stress *in vitro* and prevents oral mucositis *in vivo*. Journal of Cellular Physiology, 230(7): 1421-1429.

Dal T, Bahar S. 2017. The clinical outcomes of using a new cross-linked hyaluronan gel in endoscopic frontal sinus surgery. European Archives of Oto-Rhino-Laryngology, 274(9): 3397-3402.

Darouiche R O. 2004. Treatment of infections associated with surgical implants. New England Journal of Medicine, 350(14): 1422-1429.

de Santana R B, de Santana C M M. 2015. Human intrabony defect regeneration with rhFGF-2 and hyaluronic acid—a randomized controlled clinical trial. Journal of Clinical Periodontology, 42(7): 658-665.

Deng R, Fang Y Q, Shen J, et al. 2018. Effect of esterified hyaluronic acid as middle ear packing in tympanoplasty for adhesive otitis media. Acta Oto-Laryngologica, 138(2): 105-109.

Dorbeau C, Marmouset F, Lescanne E, et al. 2017. Functional assessment of glottal insufficiency treated by hyaluronic acid injection: retrospective 20-case series. European Annals of Otorhinolaryngology, Head and Neck Diseases, 134(3): 145-149.

Elibol E, Yılmaz Y F, Ünal A, et al. 2021. Effects of hyaluronic acid-collagen nanofibers on early wound healing in vocal cord trauma. European Archives of Oto-Rhino-Laryngology, 278(5): 1537-1544.

Elkins M R, Robinson M, Rose B R, et al. 2006. A controlled trial of long-term inhaled hypertonic saline in patients with cystic fibrosis. New England Journal of Medicine, 354(3): 229-240.

Faramarzi M, Roosta S, Faramarzi A, et al. 2021. Comparison of hearing outcomes in stapedotomy with fat and hyaluronic acid gel as a sealing material: a prospective double-blind randomized clinical trial. European Archives of Oto-Rhino-Laryngology, 278(11): 4279-4287.

Fisch U. 1965. Vestibuläre Symptome vor und Nach Stapedektomie. Acta Oto-Laryngologica, 60: 515-530.

Genovesi A, Barone A, Toti P, et al. 2017. The efficacy of 0.12% chlorhexidine versus 0.12% chlorhexidine plus hyaluronic acid mouthwash on healing of submerged single implant insertion areas: a short-term randomized controlled clinical trial. International Journal of Dental Hygiene, 15(1): 65-72.

Gocmen G, Gonul O, Oktay N S, et al. 2015. The antioxidant and anti-inflammatory efficiency of hyaluronic acid after third molar extraction. Journal of Cranio-Maxillo-Facial Surgery, 43(7): 1033-1037.

Gouveris H, Selivanova O, Mann W. 2005. Intratympanic dexamethasone with hyaluronic acid in the treatment of idiopathic sudden sensorineural hearing loss after failure of intravenous steroid and vasoactive therapy. European Archives of Oto-Rhino-Laryngology, 262(2): 131-134.

Guazzo R, Perissinotto E, Mazzoleni S, et al. 2018. Effect on wound healing of a topical gel containing amino acid and sodium hyaluronate applied to the alveolar socket after mandibular third molar extraction: A double-blind randomized controlled trial. Quintessence International , 49(10): 831-840.

Hallén L, Dahlqvist Å, Laurent C. 1998. Dextranomeres in hyaluronan(DiHA): a promising substance in treating vocal cord insufficiency. The Laryngoscope, 108(3): 393-397.

Hallén L, Johansson C, Laurent C. 1999. Cross-linked hyaluronan (hylan B gel): a new injectable remedy for treatment of vocal fold insufficiency: an animal study. Acta Oto-Laryngologica, 119(1): 107-111.

Hellström S, Laurent C. 1987. Hyaluronan and healing of tympanic membrane perforations. An experimental study. Acta Oto-Laryngologica Supplementum, 442: 54-61.

Heris H K, Daoud J, Sheibani S, et al. 2016. Investigation of the viability, adhesion, and migration of human fibroblasts in a hyaluronic acid/gelatin microgel-reinforced composite hydrogel for vocal fold tissue regeneration. Advanced Healthcare Materials, 5(2): 255-265.

Hertegård S, Hallén L, Laurent C, et al. 2002. Cross-linked hyaluronan used as augmentation substance for treatment of glottal insufficiency: safety aspects and vocal fold function. The Laryngoscope, 112(12): 2211-2219.

Huang D Y, Wang R G, Yang S M. 2016. Cogels of hyaluronic acid and acellular matrix for cultivation of adipose-derived stem cells: potential application for vocal fold tissue engineering. BioMed Research International, 2016(1): 6584054.

Imaizumi M, Li-Jessen N Y K, Sato Y, et al. 2017. Retention of human-induced pluripotent stem cells (hiPS) with injectable HA hydrogels for vocal fold engineering. The Annals of Otology, Rhinology, and Laryngology, 126(4): 304-314.

Jentsch H, Pomowski R, Kundt G, et al. 2003. Treatment of gingivitis with hyaluronan. Journal of Clinical Periodontology, 30(2): 159-164.

Kale S, Cervantes V M, Wu M R, et al. 2014. A novel perfusion-based method for cochlear implant electrode insertion. Hearing Research, 314: 33-41.

Kawakami M, Tashiro Y, Oshima T, et al. 2012. Evaluation of geriatric patients with dry mouth by community pharmacists and use of moisturizing agents. Iryo Yakugaku (Japanese Journal of Pharmaceutical Health Care and Sciences), 38(11): 673-678.

Kim G H, Lee J S, Lee C Y, et al. 2018. Effects of injection laryngoplasty with hyaluronic acid in patients with vocal fold paralysis. Osong Public Health and Research Perspectives, 9(6): 354-361.

Kim J H, Lee J H, Yoon J H, et al. 2007. Antiadhesive effect of the mixed solution of sodium hyaluronate and sodium carboxymethylcellulose after endoscopic sinus surgery. American Journal of Rhinology, 21(1): 95-99.

Kim Y M, Oh S H, Choi J S, et al. 2014. Adipose-derived stem cell-containing hyaluronic acid/alginate hydrogel improves vocal fold wound healing. The Laryngoscope, 124(3): E64-E72.

Klagas I, Goulet S, Karakiulakis G, et al. 2009. Decreased hyaluronan in airway smooth muscle cells from patients with asthma and COPD. European Respiratory Journal, 34(3): 616-628.

Korkmaz Y T, Altıntas N Y, Korkmaz F M, et al. 2016. Is hyaluronic acid injection effective for the treatment of temporomandibular joint disc displacement with reduction?. Journal of Oral and Maxillofacial Surgery, 74(9): 1728-1740.

Kumar R, Srinivas M, Pai J, et al. 2014. Efficacy of hyaluronic acid (hyaluronan) in root coverage procedures as an adjunct to coronally advanced flap in millers class I recession: A clinical study. Journal of Indian Society of Periodontology, 18(6): 746-750.

Kurioka T, Mizutari K, Niwa K, et al. 2016. Hyaluronic acid pretreatment for Sendai virus-mediated cochlear gene transfer. Gene Therapy, 23(2): 187-195.

Laszig R, Ridder G J, Fradis M. 2002. Intracochlear insertion of electrodes using hyaluronic acid in cochlear implant surgery. Journal of Laryngology and Otology, 116(5): 371-372.

Lauer M E, Dweik R A, Garantziotis S, et al. 2015. The Rise and Fall of Hyaluronan in Respiratory Diseases. International Journal of Cell Biology, 2015: 712507.

Lee J H, Jung J Y, Bang D. 2008. The efficacy of topical 0.2% hyaluronic acid gel on recurrent oral ulcers: comparison between recurrent aphthous ulcers and the oral ulcers of Behçet's disease. Journal of the European Academy of Dermatology and Venereology, 22(5): 590-595.

Lee J H, Rim Y S, Min W K, et al. 2021. Biocompatible and biodegradable neuromorphic device based on hyaluronic acid for implantable bioelectronics. Advanced Functional Materials, 31(50): 2107074.

Lemos G A, Rissi R, Pimentel E R, et al. 2015. Effects of high molecular weight hyaluronic acid on induced arthritis of the temporomandibular joint in rats. Acta Histochemica, 117(6): 566-575.

Lim J Y, Kim H S, Kim Y H, et al. 2008. PMMA (polymethylmetacrylate) microspheres and stabilized hyaluronic acid as an injection laryngoplasty material for the treatment of glottal insufficiency: *in vivo* canine study. European Archives of Oto-Rhino-Laryngology, 265(3): 321-326.

Liu A Q, Singer J, Lee T, et al. 2020. Laryngeal electromyography-guided hyaluronic acid vocal fold injections for glottic insufficiency. The Annals of Otology, Rhinology, and Laryngology, 129(11): 1063-1070.

López-Jornet P, Camacho-Alonso F, Martinez-Canovas A. 2010. Clinical evaluation of polyvinylpyrrolidone sodium hyaluronate gel and 0.2% chlorhexidine gel for pain after oral mucosa biopsy: a preliminary study. Journal of Oral and Maxillofacial Surgery, 68(9): 2159-2163.

Lord M S, Melrose J, Day A J, et al. 2020. The inter-α-trypsin inhibitor family: versatile molecules in biology and pathology. Journal of Histochemistry and Cytochemistry, 68(12): 907-927.

Lustig L, Akil O. 2019. Cochlear gene therapy. Cold Spring Harbor Perspectives in Medicine, 9(9): a033191.

Macchi A, Castelnuovo P, Terranova P, et al. 2013a. Effects of sodium hyaluronate in children with recurrent upper respiratory tract infections: Results of a randomised controlled study. International Journal of Immunopathology and Pharmacology, 26(1): 127-135.

Macchi A, Terranova P, Digilio E, et al. 2013b. Hyaluronan plus saline nasal washes in the treatment of rhino-sinusal symptoms in patients undergoing functional endoscopic sinus surgery for rhino-sinusal remodeling. International Journal of Immunopathology and Pharmacology, 26(1): 137-145.

Máiz Carro L, Lamas Ferreiro A, Ruiz de Valbuena Maiz M, et al. 2012. Tolerabilidad de la inhalación de dos soluciones Salinas hipertónicas en pacientes con fibrosis quística. Medicina Clínica, 138(2): 57-59.

Martini A, Rubini R, Ferretti R G, et al. 1992. Comparative ototoxic potential of hyaluronic acid and methylcellulose. Acta Oto-Laryngologica, 112(2): 278-283.

Mens L H, Oostendorp T F, Hombergen G C, et al. 1997. Electrical impedance of the cochlear implant lubricants hyaluronic acid, oxycellulose, and glycerin. The Annals of Otology, Rhinology, and Laryngology, 106(8): 653-656.

Mesa F L, Aneiros J, Cabrera A, et al. 2002. Antiproliferative effect of topic hyaluronic acid gel. Study in gingival biopsies of patients with periodontal disease. Histology and Histopathology, 17(3): 747-753.

Mohammad C A, Mirza B A, Mahmood Z S, et al. 2023. The effect of hyaluronic acid gel on periodontal parameters, pro-inflammatory cytokines and biochemical markers in periodontitis patients. Gels, 9(4): 325.

Monzani D, Molinari G, Gherpelli C, et al. 2020. Evaluation of performance and tolerability of nebulized hyaluronic acid nasal hypertonic solution in the treatment of chronic rhinosinusitis. American Journal of Rhinology & Allergy, 34(6): 725-733.

Mozzanica F, Preti A, Gera R, et al. 2019. Double-blind, randomised controlled trial on the efficacy of saline nasal irrigation with sodium hyaluronate after endoscopic sinus surgery. The Journal of Laryngology and Otology, 133(4): 300-308.

Mueller A, Fujioka-Kobayashi M, Mueller H D, et al. 2017. Effect of hyaluronic acid on morphological changes to dentin surfaces and subsequent effect on periodontal ligament cell survival, attachment, and spreading. Clinical Oral Investigations, 21(4): 1013-1019.

Muñoz-Cámara D, Pardo-Zamora G, Camacho-Alonso F. 2021. Postoperative effects of intra-alveolar application of 0.2% chlorhexidine or 1% hyaluronic acid bioadhesive gels after mandibular third molar extraction: a double-blind randomized controlled clinical trial. Clinical Oral Investigations, 25(2): 617-625.

Nicolson C H H, Stirling R G, Borg B M, et al. 2012. The long term effect of inhaled hypertonic saline 6% in non-cystic fibrosis bronchiectasis. Respiratory Medicine, 106(5): 661-667.

Nolan A, Baillie C, Badminton J, et al. 2006. The efficacy of topical hyaluronic acid in the management of recurrent aphthous ulceration. Journal of Oral Pathology & Medicine, 35(8): 461-465.

Palaia G, Tenore G, Tribolati L, et al. 2019. Evaluation of wound healing and postoperative pain after oral mucosa laser biopsy with the aid of compound with chlorhexidine and sodium hyaluronate: a randomized double blind clinical trial. Clinical Oral Investigations, 23(8): 3141-3151.

Patil S C, Dhalkari C D, Indurkar M S. 2020. Hyaluronic acid: ray of hope for esthetically challenging black triangles: a case series. Contemporary Clinical Dentistry, 11(3): 280-284.

Pilloni A, Schmidlin P R, Sahrmann P, et al. 2019. Effectiveness of adjunctive hyaluronic acid application in coronally advanced flap in miller class I single gingival recession sites: A randomized controlled clinical trial. Clinical Oral Investigations, 23(3): 1133-1141.

Pirnazar P, Wolinsky L, Nachnani S, et al. 1999. Bacteriostatic effects of hyaluronic acid. Journal of Periodontology, 70(4): 370-374.

Pistorius A, Martin M, Willershausen B, et al. 2005. The clinical application of hyaluronic acid in gingivitis therapy. Quintessence International , 36(7-8): 531-538.

Pitale U, Pal P C, Thakare G, et al. 2021. Minimally invasive therapy for reconstruction of lost interdental papilla by using injectable hyaluronic acid filler. Journal of Indian Society of Periodontology, 25(1): 22-28.

Polepalle T, Srinivas M, Swamy N, et al. 2015. Local delivery of hyaluronan 0.8% as an adjunct to scaling and root planing in the treatment of chronic periodontitis: A clinical and microbiological study. Journal of Indian Society of Periodontology, 19(1): 37.

Rogha M, Abtahi H, Asadpour L, et al. 2019. Therapeutic Effect of Intratympanic Injection of Dexamethasone plus Hyaluronic Acid on Patients with Meniere's disease. Iranian Journal of Otorhinolaryngology, 31(105): 217-223.

Rogha M, Kalkoo A, 2017. Therapeutic effect of intra-tympanic dexamethasone-hyaluronic acid combination in sudden sensorineural hearing loss. Iranian Journal of Otorhinolaryngology, 29(94): 255-260.

Ros M, Casciaro R, Lucca F, et al. 2014. Hyaluronic acid improves the tolerability of hypertonic saline in the chronic treatment of cystic fibrosis patients: A multicenter, randomized, controlled

clinical trial. Journal of Aerosol Medicine and Pulmonary Drug Delivery, 27(2): 133-137.
Rupe C, Basco A, Gioco G, et al. 2023. Sodium-hyaluronate mouthwash on radiotherapy-induced xerostomia: A randomised clinical trial. Supportive Care in Cancer, 31(12): 644.
Sahayata V N, Bhavsar N V, Brahmbhatt N A. 2014. An evaluation of 0.2% hyaluronic acid gel (Gengigel ®) in the treatment of gingivitis: A clinical & microbiological study. Oral Health and Dental Management, 13(3): 779-785.
Saliba I. 2008. Hyaluronic acid fat graft myringoplasty: how we do it. Clinical Otolaryngology, 33(6): 610-614.
Saliba I, Knapik M, Froehlich P, et al. 2012. Advantages of hyaluronic acid fat graft myringoplasty over fat graft myringoplasty. Archives of Otolaryngology--Head & Neck Surgery, 138(10): 950-955.
Sánchez-Fernández E, Magán-Fernández A, O'Valle F, et al. 2021. Hyaluronic acid reduces inflammation and crevicular fluid IL-1β concentrations in peri-implantitis: a randomized controlled clinical trial. Journal of Periodontal & Implant Science, 51(1): 63-74.
Sapna N, Vandana K L. 2011. Evaluation of hyaluronan gel (Gengigel®) as a topical applicant in the treatment of gingivitis. Journal of Investigative and Clinical Dentistry, 2(3): 162-170.
Selivanova O A, Gouveris H, Victor A, et al. 2005. Intratympanic dexamethasone and hyaluronic acid in patients with low-frequency and Ménière's-associated sudden sensorineural hearing loss. Otology & Neurotology, 26(5): 890-895.
Shibata S B, Cortez S R, Wiler J A, et al. 2012. Hyaluronic acid enhances gene delivery into the cochlea. Human Gene Therapy, 23(3): 302-310.
Shirakata Y, Nakamura T, Kawakami Y, et al. 2021. Healing of buccal gingival recessions following treatment with coronally advanced flap alone or combined with a cross-linked hyaluronic acid gel. An experimental study in dogs. Journal of Clinical Periodontology, 48(4): 570-580.
Sikora M, Czerwińska-Niezabitowska B, Chęciński M A, et al. 2020. Short-term effects of intra-articular hyaluronic acid administration in patients with temporomandibular joint disorders. Journal of Clinical Medicine, 9(6): 1749.
Singh S, Vandana K L. 2019. Use of different concentrations of hyaluronic acid in interdental papillary deficiency treatment: a clinical study. Journal of Indian Society of Periodontology, 23(1): 35-41.
Soriano-Lerma A, Magán-Fernández A, Gijón J, et al. 2020. Short-term effects of hyaluronic acid on the subgingival microbiome in peri-implantitis: a randomized controlled clinical trial. Journal of Periodontology, 91(6): 734-745.
Sun H B, Su Y, Song N, et al. 2018. Clinical outcome of sodium hyaluronate injection into the superior and inferior joint space for osteoarthritis of the temporomandibular joint evaluated by cone-beam computed tomography: a retrospective study of 51 patients and 56 joints. Medical Science Monitor, 24: 5793-5801.
Švejdová A, Dršata J, Mejzlík J, et al. 2022. Injection laryngoplasty with hyaluronic acid for glottal insufficiency in unilateral vocal fold paralysis: a systematic review of the literature. European Archives of Oto-Rhino-Laryngology, 279(11): 5071-5079.
Szalontai K, Gémes N, Furák J, et al. 2021. Chronic obstructive pulmonary disease: epidemiology,

biomarkers, and paving the way to lung cancer. Journal of Clinical Medicine, 10(13): 2889.

Takemura A, Hashimoto K, Ho A, et al. 2023. Efficacy of new oral rinse containing sodium hyaluronate in xerostomia: a randomized crossover study. Oral Diseases, 29(7): 2747-2755.

Thieme U, Müller K, Bergmann C, et al. 2020. Randomised trial on performance, safety and clinical benefit of hyaluronic acid, hyaluronic acid plus dexpanthenol and isotonic saline nasal sprays in patients suffering from dry nose symptoms. Auris Nasus Larynx, 47(3): 425-434.

Torretta S, Marchisio P, Rinaldi V, et al. 2017. Endoscopic and clinical benefits of hyaluronic acid in children with chronic adenoiditis and middle ear disease. European Archives of Oto-Rhino-Laryngology, 274(3): 1423-1429.

Torretta S, Marchisio P, Rinaldi V, et al. 2016. Topical administration of hyaluronic acid in children with recurrent or chronic middle ear inflammations. International Journal of Immunopathology and Pharmacology, 29(3): 438-442.

van den Broek E M J M, Heijnen B J, Hendriksma M, et al. 2019. Bilateral trial vocal fold injection with hyaluronic acid in patients with vocal fold atrophy with or without sulcus. European Archives of Oto-Rhino-Laryngology, 276(5): 1413-1422.

Vanden Bogaerde L. 2009. Treatment of infrabony periodontal defects with esterified hyaluronic acid: clinical report of 19 consecutive lesions. Int J Periodontics Restorative Dent, 29(3): 315-323.

Vanden B L, 2009. Treatment of infrabony periodontal defects with esterified hyaluronic acid: Clinical report of 19 consecutive lesions. The International Journal of Periodontics & Restorative Dentistry, 29(3): 315-323.

Varricchio A, Capasso M, Avvisati F, et al. 2014. Inhaled hyaluronic acid as ancillary treatment in children with bacterial acute rhinopharyngitis. Journal of Biological Regulators and Homeostatic Agents, 28(3): 537-543.

Voynow J A, Zheng S, Kummarapurugu A B. 2020. Glycosaminoglycans as multifunctional anti-elastase and anti-inflammatory drugs in cystic fibrosis lung disease. Frontiers in Pharmacology, 11: 1011.

Walimbe T, Panitch A, Sivasankar P M. 2017. A review of hyaluronic acid and hyaluronic acid-based hydrogels for vocal fold tissue engineering. Journal of Voice, 31(4): 416-423.

Wang C C, Wu S H, Tu Y K, et al. 2020. Hyaluronic acid injection laryngoplasty for unilateral vocal fold paralysis-a systematic review and meta-analysis. Cells, 9(11): 2417.

Wills P J, Hall R L, Chan W, et al. 1997. Sodium chloride increases the ciliary transportability of cystic fibrosis and bronchiectasis sputum on the mucus-depleted bovine *Trachea*. Journal of Clinical Investigation, 99(1): 9-13.

Xu W, Hu R, Fan E Z, et al. 2011. Adipose-derived mesenchymal stem cells in collagen-hyaluronic acid gel composite scaffolds for vocal fold regeneration. The Annals of Otology, Rhinology, and Laryngology, 120(2): 123-130.

Yang H, Kim J, Kim J, et al. 2020. Non-inferiority study of the efficacy of two hyaluronic acid products in post-extraction sockets of impacted third molars. Maxillofacial Plastic and Reconstructive Surgery, 42(1): 40.

Yang Z, Li M J, Xiao L, et al. 2020. Hyaluronic acid versus dexamethasone for the treatment of recurrent aphthous stomatitis in children: efficacy and safety analysis. Brazilian Journal of

Medical and Biological Research = Revista Brasileira de Pesquisas Medicas e Biologicas, 53(8): e9886.

Yazan M, Kocyigit I D, Atil F, et al. 2019. Effect of hyaluronic acid on the osseointegration of dental implants. The British Journal of Oral & Maxillofacial Surgery, 57(1): 53-57.

Yu K H, Hou J W, Jin Z, et al. 2018. A cochlear implant loaded with dexamethasone and coated with hyaluronic acid to inhibit fibroblast adhesion and proliferation. Journal of Drug Delivery Science and Technology, 46: 173-181.

Zamboni F, Okoroafor C, Ryan M P, et al. 2021. On the bacteriostatic activity of hyaluronic acid composite films. Carbohydrate Polymers, 260: 117803.

Zhong X, Song Y J, Yang P, et al. 2016. Titanium surface priming with phase-transited lysozyme to establish a silver nanoparticle-loaded chitosan/hyaluronic acid antibacterial multilayer *via* layer-by-layer self-assembly. PLoS One, 11(1): e0146957.

第 12 章　透明质酸在伤口愈合和术后防粘连中的应用

绝大多数外伤和外科手术的预后情况与伤口的愈合过程直接相关。而在伤口愈合过程中，由于外周成纤维细胞和炎症细胞侵入并分泌纤维物质及炎性介质，原本互相分离的组织被不溶性的纤维组织黏附在一起，最终导致伤口组织粘连；若该过程发生在体外，则伤口最终会形成瘢痕。尽管目前医学技术和预防手段的进步大大降低了粘连的发生率，但组织粘连仍是诸多外科手术的主要术后并发症，而创伤瘢痕也是令医生和患者十分困扰的临床问题。科学家们一直在探索预防组织粘连、促进伤口愈合的手段，其中透明质酸（hyaluronic acid，HA）及其衍生物的应用展现出巨大的潜力和良好的临床效果。本章将对 HA 及其衍生物在不同外科手术后的伤口保护和防粘连方面的应用进行介绍。

12.1　概　　述

人体皮肤覆盖于体表，直接同外界环境接触，具有防止病原体入侵、调节体温和感受外界刺激等作用。全世界每年都有成千上万的患者因皮肤组织损伤或缺失引发的各种并发症而死亡。鉴于皮肤组织损伤所带来的严重后果，人们在探索组织修复、再生或改善功能障碍等方面，不断进行巨大的科研投入以期开发出更为先进有效的治疗方式。伤口修复是一个复杂的动态过程，涉及伤口微环境中多种细胞与细胞外基质（extracellular matrix，ECM）的协同作用，最终完成受损组织形态和功能的重建与修复。除皮肤表面创伤以外，发生于体内的创伤同样需要更优的解决方案。当临床手术操作造成体内组织受损后，受损器官表面和周围体腔壁之间形成的病理性纤维化连接被称为术后粘连，可最终导致严重的并发症。

HA 是由 D-葡萄糖醛酸和 *N*-乙酰氨基葡萄糖构成的双糖单位聚合而成的线性黏多糖，可调节渗透压、形成物理屏障并调控细胞功能，从而加速伤口愈合，有利于组织创伤修复，改善术后粘连发生率，对于伤口愈合以及术后防粘连具有广阔的应用前景。

12.2 透明质酸在伤口愈合中的应用

伤口愈合是机体组织对损伤刺激产生的生理反应，HA 作为皮肤内广泛存在的生物大分子物质，在机体伤口愈合过程中发挥着重要作用。临床上，HA 及其衍生物作为安全可靠的生物大分子，被广泛用于各种伤口敷料，发挥保护伤口和促进愈合的作用。

12.2.1 伤口愈合的过程

皮肤是人体防御外界损伤的第一道屏障，当受到机械损伤或烫伤而发生破损时，皮肤损伤部位的伤口愈合过程随即开始。伤口愈合过程可分为四个阶段：止血阶段、炎症阶段、增殖阶段、重塑阶段。在这四个阶段，HA 都或多或少地参与其中，发挥其独特的生理作用。

在止血阶段，伤口部位的血小板和受损的内皮细胞会释放大量 HA（Shirali and Goldstein，2008），从而促进纤维蛋白的沉积和血凝块的形成，进而达到稳定创面、止血并保护伤口的作用。而此时伤口的肿胀情况可能也是由于伤口部位累积的 HA 从 ECM 中吸收水分所致（Aya and Stern，2014）。

随后，伤口部位的 HA 通过与细胞膜上包括 CD44、RHAMM 等多种 HA 结合蛋白的相互作用，诱导淋巴细胞、粒细胞等免疫细胞聚集在伤口部位，开始进入炎症阶段。这些细胞一方面可以吞噬伤口部位的坏死组织和组织残片；另一方面，释放炎症因子，如肿瘤坏死因子-α（tumor necrosis factor-α，TNF-α）、白细胞介素-1β（interleukin-1β，IL-1β）等，促进炎症细胞分泌透明质酸酶和自由基，将伤口部位血凝块中的高分子量 HA（high molecular weight HA，HMW-HA）降解为低分子量 HA（low molecular weight HA，LMW-HA）片段（Tavianatou et al.，2019）。HMW-HA 的局部积累促进了水分子的扩散，以及炎症细胞向创面的迁移。LMW-HA 刺激促炎细胞因子的分泌，诱导血管舒张，增加血管通透性，导致更多炎症细胞向创面迁移，促进促炎级联反应（Frenkel，2014）。HA 还能与纤连蛋白相互作用，引导纤维母细胞的迁移和增殖（Stern et al.，2006；David-Raoudi et al.，2008），从而进入增殖阶段。

在增殖阶段，纤维母细胞向肌成纤维细胞分化，而细胞分泌的胶原蛋白、弹性蛋白和包括 HA 在内的糖胺聚糖可一同构建并固定新形成的 ECM。胶原蛋白和弹性蛋白提供纤维支架，HA 及其他糖胺聚糖填充在空隙中，从而共同填充伤口部位。此时，纤维母细胞、肌成纤维细胞、之前被聚集并激活的炎症细胞以及它们周围的 ECM 共同构成的组织就被称为肉芽组织。与正常组织相比，肉芽组织富含 HA，因此具有很好的弹性（Jenkins et al.，2004）。研究表明，ECM 中的 HA 可通过转化生长因子-β1（transforming growth factor-β1，TGF-β1）相关通路促进纤维母细胞向肌成纤维细胞分化（Webber et al.，2009）；同时，HA 片段还能促进伤口部位新生血管的形成（Deed et al.，1997）。

重塑期是伤口愈合的最终阶段，此时的毛细血管网开始退化，成纤维细胞开始消失，由成纤维细胞分泌的较弱的III型胶原逐渐被较强的 I 型胶原所取代，最后伤口中主要留下胶原蛋白和 ECM 蛋白。ECM 的重塑贯穿整个损伤反应，从纤维蛋白凝块的初始沉积开始，到几年后成熟的富含 I 型胶原蛋白的瘢痕结束（Kibe et al.，2017）。由于 HA 已知的物理化学和生物学特性，已证明其是许多生物过程的调节剂，在组织重塑、再生和形态发生等关键生物过程中均存在高浓度的 HA（Longinotti，2014）。

12.2.2　透明质酸与伤口敷料

正常情况下，随着时间推移，体外伤口都会逐渐愈合。然而，外伤导致的脱水、感染、炎症等并发症会延缓伤口的愈合过程（Simões et al.，2018）。这会给患者带来极大痛苦和不便，还会大幅增加后续康复的成本。为了解决这些问题，科学家们开发了诸多伤口敷料，用以保护伤口并促进伤口愈合。

理想的伤口敷料应满足以下条件（Dhivya et al.，2015）：①为伤口提供适于愈合的微环境，包括微酸性（pH 6.4 ± 0.5）、适宜的湿度；②促进伤口组织再生，包括血管生成、结缔组织形成和表皮细胞迁移等；③适宜的透气性；④有效抑制伤口细菌感染；⑤无菌、无内毒素、无致敏性、生物可降解。

目前，用于生产伤口敷料的主要是一些大分子材料，包括聚己内酯（poly caprolactone，PCL）、聚乙烯醇（poly vinylalcohol，PVA）、胶原蛋白（collagen，COL）、壳聚糖（chitosan，CS）、海藻酸盐（alginate，ALG）及 HA 等，其中 CS、ALG 和 HA 属于天然多糖。

HA 作为富含羟基的天然多糖，具有促进创伤愈合、保水、加快皮肤组织恢复、减少瘢痕等功能，生物相容性好，为人体内源物质，符合作为理想伤口敷料的诸多要求。然而，天然化学结构的 HA 易溶于水，吸收速度快，机械强度及稳定性差。目前，已报道的具有临床应用价值的 HA 衍生物多是对 HA 羟基或羧基进行修饰或交联后产生的衍生物。与未被修饰的天然 HA 相比，修饰或交联后的 HA 对 HA 酶和自由基降解的耐受能力显著提升。在一定条件下，将 HA 与海藻酸钠、羧甲基淀粉或成膜性较好的纤维素衍生物进行交联，可以获得稳定性更好的 HA 衍生物，不仅具有良好的黏附性，而且降解时间可控。HA 衍生物应用于伤口敷料可快速吸收血液中的水分，降低血液流动性。同时，HA 衍生物吸水后会形成水凝胶，凝胶分子中的羟基能与纤维蛋白原分子形成氢键，促进纤维蛋白的交联，从而促进止血和伤口愈合。

Yuan 等（2021）通过席夫碱反应，用儿茶酚修饰的氧化 HA 和氨基化明胶制备了双交联水凝胶，水凝胶独特的双交联结构使其具有更强的力学性能和更好的黏着强度等，而良好的形状适应性使水凝胶适用于各种形状不规则的伤口。该水凝胶在伤口愈合过程中不仅具有生物可降解性，而且具有良好的抗菌活性和止血性能。张瑞（2022）设计开发了一种新型的粉末粘合剂，由醛化 HA 粉末和氨基化葡聚糖粉末混合组成。在动物切口模型试验中，此粘合剂可以快速实现伤口的闭合，具有促进伤口愈合的优异性能。通过进一步的组织学分析发现，该粉末粘合剂能够降低免疫应激，减轻炎症反应，帮助伤口顺利进入下一个阶段，最终实现伤口快速、高质量的愈合。同时，体内降解试验表明，该水凝胶在 14 天内几乎完全降解，具有良好的生物可降解性。

目前，基于 HA 及其衍生物的常用伤口敷料形式主要包括凝胶、海绵、薄膜等。Anika 的专利突破性材料 Hyaff®，通过对 HA 进行化学修饰，将其从液体凝胶形式转变为可降解的支架结构，既能支持组织再生，又能在完成修复后逐渐被人体吸收（Elvassore et al.，2001）。研究表明，该 Hyaff®具有良好的生物相容性及适宜的耐水解性，在生物体内能被完全降解，且与其他生物分子有很好的亲和性（Milella et al.，2002；Brun et al.，1999）。Hyaff®可以加工成多种产品形式，包括薄膜、海绵、无纺纤维、微球等，因而被广泛用于伤口敷料、组织工程支架、载药体系等多个领域。目前，利用 Hyaff®制造的伤口敷料上市产品包括 Hyalofill®、Hyalosafe®和 Hyalomatrix® PA 等。

12.2.3 透明质酸伤口敷料的临床应用

1. 凝胶型伤口敷料

含 HA 的凝胶一般用于对浅表伤口以及一些其他敷料难以使用的伤口进行保护。例如，Bionect® Gel（0.2% HA）适用于擦伤、I 度和 II 度烧伤、血管或代谢疾病引起的溃疡、压疮（褥疮）等，其主要作用是保持伤口湿润、减少伤口的机械磨损、避免有害物质与伤口接触等。有临床研究认为，Bionect® Gel 用于剖宫产和会阴切开术的术后伤口护理，可显著降低患者伤口水肿、浅表积血等情况的发生（Ivanov et al.，2007；Nikolov et al.，2011；郑晓霞等，2022）。Liu 等（2022）通过物理静电交联制备了一种 5′-二磷酸腺苷修饰的促凝血 HA 水凝胶，可促进血小板和红细胞的黏附，通过激活血小板增强促凝能力，可在较短时间内实现体外止血。

HA 凝胶的另一个重要用途是减轻放射线治疗对患者皮肤的急性损伤。放射线会引起皮肤自由基的大量生成，而这些自由基会对皮肤产生严重损伤，从而导致放射性皮炎。HA 作为天然的皮肤保湿剂，不仅可以抵御放射线损伤，还能促进放射线损伤后的伤口愈合。Liguori 等（1997）研究了涂抹 0.2% HA 凝胶（Ialugen®）对放疗患者皮肤的保护作用，结果发现，涂抹 HA 凝胶后，患者的放射性皮炎发病率显著降低。Rahimi 等（2020）制备了一种含有不同分子量 HA 的乳霜以防止放射性皮炎，临床研究表明，该乳霜也能降低放射性皮炎的发病率。

2. 海绵型伤口敷料

Hyalomatrix® PA 是一种基于 Hyaff®制成的双层海绵型无菌伤口敷料。与伤口接触的一层由 Hyaff®纤维制成，可在保持伤口湿润的同时缓慢释放 HA，促进伤口愈合；表层则是一层透明的硅胶薄膜，发挥保护伤口、防止水分流失的作用，同时也便于创面观察。应用于伤口时，Hyalomatrix® PA 可以改善细胞功能和 ECM 结构（Kharaziha et al.，2021）。该产品上市后，被广泛用于伤口护理，特别是烧伤创面的保护，有大量临床研究证实了 Hyalomatrix® PA 在烧伤治疗和恢复中的有效性。英国莱斯特大学医院的 Gravante 等（2007）给深度烧伤患者实施了去疤痕手术，并于手术后在伤口敷用 Hyalomatrix® PA。有 61%的患者在康复前只接受了一次手术；手术 21 天后，有 83%的患者伤口完全愈合。该团队还对使用 Hyalomatrix® PA 的烧伤患者进行了一次全国性的回访调查，纳入研究的患者大部分为深度烧伤，在受伤 7 天后，敷用 Hyalomatrix® PA 的患者伤口愈合过程快于未使用的患者；而在受伤 29 天后，敷用 Hyalomatrix® PA 的 57 例患者伤口均完全愈合，整个治疗过程中均无不良反应报告（Gravante et al.，2010）。Faga 等（2013）对 11 例深度烧伤病例治疗时，先在伤口敷用 Hyalomatrix® PA，然后进行植皮手术，经过术后 12 个月的恢复，移植物与周围皮肤组织融合，皮肤组织实现再生。

除了烧伤护理，Hyalomatrix® PA 也被用于皮肤手术后的伤口护理。Erbatur

等（2012）选取10例有增生性瘢痕或瘢痕瘤的患者，在全身麻醉下切除瘢痕组织，充分止血后，用吻合器或缝线将Hyalomatrix® PA应用于缺损处；术后第28天，进行植皮手术。植皮术后未进行局部疤痕治疗，随访6个月，10例患者中有7例同意术后第3个月进行皮肤活检。结果显示，植皮术前VSS（vancouver scar scale，VSS）评分明显高于术后，术前皮肤活检的胶原评分明显高于术后评分，术前皮肤活检的血管化评分明显低于术后评分，表明使用HA皮肤替代品治疗成人增生性瘢痕或瘢痕瘤，在6个月的随访期取得理想的临床愈合效果。

由华熙生物科技股份有限公司自主研发的医用透明质酸钠无菌海绵，是一种适用于浅表创面止血和防护的Ⅱ类医疗器械产品，由HA、羧甲基纤维素钠在交联剂1,4-丁二醇二缩水甘油醚（1,4-butanediol diglycidyl ether，BDDE）的作用下交联后，经纯化、制粒、真空冷冻干燥、压制剪裁包装、终端辐照灭菌而得。该产品附着于创口，吸收血液后变为凝胶状，产生独特黏性，对创面产生物理压迫并堵塞细小血管；又黏附于体表形成一层物理屏障，保护创面免受外界环境中不良因素的刺激，同时形成有助于创面愈合的湿性环境。可在普外科等临床使用，适用人群为浅表创伤患者，禁用于有严重过敏反应病史的患者、既往曾有多发性严重过敏病史的患者，以及多糖过敏症者。彻底清创后，取其贴敷于创面并适当固定，出血或渗液量多时，需压迫数分钟，使海绵完全贴敷于创面，必要时行常规包扎。

3. 薄膜型伤口敷料

Hyalosafe®是一种用于伤口护理和治疗II度烧伤的透明薄膜型伤口敷料，这种伤口敷料可生物降解并释放HA，从而促进上皮细胞增殖。Hyalofill®也是一种基于Hyaff®的伤口敷料，以酯化率75%的Hyaff®材料作为主要成分。Hyalofill-F®类似于无纺布纱布，而Hyalofill-R®呈绳索状，它们都可用于慢性伤口的护理。Hyalofill®吸收渗出液后，形成亲水性凝胶作用于伤口部位，使组织创面富含HA，为创面提供湿性环境并促进伤口愈合。

伤口使用Hyalofill-R®并配合基础治疗手段，可有效治愈糖尿病患者的足部溃疡（Edmonds and Foster，2000）。还有很多临床研究探讨了Hyalofill-F®对慢性腿部溃疡的作用。Colletta等（2003）研究了伤口部位使用Hyalofill-F®对静脉曲张引起的难愈性腿部溃疡的治疗作用，在对20位患者为期8周的治疗中，有4位患者伤口完全愈合，其他患者的溃疡面积和深度较治疗前也有一定改善，且没有不良反应。Taddeucci等（2004）研究了Hyalofill-F®配合加压包扎治疗慢性腿部溃疡的情况，结果发现，相比传统的纱布加压包扎，Hyalofill-F®组的溃疡面积显著下降，伤口愈合情况及疼痛情况等均有显著改善。Capoano 等（2017）进行了更大规模的临床研究，以 100 例患者作为研究对象，其中 50 例采用传统治疗方法（对照组），另外 50 例采用自体白细胞浓缩物配合 Hyalofill-F®进行治疗（试验组）。经过 2 个月的治疗，与对照组相比，试验组患者的伤口面积显著减小，且患者伤口边缘有许多新生毛细血管，表明伤口处于正常愈合状态。

12.2.4　新型透明质酸伤口敷料

基于 HA 和 HA 衍生物的伤口敷料产品目前已发展得较为成熟，并广泛应用于各个领域。然而，这些伤口敷料在稳定性、机械强度、促伤口愈合效果等方面仍有诸多待改进之处。因此，科学家们不断尝试和开发其他含 HA 的新型伤口敷料，以进一步拓展其在临床的适用性和应用范围。

水凝胶是一种具有三维聚合物网络结构的剂型，HA 水凝胶具有提供湿润环境以刺激细胞增殖的能力，因而在伤口愈合中具有独特的优势。然而，HA 也存在一些局限性，如降解快、力学性能差。目前，针对这些问题的主要解决方案是通过化学改性和交联来制备 HA 水凝胶。Wang（2006）使用水溶性碳二亚胺为交联剂，将 HA 与壳聚糖乙二醇衍生物进行交联，制得一种新型水凝胶，具有良好的吸水性和生物稳定性。Vasile 等（2013）研制了一种壳聚糖/HA 聚电解质复合物（polyelectrolyte complex，PEC）水凝胶，用于烧伤创面的治疗。该水凝胶具有抗菌活性，能保持创面湿润、促进创伤愈合、防止愈合时发生创面次级损伤。Profire 等（2013）研制了 HA 与经磺胺嘧啶修饰的壳聚糖衍生物制成的 PEC 水凝胶，将壳聚糖与磺胺嘧啶的抗菌活性相结合，进一步提升了水凝胶的抗菌活性。

为提高 HA 伤口敷料的促愈合能力，科学家们一直尝试开发含其他生物因子的复合型敷料。Hassan 等（2021）开发了一种基于壳聚糖/HA/磷脂酰胆碱二氢槲皮素的多功能伤口敷料膜，该敷料膜具有清除自由基、促进凝血等特点。此外，磷脂酰胆碱二氢槲皮素的加入显著提高了产品的抗菌和抗炎活性。Yamamoto 等（2013）研制了一种含表皮生长因子（epidermal growth factor，EGF）的 HA 海绵型敷料，采用含人成纤维细胞的胶原凝胶模拟人的皮肤表面，将复合海绵敷料置于其表面培养 7 天，结果表明，该敷料能显著促进人成纤维细胞分泌血管内皮生长因子（vascular endothelial growth factor，VEGF）和肝细胞生长因子（hepatocyte growth factor，HGF）。Kondo 和 Kuroyanagi（2012）研制了一种由 HA、胶原和

EGF 构成的人工真皮，体外试验表明，人工真皮释放的 EGF 能刺激成纤维细胞产生 VEGF 和 HGF。动物试验采用背部深度烧伤的 SD 大鼠作为模型，在造模 3 日后摘除坏死组织，并以人工真皮覆盖皮肤缺损处。使用 3 日内，人工真皮即表现出促进创面血管生成并抑制炎症反应的作用。

除了构建复合材料，科学家们也将新型加工技术应用于新型敷料的开发，静电纺丝技术就是其中之一。静电纺丝是在强电场作用下将聚合物溶液形成喷射流以进行纺丝加工的过程，纤维直径可以精细到几十纳米至几微米（Cheng et al., 2017）。利用静电纺丝技术制成的纳米纤维伤口敷料，由于具有纳米纤维网的结构形式，比表面积大、孔隙率高，能更好地模拟 ECM，支持细胞的附着和增殖，从而能促进伤口愈合和皮肤再生。静电纺丝纳米纤维上存在的多孔小间隙还可以促进创面止血（白爽等，2019）。静电纺丝技术灵活性极高，通过精巧的设计可获得高复杂程度的结构，因而被广泛用于生物材料的开发（高仓健等，2022）。Uppal 等（2011）通过静电纺丝技术制备了一种 HA 纳米纤维创伤敷料，其透气性远高于凡士林纱布。采用动物创伤模型进行的试验表明，该纳米纤维敷料具有良好的促创伤愈合作用。Bazmandeh 等（2020）通过静电纺丝技术制备了 HA 交联壳聚糖和明胶的静电纺丝膜，结果表明，该静电纺丝膜具有更好的细胞黏附性，能更好地促进皮肤再生。Hussein 等（2020）以纤维素纳米晶为填料、以 L-精氨酸为伤口愈合促进剂，制备了增强型聚乙烯醇/HA 纳米纤维，试验结果表明，该复合纳米纤维具有良好的生物相容性、蛋白质吸附性，以及细胞增殖、黏附能力。

烧伤创面是最常见的皮肤损伤类型之一，创面愈合时的微生物感染主要与免疫抑制有关，也是影响临床烧伤患者依从性的主要因素之一。除了阻碍伤口愈合过程外，微生物还通过在 ECM 中形成生物膜来保护自己免受抗菌治疗（局部或全身）的影响，这可能导致微生物对大多数常用抗菌药物产生耐药性，最终导致伤口愈合过程的实质性延迟。外用抗菌药物、全身抗菌剂、生物抗菌剂等常规抗菌方案往往具有很大的局限性，特别是在因 III 度和 IV 度烧伤形成的瘢痕中，包括通过角质层的渗透性低；皮肤层（即表皮层、真皮层和皮下组织）的滞留量很小；容易导致致病微生物的耐药性。因此，为了增加药物向深层皮肤组织的局部递送，并消除全身微生物感染和微生物耐药性的风险，一些基于纳米技术的研究逐渐出现。Hussain 等（2022）使用不同浓度 HA 对共载姜黄素和槲皮素的纳米颗粒进行功能化处理，并对处理后的纳米颗粒进行优化、表征和评价，包括药物的形态、稳定性、药物释放、细胞增殖及伤口愈合效果等。结果显示，受试物的伤口愈合效果良好（第 28 天伤口愈合率为 98%），组织学表现为炎症细胞极少浸润、再上皮化、ECM 形成、伤口部位成纤维细胞浸润、肉芽组织形成、血管生成和胶原沉积。

Guzińska 等（2018）配制了含有氧化锌纳米颗粒的 HA 抗菌泡沫剂，体外抗菌分析显示，与普通泡沫剂相比，使用 HA 抗菌泡沫剂 1 h 后，大肠杆菌的数量显著减少。以上结果表明，这些新型材料均适用于易感染细菌伤口的治疗。

12.3　透明质酸在防粘连中的应用

术后粘连是腹腔或盆腔外科手术后常见的并发症，会导致肠梗阻、不孕等严重的临床病症，不仅会增大二次手术的难度，还会引起慢性腹痛等疑难病症，给患者带来极大痛苦。因此，有效的防粘连措施是外科手术后患者恢复健康的重要保障，而 HA 及其衍生物就是可应用于临床的一类重要的防粘连材料。下面对术后粘连的形成原因、预防措施，以及 HA 在防粘连材料中的应用进行详细介绍。

12.3.1　术后粘连的形成原因

术后粘连是指手术造成的脏器、组织创伤修复过程中形成的异常纤维连接，是腹部、盆腔外科手术后最为常见的并发症。术后腹腔粘连通常是网膜、肠管、腹壁间的病理性粘连，这些连接可以是一层结缔组织的薄膜，或含有血管和神经组织的纤维“桥梁”，抑或是两个脏器表面的病理性连接（Arung et al.，2011）。

术后腹腔粘连的形成原因和机制很复杂，尚未完全明了。粘连可能与缺血缺氧、组织损伤、炎症反应及瘢痕体质等基因遗传学因素有关。粘连发生于正常腹膜组织损伤后：首先，在伤口部位会形成纤维蛋白的沉积和血凝块；随后，在伤口部位聚集的成纤维细胞启动组织的再生，新生血管也随之形成；随着组织的重建，含有纤维蛋白的血凝块被逐渐降解，此时并不会发生组织的粘连，但当纤维蛋白的降解不充分，或成纤维细胞向损伤的腹膜内部生长时，组织间就会发生粘连（Saed and Diamond，2004）。

在组织中，纤维蛋白的溶解与纤溶酶的活性密切相关，而纤溶酶活性与组织中纤溶酶原、组织纤溶酶原激活物（tissue plasminogen activator，t-PA）及纤溶酶原激活物抑制剂-1（plasminogen activator inhibitor-1，PAI-1）含量密切相关。在腹膜中，这些因子主要由腹膜间皮细胞和成纤维细胞分泌。正常情况下，这三种因子处于平衡状态，保证纤维蛋白的正常降解。但是当腹膜发生严重损伤时，炎症细胞释放的 IL-1、IL-6 及 TNF-α 等炎症因子会下调 t-PA 活性，从而破坏三者间的平衡，最终导致纤维蛋白的降解不充分而形成粘连（Koninckx et al.，2016；Haslinger et al.，2003）。

科学家们发现，粘连组织中含有间皮细胞、内皮细胞、成纤维细胞、中性粒细胞、巨噬细胞、淋巴细胞等（Hu et al.，2021），并深入研究了这些细胞在术后粘连形成过程中发挥的作用。

间皮细胞在粘连形成早期发挥着主要作用（Tsai et al.，2018），当腹膜发生损伤时，损伤部位间皮细胞的增殖就会增强，这些细胞通过受体的相互作用将中性粒细胞、巨噬细胞、淋巴细胞等免疫细胞聚集到损伤部位，同时其分泌的细胞因子、生长因子及 ECM 成分也随之增加，共同调控腹膜炎症的发生和发展。一些间皮细胞会转化为具有增殖能力的肌成纤维细胞，并分泌构成粘连组织的胶原蛋白和 ECM 成分（Sandoval et al.，2016）。在这个过程中，间皮细胞还会释放大量 VEGF，促进粘连组织中血管的生成。

术后粘连的形成与炎症反应密不可分。当腹盆腔膜发生损伤时，中性粒细胞会被间皮细胞聚集到损伤部位，而这些中性粒细胞产生的活性氧（reactive oxygen species，ROS）会激活其他免疫细胞，并促进成纤维细胞合成促使纤维化形成的因子，包括 TGF-β 和 I 型胶原等（Fletcher et al.，2008）。在粘连发生早期，大量巨噬细胞也会被聚集到损伤部位，产生 t-PA 和 PAI-1，从而调控纤维蛋白降解及炎症反应（Burnett et al.，2006）。肥大细胞则通过分泌细胞因子和相关物质活化成纤维细胞，进而促进粘连组织的形成（Xu et al.，2002；Gruber et al.，1997）。术后粘连的形成过程还受 T 细胞及其分泌的细胞因子的调控，活化 T 细胞分泌的炎症因子 IL-17、CXCL8 和 CXCL1 等均可促进术后粘连的形成（Chung et al.，2002）。

12.3.2 术后粘连的预防措施

术后粘连最大的危害是引起其他并发症的出现。腹膜粘连会导致小肠梗阻，盆腔粘连则会导致继发性不孕；术后粘连还会导致慢性疼痛，给患者带来极大痛苦。此外，术后粘连也加大了再次手术的难度，而有术后粘连病史的患者，发生过粘连的部位在进行二次手术时粘连复发的概率极高，这些都给外科医生带来极大困扰（Menzies and Ellis，1990）。

为了降低术后粘连的发生率，医生提出了一系列手术前后的预防措施。术前准备时，应避免使用含淀粉和滑石粉的手套（Cooke and Hamilton，1977；Falk and Holmadhl，2000）；手术过程中，要进行持续的冲洗，避免创面干燥，同时应避免非必要的腹膜损伤及肠容物的溢出，慎重进行腹膜的缝合（Komoto et al.，2006；Malvasi et al.，2009），并避免在腔室内留下异物。术后，患者也可以通过服用一些药物抑制成纤维细胞的增殖和纤连蛋白的沉积，从而达到防粘连的目的。常用药物包括非甾体抗炎药、类固醇激素、钙离子通道抑制剂、组胺拮抗剂等（Risberg，1997）。随着医学技术的发展，包括腹腔镜手术和宫腔镜手术在内的微创技术正被越来越广泛地应用于临床治疗中，在一些领域已取代了传统的开腹手术，极大地降低了术后粘连的发生率。若患者已发生过术后粘连，再次接受微创手术或剖腹手术时粘连复发的概率并没有显著区别（Diamond et al.，1991）。

除了以上措施外，术后在组织黏膜间放置屏障材料也可以有效阻止术后粘连的发生，而 HA 防粘连材料就是极具代表性的一类产品。

12.3.3　透明质酸防粘连材料的临床应用

1. 防粘连材料的要求

对于临床应用来说，发挥屏障作用的生物材料应在 5～7 天内有效隔离可能发生粘连的组织；具备良好的生物相容性，无菌、无病原体及内毒素，不会引起患者的排异和炎症等免疫反应；不影响患者恢复，且在伤口愈合过程中仍能发挥防粘连作用，阻止瘢痕组织生成；具备生物可降解性，能在合适的时间内完全降解；使用快捷方便，利于手术中的操作（DiZerega，2000）。符合以上条件的生物体系包括右旋糖酐（dextran）、艾考糊精（icodextrin）、HA 及交联 HA 等。

2. 透明质酸防粘连产品

Seprafilm®是一种常见的防粘连膜剂，于 1996 年经美国 FDA 批准上市，是 HA 和羧甲基纤维素（carboxymethyl cellulose，CMC）在 1-（3-二甲基氨基丙基）-3-乙基碳二亚胺（1-（3-dimethylaminopropyl）-3-ethylcarbodiimide hydrochloride，EDC）的作用下发生交联反应而形成的聚合物薄膜。Seprafilm®可用于进行腹部或骨盆剖开手术的患者，以辅助减少术后腹壁与腹部下脏器的粘连发生率、发生范围和严重程度，包括大网膜、小肠、膀胱和胃，以及子宫与其周围其他器官，如输卵管、卵巢、大肠等。

大量临床研究证实了 Seprafilm®防止术后粘连的有效性。Diamond（2016）对

Seprafilm®防止子宫肌瘤切除术后粘连进行了临床研究，共有 127 例患者入组，其中 59 例在术后使用了 Seprafilm®。结果表明，使用 Seprafilm®后，患者子宫中发生粘连的平均面积和程度均显著低于对照组，表明 Seprafilm®抑制了子宫肌瘤切除术后粘连情况的发生。Zeng 等（2007）对 1996～2006 年针对 Seprafilm®的 8 项临床研究进行了系统回顾和 Meta 分析。这 8 项临床研究分别在美国、荷兰、加拿大和日本进行，共有 4203 例患者被纳入研究，Seprafilm®分别被用于结肠切除术、Hartmann 手术（经腹直肠癌切除、近端造口、远端封闭手术）、直肠癌手术、儿科手术及临时性襻式回肠造口的术后防粘连。经分析发现，Seprafilm®可以降低腹腔手术术后粘连的发生。Fazio 等（2006）针对 Seprafilm®对术后肠梗阻的影响进行了一项前瞻性随机多中心多国单盲对照研究，共有 1701 例接受肠切除术的患者被纳入研究，其中 840 例在接受开腹手术后使用了 Seprafilm®。结果表明，使用 Seprafilm®虽然没有降低术后肠梗阻的整体发病率，但却使得因小肠梗阻而再次手术的概率显著降低。Guo 等（2021）对 2003～2019 年分别在加拿大、日本和韩国进行的 9 项临床研究报告进行了 Meta 分析，专门研究了使用 Seprafilm®对术后小肠梗阻的影响。共有 4351 例患者被纳入研究，Seprafilm®分别被用于胃癌手术、腹腔动脉瘤切除术、结直肠手术和妇科肿瘤手术的术后防粘连。研究人员认为，Seprafilm®的使用降低了术后小肠梗阻的发生率。

相比传统开腹手术，腹腔镜微创手术的切口更小，这就使得 Seprafilm®的植入更加困难。为此，外科医生们开发了很多手术方法试图解决这一问题，但目前还没有通用且简单易行的操作方法（Hong and Ding，2017；Weng et al.，2020）。

除膜剂之外，常见的 HA 防粘连产品还包括凝胶剂。国外市售产品 Hyalobarrier®和 Hyaloglide®均为凝胶类防粘连产品，主要成分为自交联 HA，分别应用于腹盆腔和肌腱防粘连；医用透明质酸钠凝胶是国内防粘连凝胶产品，主要成分为高浓度 HA，适用于腹盆腔防粘连。

3. 透明质酸防粘连材料的临床应用

1）预防肌腱粘连

外科手术后肌腱粘连一直是影响患者术后康复的重要问题。目前认为，肌腱愈合过程包括外源性愈合和内源性愈合。内源性愈合是肌腱细胞自身修复的过程，几乎无并发症；外源性愈合是由肌腱周围的腱鞘和皮下组织中的成纤维细胞增殖，并伴随新生的毛细血管长入肉芽组织，极易发生粘连。在肌腱愈合过程中，成纤维细胞向肌腱断裂端增殖，与周围组织形成粘连，同时由于炎症介质渗出，从而加重了粘连的发生。Ozgenel 和 Etöz（2012）将 22 例食指屈肌腱Ⅱ区损伤的患者随机分为两组，实验组局部注射 HA，对照组注射同等剂量的生理盐水，结果显示，实验组的粘连发生率较对照组明显减少。Miescher 等（2022）在兔跟腱细胞培养液中添加高分子量 HA，观察细胞的生长曲线，结果显示，HA 的加入使纤维化标记 α-SMA（α-smooth muscle actin）短时间下调，基质金属蛋白酶（matrixmetallo proteinase-2，MMP-2）基因轻度升高。该结果说明，高分子量 HA 具有抗粘连效果，有潜力成为一种生物可降解的肌腱修复种植体。

2）预防盆腔及微创手术后粘连

为了克服盆腔和微创手术中 Seprafilm®难以放置在狭小切口的问题，科学家们也在研究 HA 凝胶及其他交联 HA 产品预防盆腹腔术后粘连的可能性。

Acunzo 等（2003）对 92 例患有月经不调和子宫内粘连的患者实施了宫腔镜粘连松解术，术后随机选择其中的 46 例在子宫内涂抹自交联 HA 凝胶（Hyalobarrier® gel），并观察术后 3 个月内的恢复情况，结果表明，使用 Hyalobarrier® gel 的患者再次发生子宫内粘连的概率和程度均显著下降。Guida 等（2004）也进行了类似研究，病例数增加到 132 例，术后 3 个月内，使用 Hyalobarrier® gel 的患者再次发生子宫内粘连的概率仍显著低于对照组。Mais 等（2006）研究了腹腔镜肌瘤切除术后使用 Hyalobarrier® gel 对术后粘连的影响，共 52 人被纳入研究，其中 21 人使用 Hyalobarrier® gel。术后 12～14 周内，使用 Hyalobarrier® gel 的患者子宫内粘连的程度显著低于对照组。Chen 等（2021）对 18 头母猪采用盆腔剖腹手术诱导其腹膜侧壁和子宫角损伤，将母猪损伤部位的左右两侧随机分为损伤组与损伤+HA 组，损伤+HA 组在损伤部位使用 20 mL 的 HA 水凝胶，损伤组不使用任何试剂作为对照。术后 14 天，损伤组出现粘连组织增生，腹膜壁与邻近小肠及子宫角之间有严重的粘连，而损伤+HA 组体内未观察到水凝胶残留，且粘连程度明显低于损伤组。

顾秋忠等（2015）将 521 例患者随机分为研究组和对照组，研究组在盆腹腔手术前后均使用 HA，对照组则不做任何处理，术后 12 个月随访，结果显示，研究组术后粘连发生率较对照组明显降低。同时，对照组分别有 40.7%的患者出现术后白细胞升高、24%的患者术后局部疼痛，而研究组仅分别为 8%和 6.8%，两组差异显著。张凌云等（2021）将 428 例患者随机平均分为治疗组和对照组，两组均进行常规剖宫产手术分娩，治疗组在胎儿及胎盘娩出后，将 HA 凝胶涂于宫腔内，并在切口缝合后再取 HA 凝胶涂于腹腔及周围组织处，对照组不做任何处理，结果显示，术后治疗组的盆腹腔粘连发生率显著低于对照组，且治疗组术后 IL-6、IL-10、TNF-α 等炎性因子的升高程度较对照组也显著降低。

3）预防甲状腺术后切口粘连

切口粘连是甲状腺术后常见的并发症之一，主要表现为皮肤切口瘢痕组织不平整，吞咽时有牵拉感、异物感，甚至吞咽困难。切口粘连也会造成迟发性声音嘶哑，严重者可能需再次手术治疗。虽然通过改善手术方式及技巧，如轻柔细致操作、减少组织创伤，可以减少术后粘连的发生率，但目前术后粘连发生率仍高达 22%（Makay et al.，2017），因此，辅助治疗是必不可少的配合手段。HA 凝胶能够通过在甲状腺组织创面形成物理屏障，抑制成纤维细胞增殖，减轻炎症反应，促进内源性愈合，防止粘连的发生，近年来已逐渐受到甲状腺外科医生的重视，并被广泛应用。樊华和李建（2015）将 186 例甲状腺手术患者随机分为用药组和对照组，用药组术后于切口处涂抹 HA，对照组不做处理，术后 4 个月随访观察切口粘连情况，结果显示，用药组粘连发生率为 18.9%，且无重度粘连发生，与对照组粘连发生率 41.7%相比差异显著，表明 HA 能够有效降低甲状腺术后粘连程度及发生率。袁强辉等（2018）探讨甲状腺术后医用 HA 预防术后切口粘连的效果及安全性，将甲状腺手术患者随机分为观察组和对照组，每组 53 例：观察组患者术后在手术创面、颈前肌群、颈阔肌涂抹医用 HA，不放置引流管；对照组患者术后常规放置引流管不使用 HA，观察术后 1 周两组患者颈部粘连情况，以及手术切口并发症发生情况，随访 3 个月，观察两组患者颈部组织同步移动情况，结果发现，观察组患者颈部粘连率、颈部同步移动率及术后并发症率均明显低于对照组。

12.3.4 新型透明质酸防粘连材料

随着医学工程技术和生物材料技术的发展，科学家们也在致力于开发基于 HA 的新型防粘连材料，期望带来更好的生物性能和临床适用性。Chen 等（2017）将聚 *N*-异丙基丙烯酰胺（poly *N*-isopropylacrylamide，PNIPAm）接枝到壳聚糖分子上，然后用该分子与 HA 形成共轭化合物 HA-CS-PNIPAm 水凝胶。该化合物 10% 水溶液在室温下为可注射的液体，达到 31℃时则转变为凝胶状态，可直接注射到患处，且没有细胞毒性和急性毒性。大鼠侧壁缺陷盲肠磨损模型研究表明，该水凝胶能显著减少术后腹膜粘连的发生，且不影响腹膜组织的正常再生。Back 等（2016）利用 HA 和海藻酸钠（sodium alginate，SA）制备了平均粒径为（100 ± 50）μm 的微球，应用于兔子宫壁磨损模型，可显著降低术后粘连的程度，且没有急慢性毒性。

Chen 等（2019）通过静电纺丝技术制备了 HA/布洛芬（ibuprofen）膜，随后通过与交联剂 BDDE 反应制备出复合生物膜，这种生物膜可以抑制成纤维细胞的沉积，同时又不影响其细胞活性和增殖。将该生物膜应用于兔屈肌腱断裂模型，可有效抑制局部炎症和肌腱粘连。Chen 等（2021）将银纳米粒子包埋在聚乳酸纳米纤维鞘中，HA 包埋在纳米纤维芯中，制备了核-鞘纳米纤维膜，该纳米纤维膜可以起到屏障膜的作用，在不阻碍营养物质运输的情况下减少成纤维细胞的渗透，防止术后腱鞘粘连，同时还具有抗炎和抗菌的特性。也有研究人员制备了自交联 HA 凝胶和脂肪来源的间充质干细胞复合材料，该复合材料应用于大鼠宫内粘连模型中，不仅可以有效阻止宫内粘连形成，还有助于改善子宫内膜容受性。Akhlaghi 等（2022）将姜黄素-大豆磷脂酰胆碱复合物纳米颗粒包埋在 HA 凝胶中，证实了该复合物凝胶对成纤维细胞增殖具有抑制作用。

Wei 等（2022）采用原位自组装和聚合的方法制备了聚多巴胺-角化细胞生长因子纳米颗粒，将其与 HA 制成组合物，该组合物在大鼠术后腹腔粘连模型中可显著抑制腹腔粘连的发生，促进腹膜间皮细胞的修复，同时明显减少胶原沉积和纤维化，抑制炎症反应。Chen 等（2023）采用同轴静电纺丝法，通过将 HA 和高浓度血小板血浆注入芯层和聚己内酯壳层制备出核-壳纳米纤维膜，该纤维膜除了可促进肌腱愈合时肌腱细胞迁移外，还可以作为阻止细胞渗透和减少细胞黏附的屏障。

总之，上述研究均展现了将新技术应用于 HA 防粘连材料开发的可能性。随着研究的深入和各学科领域的技术交融，未来会有更多具备优良生物活性、适于临床应用的 HA 防粘连材料问世，为医生和患者解决术后粘连问题提供更多理想的临床选择。

（宋永民　冯晓毅　姜秀敏）

参 考 文 献

白爽, 侯登勇, 沈先荣, 等. 2019. 新型静电纺丝伤口敷料的止血性能及促愈合作用研究. 中国海洋药物, 38(2): 1-10.

樊华, 李建. 2015. 医用透明质酸钠预防甲状腺术后粘连 90 例. 基层医学论坛, 19(7): 871-872.

高仓健, 杨振, 刘舒云, 等. 2022. 静电纺丝技术在肩袖损伤修复中的应用. 中国组织工程研究, 26(4): 637-642.

顾秋忠, 陆照林, 翁辞海, 等. 2015. 透明质酸钠在腹盆腔手术中预防粘连的临床研究. 中华全科医学, 13(4): 579-581.

袁强辉, 陈英娇, 雷尚通. 2018. 医用透明质酸钠预防甲状腺手术后切口粘连的有效性和安全性. 海南医学, 29(12): 1747-1749.

张静, 张仲, 胡永清, 等. 2005. 伤口愈合的研究进展. 中华骨科杂志, 25(1): 58-60.

张凌云, 刘晓, 尉云涛. 2021. 剖宫产术中预防性应用透明质酸防治盆腹腔粘连效果及对血清 MMP9、TGF-β1 表达的影响. 中国计划生育学杂志, 29(1): 12-16.

张瑞. 2022. 透明质酸基医用粘附材料用于湿性组织的闭合及伤口愈合研究. 北京: 北京化工大学博士学位论文.

郑晓霞, 何小华, 房绍英, 等. 2022. 可吸收透明质酸止血材料对犬子宫出血模型的止血效果及其体内降解特性. 中国兽医杂志, 58(11): 100-103.

Acunzo G, Guida M, Pellicano M, et al. 2003. Effectiveness of auto-cross-linked hyaluronic acid gel in the prevention of intrauterine adhesions after hysteroscopic adhesiolysis: a prospective, randomized, controlled study. Human Reproduction, 18(9): 1918-1921.

Akhlaghi S, Rabbani S, Karimi H, et al. 2022.Hyaluronic acid gel incorporating curcumin-phospholipid complex nanoparticles prevents postoperative peritoneal adhesion.Journal of Pharmaceutical Sciences, 112(2): 587-598.

Arung W, Meurisse M, Detry O. 2011. Pathophysiology and prevention of postoperative peritoneal adhesions. World Journal of Gastroenterology, 17(41): 4545-4553.

Aya K L, Stern R. 2014. Hyaluronan in wound healing: rediscovering a major player. Wound Repair and Regeneration, 22(5): 579-593.

Back J H, Cho W J, Kim J H, et al. 2016. Application of hyaluronic acid/sodium alginate-based microparticles to prevent tissue adhesion in a rabbit model. Surgery Today, 46(4): 501-508.

Bazmandeh A Z, Mirzaei E, Fadaie M, et al. 2020. Dual spinneret electrospun nanofibrous/gel structure of chitosan-gelatin/chitosan-hyaluronic acid as a wound dressing: *in-vitro* and *in-vivo* studies. International Journal of Biological Macromolecules, 162: 359-373.

Brun P, Cortivo R, Zavan B, et al. 1999. *In vitro* reconstructed tissues on hyaluronan-based temporary scaffolding. Journal of Materials Science Materials in Medicine, 10: 683-688.

Burnett S H, Beus B J, Avdiushko R, et al. 2006. Development of peritoneal adhesions in macrophage depleted mice. The Journal of Surgical Research, 131: 296-301.

Capoano R, Businaro R, Tesori M C, et al. 2017. Wounds difficult to heal: a social problem still rising. Effective strategies of treatment. Current Vascular Pharmacology, 15(999): 1.

Chen C H, Chen S H, Chen S H, et al. 2023. Hyaluronic acid/platelet rich plasma-infused core-shell nanofiber membrane to prevent postoperative tendon adhesion and promote tendon healing. International Journal of Biological Macromolecules, 231: 123312.

Chen C H, Chen S H, Mao S H, et al. 2017. Injectable thermosensitive hydrogel containing hyaluronic acid and chitosan as a barrier for prevention of postoperative peritoneal adhesion. Carbohydrate Polymers, 173: 721-731.

Chen C H, Cheng Y H, Chen S H, et al. 2021. Functional hyaluronic acid-polylactic acid/silver nanoparticles core-sheath nanofiber membranes for prevention of post-operative tendon adhesion. International Journal of Molecular Sciences, 22(16): 8781.

Chen C T, Chen C H, Sheu C, et al. 2019. Ibuprofen-loaded hyaluronic acid nanofibrous membranes for prevention of postoperative tendon adhesion through reduction of inflammation. International Journal of Molecular Sciences, 20(20): 5038.

Chen P C, Chen Y P, Wu C C, et al. 2021. A resorbable hyaluronic acid hydrogel to prevent adhesion in porcine model under laparotomy pelvic surgery. Journal of Applied Biomaterials & Functional Materials, 19: 2280800020983233.

Cheng J, Jun Y L, Qin J H, et al. 2017. Electrospinning versus microfluidic spinning of functional fibers for biomedical applications. Biomaterials, 114: 121-143.

Chung D R, Chitnis T, Panzo R J, et al. 2002. $CD4^+$ T cells regulate surgical and postinfectious adhesion formation. The Journal of Experimental Medicine, 195(11): 1471-1478.

Colletta V, Dioguardi D, Di Lonardo A, et al. 2003. A trial to assess the efficacy and tolerability of Hyalofill-F in non-healing venous leg ulcers. Journal of Wound Care, 12(9): 357-360.

Cooke S A, Hamilton D G. 1977. The significance of starch powder contamination in the aetiology of peritoneal adhesions. British Journal of Surgery, 64(6): 410-412.

David-Raoudi M, Tranchepain F, Deschrevel B, et al. 2008. Differential effects of hyaluronan and its fragments on fibroblasts: relation to wound healing. Wound Repair and Regeneration, 16(2): 274-287.

Deed R, Rooney P, Kumar P, et al. 1997. Early-response gene signalling is induced by angiogenic oligosaccharides of hyaluronan in endothelial cells. Inhibition by non-angiogenic, high-molecular-weight hyaluronan. International Journal of Cancer, 71(2): 251-256.

Dhivya S, Padma V V, Santhini E. 2015. Wound dressings-a review. Biomedicine, 5(4): 22.

Diamond M P. 2016. Reduction of postoperative adhesion development. Fertility and Sterility, 106(5): 994-997.

Diamond M P, Daniell J F, Johns D A, et al. 1991. Postoperative adhesion development after operative laparoscopy: evaluation at early second-look procedures. Fertility and Sterility, 55(4): 700-704.

DiZerega G S. 2000. Use of adhesion prevention barriers in pelvic reconstructive and gynecologic surgery//DiZerega G S. Peritoneal Surgery. New York: Springer-Verlag: 379-399.

Edmonds M, Foster A. 2000. Hyalofill: a new product for chronic wound management. The Diabetic Foot, 3(1): 29-30.

Elvassore N, Baggio M, Pallado P, et al. 2001. Production of different morphologies of biocompatible polymeric materials by supercritical CO_2 antisolvent techniques. Biotechnology and Bioengineering, 73(6): 449-457.

Erbatur S, Coban Y K, Aydın E N. 2012. Comparision of clinical and histopathological results of hyalomatrix usage in adult patients. International Journal of Burns and Trauma, 2(2): 118-125.

Faga A, Nicoletti G, Brenta F, et al. 2013. Hyaluronic acid three-dimensional scaffold for surgical revision of retracting scars: a human experimental study. International Wound Journal, 10(3): 329-335.

Falk K, Holmadhl L. 2000. Foreign materials//DiZerega G S. Peritoneal Surgery. New York: Springer-Verlag: 153-174.

Fazio V W, Cohen Z, Fleshman J W, et al. 2006. Reduction in adhesive small-bowel obstruction by Seprafilm adhesion barrier after intestinal resection. Diseases of the Colon and Rectum, 49(1): 1-11.

Fletcher N M, Jiang Z L, Diamond M P, et al. 2008. Hypoxia-generated superoxide induces the development of the adhesion phenotype. Free Radical Biology and Medicine, 45(4): 530-536.

Frenkel J S. 2014. The role of hyaluronan in wound healing. International Wound Journal, 11(2): 159-163.

Gravante G, Delogu D, Giordan N, et al. 2007. The use of Hyalomatrix PA in the treatment of deep partial-thickness burns. Journal of Burn Care & Research, 28(2): 269-274.

Gravante G, Sorge R, Merone A, et al. 2010. Hyalomatrix PA in burn care practice: results from a national retrospective survey, 2005 to 2006. Annals of Plastic Surgery, 64(1): 69-79.

Gruber B L, Kew R R, Jelaska A, et al. 1997. Human mast cells activate fibroblasts: tryptase is a fibrogenic factor stimulating collagen messenger ribonucleic acid synthesis and fibroblast chemotaxis. Journal of Immunology, 158(5): 2310-2317.

Guida M, Acunzo G, Di Spiezio Sardo A, et al. 2004. Effectiveness of auto-crosslinked hyaluronic acid gel in the prevention of intrauterine adhesions after hysteroscopic surgery: a prospective, randomized, controlled study. Human Reproduction, 19(6): 1461-1464.

Guo Y H, Zhu Q Y, Chen S W, et al. 2021. Effect of sodium hyaluronate-arboxycellulose membrane(Seprafilm®)on postoperative small bowel obstruction: a meta-analysis. Surgery, 169(6): 1333-1339.

Guzińska K, Kaźmierczak D, Dymel M, et al. 2018. Anti-bacterial materials based on hyaluronic acid: selection of research methodology and analysis of their anti-bacterial properties. Materials Science and Engineering: C, 93(1): 800-808.

Haslinger B, Kleemann R, Toet K H, et al. 2003. Simvastatin suppresses tissue factor expression and increases fibrinolytic activity in tumor necrosis factor-alpha-activated human peritoneal mesothelial cells. Kidney International, 63(6): 2065-2074.

Hassan M A, Tamer T M, Valachová K, et al. 2021. Antioxidant and antibacterial polyelectrolyte wound dressing based on chitosan/hyaluronan/phosphatidylcholine dihydroquercetin. International Journal of Biological Macromolecules, 166: 18-31.

Hong M K, Ding D C. 2017. Seprafilm® application method in laparoscopic surgery. Journal of the Society of Laparoendoscopic Surgeons-Society of Laparoendoscopic Surgeons, 21(1): e2016.00097.

Hu Q Y, Xia X F, Kang X, et al. 2021. A review of physiological and cellular mechanisms underlying fibrotic postoperative adhesion. International Journal of Biological Sciences, 17(1): 298-306.

Hussain Z, Pandey M, Thu H E, et al. 2022. Hyaluronic acid functionalization improves dermal targeting of polymeric nanoparticles for management of burn wounds: *in vitro*, *ex vivo* and *in vivo* evaluations. Biomedicine & Pharmacotherapy, 150: 112992.

Hussein Y, El-Fakharany E M, Kamoun E A, et al. 2020. Electrospun PVA/hyaluronic acid/L-arginine nanofibers for wound healing applications: nanofibers optimization and *in vitro* bioevaluation. International Journal of Biological Macromolecules, 164: 667-676.

Ivanov C, Michova M, Russeva R, et al. 2007. Clinical application of bionect(hyaluronic acid sodium salt)in wound care by cesarean section and episiotomy. Akusherstvo i Ginekologiia(Sofiia), 2007, 46(Suppl 4): 20-26.

Jenkins R H, Thomas G J, Williams J D, et al. 2004. Myofibroblastic differentiation leads to hyaluronan accumulation through reduced hyaluronan turnover. Journal of Biological Chemistry, 279(40): 41453-41460.

Jiang D H, Liang J R, Noble P W. 2007. Hyaluronan in tissue injury and repair. Annual Review of Cell and Developmental Biology, 23(1): 435-461.

Kharaziha M, Baidya A, Annabi N. 2021. Rational design of immunomodulatory hydrogels for chronic wound healing. Advanced Materials, 33(39): 2100176.

Kibe T, Koga T, Nishihara K, et al. 2017. Examination of the early wound healing process under different wound dressing conditions. Oral Surgery, Oral Medicine, Oral Pathology and Oral Radiology, 123(3): 310-319.

Komoto Y, Shimoya K, Shimizu T, et al. 2006. Prospective study of non-closure or closure of the peritoneum at cesarean delivery in 124 women: impact of prior peritoneal closure at primary cesarean on the interval time between first cesarean section and the next pregnancy and significant adhesion at second cesarean. Journal of Obstetrics and Gynaecology Research, 32(4): 396-402.

Kondo S, Kuroyanagi Y. 2012. Development of a wound dressing composed of hyaluronic acid and collagen sponge with epidermal growth factor. Journal of Biomaterials Science Polymer Edition, 23(5): 629-643.

Koninckx P R, Gomel V, Ussia A, et al. 2016. Role of the peritoneal cavity in the prevention of postoperative adhesions, pain, and fatigue. Fertility and Sterility, 106(5): 998-1010.

Liguori V, Guillemin C, Pesce G F, et al. 1997. Double-blind, randomized clinical study comparing hyaluronic acid cream to placebo in patients treated with radiotherapy. Radiotherapy and Oncology, 42(2): 155-161.

Liu Y H, Niu H Y, Wang C W, et al. 2022. Bio-inspired, bio-degradable adenosine 5′-diphosphate-modified hyaluronic acid coordinated hydrophobic undecanal-modified chitosan for hemostasis and wound healing. Bioactive Materials, 17: 162-177.

Longinotti C. 2014. The use of hyaluronic acid based dressings to treat burns: a review. Burns & Trauma, 2(4): 162-168.

Mais V, Bracco G L, Litta P, et al. 2006. Reduction of postoperative adhesions with an auto-crosslinked hyaluronan gel in gynaecological laparoscopic surgery: a blinded, controlled, randomized, multicentre study. Human Reproduction, 21(5): 1248-1254.

Makay O, Isik D, Erol V, et al. 2016. Efficacy of simvastatin in reducing postoperative adhesions after thyroidectomy: an experimental study. Acta Chirurgica Belgica , 2016: 77-83.

Malvasi A, Tinelli A, Farine D, et al. 2009. Effects of visceral peritoneal closure on scar formation at cesarean delivery. International Journal of Gynecology & Obstetrics, 105(2): 131-135.

Menzies D, Ellis H. 1990. Intestinal obstruction from adhesions-how big is the problem? Ann R Coll Surg Engl, 72(1): 60-63.

Miescher I, Wolint P, Opelz C, et al. 2022. Impact of high-molecular-weight hyaluronic acid on gene expression in rabbit Achilles tenocytes *in vitro*. International Journal of Molecular Sciences,

23(14): 7926.

Milella E, Brescia E, Massaro C, et al. 2002. Physico-chemical properties and degradability of non-woven hyaluronan benzylic esters as tissue engineering scaffolds. Biomaterials, 23(4): 1053-1063.

Nikolov A, Manuelian M, Nalbanski A, et al. 2011. The efficacy of topical application of bionect (hialuronic acid) in wound treatment after cesarean section. Akusherstvo i Ginekologiia, 50(7): 8-11.

Ozgenel G Y, Etöz A. 2012. Effects of repetitive injections of hyaluronic acid on peritendinous adhesions after flexor tendon repair: a preliminary randomized, placebo-controlled clinical trial. Ulusal Travma Ve Acil Cerrahi Dergisi, 18(1): 11-17.

Profire L, Pieptu D, Dumitriu R P, et al. 2013. Sulfadiazine modified CS/HA PEC destined to wound dressing. Revista Medico-Chirurgicala a Societatii de Medici Si Naturalisti Din Iasi, 117(2): 525-531.

Rahimi A, Mohamad O, Albuquerque K, et al. 2020. Novel hyaluronan formulation for preventing acute skin reactions in breast during radiotherapy: a randomized clinical trial. Supportive Care in Cancer, 28(3): 1481-1489.

Risberg B. 1997. Adhesions: preventive strategies. The European Journal of Surgery Supplement, (577): 32-39.

Saed G M, Diamond M P. 2004. Molecular characterization of postoperative adhesions: the adhesion phenotype. The Journal of the American Association of Gynecologic Laparoscopists, 11(3): 307-314.

Sandoval P, Jiménez-Heffernan J A, Guerra-Azcona G, et al. 2016. Mesothelial-to-mesenchymal transition in the pathogenesis of post-surgical peritoneal adhesions. The Journal of Pathology, 239(1): 48-59.

Shirali A C, Goldstein D R. 2008. Activation of the innate immune system by the endogenous ligand hyaluronan. Current Opinion in Organ Transplantation, 13(1): 20-25.

Simões D, Miguel S P, Ribeiro M P, et al. 2018. Recent advances on antimicrobial wound dressing: a review. European Journal of Pharmaceutics and Biopharmaceutics, 127: 130-141.

Stern R, Asari A A, Sugahara K N. 2006. Hyaluronan fragments: an information-rich system. European Journal of Cell Biology, 85(8): 699-715.

Taddeucci P, Pianigiani E, Colletta V, et al. 2004. An evaluation of Hyalofill-F plus compression bandaging in the treatment of chronic venous ulcers. Journal of Wound Care, 13(5): 202-204.

Tavianatou A G, Caon I, Franchi M, et al. 2019. Hyaluronan: molecular size-dependent signaling and biological functions in inflammation and cance. The FEBS Journal, 286(15): 2883-2908.

Tsai J M, Sinha R, Seita J, et al. 2018. Surgical adhesions in mice are derived from mesothelial cells and can be targeted by antibodies against mesothelial markers. Science Translational Medicine, 10(469): eaan6735.

Uppal R, Ramaswamy G N, Arnold C, et al. 2011. Hyaluronic acid nanofiber wound dressing-production, characterization, and *in vivo* behavior. Journal of Biomedical Materials Research Part B, Applied Biomaterials, 97(1): 20-29.

Vasile C, Pieptu D, Dumitriu R P, et al. 2013. Chitosan/hyaluronic acid polyelectrolyte complex hydrogels in the management of burn wounds. Revista Medico-Chirurgicala a Societatii de

Medici Si Naturalisti Din Iasi, 117(2): 565-571.

Wang W. 2006. A novel hydrogel crosslinked hyaluronan with glycol chitosan. Journal of Materials Science Materials in Medicine, 17(12): 1259-1265.

Webber J, Jenkins R H, Meran S, et al. 2009. Modulation of TGFβ1-dependent myofibroblast differentiation by hyaluronan. The American Journal of Pathology, 175(1): 148-160.

Wei G B, Wang Z J, Liu R L, et al. 2022. A combination of hybrid polydopamine-human keratinocyte growth factor nanoparticles and sodium hyaluronate for the efficient prevention of postoperative abdominal adhesion formation. Acta Biomaterialia, 138: 155-167.

Weng C H, Chao A S, Huang H Y, et al. 2020. A simple technique for the placement of seprafilm, a sodium hyaluronate or carboxymethylcellulose absorbable barrier, during laparoscopic myomectomy. Journal of Minimally Invasive Gynecology, 27(5): 1203-1208.

Xu X, Pappo O, Garbuzenko E, et al. 2002. Mast cell dynamics and involvement in the development of peritoneal adhesions in the rat. Life Sciences, 70(8): 951-967.

Yamamoto A, Shimizu N, Kuroyanagi Y. 2013. Potential of wound dressing composed of hyaluronic acid containing epidermal growth factor to enhance cytokine production by fibroblasts. Journal of Artificial Organs, 16(4): 489-494.

Yuan Y, Shen S H, Fan D D. 2021. A physicochemical double cross-linked multifunctional hydrogel for dynamic burn wound healing: shape adaptability, injectable self-healing property and enhanced adhesion. Biomaterials, 276: 120838.

Zeng Q Q, Yu Z P, You J, et al. 2007. Efficacy and safety of seprafilm for preventing postoperative abdominal adhesion: systematic review and meta-analysis. World Journal of Surgery, 31(11): 2125-2131.

第13章　透明质酸及其衍生物在药物载体中的研究应用

药物载体是指在给药过程中用于提高给药选择性、有效性和（或）安全性的体系，它可以改变药物进入人体的方式及在体内的分布，控制药物的释放速率，并实现靶向输送药物等。透明质酸（hyaluronic acid，HA）具有良好的生物相容性、生物降解性、非免疫原性、化学修饰的多样性和肿瘤细胞的靶向性，在药物载体应用方面前景广阔，可以提高疏水药物的溶解度，改善药物释放速率，提高药物（尤其是含阳离子的药物）稳定性及抗肿瘤药物的靶向性等。HA分子中存在大量的羧基、羟基及乙酰氨基，可以通过酯化、成醚等化学反应与药物结合，这种结合主要有以下优点：一是提高疏水药物的溶解度，以与药物偶联或包裹的形式增加药物溶解度（He et al.，2009）；二是改善药物释放速率，HA作为大分子多糖类物质，通过交联或修饰等方式形成的网状结构可包裹药物并减缓药物释放，HA在生物体内主要经透明质酸酶降解（Stern et al.，2007；Csoka，2001；Passi and Vigetti，2019），其作为载体经酶的作用降解成片段的同时释放药物（Chen et al.，2017），通过调节载体中HA浓度与分子量，可以控制药物释放速率，实现药物的缓释和控释等（Zhu et al.，2020；Xu et al.，2013）；三是提高药物特别是含阳离子药物的稳定性，HA作为一种大分子物质，在包裹药物时可作为物理屏障阻碍体内的药物酶及一些可能与药物反应的物质与药物接触，而且在生理环境下，HA是聚阴离子，可与带正电荷的药物发生电性结合，从而提高其稳定性（Wu et al.，2016；Nokhodi et al.，2022）；四是提高抗肿瘤药物的靶向性，HA能与在肿瘤细胞表面异常高表达的细胞受体CD44、RHAMM和细胞间黏附因子-1（intercellular cell adhesion molecule-1，ICAM-1）等特异性结合（Jong et al.，2012），从而将其携带的药物靶向肿瘤细胞，减少用药量和毒性作用。

本章将对HA在药物载体中的应用进行简要介绍。

13.1　经皮给药系统

经皮给药系统是指药物经皮肤吸收进入人体血液循环，实现治疗或预防疾病目的的一种给药方式。由于皮肤给药和腔道黏膜给药均属于直接作用于疾病部位而发挥局部治疗作用的给药方式，本章将两者统一归纳为经皮给药进行阐述。与传统给药方式相比，经皮给药可避免肝脏的首过效应，降低给药频率和药物释放速率，从而提高药物的生物利用度，减少不良反应，并改善患者的依从性。

HA 用于经皮给药系统的主要作用机制是皮肤水合作用、HA 受体介导作用、生物黏附作用等，其渗透性主要与分子量有关，高分子量的 HA 大多停留在皮肤表面，低分子量的 HA 能够渗透到角质层、表皮，甚至更深的真皮层。经化学修饰的 HA 衍生物，或与其他物质混合的 HA 复合物也被广泛应用于透皮制剂中。含 HA 的各种经皮给药载体主要包括水凝胶、纳米乳液、微针、贴片、脂质体、气雾剂、喷雾剂等。

13.1.1　水凝胶载体

水凝胶是由天然、合成或半合成聚合物通过物理或共价交联形成的高度水合的网状结构，水凝胶给药具有高度的生物相容性、药物缓释等特点。采用 HA 制备的水凝胶通常用于局部给药，能很好地黏附在皮肤或黏膜表面，增强皮肤或黏膜的水合作用，延长药物与皮肤或黏膜的接触时间、促进药物经皮吸收，用于包裹和传递小分子药物、蛋白质等（Zheng et al.，2023）。

槲皮素是天然的类黄酮类物质，可促进癌细胞凋亡和自噬，可作为癌症治疗的辅助用药，但其生物利用度低和在癌细胞中的累积少限制了其应用，将槲皮素负载于 HA 修饰的纳米水凝胶中可以增强肿瘤细胞对槲皮素的摄取，与依维莫司联用可以产生抗肿瘤和抗炎的活性（Quagliariello et al.，2017）。

光线性角化病（actinic keratosis，AK）是长期紫外线暴露所引起的一种癌前期病变，有发展成皮肤鳞状细胞癌的风险。双氯芬酸钠水凝胶（Solaraze®）是由 3%双氯芬酸钠、2.5%HA、苯甲醇、聚乙二醇单甲醚组成，在美国和欧洲获批用于局部治疗 AK 病变。皮肤局部给药可以避免口服非甾体抗炎药带来的胃肠道不良反应，双氯芬酸钠与 HA 联合用药可以起到缓释作用，炎症和肿瘤的 HA 结合细胞受体，如 ICAM-1、CD44、RHAMM 等表达显著上调，HA 可能通过与这些受体的结合将药物靶向病理部位（Peters and Foster ，1999）。

氟康唑主要用于抗真菌感染，将其负载于交联 HA 上制得的水凝胶可直接作用于口腔黏膜，用于治疗口腔念珠菌感染，不但能解决口服氟康唑引起的肠胃不适和严重肝毒性等不良反应，还可以延长药物在给药部位的滞留时间，从而达到更安全有效的治疗效果（Alkhalidi et al.，2020）。聚乙烯吡咯烷酮-HA 水凝胶作为一种浓缩的黏性口腔凝胶，通过黏附在口腔黏膜表面形成一层物理覆盖膜，可以在持续给药的同时对伤口起到保护作用，减轻患者的疼痛和不适，并且弥补了口腔内炎症性疾病局部使用半固体制剂时存在的递送药物剂量不足和滞留时间过短问题（Buchsel ，2008）。

在眼科领域，以 HA 为载体的水凝胶主要用于治疗干眼症、青光眼等眼部疾病。低黏度 HA 眼用制剂能够控制药物释放速率（Nemr et al.，2022；Yenice et al.，2008），有助于减少高浓度药物引起的局部毒性，提高眼科药物的生物利用度（Abdelkader et al.，2016；Lin et al.，2016；Battaglia et al.，2016），延长因鼻泪管引流作用缩短的药物停留时间（Urtti ，2006；Asasutjarit et al.，2011；Mahmoud et al.，2011）。环孢菌素 A（cyclosporin A，CyA）是一种由 11 个氨基酸组成的中性疏水环肽，但由于其较差的水溶性，CyA 的吸收率及生物利用率较低。热敏原位凝胶具有良好的生物相容性、高载药量和可控的药物释放特性，将聚（*N*-异丙基丙烯酰胺）（PNIPAAm）通过酰胺键与胺化 HA 偶联生成热敏性共聚物 HA-*g*-PNIPAAm，HA 的加入有利于 PNIPAAm 共聚物的溶解与排出（Turturro et al.，2011；Egbu et al.，2018），将水溶性差的 CyA 负载到热敏 HA-*g*-PNIPAAm 凝胶中，该水凝胶表现出较高的载药量和良好的缓释特性，可将其作为眼部给药的载体（Wu et al.，2013）。

HA 水凝胶的输送效果与其浓度、分子量等有关，在实际应用中，需要平衡分子量和浓度对水凝胶黏附性和药物渗透效率的影响。研究表明，将黄芩苷纳米颗粒加入不同浓度 HA 水凝胶（0.5%、1.0%、1.5%和 2.0%）（*m*/*V*）中可制得复合水凝胶制剂，该类水凝胶可防止载药纳米颗粒的团聚问题，并显著增加黄岑苷的经皮渗透效率（Wei et al.，2018）。同时，有学者研究了不同分子量 HA 对牛血清白蛋白的经皮吸收的影响，结果表明，低分子量 HA 具有优异的水合作用，促渗透效果最好（Witting et al.，2015）。除了调节 HA 的浓度和分子量外，药物与 HA 之间的作用力也可以延长药物的保留时间。例如，在含有 HA 的阿奇霉素滴眼液中，阿奇霉素的氨基和 HA 的羧基在弱酸性条件下相互作用形成 HA-药物复合物，HA 的生物黏附性使阿奇霉素在角膜前停留时间延长，增加了药物的递送量（Chen et al.，2019）。

蛋白类药物的缺点是注射后半衰期短，水凝胶聚合物网络结构不仅可作为蛋白类药物仓库，还可以保护药物免受外界环境的破坏，HA 形成的水凝胶生物相容性高，是目前研究较多的药物载体系统。促红细胞生成素（erythropoietin，EPO）又称红细胞刺激因子、促红素，是一种内源性激素，可刺激红细胞生成，在人体内的半衰期为 4～8 h，有研究者使用 HA 水凝胶开发了一种新型 EPO 缓释制剂，大鼠体内释放实验表明，EPO 有效浓度可以维持长达 18 天以上，且没有不良反应（Motokawa et al.，2006）。

13.1.2　纳米乳液载体

乳剂系指互不相溶的两种液体混合，其中一相液体呈液滴状分散于另一相液体中形成的非均匀相液体分散体系，当乳滴粒子＜100 nm 时称纳米乳，纳米乳的粒径一般在 10～100 nm 范围内，过去曾把纳米乳称为微乳（方亮等，2016）。在该领域，HA 主要用于与含有烷基、胺基等基团的成分偶联，以改变其疏水性，或者分散在纳米乳液的水相中（Zhu et al.，2020）。含 HA 的纳米乳液给药系统作为药物及其他大分子物质的经皮吸收载体，可以提高有效成分的经皮吸收和生物利用度。例如，将含布洛芬的乳液分散在 HA 水凝胶中，可促进布洛芬的经皮吸收，同时避免刺激胃肠道，显著降低细胞毒性（Zhang et al.，2019）。有研究表明，HA 的生物黏附性可以提高药物在治疗部位的保留时间及对 CD44 的亲和力，将 HA 分散在水相中制备的纳米乳液，加入细胞毒性药物紫杉醇用于乳腺癌的局部治疗，与不含 HA 的纳米乳液相比，含 HA 的纳米乳液在治疗部位的保留率高出 3 倍（Salata and Lopes，2022）。

13.1.3　微针及贴片载体

微针作为一种无痛、微创的经皮给药方式，可以在降低甚至消除疼痛感的情况下，保证透皮吸收速率的稳定性。以 HA 为原料制备的新型胰岛素微针阵列，药代动力学研究表明该载药微针可以通过皮肤将胰岛素输送到全身循环，而不会造成严重的皮肤损伤，实现与皮下注射胰岛素相似的降血糖效果。HA 微针阵列可确保胰岛素的高度稳定性，这也是一种安全有效的胰岛素经皮给药途径（Liu et al.，2012）。

贴片常见于口腔黏膜制剂。对于含有蛋白质的药物，因其稳定性受溶液酸碱度及胃肠道蛋白酶的影响较大，不适于口服给药，故口腔给药成为一种有效的替代给药途径。Paris 等（2021）以 HA 和壳聚糖为原料制备了一种黏膜贴片，可通过电性作用荷载卵清蛋白（模型蛋白），并在给药过程中延长卵清蛋白与黏膜的接触时间，增加其穿过黏膜的数量。

13.1.4 喷雾剂及气雾剂载体

HA 可用作呼吸道和鼻部给药的载体，起到缓释、延长药物滞留时间、降低细胞毒性、增强黏附性、改善药物水溶性、提高生物利用度等作用（Kaewruethai et al.，2022）。HA 约占人鼻分泌物中糖胺聚糖的 80%，主要参与鼻黏膜血管舒缩和腺体分泌的调节，从而提高黏膜宿主防御力；另外，HA 在鼻腔黏膜清除以及黏膜伤口愈合和修复中也起着重要作用（Monzani et al.，2020）。

HA 喷雾剂常用于鼻部黏膜给药。与单独使用高渗溶液相比，局部使用 HA+高渗溶液可显著提高患者耐受性，减少吸入高渗溶液出现的不良反应（Casale et al.，2016）。急性鼻咽炎（acute rhinopharyngitis ，ARP）是儿童最常见的上呼道感染，使用含甲砜霉素的喷雾进行局部治疗通常对 ARP 有效，在制剂中添加 HA 可显著提高甲砜霉素的治疗效果（Varricchio et al.，2014）。

气雾剂常用于肺部给药，含 HA 的气雾剂可以弥补普通药物易被清除、对健康肺组织产生局部毒性的缺点（Kumar et al.，2020）。高分子量 HA（>1000 kDa）具有抗炎和抗血管生成、保护细胞、稳定结缔组织、调节水合作用等特性，这些重要的理化和生物学特性使 HA 可用作治疗肺部疾病的药物载体（Garantziotis et al.，2016）。

与常规制剂相比，吸入式生物黏膜黏附制剂可以使支气管扩张剂更好地发挥药理作用，并减少其不良反应（Li et al.，2017）。研究表明，以低分子量 HA 为赋形剂，通过喷雾冷冻干燥制备了质粒 DNA（pDNA）粉末，含 HA 的 pDNA 粉末在鼠肺中的基因表达水平明显高于不含 HA 的 pDNA 粉末，并具有更强的生物黏膜黏附特性，可以延长肺滞留时间，使全身暴露减少，增强药物的治疗效果（Ito et al.，2020）。研究发现，将 HA 涂布在脂质体-鱼精蛋白-DNA 复合物（LPD）上制备的 LPDH，用于将 siRNA 递送至肺部，可降低 LPD 的细胞毒性，并保持颗粒中封装的 siRNA 的沉默效果。该方法还可用于其他吸入式纳米药物载体的开发（Fukushige et al.，2020）。

硫酸沙丁胺醇（salbutamol sulfate，SAS）是一种短效 β-2 肾上腺素能激动剂，被广泛用于缓解支气管痉挛、支气管哮喘、肺气肿和慢性阻塞性肺病。通过喷雾干燥工艺将硫酸沙丁胺醇和 HA 共同制备成可吸入的微粒，比普通的 SAS 粉末有更强的生物黏膜黏附特性，并延长肺滞留时间，减少全身暴露，增强药物的治疗效果（Li et al.，2017）。

13.2　抗肿瘤靶向药物

目前，临床上常用的化学治疗药物靶向性较低，服用后往往会产生全身性的毒性作用，因此，科学家一直在探寻提高抗肿瘤药物对肿瘤组织靶向性的手段。

研究发现，肿瘤组织血管的通透性高于正常血管组织，分子量大于 40 kDa 的大分子可通过肿瘤血管渗漏到肿瘤组织中。另外，肿瘤组织中缺少淋巴管，这就杜绝了大分子被淋巴系统回收后返回全身循环的可能。以上两者共同作用，使得达到一定粒径大小的药物粒子可以在肿瘤组织中蓄积，这就是所谓的高通透性和滞留效应（enhanced permeability and retention effect，EPR）（Bayer，2020）。基于 HA 的药物传递系统，如脂质体、纳米粒和胶束等，旨在利用 EPR 效应使药物载体在肿瘤部位累积，从而改善药物疗效，降低药物的全身毒性。与其他药物载体相比，基于 HA 修饰的药物载体进入肿瘤组织后，可以被肿瘤微环境中过表达的透明质酸酶降解为不同分子量的片段，从而使药物从载体中释放出来（Lokeshwar et al.，2014）。HA 可以通过识别肿瘤组织过表达的 CD44，将药物靶向运输到肿瘤组织，从而降低药物对正常组织的毒性，减少不良反应（Nascimento et al.，2016；Safdar et al.，2018）。

除了提高抗肿瘤药物的靶向性，HA 修饰的抗肿瘤药物载体还可起到以下作用：对药物起到保护作用；增加难溶或不溶性药物的水溶解性，提高药物的生物利用度；改变药物的药代动力学，延长其半衰期，从而减少给药次数。

紫杉醇（paclitaxel，PTX）属于紫杉烷类天然抗肿瘤药物，具有较强的抗肿瘤活性，然而，水溶性较差的问题限制了其在临床上的应用。采用经 HA 修饰的载体材料装载 PTX，可以改善其水溶性差、毒性作用等问题，并使其具有良好的缓释效果和肿瘤靶向性。将 PTX 与脂质分子混合组装成脂质簇，随后将 HA 涂布在脂质簇上形成的纳米颗粒，对人乳腺癌细胞具有显著的细胞毒性，而对正常的细胞和组织无影响，说明经 HA 涂布的 PTX 纳米颗粒可以靶向肿瘤组织，从而减少药物的毒性作用（Yang et al.，2015）。经 HA 修饰的 PTX 前药胶束可以有效靶向 CD44 过度表达的人乳腺肿瘤异种移植物并在肿瘤组织中富集，延长荷瘤裸鼠的生存时间，减少 PTX 对荷瘤裸鼠的毒性作用（Zhong et al.，2016）。PTX 装载到 HA 修饰的泊洛沙姆固体脂质纳米颗粒后，药物持续释放能力增强，作用于肿瘤的药物浓度升高（Wang et al.，2017）。HA 修饰还可以提高胶束的稳定性，延长药物载体的循环时间。通过薄膜分散法制备的 HA/CPP（细胞穿膜肽）修饰的 PTX+粉防己碱胶束，抗肿瘤作用相较于两种药物单独使用均增强，且 HA 提高了药物载体的通透性和滞留效应（Li et al.，2020）。

阿霉素（doxorubicin，DOX）是用于治疗癌症的最有效的化疗药物之一，可抑制 RNA 和 DNA 的合成，但 DOX 具有较强的肾毒性、肝毒性和心脏毒性。研究发现，将 DOX 负载于经 HA 修饰的纳米载体材料中，可以增强其抗肿瘤效果、降低毒性作用，并实现 DOX 的肿瘤靶向递送（Liu et al.，2016）。*S*-亚硝基谷胱甘肽（*S*-nitrosoglutathion，GSNO）共轭的 HA 自组装纳米颗粒（GSNO-HANP）可在荷 MCF-7 小鼠的肿瘤组织中有效积聚，与 DOX 联合用药，可以提高 DOX 的抗癌活性，从而有效抑制肿瘤生长（Kim et al.，2018）。研究发现，经 HA 修饰的环糊精将抗癌药物靶向递送至 CD44 受体过表达的肿瘤细胞，并以 pH 敏感的方式释放药物，较游离 DOX 显示出更为有效的抗肿瘤效果（Bognanni et al.，2023）。HA 通过还原敏感性二硫键与叶酸（folic acid，FA）结合而形成的两亲性聚合物（HA-ss-FA），具有优异的生物相容性、肿瘤靶向性和药物控释能力，且没有明显的细胞毒性，可用于癌症治疗中化学药物的递送（Yang et al.，2018）。

顺铂（*cis*-diamminedichloroplatinum，CDDP）是一类重要的抗癌药物，主要用于治疗实体瘤和恶性淋巴肿瘤，CDDP 的剂量依赖性、严重的肾毒性和神经毒性严重影响了其在临床的应用。科学家们利用 HA-CDDP 结合物及 HA 修饰的纳米粒子等药物载体荷载 CDDP，以期改善其毒性作用并加强靶向性。利用低分子量 HA 合成的 HA-CDDP 复合物是一种纳米级的水溶性复合物，该复合物显示出理想的肿瘤靶向蓄积，比游离 CDDP 具有更好的肿瘤治疗效果，且不良反应较小（Anirudhan et al.，2022）。将 CDDP 荷载于经 HA 修饰的二氧化钛（TiO_2）纳米粒子中，得到载有 CDDP 的 HA-TiO_2 纳米颗粒，能够有效地降低 CDDP 的毒性作用，该纳米颗粒通过 HA 介导的内吞作用实现肿瘤组织中 CDDP 的积累，并且表现出优异的抗癌活性（Liu et al.，2015）。聚阴离子 HA 与一种聚阳离子 PFEP 通过静电和疏水自组装形成纳米颗粒并装载 CDDP，体外细胞毒性研究表明，该复合纳米颗粒表现出明显的选择性细胞毒性，减少了抗癌药物对正常细胞的毒性作用（Huang et al.，2017）。

喜树碱（camptothecin，CPT）是一种 DNA 拓扑异构酶 I 抑制剂，具有显著的抗肿瘤活性，但其水溶性较差、细胞吸收率较低，阻碍了其临床应用。研究人员用 HA 作为载体接枝 CPT 制成纳米颗粒给药体系，用于靶向治疗恶性肿瘤。负载 CPT 的 HA 纳米颗粒能够有效地实现药物的靶向递送，使药物聚集在肿瘤、肝脏和肺脏中，从而提高了药物的生物利用度，减轻了药物传递过程中对周围正常组织及细胞的毒性作用（Chen et al.，2016）。

（李　超　庞萌萌　韩月梅　张秀霞）

参 考 文 献

方亮, 吕万良, 吴伟, 等. 2016. 药剂学. 第 8 版. 北京: 人民卫生出版社.

Abdelkader H, Longman M R, Alany R G, et al. 2016. Phytosome-hyaluronic acid systems for ocular delivery of L-carnosine. International Journal of Nanomedicine, 11: 2815-2827.

Alkhalidi H M, Hosny K M, Rizg W Y. 2020. Oral gel loaded by fluconazole-sesame oil nanotransfersomes: development, optimization, and assessment of antifungal activity. Pharmaceutics, 13(1): 27.

Anirudhan T S, Mohan M, Rajeev M R. 2022. Modified chitosan-hyaluronic acid based hydrogel for the pH-responsive co-delivery of cisplatin and doxorubicin. International Journal of Biological Macromolecules, 201: 378-388.

Asasutjarit R, Thanasanchokpibull S, Fuongfuchat A, et al. 2011. Optimization and evaluation of thermoresponsive diclofenac sodium ophthalmic *in situ* gels. International Journal of Pharmaceutics, 411(1-2): 128-135.

Battaglia L, Serpe L, Foglietta F, et al. 2016. Application of lipid nanoparticles to ocular drug delivery. Expert Opinion on Drug Delivery, 13(12): 1743-1757.

Bayer I S. 2020. Hyaluronic acid and controlled release: a review. Molecules, 25(11): 2649.

Bognanni N, Vialc M, La Piana L, et al. 2023. Hyaluronan-cyclodextrin conjugates as doxorubicin delivery systems. Pharmaceutics, 15(2): 374.

Buchsel P C. 2008. Polyvinylpyrrolidone-sodium hyaluronate gel(gelclair): a bioadherent oral gel for the treatment of oral mucositis and other painful oral lesions. Expert Opinion on Drug Metabolism & Toxicology, 4(11): 1449-1454.

Casale M, Vella P, Moffa A, et al.2016.Hyaluronic acid and upper airway inflammation in pediatric population: A systematic review. International Journal of Pediatric Otorhinolaryngology, 85: 22-26.

Csoka A B, Frost G I, Stern R. 2001. The six hyaluronidase-like genes in the human and mouse genomes. Matrix Biology, 20(8): 499-508.

Chen Q, Yin C, Ma J, et al. 2019. Preparation and evaluation of topically applied azithromycin based on sodium hyaluronate in treatment of conjunctivitis. Pharmaceutics, 11(4): 183.

Chen M L, Zhang W Q, Yuan K, et al. 2017. Preclinical evaluation and monitoring of the therapeutic response of a dual targeted hyaluronic acid nanodrug. Contrast Media & Molecular Imaging,

2017: 4972701.

Chen Z J, He N, Chen M H, et al. 2016. Tunable conjugation densities of camptothecin on hyaluronic acid for tumor targeting and reduction-triggered release. Acta Biomaterialia, 43: 195-207.

Egbu R, Brocchini S, Khaw P T, et al. 2018. Antibody loaded collapsible hyaluronic acid hydrogels for intraocular delivery. European Journal of Pharmaceutics and Biopharmaceutics, 124: 95-103.

Fukushige K, Tagami T, Naito M, et al. 2020. Developing spray-freeze-dried particles containing a hyaluronic acid-coated liposome–protamine–DNA complex for pulmonary inhalation. International Journal of Pharmaceutics, 583: 119338.

Garantziotis S, Brezina M, Castelnuovo P, et al. 2016. The role of hyaluronan in the pathobiology and treatment of respiratory disease. American Journal of Physiology Lung Cellular and Molecular Physiology, 310(9): L785-L795.

He M, Zhao Z M, Yin L C, et al. 2009. Hyaluronic acid coated poly(butyl cyanoacrylate)nanoparticles as anticancer drug carriers. International Journal of Pharmaceutics, 373(1-2): 165-173.

Huang Y Q, Zhang R, Zhao Y K, et al. 2017. Self-assembled nanoparticles based on a cationic conjugated polymer/hyaluronan–cisplatin complex as a multifunctional platform for simultaneous tumor-targeting cell imaging and drug delivery. New Journal of Chemistry, 41(12): 4998-5006.

Ito T, Fukuhara M, Okuda T, et al. 2020. Naked pDNA/hyaluronic acid powder shows excellent long-term storage stability and gene expression in murine lungs. International Journal of Pharmaceutics, 574: 118880.

Jong A, Wu C H, Gonzales-Gomez I, et al. 2012. Hyaluronic acid receptor CD44 deficiency is associated with decreased *Cryptococcus neoformans* brain infection. Journal of Biological Chemistry, 287(19): 15298-15306.

Kaewruethai T, Lin Y, Wang Q, et al. 2022. The dual modification of PNIPAM and β-cyclodextrin grafted on hyaluronic acid as self-assembled nanogel for curcumin delivery. Polymers, 15(1): 116.

Kang H Z, Zuo Z, Lin R, et al. 2022. The most promising microneedle device: present and future of hyaluronic acid microneedle patch. Drug Delivery, 29(1): 3087-3110.

Kim D E, Kim C W, Lee H J, et al. 2018. Intracellular NO-releasing hyaluronic acid-based nanocarriers: a potential chemosensitizing agent for cancer chemotherapy. ACS Applied Materials & Interfaces, 10(32): 26870-26881.

Kong M, Chen X G, Kweon D K, et al. 2011. Investigations on skin permeation of hyaluronic acid based nanoemulsion as transdermal carrier. Carbohydrate Polymers, 86(2): 837-843.

Kong W H, Sung D K, Kim H, et al. 2016. Self-adjuvanted hyaluronate–antigenic peptide conjugate for transdermal treatment of muscular dystrophy. Biomaterials, 81: 93-103.

Kumar M, Jha A, Dr M, et al. 2020. Targeted drug nanocrystals for pulmonary delivery: a potential strategy for lung cancer therapy. Expert Opinion on Drug Delivery, 17(10): 1459-1472.

Li X Y, Wang J H, Gu L Y, et al. 2020. Dual variable of drug loaded micelles in both particle and electrical charge on gastric cancer treatment. Journal of Drug Targeting, 28(10): 1071-1084.

Li Y, Han M H, Liu T T, et al. 2017. Inhaled hyaluronic acid microparticles extended pulmonary retention and suppressed systemic exposure of a short-acting bronchodilator. Carbohydrate Polymers, 172: 197-204.

Lin J, Wu H J, Wang Y J, et al. 2016. Preparation and ocular pharmacokinetics of hyaluronan acid-modified mucoadhesive liposomes. Drug Delivery, 23(4): 1144-1151.

Liu E L, Zhou Y X, Liu Z, et al. 2015. Cisplatin loaded hyaluronic acid modified TiO_2 nanoparticles for neoadjuvant chemotherapy of ovarian cancer. Journal of Nanomaterials, 2015(1): 390358.

Liu Q, Li J, Pu G B, et al. 2016. Co-delivery of baicalein and doxorubicin by hyaluronic acid decorated nanostructured lipid carriers for breast cancer therapy. Drug Delivery, 23(4): 1364-1368.

Liu S, Jin M N, Quan Y S, et al. 2012. The development and characteristics of novel microneedle arrays fabricated from hyaluronic acid, and their application in the transdermal delivery of insulin. Journal of Controlled Release, 161(3): 933-941.

Lokeshwar V B, Mirza S, Jordan A. 2014. Targeting hyaluronic acid family for cancer chemoprevention and therapy. Advances in Cancer Research, 123: 35-65.

Mahmoud A A, El-Feky G S, Kamel R, et al. 2011. Chitosan/sulfobutylether-β-cyclodextrin nanoparticles as a potential approach for ocular drug delivery. International Journal of Pharmaceutics, 413(1-2): 229-236.

Manca M L, Peris J E, Melis V, et al. 2015. Nanoincorporation of curcumin in polymer-glycerosomes and evaluation of their *in vitro–in vivo* suitability as pulmonary delivery systems. RSC Advances, 5(127): 105149-105159.

Manconi M, Manca M L, Valenti D, et al. 2017. Chitosan and hyaluronan coated liposomes for pulmonary administration of curcumin. International Journal of Pharmaceutics, 525(1): 203-210.

Monzani D, Molinari G, Gherpelli C, et al. 2020. Evaluation of performance and tolerability of nebulized hyaluronic acid nasal hypertonic solution in the treatment of chronic rhinosinusitis. American Journal of Rhinology & Allergy, 34(6): 725-733.

Motokawa K, Hahn S K, Nakamura T, et al. 2006. Selectively crosslinked hyaluronic acid hydrogels for sustained release formulation of erythropoietin. Journal of Biomedical Materials Research Part A, 78(3): 459-465.

Nascimento T L, Hillaireau H, Vergnaud J, et al. 2016. Lipid-based nanosystems for CD44 targeting in cancer treatment: recent significant advances, ongoing challenges and unmet needs. Nanomedicine, 11(14): 1865-1887.

Nemr A A, El-Mahrouk G M, Badie H A. 2022. Hyaluronic acid-enriched bilosomes: an approach to enhance ocular delivery of agomelatine via D-optimal design: formulation, in vitro characterization, and in vivo pharmacodynamic evaluation in rabbits. Drug Delivery, 29(1): 2343-2356.

Nokhodi F, Nekoei M, Goodarzi M T. 2022. Hyaluronic acid-coated chitosan nanoparticles as targeted-carrier of tamoxifen against MCF7 and TMX-resistant MCF7 cells. Journal of Materials Science Materials in Medicine, 33(2): 24.

Paris A L, Caridade S, Colomb E, et al. 2021. Sublingual protein delivery by a mucoadhesive patch made of natural polymers. Acta Biomaterialia, 128: 222-235.

Passi A, Vigetti D. 2019. Hyaluronan as tunable drug delivery system. Advanced Drug Delivery Reviews, 146: 83-96.

Peters D C, Foster R H. 1999. Diclofenac/hyaluronic acid. Drugs Aging, 14(4): 313-9; discussion320-1.

Quagliariello V, Iaffaioli R V, Armenia E, et al. 2017. Hyaluronic acid nanohydrogel loaded with quercetin alone or in combination to a macrolide derivative of rapamycin RAD001 (everolimus) as a new treatment for hormone-responsive human breast cancer. Journal of Cellular Physiology, 232(8): 2063-2074.

Rezazadeh M, Parandeh M, Akbari V, et al. 2019. Incorporation of rosuvastatin-loaded chitosan/chondroitin sulfate nanoparticles into a thermosensitive hydrogel for bone tissue engineering: preparation, characterization, and cellular behavior. Pharmaceutical Development and Technology, 24(3): 357-367.

Safdar M H, Hussain Z, Abourehab M A S, et al. 2018. New developments and clinical transition of hyaluronic acid-based nanotherapeutics for treatment of cancer: reversing multidrug resistance, tumour-specific targetability and improved anticancer efficacy. Artificial Cells, Nanomedicine & Biotechnology, 46(8): 1967-1980.

Salata G C, Lopes L B. 2022. Phosphatidylcholine-based nanoemulsions for paclitaxel and a P-glycoprotein inhibitor delivery and breast cancer intraductal treatment. Pharmaceuticals, 15(9): 1110.

Stern R, Kogan G, Jedrzejas M J, et al. 2007. The many ways to cleave hyaluronan. Biotechnology Advances, 25(6): 537-557.

Szumała P, Jungnickel C, Kozłowska-Tylingo K, et al. 2019. Transdermal transport of collagen and hyaluronic acid using water in oil microemulsion. International Journal of Pharmaceutics, 572: 118738.

Turturro S B, Guthrie M J, Appel A A, et al. 2011. The effects of cross-linked thermo-responsive PNIPAAm-based hydrogel injection on retinal function. Biomaterials, 32(14): 3620-3626.

Urtti A. 2006. Challenges and obstacles of ocular pharmacokinetics and drug delivery. Advanced Drug Delivery Reviews, 58(11): 1131-1135.

Varricchio A, Capasso M, Avvisati F, et al. 2014. Inhaled hyaluronic acid as ancillary treatment in children with bacterial acute rhinopharyngitis. Journal of Biological Regulators and Homeostatic Agents, 28(3): 537-543.

Villate-Beitia I, Truong N F, Gallego I, et al. 2018. Hyaluronic acid hydrogel scaffolds loaded with cationic niosomes for efficient non-viral gene delivery. Royal Soc Chemistry Advances, 8(56): 31934-31942.

Wang F, Li L, Liu B, et al. 2017. Hyaluronic acid decorated pluronic P85 solid lipid nanoparticles as a potential carrier to overcome multidrug resistance in cervical and breast cancer. Biomedicine & Pharmacotherapy, 86: 595-604.

Wei S F, Xie J, Luo Y J, et al. 2018. Hyaluronic acid based nanocrystals hydrogels for enhanced topical delivery of drug: a case study. Carbohydrate Polymers, 202: 64-71.

Witting M, Boreham A, Brodwolf R, et al. 2015. Interactions of hyaluronic acid with the skin and implications for the dermal delivery of biomacromolecules. Molecular Pharmaceutics, 12(5): 1391-1401.

Wu H S, Guo T, Nan J, et al. 2022. Hyaluronic-acid-coated chitosan nanoparticles for insulin oral delivery: fabrication, characterization, and hypoglycemic ability. Macromolecular Bioscience, 22(7): e2100493.

Wu G S, Feng C, Hui G Y, et al. 2016. Improving the osteogenesis of rat mesenchymal stem cells by chitosan-based-microRNA nanoparticles. Carbohydrate Polymers, 138: 49-58.

Wu Y J, Yao J, Zhou J P, et al. 2013. Enhanced and sustained topical ocular delivery of cyclosporine A in thermosensitive hyaluronic acid-based *in situ* forming microgels. International Journal of Nanomedicine, 8: 3587-3601.

Xiao B, Han M K, Viennois E, et al. 2015. Hyaluronic acid-functionalized polymeric nanoparticles for colon cancer-targeted combination chemotherapy. Nanoscale, 7(42): 17745-17755.

Xu K M, Lee F, Gao S J, et al. 2013. Injectable hyaluronic acid-tyramine hydrogels incorporating interferon-α2a for liver cancer therapy. Journal of Controlled Release, 166(3): 203-210.

Yang C X, He Y Q, Zhang H Z, et al. 2015. Selective killing of breast cancer cells expressing activated CD44 using CD44 ligand-coated nanoparticles *in vitro* and *in vivo*. Oncotarget, 6(17): 15283-15296.

Yang J, Wang Y L, Gao Y, et al. 2022. Efficient sterilization system combining flavonoids and hyaluronic acid with metal organic frameworks as carrier. Journal of Biomedical Materials Research Part B, Applied Biomaterials, 110(8): 1887-1898.

Yang Y S, Zhao Y, Lan J S, et al. 2018. Reduction-sensitive CD44 receptor-targeted hyaluronic acid derivative micelles for doxorubicin delivery. International Journal of Nanomedicine, 13: 4361-4378.

Yenice I, Mocan M C, Palaska E, et al. 2008. Hyaluronic acid coated poly-*Epsilon*-caprolactone nanospheres deliver high concentrations of cyclosporine A into the *Cornea*. Experimental Eye Research, 87(3): 162-167.

Zhang Y T, Zhang K, Wang Z, et al. 2019. Transcutol® P/cremophor® EL/ethyl oleate-formulated microemulsion loaded into hyaluronic acid-based hydrogel for improved transdermal delivery and biosafety of ibuprofen. AAPS PharmSciTech, 21(1): 22.

Zheng Z X, Yang X, Zhang Y F, et al. 2023. An injectable and pH-responsive hyaluronic acid hydrogel as metformin carrier for prevention of breast cancer recurrence. Carbohydrate Polymers, 304: 120493.

Zhong Y N, Goltsche K, Cheng L, et al. 2016. Hyaluronic acid-shelled acid-activatable paclitaxel prodrug micelles effectively target and treat CD44-overexpressing human breast tumor xenografts *in vivo*. Biomaterials, 84: 250-261.

Zhu J Y, Tang X D, Jia Y, et al. 2020. Applications and delivery mechanisms of hyaluronic acid used for topical/transdermal delivery–A review. International Journal of Pharmaceutics, 578: 119127.

第 14 章　透明质酸在组织工程与再生医学领域的应用

透明质酸（hyaluronic acid，HA）是细胞外基质的重要组成成分，主要分布在关节滑液、眼玻璃体、皮肤、软骨等组织器官，具备良好的生物相容性、体内可降解性和可吸收性，能够通过与细胞表面受体的相互作用，调控多种细胞的生理活动，因而可用于构建组织工程支架材料。然而，天然 HA 并不是构建组织工程支架最理想的材料。首先，人体内存在 HA 的代谢途径，包括多种能够降解 HA 的酶以及可裂解 HA 分子的自由基等，这使得游离的 HA 在人体内的存留时间往往都比较短，例如，皮肤中 HA 的半衰期只有 1.5～2 天，在软骨中为 2～3 周；其次，未经修饰的 HA 空间结构松散，机械强度较差，无法承受组织中的应力；此外，HA 的水合作用和黏弹性也会阻碍细胞黏附及细胞生长环境中的物质交换。但是，HA 分子中大量游离的羟基和羧基使得通过化学修饰对 HA 分子进行改性成为可能，与其他生物材料进行组装、搭配，能够获得机械强度更高、留存时间更长，且具备合适的多孔结构与表面特性的 HA 衍生物，这些衍生物比游离的 HA 更适合用作组织工程支架材料。由此，随着生物材料领域的科技创新，HA 在组织工程与再生医学领域得到了日益广泛的应用。

14.1　组织工程概述

组织工程是运用工程学和生命科学的原理及方法，深入了解正常和病理状态下哺乳动物组织结构与功能的关系，开发生物替代物，用以修复、维持或改善组织功能的学科（Skalak and Fox，1988）。随着相关研究的不断深入，组织工程学的内容和范围也在不断扩充。现在，组织工程学被认为是一门以细胞生物学和材料科学相结合，进行体外或体内构建组织或器官的新兴学科。组织工程学主要包括两个方面的技术：一是细胞生物学技术，包括自体或同种异体组织细胞和干细胞的提取、体外培养与诱导分化，以及组织移植、细胞因子的提取及其生物活性的研究等；二是与组织工程材料相关的技术，包括组织工程材料的制备、与细胞的共培养，以及材料的生物力学性能和生物学性能的研究等。

组织工程技术的核心在于种子细胞的选择和支架材料（scaffold）的构建。其中，支架材料为种子细胞再生组织提供所需的三维空间环境，促使或诱导种子细胞在特定的区域黏附、增殖、代谢并分泌相关的细胞因子，从而形成目标组织。因此，组织工程支架材料应具备独特的理化性质和生物活性，以保证组织的正常再生。从理化性质上来讲，支架材料应具有合适的孔径、较高的孔隙率以及贯通的孔形态，从而为细胞的黏附、生长及细胞间的物质交换提供合适的环境；应具备与植入部位组织相匹配的机械强度，以保证植入之后材料能抵抗周围环境压力导致的形变；应用形式应便于植入到损伤部位。从生物活性上来讲，支架材料应具有良好的生物相容性和生物可降解性；能够维持细胞、组织的正常形态和生理功能；某些支架材料还应具备定向诱导细胞分化的性能，以便于形成特定的组织，如神经、肌肉等（Chen et al.，2002；O'Brien，2011）。

目前，构建组织工程支架材料的常用物质主要包括 HA、壳聚糖、胶原、纤维素、葡聚糖、海藻酸钠等天然高分子化合物，以及合成的聚乳酸、聚己内酯、聚乙醇酸、聚乳酸-羟基乙酸共聚物等。组织工程支架材料在临床上的应用形式主要有三种：第一种是将支架材料直接移植到损伤部位，发挥空间占位和力学支撑的作用，在损伤部位的组织修复过程中，随着自体细胞向支架内部迁移，这些支架材料会逐渐被降解吸收；第二种是在支架材料中负载特定的细胞因子，这种支架材料除了提供物理支撑外，还能促进损伤部位的组织修复；第三种是将特定的细胞接种在支架材料上，并在体外诱导其分化为特定的组织，然后再植入体内。

14.2　透明质酸组织工程支架材料的应用

随着对 HA 研究的深入和组织工程技术的发展，含 HA 的组织工程支架材料的设计、制备及体外细胞共培养研究取得了一定的进展，临床前和临床研究也有突破，并有少量产品上市，为推动 HA 组织工程支架材料的应用转化提供了方向和数据支撑。近年来的研究热点主要集中于软骨、骨和心血管组织的修复与再生等方向。

14.2.1　软骨修复与再生

关节软骨属于透明软骨，含水量丰富，但没有血管，其自我修复能力有限。

关节软骨损伤是常见的骨科疾病，根据损伤程度不同，有可能会出现软骨细胞坏死、软骨皲裂、分层、破碎、脱落，产生骨关节炎并进一步加速软骨的退变。临床上常采用软骨刨削、钻孔、微骨折术及软骨组织移植术等手段来修补较严重的软骨缺损，但这些治疗方法存在着自体软骨来源不足、异体软骨免疫排斥、生成纤维软骨、修复效果维持时间有限、术后并发症等诸多问题。

软骨组织工程技术为软骨缺损治疗提供了新的思路。HA 是软骨和关节滑液中的主要成分，可保持软骨基质的水合状态，对关节软骨起着减震和润滑等保护作用，HA 还能促进软骨细胞基质沉积和软骨形成。肖士鹏（2018）采用 1,4-丁二醇二缩水甘油醚（1,4-butanediol diglycidyl ether，BDDE）交联 HA，经两次冻干形成特定的形状和尺寸，植入小型猪膝关节打孔形成的软骨缺损部位后，能够促进软骨修复并减少损伤造成的软骨退变，修复后软骨的抗压缩能力和Ⅱ型胶原蛋白分泌水平显著提高，糖胺聚糖的含量几乎达到正常水平。尽管此研究证实将 HA 组织工程支架材料植入软骨缺损部位能够促进软骨修复，但软骨修复的周期很长，术后 12 个月，修复部位Ⅱ型胶原蛋白分泌水平仍显著低于正常软骨。

功能正常的软骨细胞对于软骨再生至关重要，植入单纯的支架材料，很难诱导自体软骨细胞向材料内部迁移；植入材料还会随着时间延长逐渐被降解，这可能是修复周期长的主要原因之一，因此，支架材料负载软骨细胞或干细胞后植入缺损部位，可能更有利于软骨修复。由于支架材料为其承载的软骨细胞提供的应力环境会影响软骨细胞的增殖以及干细胞向软骨细胞的分化（Martens et al.，2003；Park et al.，2004；Jaipaew et al.，2016），因此在采用 HA 构建此类组织工程支架时，必须综合考虑包括 HA 含量、分子量，以及支架材料硬度、弹性和孔径在内的多种因素。Kim 等（2019）将结冷胶与 HA 物理混合，包埋软骨细胞后加入模具，利用 Ca^{2+}对结冷胶交联的催化作用使其形成水凝胶。随着 HA 浓度的增加，生成的水凝胶溶胀率提高，抗压强度降低，降解速度加快，但最佳配比的 HA 能够促进细胞的黏附、增殖和软骨生成相关基因的表达。Zhu 等（2017）为了研究支架材料中 HA 浓度对软骨细胞体外生长的影响，通过动态腙键连接类弹性蛋白和 HA，其中 HA 浓度可调，而材料强度可保持不变，在 1.5%～5%（m/V）的范围内随着 HA 浓度的提高，包埋的软骨细胞的软骨标志基因表达增加，硫酸化糖胺聚糖沉积增多，而不利于软骨再生的纤维软骨表型减少。Wu 等（2018）探究了不同分子量的 HA（80 kDa、600 kDa 和 2000 kDa）与脂肪源干细胞共培养后对软骨再生的影响，发现 HA 能够通过 CD44/ERK/SOX-9 通路促进脂肪干细胞的细胞聚集、软骨标志基因（II 型胶原和聚集蛋白聚糖）的表达以及硫酸化糖胺聚糖的沉积，从而促进脂肪干细胞向软骨分化，2000 kDa 分子量的 HA 在体内、体外的促软骨再生作用最强。Snyder 等（2014）通过光交联技术构建了 HA/纤维蛋白复合凝胶，比单纯的纤维蛋白凝胶具有更高的机械强度，接种人骨髓源间充质干细胞后，可显著下调 *COL1A1* 基因并上调 *SOX9* 基因的表达，促进早期软骨形成，而添加血小板裂解液能进一步促进软骨生成。Jaipaew 等（2016）将丝心蛋白（silk fibroin，SF）和 HA 通过 1-（3-二甲基氨基丙基）-3-乙基碳二亚胺（1-(3-dimethylaminopropyl)-3-ethylcarbodiimide，EDC）交联，冷冻干燥后得到 SF/HA 支架材料，并将人脐带间充质干细胞接种到 SF/HA 支架上进行成软骨诱导分化，SF 和 HA 的配比会影响材料的孔形态、强度、溶胀率，以及干细胞分化过程中的细胞活力、形态、聚集状态和细胞外基质分泌，最佳配比条件下形成的软骨结构接近天然软骨。Sawatjui 等（2015）通过 EDC 两次交联并冻干获得明胶、硫酸软骨素、HA 和 SF 的复合支架材料，接种人骨髓间充质干细胞，发现此支架材料与单纯的 SF 支架或团块培养法相比，更有利于干细胞向软骨方向分化，软骨生成特异性基因表达明显提高，硫酸化糖胺聚糖的沉积增加。

除了负载细胞，HA 支架还可以负载那些能促进软骨生长的化合物，从而促进软骨再生。2012 年被发现的一种小分子化合物 kartogenin（KGN），可促进间充质干细胞分化为软骨细胞（Johnson，2013）。Shi 等（2016）在软骨缺损部位注射甲基丙烯酸化 HA 和 KGN 纳米颗粒的混合溶液，并进行原位光交联，形成了一种能够缓释 KGN 的原位软骨修复材料，能够诱导自体骨髓和滑膜来源的间充质干细胞归巢至损伤部位，并再生出透明软骨。

14.2.2　骨修复与再生

骨组织可以通过终身重塑而进行自我更新、修复，是唯一可以愈合而不会留下疤痕的组织，但是当损伤超过临界尺寸时，就需要骨移植物或生物材料进行辅助重建，重建的主要任务是尽快修复骨缺损并使新形成的组织与原有组织在解剖学上保持一致，因此骨组织工程对支架材料的力学性能要求较高（Mikael and Nukavarapu，2011）。仿生支架材料能否支持自体或异体成骨细胞在骨缺损部位有效增殖并形成矿化基质，是评价骨再生支架材料生物性能的关键。

HA 支架能够促进成骨分化、改善基质的矿化作用，促进骨组织的再生。Wu 等（2015）对 HA 进行多聚磷酸盐接枝修饰，并通过腙交联得到可注射的原位凝胶，这种凝胶与单纯的多聚磷酸盐相比，具有更强的诱导小鼠前成骨细胞

（MC3T3-E1）成骨分化的能力，促进成骨相关标志基因的表达并提高碱性磷酸酶活性。Wang 等（2019）用双磷酸盐修饰 HA，形成自愈合凝胶，可注射且黏附力强，再与磷酸钙纳米颗粒复合，能够显著提高 MC3T3-E1 细胞的碱性磷酸酶、血管内皮生长因子和 I 型胶原蛋白的表达，增加钙结节的数量和密度，促进成骨分化。Townsend 等（2018）对比了光交联戊烯酸修饰 HA 和非交联 HA 水凝胶，并包埋天然来源的组织颗粒（包括脱钙骨基质、灭活软骨、灭活半月板或灭活肌腱），结果显示，交联 HA 包埋灭活肌腱颗粒组促进颅骨修复的效果最强。Yuan（2019）采用四臂聚乙二醇（4-arm polyethylene glycol，4-arm PEG）和二硫苏糖醇（dithiothreitol，DTT）交联 HA，包埋间充质干细胞，促进其成骨分化，显著提高了碱性磷酸酶活性和基质矿化水平，且植入大鼠颅骨缺损部位后能有效促进颅骨修复。宋亚杰（2019）评估了 HA 与含银生物活性玻璃形成的复合物对牙髓暴露和牙髓炎的修复能力，结果表明，该复合物对牙髓炎有较好的控制作用，效果与无机三氧化矿物凝聚体（mineral trioxide aggregate，MTA）相当，且优于氢氧化钙（calcium hydroxide，CH），而在牙本质桥的结构重建，以及诱导牙本质涎蛋白与血管内皮生长因子分泌方面，复合物效果与 CH 相当。牙周炎如果处理不当，任其继续发展，会导致牙槽骨的损伤破坏，甚至牙齿脱落。Subramaniam 等（2016）制备了羟基磷灰石/硫酸钙/HA 复合材料，并装载胶原酶，研究证实此复合材料比未装载胶原酶的复合材料或单纯的羟基磷灰石具有更好的牙槽骨缺损修复能力，材料中胶原酶发挥了重要的作用，包括促进损伤区域骨小梁的消化吸收、释放并募集大量的成骨细胞、暴露矿化表面、抵抗软组织的浸润等，而复合材料为胶原酶提供了特殊的释放模式，植入后的 30 min 快速释放 60%的胶原酶，而后进入缓慢释放阶段，直至植入后 4 天，为骨缺损的修复提供了恰当的时间与空间模板。

HA 与临床常用的骨再生材料，如双相磷酸钙（biphasic calcium phosphate，BCP）等配合使用，可改善材料原有的机械性能、生物相容性、可操作性，并进一步促进骨再生。BCP 由不同配比的羟基磷灰石和 β-磷酸三钙组成，Taz 等（2019）将 BCP 用 HA 包裹后，提高了 BCP 颗粒的可注射性，与未经包裹的 BCP 颗粒相比，能够促进体外前成骨细胞的增殖和兔股骨髁缺损的修复。尽管含有多糖和羟基磷灰石的复合材料在骨再生修复的研究中越来越受到重视，但多糖和羟基磷灰石刚性及界面性质的差异仍然限制了此类材料的应用。Tan 等（2022）以 HA 为生物矿化模板，诱导羟基磷灰石在 HA 表面沉积，改善了羟基磷灰石在 HA 中的分散状态，并通过部分氧化复合物中的 HA，与羧甲基壳聚糖之间通过席夫碱反应，实现了凝胶的可注射性与自愈合性，复合凝胶的强度、成胶时间、生物相容性均得到了明显改善，距离骨再生修复的临床应用又迈进了一步。

14.2.3　心血管组织修复与再生

心血管疾病中有一部分以组织缺损或坏死为主要表现，传统治疗手段以改善症状为主，可以考虑通过组织工程技术实现缺损组织的再生修复，减少患者长期服药或复发带来的痛苦。HA 在这类修复支架材料中也发挥着重要作用。

1. 心肌再生

心肌梗死（myocardial infarction，MI）是最严重的心血管疾病之一，具有较高的发病率、致死率和致残率。梗死后缺血部位心肌细胞大量死亡，心肌纤维化明显，而心脏自身再生能力有限，导致梗死区域无法修复。

含 HA 的支架材料用于心肌梗死区域治疗，材料降解的同时释放出 HA，能够增强血管再生，促进心肌细胞的增殖，改善损伤部位的营养供给。Wang 等（2019）通过酶解 HA 获得了平均分子量为 4～5 kDa 的寡聚 HA，发现寡聚 HA 可以减少心肌梗死区域的梗死面积和心肌细胞的凋亡，促进 M2 型巨噬细胞的极化，消除中性粒细胞引起的炎症反应，促进梗死区域心肌血管新生和心肌功能的重建。Le 等（2018）用光刻法结合甲基丙烯酸化 HA（100 kDa）制备了 HA 微棒，其弹性模量和降解特性可通过甲基丙烯酸化 HA 的浓度调控。体内体外的试验结果证明，这种微棒能够为心肌损伤区域提供合适的微环境，抑制梗死区域心肌的纤维化，促进心肌功能恢复。Zheng 等（2022）开发了一种基于 HA、明胶和 Fe^{3+} 的双重交联原位凝胶，并携带血管内皮生长因子模拟肽 KLT，配合骨髓间充质干细胞，用于大鼠心肌梗死模型的心肌修复，可抑制基质金属蛋白酶 2（matrix metalloproteinase-2，MMP-2）介导的细胞外基质过度降解、调节 KLT 肽的释放并促进心肌血管新生，配合间充质干细胞重建心肌功能，体内可维持 28 天。

HA 还可以作为内皮祖细胞（endothelial progenitor cell，EPC）或外泌体的递送载体，用于心肌修复。EPC 具有高度的血管生成作用，植入心肌组织后能减少心室壁的不良重构，改善心脏功能，但缺乏稳定的体内递送机制。Gaffey 等（2015）分别用金刚烷和 β-环糊精对 HA 进行修饰，混合后形成可注射自愈合凝胶，凝胶包埋 EPC 后注射至大鼠心肌缺血区域，能提高该区域 EPC 的数量和存活率，并增强其血管生成作用，限制心肌不良重塑。Chen 等（2018）采用 Gaffey 等（2015）同样的方法制备 HA 水凝胶并用于递送 EPC 的外泌体，也可以促进心梗区域的血管新生，改善血流动力学，且无须担心 EPC 在体内的存活情况。

2. 瓣膜置换

心脏瓣膜是单向开启的一层薄膜状的结缔组织，能够防止血液倒流，从而维持人体正常血液循环。当瓣膜出现病变时，可能会导致瓣膜口狭窄、关闭不全或血液反流，严重影响身体健康，甚至威胁生命。瓣膜病变的常规治疗方法是人工瓣膜置换，理想的人工瓣膜不仅要与宿主心脏组织完美整合，还要具备正常的机械性能和血流动力学性能，保证能够实现心脏瓣膜的正常功能。临床上常用的人工心脏瓣膜材料包括钛及其合金等金属材料，以及猪、牛等家畜的心包膜。合金类瓣膜需要患者进行终身的抗凝治疗防止血栓；动物源瓣膜使用寿命有限，会逐渐发生钙化而失去功能，且可能引发排异反应。生物高分子材料能同时克服这两个问题，与干细胞技术结合，制造出的人工瓣膜与人体自身的心脏瓣膜在结构和功能上更为接近，因而得到了广泛研究。

人类心脏瓣膜的半月瓣叶从组织结构上可分为三层：纤维层（fibrosa）面向主动脉，主要含有 I 型和 III 型胶原纤维，是主要的受力层；海绵层（spongiosa）主要含有糖胺聚糖和蛋白聚糖，发挥抗压和润滑作用；心室层（ventricularis）则主要由弹性蛋白组成，利用弹性为瓣膜的数十亿次开合提供缓冲（Zhang et al., 2015）。研究表明，HA 能够提供一定的力学性能，促进内皮细胞和间质细胞的增殖与迁移，促进血管新生，还能提高其他瓣膜细胞外基质成分的分泌水平。Nazir 等（2019）以 EDC/NHS（*N*-hydroxysuccinimide）交联 I 型胶原蛋白和 HA，制备的瓣膜组织支架材料的微观结构和弯曲模量与天然瓣膜组织非常接近，材料的交联度会影响心肌源干细胞在材料上的黏附与增殖，从而影响整体的力学性能和细胞外基质的沉积。Lei 等（2021）将 HA 掺入毫米级的纤维蛋白支架中，增加了纤维的直径、密度和弹性模量，促进了细胞与支架的相互作用，使细胞排布更均匀，从而抑制人工瓣膜小叶的过度收缩。

除了直接用于组织工程支架材料的制备，HA 还可用于其他材料的改性。动物来源的心包膜用于瓣膜置换常采用戊二醛固定，但有可能使材料的血液相容性变差（温晓晓等，2023），材料内皮化程度低，会进一步刺激血小板和白细胞的聚集，促进钙化，最终导致手术失败，Lei 等（2019）将包埋了血管内皮生长因子（vascular endothelial growth factor，VEGF）的 HA 凝胶和心包膜用 BDDE 交联，在心包膜表面形成凝胶层，这种改良后的心包膜能够促进脐静脉内皮细胞的黏附与增殖，减少血小板聚集和钙化，从而提高动物来源心包膜生物瓣膜的移植成功率。

3. 血管重建

血管生成是一个受到严格调控的过程，通过血管内皮细胞的激活、迁移和增殖，促进新生血管形成，为组织细胞提供氧气和其他营养。组织工程材料能否成功应用于临床，很大程度上依赖于三维结构中能不能形成血管网，从而为再生的组织提供养分。HA 具有一定的促血管生成作用，因此含 HA 的支架材料在血管重建方面也有较好的应用前景。

Hozumi 等（2018）采用碳酰肼修饰的明胶和醛基修饰的 HA，通过席夫碱反应交联，制备了一种更稳定、降解速度更慢的可注射水凝胶，延长的降解时间有利于血管生成，通过主动脉环试验证实微血管延伸呈现凝胶浓度依赖性。Wang 等（2014）用酪胺修饰 HA，并合成了含有两个酚羟基的 RGD 肽，在辣根过氧化物酶（HRP）和过氧化氢的催化下，使大量酚羟基之间形成耦合，制备了含有 RGD 肽的可注射交联 HA 水凝胶，显著提高了人脐静脉内皮细胞在该 HA 水凝胶上的黏附性，从而促进内皮细胞的增殖、迁移以及毛细血管网的形成，特别是将脐静脉内皮细胞和皮肤成纤维细胞同时包埋入凝胶，植入皮下 2 周后可在凝胶中观察到形成了功能性血管组织。Kenar 等（2019）通过静电纺丝制备了含有聚（L-丙交酯-*co*-ε-己内酯）[poly（L-lactide-*co*-ε-caprolactone），PLCL]、胶原蛋白和 HA（20∶9.5∶0.5，*m*/*m*/*m*）的微纤维支架，其中 I 型和 III 型胶原蛋白、HA 都提取自人脐带组织，无动物源成分，与单纯的 PLCL 支架相比，复合支架的吸水能力显著提高，增强了脂肪源间充质干细胞在复合支架上的黏附与增殖。将脐静脉内皮细胞和脂肪源间充质干细胞在复合支架内共培养，可以形成连通的血管网，血管总长比单纯的 PLCL 支架形成的血管网显著增加。Liu 等（2019）开发了一种基于 HA 和蛋壳膜的伤口敷料，既能抗多药耐药菌，又可以促进血管和表皮的新生，复合材料的核心是聚多巴胺修饰的蛋壳膜纤维，表面包被了 KR-12 抗菌肽和 HA，材料亲水性提高，可防止耐药菌形成菌膜，能促进角质形成细胞和脐静脉内皮细胞的增殖以及血管和表皮新生相关基因的表达，从而促进伤口愈合。Lu 等（2019）先采用己二酸二酰肼和 EDC 交联 HA，并引入聚赖氨酸以增加细胞黏附，再将血管内皮生长因子模拟肽 KLT 接枝到交联 HA 凝胶上，促进了脐静脉内皮细胞在 HA 凝胶上的黏附、迁移、增殖，植入大鼠脑损伤部位后，能够有效抑制胶质瘢痕的形成、促进内皮糖蛋白 CD105 的表达及血管生成。糖尿病患者的创面愈合困难，在一定程度上与缺少内源性生长因子和血管生成作用减弱有关，Mohandas 等（2015）采用含有壳聚糖和 HA 的复合海绵，吸收了载有 VEGF 的纤维蛋白纳米颗粒，制备了一种用于糖尿病患者创面修复的敷料，超过 60%的 VEGF 会在 3 天内释放，与未添加 VEGF 的海绵相比，载有 VEGF 的复合海绵能够显著促进毛细血管网的生成。Vignesh 等（2018）首先通过酸溶解壳聚糖，而后滴加碱液的方法使壳聚糖成胶，再溶入 HA 形成可注射复合凝胶，然后将负载了去铁胺的聚乳酸-羟基乙酸共聚物[poly（lactic-co-glycolicacid），PLGA]纳米颗粒包埋至壳聚糖/HA 复合凝胶中，与空载的复合凝胶以及含有游离去铁胺的复合凝胶相比，该材料中的去铁胺实现了长达 10 天的可控释放，体内、体外的促血管生成作用显著增强。子宫内膜薄的主要原因是腺上皮分泌的 VEGF 减少，导致子宫内膜血管发育不良，Lei 等（2021）利用微流控电喷雾技术制备了一种基于甲基丙烯酸化 HA 的凝胶微球，负载 VEGF，尝试用于治疗子宫内膜薄，得到的微球粒径均匀，VEGF 的释放过程可控，体内、体外均能促进血管生成，进而促进子宫内膜增生。

14.2.4 神经修复与再生

神经系统的自我修复能力很弱，科学家们曾一度认为脊髓损伤、创伤性脑损伤等神经系统的破坏是完全不可逆的。尽管利用干细胞移植技术治疗神经损伤的研究取得了一定进展（如局部、经脑脊液和经血液循环注射移植），但移植成功率很低，主要原因是干细胞存活率低、有畸胎瘤发生风险以及干细胞分化方向的失控（申一君，2018）。

HA 具有提高干细胞存活率、调控细胞迁移、促进干细胞与宿主组织整合以及诱导干细胞定向分化的能力。Lindwall 等（2013）在啮齿类动物的大脑中观察到，尽管大脑中 HA 的含量在成年后减少，但在神经干/祖细胞比较集中的脑室下区和喙侧迁移流中仍保持较高的浓度水平，脑卒中模型损伤区域可观测到 GFAP 阳性细胞表达 HA 的受体 RHAMM、透明质酸合成酶和透明质酸酶，造模 6 周后大脑皮层的 HA 大量增加，上述结果表明 HA 可能参与了神经损伤修复过程中神经干/祖细胞的迁移调控。吴玥婷等（2015）以鼠尾胶原、HA、海藻酸钠和层粘连蛋白构建神经干细胞的体外 3D 培养支架材料，发现鼠尾胶原和 HA 复合支架有利于神经干细胞的黏附，层粘连蛋白和 HA 复合支架能够诱导神经干细胞向神经元分化，而在海藻酸钠支架材料内神经干细胞不黏附，呈聚集体状态生长，适合进行大规模培养。Kuo 等（2016）用甲基丙烯酸化 HA 与甲基丙烯酸化明胶通过光交联制备复合凝胶，并成功诱导多能干细胞向神经元分化，通过调整凝胶浓度和成分配比，能够控制凝胶的溶胀率和多能干细胞的包封率；凝胶中包埋两种神经诱导肽，则进一步促进多能干细胞向神经细胞分化。为了使神经干/祖细胞对脑损伤区域释放的信号分子 SDF-1α（stromal cell-derived factor-1α）产生更积极的响应，促使移植的神经干/祖细胞向病灶趋化迁移，从而提高干细胞的存活率和植入率。Addington 等（2015）设计了一种 HA/层粘连蛋白复合凝胶，巯基化修饰的 HA 和层粘连蛋白用聚乙二醇二乙烯基砜交联，成功诱导神经干/祖细胞表达 SDF-1α 的受体 CXCR4，并形成了 SDF-1α 梯度依赖性趋化迁移。对于脊髓损伤，Mothe 等（2013）将重组血小板源生长因子修饰的甲基纤维素与 HA 混合，形成复合凝胶，包埋神经干/祖细胞，植入大鼠亚急性脊髓损伤模型，与单纯的神经干/祖细胞移植相比，显著提高了移植物的存活率，促进少突细胞分化，减少脊髓空化，加快运动功能恢复。Arulmoli 等（2016）在鲑鱼纤维蛋白原和凝血酶组成的支架体系中加入了 HA 和层粘连蛋白，保留了鲑鱼纤维蛋白支架的促神经干/祖细胞增殖能力，同时延长了支架的降解时间，当把神经干/祖细胞和血管内皮细胞同时包埋入支架材料后，还能进一步促进血管生成。

除了直接作用于神经干/祖细胞，HA 还可能通过模拟神经系统细胞外基质微环境，发挥神经保护和修复作用。Schizas 等（2014）在脊髓切片的器官型培养中采用交联 HA 凝胶作为基质，凝胶是由肼基活化 HA 和醛基化 HA 混合涂布于 PET 膜上制成的，与胶原蛋白凝胶、PET 膜、非交联 HA 溶液相比，交联 HA 凝胶能够促进神经元和运动神经元的存活、减少小胶质细胞的激活，从而发挥了神经组织保护作用。而 Altinkaya 等（2023）发现，在大鼠坐骨神经损伤模型中，HA 主要通过抗纤维化和抗炎作用增加轴突的再生能力。

用于神经修复的组织工程材料，还需要具有一定的电活性，通过传递电刺激信号来调节神经活动。Wang 等（2017）通过氧化聚合制备了聚乙烯二氧噻吩/HA/聚乳酸导电复合膜，配合电刺激可促进神经元样嗜铬细胞瘤细胞（PC12）在膜上的黏附与增殖，并显著促进轴突的生长。Steel 等（2020）通过静电纺丝将低浓度碳纳米管（少于 0.01%）添加至 HA 纤维中，制成一种生物相容性良好的导电生物材料，在电刺激下，能促进神经元细胞生长和轴突的延长。

HA 支架材料也可以递送神经生长因子（nerve growth factor，NGF）或改善神经导管的生物相容性。Xu 等（2017）采用 EDC/NHS 体系，结合 pH 触发成胶，制备了一种负载并缓释 NGF 的可注射壳聚糖/HA 复合凝胶，用于填充中空神经导管修复周围神经损伤，解决导管内缺少神经修复微环境的问题，通过调节 pH，可 3 min 快速成胶，具备相互联通的孔，孔径 20～100 μm 可控，8 周内降解 70%，保证了 NGF 的持续释放。Yang 等（2023）采用 Sigma-Aldrich 的细胞培养用 HA

支架试剂盒 HyStem®，配合多次过膜和交联，形成颗粒状 HA 凝胶，体外能够促进神经元和星形胶质细胞集落形成和轴突延伸，填充至神经导管后，修复了 10 mm 长的坐骨神经缺损，在轴突和髓鞘再生、电生理功能和运动功能恢复方面都能够达到与自体神经移植相当的修复水平，且修复效果优于单独的颗粒状凝胶或硅胶导管。

14.2.5 角膜修复与再生

角膜是无血管的透明组织，角膜损伤可导致视力受损甚至失明。目前，针对角膜损伤最有效的治疗手段是异体角膜移植，但临床实践中却面临着供体不足和免疫排异等问题。构建组织工程化人工角膜，为治疗角膜损伤提供了新思路，但角膜的成分与结构非常复杂，光学性能要求很高，通常单一成分生物材料不能满足需求。

HA 良好的生物相容性、可降解性以及保湿和润滑能力，使其在角膜再生修复中能够发挥一定的支持作用。Xiang 等（2015）设计了一种 T 形人工角膜，主体成分是聚甲基丙烯酸-2-羟乙酯凝胶，伞状裙边部分由 HA 和阳离子化明胶静电沉积形成多层海绵，可促进角膜干细胞的黏附，底部包被了聚乙二醇，以防止细胞的浸润形成人工角膜后膜。华南理工大学的研究团队通过 EDC/NHS 交联胶原、明胶和 HA（6∶3∶1）制备了仿生膜，具有较好的光学特性、亲水性、机械性能和扩散性能，能够支持人角膜上皮细胞的黏附与增殖（Liu et al.，2013）。Xu 等（2018）用羧甲基壳聚糖、明胶和 HA 构建了一种用于角膜损伤修复的复合膜，这种复合膜具有良好的透光率和生物可降解性，可促进兔角膜上皮细胞的黏附和增殖，用于治疗碱诱导的角膜损伤，能够显著促进角膜上皮重建，恢复角膜透明度和厚度。Chen 等（2020）基于点击化学方法，用 HA 和胶原构建了一种具有互穿网络的原位凝胶，其中，胶原利用叠氮-炔环加成反应交联，HA 利用巯基-烯迈克尔加成反应交联，用于及时填补角膜缺损并促进角膜再生，这种原位凝胶在体外能够支持角膜上皮细胞在其表面生长，植入到角膜基质缺损处时，能够避免上皮过度增生，抑制基质肌成纤维细胞的生成，并促进再生上皮细胞之间的紧密连接。Chaidaroon 等（2021）将 2%的 HA 溶液用于翼状胬肉术后角膜上皮缺损的治疗，临床试验结果证实 HA 组角膜上皮缺损愈合率显著提高，疼痛评分显著降低。Fernandes-Cunha 等（2022）利用 HA-环糊精和 HA-金刚烷之间的超分子非共价主客体相互作用形成 HA 水凝胶，在体外能够促进角膜上皮细胞的黏附和扩散，体内能够促进角膜损伤的愈合，减轻炎症和角膜水肿。

14.2.6　其他组织修复与再生

肝脏受到严重损伤后，其再生修复非常困难，只能通过肝移植治疗，但供体严重缺乏制约了该治疗方法的发展。组织工程技术给严重肝损伤患者提供了治疗的可能性。将 HA 添加到支架材料中能够有效促进血管生成，改善肝组织的营养供给。Shang 等（2014）将半乳糖基化壳聚糖与 HA 混合冻干制备复合海绵，用于原代肝细胞和内皮细胞的体外共培养研究，能够显著促进原代肝细胞的黏附和增殖、肝细胞特异基因表达、尿素产生及睾酮代谢等。Wang 等（2018）的研究发现，肝脏损伤部位会分泌胰岛素样生长因子 2（insulin-like growth factor 2，IGF-2），进而激活 PI3K/AKT 和 MAPK 通路，促进肝细胞增殖和损伤组织的修复。Chen 等（2020）采用甲基丙烯酸化明胶、氧化型透明质酸以及半乳糖基化壳聚糖，制备了一种负载并缓释 IGF-2 的复合凝胶，能够刺激肝细胞再生与功能重建，且显著抑制 CCl_4 对人肝星形细胞 LX2 的损伤。

牙髓再生治疗过程中，根管系统的狭窄通道和复杂结构，限制了新生血管侵入和牙髓组织的生长，使得再生过程尤其困难。Silva 等（2018）设计了一种可注射的原位 HA 凝胶，通过腙交联连接 HA 和纤维素纳米晶（cellulose nanocrystal，CNC），并包埋了血小板裂解液（PL）。CNC 的引入增强了凝胶的抗水解和抗酶解作用，提高了稳定性，并配合 PL（含有趋化因子 PDGF 和 VEGF）的缓释，促进细胞的趋化迁移和血管生成，从而提高了牙髓再生能力。

猪小肠黏膜下层（small intestinal submucosa，SIS）是一种天然细胞外基质，脱细胞后主要成分是胶原纤维，还含有一定量的生长因子，可用于消化道、硬脑膜、膀胱、子宫甚至皮肤的修复，但其机械强度、体内降解时间和结构异质性等方面仍有待改善。Roth 等（2009）将带负电的 HA 通过静电吸附包裹在带正电的阳离子改性 PLGA 纳米颗粒表面，再用 SIS 负载上述 HA 包裹的纳米颗粒，用于比格犬 40%膀胱缺损的修补，目的是通过 PLGA 纳米载体，将 HA 引入 SIS，利用 HA 促进伤口愈合和血管生成的特性，改善 SIS 的修复性能，术后 10 周，重建的膀胱具有水密性，结构一致性高，所有试验犬均在观察期内存活，自行排尿，未观察到尿性囊肿或瘘管等并发症，未出现不良骨化或钙化。

非介入的皮肤再生过程需要 28 天的时间才能重建完整的表皮结构，大尺寸、深度的皮肤损伤和糖尿病创面修复仍面临着一系列问题，由于损伤部位微环境的改变，细胞的异常生长和基质的异常生成，导致毛囊和汗腺的缺失，并不能实现完整的皮肤损伤修复。如何在不形成疤痕的前提下，重建完整的全层皮肤组织，是皮肤组织工程的重点目标。Xu 等（2022）用苯硼酸修饰甲基丙烯酸化 HA，并与儿茶素形成硼酸酯，开发了一种葡萄糖响应性 HA 凝胶，该凝胶具有与皮肤组织相近的三维网络结构和杨氏模量，生物相容性较好，对葡萄糖响应释放儿茶素，从而抵抗氧化应激；还能促进血管生成并抑制炎症反应，从而在 3 周内快速修复糖尿病创面皮肤。

14.2.7 生物 3D 打印

生物 3D 打印技术是近几年发展起来的生物学、机械工程和材料科学的多学科交叉前沿技术，是快速成型或增材制造技术在组织工程方向上的扩展应用。传统的组织工程技术，基于可生物降解的组织工程支架材料与细胞培养技术，但还远达不到精细刻画生物组织复杂结构的技术要求，而 3D 生物打印技术的优势就在于，可通过计算机辅助设计，将三维的目标组织器官分割成连续的二维平面，配合具有特殊性能的生物墨水（bioinks），实现快速可控的组织器官层层打印，最终形成具备生理功能的三维组织或器官。

生物墨水实际上就是构建组织工程支架的原材料，可以包含活细胞、细胞聚集体，也可以单独打印。除了一般组织工程支架材料应具备的理化性质、生物功能之外，生物墨水还要具备合适的打印性能，例如，应具备合适的黏度与流变性能，既要保证墨水能够顺利从打印机的喷嘴挤出，又要避免挤出过程对所包含细胞的剪切损伤，同时挤出后还要能保持住设计的形状；还应具备合适的固化方式和固化时间，确保操作便捷，对细胞活性无影响。HA 及其衍生物从功能和生物相容性角度来说，是研制生物墨水的一个很好的备选原材料。

Kesti 等（2015）为了提高光交联 HA 的打印性能，将温敏性聚（*N*-异丙基丙烯酰胺）修饰的 HA（HA-pNIPAAM）与甲基丙烯酸化 HA 共混打印，可快速固化，机械稳定性维持时间长。然而，HA-pNIPAAM 的高度交联结构限制了包埋的牛软骨细胞的增殖，因此打印后还需要将 HA-pNIPAAM 再洗脱出支架，获得更有利于细胞存活和生长的多孔结构。Mouser 等（2017）同样将甲基丙烯酸化 HA 加入到温敏凝胶中，并包埋软骨细胞，提高打印性能的同时促进软骨再生，其中温敏凝胶为甲基丙烯酸化的聚[*N*-（2-羟丙基）甲基丙烯酰胺单/双乳酸酯]（pHPMA-lac）和聚乙二醇（PEG）的三嵌段共聚物，HA 浓度会影响材料的杨氏模量和软骨再生，0.25%～0.5%的 HA 会促进糖胺聚糖和 II 型胶原的分泌，而 1% 的 HA 则会导致形成异常的纤维软骨，该材料与聚己内酯（PCL）共打印，还能进一步增强机械性能，并实现孔径的调控。Duan 等（2014）将甲基丙烯酸化 HA 和甲基丙烯酸化明胶通过光交联获得复合凝胶，并包埋人主动脉瓣间质细胞（human aortic valve interstitial cell，HAVIC），使用生物 3D 打印技术制备人工三叶瓣膜，HAVIC 在凝胶中活性保持很好，且能正常分泌胶原和糖胺聚糖。Shi 等（2021）通过苯硼酸接枝 HA（HA-PBA）与聚乙烯醇之间形成的动态共价键快速成胶，动态共价键有利于挤出和注射，又在 HA-PBA 的丙烯酸酯与巯基化明胶中的巯基之间形成二次交联以强化材料，并负载兔脂肪源间充质干细胞用于 3D 打印，可促进干细胞的黏附、软骨分化和软骨细胞的细胞外基质沉积，保护细胞免受炎症微环境的氧化应激损伤。Kang 等（2022）采用甲基丙烯酸化 HA 和甲基丙烯酸化明胶制备生物墨水，并将皮肤成纤维细胞和毛囊毛乳头细胞悬浮在生物墨水中，3D 打印后光固化，再接种表皮角质形成细胞，通过体外培养，形成的人工皮肤组织具有表皮层、真皮乳头层和毛囊结构。

数字光处理（digital light processing，DLP）技术曾经用于背投电视，是指将影像信号经过数字处理再投影出来，这种技术与 3D 打印技术融合之后，相比于传统挤出式 3D 打印，DLP 3D 打印具有更快的打印速度、更高精度的打印细节和更好的细胞活性（Malda et al.，2013；Pedde et al.，2017；Wang et al.，2015）。DLP 3D 打印通过控制紫外线的行进路径，实现生物墨水的二维图案化交联，随着平台的移动，层层固化，便实现了三维结构的打印，这种打印方式大大扩展了生物墨水基础材料的选择范围。Lam 等（2019）以甲基丙烯酸化明胶和甲基丙烯酸化 HA 混合生物墨水，负载软骨细胞，通过 DLP 3D 打印技术制备软骨再生材料，所得材料的形状能够保持持久稳定，体外培养能够促进软骨细胞的增殖和细胞外基质的分泌，接种的细胞密度和 HA 与明胶的配比会影响细胞的排布和表型。

14.3 小　　结

HA 作为人体细胞外基质的重要组成成分，在组织工程与再生医学领域的应用前景不可估量，上述尝试还只是“冰山一角”，随着 3D 生物打印技术的飞速发展，材料的快速成型和三维结构设计与定制得以实现，配合胶原蛋白、弹性蛋白、蛋白聚糖等其他天然细胞外基质成分以及生物可降解合成材料，HA 的凝胶特性、组织相容性、促血管生成能力、易修饰改性的分子结构、药物递送能力等必将在医疗健康行业得到更广泛的应用，产生更大的社会价值。

（张晓鸥　臧宏运　房浩伟　王　佳）

参考文献

申一君. 2018. 3D 打印类神经组织的构建及应用. 哈尔滨: 哈尔滨工业大学硕士学位论文.

宋亚杰. 2019. 透明质酸-含银生物活性玻璃复合物诱导牙髓再生的体内研究. 唐山: 华北理工大学硕士学位论文.

温晓晓, 潘文志, 张坤, 等. 2023. 基于戊二醛和非戊二醛处理体系制备的生物瓣膜材料的血液相容性评估. 中国胸心血管外科临床杂志, 30(9): 1323-1328.

吴玥婷, 李朝晖, 崔占峰, 等. 2015. 应用多种水凝胶支架材料构建三维神经干细胞培养模型. 中国细胞生物学学报, 37(1): 66-73.

肖士鹏. 2018. 修饰玻璃酸钠组织工程软骨支架的制备及应用研究. 济南: 山东大学博士学位论文.

Addington C P, Heffernan J M, Millar-Haskell C S, et al. 2015. Enhancing neural stem cell response to SDF-1α gradients through hyaluronic acid-laminin hydrogels. Biomaterials, 72: 11-19.

Altinkaya A, Cebi G, Tanriverdi G, et al. 2023. Effects of subepineural hyaluronic acid injection on nerve recovery in a rat sciatic nerve defect model. Ulusal Travma ve Acil Cerrahi Dergisi, 29(3): 277-283.

Arulmoli J, Wright H J, Phan D T T, et al. 2016. Combination scaffolds of salmon fibrin, hyaluronic acid, and laminin for human neural stem cell and vascular tissue engineering. Acta Biomaterialia, 43: 122-138.

Chaidaroon W, Satayawut N, Tananuvat N. 2021. Effect of 2% hyaluronic acid on the rate of healing of corneal epithelial defect after pterygium surgery: a randomized controlled trial. Drug Design, Development and Therapy, 15: 4435-4443.

Chen C W, Wang L L, Zaman S, et al. 2018. Sustained release of endothelial progenitor cell-derived extracellular vesicles from shear-thinning hydrogels improves angiogenesis and promotes function after myocardial infarction. Cardiovascular Research, 114(7): 1029-1040.

Chen F, Le P, Lai K, et al. 2020. Simultaneous interpenetrating polymer network of collagen and hyaluronic acid as an *In situ*-forming corneal defect filler. Chemistry of Materials, 32(12): 5208-5216.

Chen G P, Ushida T, Tateishi T. 2002. Scaffold design for tissue engineering. Macromolecular Bioscience, 2(2): 67-77.

Chen J, Wang X C, Ye H, et al. 2020. Fe(III)@TA@IGF-2 microspheres loaded hydrogel for liver injury treatment. International Journal of Biological Macromolecules, 159: 183-193.

Duan B, Kapetanovic E, Hockaday L A, et al. 2014. Three-dimensional printed trileaflet valve conduits using biological hydrogels and human valve interstitial cells. Acta Biomaterialia, 10(5): 1836-1846.

Fernandes-Cunha G M, Jeong S H, Logan C M, et al. 2022. Supramolecular host-guest hyaluronic acid hydrogels enhance corneal wound healing through dynamic spatiotemporal effects. The Ocular Surface, 23: 148-161.

Gaffey A C, Chen M H, Venkataraman C M, et al. 2015. Injectable shear-thinning hydrogels used to deliver endothelial progenitor cells, enhance cell engraftment, and improve ischemic myocardium. The Journal of Thoracic and Cardiovascular Surgery, 150(5): 1268-1277.

Hozumi T, Kageyama T, Ohta S, et al. 2018. Injectable hydrogel with slow degradability composed of gelatin and hyaluronic acid cross-linked by schiff's base formation. Biomacromolecules, 19(2): 288-297.

Jaipaew J, Wangkulangkul P, Meesane J, et al. 2016. Mimicked cartilage scaffolds of silk fibroin/hyaluronic acid with stem cells for osteoarthritis surgery: morphological, mechanical, and physical clues. Materials Science and Engineering C, 64: 173-182.

Johnson K A. 2013. A stem cell-based approach to cartilage repair. Osteoarthritis and Cartilage, 21: S4.

Kang M S, Kwon M, Lee S H, et al. 2022.3D printing of skin equivalents with hair follicle structures and epidermal-papillary-dermal layers using gelatin/hyaluronic acid hydrogels. Chemistry-An Asian Journal, 17(18): e202200620.

Kenar H, Ozdogan C Y, Dumlu C, et al. 2019. Microfibrous scaffolds from poly (l-lactide-co-ε-caprolactone) blended with xeno-free collagen/hyaluronic acid for improvement of vascularization in tissue engineering applications. Materials Science & Engineering C, 97: 31-44.

Kesti M, Müller M, Becher J, et al. 2015. A versatile bioink for three-dimensional printing of cellular scaffolds based on thermally and photo-triggered tandem gelation. Acta Biomateriali, 11: 162-172.

Kim W K, Choi J H, Shin M E, et al. 2019. Evaluation of cartilage regeneration of chondrocyte encapsulated gellan gum-based hyaluronic acid blended hydrogel. International Journal of Biological Macromolecules, 141: 51-59.

Kuo Y C, Chen Y C. 2016. Regeneration of neurite-like cells from induced pluripotent stem cells in self-assembled hyaluronic acid-gelatin microhydrogel. Journal of the Taiwan Institute of Chemical Engineers, 67: 74-87.

Lam T, Dehne T, Krüger J P, et al. 2019. Photopolymerizable gelatin and hyaluronic acid for stereolithographic 3D bioprinting of tissue-engineered cartilage. Journal of Biomedical Materials Research Part B, Applied Biomaterials, 107(8): 2649-2657.

Le L V, Mohindra P, Fang Q Z, et al. 2018. Injectable hyaluronic acid based microrods provide local micromechanical and biochemical cues to attenuate cardiac fibrosis after myocardial infarction. Biomaterials, 169: 11-21.

Lei L J, Lv Q Z, Jin Y, et al. 2021. Angiogenic microspheres for the treatment of a thin endometrium. ACS Biomaterials Science & Engineering, 7(10): 4914-4920.

Lei Y, Bortolin L, Benesch-Lee F, et al. 2021. Hyaluronic acid regulates heart valve interstitial cell contraction in fibrin-based scaffolds. Acta Biomaterialia, 136: 124-136.

Lei Y, Deng L, Tang Y Y, et al. 2019. Hybrid pericardium with VEGF-loaded hyaluronic acid hydrogel coating to improve the biological properties of bioprosthetic heart valves.

Macromolecular Bioscience, 19(6): e1800390.

Lindwall C, Olsson M, Osman A M, et al. 2013. Selective expression of hyaluronan and receptor for hyaluronan mediated motility (Rhamm) in the adult mouse subventricular zone and rostral migratory stream and in ischemic cortex. Brain Research, 1503: 62-77.

Liu M L, Liu T F, Zhang X R, et al. 2019. Fabrication of KR-12 peptide-containing hyaluronic acid immobilized fibrous eggshell membrane effectively kills multi-drug-resistant bacteria, promotes angiogenesis and accelerates re-epithelialization. International Journal of Nanomedicine, 14: 3345-3360.

Liu Y, Ren L, Wang Y J. 2013. Crosslinked collagen–gelatin–hyaluronic acid biomimetic film for *Cornea* tissue engineering applications. Materials Science and Engineering: C, 33(1): 196-201.

Malda J, Visser J, Melchels F P, et al. 2013. 25th anniversary article: Engineering hydrogels for biofabrication. Advanced Materials, 25(36): 5011-5028.

Martens P J, Bryant S J, Anseth K S. 2003. Tailoring the degradation of hydrogels formed from multivinyl poly (ethylene glycol) and poly (vinyl alcohol) macromers for cartilage tissue engineering. Biomacromolecules, 4(2): 283-292.

Mikael P E, Nukavarapu S P. 2011. Functionalized carbon nanotube composite scaffolds for bone tissue engineering: prospects and progress. Journal of Biomaterials and Tissue Engineering, 1(1): 76-85.

Mohandas A, Anisha B S, Chennazhi K P, et al. 2015. Chitosan-hyaluronic acid/VEGF loaded fibrin nanoparticles composite sponges for enhancing angiogenesis in wounds. Colloids and Surfaces B: Biointerfaces, 127: 105-113.

Mothe A J, Tam R Y, Zahir T, et al. 2013. Repair of the injured spinal cord by transplantation of neural stem cells in a hyaluronan-based hydrogel. Biomaterials, 34(15): 3775-3783.

Mouser V H M, Abbadessa A, Levato R, et al. 2017. Development of a thermosensitive HAMA-containing bio-ink for the fabrication of composite cartilage repair constructs. Biofabrication, 9(1): 015026.

Nazir R, Bruyneel A, Carr C, et al. 2019. Collagen type I and hyaluronic acid based hybrid scaffolds for heart valve tissue engineering. Biopolymers, 110(8): e23278.

O'Brien F J. 2011. Biomaterials & scaffolds for tissue engineering. Materials Today, 14(3): 88-95.

Park Y, Lutolf M P, Hubbell J A, et al. 2004. Bovine primary chondrocyte culture in synthetic matrix metalloproteinase-sensitive poly (ethylene glycol)-based hydrogels as a scaffold for cartilage repair. Tissue Engineering, 10(3/4): 515-522.

Pedde R D, Mirani B, Navaei A, et al. 2017. Emerging biofabrication strategies for engineering complex tissue constructs. Advanced Materials, 29(19): 1606061.

Roth C C, Mondalek F G, Kibar Y, et al. 2011. Bladder regeneration in a canine model using hyaluronic acid-poly (lactic-co-glycolic-acid) nanoparticle modified porcine small intestinal submucosa. BJU International, 108(1): 148-155.

Sawatjui N, Damrongrungruang T, Leeanansaksiri W, et al. 2015. Silk fibroin/gelatin–chondroitin sulfate–hyaluronic acid effectively enhances *in vitro* chondrogenesis of bone marrow mesenchymal stem cells. Materials Science and Engineering: C, 52: 90-96.

Schizas N, Rojas R, Kootala S, et al. 2014. Hyaluronic acid-based hydrogel enhances neuronal survival in spinal cord slice cultures from postnatal mice. Journal of Biomaterials Applications,

28(6): 825-836.

Shang Y, Tamai M, Ishii R, et al. 2014. Hybrid sponge comprised of galactosylated chitosan and hyaluronic acid mediates the co-culture of hepatocytes and endothelial cells. Journal of Bioscience and Bioengineering, 117(1): 99-106.

Shi D Q, Xu X Q, Ye Y Q, et al. 2016. Photo-cross-linked scaffold with kartogenin-encapsulated nanoparticles for cartilage regeneration. ACS Nano, 10(1): 1292-1299.

Shi W, Fang F, Kong Y F, et al. 2021. Dynamic hyaluronic acid hydrogel with covalent linked gelatin as an anti-oxidative bioink for cartilage tissue engineering. Biofabrication, 14(1): 014107.

Silva C R, Babo P S, Gulino M, et al. 2018. Injectable and tunable hyaluronic acid hydrogels releasing chemotactic and angiogenic growth factors for endodontic regeneration. Acta Biomaterialia, 77: 155-171.

Skalak R, Fox C F. 1988. Tissue engineering: proceedings of a workshop, held at Granlibakken, Lake Tahoe, California.New York: Liss.

Snyder T N, Madhavan K, Intrator M, et al. 2014. A fibrin/hyaluronic acid hydrogel for the delivery of mesenchymal stem cells and potential for articular cartilage repair. Journal of Biological Engineering, 8: 10-20.

Subramaniam S, Fang Y H, Sivasubramanian S, et al. 2016. Hydroxyapatite-calcium sulfate-hyaluronic acid composite encapsulated with collagenase as bone substitute for alveolar bone regeneration. Biomaterials, 74: 99-108.

Steel E M, Azar J Y, Sundararaghavan H G. 2020. Electrospun hyaluronic acid-carbon nanotube nanofibers for neural engineering. Materialia, 9: 100581.

Tan Y F, Ma L, Chen X Y, et al. 2022. Injectable hyaluronic acid/hydroxyapatite composite hydrogels as cell carriers for bone repair. International Journal of Biological Macromolecules, 216: 547-557.

Taz M, Makkar P, Imran K M, et al. 2019. Bone regeneration of multichannel biphasic calcium phosphate granules supplemented with hyaluronic acid. Materials Science and Engineering: C, 99: 1058-1066.

Townsend J M, Andrews B T, Feng Y, et al. 2018. Superior calvarial bone regeneration using pentenoate-functionalized hyaluronic acid hydrogels with devitalized tendon particles. Acta Biomaterialia, 71: 148-155.

Vignesh S , Sivashanmugam A, Annapoorna M, et al. 2018. Injectable deferoxamine nanoparticles loaded chitosan-hyaluronic acid coacervate hydrogel for therapeutic angiogenesis. Colloids and Surfaces B: Biointerfaces, 161: 129-138.

Wang L S, Lee F, Lim J, et al. 2014. Enzymatic conjugation of a bioactive peptide into an injectable hyaluronic acid–tyramine hydrogel system to promote the formation of functional vasculature. Acta Biomaterialia, 10(6): 2539-2550.

Wang M J, Chen F, Liu Q G, et al. 2018. Insulin-like growth factor 2 is a key mitogen driving liver repopulation in mice. Cell Death & Disease, 9(2): 26.

Wang N, Liu C, Wang X X, et al. 2019. Hyaluronic acid oligosaccharides improve myocardial function reconstruction and angiogenesis against myocardial infarction by regulation of macrophages. Theranostics, 9(7): 1980-1992.

Wang S P, Guan S, Wang J, et al. 2017. Fabrication and characterization of conductive poly (3,

4-ethylenedioxythiophene) doped with hyaluronic acid/poly(l-lactic acid)composite film for biomedical application. Journal of Bioscience and Bioengineering, 123(1): 116-125.

Wang Y J, Zhu W, Xiao K, et al. 2019. Self-healing and injectable hybrid hydrogel for bone regeneration of femoral head necrosis and defect. Biochemical and Biophysical Research Communications, 508(1): 25-30.

Wang Z J, Abdulla R, Parker B, et al. 2015. A simple and high-resolution stereolithography-based 3D bioprinting system using visible light crosslinkable bioinks. Biofabrication, 7(4): 045009.

Wu A T H, Aoki T, Sakoda M, et al. 2015. Enhancing osteogenic differentiation of MC3T3-E1 cells by immobilizing inorganic polyphosphate onto hyaluronic acid hydrogel. Biomacromolecules, 16(1): 166-173.

Wu S C, Chen C H, Wang J Y, et al. 2018. Hyaluronan size alters chondrogenesis of adipose-derived stem cells via the CD44/ERK/SOX-9 pathway. Acta Biomaterialia, 66: 224-237.

Xiang J, Sun J G, Hong J X, et al. 2015. T-style keratoprosthesis based on surface-modified poly (2-hydroxyethyl methacrylate) hydrogel for *Cornea* repairs. Materials Science and Engineering: C, 50: 274-285.

Xu W H, Wang Z Y, Liu Y, et al. 2018. Carboxymethyl chitosan/gelatin/hyaluronic acid blended-membranes as epithelia transplanting scaffold for corneal wound healing. Carbohydrate Polymers, 192: 240-250.

Xu H X, Zhang L X, Bao Y, et al. 2017. Preparation and characterization of injectable chitosan–hyaluronic acid hydrogels for nerve growth factor sustained release. Journal of Bioactive and Compatible Polymers, 32(2): 146-162.

Xu Z J, Liu G T, Liu P, et al. 2022. Hyaluronic acid-based glucose-responsive antioxidant hydrogel platform for enhanced diabetic wound repair. Acta Biomaterialia, 147: 147-157.

Yang J, Hsu C C, Cao T T, et al. 2023. A hyaluronic acid granular hydrogel nerve guidance conduit promotes regeneration and functional recovery of injured sciatic nerves in rats. Neural Regeneration Research, 18(3): 657-663.

Yuan J S, Maturavongsadit P, Metavarayuth K, et al. 2019. Enhanced bone defect repair by polymeric substitute fillers of multiarm polyethylene glycol-crosslinked hyaluronic acid hydrogels. Macromolecular Bioscience, 19(6): e1900021.

Zhang X, Xu B, Puperi D S, et al. 2015. Application of hydrogels in heart valve tissue engineering. Journal of Long-Term Effects of Medical Implants, 25(1-/2): 105-134.

Zheng Z, Guo Z, Zhong F M, et al. 2022. A dual crosslinked hydrogel-mediated integrated peptides and BMSC therapy for myocardial regeneration. Journal of Controlled Release, 347: 127-142.

Zhu D Q, Wang H Y, Trinh P, et al. 2017. Elastin-like protein-hyaluronic acid (ELP-HA) hydrogels with decoupled mechanical and biochemical cues for cartilage regeneration. Biomaterials, 127: 132-140.

第 15 章　透明质酸在肿瘤治疗中的隔离防护应用

透明质酸（hyaluronic acid，HA）是一种人体内源性的天然高分子材料，广泛应用于药品、医疗器械等领域，其临床安全性已得到广泛验证。HA 具备较高的可塑性，可通过调节其分子量或浓度等参数，获得不同特性（黏弹性等）的产品，从而实现不同场景的应用，如眼科手术、内镜黏膜下剥离术等。当作为隔离防护材料应用于肿瘤的放疗时，天然 HA 的机械性能较差、抗酶解性能和抗辐射性能相对较弱等缺陷一定程度上限制了其应用，但通过对天然 HA 进行结构修饰，可制备出机械性能优良、抗酶解和抗辐射能力较强的交联 HA 凝胶类产品，是一种有效的解决方案。目前，已有大量关于 HA 凝胶在肿瘤治疗中的应用研究报道，应用范围包括肿瘤放疗中的隔离防护、内镜手术中的隔离保护、射频消融术中的隔离保护等。多款 HA 凝胶产品正处于开发阶段或已应用于一线临床治疗，获得较好的临床反馈。

15.1　概　　述

目前，恶性肿瘤的治疗主要采用放射治疗、手术治疗和化学治疗三种治疗方式。放射治疗简称“放疗”，是用各种放射线（包括 α、β、γ 射线，以及 X 射线、高能粒子射线等）的生物学效应破坏细胞、抑制其生长并造成细胞死亡的治疗方法，是目前常用的治疗手段之一。手术治疗里的内镜手术和射频消融术也是某些特定部位肿瘤的常用治疗方法。

放射治疗主要分为近距离放射治疗（brachytherapy）和外放射治疗（external beam radiation therapy，EBRT）两种形式。相关研究表明，针对肿瘤靶区提供更高剂量的照射，可显著提高肿瘤的局部控制率，但由于肿瘤靶区与相邻组织距离较近，正常组织的剂量依赖性放射性损伤限制了剂量的提高，若超出其耐受量范围，可能发生剂量相关性毒性反应及并发症，严重降低患者的生存质量。因此，部分研究人员提出“间隔物”（spacer）的概念，即在肿瘤照射靶区和危及器官（organ at risk，OAR）之间建立隔离屏障，增加两者之间的空间距离，使 OAR 远离高剂量区，以降低放射副反应及并发症的发生率。例如，Tamamoto 等（1996）提出使用丙烯酸树脂作为间隔物，以减少在进行舌癌的近距离放疗时下颚所接受的辐射剂量。但早期使用的隔离类材料存在着生物相容性差、操作复杂等诸多缺陷，这直接促使人们寻找更加合适的替代材料。HA 是人体内本身具有的内源性物质，无毒、无免疫原性、无刺激性，且生物相容性好，临床应用有效性及安全性已得到广泛认可，将 HA 产品辅助用于各类肿瘤治疗手术，可扩大其临床应用及研究领域，也可为将来用于其他研究方向提供借鉴。

本文将对 HA 在不同种类肿瘤放疗、内镜手术及射频消融术中的应用等进行介绍。

15.2 透明质酸隔离凝胶在肿瘤放疗中的应用

15.2.1 透明质酸隔离凝胶在前列腺癌放疗中的应用

前列腺癌是男性常见的恶性肿瘤疾病之一，根据国际癌症研究机构（International Agency for Research on Cancer，IARC）发表的全球癌症统计报告（2022 版），2022 年全球前列腺癌新发病例 1 466 680 例，发病率仅次于肺癌、乳腺癌、直肠癌，死亡病例 396 792 人，死亡率位居所有癌症第 8 位（Bray et al.，2024）。根据国家癌症中心（National Cancer Center，NCC）发布的中国恶性肿瘤疾病统计数据，2022 年，全国前列腺癌新发病例 13.42 万人/482.47 万，死亡病例 4.75 万人，发病率与死亡率均呈上升趋势（Zheng et al.，2024）。目前，前列腺癌常规治疗方法为前列腺切除术（根治术）和放射治疗等，为了在放射治疗中获得最佳治疗结果，前列腺病灶区域需接受足够的照射剂量。由于大部分癌症病灶（74%）主要位于前列腺的外周区域，紧邻直肠，在放疗时直肠不可避免地受到射线的影响，若接受剂量超出其耐受范围，便产生放射性肠炎等毒副反应，严重影响治疗患者的预后（Heikkilä，2015）。Heemsbergen 等（2020）研究发现，前列腺癌放疗时所采取的大分割或常规分割治疗方案，与患者后期出现胃肠道毒性反应之间存在显著的局部剂量-效应关系，即接受低分割治疗的患者，其排便频率增加和患直肠出血的风险更高，且该趋势在中高剂量放射治疗时表现更加明显。随着放疗技术的进步，图像引导放疗（image-guided radiation therapy，IGRT）和调强放射治疗（intensity-modulated radiotherapy，IMRT）等精准放疗技术可通过精确定位病变区域，对病变区域提供足够的放射剂量，但仍需采取措施来降低产生放射性直肠损伤的风险，因此需要在前列腺和直肠之间放置间隔物，增加两者的空间距离，从而减少直肠受照剂量（图 15-1）。目前已开发出可变形球囊（Jones et al.，2017）、人胶原（Cymetra™）（Pinkawa，2014）、聚乙二醇凝胶（SpaceOAR™ system）（Uhl et al.，2014）、交联 HA 凝胶等多种产品。

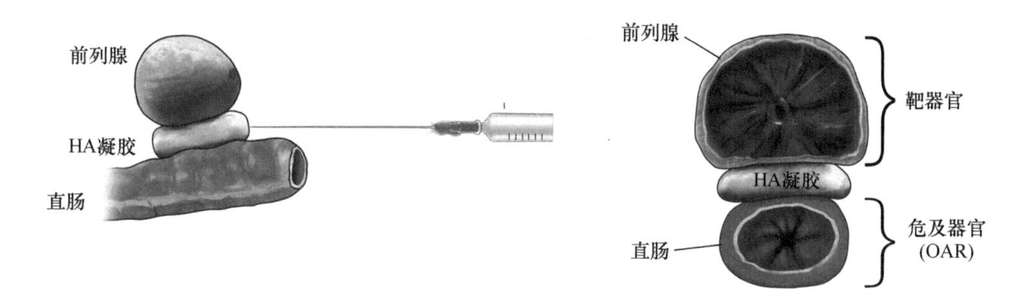

图 15-1　前列腺癌放疗中 HA 凝胶作用原理示意图

交联 HA 凝胶产品以其良好的生物相容性和生物可降解性等诸多优势，广泛应用于临床。2007 年，Prada 等首次报道了在肿瘤治疗中注射 HA 的研究，将交联 HA 凝胶注射至直肠周围脂肪中以增加前列腺和直肠之间距离，降低直肠受照剂量。研究发现，注射交联 HA 凝胶后，直肠和前列腺之间的平均距离为 2.0 cm，直肠的最大受照剂量从 708 cGy 降至 507 cGy（$P<0.001$），直肠平均受照剂量从 608 cGy 降至 442 cGy（$P<0.001$），且凝胶稳定保持了近 1 年，质量和形状未发生改变。2022 年，Prada 研究发现，在前列腺癌的近距离放射治疗中，注射 HA 凝胶至前列腺和神经血管束之间，同样可有效减少神经血管束吸收的放射剂量，降低其毒性反应。近年来，越来越多的研究认可 HA 凝胶的可行性和有效性，例如，Kashihara 等（2024）以需接受大剂量近距离放射治疗的前列腺癌患者为试验对象，对比水凝胶垫片和 HA 凝胶在减少直肠受照剂量的效果，测试后发现，HA 凝胶在扩展空间及减少直肠受照剂量的效果方面明显优于水凝胶垫片，其应用前景更为广阔。目前，国外已有多款交联 HA 产品用于前列腺癌放疗的隔离防护研究。

Hylaform®（Genzyme Corporation，Cambridge，MA）是美国 Genzyme 公司开发的一类交联 HA 凝胶，所使用的交联剂为二乙烯基砜（divinyl sulfone，DVS）。Wilder 等（2011）对 Hylaform®在前列腺癌放疗中的防护作用进行研究，该研究共纳入 35 例早期前列腺癌患者先后接受高剂量率近距离放疗（2200 cGy）和调强放疗（5040 cGy），其中 30 例患者在接受放疗前，在前列腺和直肠之间注射 9 mL Hylaform®，HA 凝胶使前列腺和直肠之间的距离增加了 6～19 mm（中间值，13 mm）；其余 5 例患者作为对照（未注入 Hylaform®）。实验结果表明，Hylaform®

增加了前列腺癌放疗前后的直肠分离度，降低了直肠在放疗时的平均受照剂量，从而改善了接受放疗的前列腺癌患者的胃肠道相关急性不良反应率。Tokita 等（2009）同样对接受高剂量率近距离放疗（2200 cGy）联合调强放射治疗（5040 cGy）的 10 名患者进行了相关研究，通过将 9 mL Hylaform®注入前列腺癌患者的直肠周围脂肪，使直肠和前列腺之间的间隔距离保持在 8～18 mm。结果显示，在放疗开始和中位随访 3 个月后，Hylaform®的平均厚度分别为（13±3）mm 和（10±4）mm；在调强放射治疗开始时，处理组患者每日平均直肠接受剂量为（73±13）cGy，对照组则为（106±20）cGy，表明通过注入 Hylaform™ 降低了直肠的平均受照剂量，使得放射治疗后的急性直肠损伤发生率显著降低。

Macrolane™是瑞典 Q-Med 公司开发的交联 HA 凝胶产品，该产品以 1,4-丁二醇二缩水甘油醚（1,4-butanediol diglycidyl ether，BDDE）作为交联剂，采用了专利 NASHA（non-animal stabilized hyaluronic acid）交联技术，HA 含量为 20 mg/mL，有 10 mL 和 20 mL 两种规格。Björeland 等（2023）进行了一项关于 Macrolane™ VRF 30 凝胶的研究，该研究共纳入了 81 名低、中危前列腺癌患者，在直肠腹壁和前列腺的 Denonvilliers 筋膜（狄氏筋膜）之间注射约 15 mL Macrolane™ VRF 30，考察了其对直肠受照剂量、凝胶稳定性、长期胃肠道和泌尿生殖系统毒性等方面的影响。采用磁共振成像（magnetic resonance imaging，MRI）对注射前和注射后，放射治疗期间和放射治疗结束后的 HA 凝胶厚度进行了评估。根据美国肿瘤放射治疗协作组织（Radiation Therapy Oncology Group，RTOG）急性放射性损伤量表对胃肠道和泌尿生殖系统毒性进行长达 5 年的随访评估，结果显示，注射凝胶之后，放射治疗中间和结束时的直肠受照射体积 V70%（54.6 Gy）和 V90%（70.2 Gy）均比未注射 HA 凝胶的患者显著降低，凝胶厚度分别减少了 28%和 32%，毒性反应发生率明显降低，表明 Macrolane™ VRF 30 降低了直肠受照射剂量和长期毒性。

Udrescu 等（2012）研究了在直肠和前列腺之间注射 HA 凝胶（NASHA Spacer gel，Q-Med AB，Uppsala，Sweden）对立体定向放射治疗（stereotactic radiotherapy，SRT）中减少直肠壁剂量的作用，结果表明，HA 凝胶组比对照组在直肠壁受照剂量显著降低，辐射剂量从 6.5 Gy 增加到 8.5 Gy，直肠壁的受照剂量并未增加。Chapet 等（2013）研究发现，在直肠与前列腺间注射 HA 凝胶可有效降低大分割放射治疗时直肠壁所接受的剂量。Boissier 等（2017）研究发现，通过在直肠和前列腺之间经会阴注射 10 mL Macrolane™，可有效减少前列腺癌 EBRT 术后的直肠毒性。

Barrigel®（Palette Life Sciences，Santa Barbara，CA）是一款以 HA 为主成分

制备的隔离凝胶，同样以 BDDE 作为交联剂，采用了专利的 NASHA 交联技术，于 2022 年 5 月获得美国 FDA 批准，并已在澳大利亚和欧盟上市。Barrigel®用于放射治疗前列腺癌时，临时将直肠前壁与前列腺分开，增加前直肠与前列腺之间距离，从而减少直肠前壁的受照剂量。在一项临床研究中（Williams et al.，2022），102 例临床分期为 T1c-3b 的前列腺癌患者在 EBRT 术之前插入基准标记物并在直肠周围间隙注射 Barrigel®，基于用户体验评估 Barrigel®的安全性、对称性、隔离性和可用性。结果显示，HA 凝胶植入的成功率为 100%，术后无并发症。所有患者的直肠与前列腺基底、中腺和尖端的平均间距分别为（12±2）mm、（11±2）mm 和（9±1）mm。基准标记物平均矢状长度为（43±5）mm，98%病例中植入的基准标记物被评定为对称状态。结果表明，注射 HA 隔离凝胶能够实现高度对称的直肠-前列腺分离，HA 隔离凝胶安全、易于使用。另外，在一项多中心、单盲法的随机前瞻性临床试验中（Mariados et al.，2023），共 201 名患者在美国、澳大利亚和西班牙的 12 个试验点入组。患者以 2∶1 的比例被随机分配接受 HA 隔离凝胶 Barrigel®加基准标记物（试验组）或只加基准标记物（对照组）后进行放疗。主要疗效指标方面，试验组中超过 70%的患者接受 54 Gy（V54）治疗后直肠照射剂量可减少 25%或更多；次要疗效指标方面，与对照组相比，试验组可降低急性（3 个月内）2 级或更高级别的胃肠道毒性反应。试验结果表明，HA 隔离凝胶对直肠的间隔降低了直肠受照剂量，并减少了急性 2 级或更高级别的胃肠道毒性反应。

国内在肿瘤治疗中的隔离防护应用材料研究起步较晚，国产交联透明质酸隔离凝胶（华熙生物）目前正在进行临床试验。临床备案信息显示，2021 年，华熙生物申办了一项可行性临床试验，评价交联透明质酸钠隔离凝胶用于前列腺癌放疗中直肠防护的安全性和有效性，可行性临床试验结果显示，注射交联透明质酸钠隔离凝胶至狄氏筋膜可创造出足够的空间距离，在放疗期间凝胶可长期保持稳定状态，无明显的空间变化。直肠受照射体积（$V_{60\,Gy}$、$V_{50\,Gy}$、$V_{30\,Gy}$、$V_{20\,Gy}$）注射前后均值分别为 1.923%∶0.280%、10.255%∶3.172%、29.602%∶18.800%、49.452%∶40.259%，P 值均小于 0.005。放射治疗期间，所有患者均无 3～4 级不良反应发生，无腹泻、直肠出血、直肠炎、肛门疼痛等常见的 1～2 级直肠不良反应，且后期随访中，无直肠坏死等相关不良反应发生。放疗后 3 个月，可观察到凝胶体积缩小，部分凝胶已被机体吸收，表明交联透明质酸钠隔离凝胶可显著降低直肠受照剂量和预防不良反应的发生，具备较高的安全性和有效性（侯惠民等，2023）。该研究开创了国内此类研究的先河，也为此类产品应用于其他肿瘤的放疗防护、外科及介入治疗隔离防护奠定了基础。

15.2.2 透明质酸隔离凝胶在乳腺癌放疗中的应用

乳腺癌是女性中常见的恶性肿瘤疾病，根据不同的发病阶段，所采取的治疗手段不同。例如，前期病变时多数选择切除病变部位，临床上为彻底地消除癌细胞、杜绝后期复发的风险，会选择加速部分乳腺照射（accelerated partial breast irradiation，APBI）和全乳照射（whole breast irradiation，WBI）作为辅助治疗手段，两者区别在于 APBI 技术（如放射性粒子植入技术）可以在尽量减少对其他乳腺组织伤害的前提下，精准地对病变区域施加剂量，在肿瘤局部控制率和整体存活方面不逊于 WBI。但该技术仍存在一定的缺陷，即暴露于射线束范围内的皮肤经长时间照射后会出现毒性反应，如溃烂、出血等。Wazer 等（2006）提出在计划靶区（planning target volume，PTV）与皮肤之间填充间隔物使两者至少保持 5 mm 的距离，以减少皮肤受照剂量。Struik 等（2018）采用新鲜乳腺切除标本作为实体模型，对比注射交联 HA 凝胶 Barrigel®和 PEG 水凝胶至皮下区域来降低皮肤受照剂量的效果，注射剂量均为 0.2cc，以高剂量皮肤区域的间隔物厚度为 5 mm 作为注射成功的标准，研究发现，Barrigel®和 PEG 水凝胶注射成功率为 100%，PEG 水凝胶处理组的受照剂量（$D_{0.2cc}$）平均值为 80.8 Gy（标准差=13.4 Gy），注射 Barrigel®组的受照剂量（$D_{0.2cc}$）平均值则为 53.7 Gy（标准差=11.2 Gy），呈明显的下降趋势（$P<0.001$）。在另一项双盲、单中心、随机对照试验中（Struik et al.，2018），测试了注射 4～10cc Barrigel®或 Restylane® SubQ 对减轻永久性乳房粒子植入患者皮肤毒性的影响，主要评估毛细血管扩张发生率，结果显示，毛细血管扩张的发生率由早期的 22.4%降低至 7.7%。两项研究均表明，注射 HA 凝胶可有效减少在低剂量放射性粒子近距离放疗中皮肤所受的毒性伤害。

15.2.3 透明质酸隔离凝胶在子宫癌放疗中的应用

子宫癌分为宫颈癌和子宫内膜癌（宫体癌），宫颈癌发病率高于宫体癌。手术后阴道残端复发（vaginal stump recurrence，VSR）在子宫癌中较为常见。由于子宫切除术后的残端肿瘤通常被放射敏感器官（如直肠、乙状结肠和/或小肠）紧密包围，因此安全辐射剂量有限。对于体积小的 VSR，可以通过近距离放射治疗；但是对于体积大的 VSR（>4 cm），只能通过手术治疗。修饰 HA 凝胶的出现，为高剂量近距离放射治疗（high-dose radiation brachytherapy，HDRBT）提供了安全距离，打破了只能通过手术治疗体积大的 VSR 的局面。近距离放射治疗期间，在局部麻醉下，通过经皮会阴旁路将 HA 凝胶注射到直肠旁间隙，将 OAR（直肠和乙状结肠）与靶器官分离，既能保证放射剂量，又能保护 OAR。

Kishi 等（2012）将 HA 凝胶（HA 分子量 3400 kDa）用于一例子宫癌残端复发患者近距离放射治疗时的隔离防护。患者 VSR 最大直径约为 8cm，由于肠管堵塞引起腹痛和便秘。在 50 Gy 的外放射治疗中，医生使用 HA 凝胶隔离后进行近距离放射治疗，靶区接受的照射剂量为 14.5 Gy。HA 凝胶注射过程在 30 min 内完成，没有出现并发症。凝胶的注射降低了直肠和乙状结肠的受照射剂量。术后 3 年多，局部残端肿瘤已经完全消失，没有任何并发症。研究证明，直肠旁凝胶注射近距离治疗是根除大体积 VSR 的有效选择。Murakami 等（2019）研究将 HA 凝胶注射至膀胱阴道隔膜（vesicovaginal septum，VVS）处，以减少在使用近距离放射治疗宫颈癌时膀胱所接受的放射剂量，研究结果表明，与对照组（未注射 HA 凝胶）相比，注射组膀胱所接受的剂量显著减少，且没有出现出血、血尿、膀胱壁损伤，或需要住院治疗的尿道损伤等副作用。同时，Murakami 等（2020）还研究了在直肠阴道间隔注射 HA 凝胶以降低妇科恶性肿瘤（宫颈癌、子宫体癌等）近距离放疗中直肠出血的发生率，结果显示，与对照组相比，注射组患者直肠出血的发生率在统计学上显著降低（13.3% vs 49.1%），且无其他相关的不良事件。Kashihara 等（2019）的研究与上述研究相似，在对 36 例接受高剂量近距离放疗的宫颈癌患者使用 HA 凝胶后发现，显著降低了直肠的最大受照剂量，且耐受性较好，中位随访 220 天（范围 18～1046 天）时没有出现急性或晚期不良事件，其中 15 例接受近距离放疗作为根治性治疗的宫颈癌患者中，有 14 名患者接受注射 HA 凝胶后可以增加放疗疗程总数和总放疗剂量。在另一项研究中，Muramoto 等（2023）使用主成分为 0.4% HA 的 MucoUp®（Boston Scientific，Marlborough，MA，USA）作为宫颈癌近距离放疗中的间隔物，探讨该产品在降低危及器官剂量的防护作用，5 例局部晚期宫颈癌患者使用了该产品，在注射该产品后可直接将 90% 的高风险临床目标体积（clinical target volume，CTV）剂量增加到 80 Gy 以上，显著降低了危及器官的受照剂量，且未观察到相关的不良事件。该项研究的缺陷在于纳入样本量太少，无法进行有效的统计学分析，但可为临床试验研究提供参考。

15.2.4　透明质酸隔离凝胶在横纹肌肉瘤放疗中的应用

横纹肌肉瘤（rhabdomyosarcoma，RMS）是起源于横纹肌细胞或向横纹肌细胞分化的间叶细胞的一种恶性肿瘤，是儿童软组织肉瘤中最常见的一种，多发于10岁以下的儿童，具有恶性程度高、易转移、治疗困难等特点，治疗手段主要包括手术、化疗和放疗，其中，放射治疗是治疗横纹肌肉瘤的一种非常有效的手段。区别于成年人，儿童身体耐受性相对较弱，剂量过大及强度过高的放射治疗导致的放射性损伤更为严重，因此，选择填充安全性较高的隔离材料来对危及器官进行保护是一类重要的策略。Arceo-Olaiz 等（2023）首次报道在儿童膀胱/前列腺RMS放射治疗中注射1mL HA凝胶（Barrigel®，Palette Life Sciences，Santa Barbara，CA）至直肠与前列腺之间，以减少直肠在放疗期间可能产生的放射性损伤，在治疗结束后7个月的随访中未出现任何与辐射性直肠损伤相关的表现，表明注射HA凝胶是安全有效的。

15.2.5 透明质酸隔离凝胶在其他癌症放疗中的应用

2017年，我国开展了首例交联透明质酸凝胶（华熙生物）用于肿瘤（类别）隔离的临床研究（袁苑等，2017），通过皮下注射交联HA以降低^{125}I粒子植入术后皮肤剂量。研究人员于患者的右侧腹壁转移瘤处植入^{125}I粒子，并在腹部皮肤与瘤体之间的皮下组织处注射交联HA凝胶3 mL，注射后最厚处为0.6 cm。术后剂量验证透明质酸注射前靶区D90为159.8 Gy，V100为96.3%，V150为73.2%，V200为48.8%，皮肤最大受量为132.95 Gy，平均剂量为16.4 Gy；注射后靶区D90为165.2 Gy，V100为96.7%，V150为71.8%，V200为45.1%，皮肤最大受量为65.3 Gy，平均剂量为11.8Gy。本例患者选择通过局部注入交联HA凝胶增加皮肤与肿瘤间距离。对比注入前后剂量验证结果，可以看到注射交联HA凝胶后在未降低瘤体内剂量情况下，皮肤最大受量降低了67.65 Gy（50.9%）。患者无疼痛及不适感，注射过程耗时短，耐受性良好。

该研究人员进行的另一项研究评估了交联HA凝胶（华熙生物）在低剂量率（low dose rate，LDR）近距离放射治疗中增加皮肤与放射源距离、减少皮肤剂量的可行性（Yuan et al.，2019）。试验共纳入11例真皮下恶性肿瘤患者（其中，肺癌5例，胃癌1例，间皮瘤1例，淋巴瘤2例，黑色素瘤1例，未知癌症1例），在对皮下肿瘤进行^{125}I粒子植入后，在真皮下注入交联HA凝胶，注入后可使放射源和皮肤之间平均增加1 cm的间隔距离，植入交联HA凝胶后皮肤的受照剂量明显降低（图15-2）。研究认为在LDR近距离放射治疗皮下恶性肿瘤时，采用交联HA凝胶对邻近皮肤组织进行隔离防护是安全有效的。

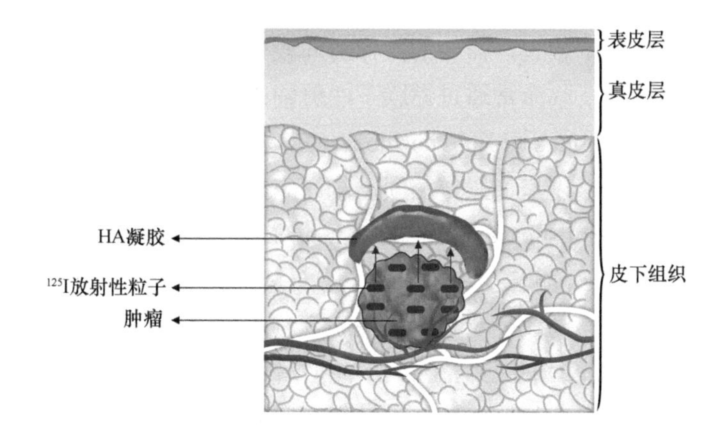

图 15-2　HA 凝胶在放射性粒子治疗皮下恶性肿瘤中的隔离防护示意图

15.3　透明质酸隔离凝胶在内镜手术中的应用

内镜黏膜下剥离术（endoscopic submucosal dissection，ESD）是一类在内镜黏膜切除术（endoscopic mucosal resection，EMR）基础上发展而来的、用内镜电刀将黏膜病变从病灶上切除的微创手术。相较于 EMR 技术，ESD 技术适用的黏膜病变范围较大（＞2 cm 以上），多用于早期消化道肿瘤、息肉和其他黏膜病变的根治（Nishizawa and Yahagi，2017），临床操作过程包括识别病灶、标记病灶、黏膜下注射 ESD 辅助剂、黏膜切开及黏膜下层剥离等步骤（图 15-3）。相比传统外科手术，ESD 手术具有创伤小、并发症少、术后恢复快等优点；然而，ESD 手

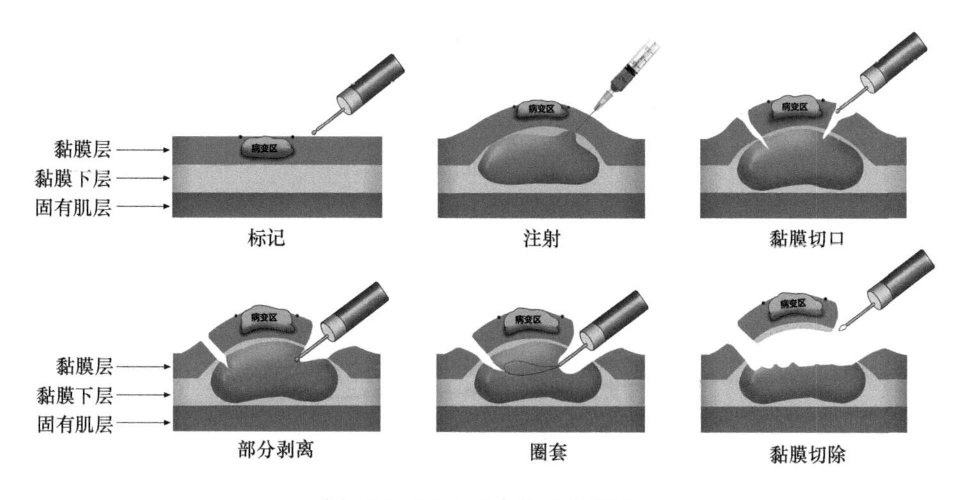

图 15-3　ESD 手术的操作步骤

术切除的黏膜病变范围较大，需要的操作时间较长，治疗过程中出现穿孔、出血等并发症的概率较高，临床常通过黏膜下注射辅助剂在病灶和固有肌层中间形成黏膜下液体垫层（submucosal fluid cushion，SFC），将病灶从肌肉层充分抬起，并维持足够的隆起时间，以增加操作空间，从而完整切除病灶，保护固有肌层免受热损伤和机械损伤（Fujishiro et al.，2004），同时还可根据病灶能否有效抬举判断肿瘤病灶是否存在深部浸润。

临床实践发现，不同成分及材料的辅助剂对术后护理、恢复均产生不同程度的影响。理想的 ESD 辅助剂应具备黏膜下注射后隆起维持时间长、隆起厚度足够、安全性高、易于保存及注射等优势。近年来，研究人员致力于开发性能优良的黏膜下注射材料（submucosal injection material，SIM），现已开发使用如生理盐水、葡萄糖溶液、甘油果糖、HA 及纤维蛋白原等单成分材料，以及聚乳酸-乙醇酸、聚乙二醇等复合材料（Polymeros et al.，2010）。上述黏膜下注射剂各有优劣，适用部位及应用方式均存在一定的差别（表 15-1）（何牧野等，2021），因此，基于

表 15-1　不同 SIM 材料的特性比较

材料	应用部位	特点	安全性	隆起效果
0.9% NaCl	胃、食管等	安全性高、价格低廉等，但易从注射部位渗漏或被吸收，从而导致隆起高度降低和隆起时间短，特殊情况下需要重复注射	安全	一般
0.4%透明质酸钠溶液	胃、食管、结直肠	隆起效果好，整体切除率高，应用广泛，生物相容性高	安全	好
纤维蛋白胶	胃	维持时间久，隆起高度足够，在手术过程中一般不需要额外注射；但该材料属于血液衍生类产品，可能存在传染疾病风险（Takao et al.，2021）	一般	好
羧甲基壳聚糖水凝胶	胃	止血性能好，具有良好的成膜和黏附性能，高度的生物相容性，抗菌和止血性能优异（Huang et al.，2024）	安全	好
泊洛沙姆 188-Eleview®	胃、食管、结肠	热敏材料，可降低注射压力，形成持久隆起，但其固化过程不易控制，注射后产生气泡无法形成清晰视野（Giannino et al.，2020）	安全	好
0.6%海藻酸盐	胃、食管	术中止血效果好，视野清晰，价格低廉，安全性高，隆起较高，整体切除率高（ Nakamura et al.，2024）	安全	好
羧甲基淀粉钠-EndoClot®SIS	胃	可产生足够的隆起高度和隆起时间，止血性能好，创造清晰的边缘，不会出现出血和穿孔等并发症（Dai et al.，2019）	安全	好

现有材料存在的问题，寻找和开发新的 SIM 对 ESD 手术的安全性和有效性有重要意义。

HA 作为一种存在于人体结缔组织中的天然多糖类物质，其优异的保水特性和生物相容性使其成为理想的黏膜下注射材料，将不同浓度（0.13%～1%）的 HA 制备成黏膜下注射液注射至黏膜下层形成黏膜隆起，隔离病灶与肌层，有利于完整地切除病灶而不损伤固有肌层，减少穿孔等并发症的发生，能产生更明显和维持时间更长的黏膜隆起。早在 1999 年，Yamamoto 等考察了生理盐水及 1.0%透明质酸钠溶液作为 EMR 手术辅助剂的效果，结果显示，与生理盐水相比，注射 HA 溶液后黏膜隆起高度及维持时间均更为优异，隆起边缘更清晰，且未出现大穿孔和出血症状。2012 年，Yoshida 等使用 0.13% HA 溶液进行重复试验，与 Yamamoto 等（2012）的研究结论保持一致。Fujishiro 等（2004）将生理盐水、3.75% NaCl、20%葡萄糖溶液、10%甘油（含 5%果糖和 0.9% NaCl）、两种浓度 HA 溶液（0.25% 和 0.5%）等注射至猪胃黏膜下层，模仿 EMR 手术环境，对比以上材料作为辅助手术剂的效果，结果显示，两种浓度的 HA 溶液所产生的隆起高度和维持时间均显著优于其他材料。 Kim 等（2013）对 HA 溶液用于黏膜下注射的安全性和有效性进行了研究。76 例胃癌患者在 ESD 中被随机注射 0.4% HA 溶液（EndoMucoUp®，BMI Korea，Co.，Ltd）或生理盐水，通过整块切除和额外注射次数来评估疗效，次要指标包括隆起高度、出血率、手术时间等，并统计手术中的不良事件。实验结果显示，注射 HA 组的有效率显著高于对照组（90.91% vs 61.11%，P=0.0041），两组均未出现与黏膜下注射有关的不良事件。Aliaga Ramos 等（2020）以 0.4%的 HA 无菌滴眼液（Adaptis Fresh®，Legrand Laboratory，Brazil）作为 SIM 进行一项单中心回顾性研究，该研究共纳入 78 例胃癌患者，使用 0.4% HA 溶液进行黏膜下注射，并对病变部位切除率、手术时间、不良事件等指标进行统计分析，结果表明，用 HA 溶液进行黏膜下注射是安全的，并能在胃部 ESD 手术中提供有效的黏膜下缓冲，以促进黏膜剥离。

0.4%透明质酸钠黏膜下注射溶液被广泛应用于 ESD 手术，现已有几款产品获批上市，如 MucoUp®（Boston Scientific，Marlborough，MA，USA）和 Ksmart®（Olympus，Tokyo，Japan），两者 HA 浓度相同，均为 0.4%，其他成分包括 NaCl、NaH_2PO_4 和 $Na_2HPO_4 \cdot 12H_2O$，但两者 HA 分子量不同，因此黏度存在差异。Hirose 等（2021）对两类产品进行对比研究，发现产品黏度与性能呈正相关，通过检测黏度、黏膜下隆起高度和注射压力，发现 Ksmart®黏度更高并产生了更高的黏膜隆起，更方便手术操作，因此具有比 MucoUp®更好的黏膜下注射效果。

HA 作为 ESD 辅助剂完全满足了理想辅助剂应具有的特点：满足手术要求的支撑性，可以使病灶隆起理想的高度；隆起时间持久，可维持至手术结束；无毒性，不引起组织及病灶的损伤，不影响术后病理学诊断；不出现穿孔、出血等症状，简化手术过程，缩短手术时间。

15.4 透明质酸隔离凝胶在消融手术中的应用

15.4.1 射频消融术中的应用

近年来，射频消融术（radiofrequency ablation，RF）以其低痛、微创、术后并发症少等优势，广泛用于甲状腺、乳腺、肝脏和前列腺等器官的恶性肿瘤治疗。借助于超声或计算机体层扫描（computed tomography，CT）等影像技术定位引导电极针直接插入肿瘤内，通过射频能量使病灶局部组织产生高温，利用热产生的生物学效应，使肿瘤细胞在高温作用下出现蛋白质固化等不可逆损伤，从而导致肿瘤细胞的凋亡。然而，热消融产生的局部高温可能会对 OAR 邻近组织产生热损伤，为减少并发症的发生，临床上常采用 0.9%生理盐水等作为隔离剂，在肿瘤与邻近组织间建立“隔离区”，增大治疗组织与周围组织的间隙，以达到必要的操作间距。HA 凝胶具备高度黏稠的特性，它可以留在注射部位，从而实现肿瘤与 OAR 的精确分离。目前，HA 在 RF 手术中的应用研究案例相对较少，其中，Hasegawa 等（2013）评估了注射 HA 凝胶在肝脏肿瘤 RF 术过程中分离胃肠道与肿瘤的安全性、可行性和临床实用性。通过在肿瘤与胃肠道之间注射 HA 凝胶和造影剂[体积（26.4±14.5）mL；范围 10～60 mL]的混合物后，使每个肿瘤与胃肠道分离 1.0～1.5 cm，随后对患者进行 RF 手术，结果显示，所有的促瘤生长（tumor enhancement）均已消失，没有任何并发症，表明注射 HA 凝胶是一种安全有效的技术，可以避免肝脏 RF 过程中对邻近胃肠道的热损伤。截止到目前，并未有任何相关的 HA 产品上市，还需进一步的研究。

15.4.2 冷冻消融术中的应用

不同于射频消融术采用热生物学效应破坏肿瘤细胞的作用原理，冷冻消融则是采用低温技术冷冻病变组织从而达到原位灭活实体组织的一类方法。在影像引导下精准定位肿瘤位置后，通过探针将液氮或氟等制冷剂注射至作用部位，使肿瘤组织快速降温至极低温度，而后快速复温，剧烈温差可导致肿瘤细胞脱水、破裂或死亡。在临床实践中，为避免靶器官周边组织冻伤，通常会采取多种措施来进行保护性治疗，例如，冷冻消融治疗前列腺肿瘤时，会注射生理盐水至病变区域和直肠之间（Lomas et al.，2020），或注射聚乙二醇（polyethylene glycol，PEG）水凝胶 SpaceOAR™（de Castro Abreu，2014）。而与 SpaceOAR™ 具备同样隔离作用的交联 HA 凝胶，目前也有相关应用研究。Lam 和 Ng（2023）以猪模型（腹部肌肉）进行研究，分别将 SpaceOAR™ 水凝胶和 Barrigel®注射至肌肉筋膜之间形成 10mm 的间隔空间，并在凝胶填充物的上下边缘放入冷冻探针，用温度传感器实时记录手术期间的温度变化，并观察间隔物和周围组织的外观状态。通过研究证明，使用 Barrigel®所测得的最低温度要远高于 SpaceOAR™ 水凝胶，且术后两种间隔物的外观状态和周围组织的浸润并未发生大的改变，但 Lam 和 Ng 认为 SpaceOAR™ 水凝胶在注射时需先进行水分离，且产品含水量较高，在体内成胶需要一定的时间，在接触低温时（≤0℃）其内部可能会产生冰晶，进而影响使用效果。因此，主成分为交联 HA 的 Barrigel®具备更好的使用效果。

（张　燕　崔志伟　刘建建）

参考文献

侯惠民, 朱铭远, 王淼, 等. 2023. 前列腺癌调强放疗中透明质酸钠的临床应用和安全性评价. 中华放射肿瘤学杂志, 32(11): 984-989.

何牧野, 王涵, 曲明悦, 等. 2021. 生物材料应用于内镜黏膜下注射液的研究进展. 组织工程与重建外科杂志, 17(2): 165-170.

袁苑, 张颖, 林琦, 等. 2017. ^{125}I 粒子植入术后应用透明质酸钠凝胶皮下注射保护皮肤 1 例. 山东大学学报(医学版), 55(11): 89-92.

Aliaga Ramos J, Arantes V, Abdul Rani R, et al. 2020. Off-label use of 0.4 % sodium hyaluronate teardrops: a safe and effective solution for submucosal injection in gastric endoscopic submucosal dissection. Endoscopy International Open, 8(12): E1741-E1747.

Arceo-Olaiz R, Smith E A, Stokes C, et al. 2023. Use of perirectal hyaluronic acid spacer prior to radiotherapy in a pediatric patient with bladder rhabdomyosarcoma: a case report. Urology, 181: 136-140.

Bray F, Laversanne M, Sung H, et al. 2024. Global cancer statistics 2022: GLOBOCAN estimates of incidence and mortality worldwide for 36 cancers in 185 countries. CA: a Cancer Journal for Clinicians, 74(3): 229-263.

Björeland U, Notstam K, Fransson P, et al. 2023. Hyaluronic acid spacer in prostate cancer radiotherapy: dosimetric effects, spacer stability and long-term toxicity and PRO in a phase II study. Radiation Oncology, 18(1): 1.

Boissier R, Udrescu C, Rebillard X, et al. 2017. Technique of injection of hyaluronic acid as a prostatic spacer and fiducials before hypofractionated external beam radiotherapy for prostate cancer. Urology, 99: 265-269.

Chapet O, Udrescu C, Devonec M, et al. 2013. Prostate hypofractionated radiation therapy: injection of hyaluronic acid to better preserve the rectal wall. International Journal of Radiation Oncology, Biology, Physics, 86(1): 72-76.

Chapet O, Udrescu C, Tanguy R, et al. 2014. Dosimetric implications of an injection of hyaluronic acid for preserving the rectal wall in prostate stereotactic body radiation therapy. International Journal of Radiation Oncology, Biology, Physics, 88(2): 425-432.

Dai M S, Hu K W, Wu W, et al. 2019. EndoClot®SIS polysaccharide injection as a submucosal fluid cushion for endoscopic mucosal therapies: results of *ex vivo* and *in vivo* studies. Digestive Diseases and Sciences, 64(10): 2955-2964.

De Castro Abreu A L, Ma Y L, Shoji S, et al. 2014. Denonvilliers' space expansion by transperineal injection of hydrogel: implications for focal therapy of prostate cancer. International Journal of Urology, 21(4): 416-418.

Fujishiro M, Yahagi N, Kashimura K, et al. 2004. Comparison of various submucosal injection solutions for maintaining mucosal elevation during endoscopic mucosal resection. Endoscopy, 36(7): 579-583.

Giannino V, Salandin L, Macelloni C, et al. 2020. Evaluation of eleview® bioadhesive properties and cushion-forming ability. Polymers, 12(2): 346.

Hasegawa T, Takaki H, Miyagi H, et al. 2013. Hyaluronic acid gel injection to prevent thermal injury of adjacent gastrointestinal tract during percutaneous liver radiofrequency ablation. Cardiovascular and Interventional Radiology, 36(4): 1144-1146.

Heemsbergen W D, Incrocci L, Pos F J, et al. 2020. Local dose effects for late gastrointestinal toxicity after hypofractionated and conventionally fractionated modern radiotherapy for prostate cancer in the HYPRO trial. Frontiers in Oncology, 10: 469.

Heikkilä V P. 2015. PEG spacer gel and adaptive planning vs single plan in external prostate radiotherapy—clinical dosimetry evaluation. The British Journal of Radiology, 88(1055): 20150421.

Hirose R, Yoshida T, Naito Y, et al. 2021. Differences between two sodium hyaluronate-based submucosal injection materials currently used in Japan based on viscosity analysis. Scientific Reports, 11(1): 5693.

Huang L Z, Jiang Y C, Zhang P C, et al. 2024. Injectable modified sodium alginate microspheres for enhanced operative efficiency and safety in endoscopic submucosal dissection. Biomacromolecules, 25(5): 2953-2964.

Jones R T, Hassan Rezaeian N, Desai N B, et al. 2017. Dosimetric comparison of rectal-sparing capabilities of rectal balloon vs injectable spacer gel in stereotactic body radiation therapy for prostate cancer: lessons learned from prospective trials. Medical Dosimetry, 42(4): 341-347.

Kashihara T, Murakami N, Tselis N, et al. 2019. Hyaluronate gel injection for rectum dose reduction in gynecologic high-dose-rate brachytherapy: initial Japanese experience. Journal of Radiation Research, 60(4): 501-508.

Kashihara T, Urago Y, Okamoto H, et al. 2024. A preliminary study on rectal dose reduction associated with hyaluronic acid implantation in brachytherapy for prostate cancer. Asian Journal of Urology, 11(2): 286-293.

Kim Y D, Lee J, Cho J Y, et al. 2013. Efficacy and safety of 0.4 percent sodium hyaluronate for endoscopic submucosal dissection of gastric neoplasms. World Journal of Gastroenterology, 19(20): 3069-3076.

Kishi K, Mabuchi Y, Sonomura T, et al. 2012. Eradicative brachytherapy with hyaluronate gel injection into pararectal space in treatment of bulky vaginal stump recurrence of uterine cancer. Journal of Radiation Research, 53(4): 601-607.

Lomas D J, Woodrum D A, McLaren R H, et al. 2020. Rectal wall saline displacement for improved margin during MRI-guided cryoablation of primary and recurrent prostate cancer. Abdominal Radiology, 45(4): 1155-1161.

Lam Y C, Ng C M. 2023. Expanding the usage of cryoablation as focal therapy for prostate tumour near the rectum. BJUI Compass, 5(3): 389-391.

Mariados N F, Orio P F 3rd, Schiffman Z, et al. 2023. Hyaluronic acid spacer for hypofractionated prostate radiation therapy: a randomized clinical trial. JAMA Oncology, 9(4): 511-518.

Murakami N, Nakamura S, Kashihara T, et al. 2020. Hyaluronic acid gel injection in rectovaginal septum reduced incidence of rectal bleeding in brachytherapy for gynecological malignancies. Brachytherapy, 19(2): 154-161.

Murakami N, Shima S, Kashihara T, et al. 2019. Hyaluronic gel injection into the vesicovaginal septum for high-dose-rate brachytherapy of uterine cervical cancer: an effective approach for bladder dose reduction. Journal of Contemporary Brachytherapy, 11(1): 1-7.

Muramoto Y, Murakami N, Karino T, et al. 2023. MucoUp® as a spacer in brachytherapy for uterine cervical cancer: a first-in-human experience. Clinical and Translational Radiation Oncology, 42: 100659.

Nakamura H, Morita R, Ito R, et al. 2024. Feasibility and safety of 0.6% sodium alginate in endoscopic submucosal dissection for colorectal neoplastic lesion: a pilot study. DEN Open, 4(1): e313.

Nishizawa T, Yahagi N. 2017. Endoscopic mucosal resection and endoscopic submucosal dissection: technique and new directions. Current Opinion in Gastroenterology, 33(5): 315-319.

Pinkawa M. 2014. Spacer application for prostate cancer radiation therapy. Future Oncology, 10(5): 851-864.

Polymeros D, Kotsalidis G, Triantafyllou K, et al. 2010. Comparative performance of novel solutions for submucosal injection in porcine stomachs: An ex vivo study. Digestive and Liver Disease, 42(3): 226-229.

Prada P J, Fernández J, Martinez A A, et al. 2007. Transperineal injection of hyaluronic acid in anterior perirectal fat to decrease rectal toxicity from radiation delivered with intensity modulated brachytherapy or EBRT for prostate cancer patients. International Journal of Radiation Oncology, Biology, Physics, 69(1): 95-102.

Prada P J, Ferri M, Cardenal J, et al. 2022. Intraoperative neurovascular bundle preservation with hyaluronic acid during radical brachytherapy for localized prostate cancer: technique and MicroMosfet *in vivo* dosimetry. Biomedicines, 10(5): 959.

Struik G M, Godart J, Verduijn G M, et al. 2018. A randomized controlled trial testing a hyaluronic acid spacer injection for skin toxicity reduction of brachytherapy accelerated partial breast irradiation (APBI): a study protocol. Trials, 19(1): 689.

Struik G M, Pignol J P, Kolkman-Deurloo I K, et al. 2019. Subcutaneous spacer injection to reduce skin toxicity in breast brachytherapy: a pilot study on mastectomy specimens. Brachytherapy, 18(2): 204-210.

Takao M, Takegawa Y, Takao T, et al. 2021. Fibrin glue: novel submucosal injection agent for endoscopic submucosal dissection. Endoscopy International Open, 9(3): E319-E323.

Tamamoto M, Fujita M, Yamamoto T, et al. 1996. Techniques for making spacers in interstitial brachytherapy for tongue cancer. The International Journal of Prosthodontics, 9(1): 95-98.

Tokita K M, Barme G A, Gilbert R F, et al. 2009. Cross-linked Hyaluronan Gel Reduces the Acute Rectal Toxicity of Radiotherapy for Prostate Cancer. International Journal of Radiation Oncology, Biology, Physics, 75(3): S107.

Udrescu C, Ruffion A, Sotton M P, et al. 2012. Pd-0278 injection of hyaluronic acid (ha) preserves the rectal wall in prostate stereotactic body radiation therapy(sbrt). Radiotherapy and Oncology, 103: S109-S110.

Uhl M, Herfarth K, Eble M J, et al. 2014. Absorbable hydrogel spacer use in men undergoing prostate cancer radiotherapy: 12 month toxicity and proctoscopy results of a prospective multicenter phase II trial. Radiation Oncology, 9: 96.

Wazer D E, Kaufman S, Cuttino L, et al. 2006. Accelerated partial breast irradiation: an analysis of variables associated with late toxicity and long-term cosmetic outcome after high-dose-rate interstitial brachytherapy. International Journal of Radiation Oncology, Biology, Physics, 64(2): 489-495.

Wilder R B, Barme G A, Gilbert R F, et al. 2011. Cross-linked hyaluronan gel improves the quality of life of prostate cancer patients undergoing radiotherapy. Brachytherapy, 10(1): 44-50.

Williams J, Mc Millan K, Bolton D, et al. 2022. Hyaluronic acid rectal spacer in EBRT: usability, safety and symmetry related to user experience. Journal of Medical Imaging and Radiation Sciences, 53(4): 640-647.

Yamamoto H, Yube T, Isoda N, et al. 1999. A novel method of endoscopic mucosal resection using sodium hyaluronate. Gastrointestinal Endoscopy, 50(2): 251-256.

Yoshida N, Naito Y, Inada Y, et al. 2012. Endoscopic mucosal resection with 0.13% hyaluronic acid solution for colorectal polyps less than 20 mm: a randomized controlled trial. Journal of Gastroenterology and Hepatology, 27(8): 1377-1383.

Yuan Y, Zhang Y, Dai J J, et al. 2019. Subdermal injection of hyaluronic acid to decrease skin toxicity from radiation delivered with low-dose-rate brachytherapy for cancer patients. Journal of Contemporary Brachytherapy, 11(1): 14-20.

Zheng R S, Chen R, Han B F, et al. 2024. Cancer incidence and mortality in China, 2022. Zhonghua Zhong Liu Za Zhi, 46(3): 221-231.

第 16 章　透明质酸在生殖医学和泌尿学领域的应用

16.1　概　　述

生殖医学是建立在妇产科学、男科学、胚胎学、遗传学、免疫学等多学科基础之上，研究人类生殖健康相关问题的一门新兴医学前沿学科。随着社会的快速发展，人们的生活节奏加快，生活和工作压力增大，人们普遍接受并实践晚婚晚育，加上环境污染等外部因素的影响，不孕不育症的发病率不断攀升。这极大地促进了辅助生殖技术（assisted reproductive technology，ART）的进步，也使生殖医学得到了快速发展。生殖医学关系着人类生活、生命质量以及后代的健康，其基础与转化研究尤为重要。而随着我国三孩生育政策的实施，以 ART 为代表的生殖医学技术也将迎来新的发展契机。作为生殖液、生殖细胞和生殖道黏膜的重要组成成分，透明质酸（hyaluronic acid，HA）在精子及卵子形成、受精、受精卵的输送和着床等多个过程中发挥着重要的作用，相关内容在第 4 章已进行了详述。含 HA 的诊断、筛选和医疗产品正在被应用于生殖医学及生殖保健等多个领域。

泌尿系统由肾脏、输尿管、膀胱和尿道组成。HA 主要被应用于尿路感染和膀胱炎的辅助治疗。另外，含 HA 的填充剂也被用于膀胱输尿管反流的填充治疗。以上治疗手段在实际应用中获得了较好的治疗效果。

16.2　辅助生殖技术

ART 是包括人工授精和体外受精-胚胎移植（*in vitro* fertilization and embryo transfer，IVF-ET）技术在内的、通过医学辅助手段使不孕不育夫妇成功妊娠的一系列技术的总称。体外受精-胚胎移植技术也就是大众熟知的“试管婴儿”技术，是目前治疗不孕不育最有效的生育辅助技术。该技术是从母体取出卵子，在体外与精子结合并孵育成前期胚胎后，再植入到母体子宫内继续发育并妊娠。在整个过程中，HA 被应用在多个关键节点技术中，发挥着重要的作用。

16.2.1 精子筛选

体外受精的成功很大程度上取决于高质量的精子和卵子，因此体外受精前，医生会对精液质量进行分析。为了进一步提高精子的质量，科学家们开发出了多种筛选精子的方法，精子-HA 结合试验就是其中之一。

成熟的精子表面表达多种可与 HA 特异性结合的蛋白质或酶，如 CD44（Bains et al.，2002）、透明质酸结合蛋白 1（hyaluronan binding protein-1，HABP1）（Ghosh et al.，2002）、透明质酸酶 PH-20（Sabeur et al.，1998）等，这些蛋白质或酶可与 HA 发生特异性的相互作用，从而对精子的活动性、正常生理活动及与卵细胞的亲和性等产生影响，这些都决定了精子能否与卵细胞有效融合，完成受精。因此，精子与 HA 的结合活性可以用于评价其质量（Huszar et al.，1990），也可用于筛选高质量的精子（Huszar et al.，2003）。Parmegiani 等（2010）采用 HA 结合法对精子进行筛选，筛选出的精子其 DNA 碎片指数、细胞形态和基因组完整性均显著优于未筛选之前，且受精率和受精卵质量均有显著改善。然而，科学家们对于 HA 结合筛选是否会影响受精和妊娠的成功还存在争议。一些临床研究认为，用 HA 结合法筛选精子更有利于排除畸形精子（Erberelli et al.，2017），可以显著提高受孕率和婴儿出生率（Worrilow et al.，2013）；而有的研究则认为，使用 HA 结合法筛选精子并不能显著提高婴儿出生率（Lepine et al.，2019）。

虽然在临床上发挥的作用尚有争议，但作为一种相对快速且易操作的精子筛选方法，HA 结合筛选法仍得到了应用，一些公司推出了商品化的试剂盒，如 PICSI® dish、SpermCatch™、SpermSlow™ 等；在国内，也有商品化的精子-HA 结合试验试剂盒上市。

16.2.2 体外胚胎培养

如第 4 章所述，在受精卵增殖并逐渐分化为胚胎的过程中，HA 发挥着重要的调控作用。因此，一些体外胚胎培养基中添加了 HA，目的在于促进受精卵的正常增殖和分化。例如，瑞典 Vitrolife 公司的 G5 PLUS 培养基组合，包括用于受精的 G-IVF PLUS 培养基、用于培养从受精后到 8 细胞阶段胚胎的 G1 PLUS 培养基，以及用于培养 8 细胞阶段到囊胚阶段胚胎的 G2 PLUS 培养基，其中 G1 PLUS 培养基和 G2 PLUS 培养基中就添加了 HA。Kleijkers 等（2015）研究发现，与用 HTF 培养基培养的胚胎相比，用 G5 PLUS 培养基组合培养的胚胎，其 DNA 复制、

G_1 - S 细胞周期调控和氧化磷酸化通路均上调。

16.2.3　胚胎移植

胚胎移植成功的关键之一在于囊胚侵入受孕者的子宫内膜滋养层并成功黏附在子宫内膜上。用模拟子宫内膜的黏性基质包裹囊胚，可以在移植过程中延长囊胚与子宫内膜的接触时间，增加二者发生融合的概率，是提高胚胎移植成功率的重要手段之一。科学家们为了实现这一目的，向胚胎移植液中添加生物大分子，以改变其黏性和组织亲和性。最初常被采用的是白蛋白。女性生殖道分泌物中白蛋白的含量很高，与子宫内膜的亲和性也比较高，且白蛋白能提高胚胎移植液的黏度，模拟正常的体液渗透压，有助于维持囊胚的正常状态（Leese，1988）。然而，由于生产方式的限制，白蛋白存在着生物变异和病毒污染的风险，这促使研究人员去寻找更安全的替代品。子宫内膜中 HA 的含量与受精卵的着床密切相关（Salamonsen et al.，2001）。在胚胎移植液中添加 HA，可增大溶液的黏性，从而保护溶液中的胚胎细胞，还可模拟子宫内膜环境，促进胚胎着床。Simon 等（2003）对比了含 HA 和白蛋白的胚胎移植液对受孕率的影响，共 80 例病例被纳入研究，每组各 40 例，结果表明两组的受孕率相当，这意味着 HA 可以替代白蛋白添加到胚胎移植液中。大量临床试验也证明了 HA 的有利作用。Tyler 等（2022）检索了 2021 年 3 月前发表的所有以评估不同干预措施对体外受精-胚胎移植的影响为目的的随机对照临床试验，并对这些研究进行了综述和 Meta 分析；该综述共纳入 188 项临床试验，涉及 38 种干预措施，其中有 9 项对比了胚胎移植过程中添加 HA 或无干预措施或添加安慰剂的情况；通过对这些临床研究的分析发现，与不干预或安慰剂相比，胚胎移植液中添加 HA 显著提高了临床妊娠率和活产率。

目前已有添加 HA 的胚胎移植相关产品上市，例如，瑞典 Vitrolife 公司推出的 EmbryoGlue®胚胎移植液含有高浓度 HA（0.5 g/L），该产品除了用作胚胎移植的介质，也可用于卵子和胚胎的冷冻保存。

16.3　阴道治疗及护理

绝经过渡期及绝经后期的女性雌激素和其他性激素分泌水平下降，引起生殖道萎缩、性功能障碍及泌尿道萎缩，症状表现主要包括外阴阴道萎缩、干涩、 烧灼、刺痛、瘙痒，以及性交后出血或裂伤、阴道分泌物异常及性欲减低、性交痛、性交困难、尿频、尿急、排尿困难、反复的下尿路感染、合并尿失禁等。这种疾病一般被称为萎缩性阴道炎或老年性阴道炎。2014 年，北美更年期学会（The North American Menopause Society，NAMS）和国际妇女性健康研究学会（International Society for the Study of Women's Sexual Health，ISSWSH）将此类疾病正式命名为绝经生殖泌尿综合征（genitourinary syndrome of menopause，GSM）（Portman et al.，2014），并替代了此前临床上广泛应用的“萎缩性阴道炎”和“老年性阴道炎”等术语。为了便于表述，本书中只采用研究人员报道时使用的命名。

国外研究表明，绝经后的女性中 GSM 的患病率在 50%以上，且随绝经时间延长，患病率逐渐上升（Palma et al.，2016），给患者生活带来极大困扰。目前，GSM 的主要治疗方法是激素替代疗法，但是服药过程中需要严格监控药物的不良反应。一些缓解症状的治疗手段，例如，外用阴道润滑剂和保湿剂，口服或外用益生菌、维生素 E 或植物雌激素，激光治疗，等等，能够改善患者的生活质量，因而也用于 GSM 的辅助治疗。

HA 作为一种天然的生物大分子物质，具有良好的水合和润滑特性，可以在干燥的黏膜表面形成水合层，起到保护黏膜、防止黏膜失水及润滑作用，故 HA 常被用作阴道润滑剂和保湿剂成分。大量临床研究也揭示了 HA 治疗 GSM 的有效性。Ekin 等（2011）对比了使用透明质酸阴道片和雌二醇阴道片治疗萎缩性阴道炎的功效，经过连续 8 周的使用，相比于未治疗前，两组患者的上皮萎缩和阴道 pH 均得到显著改善。Chen 等（2013）对比了阴道用透明质酸凝胶（Hyalofemme®）和雌三醇软膏（Ovestin®）的疗效，经过 30 天的使用后，二者均可改善阴道干燥，降低阴道 pH，且效果相当。Origoni 等（2016）研究了外阴局部使用含 HA 制剂（Justgin®）对绝经后外阴萎缩的改善情况，采用阴道健康指数（vaginal health index，VHI）和视觉模拟量表（visual analogic scale，VAS）对患者使用前后的症状进行调查，发现经过 8 周使用后，患者 VHI 显著提高，VAS 显著降低，表明患者的外阴萎缩显著改善。

罹患乳腺癌或子宫内膜癌、在接受化疗或抗激素治疗后痊愈的患者，绝经后更容易受到阴道干燥问题的困扰（Trinkaus et al.，2008）。对她们来说，服用雌激素是禁忌的，局部使用雌激素也存在风险，而 HA 可以安全有效地缓解症状。Carter 等（2021）进行了包含 101 名患者的临床研究，发现在使用 HA 阴道凝胶（Hyalo GYN®）12～14 周后，患者的阴道干燥症状和性功能得到显著改善，只是相对于其他女性，她们需要将使用频率增加到每周 3～5 次。Gold 等（2023）对比了阴道内激光治疗和含 HA 栓剂改善乳腺癌痊愈患者阴道干燥的效果，经过 3 个月的治疗后，两组患者的阴道健康指数评分均有显著提升，在泌尿生殖器萎缩、生活质量和性健康等方面的主观感受也均有显著改善，两组没有显著差异，表明二者都是有效的治疗手段。

目前国内外已上市的 HA 阴道保湿润滑类产品种类繁多，包括凝胶剂、洗剂、栓剂等。在国外，这些产品有的按照医疗器械管理，有的则是非器械类产品，表 16-1 仅列出部分医疗器械类产品。在国内，HA 用于阴道的护理产品一般为医用妇科凝胶、润滑液产品，通常按照二类医疗器械产品管理。表 16-2 列出部分已获得医疗器械注册证的产品。

表 16-1　国外部分医疗器械类阴道用含 HA 产品

产品名称	生产商	主要成分	用途/作用
Hyalofemme® Vaginal Hydrating Gel	Fidia Farmaceutici S.p.A.（意大利）	透明质酸苄酯、卡波姆、纯化水等	作为多种因素引起的阴道干燥的补充治疗
HyaloGYN® Vaginal Hydrating Gel	Fidia Farmaceutici S.p.A.（美国）	透明质酸苄酯、卡波姆、纯化水等	用于阴道保湿和润滑，可与避孕套一起使用
HyaloGYN® Vaginal Moisturizing Suppositories	Fidia Farmaceutici S.p.A.（美国）	透明质酸苄酯、乳酸、纯化水等	用于阴道保湿和润滑
Justgin®	Just Pharma s.r.l（意大利）	低分子量、低黏度的透明质酸钠	阴道黏膜保护制剂，保护阴道黏膜，有助于黏膜上皮细胞再生，可积极改善绝经后外阴阴道萎缩
GelFemme® Vaginal Gel	Novelty Technology Care（意大利）	依克多因、透明质酸等	用于保持阴道黏膜的自然水合、减轻阴道萎缩症状
Cicatridina® Ovuli Vaginali	Farma-Derma s.r.l（意大利）	透明质酸钠、积雪草、金盏花、芦荟提取物等	用于阴道黏膜萎缩和营养不良状况中修复过程的辅助治疗；有助于分娩后、妇科手术、化疗、电离辐射、雌激素缺乏导致的阴道干燥等疾病的愈合
Santes®	LO.LI.PHARMA（意大利）	透明质酸钠、维生素 E、维生素 A 等	治疗外阴阴道炎、宫颈卵巢炎，以及物理治疗后愈合的辅助治疗

除了用于疾病症状的缓解和辅助治疗，HA 也逐渐被应用于日常的私密护理产品中。2010 年左右，市面上开始出现 HA 作为润滑剂的成人用品，包括含 HA 人体润滑剂以及含有 HA 润滑剂成分的安全套产品，品牌包括冈本、杰士邦等。与其他润滑剂相比，透明质酸的保湿性和润滑性更好，使用感更佳，因而得到消费者认可。

表 16-2 国内已获批医疗器械类阴道用含 HA 产品

产品名称	生产商	主要成分	用途/作用
透明质酸钠润滑液	华熙生物科技（湘潭）有限公司	透明质酸钠、卡波姆、羟苯甲酯钠、羟苯丙酯钠、柠檬酸、丙二醇、三乙醇胺和纯化水	用于阴道的润滑，以及妇科检查时阴道扩张器的润滑
人体润滑剂	上海名流卫生用品股份有限公司	纯水、丙二醇 、甘油、透明质酸钠、尼泊金甲酯、重氮烷基咪唑脲、羟乙基纤维素、卡波姆、氢氧化钠、柠檬酸、聚乙二醇 400、苯甲酸钠、聚丙烯酸钠、柠檬酸钠和三乙醇胺	用于阴道内诊断器械（不包括避孕套）检查时的润滑
医用妇科凝胶敷料	青岛杰圣博生物科技有限公司	卡波姆、三乙醇胺、丙二醇、对羟基苯甲酸乙酯、对羟基苯甲酸甲酯钠、透明质酸钠和纯化水	通过在阴道壁形成一层保护性凝胶膜，将阴道壁与外界细菌物理隔离，从而阻止病原微生物定植
医用妇科凝胶	湖南微肽生物医药有限公司	卡波姆、甘油、透明质酸钠、羟乙基纤维素、乳酸、辛苯聚醇-9、苯扎氯铵和纯化水	通过在阴道壁形成一层保护性凝胶膜，将阴道壁与外界细菌物理隔离，从而阻止病原微生物定植
壳聚糖妇科凝胶	湖南仁馨生物技术有限公司	壳聚糖、透明质酸钠、甘油、卡波姆、三乙醇胺、苯甲醇和纯化水	通过在阴道壁形成一层保护膜，与外界细菌物理隔离，从而阻止病原微生物定植；用于细菌性阴道病和霉菌性阴道炎引起的阴部瘙痒灼痛、阴道分泌物增多、外阴充血肿胀的症状辅助治疗
水溶性壳聚糖妇科软凝胶（富宁康）	海南世宝康医疗科技有限公司	壳聚糖、卡波姆、甘油、透明质酸钠和纯化水	用于外阴阴道念珠菌病、细菌性阴道病和宫颈糜烂等妇科病的治疗
重组胶原蛋白阴道敷料	山西锦波生物医药股份有限公司	重组胶原蛋白，辅以泊洛沙姆、透明质酸钠、少量甘油和防腐剂（尼泊金酯类和苯氧乙醇）	于阴道黏膜皲裂的修复及弥漫性浅表出血的止血；改善阴道萎缩引起的弹性减低、刺痛、瘙痒、灼热等症状
阴道阻菌凝胶	湖南道和生物制药有限公司	羧甲基壳聚糖、甘油、卡波姆、三乙醇胺、透明质酸钠、羟苯甲酯和纯化水	用于阴道创面保护，促进伤口愈合

16.4 泌尿系统疾病

16.4.1 尿路细菌感染和膀胱炎

尿道和膀胱上皮表面覆盖着由包括 HA 在内的糖胺聚糖层，该糖胺聚糖层被认为是尿液和膀胱上皮细胞之间的主要保护性屏障，一旦被破坏，致病菌等有害物质就会入侵上皮组织，引起感染。膀胱内灌注 HA，可在膀胱内壁和尿道黏膜上形成水合保护层，防止有害物质对膀胱内壁和尿道黏膜的损伤，单独使用或配合硫酸软骨素（chondroitin sulfate，CS）、抗生素等药物使用，可用于辅助治疗再发性尿路感染（recurrent urinary tract infection，RUTI）和间质性膀胱炎。Goddard 和 Janssen（2018）检索并选择了 2016 年以来发表的 8 项膀胱内灌注 HA 或 HA 和 CS 联合治疗 RUTI 的临床研究，包含 800 例受试者，且均为成年女性，并有 RUTI 病史。通过对这些研究的 Meta 分析可知，灌注 HA 和 CS 联合治疗显著降低了平均每例患者每年尿路感染的发病率，并延长了尿路感染的复发时间。Scarneciu 等（2019）对 30 例 RUTI 患者以及 20 例患有尿路疼痛和间质性膀胱炎的患者给予 HA 膀胱灌注治疗，每周一次，持续 4 周，随后每月一次，RUTI 患者配合服用低剂量抗生素；在平均 20 个月的随访中，RUTI 患者膀胱疼痛、白天尿频和生活质量得到显著改善；而在平均 15 个月的随访中，尿路疼痛和间质性膀胱炎患者在膀胱疼痛、尿急、夜尿和生活质量方面均有显著改善，且没有副作用；75%的受试患者未再接受其他相关治疗。

16.4.2　膀胱输尿管反流

膀胱输尿管反流（vesicoureteral reflux，VUR）是由于膀胱输尿管链接部瓣膜作用不全而导致的多发于婴幼儿的排尿功能障碍疾病，常会引起婴幼儿的尿路感染和肾炎。根据疾病的严重程度不同，治疗方法包括保守治疗、内窥镜注射和输尿管再植手术。其中，内窥镜注射就是在内窥镜辅助下，于输尿管下端开口处注射具有生物相容性的聚合物，进行填充治疗。

Deflux®在 2002 年获得美国食品药品监督管理局（Food and Drug Administration，FDA）批准用于内窥镜注射治疗 VUR，它由透明质酸凝胶和聚糖酐组成，其中聚糖酐通过交联反应形成直径为 80～250 μm 的微球，这些微球被分散到 1% NASHA®（non-animal stabilized hyaluronic acid）中。该产品具有流动性，便于注射；具有合适的颗粒粒径和黏弹性，可以滞留在输尿管开口处起到填充作用；同时又具备良好的生物相容性，不易引起免疫反应。Deflux®可用于 II～IV 级婴幼儿 VUR 的内窥镜注射治疗。Routh 等（2010）检索并筛选了 1990～2008 年共 47 篇临床试验报道，包括了 7303 例输尿管注射 Deflux®治疗小儿 VUR 的病例，分析结果表明，注射后 3 个月的总体有效率为 77%。Stenbäck 等（2020）则纳入 185 例通过排尿性膀胱尿道造影（voiding cystourethrogram）诊断为 IV 级小儿 VUR 且病情持续1年的患儿，在这些患者接受过内窥镜注射Deflux®治疗后又进行了15～25年的跟踪调查，发现97%的患者未发生安全性问题，只有25%的患者需要再接受输尿管再植手术。虽然治愈率低于输尿管再植手术，但内窥镜注射的手术时间和住院时间更短，术后镇痛药的使用更少，更适用于治疗病情较轻的VUR患者。

（李　霞　赵　娜）

参考文献

Bains R, Adeghe J, Carson R J. 2002. Human sperm cells express CD44. Fertility and Sterility, 78(2): 307-312.

Carter J, Baser R E, Goldfrank D J, et al. 2021. A single-arm, prospective trial investigating the effectiveness of a non-hormonal vaginal moisturizer containing hyaluronic acid in postmenopausal cancer survivors. Supportive Care in Cancer, 29(1): 311-322.

Chen J, Geng L, Song X, et al. 2013. Evaluation of the efficacy and safety of hyaluronic acid vaginal gel to ease vaginal dryness: a multicenter, randomized, controlled, open-label, parallel-group, clinical trial. The Journal of Sexual Medicine, 10(6): 1575-1584.

Ekin M, Yaşar L, Savan K, et al. 2011. The comparison of hyaluronic acid vaginal tablets with estradiol vaginal tablets in the treatment of atrophic vaginitis: a randomized controlled trial. Archives of Gynecology and Obstetrics, 283(3): 539-543.

Erberelli R F, Salgado R M, Pereira D H, et al. 2017. Hyaluronan-binding system for sperm selection enhances pregnancy rates in ICSI cycles associated with male factor infertility. JBRA Assisted Reproduction, 21(1): 2-6.

Ghosh I, Bharadwaj A, Datta K. 2002. Reduction in the level of hyaluronan binding protein 1(HABP1)is associated with loss of sperm motility. Journal of Reproductive Immunology, 53(1-/2): 45-54.

Goddard J C, Janssen D A W. 2018. Intravesical hyaluronic acid and chondroitin sulfate for recurrent urinary tract infections: systematic review and meta-analysis. International Urogynecology Journal, 29(7): 933-942.

Gold D, Nicolay L, Avian A, et al. 2023. Vaginal laser therapy versus hyaluronic acid suppositories for women with symptoms of urogenital atrophy after treatment for breast cancer: a randomized controlled trial. Maturitas, 167: 1-7.

Huszar G, Ozenci C C, Cayli S, et al. 2003. Hyaluronic acid binding by human sperm indicates cellular maturity, viability, and unreacted acrosomal status. Fertility and Sterility, 79(Suppl 3): 1616-1624.

Huszar G, Willetts M, Corrales M. 1990. Hyaluronic acid (Sperm Select) improves retention of sperm motility and velocity in normospermic and oligospermic specimens. Fertility and Sterility, 54(6): 1127-1134.

Kleijkers S H, Eijssen L M, Coonen E, et al. 2015. Differences in gene expression profiles between human preimplantation embryos cultured in two different IVF culture media. Human

Reproduction, 30(10): 2303-2311.

Leese H J. 1988. The formation and function of oviduct fluid. Journal of Reproduction and Fertility, 82(2): 843-856.

Lepine S, McDowell S, Searle L M, et al. 2019. Advanced sperm selection techniques for assisted reproduction. Cochrane Database of Systematic Reviews, 7(7): CD010461.

Origoni M, Cimmino C, Carminati G, et al. 2016. Postmenopausal vulvovaginal atrophy (VVA) is positively improved by topical hyaluronic acid application. A prospective, observational study. European Review for Medical and Pharmacological Sciences, 20(20): 4190-4195.

Palma F, Volpe A, Villa P, et al. 2016. Vaginal atrophy of women in postmenopause. Results from a multicentric observational study: the AGATA study. Maturitas, 83: 40-44.

Parmegiani L, Cognigni G E, Bernardi S, et al. 2010. "Physiologic ICSI": hyaluronic acid (HA) favors selection of spermatozoa without DNA fragmentation and with normal nucleus, resulting in improvement of embryo quality. Fertility and Sterility, 93(2): 598-604.

Portman D J, Gass M L; Vulvovaginal Atrophy Terminology Consensus Conference Panel. 2014. Genitourinary syndrome of menopause: new terminology for vulvovaginal atrophy from the International Society for the Study of Women's Sexual Health and the North American Menopause Society. Maturitas, 79(3): 349-354.

Routh J C, Inman B A, Reinberg Y. 2010. Dextranomer/hyaluronic acid for pediatric vesicoureteral reflux: systematic review. Pediatrics, 125(5): 1010-1019.

Sabeur K, Cherr G N, Yudin A I, et al. 1998. Hyaluronic acid enhances induction of the acrosome reaction of human sperm through interaction with the PH-20 protein. Zygote, 6(2): 103-111.

Salamonsen L A, Shuster S, Stern R. 2001. Distribution of hyaluronan in human endometrium across the menstrual cycle. Implications for implantation and menstruation. Cell and Tissue Research, 306(2): 335-340.

Scarneciu I, Bungau S, Lupu A M, et al. 2019. Efficacy of instillation treatment with hyaluronic acid in relieving symptoms in patients with BPS/IC and uncomplicated recurrent urinary tract infections - Long-term results of a multicenter study. European Journal of Pharmaceutical Sciences, 139: 105067.

Simon A, Safran A, Revel A, et al. 2003. Hyaluronic acid can successfully replace albumin as the sole macromolecule in a human embryo transfer medium. Fertility and Sterility, 79(6): 1434-1438.

Stenbäck A, Olafsdottir T, Sköldenberg E, et al. 2020. Proprietary non-animal stabilized hyaluronic acid/dextranomer gel (NASHA/Dx) for endoscopic treatment of grade IV vesicoureteral reflux: Long-term observational study. Journal of Pediatric Urology, 16(3): 328.e1-328.e9.

Trinkaus M, Chin S, Wolfman W, et al. 2008. Should urogenital atrophy in breast cancer survivors be treated with topical estrogens? The Oncologist, 13(3): 222-231.

Tyler B, Walford H, Tamblyn J, et al. 2022. Interventions to optimize embryo transfer in women undergoing assisted conception: a comprehensive systematic review and meta-analyses. Human Reproduction Update, 28(4): 480-500.

Worrilow K C, Eid S, Woodhouse D, et al. 2013. Use of hyaluronan in the selection of sperm for intracytoplasmic sperm injection (ICSI): significant improvement in clinical outcomes: multicenter, double-blinded and randomized controlled trial. Human Reproduction, 28(2): 306-314.

第 17 章　透明质酸在个人护理品中的应用

透明质酸（hyaluronic acid，HA）作为人体细胞间质的重要成分，具有保水、调控细胞功能、清除自由基、调节蛋白质合成等生理功能，在个人护理品中展现出极高的应用价值，其应用领域覆盖护肤品、彩妆、发用产品、清洁产品、芳香产品等，具有保湿、屏障修护、紫外线防护、抗衰等效果。随着 HA 酶降解、交联、改性等技术越来越成熟，不同分子量的 HA 及其衍生物被开发出来，与其他技术融合，使得 HA 在个人护理品中的应用越来越多元化，为皮肤护理开启了新篇章。

17.1　透明质酸与皮肤

17.1.1　透明质酸在皮肤中的分布

人体皮肤由表皮层、真皮层和皮下组织构成。研究表明，人体中的 HA 在表皮、真皮和皮下组织中均有分布，占全身 HA 总量的 50%（Laurent and Fraser，1992）。

皮肤中的 HA 大部分存在于细胞外基质（extracellular matrix，ECM）中，早在 20 世纪 40 年代，人们便在真皮层中发现了 HA（Meyer and Chaffee，1941）。真皮层中的 HA 由成纤维细胞分泌，是 ECM 的主要成分，具有储水、支撑、稳定基质的作用；表皮层中的 HA 参与表皮 ECM 的形成和稳定，对维持表皮屏障的完整性具有重要作用（Evrard et al.，2021）。因为真皮层一般比较厚、细胞外间隙较大、基质较多，而表皮层较薄、细胞排列较紧密、细胞间空间很小，因此真皮中的 HA 含量远高于表皮，HA 在真皮中的含量为 0.5 mg/g，在表皮中为 0.1 mg/g（湿组织重）（刘岸，2022），这也是表皮层中的 HA 发现较晚的原因之一。

在酶、自由基等作用下，皮肤中 HA 的代谢较快，并且会随皮肤老化而减少。Meyer 和 Stern（1994）指出，自然老化皮肤中表皮层 HA 含量显著减少，并且随着年龄增加，HA 合成酶的表达显著下调；除了自然老化外，光老化也会引起皮肤中 HA 含量的降低，使皮肤弹性和微血管支撑下降，出现皱纹、松弛等问题。

17.1.2　皮肤中透明质酸的生理功能

1. 保水

水对细胞功能的维持至关重要，在细胞分化、脱落以及皮肤外观维持中都起着关键作用，如角质层中的水有助于保持皮肤柔软、光滑以及保护皮肤屏障。皮肤含水量由内到外呈动态分布，真皮层含水量超过 70%；随着向皮肤表皮层推移，含水量逐渐降低，角质层含水量仅为 10%～20%。由于皮肤自身的结构特点，皮肤中的水分会通过角质层蒸发到外部环境中，而皮肤屏障受损、高温与紫外线照射等因素会加速水分的散失。皮肤内有多重机制来减少水分流失，表皮和真皮中的 HA 在皮肤保水方面发挥着重要的作用。

在人体内，HA 分子量通常为 100～10 000 kDa（Evrard et al.，2021），其分子结构含有大量羧基，在生理条件下可解离为负离子，彼此之间相互排斥，使其在水溶液中可充分舒展，占据溶液空间。HA 的高分子链互相接触，形成网状结构，并通过分子内的大量羟基与周围的水分子形成大量氢键，从而具备了更优异的保湿能力，在维持 ECM 中的细胞完整性和水含量方面发挥重要作用（Collins，2014）。HA 的保湿性与其分子量密切相关，分子量越大，保湿性能越强（Profire et al.，2013）。不仅如此，HA 还可根据环境相对湿度对吸水量进行调整，从而调节细胞及组织的水平衡；在 ECM 中，吸收水分的 HA 可以使弹性纤维及胶原蛋白处于湿润的环境中，保持细胞水分，增强皮肤保水能力；此外，HA 还可与其他黏多糖，以及胶原蛋白、弹性蛋白等纤维状蛋白质共同组成含有大量水分的细胞外胶状基质，使皮肤柔韧富有弹性。

2. 调控细胞功能

HA 受体及其与 HA 的相互作用在第 4 章已进行了详细介绍。HA 的主要受体包括 CD44、RHAMM、LYVE1 和 TLR 等，在皮肤细胞膜上均有表达。它们参与调控皮肤细胞的生理活动，并在维持皮肤稳态中发挥重要作用（Sherman et al.，1994）。HA 与 CD44 结合后可以调控细胞的生理活动。HA 通过与角质形成细胞表面的 CD44 相互作用，调控表皮分化以及脂质的合成与分泌（Bourguignon et al.，2006）。低分子量 HA 可通过与角质形成细胞表面的 TLR2 和 TLR4 结合，促进细胞分泌抗菌肽 β-防御素 2（β-defensin 2），从而保护细胞免受感染（Gariboldi et al.，2008）。

3. 清除自由基

活性氧（reactive oxygen species，ROS）也称为自由基，是体内氧参与的代谢过程中产生的一类氧的单电子还原产物，包括氧的一电子还原产物超氧阴离子、二电子还原产物过氧化氢、三电子还原产物羟基自由基以及一氧化氮等。人体多种细胞在有氧代谢的过程中都会不可避免地产生 ROS，虽然对维持生命力有重要作用，但是其本身高度不稳定，具有反应性和毒性。ROS 积累会破坏细胞内氧化还原稳态，对细胞内的脂质、蛋白质、核酸和细胞器造成氧化损伤，从而导致细胞衰老的发生，这也是导致皮肤衰老的核心机制之一（Liu et al.，2017）。因此，生物体内也存在着抵御氧化应激的保护机制，由不同的抗氧化酶和抗氧化剂组成。

在生理上，抗氧化剂的作用是防止自由基对细胞的损伤（Halliwell and Gutteridge，2015）。皮肤中的 HA 受 ROS 攻击会发生降解，通过消耗 ROS 而发挥其抗氧化能力。除了直接与 ROS 反应发挥抗氧化作用外，HA 还可通过与 Fe^{2+} 螯合，以及去除 Fe^{2+}结合蛋白质这两种作用防止细胞损伤（Trommer et al.，2003）。在 ECM 中，由 HA 组成的网状结构作为物理屏障，还可以限制 ROS 与细胞或其他生物分子的接触和相互作用（Gupta et al.，2019）。

4. 调节蛋白质合成

胶原蛋白是真皮的主要成分，占皮肤干重的 70%，主要由成纤维细胞合成，目前已知皮肤存在 I、III、IV、V、VII、XVII 和 XVIII 型胶原蛋白等，赋予皮肤结构完整性并提供机械支持，是维持皮肤紧致和弹性的关键因素（周荷益等，2020；Reilly and Lozano，2021）。真皮层中另一种重要的蛋白质是弹性蛋白，分布在真皮乳头层和真皮网状结构中，通过与微纤维结合形成弹性纤维来为皮肤提供拉伸和回弹力（Baumann et al.，2021）。年龄增长、紫外线照射、不规律的生活方式等因素会导致胶原蛋白和弹性蛋白的流失，皮肤的拉伸强度也会随着弹性蛋白和胶原蛋白的减少而降低，从而导致皮肤变薄、弹性和光滑度降低。

由于 HA 具有良好的吸水性和黏附性，可以维持渗透压平衡及 ECM 的稳定，从而形成适合成纤维细胞生存的微环境，促进成纤维细胞增殖（Weigel et al.，2003）；而且，HA 也存在于胶原蛋白和弹性纤维的周围，有助于维持胶原蛋白和弹性蛋白的正常构型（Hasegawa et al.，2007；Shang et al.，2024）。分子学研究结果也表明，HA 能够刺激真皮中的成纤维细胞合成胶原蛋白。紫外线照射等因素会加剧皮肤内 ROS 堆积，上调 MMP-1（matrix metallopeptidase-1）的表达，加剧胶原蛋白、弹性蛋白的降解，而 HA 的抗氧化作用可抑制 MMP-1 的活性，延缓胶原蛋白的异常降解。

17.2　透明质酸在皮肤护理品中的功能

作为一种广泛存在于皮肤中的功能性多糖，HA 已经在皮肤护理及洗护等各品类中得到了广泛的应用，其主要功效如下。

17.2.1　补水保湿

皮肤中的 HA 具有优秀的保水能力，因此，HA 被广泛用作保湿剂添加到护肤品中。与其他的保湿剂（甘油、丙二醇、山梨醇、聚乙二醇等）相比，HA 的保湿性能受周围环境相对湿度的影响较小，无论在低相对湿度或是高相对湿度下，都能保持良好的保水能力。试验结果表明，与其他保湿剂相比，HA 在低相对湿度（33%）下的吸湿量最高，而在高相对湿度（75%）下的吸湿量最低（和地阳二，1990）。这种独特的性质，满足皮肤在不同季节、不同环境湿度下对化妆品保湿作用的要求。

研究表明，分别使用含有 0.1%不同分子量 HA（50 kDa、130 kDa、300 kDa、800 kDa 和 2000 kDa）的乳霜，均可显著改善皮肤水合作用（Pavicic et al.，2011）。HA 的分子量减小，其渗透性就随之增加，分子量为 100～300 kDa 的 HA 可渗透到表皮层，与皮肤细胞和 ECM 相互作用；20～50 kDa 的 HA 可在全表皮渗透，作为信号分子促使皮肤细胞合成新的 HA（Essendoubi et al.，2016）。此外，Hashimoto 和 Maeda（2021）研究发现，低分子量 HA 能通过促进丝聚蛋白的合成来加强皮肤的保湿能力；高分子量的 HA 则主要在皮肤表面形成保护膜，通过减少经表皮水分流失（transepidermal water loss，TEWL）来对表皮上层的保湿产生积极影响。毛华等（2012）对不同分子量的 HA（0.8 kDa、270 kDa、1630 kDa）进行测试，发现在相同浓度下，随着 HA 分子量增加，TEWL 减少，皮肤水分含量的增加量也减少，这表明低分子量的 HA 增加皮肤含水量的效果显著，而高分子量 HA 则具有更好的减少 TEWL 的作用；同时，该研究还发现将不同分子量 HA 复配使用，可以协同增效，呈现更优异的保湿效果。

17.2.2 屏障修护

皮肤正常的屏障功能可以有效防止水分和营养物质的流失，阻止外部抗原和病原体的侵入，减少炎症，预防皮肤感染等。皮肤屏障受损可能导致皮肤干燥、脱屑、皱纹，甚至引发皮肤疾病。HA 对屏障功能的修护有多种作用。一方面，HA 与 CD44 之间的相互作用可通过调控细胞间脂质的合成和分泌来调节角质层结构，进而参与维持表皮屏障的完整性（Bourguignon et al.，2006）；HA 也可以通过诱导角质形成细胞中紧密连接相关基因的表达来改善皮肤屏障功能（Park et al.，2023）；另一方面，光照、污染、粉尘等往往是通过引发皮肤炎症而导致皮肤损伤，而 HA 可通过对炎症的调节改善皮肤损伤（朱永刚等，2021；Marinho et al.，2021）。

Bourguignon 等（2013）研究发现，局部使用含不同分子量 HA 的乳霜，均可显著改善老年小鼠角质层细胞的增殖和分化，从而增加表皮厚度，改善皮肤屏障的选择通透性，其中，含低分子量 HA 的面霜对红斑有较好的治疗效果，并且表现出更好的耐受性和依从性。杨丽华和孙翠群（2020）也证实 HA 可修复皮肤屏障，大大降低了皮肤的敏感性及炎症反应，在提高皮肤耐受性的同时加快受损皮肤的愈合速度。

17.2.3 紫外线防护

紫外线（ultraviolet，UV）是阳光中频率为 750 THz 至 30 PHz，对应真空中波长为 400～10 nm（纳米）的光线，根据其波长可分为 UVA（波长 400～320 nm）、UVB（波长 320～280 nm）、UVC（波长 280～100 nm）和 EUV（波长 100～10 nm）。UV 可对皮肤造成多种损伤。UVB 通过诱导皮肤中细胞因子、血管活性物质和神经介质释放而诱发皮肤炎症反应，并导致晒伤（D'Orazio et al.，2013）；UVB 照射后的急性炎症还会引起皮肤中 ROS 快速积累，引起对皮肤的氧化应激损伤；UV 诱导生成的某些物质还能与 TLR 相互作用，刺激固有免疫系统，进一步加剧皮肤炎症。此外，长时间暴露于 UV 会持续诱导皮肤基质金属蛋白酶（matrix metalloproteinase，MMP）的释放，这会导致包括 HA、胶原蛋白、弹性蛋白在内的皮肤 ECM 成分的降解，最终导致皮肤的光老化（Shang et al.，2024）。UV 也会诱导晚期糖基化终末产物（advanced glycosylation end product，AGE）生成，导致皮肤功能受损和老化。

HA 对 UV 引起的皮肤损伤有多重防护作用。HA 可预防 UV 对细胞的损伤，HA（970 kDa）可保护人皮肤角质形成细胞（HaCaT 细胞）免受 UVB 损伤，并显著抑制 UVB 诱导 HaCaT 细胞释放促炎因子（Hašová et al.，2011）。HA 还可通过与 ROS 的相互作用减少 UV 照射引起的脂质过氧化和羟基自由基的形成（Trommer et al.，2003）。而在晒后晚期，HA 可以通过对 TLR4 信号传导的抑制，减轻晚期角质形成细胞炎症（Hu et al.，2022）。此外，也有 HA 抑制 MMP-1 表达（Chen et al.，2023），减轻 AGEs 影响的报道（Neumann et al.，1999）。因此，HA 可用于防晒产品与晒后修复产品中，起到预防和修复 UV 损伤的作用。

Gwak 等（2021）使用平均分子量为 550 kDa 的 HA（2wt%）与单宁酸复配，两者通过氢键进行物理交联，得到具有优异抗 UV、抗氧化效果及清凉感的 HA/单宁酸水凝胶防晒霜。此外，一些专利也公布了不同分子量 HA 及其衍生物在 UV 防护中的重要作用。郭学平等（2018）发现分子量为 3～10 kDa 的寡聚 HA 或寡聚 HA 盐具有防晒及晒后修复的作用。吴佳婧等（2023）也发现分子量为 5～2000 kDa 的透明质酸钾对 UV 产生的损伤具有明显的防护和修复作用，能够有效抵抗 UV 造成的皮肤光老化，适用于防晒或晒后修复。陈衍玲等（2022）公布了一种长心卡帕藻提取物/刺云实果提取物和透明质酸交联聚合物或者透明质酸盐交联聚合物所组成的组合物，组合物可在肌肤表面形成一层透气的网状保护膜，能够增强防晒指数、减少防晒剂用量、降低产品刺激性。

17.2.4　延缓衰老

现已有多项临床试验研究不同分子量 HA 的抗衰效果，Pavicic 等（2011）对 76 名年龄在 30～60 岁之间、有眼周皱纹的女性进行研究，受试者分组使用含有 0.1%不同分子量 HA（50 kDa、130 kDa、300 kDa、800 kDa、2000 kDa）的面霜，每天两次，使用 60 天，试验结果显示，各实验组成员的皮肤水合度及弹性均显著提高，且使用含有低分子量 HA（50 kDa、130 kDa）乳霜的女性，其眼周皱纹的减少情况优于对照组和其他实验组。Lubart 等（2019）通过临床试验评估了含 HA 面霜的抗衰老性能，在包含 36 名健康成年女性的开放性临床研究中，通过测定皮肤参数和分析受试者的问卷数据发现，使用含 HA 面霜的受试者面部皮肤水合度、弹性和皱纹深度有显著改善。Jegasothy 等（2014）评价了 HA 对眼周皱纹的改善效果，33 名平均年龄为 45.2 岁、眼周有皱纹的女性接受了为期 8 周的试验。试验结果显示，使用 2 周后，受试者皮肤粗糙度减小；使用 2～8 周后，受试者皮肤弹性得到改善；使用 8 周后，皱纹深度显著减少，皮肤含水量显著增加，皮肤弹性显著增强。Farwick 等（2008）指出，50 kDa 的 HA 可对重组人表皮基因组中约 120 个基因起到显著的调节作用，其中包括参与角质形成细胞调节的关键基因，以及对形成紧密连接复合体起重要作用的基因，而这些基因在皮肤衰老和光老化过程中也发挥着重要作用。Chen 等（2023）发现，由 HA（分子量 30 kDa）和相同分子量的 HA 乙酰化衍生物组成的组合物可协同促进人真皮成纤维细胞中的 I 型胶原蛋白表达，并抑制 MMP-1 的生成，在重建全层皮肤等效物模型中也得到了相同的结果，组合物还促进了层粘连蛋白 332 和原纤维蛋白-1 这两种真皮-表皮连接（dermoepidermal junction，DEJ）蛋白的表达。

17.2.5　头皮护理及护发

随着生活节奏的加快和生活压力的加大，脱发已成为困扰年轻人的重要问题。与皮肤的老化类似，毛囊的自然衰老和外界有害因素对毛囊的损伤均会导致脱发，而毛囊的损伤主要来自 ROS 和炎症。HA 的抗氧化、抗炎和抗衰老功能有可能给头皮健康带来积极影响，而其促吸收作用也有利于头皮对其他营养物质的吸收，因而得到了研究者的关注。

Zerbinati 等（2021a，2021b）开发了一种含 HA、多种氨基酸、肌肽、还原型谷胱甘肽等活性物质的水凝胶产品用于预防脱发，细胞实验结果表明，该凝胶可显著抑制过氧化氢对人角质细胞的损伤以及肿瘤坏死因子-α（tumor necrosis factor-α，TNF-α）诱导的人角质形成细胞白细胞介素-8（interleukin-8，IL-8）表达量增加，促进血管内皮生成因子的表达，还可抑制 UVB 对人毛乳头细胞的损伤，以及与氧化损伤有关蛋白质的表达。

此外，HA 可以与表面活性剂发生相互作用，提高表面活性剂的清洁性、发泡性和泡沫稳定性（Wang et al.，2024）。冯宁等（2018）开发了一款含有 HA 和阳离子聚合物的组合物，在洗发护发体系以及洗护类化妆品配方体系中具有较好的相容性，对头发、皮肤具有良好的亲和性，能吸附于毛发、头皮表面发挥良好的保湿效果，并且能够调理皮肤和毛发，使其具有光滑的手感。

17.3　透明质酸类化妆品原料

《国际化妆品原料标准中文名称目录》中已收录 HA 相关化妆品原料 40 余种，而我国 2021 版《已使用化妆品原料目录》中收载了 11 种。2021 年，国家药品监督管理局开放了化妆品新原料注册备案管理模块，越来越多的化妆品新原料也开始涌现。表 17-1 列举了目前化妆品领域 HA 类原料及其作用。

表 17-1　化妆品领域透明质酸类原料及其作用

分类	中文名称
透明质酸及其盐	透明质酸、透明质酸钠、透明质酸钾
	水解透明质酸锌*、水解透明质酸钙*、透明质酸镁**
	水解透明质酸、水解透明质酸钠
透明质酸衍生物	乙酰化透明质酸钠
	二甲基硅烷醇透明质酸酯钠 二甲基甲硅烷醇透明质酸酯 *N*-透明质酰谷氨酸钠*
	RGD 酰胺化透明质酸*
	羟丙基三甲基氯化铵透明质酸
	透明质酸水杨酸酯钠**
	透明质酸接枝氨基酸类**
	透明质酸基-肌肽**
	维生素 C 透明质酸酯**
	透明质酸钠交联聚合物
	PEG-9 二环氧甘油醚/透明质酸钠交联聚合物

*截至 2024 年已成功备案的化妆品新原料，未收录在 2021 版《已使用化妆品原料目录》中。

**尚未获批及未收录在 2021 版《已使用化妆品原料目录》中的原料，属前沿研究。

除上表中的原料外，还有诸多 HA 衍生物，如透明质酸缩水甘油醚聚合物、酯化透明质酸钠（如硫辛酸甲酸酯化透明质酸钠、丁酸甲酸酯化透明质酸钠、丙二醇酯化透明质酸钠等）、酰基化透明质酸钠（如硬脂酰透明质酸钠、棕榈酰透明质酸钠、丁酰基透明质酸钠等）、硫酸化透明质酸钠、苯基透明质酸钠等。除 HA 及其衍生物外，将不同分子量的 HA 进行复配或与其他技术结合，也是 HA 相关原料开发的新趋势。接下来，对常用的 HA 类原料及目前 HA 相关原料开发的新方向进行介绍。

17.3.1　透明质酸及透明质酸盐

1. 透明质酸

大量研究表明，HA 安全性高，具有保湿、抗炎、抗氧化、促进细胞增殖等作用。早在 20 世纪 80 年代，HA 的补水保湿功能就已经得到国际上的广泛认可，使其广泛应用于化妆品中。在配方中添加HA可以有效提高皮肤中的HA含量，增强皮肤屏障，增加皮肤水分含量和弹性，防止皮肤老化，起到美容养颜的作用（Baumann，2007）。

化妆品中常用的是HA的钠盐形式，即透明质酸钠（INCI名称：sodium hyaluronate）。

应用：Bio-MESO®肌活舒润净肤调理精华液、Bio-MESO®肌活盈润亮肤保湿精华露、润百颜®玻尿酸屏障调理次抛精华液、润百颜®玻尿酸水润次抛精华液、夸迪®智谱玻尿酸清润次抛精华液、MedRepair®米蓓尔®新多元修护润养水、海蓝之谜®浓缩密集修护眼霜、海蓝之谜®鎏金焕颜精华露、修丽可®维生素CE复合焕颜精华液、修丽可®紫米丰盈精华液、雅诗兰黛®特润密集修护浓缩精华素、欧莱雅®青春密码密集肌能精华液、香奈儿®山茶花润泽微精华水、娇韵诗®透亮焕白淡斑精华、娇韵诗®轻透隔离防晒乳（润粉色）、优色林®水感清透防晒露、优色林®舒安修护面膜、适乐肤®修护保湿润肤乳、丝塔芙®舒缓修护精华、珀莱雅®弹润透亮青春精华液、丸美®多重胜肽紧致淡纹眼霜等。

2. 水解透明质酸

随着酶切工艺的成熟，可通过酶切技术得到分子量小于10 kDa的水解HA，即水解透明质酸钠（INCI名称：hydrolyzed sodium hyaluronate）。水解HA可以深入真皮层，发挥持续补水保湿的作用，具有抗衰老、去皱功效。

功效：以华熙生物生产的分子量小于10 kDa水解HA（商品名为纳诺®HA）为例，采用体外重建的3D皮肤模型进行测试，在外表皮涂抹该水解HA溶液（浓度为0.06%）8 h后，透过率可达60%，且有一半分布在真皮层；除了具备保湿和抗皱功效外，其清除ROS和预防UV损伤的效果也优于普通HA。

应用：Bio-MESO®肌活糙米焕活精华水、Bio-MESO®肌活蕴能焕颜精华面霜、润百颜®玻尿酸高保湿精粹水、润百颜®玻尿酸抚纹靓透次抛精华液、夸迪®智润玻尿酸晶透面膜、MedRepair®米蓓尔®多元修护肌底精华露、MedRepair®米蓓尔®轻龄紧致修护涂抹面膜、赫莲娜®至盈抚纹精华液、兰蔻®塑颜三重密集焕颜面霜、欧莱雅®新多重防护隔离露、兰芝®保湿修护睡眠唇膜-白桃味、高姿®水光保湿修护面膜、苏秘37°®水漾沁润轻透凝露水、珀莱雅®双抗焕亮精华液、百雀羚®帧颜淡纹修护精华霜（轻盈型）、瑷尔博士®益生菌精研深层修护面膜等。

3. 水解透明质锌

名称：水解透明质酸锌

功效：透明质酸锌兼具 HA 和锌的功效特点，不仅具有 HA 保湿、修护的特点，也具有锌抗氧化、舒缓、控油等功效。郭学平等开发的水解透明质酸锌（商品名为 Hybloom™ 透明质酸锌），人体试验结果表明，透明质酸锌不仅具有良好的保湿、舒缓、抗氧化等功效，还能抑制 5α-还原酶的活性，有效减少二氢睾酮的合成，从源头调节油脂分泌。

应用：Bio-MESO®肌活净颜舒护祛痘乳、Bio-MESO®肌活净颜清洁泥膜、Med Repair®米蓓尔®安肤平衡清透水、丝丽®小红帽头皮赋活精华液、雪沐年华®莹润靓肤精华液、卡姿兰®黑磁柔焦散粉 01（粉色版）、麦吉丽®清爽控油平衡水、博优研®净透洁面凝露、OANA®玻尿酸焕新抗皱次抛精华液。

17.3.2　透明质酸衍生物

1. 乙酰化透明质酸钠

乙酰化透明质酸钠（INCI 名称：acetylated sodium hyaluronate，AcHA）是由 HA 经乙酰化反应得到。乙酰基的引入给 HA 带来亲脂性，增强了 HA 对皮肤的亲和性和吸附性。AcHA 具有高效保湿、修复皮肤屏障、增加皮肤弹性、上调抗氧化防御和保护皮肤基质免受降解等效果，肤感清爽不黏腻。

有研究证明，与 HA 类似，AcHA 也具有识别 HA 受体 CD44 的能力，即乙酰化修饰没有改变 HA 的生理活性（Park et al.，2010）。Saturnino 等（2014）评价了 HA 和 AcHA 对小鼠单核细胞/巨噬细胞释放 NO 的抑制情况，相对于 HA，AcHA 具有更好的生物利用度、稳定性、抗炎活性，且具有剂量依赖性。以华熙生物的 AcHA 为例，该原料亲水亲油性佳，具有极好的皮肤亲和性，在角质层中的水分结合能力是普通 HA 的 2 倍，可以更好地抵抗透明质酸酶降解，延长其在皮肤中的半衰期，作用时间可持续 12 h。临床研究表明，使用含 AcHA 的化妆品可减少皮肤水分流失，增强角质层屏障功能，增加皮肤弹性。

应用：Bio-MESO®肌活糙米平衡控油乳、Bio-MESO®肌活清透焕白防晒乳霜、润百颜®屏障调理次抛精华液、润百颜®玻尿酸高保湿精粹水、夸迪®控油战痘次抛精华液、MedRepair®米蓓尔®轻龄紧致焕肤精粹水、赫莲娜®活颜修护眼霜、香奈儿®奢华精萃粉底液、资生堂®鲜润赋活透润霜、欧莱雅®复颜玻尿酸水光充盈导入安瓶鲜注玻色因面膜、欧莱雅®复颜玻尿酸水光充盈全脸淡纹眼霜、安热沙®丽日焕润防晒精华乳、安热沙®倍润防晒乳亲肤型、肌研®极润特浓保湿化妆水、丸美®重组胶原蛋白日夜眼霜等。

2. 羟丙基三甲基氯化铵透明质酸

羟丙基三甲基氯化铵透明质酸（INCI 名称：hydroxypropyltrimonium hyaluronate）为带正电荷的 HA 衍生物。皮肤、头发上带负电荷，羟丙基三甲基氯化铵透明质酸可以通过其分子中季铵盐所带的正电荷附着在皮肤、头发及头皮上，对头发和头皮进行保湿，还可以使头发顺滑、更易梳理、减少断裂，因而作为保湿因子应用于香波、护发素等产品中。

应用：苏秘 37°®水漾沁润水凝氨基酸洁面膏、菲诗蔻®玻尿酸发膜、韩后®控油蓬松茶萃洗发水、蜜丝婷®轻透柔焦粉底液、肌研®极润洁面乳、欧诗漫®珍珠玻尿酸澎润精华水、溪木源®樱花净亮透肌奶盖身体乳等。

3. 透明质酸钠交联聚合物

透明质酸钠交联聚合物（INCI 名称：sodium hyaluronate crosspolymer）是经交联技术获得的交联 HA，拥有致密网状结构。交联反应使 HA 大分子局部高度聚集折叠，可以结合更多水分子，可在皮肤表面成膜，发挥保湿和保护作用。如华熙生物的透明质酸钠交联聚合物（商品名为 Hyacross® TL100），该透明质酸钠交联聚合物具有致密网状结构，比普通 HA 更能耐受透明质酸酶、UV 等因素的降解，在皮肤表面形成透气膜，具有长效保湿的效果。

应用：Bio-MESO®肌活盈润亮肤保湿精华露、Bio-MESO®肌活糙米焕活柔肤霜、润百颜®玻尿酸紧致次抛精华液、润百颜®玻尿酸屏障调理面霜、夸迪®焕颜凝萃蓝铜胜肽次抛精华液、MedRepair®米蓓尔®屏障修护水凝乳霜、雅诗兰黛®特润密集修护浓缩精华素、春日来信®传明酸光泽舒缓面膜、珀莱雅®水动力活能水（滋润型）、可复美®Human-like®重组胶原蛋白肌御修护次抛精华、颐莲®玻尿酸嘭润修护霜等。

17.3.3 透明质酸复配类原料

1. 多重透明质酸复配

不同分子量 HA 作用于皮肤可发挥不同的效果。低分子量 HA 可有效增加皮肤水分含量，而高分子量 HA 则具有更好的减少 TEWL 的作用，将不同分子量 HA 复配使用可协同增效。例如，华熙生物的 Hymagic™-4D 通过多重 HA 复配为肌肤提供立体的保湿方案，其含有的 4 种 HA 及其衍生物分别作用于皮肤表面、角质层、表皮层、真皮层，定位不同皮肤层次，使肌肤由内而外水润亮泽。4 种成分分别为：①HA 交联聚合物，在皮肤表面形成长效保护层，具有储水、保水、隔离、防护等作用；②HA 可在肌肤表面锁水、补水，滋润角质层，利于营养物质的吸收；③AcHA 增强了 HA 对皮肤的亲和性和吸附性，具有双倍保湿、修复受损表皮细胞、增加皮肤弹性等功效；④水解 HA 可直达表皮和真皮层，发挥保湿、抗炎和抗衰老功效。

人体试验结果显示，涂抹 1 h 后，Hymagic™-4D 组的皮肤含水量提高 155.1%，TEWL 值降低 32.3%。

在 Hymagic™-4D 的基础上，进一步将 HA 交联聚合物、AcHA 以及 5 种不同分子量的 HA（1300～1500 kDa、200～400 kDa、＜10 kDa、＜5 kDa、＜1 kDa）进行复配，得到产品“润百颜®玻尿酸水润次抛精华液”，体外测试证明该复配物可以使透明质酸合酶表达提升 45%，内源性 HA 含量增加 27%，并使水通道蛋白表达增加 40%，提升表皮运送和吸收水分的能力。

不同分子量或结构的 HA 复配后，除了可以协同增效发挥更好的保湿修复作用，还可以增强 HA 其他方面的功效，如促进活性成分的吸收及在皮肤中的驻留。

护肤品中的活性成分需要到达皮肤中的目标层才能真正发挥作用，然而，皮肤的屏障功能使得亲水性分子不能被动性渗透（Herwadkar and Banga，2012）；亲脂性药物的透皮吸收则主要限于低分子量化合物，蛋白质等高分子量化合物常表现出较低的透皮效率（Witting et al.，2015）。HA 可以通过水合作用、与角质层相互作用、与活性物相互作用、与受体相互作用等对活性成分的吸收和驻留进行调控。

华熙生物王玉玲等于 2021 年将 HA、水解 HA 和 AcHA 进行组合（商品名为 Tarcol HA®）。其中，HA 具有良好的保湿效果，其分子链相互接触、缠绕，在皮肤表面形成网状结构，将活性成分包裹其中，延长作用时间；AcHA 具有一定亲脂能力，发挥保湿功效的同时可提升皮肤通透性，使营养成分更容易渗透进入皮肤；水解 HA 具有良好的吸收能力，在皮肤水合、受体结合等多种相互作用下，可携带活性成分进入皮肤，与细胞表面的受体结合，发挥其功效。经 Franz 扩散池试验发现，该原料可以显著提高传明酸、γ-氨基丁酸、水杨酸等成分在皮肤中的驻留量。

2. 透明质酸与其他成分复配

作为 ECM 的重要成分，HA 是皮肤能够保持水分、弹性的重要物质，但是人体中的 HA 含量不是一成不变的，会在氧化、透明质酸酶等作用下被降解，因此需要通过特定手段来补充皮肤中 HA 的含量，从而增强保湿和屏障修复功能。

（1）外源补充。特定分子量的 HA 可以被皮肤吸收，因此可以通过筛选 HA 分子量，达到补充 HA 的效果。

（2）内源促生。HA 是 *N*-乙酰氨基葡萄糖和 D-葡萄糖醛酸在透明质酸合酶的作用下合成的，因此可以通过补充 HA 合成的单体（如乙酰壳糖胺，别名 *N*-乙酰-D-氨基葡萄糖）、提高透明质酸合酶活性等途径来促进皮肤自主合成 HA。

（3）抑制降解。自由基堆积、慢性炎症、透明质酸酶活性过高等均会导致 HA 过度分解，导致皮肤出现干燥、皱纹甚至敏感肌症状，因此可以针对性地添加抗氧化、抑制透明质酸酶活性的成分，例如，张天娇等（2017）发现聚谷氨酸钠具有良好的抗氧化和抑制透明质酸酶活性的作用。

根据以上原理，华熙生物王玉玲等于 2022 年开发了一款以乙酰壳糖胺、HA 和聚谷氨酸钠为主要成分的组合原料（商品名为熙衡因 TM-200 透明质酸钠聚谷氨酸钠复合物）。体外测试及人体功效测试数据表明，该原料能够显著促进吡咯烷酮羧酸、丝聚蛋白、兜甲蛋白、转谷氨酰胺酶的表达，提高神经酰胺总量，上调长链神经酰胺占比，显著提高角质形成细胞中的 HA 含量，增强皮肤自主修复屏障功能的能力，可以应用于皮肤屏障受损或敏感肌人群，具有补水、保湿、修复屏障等功效。

与其他成分复配除了可以增强 HA 的功效之外，还能够解决 HA 的应用问题，如提高 HA 在其他溶剂中的溶解性。

HA 及其盐都是水溶性保湿原料，难以应用在油基或无水配方中。为了把 HA 应用在油性基质之中，科学家做了很多尝试，如将 HA 包裹在油包水型的纳米颗粒中、使用尼龙-12 多孔微球吸附 HA 等。华熙生物将 HA 以微球的形式均匀分散在油性基质中，开发出一款油分散透明质酸钠（商品名为 Hyacolor®），其微球的外层为亲脂性油脂，具有很好的皮肤亲和性。在涂抹后 6 h 内，Hyacolor®透皮吸收率快速增加，高达 30%以上；微球破裂后释放的小分子 HA 可快速渗透肌肤，在皮肤深层锁水补水，而植物性油脂在皮肤表面形成一层油膜，可以防止水分蒸发。

值得一提的是，Hyacolor®对唇部护理有显著功效。涂抹含 1%的 Hyacolor®唇膏 1 h 后，受试者唇部体积增加 8.5%，而对照组（不含 Hyacolor®的唇膏）增加

1.1%；使用 28 天后，Hyacolor®试验组受试者唇部体积增加 10.3%，唇部干燥、粗糙等症状也得到明显改善，平滑度参数提高 14.9%，而对照组无显著改善效果，这表明 Hyacolor®有丰唇、保湿效果。以此为原料开发的“故宫口红”，首次将 HA 应用于彩妆领域，在干燥的秋冬季节也能达到高效保湿、丰润滋养的效果，得到了良好的市场反馈。

17.4　透明质酸在活性成分经皮递送中的应用

近年来，HA 凭借其出色的保湿性与生物相容性，已成为护肤技术创新的焦点。随着对 HA 研究的深入，其作为经表皮驻留系统、微针基材等创新应用形式不断出现，表明其在护肤品中的应用不是仅局限于传统的保湿功能，而是逐渐多元化，推动了个人护理品行业向更个性化、高效化方向发展。

17.4.1　透明质酸经表皮驻留系统

HA 特殊的分子结构可提高皮肤的水合度，以及对皮肤角质层的角蛋白和脂质产生影响，使得 HA 成为一种良好的经皮递送材料。

HA 作为经表皮驻留系统的载体，一般认为其原理是：HA 可以水合角质层，提升皮肤通透性，从而形成活性成分进入皮肤的通道，同时可以暴露更多潜在的结合位点，使吸收进皮肤的活性成分能够更好地发挥作用；HA 分子链中的 CH 基团所形成的疏水结构域，可以与角质层相互作用，增加角质层屏障通透性；此外，在皮肤细胞膜上有大量的 HA 受体存在，使 HA 可以通过受体介导驻留在皮肤中，HA 与受体结合后可以调节细胞合成及分泌脂质，进一步调整皮肤屏障的通透性；HA 分子结构中存在的大量羟基、羧基等，可以与活性成分之间形成氢键。因此在上述因素的综合作用下，HA 可以促进活性成分经皮递送，提高其在皮肤中的含量。

唐泽严等（2021）研究了不同分子量 HA 对还原型谷胱甘肽（gluathione，GSH）在大鼠离体皮肤中驻留能力的影响，结果表明，不同分子量的 HA 均能增加 GSH 在角质层中的驻留量，分子量为 7 kDa 的 HA 还能显著增加 GSH 在真皮层中的驻留。随着 HA 的相对分子量增加，阻止 GSH 透过皮肤的作用越强。因此，HA 可以作为化妆品配方中的经表皮驻留系统（transepidermal retention system，TERS），促进活性物经角质层后在活性表皮层或真皮层中的驻留。

除 HA 与活性成分直接作用外，也可利用 HA 结构上的羟基、羧基等结构与其他递送载体结合，共同形成 TERS，进一步发挥促进活性物在皮肤中驻留的作用。

Wang 等（2022）将 HA 与环糊精（cyclodextrin，CD）进行接枝，合成 HACD，在 CD 的主客体识别作用下，HACD 可以对活性物进行包裹，因此可以作为经表皮驻留的载体材料。该研究发现，丹皮酚经 HACD 包裹后，不仅细胞毒性显著降低，而且可以自组装形成聚合物胶束，在 HA 的水合作用、受体相互作用、与角质层相互作用等影响下，丹皮酚在角质层、真皮层的驻留量显著增加，对于特应性皮炎有良好的治疗效果。

除了共价键接枝外，HA 还可以通过氢键、电荷相互作用等参与其他给药载体的形成，进一步促进活性成分在皮肤中的驻留。Ni 等（2023）使用 HA 对包裹十一碳烯酰基苯丙氨酸（undecylenoyl phenylalanine，UP）的脂质体（UP-LP）进行修饰，相比于游离 UP 和 UP-LP，所得到的 HA 修饰 UP 脂质体（HA-UP-LP）可以使 UP 在皮肤中的驻留量显著增加；而且，与传统阳离子 UP-LP（+21.3 mV）相比，阴离子 HA-UP-LP（-30.0 mV）表现出更强的驻留能力，表明 HA 对 UP 经皮驻留的促进作用明显强于电荷作用。因此，HA 可为开发具有改善经皮渗透和驻留作用的新型外用制剂及护肤品提供可能。

17.4.2 微针

使用物理手段打开皮肤屏障也是解决活性成分运输问题的方法之一，但是，注射等皮肤内给药方式对技术要求较高，而且会对皮肤造成损伤，消费者的顺应性也比较差。因此，基于微针的递送系统逐渐进入人们的视野（Zhang et al.，2018；Battula et al.，2016）。

微针是一组亚毫米大小的针，通常长度为 150～1500 μm，宽度为 50～250 μm，针尖为 1～25 μm，呈对称圆锥形或非对称斜面形的阵列结构（Zhu et al.，2020；Waghule et al.，2019）。它可以穿过角质层屏障，在皮肤上形成微小通道，功效成分可以沿着这些通道直接到达表皮或真皮上层，提高活性成分渗透率并在特定部位蓄积，通过调节微针的长度，可以确保表皮的穿透，又避免了刺激神经或刺穿毛细血管（Nagarkar et al.，2020）。目前，基于微针技术的产品在美容行业有着非常好的应用前景，美容产品可通过微针这一非手术手段改善老龄化、色素沉着等皮肤问题，这一过程不仅不会造成永久性表皮损伤，而且能刺激皮肤的自然修复，此外，微针可与其他的递送体系结合，进一步提高经皮给药效率和疗效（张嘉楠，2018；Chen et al.，2020）。

早期微针贴片的针头是由金属和硅等硬质材料制成的，将这种贴片贴于皮肤上，硬质的针头很容易折断并残留在皮肤内，导致患者产生疼痛、发炎等不适症状，商业化应用前景比较差。为解决这个技术难题，同时依据治疗各类疾病的需要，各国学者相继开发出了各种类型微针，如高分子材料微针、生物可降解微针及可溶性微针等。

可溶性微针由可溶性的原料制成，如生物相容性聚合物，它们在接触皮肤后会迅速溶解，从而避免了传统注射所带来的疼痛和不便。在美妆领域，可溶性微针技术的运用带来了革命性的变化。制备可溶性微针所需的高分子材料一般需要满足来源广泛、生物相容性高、安全性高、可生物降解等条件，符合以上要求的高分子材料主要有人工合成和天然来源两大类。人工合成来源的高分子材料主要有聚乳酸、聚乳酸-羟基乙酸共聚物、聚乙烯醇和聚己内酯等；天然来源的高分子材料主要有 HA、麦芽糖、壳聚糖和支链淀粉等，其中 HA 是生物体内自身存在的阴离子聚合物，具有良好的耐受性、生物相容性，并且可生物降解，因此是制备微针最热门的材料。Avcil 等（2020）评估了负载生物活性物质的 HA 微针贴片的皮肤耐受性和功效，结果显示，所有受试者均未报告任何原发性或累积性不良反应，而且显示出良好的皮肤耐受性和保湿抗皱功效，受试者的细纹/皱纹下降 25.8%，皮肤水分含量增加 15.4%，真皮的皮肤密度和厚度分别增加 14.2%和 12.9%。Fonseca 等（2021）制备了一种用于皮肤美容的细菌纳米纤维素-HA 微针，该微针具有较好的生物相容性，使用后不会引起皮肤的不良反应，有着较好的皮肤耐受性，将天然抗氧化物芦丁负载到纳米纤维素基底膜中，可使其通过 HA 微针释放到皮肤内部，结果显示，该微针不仅保留了芦丁的抗氧化性质，而且具有缓慢释放的效果。

微晶贴片是可溶性微针给药技术在美容领域的应用，制备可溶性微针最常用的基质材料是 HA，针尖刺入肌肤后，HA 与体液相互作用，逐渐溶解并停留于肌肤内部，释放负载的药物，通过此方式，可以将药物传递到更深层次。

Tai 等（2022）利用分子量为 200～400 kDa 的 HA 为基材，制备可溶性微晶贴片，负载皮傲宁、水杨酸、积雪草苷，微晶体穿透角质层到达表皮底层后可持续给药，实验数据显示，连续使用 3 天后，痤疮体积可减少 12.3%。研究人员还发现，在使用可溶性微晶祛痘贴片后，皮肤角质层屏障功能暂时减弱，这证明其可以打开肌肤通道，将祛痘成分送达皮肤表皮底层，在取下微晶贴片的 30 min 后，

TEWL 值显著降低，皮肤恢复至基线水平，充分表明在贴敷完可溶性微晶贴片后角质层基本愈合，也同时证明其安全性。

应用案例包括麦吉丽®紧致淡纹微晶眼膜、微创®悦肤达蓝铜肽淡纹紧致微晶眼贴、倍玻倍丽®微晶抗皱焕活眼膜、太阳社®玻尿酸可溶微针眼膜、听研®抗皱微晶眼膜。

综上，HA 因良好的生物相容性，可作为安全的微针材料，受到大众的喜爱，目前科学家们正在致力于提高 HA 微针的机械强度、减少药物泄漏、改善微针并发症等，这将为以 HA 为基础材料的微针带来更广阔的应用空间。

17.5 小　　结

（1）HA 是皮肤中天然存在的大分子物质，在表皮层、真皮层中均有分布，具有保水、调控细胞功能、清除自由基、调节蛋白质合成等功能。

（2）目前在我国 2021 版《已使用化妆品原料目录》中已收录透明质酸、透明质酸钠、透明质酸钾、乙酰化透明质酸钠、羟丙基三甲基氯化铵透明质酸等 11 种透明质酸及其衍生物原料。HA 复配以及与其他技术相结合是目前 HA 相关原料开发的新趋势，不仅可以解决 HA 的应用问题，还可以赋予 HA 新的功能，可用于护肤品及彩妆产品、发用产品、清洁产品中，发挥保湿、屏障修护、光防护、延缓衰老、护发等功效。

（3）HA 的创新应用功效逐渐被发掘出来，如可作为经皮驻留载体、微针基材等。随着对 HA 研究的不断深入及其他技术的快速发展，HA 的应用场景将更加多元化，如通过冻干、静电纺丝等技术制备 HA 冻干薄片和 HA 薄膜等，实现 HA 传统应用形式的突破，给消费者带来全新的体验。

（王玉玲　任姝静　阚洪玲　刘晓云　王志华）

参考文献

陈衍玲，王玉玲，王琳琳，等. 2022. 用于肌肤屏障修护、提高防晒指数的组合物、制法及其应用. 中国, CN111514073B, 2022-07-26.

冯宁，申凤同，耿凤，等. 2018. 一种含透明质酸的组合物的制备方法及所得产品和应用.中国, CN105853254B, 2018-6-22.

郭学平，石艳丽，李海娜，等. 2018.寡聚透明质酸或者寡聚透明质酸盐的用途及其组合物.中国,

CN105055440B, 2018-05-15.
刘岸. 2022. 皮肤生理学. 南京: 南京大学出版社.
毛华, 王海英, 栾贻宏, 等. 2012. 不同分子量透明质酸钠的保湿效果评价//第九届中国化妆品学术研讨会论文集. 北京: 中国香料香精化妆品工业协会: 19-22.
唐泽严, 郭学平, 温喜明, 等. 2021. 不同相对分子质量透明质酸对还原型谷胱甘肽透皮吸收的影响. 中国药科大学学报, 52(2): 203-210.
王玉玲, 郭学平, 吕慧侠, 等. 2021. 具有促渗透作用的透明质酸组合物、制备方法及其应用. 中国, CN112190503A, 2021-01-08.
王玉玲, 毛华, 邵萌, 等. 2022.一种含透明质酸或其盐的多元化功能性复配组合物及其应用. 中国, CN111686033B, 2022-08-19.
吴佳婧, 冯宁, 宗文斌, 等. 2023.一种透明质酸钾及其用途. 中国, CN115746168A, 2023-03-07.
杨丽华, 孙翠群. 2020. 透明质酸对敏感性皮肤屏障功能修复的进展分析. 饮食保健, 7(6): 62-63.
张嘉楠. 2018. 透明质酸美容微针的研究及应用. 北京: 北京化工大学硕士学位论文.
张天娇, 刘霞, 邓观杰, 等. 2017. γ-聚谷氨酸体外抗氧化性及抑制透明质酸酶活性的研究. 食品与药品, 19(3): 153-157.
周荷益, 岑晓娟, 王颖, 等. 2020. 皮肤老化相关的关键成分与结构特征概述. 香料香精化妆品, (3): 82-86.
朱永刚, 张建勇, 王兰芝. 2021. 透明质酸钠舒敏抗炎修复效果研究. 日用化学品科学, 44(12): 36-42.
和地阳二. 1990. バイオテクノロジ—有用物质の现状と展望. フレグランスジヤ-ナル.(2): 21.
Avcil M, Akman G, Klokkers J, et al. 2020. Efficacy of bioactive peptides loaded on hyaluronic acid microneedle patches: a monocentric clinical study. Journal of Cosmetic Dermatology, 19(2): 328-337.
Battula N, Menezes V, Hosseini H. 2016. A miniature shock wave driven micro-jet injector for needle-free vaccine/drug delivery. Biotechnology and Bioengineering, 113(11): 2507-2512.
Baumann L. 2007. Skin ageing and its treatment. Journal of Pathology, 211(2): 241-251.
Baumann L, Bernstein E F, Weiss A S, et al. 2021. Clinical Relevance of Elastin in the Structure and Function of Skin. Aesthetic Surgery Journal Open Forum, 3(3): 1-8.
Bourguignon L Y W, Ramez M, Gilad E, et al. 2006. Hyaluronan–CD44 interaction stimulates keratinocyte differentiation, lamellar body formation/secretion, and permeability barrier homeostasis. Journal of Investigative Dermatology, 126(6): 1356-1365.
Bourguignon L Y W, Wong G, Xia W L, et al. 2013. Selective matrix(hyaluronan)interaction with CD44 and RhoGTPase signaling promotes keratinocyte functions and overcomes age-related epidermal dysfunction. Journal of Dermatological Science, 72(1): 32-44.
Chen F, Guo X P, Wu Y. 2023. Skin antiaging effects of a multiple mechanisms hyaluronan complex. Skin Research and Technology, 29(6): e13350.
Chen M L, Quan G L, Sun Y, et al. 2020. Nanoparticles-encapsulated polymeric microneedles for transdermal drug delivery. Journal of Controlled Release, 325: 163-175.
Collins M N. 2014. Hyaluronic Acid for Biomedical and Pharmaceutical Applications. Shropshire:

Smithers Rapra: 149-150.
D'Orazio J, Jarrett S, Amaro-Ortiz A, et al. 2013. UV radiation and the skin. International Journal of Molecular Sciences, 14(6): 12222-12248.
Essendoubi M, Gobinet C, Reynaud R, et al. 2016. Human skin penetration of hyaluronic acid of different molecular weights as probed by Raman spectroscopy. Skin Research & Technology, 22(1): 55-62.
Evrard C, Lambert de Rouvroit C, Poumay Y. 2021. Epidermal hyaluronan in barrier alteration-related disease. Cells, 10(11): 3096-3112.
Farwick, M, Lersch P, Strutz, G. 2008. Low molecular weight hyaluronic acid: Its effects on epidermal gene expression & skin ageing. SOFW Journal, 11: 134-137.
Fonseca D F S, Vilela C, Pinto R J B, et al. 2021. Bacterial nanocellulose-hyaluronic acid microneedle patches for skin applications: *in vitro* and *in vivo* evaluation. Materials Science & Engineering C, Materials for Biological Applications, 118: 111350.
Gariboldi S, Palazzo M, Zanobbio L, et al. 2008. Low molecular weight hyaluronic acid increases the self-defense of skin epithelium by induction of beta-defensin 2 via TLR2 and TLR4. Journal of Immunology, 181(3): 2103-2110.
Gupta R C, Lall R, Srivastava A, et al. 2019. Hyaluronic acid: molecular mechanisms and therapeutic trajectory. Frontiers in Veterinary Science, 6: 192.
Gwak M A, Hong B M, Park W H. 2021. Hyaluronic acid/tannic acid hydrogel sunscreen with excellent anti-UV, antioxidant, and cooling effects. International Journal of Biological Macromolecules, 191: 918-924.
Halliwell B, Gutteridge J M C. 2015. Free Radicals in Biology and Medicine (5th edn). Oxford: Oxford University Press.
Hasegawa K, Yoneda M, Kuwabara H, et al. 2007. Versican, a major hyaluronan-binding component in the dermis, loses its hyaluronan-binding ability in solar elastosis. Journal of Investigative Dermatology, 127(7): 1657-1663.
Hashimoto M, Maeda K. 2021. New functions of low-molecular-weight hyaluronic acid on epidermis filaggrin production and degradation. Cosmetics, 8(4): 118.
Hašová M, Crhák T, Safránková B, et al. 2011. Hyaluronan minimizes effects of UV irradiation on human keratinocytes. Archives of Dermatological Research, 303(4): 277-284.
Herwadkar A, Banga A K. 2012. Peptide and protein transdermal drug delivery. Drug Discovery Today: Technologies, 9(2): e147-e154.
Hu L Y, Nomura S, Sato Y, et al. 2022. Anti-inflammatory effects of differential molecular weight Hyaluronic acids on UVB-induced calprotectin-mediated keratinocyte inflammation. Journal of Dermatological Science, 107(1): 24-31.
Jegasothy S M, Zabolotniaia V, Bielfeldt S. 2014. Efficacy of a new topical nano-hyaluronic acid in humans. The Journal of Clinical and Aesthetic Dermatology, 7(3): 27-29.
Laurent T C, Fraser J R. 1992. Hyaluronan. The FASEB Journal, 6(7): 2397-2404.
Liu W, Ruiz-Velasco A, Wang S B, et al. 2017. Metabolic stress-induced cardiomyopathy is caused by mitochondrial dysfunction due to attenuated Erk5 signaling. Nature Communications, 8(1): 494.
Lubart R, Yariv I, Fixler D, et al. 2019. Topical hyaluronic acid facial cream with new micronized molecule technology effectively penetrates and improves facial skin quality: results from *in-vitro,*

ex-vivo, and *in-vivo* (open-label) studies. The Journal of Clinical and Aesthetic Dermatology, 12(10): 39-44.

Marinho A, Nunes C, Reis S. 2021. Hyaluronic Acid: A key ingredient in the therapy of inflammation. Biomolecules, 11(10): 1518.

Meyer K, Chaffee E. 1941. The mucopolysaccharides of skin. Journal of Biological Chemistry, 138(2): 491-499.

Meyer L J M, Stern R. 1994. Age-dependent changes of hyaluronan in human skin. Journal of Investigative Dermatology, 102(3): 385-389.

Nagarkar R, Singh M, Nguyen H X, et al. 2020. A review of recent advances in microneedle technology for transdermal drug delivery. Journal of Drug Delivery Science and Technology, 59: 101923.

Neumann A, Schinzel R, Palm D, et al. 1999. High molecular weight hyaluronic acid inhibits advanced glycation endproduct-induced NF-κB activation and cytokine expression. FEBS Letters, 453(3): 283-287.

Ni C, Zhang Z J, Wang Y L, et al. 2023. Hyaluronic acid and HA-modified cationic liposomes for promoting skin penetration and retention. Journal of Controlled Release, 357: 432-443.

Park H Y, Kweon D K, Kim J K. 2023. Upregulation of tight junction-related proteins by hyaluronic acid in human HaCaT keratinocytes. Bioactive Carbohydrates and Dietary Fibre, 30: 100374.

Park W, Kim K S, Bae B C, et al. 2010. Cancer cell specific targeting of nanogels from acetylated hyaluronic acid with low molecular weight.European Journal of Pharmaceutical Sciences, 40(4): 367-375.

Pavicic T, Gauglitz G G, Lersch P, et al. 2011. Efficacy of cream-based novel formulations of hyaluronic acid of different molecular weights in anti-wrinkle treatment. Journal of Drugs in Dermatology, 10(9): 990-1000.

Profire L, Pieptu D, Dumitriu R P, et al. 2013. Sulfadiazine modified CS/HA PEC destined to wound dressing. Revista medico-chirurgicala a Societatii de Medici si Naturalisti din Iasi, 117(2): 525-531.

Reilly D M, Lozano J. 2021. Skin collagen through the lifestages: importance for skin health and beauty. Plastic and Aesthetic Research, 8: (2).

Saturnino C, Sinicropi M S, Parisi O I, et al. 2014. Acetylated hyaluronic acid: enhanced bioavailability and biological studies. BioMed Research International, 2014: 921549.

Shang L, Li M, Xu A J, et al. 2024. Recent applications and molecular mechanisms of hyaluronic acid in skin aging and wound healing. Medicine in Novel Technology and Devices, 23: 100320.

Sherman L, Sleeman J, Herrlich P, et al. 1994. Hyaluronate receptors: key players in growth, differentiation, migration and tumor progression. Current Opinion in Cell Biology, 6(5): 726-733.

Tai M L, Zhang C G, Ma Y H, et al. 2022. Acne and its post-inflammatory hyperpigmentation treatment by applying anti-acne dissolving microneedle patches. Journal of Cosmetic Dermatology, 21(12): 6913-6919.

Trommer H, Wartewig S, Böttcher R, et al. 2003. The effects of hyaluronan and its fragments on lipid models exposed to UV irradiation. International Journal of Pharmaceutics, 254(2): 223-234.

Waghule T, Singhvi G, Dubey S K, et al. 2019. Microneedles: a smart approach and increasing potential for transdermal drug delivery system. Biomedicine & Pharmacotherapy, 109: 1249-1258.

Wang Y L, Guo J X, Zan M, et al. 2024. Study on the aggregation nature of sodium cocoyl glycinate and sodium hyaluronate mixture in aqueous and NaCl solutions. Journal of Surfactants and Detergents, 27(4): 557-565.

Wang Y L, Tang Z Y, Guo X P, et al. 2022. Hyaluronic acid-cyclodextrin encapsulating paeonol for treatment of atopic dermatitis. International Journal of Pharmaceutics, 623: 121916.

Weigel J A, Raymond R C, McGary C, et al. 2003. A blocking antibody to the hyaluronan receptor for endocytosis (HARE) inhibits hyaluronan clearance by perfused liver. The Journal of Biological Chemistry, 278(11): 9808-9812.

Witting M, Boreham A, Brodwolf R, et al. 2015. Interactions of hyaluronic acid with the skin and implications for the dermal delivery of biomacromolecules.Molecular Pharmaceutics, 12(5): 1391-1401.

Zerbinati N, Sommatis S, Maccario C, et al. 2021a. *In vitro* evaluation of the effect of a not cross-linked hyaluronic acid hydrogel on human keratinocytes for mesotherapy. Gels, 7(1): 15.

Zerbinati N, Sommatis S, Maccario C, et al. 2021b. *In vitro* hair growth promoting effect of a noncrosslinked hyaluronic acid in human dermal papilla cells. BioMed Research International, 2021: 5598110.

Zhang J N, Chen B Z, Ashfaq M, et al. 2018. Development of a BDDE-crosslinked hyaluronic acid based microneedles patch as a dermal filler for anti-ageing treatment. Journal of Industrial and Engineering Chemistry, 65: 363-369.

Zhu J Y, Tang X D, Jia Y, et al. 2020. Applications and delivery mechanisms of hyaluronic acid used for topical/transdermal delivery -A review. International Journal of Pharmaceutics, 578: 119127.

第 18 章　透明质酸在食品中的应用

透明质酸（hyaluronic acid，HA）作为一种重要的生物大分子物质，多存在于人和脊椎动物的结缔组织中（Sze et al.，2016），一般以钠盐的形式存在，在日本、韩国、美国、欧盟等国家和地区被允许添加在食品中。2021 年 1 月 7 日，国家卫生健康委员会发布公告，批准由华熙生物科技股份有限公司申报的 HA 为新食品原料，可作为普通食品原料应用在多种食品中。本章主要论述了国内外关于 HA 的口服吸收研究和安全性研究，在美容抗衰、关节保护、肠道健康、胃黏膜保护、缓解干眼症和骨质疏松症等方面的功效性研究，列举了国内外含 HA 的膳食补充剂、保健食品及普通食品，帮助消费者了解 HA 在不同国家的应用情况，提高大众对口服透明质酸的认知。

18.1　概　　述

早在 2008 年，国家卫生部第 12 号文件就批准了华熙生物 HA 作为新资源食品原料用于保健食品，食用量≤200 mg/d。2021 年 1 月 7 日，国家卫生健康委员会批准 HA 为新食品原料用于普通食品，使用范围包括乳及乳制品、饮料类、酒类、可可制品、巧克力和巧克力制品（包括代可可脂巧克力及制品）、糖果、冷冻饮品；推荐食用量≤200 mg/d；婴幼儿、孕妇及哺乳期妇女不宜食用。截至 2023 年，我国共有 50 余款含 HA 的保健食品获批上市，功能声称主要包括改善皮肤水分和增加骨密度。同时，含 HA 的软糖、气泡水、饮品、酸奶等普通食品相继上市。

口服 HA 起源于 20 世纪 80 年代末的日本。1996 年，日本厚生劳动省将 HA 列入食品添加物目录中，规定 HA 的制备方法为发酵法（菌种为兽疫链球菌 *Streptococcus zooepidemicus* 或仅限于链球菌 *Streptococcus* 等）或鸡冠提取法。2011 年，日本健康营养食品协会制定了 HA 的食品行业标准，规定了 HA 的制造方法、分析方法、日摄取量和摄取方法等。2024 年，日本厚生劳动省发布了第 10 版《食品添加物公定书》，进一步明确了 HA 作为食品原料的质量标准。

2015 年，韩国食品药品安全管理部门（Ministry of Food and Drug Safety，MFDS）发布了《健康功能食品功能性原料及标准、规格认证相关规定》，规定 HA 作为功能性原料可以加入食品中，具有帮助皮肤保湿的功能，每日摄入量为

120～240 mg。在韩国，含有 HA 的普通食品包括饮料、软糖、代餐奶昔、咖啡、甜点、乳饮料、固体饮料和口香糖等。

2014 年，美国《食品化学法典》（Food Chemicals Codex，FCC）发布了 HA（链球菌发酵）的产品标准。含有 HA 的膳食补充剂，生产商仅需根据《膳食补充剂健康与教育法案》（Dietary Supplement Health and Education Act，DSHEA）规定，向美国食品药品监督管理局（Food and Drug Administration，FDA）提供产品声明即可，无需注册；2014 年 6 月，鸡冠提取物（含 HA 60%～80%）通过了美国 GRAS（Generally Recognized as Safe）认证（Notice No.491），并规定可用于普通食品中，包括烘焙食品、饮料、早餐谷物、芝士、乳制品、谷物食品和面食、牛奶、加工过的水果和果汁。

在欧盟，HA 也是膳食补充剂中的一种常见成分。2013 年 12 月，欧盟委员会根据（EC）No 258/97 法规批准鸡冠提取物（含 HA 60%～80%）为新型食品成分，可用于液体奶、基于发酵的奶制品、酸奶及鲜奶酪等。

HA 在国内外的批准管理和应用情况见表 18-1。

表 18-1　HA 在国内外的批准管理和应用情况

国家/地区	管理类别	使用类别	功能声称	适用范围及安全限量
中国	新食品原料	保健食品及普通食品	目前市面上含 HA 的保健食品所涵盖功能声称有增加骨密度、改善皮肤水分、增强免疫力、抗氧化和祛黄褐斑	推荐食用量≤200 mg/d 乳及乳制品（0.2 g/kg） 饮料类（液体饮料≤50 mL 包装 2.0 g/kg，51～500 mL 包装 0.20 g/kg，固体饮料按照冲调后液体体积折算） 酒类（1 g/kg） 可可制品、巧克力和巧克力制品（包括代可可脂巧克力及制品）以及糖果（3.0 g/kg） 冷冻饮品（2.0 g/kg） 婴幼儿、孕妇及哺乳期妇女不宜食用
日本	现有食品添加剂	保健食品及普通食品	缓解关节疼痛、改善皮肤状态	所有食品，最大摄入量为 250 mg/d
美国	GRAS 物质	膳食补充剂及普通食品	未作明确规定，但可以其预期目的进行营销和销售，目前产品功效多为美容养颜、维持骨骼和关节健康以及增强免疫力	烘焙食品和烘焙混合物（80 mg/50 g 或 0.16%） 早餐谷物：膨化类（80 mg/15 g 或 0.53%） 常规类（80 mg/30 g 或 0.27%） 饼干类（80 mg/55 g 或 0.15%） 谷物制品和意大利面（80 mg/40 g 或 0.20%） 奶酪（80 mg/110 g 或 0.073%） 乳制品类似物（80 mg/240 mL 或 0.033%） 乳及乳制品（80 mg/240 mL 或 0.033%） 酸奶（80 mg/225 g 或 0.036%） 运动饮料和电解质饮料（80 mg/240 mL 或 0.033%） 加工水果和果汁（80 mg/120 mL 或 0.067%） 医用食品（160 mg/d）

续表

国家/地区	管理类别	使用类别	功能声称	适用范围及安全限量
欧盟	新食品原料	普通食品	未作明确规定	用于乳制品，限量为 80 mg/d 奶类饮品（40 mg/100 mL） 奶类发酵饮品（80 mg/100 mL） 酸奶类产品（65 mg/100 mL） 鲜乳酪（110 mg/100 g）
韩国	健康功能食品功能性原料	健康功能食品	骨骼健康相关、关节健康相关，以及对皮肤健康有帮助	可用于健康食品和饮料中 作为功能性食品使肌肤保湿时，HA：120～240 mg/d 作为功能性食品维持皮肤健康，防止紫外线对皮肤造成损伤时，HA：240 mg/d
加拿大	天然健康产品原料	天然健康产品	维持关节健康	—
巴西	食品补充剂	—	—	对于大于 19 岁的成年人（孕妇、哺乳期妇女除外），3.5～157.7 mg/d
澳大利亚和新西兰	非传统品、非新食品原料	普通食品	—	多种食品（包括牛奶、奶制品、酸奶、新鲜奶酪、烘焙食品、早餐谷物和果汁）中，每天最大使用量为 150 mg

18.2　透明质酸的口服吸收研究

迄今为止，已有多位学者对 HA 口服后在体内的吸收代谢及分布情况进行研究。相关动物及人体试验证明，HA 经口服后可被人体吸收并分布于身体各组织。

HA 的吸收、代谢和再合成是个复杂的生化反应过程。HA 是线性直链生物大分子，所以不能用普通的球形分子吸收模型来阐述 HA 的吸收机制。研究表明，将 920 kDa 的 HA 口服给药至大鼠后，约 90%能被消化吸收，而后部分运转至皮肤、关节等部位（Oe et al., 2014）。HA 的吸收效果与其分子量相关，蒋秋燕（2006）推测 HA 的吸收形式可能是由巨噬细胞的吞噬及一种或多种运送蛋白质（HA 受体）的介导完成的，且该蛋白质与 HA 的亲和力具有分子量相关性。此外，HA 在体内的吸收还与其剂型相关，特别是固体制剂在人体内的崩解和溶出过程同样影响到其生物利用度（宋永民等，2014）。Hisada 等（2008）采用人结直肠腺癌细胞 Caco-2 构建单层细胞层以模拟肠道内皮细胞层，目的是研究低分子量透明质酸（low molecular weight HA，LMW-HA）的肠道通透性。研究发现，LMW-HA 的通透性呈剂量依赖性，且与 HA 分子量的大小成反比。这些结果表明，LMW-HA 可通过细胞旁途径穿过 Caco-2 细胞单层。

蒋秋燕（2006）通过放射标记法发现大鼠单剂量口服不同分子量 HA 后，血清中的 HA 浓度均显著提高，证明 HA 口服后能被机体吸收。他们还研究了分子量与给药剂量对 HA 口服吸收效果的影响。研究者选择了平均分子量分别为 68 kDa、992 kDa、2173 kDa 和 574 kDa 的 4 种 HA 进行研究，发现分子量为 992 kDa 的 HA 吸收效果好于其他分子量 HA。选择 5 mg/kg（体重）、20 mg/kg、60 mg/kg 和 120 mg/kg 共 4 组给药剂量进行研究（HA 分子量为 992 kDa），发现剂量为 20 mg/kg 时吸收效果最好。以上研究表明，HA 口服后的吸收效果与分子量和给药剂量相关。给小鼠单剂量口服[^{125}I]-HA，发现口服后 HA 能够以多糖的形式吸收，且吸收主要发生在口服后的 12 h 内。同时，研究者采用放射免疫法测定了大鼠单剂量口服 HA 以及与 HA 相关的单糖后血清中的 HA 浓度，发现 HA 口服后也可以单糖的形式吸收，且单糖吸收峰值出现在口服后 7 h 左右。因此，研究人员认为 HA 口服后的运送方式既有被动运送又有主动运送，被动运送主要运输的是以单糖形式吸收的 HA；而以非单糖形式（包括寡糖和多糖）吸收的 HA 则通过主动运送来实现。

蒋秋燕等（2006）还研究了大鼠连续口服 HA 7 天及 30 天后的吸收情况，发现连续口服 7 天及 30 天后，大鼠血清 HA 浓度与药前值相比无显著变化；但与对照组相比，连续口服 HA 30 天后，皮肤中游离 HA 的含量显著升高。因此，研究认为连续口服 HA 后，吸收入血的 HA 可被迅速代谢，并在体内分布于皮肤等组织中。

Balogh 等（2008）给 Wistar 大鼠（每只 150～200 g）和 Beagle 犬（每只 10～15 kg）口服 ^{99m}Tc 标记的高分子 HA（^{99m}Tc-HA，1100～1500 kDa），通过检测机体不同组织的放射性变化来研究 HA 在其体内的吸收、分布和排泄情况。摄食 ^{99m}Tc-HA 15 min 后，各组织开始检测到放射性信号，并持续 48 h。口服后的 ^{99m}Tc-HA 大部分存在于胃肠道中，放射性首先出现在胃、小肠和大肠。给药 4 h 后，^{99m}Tc-HA 的非消化道放射性集中在关节、椎骨和唾液腺；给药 24 h 后，皮肤、骨骼和关节组织切片显示 ^{99m}Tc-HA 的放射性掺入，表明 HA 经口服吸收后在结缔组织积累。以上研究证明，口服 HA 可被吸收并分布到皮肤、骨骼和滑膜关节，并能在这些组织中长时间保留。同时研究还发现，在放射性同位素标记的 HA 进入血液之前，组织中就能检测到放射性，这说明 HA 可通过非血液运输系统，如淋巴系统等，输送到组织中。有研究表明，高分子量 HA 可通过淋巴管进出滑膜间隙（Liu，2004），其在血液和其他体液中的出现解释了结缔组织中存在 HA 的原因（Balogh et al.，2008；Gupta et al.，2019）。

Oe 等（2014）研究了 ^{14}C 标记的 HA（^{14}C-HA）在 7～8 周雄性 SD

（spraguae-dawley）大鼠体内的吸收、迁移和排泄情况。研究发现，口服给药 8 h 后，大鼠血浆的放射性最高，并在血液中发现了口服的 ^{14}C-HA；给药后 168 h（1 周），对大鼠尿液、粪便、呼出的空气和尸体进行放射性检测，发现大约 90%的 ^{14}C-HA 在消化道吸收。放射自显影结果表明，大鼠体内的放射性随着时间的推移逐渐减少。在给药后 24 h 和 96 h，皮肤中的放射性高于血液中的放射性，表明口服 HA 被吸收后可能迁移至皮肤中。此外，90%以上的 HA 通过呼吸或尿液排出体外，表明 HA 在体内没有过度积累。

Ma 等（2015）合成透明质酸-酪胺（HA-Tm）结合物，并用放射性同位素 ^{125}I 和 ^{131}I 标记，给 Balb/c 小鼠口服放射性标记的 HA-Tm 并进行体内生物分布研究。结果显示，在初始时间点，放射性主要在胃肠道内，3 h 后在大肠中发现放射性，少量放射性物质被小肠吸收进入血液，并分布在肝脏、肾脏等器官中。

蒋秋燕等（2008）给小鼠灌胃同位素标记的 HA（^{125}I-HA），采用同位素标记示踪法研究 HA 在小鼠组织内的分布情况，结果表明，在小鼠 13 个受检组织中均有不同程度的放射性分布，给药后 12 h 内，38.7%的放射性物质从粪便排泄，18.6%通过尿液排泄。连续口服给药后，与对照组相比，大鼠灌胃 31 天后皮肤中 HA 总量有显著性升高，其中游离 HA 含量有极为显著的升高。以上研究表明，口服 HA 被机体吸收后，能分布于机体的受检组织中，尤其可集中定位于皮肤组织。

Sato 等（2020）研究了口服 HA 在胃肠道的吸收途径以及 HA 的吸收量。给大鼠分别灌胃 4 种不同分子量的 HA 制剂（HA 分子量分别为 2 kDa、8 kDa、50 kDa 和 300 kDa），并测定其血液和淋巴中的 HA 浓度。在 HA-2 kDa 组中，口服给药后大鼠血浆中的 HA 浓度升高，淋巴中的浓度最高；在 HA-8 kDa 组中，口服给药后大鼠血浆和淋巴中的 HA 浓度略有升高；而 HA-50 kDa 和 HA-300 kDa 组中大鼠的吸收很少，因此推测小分子 HA 更容易被吸收。在胃肠道中，HA-2 kDa 主要通过门静脉和淋巴吸收。以上研究表明，淋巴系统可在 HA 这类水溶性高分子的摄取和转移中起作用，HA 经口服给药后不仅能转移到血液中，还会转移至淋巴中。

王钊等（2021）发现经口服后的 HA 会被肠道微生物降解为不饱和 2～6 糖，之后被结肠细胞吸收，再运转至皮肤、关节等多个部位。Ishibashi 等（2002）认为，盲肠中的乳杆菌和双歧杆菌在 HA 的吸收中起到重要作用。Kimura 等（2016）给 24 只雄性 SD 大鼠口服不同分子量的 HA（300 kDa 及 2 kDa），检测了 HA 在粪便中的排泄、在肠道中的降解、在大肠中的吸收，以及在血液和皮肤中的转运情况。结果显示，在大鼠粪便中未检测到口服的 HA，HA 可被盲肠内容物降解为寡糖，而人工胃液和肠液对 HA 无降解作用。此外，口服高分子量 HA（300 kDa）后，大鼠皮肤中有 HA 二糖、四糖和寡聚 HA 分布。结果表明，口服 HA 可被肠道微生物降解为寡糖，寡聚 HA 在大肠内被吸收，随后通过血液或淋巴液迁移到皮肤以及各个组织。

以上研究证明，经口服后 HA 能被人体吸收，并通过淋巴循环和血液循环分布至皮肤、关节等组织。

18.3 口服透明质酸的安全性

HA 是一种可以放心食用的天然成分，研究表明，人类母乳中 HA 浓度高达 500 ng/mL（Hill et al.，2013；Coppa et al.，2011），对人体无毒副作用，目前广泛应用于糖果、饮料、膳食补充剂等各类食品中。在小鼠、大鼠、家兔、幼犬、人等多个实验模型的不同暴露途径（含口服、腹腔注射、腹膜注射、吸入、体内植入、眼底注射）的研究结果显示，HA 不具有免疫原性，无生殖、发育和遗传毒性（Becker et al.，2009）。

18.3.1 透明质酸的毒理学研究

HA 的安全性试验包括重复给药毒性试验（Oe et al.，2011）、慢性毒性试验（Miyoshi et al.，1985）、急性毒性试验（Wakisaka et al.，1991；Morita et al.，1991a；Nagano et al.，1984）、亚急性毒性试验（Morita et al.，1991b，1991c；Hasegawa et al.，1984）、生殖和发育毒性试验（Ono et al.，1992a，1992b，1992c；Takemoto et al.，1992；Tanaka et al.，1991a，1991b；Wada et al.，1991）、抗原性试验（Takemoto et al.，1992；Kameji et al.，1991）、诱变试验（Onishi et al.，1992；Sugiyama and Kobayashi，1991a，1991b）和微核试验（Hara et al.，1991），其安全性已得到充分的科学论证。

为推进 HA 在国内食品行业的应用，华熙生物科技股份有限公司分别委托山东省疾病预防控制中心和中国疾病预防控制中心营养与食品安全所，遵照《食品安全性毒理学评价程序》的规定开展了 HA 急性经口毒性试验、遗传毒性试验、90 天喂养试验、致畸试验等毒理学研究（郭风仙等，2010a，2010b；杨桂兰等，2006）。具体研究内容如下。

1. 急性经口毒性试验

1）小鼠急性经口试验

选择 18～22 g 成年健康二级昆明种小白鼠 40 只，雌雄各半。用花生油将 HA 配成 1000 mg/kg、2150 mg/kg、4640 mg/kg、10 000 mg/kg 的浓度，雌雄小鼠随机分组，每组 5 只，对各组动物一次经口灌胃，记录动物的中毒表现及死亡情况，连续观察 14 天。试验结果显示，各组实验动物分别按上述剂量一次灌胃后未出现明显中毒现象，各组动物饮食均正常，在整个过程中各组动物未见死亡情况。试验结果表明，HA 经口急性毒性 LD_{50}＞5000 mg/kg，根据急性经口毒性分级标准，HA 属于实际无毒物质。

2）大鼠急性经口试验

选用 180～220 g 健康 Wistar 大鼠 20 只，雌雄各 10 只。采用最大耐受量法进行试验。一日内灌胃三次，每次灌胃量按 20.0 mL/kg 计算，累积剂量为 5.28 g/kg ，连续观察 14 天。试验结果显示，动物未见明显的中毒症状，也无死亡。大鼠经口急性毒性 LD_{50}＞5.28 g/kg，根据急性毒性分级，HA 属于实际无毒物质。

2. 遗传毒性试验

1）Ames 试验

采用经鉴定符合要求的鼠伤寒沙门氏组氨酸缺陷型 TA97、TA98、TA100 和 TA102 共 4 株试验菌株，以及多氯联苯诱导的大鼠肝匀浆 S-9 作为体外代谢活化系统。设 5 个培养皿，每皿含 HA 分别为 5.0 mg、2.5 mg、1.0 mg、0.5 mg、0.2 mg，同时设未处理对照组、溶剂对照组和阳性对照组。结果显示，未处理对照菌落数在正常范围，HA 各剂量组回变菌落数均未超过溶剂对照菌落数 2 倍，亦无剂量-反应关系，对鼠伤寒沙门氏菌 TA97、TA98、TA100、TA102 共 4 株试验菌株，在加与不加 S-9 试验条件下，均未见该产品有致突变作用。

2）骨髓细胞微核试验

采用间隔 24 h，2 次经口灌胃进行试验，选取体重 25～30 g 健康小鼠，按体重随机分为 5 组，每组 10 只，雌雄各半。试验设 3 个剂量组（HA 灌胃剂量分别为 0.44 g/kg、0.88 g/kg、1.76 g/kg），以及溶剂对照组（蒸馏水）、阳性对照组（环磷酰胺 40 mg/kg）。试验结果显示，HA 各剂量组嗜多染红细胞百分比大于阴性对照组的20%，表明受试物在试验剂量下无细胞毒性；雌雄小鼠环磷酰胺阳性对照组微核发生率均明显高于阴性对照组（P＜0.01），而HA各剂量组与阴性对照组比较无显著性差异（P>0.05），说明该受试物对小鼠体细胞染色体无致突变作用。

3）小鼠精子畸形试验

选用体重30～35 g性成熟雄性小鼠50只，按体重随机分成5组，每组10只，试验设3个剂量组（0.44 g/kg、0.88 g/kg、1.76 g/kg），以及溶剂对照组（蒸馏水）、阳性对照组（环磷酰胺40 mg/kg）。试验结果显示，HA各剂量组小鼠精子畸化发生率均在正常值范围内，而环磷酰胺阳性对照组与阴性对照组比较差异有显著性（P<0.01）。未见HA对小鼠精子畸形发生率产生影响，提示HA对小鼠生殖细胞无致畸变作用。

以上三项毒性试验（Ames试验、骨髓细胞微核试验及小鼠精子畸形试验）均未发现HA有遗传毒性。

3. 90天喂养试验

选用断乳Wistar大鼠80只，雌雄各半，各性别动物根据体重随机分为4组，即对照组和3个剂量组，每组20只。剂量组分别为0.33 g/kg、0.67 g/kg、1.00 g/kg进行试验；对照组喂饲基础饲料。大鼠单笼喂养，自由饮食，连续90天。试验结果显示，试验期间动物未出现拒食现象，活动生长正常，被毛浓密有光泽。各剂量组动物的体重、食物利用率与对照组比较无显著性差异（P>0.05），血常规、血生化指标与对照组比较无显著性差异（P>0.05），脏器重量及脏体比与对照组比较无显著性差异（P>0.05）。病理检查未见HA对被检脏器产生有意义的病理变化。

4. 致畸试验

选取健康、性成熟雌雄Wistar大鼠，按1∶1比例同笼后，检出的孕鼠随机分为4组，即阴性对照组（蒸馏水）及受试物高、中、低剂量组。高、中、低三个剂量组分别为0.67 g/kg、0.33 g/kg、0.17 g/kg（相当于人体推荐量的200倍、100倍、50倍）。每组15只，在受孕的第7～16天，每天灌胃受试物，于大鼠妊娠第20天断头处死孕鼠，剖腹取出子宫和卵巢称重，记录黄体数、着床数、活胎数、死胎数和吸收胎数，称胎鼠体重、胎盘重量，量体长，并将胎鼠分离出子宫进行外观观察；经过处理后，观察内脏、骨骼畸形，记录各项指标。结果表明，以0.17

g/kg、0.33 g/kg、0.67 g/kg 剂量的透明质酸灌胃给予孕鼠 10 天后，动物未出现拒食现象，活动生产正常，被毛浓密有光泽；未见 HA 引起的母体毒性、胚胎毒性及胎鼠骨骼发育迟缓，未见致畸作用。

18.3.2　透明质酸的人体安全性研究

多项人体试验研究均证明口服 HA 具有较高的安全性（Moriña et al.，2013；Sato and Iwaso，2009；Iwaso and Sato，2009）。Jensen 等（2015）开展了一项随机、双盲、对照组临床试验，研究 HA 对持续性疼痛的改善作用，并对其安全性和耐受性进行评价，观察指标包括肝功能、心电图、血常规、综合代谢等。78 人随机分为实验组和对照组，分别连续 1 个月每天口服 HA 口服液（2500～2800 kDa，HA 含量为 5 mg/mL），以及不含 HA 但具有相似黏度和风味的安慰剂，所有参与测试的人员在试验期间前两周每日服用 3 汤匙（45 mL，HA 225 mg），后两周每日服用 2 汤匙（30 mL，HA 150 mg）。受试者实验开始前、2 周、4 周各检查一次肝功能、心电图、血常规和综合代谢。结果表明，口服 2 周后，实验组就展现出对疼痛更好的改善效果，参与测试的人员心电图均正常，肾小球滤过率、血常规和综合代谢指标等均在正常范围内，无明显变化和相关不良反应。

Tashiro 等（2012）开展了一项口服 HA 治疗膝关节炎的临床试验，60 名患者随机分为实验组和对照组，每组 30 人，受试者年龄≥50 岁，实验组和对照组连续 12 个月，分别每天口服 200 mg HA 和安慰剂，HA 分子量为 900 kDa，纯度≥97%，所有受试者均未显示出任何副作用。Bellar 等（2019）为评估 HA（35 kDa）的安全性、人体耐受性及其对健康受试者能量代谢、肠道微生物组成等的影响，开展了一项前瞻性研究，研究方法包括临床评估（身高、体重、血压）、临床化验（血糖、血清氨基转移酶、血尿素氮、白蛋白等）、能量代谢、粪便微生物多样性、血清细胞因子水平等。20 名健康受试者（年龄：30.7±5.6 岁）每天服用一次 HA（140 mg），连续 7 天，HA 粉末溶于无菌水后密封在无菌塑料管中，早餐前 30 min 饮用，结果表明，每天口服 HA（35 kDa）140 mg 对人体无不良反应。

鸡冠在欧盟有一定的食用历史，鸡冠提取物（rooster comb extract，RCE）的主要成分 HA 属于哺乳动物体内内源性物质，因此可作为正常饮食被食用。Kalman 等（2008）开展了一项随机、双盲、对照组临床试验，研究鸡冠提取物 Hyal-Joint® 对骨关节炎的改善作用，并对其安全性进行评价。观察指标包括生化检验、血压、心率、血常规等。20 人随机分为对照组和实验组，每组 10 人，分别连续 8 周口服 Hyal-Joint®（HA 48 mg/d）和安慰剂，每天一粒，早餐后服用，所有受试者生命体征、体重和化验结果均无明显变化。

Nagaoka 等（2010）开展了一项随机、双盲、对照组临床试验，受试者年龄为 40～85 岁，研究含鸡冠提取物的膳食补充剂对骨关节炎的改善作用，并对其安全性和耐受性进行评价，检验内容包括血压、脉搏、尿液检测、生化检验、血液分析等。43 例患者随机分为实验组 21 人和对照组 22 人，分别连续 16 周每天口服含鸡冠提取物的膳食补充剂（HA 60 mg/d）和安慰剂，受试者无相关不良反应，体重、BMI、脉搏、血压、实验室检查项目均较基线无明显变化。

Martinez-Puig 等（2013）开展了含 HA 酸奶对轻微关节不适健康人群改善作用的临床试验，40 例受试者随机分为实验组和对照组，每组 20 人，年龄为 50～75 岁。实验组每天食用含鸡冠提取物的酸奶（HA 80 mg/d），对照组每天食用普通酸奶，连续食用 90 天，所有受试者无相关不良反应。

从细胞试验、动物试验，直至人体试验，研究人员通过不同层面的评价体系，系统而有效地证实了发酵法和提取法所得 HA 的口服安全性。自 HA 被发现以来，各国科学家一直在为推动 HA 成为一种安全可靠的食品原料进行着持续不断的努力，上述研究的相继报道也为 HA 基础研究体系和消费者科普教育提供了更加有力的科学证据，同时也促使科研人员对 HA 在食品领域的新功效、新用途开展了更加广泛的研究和探索。

18.4 口服透明质酸的功效研究

18.4.1 皮肤美容抗衰

皮肤是人体最大的器官，是人体抵御外源性损伤的第一道屏障。由于外在和内在因素的协同影响，皮肤的外观和完整性随着时间的推移而逐渐老化，表现为皮肤水分、弹性和充盈性的逐渐丧失，以及面部皱纹的出现、增多和加深（Baumann，2007；Bioulac et al.，2015；Fraser et al.，1997）。HA 是皮肤细胞外基质的主要成分，在真皮的新陈代谢中发挥关键作用。作为自然界中最亲水的分子之一，HA 被认为是天然的保湿剂（Necas et al.，2008；Longas et al.，1987）。随着年龄增长，女性表皮中 HA 的含量从 30 岁时的 0.03%下降到 60 岁时的 0.015%，70 岁女性的表皮 HA 含量进一步下降到 0.007%。在老年女性皮肤中，HA 仍然存在于真皮层，而表皮中的 HA 已经完全消失（Neudecker et al.，2000）。在衰老的皮肤中，HA 大量减少，HA 聚合物吸收水分的能力减弱，这都会导致皮肤水分流失（Meyer and Stern，1994）。而 HA 数量或密度的降低也是导致皮肤结构塌陷、弹性降低及皮肤表面皱纹形成的主要原因。研究表明，口服 HA 能显著增加皮肤水合度和弹性，并显著降低皮肤粗糙度和皱纹深度（周荷益等，2020）。

1. 口服透明质酸减少皱纹

皮肤的皱纹是在老化、紫外线、干燥等多种因素的影响下形成的。紫外线损伤导致胶原蛋白和 HA 的降解，是皮肤皱纹形成的重要原因。一些研究表明，持续服用 HA 补充剂可以起到一定的减轻皮肤皱纹的效果（Mashiko et al.，2015）。

Oe 等（2017）对出现鱼尾纹的男性和女性受试者进行研究，随机分为 HA 2 kDa 组、HA 300 kDa 组或安慰剂组，每天服用 120 mg HA 或安慰剂，持续 12 周。结果发现，与安慰剂组相比，HA 300 kDa 和 HA 2 kDa 干预均可抑制皮肤皱纹并增加皮肤光泽和弹性，尤其 HA 300 kDa 组的鱼尾纹减少更为显著。

Michelotti 等（2021）对 60 例皮肤表现出轻度或中度老化迹象的女性受试者进行随机、双盲安慰剂对照试验，分为 HA 组和安慰剂组，28 天后 HA 组皮肤水分增加（+10.6%），水分散失减少，同时褶皱深度和体积分别减少 18.8%和 17.6%，弹性和硬度增加（+5.1%）。体外研究发现，外源 HA 可促进真皮成纤维细胞的增殖及内源 HA 和胶原蛋白的合成。口服 HA 可促进真皮成纤维细胞中 HA 的合成，维持皮肤正常结构，并参与抑制皱纹的形成和加深（Cyphert et al.，2015；Greco et al.，1998）。

2. 口服透明质酸对抗光老化

Kawada 等（2015）给无毛小鼠口服不同分子量（300 kDa 和小于 10 kDa）的 HA，同时给予紫外线（UV）照射，持续 6 周，观察小鼠皮肤的变化。结果表明，口服 HA 特别是分子量小于 10 kDa 的 HA，能显著抑制紫外线照射引发的小鼠背部表皮厚度增加和皮肤含水量的减少。此外，口服分子量小于 10 kDa 的 HA，可提高皮肤中 *HAS2* 基因的表达水平。

3. 口服透明质酸改善皮肤干燥

皮肤水分流失和水合作用减弱会导致皮肤干燥、粗糙、暗淡无光，严重的还会转化为乏脂性皮炎，临床表现为皮肤脱屑、皲裂和红斑，并伴有瘙痒，给患者生活带来极大不便。HA 作为一种天然保湿剂，已被广泛应用于化妆品中，起到补水保湿作用。研究发现，口服 HA 同样可以起到改善皮肤干燥的作用。

一项随机、双盲、安慰剂对照试验研究了口服 HA 对皮肤水分及体内抗氧化的影响。研究分为两个部分：皮肤水分组的受试者连续 45 天服用 120 mg 的 HA 或安慰剂，然后分析受试者皮肤水分的变化；体内抗氧化组的受试者连续 180 天服用 120 mg 的 HA 或安慰剂，最后分析受试者血清中血清丙二醛、超氧化物歧化酶和谷胱甘肽过氧化酶的含量变化，结果发现口服 HA 不仅可以增加人体皮肤水分，也可以发挥抗氧化作用（冯宁等，2016）。

另一项研究选择皮肤干燥的女性人群作为受试者，每天口服 HA（800 kDa 和 300 kDa）或安慰剂 120 mg，持续 6 周，结果显示，与安慰剂组相比，HA 两组受试者的皮肤水分含量增加更多，皮肤状态有明显改善（Kawada et al.，2015）。

一项随机、双盲、安慰剂对照试验，对 40 例健康的亚洲男性和女性（年龄 35～64 岁）进行观察，每日摄入 HA 120 mg 或安慰剂，持续 12 周，通过评估皱纹、角质层含水量、经表皮水分流失、弹性和图像分析来确定皮肤状况。12 周后，与安慰剂组相比，HA 组的皮肤状况在皱纹评估、角质层含水量、经表皮水分流失和弹性等方面均有显著改善；与初始值相比，在摄入 8 周和 12 周后，HA 组的皱纹评估、角质层含水量和皮肤弹性均显著改善。该研究结果表明，口服 HA 可抑制皱纹，改善皮肤状况（Hsu et al.，2021）。

18.4.2 改善关节功能

世界人口正在迅速老龄化，而骨关节炎是老年人群中的常见疾病，患者数量日益增多。除了医疗手段，自我主动预防和治疗也是减轻病症和提高生活质量的重要辅助手段，口服 HA 因其良好的安全性和相对较低的成本而被广泛采用。HA 作为一种膳食补充剂成分，疗效温和，无副作用，为预防和治疗骨关节炎提供了更多可能（Tashiro et al.，2012；Oe et al.，2016）。

目前，HA、氨基葡萄糖和软骨素等膳食补充剂已被用于治疗患有轻度骨性膝关节炎的人群（Guadagna et al.，2018）。口服 HA 由于其安全性和相对较低的成本，一直是治疗骨关节疼痛的研究热点。

口服 HA 可被人体吸收并分布于关节中，同时保持其生物活性，从而补充关节中流失的 HA，达到润滑、抗炎和镇痛的效果。有观点认为，HA 可通过直接进行免疫调节抑制炎症。Jensen 等（2015）认为 HA 可与 CD44 结合，从而抑制 IL-1

诱导的Ⅱ型胶原 mRNA 的下调，起到抗炎作用。Asari 等（2010）给 Th-1 型自身免疫性疾病模型的 MRL-lpr/lpr 小鼠口服 HA[900 kDa，Hyabest®（J）]，发现 HA 可与肠道上皮细胞表面的 TLR-4 结合，从而促进抗炎细胞因子 IL-10 的产生，通过调控细胞因子信号转导抑制因子 3（suppressor of cytokine signaling 3 ，SOCS3）和多效生长因子的表达，从而抑制促炎细胞因子表达，最终达到抑制全身炎症包括骨关节炎的效果（Tashiro et al.，2012）。基于此机制，Tashiro 等（2012）认为 HA 在肠道中即可实现改善骨关节炎（osteoarthritis，OA）的效果。

此外，口服 HA 在体内经降解释放的单糖可能也具有软骨保护作用和抗炎活性。葡萄糖胺是一种可缓解 OA 症状并能抑制疾病进展的膳食补充剂，在体内通过一系列溶酶体酶转化为 *N*-乙酰氨基葡萄糖，而 HA 在体内分解后也可产生 *N*-乙酰氨基葡萄糖，因此，HA 可能具有类似于葡萄糖胺的抗炎作用（Tashiro et al.，2012）。此外，HA 也被证实在成纤维细胞的发育和分化中发挥作用（Martinez-Puig et al.，2013）。

1. 口服透明质酸改善关节功能的动物研究

已有大量研究证实了口服 HA 在缓解关节疼痛方面的有效性。有动物试验表明口服 HA 能预防骨关节炎，改善骨关节炎症状，并对其有良好的治疗效果。

陈洁等（2012）研究了口服 HA 对小鼠佐剂性关节炎的作用。每天给予小鼠 0.5 mL 200 mg/kg 相对分子量为 1×10^6 的 HA，连续给药 28 天，结果发现 HA 组小鼠的足跖肿胀程度、关节炎指数、血清中的 IL-1 及 HA 含量均显著低于模型组，并与双氯芬酸钠的治疗效果相似。但双氯芬酸钠为非甾体抗炎药，长期使用会产生多种副作用。研究表明，口服 HA 具有较高的安全性，长期服用可改善关节炎症状，对关节炎有良好的治疗作用。

刘杰（2011）研究了口服 HA 对小鼠骨关节炎的作用及其药物动力学，采用膝关节肿胀度、血清学指标及病理学切片评价口服 HA 干预 OA 的效果。结果发现，口服 HA 后能够以原始大分子及消化产物两种形式被机体吸收利用，OA 小鼠口服 HA 后可减轻关节症状，改善血清学水平，并延缓 OA 病理进程。Serra Aguado 等（2021）以患有骨关节炎的犬为模型，评估了口服 HA 对胫骨结节提高手术术后发生前交叉韧带断裂的影响，发现口服 HA（Mobilee®，含 60%～75% HA，800～1000 kDa）使关节滑膜液中 HA 含量显著提高，而氧磷酶-1 水平显著减低。这些变化表明口服 HA 可能对治疗犬的膝关节骨关节炎有效。

2. 口服透明质酸改善关节功能的临床研究

世界各个国家与地区通过大量人体临床试验，充分证实了口服 HA 在预防和治疗骨关节炎方面的有效性。

研究人员以日本丘比公司口服 HA 产品 Hyabest®对膝骨关节炎患者的影响进行了多个不同的临床试验。Tashiro 等（2012）发现每天服用 200 mg Hyabest®，连续口服 12 个月并配合股四头肌强化锻炼，可有效缓解膝关节疼痛和僵硬。Iwaso 和 Sato（2009）发现每天口服 240 mg Hyabest®显著改善了患者的膝关节疼痛和僵硬（P<0.05）。Sato 和 Iwaso（2008）发现每天口服 240 mg Hyabest®能有效改善变形性膝关节炎患者的症状；每天口服 200 mg Hyabest®对骨性膝关节炎患者的治疗是有效的，且没有不良反应（Sato and Iwaso，2009）。

日本 Everlife 公司推出含鸡冠提取物的产品 Kojun®和 Kojun Premium®，并以此产品进行了多项临床试验。Yoshimura 等（2012a）发现口服 Kojun®（4800 mg/d，约 72 mg HA/d）可改善健康足球运动员亚临床关节疼痛。Yoshimura 等（2012b）还研究了 Kojun®（4800 mg/d，约 72 mg HA/d）对运动员软骨和骨代谢的影响，发现连续口服 Kojun® 12 周后，能有效抑制软骨降解，促进骨重塑。Takamizawa 等（2016）研究了 Kojun Premium®对膝盖疼痛、僵硬和不适的影响及其安全性，发现服用 4～12 周后，实验组展现出明显效果，血液测试结果显示使用此补充剂对健康没有任何危害。

Ogura 等（2018）研究了服用含鸡冠酶解产物（以低分子 HA 为主要成分）的试验品 INJUV（1200 mg/d）的功效，发现受试者腰痛和膝关节疼痛症状明显改善，膝关节活动范围显著扩大（P<0.05），舒张压明显下降（P<0.05），血清总胆固醇和 HbA1c 明显减少（P<0.05），试验期间没有发现不良反应。

西班牙 Bioiberica 公司推出 3 款含 HA 产品——Hyal-Joint®、Oralvisc®和 Mobilee™，并分别进行了多项临床试验。

Kalman 等（2008）发现每天口服 Hyal-Joint®（80 mg/d，含 HA 48 mg/d）有助于减少 OA 患者的身体疼痛，改善身体功能，并提高生活质量。Moller 等（2009）则发现口服 Hyal-Joint®（80 mg/d，含 HA 48 mg/d）的膝骨关节炎患者中滑膜积液改善情况显著优于服用镇痛药物醋氨酚（PCT）的患者。

Nelson 等（2015）为了确定 Oralvisc®对骨关节炎膝关节疼痛和功能的影响，进行了一项为期 3 个月的双盲、随机、安慰剂对照研究，患者每日口服 80 mg Oralvisc®（含 70%HA），结果发现口服 HA 可安全有效地治疗膝骨关节炎，并可减轻疼痛，缓解局部和全身炎症。

Martinez-Puig 等（2013）发现给轻度关节不适的受试者服用含有 80 mg Mobilee™ 的酸奶（HA 含量为 65%），可以有效提高膝关节的弯曲和伸展能力，从而降低骨关节炎发病的风险。Sánchez 等（2014）发现每天服用含 80 mg Mobilee™ 的酸奶（HA 含量为 65%），可显著降低 OA 患者膝关节疼痛强度和减少滑膜积液，并提高其肌肉力量。Bernal 等（2019）的研究表明，摄入含有 80 mg Mobilee™ 的低脂酸奶，可以改善患有轻度膝痛人群的膝盖肌肉强度。Solà 等（2015）认为，长期饮用含鸡冠提取物的低脂酸奶可以作为一种改善肌肉力量的饮食疗法，改善四头肌和腿筋的肌肉。在此基础上，Moriña 等（2018）发现口服含鸡冠提取物（rooster comb extract，RCE，含 65% HA）的低脂酸奶，提高了轻度膝关节疼痛患者的肌肉力量，减少了滑膜积液和疼痛感，这可能由于含 HA 的 RCE 促进了成肌细胞的增殖，减少了成肌细胞的分化，说明 RCE 有益肌肉再生。

Jensen 等（2015）对美国 Viscos LLC 公司的产品进行了研究，观察每日服用含高分子量 HA 的口服液（分子量为 2500～2800 kDa，浓度为 5 mg/mL）对慢性疼痛的影响，并对其安全性和耐受性进行基本评估。实验时间为 4 周，前 2 周每日口服 45 mL，后 2 周每日服用 30 mL。服用 2 周后，实验组的疼痛评分显著降低（$P<0.001$）；服用 4 周内，实验组睡眠质量（$P<0.005$）和体力水平（$P<0.05$）有显著提高。此外，口服高分子量 HA 可以降低炎症水平，包括肾脏在内的多个器官功能得以改善。因此，服用含高分子量 HA 的口服液可有效减轻慢性疼痛及相关症状。

意大利 River Pharma 公司生产出名为 Syalox 300® Plus 的产品，Ricci 等（2017）研究了注射和口服 Syalox 300® Plus 对早期膝关节骨性关节炎的治疗效果，先口服 Syalox 300® Plus（含 300 mg HA）20 天，再口服 Syalox 150®（含 150 mg HA）20 天，发现 HA 注射和口服对早期骨关节炎患者的治疗有帮助，且根据年轻和年长受试者的不同试验结果，建议采取先局部注射、再口服的联合治疗方式。在使用抗炎药物如 AKBA 的基础上补充 HA，有助于减少非甾体抗炎药物的使用。Andor 等（2019）的研究也证实，口服 Syalox 300® Plus（含 300 mg HA）对膝骨关节炎有显著改善。

意大利 PharmaSuisse 实验室开发出一款名为 Ialoral 1500™ 的产品，含 HA、硫酸软骨素、角蛋白基质、锰和胡椒碱。Galluccio 等（2015）发现，口服 Ialoral 1500™ 不仅安全、耐受性好，还能快速减轻疼痛、改善关节功能、缓解僵硬，从而显著减轻临床病症。

Cicero 等（2020）发现口服全分子量 HA（200 mg/d）可在短期内改善膝骨关节炎的症状和关节功能，并减少非甾体抗炎药和抗疼痛药物的使用频率。Wang 等（2021）研究了口服低分子量 HA 混合液（含 50 mg 50～500 kDa HA、750 mg 葡萄糖胺和 250 mg 软骨素的混合物）对 OA 患者的影响，发现此 HA 混合液可明显缓解患者的轻度膝关节疼痛。

杭兴伟等（2015）发现单独口服 HA 或氨基葡糖均能在一定程度上缓解小鼠佐剂型关节炎症状，而同时口服 HA 和氨基葡糖能起到更好的消肿效果，更有效并更快地减轻小鼠足跖肿胀度，降低血清中 IL-1 及 TNF-α 的含量，进而对小鼠佐剂型关节炎起到更好的治疗效果。

华熙生物对公司旗下食品级 HA（HAPLEX®Plus）开展了多项口服功效研究。在对经常进行高强度运动人群的关节软骨改善方面，受试物对关节软骨疼痛和功能方面改善明显，且治疗期间没有观察到副作用。在对绝经后女性的骨质疏松症治疗中发现，受试物在体征变化（骨量、脂肪量、体脂率、肌肉量、全身水分）和全身疼痛方面均有显著改善，且未见与治疗直接相关的不良反应或并发症。在对退行性关节炎患者的治疗中发现，HA 与硫酸软骨素联合使用，在改善关节软骨疼痛和功能方面效果显著且无副作用。

美国 Schiff 公司的 Move Free 益节是全世界销量最好的关节保健品之一，自 2002 年上市以来，先后推出适合不同人群和症状的系列产品。红标为标准版，核心成分有氨基葡萄糖、软骨素、HA 及果糖硼酸钙；绿标在红标基础上增加止疼成分二甲基砜（methyl sulfonyl methane，MSM），适合运动人群和中老年人；蓝标在绿标基础上增加维生素 D_3，适合肥胖人群；白标主要添加用于缓解关节疼痛的 MSM 和 II 型胶原蛋白、用于强化骨骼的硼以及 HA，其优势是规格小、易吞服；金装绿标和之前的绿标相比，软骨素含量增加 260%，生物利用度提高 43%，适合关节疼痛感较强烈的人群。自 2015 年进入中国，Move Free 益节迅速成为各大电商平台关节类热销产品，也进一步带动了国内 HA 类关节保健品的研究和开发。

18.4.3 改善肠道健康

肠道是哺乳动物体内重要的消化器官，可分为小肠、大肠和直肠三段，其中，食物的消化和营养物质的吸收主要在小肠，食物残渣的浓缩和粪便的形成主要在大肠，粪便最终经直肠排出体外。肠道屏障包括由肠道上皮黏膜及黏膜相关组织组成的物理屏障、覆盖在肠道上皮黏膜的黏液层组成的化学屏障、肠道共生微生物组成的微生物屏障，以及分布于黏膜上皮细胞间的免疫细胞组成的免疫屏障，四者相互作用，共同维护肠道的内平衡。

HA 作为细胞外基质的重要组成成分，在肠道屏障中发挥着重要作用。HA 是胃肠道肠壁的黏膜、上皮和细胞外基质的主要成分之一（Kotla et al.，2021）。作为一种具有黏弹性的生物大分子，HA 可以吸附在肠道黏膜表面，成为抵抗病原微生物刺激的物理屏障。HA 能调节肠道中水分和离子交换，肠道中的毛细淋巴管和毛细血管则可以通过与富含糖胺聚糖-胶原的细胞外基质 ECM 持续相互作用来调控水和溶质的动态运输（Kvietys and Granger，2010）。

此外，HA 还能调节肠道天然免疫反应。当肠道屏障受到外界毒素的损伤，被入侵的病原体攻击，或当定植微生物通过损伤的肠道时，肠道上皮免疫细胞会通过先天免疫反应对其进行防御。HA 作为炎症反应的重要调控因子，可以通过与 Toll 样变体 4（Toll-like receptor 4，TLR4）及 CD44 等细胞表面受体的相互作用调控先天免疫反应；Zheng 等（2009）认为，在葡聚糖硫酸钠（dextran sulphate sodium，DSS）诱导的结肠炎小鼠模型中，DSS 通过 TLR4- MyD88 相关途径诱导透明质酸合酶 2 和透明质酸合酶 3 在远端结肠的表达，从而促进 HA 的合成，产生的内源 HA 可激活 TLR4 和抑制环氧化酶 2（cyclooxygenase-2，COX-2）表达。Mao 等（2021）的试验结果也表明，DSS 诱导的结肠炎模型中，在外源性细菌感染和黏膜化学损伤的情况下，给予 HA 都可减轻肠道炎症，这些结果都表明 HA 具有维持肠道稳态的作用。除此以外，HA 还能通过其他独特的机制调控炎症。

Di Cerbo 等（2013）的研究表明，HA 还能保护肠道益生菌，一定浓度的 HA 可促进肠道益生菌的繁殖。牛沂菲等（2018）研究发现，服用 HA 的小鼠对肠道李斯特氏菌、柠檬酸杆菌、肠致病性大肠杆菌感染的抵抗能力升高，意味着 HA 对维持肠道稳态发挥着促进作用。这也暗示着 HA 或许能通过促进肠道屏障功能，抵抗肠道细菌感染。

在研究过程中发现，不同分子量的 HA 在肠道中的作用也不尽相同。当肠道处于损伤状态时，如患人的克罗恩病（Majors et al.，2003）、小鼠 DSS 诱导结肠炎时，HA 合成会增加（Zheng et al.，2009）。而腹腔注射 HA 可以抑制 DSS 和放射线照射对小鼠肠道的损伤，且以上作用与 HA 和 TLR4 受体的相互作用密切相关（Zheng et al.，2009；Riehl et al.，2012）。Hill 等（2012）研究了分子量在 4.7 kDa（HA-4.7）到 2000 kDa（HA-2M）不等的 HA 对人结肠上皮细胞 HT-29 的影响，发现分子量小于 200 kDa 的 HA 能诱导细胞分泌抗菌肽 HβD2（human β-defensin 2），其中分子量为 35 kDa 的 HA 效果最好。而通过对分别敲除 CD44 和 TLR4 的转基因小鼠的研究，研究人员断定 HA 通过与 TLR4 的相互作用诱导小鼠结肠上皮分泌 HβD2 的同源物。

研究还发现，给小鼠口服 HA-35 可促进其肠上皮表达胞质紧密粘连蛋白-1（zonular occludens-1，ZO-1）（Kim et al.，2017）。ZO-1 是紧密连接复合物（tight junction complex）的重要组成元件。紧密连接是相邻细胞间顶端的连接结构，可封闭细胞间隙，防止肠道中有害物质进入肠道黏膜，而肠道炎症会引起 ZO-1 的表达下降，从而影响肠道黏膜的通透性（Groschwitz and Hogan，2009）。口服 HA-35 还能抑制小鼠因感染鼠伤寒沙门氏菌（*Salmonella typhimurium*）而引起的 claudin-2 的表达（Kessler et al.，2018）。Claudin-2 是一种膜蛋白，是离子和水进出细胞的通道，claudin-2 的上调意味着肠道上皮细胞通透性增强，稳定性变差。Claudin-2 表达上调是溃疡性结肠炎和克罗恩病的重要标志（Oshima et al.，2008）。以上研究表明，口服 HA 可通过促进 ZO-1 的表达及抑制 claudin-2 的表达来巩固肠道屏障，阻止病原菌进入肠道黏膜内部，避免引发感染和炎症。在另一项研究中，口服 HA-35 可降低感染沙门氏菌小鼠的血清 IL-6 水平（Kessler et al.，2018）。

此外，Chaaban 等（2021）通过给小鼠幼崽饲喂 HA-35，发现其可以促进肠上皮细胞增殖，以及潘氏细胞和杯状细胞亚群的发育，HA-35 也会影响肠道微生物菌群。 Burge 等（2022）通过建立坏死性小肠结肠炎（necrotizing enterocolitis，NEC）二级小鼠模型，发现 HA-35 显著降低了疾病的严重程度，并有降低死亡率的趋势，而 RNA-Seq 分析表明，HA-35 上调了与杯状细胞功能和先天免疫相关的基因。在 NEC 的二级模型中，这些激活小肠的关键保护和修复机制，可能在 HA 对于小鼠幼崽的病理减轻和存活率提高方面发挥作用，为人类早产疾病提供了潜在的翻译靶点。Ray 等（2023）验证了 HA-35 改善乙醇诱导的肠道损伤的假设，研究表明，HA-35 的治疗性给药有利于在乙醇诱导的肠道损伤早期阶段恢复肠道上皮的完整性和防御功能。

目前，de la Motte CA 课题组已经证实，口服 HA 能抑制小鼠肠道伤寒沙门氏菌（Kim et al.，2017）和柠檬酸杆菌（Kessler et al.，2018）感染，改善 DSS 诱导的结肠炎（Kim et al.，2018）和坏死性小肠结肠炎（NEC）（Gunasekaran et al.，2020）对小鼠肠道的损伤。而最近 Mao 等（2021）研究发现，平均分子量在 34 kDa 的 HA 能通过调节肠道菌群平衡而抑制小鼠肠道柠檬酸杆菌感染。以上试验证明了 HA 能够通过改变小鼠肠道微生物菌群的组成，从而改善柠檬酸杆菌诱导的结肠炎。

母乳喂养有助于婴儿健康成长已逐渐成为大众的共识。早在 1934 年，美国拉什医学院的 Grulee 等（1934）就通过调查发现，母乳喂养的婴儿胃肠道感染发病率是人工喂养的 50%，很多现代临床调查也证实了这一观点。母乳中也存在 HA 片段（＜500 kDa）（Yuan et al.，2015；Hill et al.，2013），这意味着新生儿从出生后就会摄入 HA，推测 HA 可能参与新生儿消化系统成熟过程，表明 HA 可能对新生儿有益，类似于可保护婴儿免受感染的母乳寡糖（Bode，2012）。

研究表明，孕妇分娩后产生的母乳中 HA 浓度较高（500 ng/mL），而在分娩后一年内逐渐下降，最终达到相对稳定的水平（100 ng/mL）（Coppa et al.，2011；Hill et al.，2013）。Hill 等（2012）从人乳中纯化得到的 HA 会通过 TLR4 和 CD44 介导的信号通路诱导人结肠上皮细胞 HT-29 分泌 HβD2，并保护细胞免受鼠伤寒沙门氏菌感染。β-防御素（β-defensin，BD）的同源物在小鼠肠黏膜也有表达，对保护肠道屏障的完整性具有重要作用。给小鼠口服人乳 HA 能促进其肠黏膜分泌 β-defensin 同源物，从而抵御鼠伤寒沙门氏菌引起的小鼠肠道细菌感染。这表明，人乳中的 HA 可通过促进 BD 同源物的分泌，增强肠道上皮细胞的天然免疫能力，从而抑制肠道病原菌感染。Coppa 等（2016）则发现，母乳中提取的黏多糖（glycosaminoglycan，GAGs）能显著抑制大肠杆菌和伤寒沙门氏菌对人肠道上皮细胞 Caco-2 和 Int-407 的黏附作用，从而帮助抵御病原菌引起的急性肠道感染。

上述对母乳中 HA 的研究结果在一定程度上展示了 HA 对新生儿早期健康干预的可能性，结合 HA 现有的国内外安全性研究数据，其在婴配食品中的应用具有潜在的优势且令人期待。除我国和巴西，其他世界主要国家均未对 HA 在婴配食品中应用进行限制。

由于 HA 在婴幼儿、孕妇和哺乳期妇女中的食用安全性资料不足，我国从风险预防原则考虑，上述人群不宜食用。因此，未来 HA 在我国婴配食品行业的应用，机遇和挑战并存。为了推动其在该行业的健康发展，需加大科研投入，深入探索其在特定人群食品中的生理功能和安全性；同时，还应加强行业自律，严格遵循相关法规和标准，确保产品质量和安全性；此外，还需不断做好消费者教育，提高消费者对 HA 在婴配食品中的认知度和接受度。

18.4.4 胃黏膜保护

1. 缓解胃溃疡

胃溃疡是消化内科的常见疾病，胃的内壁有一层能起到保护作用的胃黏膜，当胃黏膜由于某种原因出现破损时，该部位则容易发生溃疡，即形成胃溃疡。常见症状包括胃部疼痛、食欲不振、餐后腹胀或胃部不适等。胃溃疡的常见诱因包括幽门螺杆菌感染、服用非甾体类抗炎药等，胃黏膜防御机制的缺陷是形成溃疡的第一步。自由基和氧化应激反应也与胃溃疡的发病密切相关，主要表现为总抗氧化能力（total antioxidant capacity，TAC）和谷胱甘肽过氧化物酶（glutathione peroxidase，GSH-Px）水平的异常降低，丙二醛（malondialdehyde，MDA）水平等异常升高，而氧化应激反应则不利于溃疡创面的愈合。

抗氧化剂有助于保护细胞免受氧化应激造成的损害，同时增强人体防御系统。文献表明，HA 具有抗氧化特性（Campo et al.，2008a；Zhao et al.，2008），可以通过创建物理屏障来减少由活性氧中间体（reactive oxygen intermediate，ROI）引起的组织损伤，该屏障限制 ROI 进入细胞并减少 DNA 损伤，抑制 NF-κB 和半胱天冬酶活化（Zhao et al.，2008；Campo et al.，2004，2008b）。经透明质酸酶降解，大分子 HA 可被降解为 HA 生物活性片段，与 CD44 和 TLR4 受体结合，发挥抑制皮肤黏膜炎症的作用。Al-Bayaty 等（2011）对大鼠分别进行蒸馏水（空白组）、奥美拉唑（对照组）、高分子量 HA 凝胶（240 mg/100g）和 0.8% HA 凝胶（实验组）口服灌胃，1 h 后灌服乙醇，处死大鼠后进行胃部病变总体评估和组织学评估。结果表明，与仅用蒸馏水灌胃的大鼠相比，在给予无水乙醇之前用 HA 凝胶预处理的大鼠，胃溃疡形成面积显著减少；与治疗胃溃疡的标准药物奥美拉唑相比，高分子量 HA 凝胶灌胃对胃溃疡的抑制作用更为显著，大鼠胃黏膜皱襞变平。同时，组织学观察显示，仅用蒸馏水灌胃的大鼠胃黏膜有相对广泛的损伤、黏膜下水肿和白细胞浸润，HA 凝胶预处理的大鼠溃疡面积减少，黏膜下水肿和白细胞浸润减少或不存在。

2. 改善胃食管反流

胃食管反流病是指胃、十二指肠内容物反流入食管引起烧心、反酸等症状，并可导致食管炎和咽、喉、气道等食管以外的组织损害。食管作为消化道的一部分，其黏膜屏障包括上皮前屏障、上皮屏障和上皮后屏障，上皮前屏障包括食管上皮表面黏液、静水层和上皮细胞的表面 HCO_3^-，具有保护食管黏膜的作用。胃反流液中所含有的物质，如食物、盐酸和胃蛋白酶等都可能损害屏障，从而增加黏膜通透性。胃食管反流引起的化学损伤导致的渗透性增加，是黏膜破裂和症状加重的主要原因。临床结果表明，伴有酸反流的患者均存在食管黏膜上皮细胞间隙增宽（Savarino et al.，2013；Caviglia et al.，2005；Zentilin et al.，2005），这种细胞间隙导致渗透性增加，有利于氢离子和其他物质（包括胃蛋白酶和胆汁）进入食管黏膜下层，从而到达神经纤维，刺激产生胃灼热等典型症状。

HA 在伤口愈合过程中起着重要作用，有研究指出 HA 可以促进胃食管反流病患者黏膜再上皮化（Palmieri et al.，2009）。HA 主要存在于软结缔组织的细胞外基质中，是一种广泛存在的生物活性物质，通过与特定受体结合调节细胞功能，参与伤口修复和再生等多项关键生理过程（Gaffney et al.，2010）。同时，HA 可以在食管黏膜表面构成黏膜屏障，其生物学作用主要取决于其亲水性和流体动力学特性。HA 是一种高分子量的糖胺聚糖，通过形成的网状结构和分子框架作为过滤器，利用其与聚合物水合特征相关的黏弹性来防止高分子量物质的扩散（Volpi et al.，2009），填充黏膜上皮细胞间隙，以修复受损的黏膜层。

Savarino 等（2017）筛选出 175 例 18～75 岁出现胃灼热、酸反流、胸骨后疼痛和口腔酸味症状的患者，采取黏膜保护剂加酸抑制联合治疗，黏膜保护剂由 80～100 kDa 低分子量 HA 和 10～20 kDa 低分子量硫酸软骨素按 1∶2.5 混合而成，结果表明，联合治疗可以有效缓解胃反流症状。Palmieri 等（2013）开展了 HA 和硫酸软骨素口服制剂随机试验，研究其用于治疗患者非糜烂性胃食管反流的效果，20 名年龄≥18 岁的患者参加了该试验，结果表明，经 HA+硫酸软骨素处理的患者，胃灼热和胃反流症状得到显著改善。Romano 和 Scarpignato（2022）为研究治疗胃食管反流的新方法开展了一项回顾性调查研究，评估 Esoxx™ 对患有胃食管反流儿童的安全性和有效性。Esoxx™ 主要由 HA 和硫酸软骨素组成，25 例患者参与 Esoxx™ 治疗，年龄 12～16 岁，每天 3 次饭后服用 Esoxx™，连续服用 3 周后，所有患者胃灼热、上腹部灼热、餐后反流症状均显著改善（$P<0.001$），无不良反应，耐受性和依从性良好。Ribaldone 等（2021）开展了一项随机、双盲、对照组临床试验，研究含 HA 专利液体制剂缓解胃食管反流的有效性和安全性，40 例患者随机分为实验组 20 人和对照组 20 人，连续 14 天分别每天口服液体制剂和安慰剂，每天 3 次，受试者无相关不良反应，95%实验组患者和 20%对照组患者胃食管反流症状得到改善（$P<0.0001$）。

18.4.5　缓解骨质疏松症

骨质疏松症是一种多发于老年人，以骨密度和骨质量下降、骨微结构损坏、骨脆性增加为标志的全身性骨病（彭坤，2022）。随着社会老龄化加剧，骨质疏松症患者不断增加，骨质疏松性骨折发生率随之升高，给医疗保健系统带来了巨大压力。

HA 可通过 RANKL/RANK 信号通路来调节破骨细胞/成骨细胞活性，从而调节骨转换。无论是将 HA 单独使用还是与骨分化因子联合使用，都能促进人成骨细胞骨基质蛋白的表达（Pilloni and Bernard，1998）和体内骨骼形成（Prince，2004；Aslan et al.，2006；Moffatt et al.，2011）。这些效应在使用分子量大于 100 kDa 的 HA 时最为显著，而分子量 20～100 kDa 的 HA 能促进破骨细胞的相关功能（Bastow et al.，2008）。HA 还可以通过控制先天免疫能力，间接维持骨细胞功能稳态，例如，高分子量 HA 通过抑制前列腺素 E 的合成来减少骨关节炎引起的骨吸收（Asari et al.，2010），还具有减少骨转换的潜力（Ma et al.，2013）。口服高分子量 HA 可减少 T 细胞中的炎症因子，促进 IL-10 等抗炎细胞因子的产生（IL-10 的产生源于 HA 与 TLR-2、TLR-4 之间的相互作用），这些变化均与骨密度的增加和骨代谢的改变有关（Jiang et al.，2007；Kim et al.，2009；Asari et al.，2010）。

Stancíková 等（2004）探讨了口服不同分子量 HA 对卵巢切除术（ovariectomy，OVX）诱导大鼠骨质疏松的影响，发现口服高分子量 HA（1620 kDa）可以抑制去卵巢大鼠的骨吸收，并对骨密度有保护作用，其疗效与口服 HA 的分子量和剂量呈依赖关系。Ma 等（2013）的研究也表明，口服 HA（0.12%灌胃溶液）可显著降低与 OVX 大鼠轻度骨质缺乏相关的骨转换。这些研究成果为后续口服 HA 缓解骨质疏松的人体临床研究提供了依据。

18.4.6 缓解萎缩性阴道炎

萎缩性阴道炎是绝经期和绝经后妇女中的常见疾病。女性的性功能和性生活频率在 20～30 岁时开始下降，绝经后达到最低水平（Hayes and Dennerstein，2005）。绝经后，女性体内雌激素水平显著下降，导致阴道干燥、疼痛和刺激、排尿困难、阴道分泌物增多、反复尿路感染，以及与性活动相关的阴道出血。阴道萎缩治疗策略分为激素治疗和非激素治疗。激素治疗可能提高乳腺癌发生风险，因此不建议长期使用。非激素治疗策略主要是外用阴道润滑剂和润肤霜，以及口服补充营养物质，如维生素 E、橄榄油和异黄酮等（Jenkins and Sikon，2008）。Galia 等（2014）研究表明，口服 HA 可以减少阴道上皮萎缩，并改善患者的症状和不适感。对于不想或不能服用雌激素且对阴道给药依从性较差的患者来说，口服 HA 或许是一种安全有效的选择。

18.5 展　　望

随着 HA 的应用范围扩大至普通食品，我国 HA 食品的赛道已完全打开，也给国内众多食品研发和生产企业带来了新的机遇和挑战。

HA 是人体内源性物质，广泛存在于关节腔、皮肤、软骨等组织中，因其良好的保水性、润滑性等特点，具有很高的临床和应用价值。目前，HA 在医美、日化等领域应用较广泛，而在食品行业仍处于起步阶段，按照我国现有法规仅可应用于普通食品及注册制保健食品。基于 HA 独特的生物特性，其在特殊医学用途配方食品中也有广阔的应用前景。

特殊医学用途配方食品（特医食品）是指为满足进食受限、消化吸收障碍、代谢紊乱或者特定疾病状态人群对营养素或者膳食的特殊需要，专门加工配制而成的配方食品，须在医生或临床营养师指导下使用，参照《特殊医学用途配方食品通则》（GB 29922—2013）。特医食品标准涉及蛋白质、脂肪、碳水化合物、膳食纤维、维生素和矿物质，营养成分达 40 多种。《特殊医学用途配方食品注册申请材料项目与要求（试行）》（2017 修订版）规定，特医食品中“不得添加标准中规定的营养素和可选择成分以外的其他生物活性物质”。

尽管我国法规尚未放开，但 HA 在特医食品领域的研究却从未止步。2019 年，位元元等（2019）研究了适用于吞咽困难患者的 HA 增稠肠内营养制剂及其流变学性质，结果显示，HA 增稠的营养制剂不仅能给患者提供比较全面的营养支持，同时，其流变学性质又能满足患者安全吞咽的需求。HA 作为机体内的多功能基质，具有调控细胞增殖、分化、迁移、润滑关节、保护软骨、促进创面愈合、抗氧化、抗衰老等重要的生理功能，未来在运动营养食品、特医食品等特殊食品领域存在巨大的应用潜力。

虽然 HA 的应用范围由保健食品扩大至普通食品，但基于现有大量临床安全研究数据，其在食品应用类别和每日最大使用量上仍有较大提升空间。

我国保健食品注册备案双轨制实施以来，原料目录和备案范围也在逐步扩大。随着我国保健食品市场的发展，首批进入备案制的原料（维生素和矿物质）已无法满足多元化的市场需求。国家市场监督管理总局会同国家卫生健康委员会、国家中医药管理局于 2020 年 12 月 1 日发布了辅酶 Q_{10} 等五种保健食品原料目录的公告，自 2021 年 3 月 1 日起施行，原料功效包括增强免疫力、抗氧化、改善睡眠和辅助降血压。相对于注册制保健食品而言，备案制保健食品免去了烦琐的审批流程，为企业节省了大量时间和费用，将产品的申报周期由 3～5 年缩短至半年左右。

HA 在日本被广泛应用于机能性表示食品及健康食品等，机能性表示食品只需在上市前向消费者事务厅提交支持该产品安全性和有效性的证据，即可上市销售，HA 相关的功能声称主要以有助于保持皮肤水分、缓解皮肤干燥为主。美国含有 HA 的膳食补充剂，生产商仅需根据美国《膳食补充剂健康与教育法案》（DSHEA）规定，向美国 FDA 提供产品声明即可，无须注册，含 HA 产品功能以支持关节健康和皮肤健康为主。韩国《健康功能食品功能性原料及标准、规格认证相关规定》规定，HA 可以直接加入到健康功能食品中，具有帮助皮肤保湿（每日摄入量为 120～240 mg）、缓解紫外线对皮肤的损伤及维持皮肤健康的功能（240 mg），同样无需注册。

2023 年 8 月，国家市场监管总局发布《保健食品新功能及产品技术评价实施细则（试行）》的公告，旨在推动保健食品新功能及产品研发，为我国保健食品市场注入新活力，更好地满足当今人民群众的健康需求。保健食品新功能定位应当明确，分为以下三类：①补充膳食营养物质；②维持或改善机体健康状况；③降低疾病发生风险因素。

截至 2023 年年底，基于保健食品功能目录和原料本身的功效特性，我国已获批的注册制含 HA 保健食品功能主要集中在改善皮肤水分（48.2%）、增加骨密度（46.4%）和抗氧化（7.1%）。如本章内容所述，除上述功能以外，目前已有多项研究证实 HA 在眼睛、关节、胃肠道等领域具有维持或改善机体健康状况和降低疾病发生风险的作用。因此，推动未来 HA 在保健食品新功能中的研究和应用，对于不断提升上游原料生产企业市场影响力、中游产品开发和制造企业品牌力、下游消费者认知度，满足当前人口结构下人民群众的健康需求，以及为 HA 产业集群发展和稳步扩张持续注入新活力，都具有极为深远的意义。

18.6 国内外含透明质酸膳食补充剂及普通食品一览

国内外含 HA 膳食补充剂及普通食品如表 18-2～表 18-9 所示。

18.6.1 保健食品

表 18-2 国内含透明质酸的保健食品

品牌	产品名称	公司	主要成分	保健功能
海明健	海明健牌透明质酸胶原低聚肽葡萄籽胶囊	华熙生物科技股份有限公司	海洋鱼皮胶原低聚肽粉、葡萄籽提取物、透明质酸钠、维生素 C（L-抗坏血酸）	抗氧化、改善皮肤水分

续表

品牌	产品名称	公司	主要成分	保健功能
白特丽亚	白特丽亚®透明质酸胶原蛋白葡萄籽胶囊	营养屋（成都）生物医药有限公司	胶原蛋白、玫瑰花、葡萄籽提取物、透明质酸钠	改善皮肤水分、祛黄褐斑
燕之屋	燕之屋牌燕窝胶原蛋白透明质酸钠胶囊	厦门市燕之屋丝浓食品有限公司	胶原蛋白、葡萄籽提取物、透明质酸钠、燕窝	改善皮肤水分
颜如玉	颜如玉®海洋鱼皮胶原低聚肽维生素 C 口服液	颜如玉医药科技有限公司	海洋鱼皮胶原低聚肽粉、维生素 C（抗坏血酸）、牛磺酸、透明质酸钠	抗氧化、祛黄褐斑
维乐维	维乐维®胶原蛋白透明质酸钠口服液（蓝莓味）	仙乐健康科技股份有限公司	胶原蛋白、透明质酸钠	改善皮肤水分
同仁堂	同仁堂牌雪莲培养物透明质酸钠粉	北京同仁堂健康药业股份有限公司	海洋鱼胶原蛋白、针叶樱桃果粉、雪莲培养物、透明质酸钠	抗氧化
千林	千林®胶原蛋白透明质酸钠维生素 E 粉	广东千林健康产业有限公司	胶原蛋白粉、维生素 C、维生素 E 粉、透明质酸钠	改善皮肤水分
姿美堂	姿美堂牌透明质酸钠维生素 C 胶原蛋白粉	北京姿美堂生物技术股份有限公司	胶原蛋白、维生素 C（L-抗坏血酸）、透明质酸钠	改善皮肤水分
每日每加	每日每加®鱼胶原蛋白大豆肽透明质酸钠粉（橘子味）	广州市佰健生物工程有限公司	鱼胶原蛋白粉、大豆肽粉、透明质酸钠	改善皮肤水分
汤臣倍健	汤臣倍健®胶原蛋白肽芦荟透明质酸片	汤臣倍健股份有限公司	胶原蛋白肽粉、库拉索芦荟凝胶冻干粉、透明质酸钠	改善皮肤水分
修正	修正牌胶原蛋白透明质酸钠维生素 C 片	吉林修正健康股份有限公司	胶原蛋白、维生素 C、透明质酸钠	改善皮肤水分
东北健宜	东北健宜®氨糖软骨素钙胶囊	东北制药集团沈阳第一制药有限公司	碳酸钙、D-氨基葡萄糖硫酸盐、胶原蛋白肽、硫酸软骨素钠、透明质酸钠、维生素 D_3 粉（维生素 D_3（胆钙化醇）、维生素 E（混合生育酚浓缩物）、抗坏血酸钠等）	增加骨密度
美乐家	美乐家牌氨糖软骨素乳矿物盐胶囊	仙乐健康科技股份有限公司	乳矿物盐、D-氨基葡萄糖盐酸盐、硫酸软骨素钠、酪蛋白磷酸肽、透明质酸钠	增加骨密度
昇生源	昇生源牌乳酸钙鱼胶原蛋白粉	天津铸源健康科技集团有限公司	L-乳酸钙、鱼胶原蛋白、酪蛋白磷酸肽、透明质酸钠	增加骨密度
万润	万润牌乳矿物盐氨糖软骨素颗粒	烟台万润药业有限公司	乳矿物盐、盐酸氨基葡萄糖、硫酸软骨素钠、酪蛋白磷酸肽、透明质酸钠	增加骨密度

续表

品牌	产品名称	公司	主要成分	保健功能
康富森	康富森牌乳矿物盐盐酸氨基葡萄糖硫酸软骨素钠片	山东益宝生物制品有限公司	乳矿物盐、盐酸氨基葡萄糖、硫酸软骨素钠、透明质酸钠、酪蛋白磷酸肽	增加骨密度
济生源	济生源®氨糖软骨素骨碎补片	健码制药（广东）有限公司	碳酸钙、胶原蛋白、氨基葡萄糖硫酸盐、硫酸软骨素钠、骨碎补提取物、透明质酸钠	增加骨密度
谷比利	谷比利®氨糖软骨素透明质酸片	营养屋（成都）生物医药有限公司	D-氨基葡萄糖盐酸盐、碳酸钙、硫酸软骨素钠、维生素 C（L-抗坏血酸）、透明质酸钠、葡萄糖酸锰	增强免疫力、增加骨密度
中得	中得®甲鱼肽粉透明质酸钠颗粒	杭州中得保健食品有限公司	甲鱼肽粉、透明质酸钠、聚葡萄糖	增强免疫力

18.6.2 乳及乳制品

表 18-3 国内含透明质酸的乳及乳制品

品牌	产品名称	公司	主要成分
黑零×乐纯	你好肌肤透明质酸钠酸奶	华熙生物科技股份有限公司、北京乐纯悠品食品科技有限公司	生牛乳、库拉索芦荟凝胶柠檬果味酱（库拉索芦荟凝胶颗粒、柠檬浓缩汁、透明质酸钠）、乳酸菌
伊利安慕希 AMX	肌肤关系巴氏杀菌热处理风味酸奶	内蒙古伊利实业集团股份有限公司	生牛乳、樱桃石榴果味酱（含雨生红球藻芝士嘭嘭珠、樱桃原浆、石榴浓缩汁）、透明质酸钠、乳清蛋白粉、保加利亚乳杆菌、嗜热链球菌
新农	玻尿酸酸奶	阿拉尔新农乳业有限责任公司	生牛乳、胶原蛋白肽、透明质酸钠、保加利亚乳杆菌、嗜热链球菌、鼠李糖乳杆菌、植物乳杆菌
蒙牛水肌因	透明质酸钠牛奶	内蒙古蒙牛乳业(集团）股份有限公司	生牛乳、透明质酸钠
光明	美の牛乳	光明乳业股份有限公司	生牛乳、透明质酸钠
优氏	胶原蛋白肽牛乳饮品	皇氏集团湖南优氏乳业有限公司	生牛乳、胶原蛋白肽、透明质酸钠
一口小仙气	透明质酸钠水牛乳	广西皇氏乳业有限公司	生牛乳、生水牛乳、菊芋浓缩汁、磷脂酰丝氨酸、透明质酸钠
伊利轻慕	透明质酸钠妍漾 ™ 奶粉	内蒙古伊利实业集团股份有限公司	生牛乳、乳糖、乳矿物盐、透明质酸钠、动物双歧杆菌、维生素、矿物质

续表

品牌	产品名称	公司	主要成分
伊利欣活	伊利欣活骨能 TM 膳底 TM 配方奶粉	内蒙古伊利实业集团股份有限公司	生牛乳、脱脂奶粉、脱盐乳清粉、乳清蛋白粉、乳矿物盐、枸杞、黄精粉、透明质酸钠、乳双歧杆菌、磷脂、维生素、矿物质
爱悠若特	透明质酸钠草饲奶粉	爱优诺营养品有限公司	全脂乳粉、脱脂乳粉、脱盐乳清粉、低聚异麦芽糖、菊粉、透明质酸钠、牛磺酸、维生素、矿物质
艾小驼	透明质酸钠益生菌调制驼乳粉	华熙生物科技股份有限公司	生驼乳、乳清蛋白粉、低聚异麦芽糖、菊粉、磷脂、库拉索芦荟凝胶、透明质酸钠、复合维生素、复合矿物质、益生菌
艾小驼	透明质酸钠软骨提取物调制驼乳粉	华熙生物科技股份有限公司	生驼乳、脱盐乳清粉、乳清蛋白粉、菊粉、低聚木糖、低聚果糖、鱼油粉、透明质酸钠、软骨提取物、复合维生素、复合矿物质、AB 菌粉
艾小驼	透明质酸钠燕窝肽调制驼乳粉	华熙生物科技股份有限公司	生驼乳、脱盐乳清粉、乳清蛋白粉、菊粉、库拉索芦荟凝胶粉、透明质酸钠、海洋鱼低聚肽、燕窝肽、弹性蛋白肽、酵母抽提物、复合维生素、复合矿物质、磷脂、AB 菌粉

18.6.3　饮料

表 18-4　国内含透明质酸的饮料

品牌	产品名称	公司	主要成分
水肌泉	透明质酸钠饮品	华熙生物科技股份有限公司	透明质酸钠
水肌泉	玻尿酸气泡水	华熙生物科技股份有限公司	透明质酸钠、碳酸氢钠、二氧化碳
娃哈哈轻奈	娃哈哈轻奈透明质酸钠气泡水	杭州娃哈哈集团有限公司	二氧化碳、透明质酸钠
名仁	苏打气泡水	焦作市明仁天然药物有限责任公司	榴莲粉、透明质酸钠、碳酸氢钠、液体二氧化碳
宜简	针叶樱桃味透明质酸钠饮品	重庆品正食品有限公司	浓缩苹果汁、透明质酸钠、针叶樱桃粉
依能沁肌水	茉莉白桃味风味饮料（含透明质酸钠）	山西依能饮品有限公司	透明质酸钠、速溶茉莉花粉、红树莓粉、接骨木莓粉、重瓣红玫瑰花粉、针叶樱桃粉、桑叶提取物、水蜜桃浓缩汁
美夫康	透明质酸钠多维清凉饮	千世泰生物科技（青岛）有限公司	透明质酸钠、维生素 C、烟酰胺、维生素 B_6
黑零	酵母抽提物透明质酸钠饮品	华熙生物科技股份有限公司	发酵山竹汁、鱼胶原蛋白肽、透明质酸钠、雨生红球藻、朝鲜蓟汁粉、橄榄果粉、酵母抽提物

续表

品牌	产品名称	公司	主要成分
黑零	烟酰胺透明质酸钠饮品	华熙生物科技股份有限公司	发酵石榴汁、鱼胶原蛋白肽、透明质酸钠、鸡胶原蛋白肽、三文鱼粉、针叶樱桃粉、烟酸、酵母抽提物
黑零	华熙黑零 CCFM 胶原蛋白肽饮	华熙生物科技股份有限公司	EYOSUN®鱼胶原蛋白肽、鲣鱼弹性蛋白肽、透明质酸钠、蓝靛果浓缩汁、黑加仑粉、副干酪乳杆菌、维生素 C、烟酰胺
黑零	γ-氨基丁酸西番莲（百香果）透明质酸钠饮品	华熙生物科技股份有限公司	西番莲（百香果）汁、浓缩苹果汁、γ-氨基丁酸、透明质酸钠、茶叶茶氨酸、酸枣仁粉、食用香精香料（含缬草根提取物）、百合粉、核桃肽、酪蛋白水解肽、磷脂酰丝氨酸
黑零	透明质酸钠乳酸菌人参饮品	华熙生物科技股份有限公司	透明质酸钠、GABA、罗伊氏乳杆菌、姜黄、菊粉、人参、陈皮、白扁豆、山药
黑零	玉柚柑高膳食纤维饮	华熙生物科技股份有限公司	余甘子（油柑）原汁、抗性糊精、菊粉、茉莉花茶浓缩液、低聚木糖、透明质酸钠、低聚果糖、圆苞车前子壳粉、白芸豆纤维粉、柑橘浓缩粉、金针菇粉、桑叶提取物、食用菌浓缩粉（双孢蘑菇）、梨果仙人掌果汁粉
黑零	黑零透明质酸钠冻冻饮	华熙生物科技股份有限公司	纤果球、甜橙浓缩汁、维生素 C、透明质酸钠、干酪乳杆菌
休想角落	玻尿酸 GABA 果汁饮品	华熙生物科技股份有限公司	γ-氨基丁酸、透明质酸钠
WPLUS+	透明质酸钠胶原蛋白肽复合饮	华熙生物科技股份有限公司	苹果汁、鱼胶原蛋白肽、弹性蛋白肽、γ-氨基丁酸、黑果腺肋花楸果浓缩汁、透明质酸钠、血橙粉、食用菌浓缩粉（双孢蘑菇）、维生素 C、烟酰胺、维生素 B_6
WPLUS+	塑白 ™EGCG 烟酰胺饮	华熙生物科技股份有限公司	苹果汁、红柚浓缩汁、酵母提取物、透明质酸钠、生姜萃取物植物饮料、刺梨粉固体饮料、百香果果汁粉固体饮料、芒果果汁粉固体饮料、红石榴果汁粉固体饮料、表没食子儿茶素没食子酸酯（EGCG）、针叶樱桃粉固体饮料、维生素 C、烟酰胺
GECA	烟酰胺胶原蛋白肽透明质酸钠饮品	安徽乐美达生物科技有限公司	胶原蛋白肽、西番莲浓缩汁、鱼胶原低聚肽、苹果浓缩汁、柑橘浓缩汁、透明质酸钠、弹性蛋白肽、针叶樱桃粉、烟酰胺、维生素 C、菠萝浓缩汁
汤臣倍健 Yep	透明质酸钠果味饮品	汤臣倍健股份有限公司	黑果腺肋花楸果浓缩汁、银耳多糖、透明质酸钠、库拉索芦荟凝胶冻干粉
F6 Supershot	胶原蛋白肽透明质酸钠风味饮	六角兽饮料有限公司	胶原蛋白肽、浓缩水蜜桃汁、透明质酸钠、维生素 C、烟酰胺（烟酸）、维生素 B_6
Wonderlab	鱼胶原蛋白三肽饮料	深圳精准健康食物科技有限公司	胶原蛋白肽、浓缩荔枝清汁、鱼胶原蛋白三肽、抗坏血酸、透明质酸钠、橄榄果粉固体饮料、米糠油粉固体饮料、葡萄糖酸锌、dl-α-醋酸生育酚、烟酰胺
Wonderlab	钻光番茄烟酰胺饮料	深圳精准健康食物科技有限公司	番茄粉固体饮料、酵母抽提物、浓缩红西柚清汁、橄榄果粉固体饮料、透明质酸钠、浓缩蜜瓜汁、雨生红球藻虾青素微囊粉、*N*-乙酰神经氨酸、抗坏血酸、米糠油粉固体饮料、烟酰胺

续表

品牌	产品名称	公司	主要成分
BOyO	焦点福瑞达 BOyO 胶原蛋白饮	山东焦点福瑞达生物股份有限公司	胶原蛋白肽、水蜜桃浓缩汁、苹果浓缩汁、针叶樱桃粉、弹性蛋白肽、透明质酸钠、银耳多糖、雨生红球藻、米糠油粉
BOyO	胶原玻玻饮	山东百阜福瑞达制药有限公司	胶原蛋白肽、刺梨原榨果汁、红柚浓缩清汁、番石榴浓缩汁、脱色脱酸浓缩苹果汁、柠檬浓缩汁、维生素C、鱼胶原三肽、γ-氨基丁酸、HAmella（透明质酸钠、银耳多糖）、弹性蛋白肽、岩藻多糖、米糠油粉、雨生红球藻、含 SOD 酵母粉
伽美博士	HA 胶原三肽弹性蛋白饮	山东焦点福瑞达生物股份有限公司	胶原蛋白肽（含胶原三肽）、草莓浓缩汁、黄桃浓缩汁、百香果浓缩汁、壳寡糖、弹性蛋白肽、维生素 C、透明质酸钠、鲑鱼鼻软骨复合粉、蜂王浆冻干粉、大豆肽粉、花胶肽、山竹粉、雨生红球藻、表没食子儿茶素没食子酸酯（EGCG）、烟酰胺
伽美博士	曜白 TMHA 白晶番茄烟酰胺饮	山东焦点福瑞达生物股份有限公司	番石榴浓缩汁、橄榄果粉、维生素 C、余甘子粉、绿咖啡粉、葡萄籽提取物、透明质酸钠、银耳多糖、白番茄浓缩粉、山竹粉、鱼腥草粉、关山樱花粉、含 SOD 酵母粉、酵母抽提物、米糠油粉、雨生红球藻微囊粉、烟酰胺
乐了	关山樱花双胶原弹性蛋白肽饮品	北京玖又肆分之叁品牌运营管理有限公司	胶原蛋白肽、胶原小分子肽（含二肽、三肽、四肽）、浓缩苹果清汁、关山樱花粉、弹性蛋白肽、透明质酸钠、维生素 C、余甘子粉、桑叶提取物
可益康	血橙透明质酸钠胶原蛋白肽饮品	中粮集团有限公司	胶原蛋白肽、透明质酸钠、鲑鱼鼻软骨复合粉、鲑鱼鱼籽蛋白粉、血橙浓缩粉、浓缩柠檬汁、浓缩金桔汁、浓缩紫胡萝卜汁、维生素 C
哈药健康	胶原蛋白肽透明质酸钠饮	哈药健康科技（海南）有限公司	鱼胶原蛋白肽、鳕鱼胶原蛋白肽、乌梅浓缩汁、透明质酸钠、γ-氨基丁酸、烟酰胺、雨生红球藻
统一美研社	燕窝胶原蛋白肽烟酰胺饮品	昆山统一企业食品有限公司	胶原蛋白肽、浓缩苹果汁、燕窝肽粉、透明质酸钠、鲣鱼弹性蛋白肽、烟酰胺、维生素 C、雨生红球藻粉、浓缩荔枝汁、酵母粉、低聚果糖
桃白白	透明质酸钠烟酰胺胶原蛋白肽果味饮料	深圳华润三九医药贸易有限公司	鱼胶原蛋白肽、澄清水蜜桃浓缩汁、澄清苹果汁浓缩汁、维生素 C、透明质酸钠、米糠油粉、酵母抽提物、朝鲜蓟粉、重瓣红玫瑰花粉、长双歧杆菌、雨生红球藻粉、烟酰胺、鲑鱼蛋白粉
妍控	妍控 TM 胶原水光饮	如新（中国）日用保健品有限公司湖州分公司	胶原蛋白肽、浓缩苹果清汁、浓缩白桃清汁、透明质酸钠、雪莲培养物、叶黄素
Hoodream	透明质酸钠雨生红球藻胶原蛋白饮	浙江华缔药业集团有限责任公司	胶原蛋白肽、胶原蛋白肽（含胶原三肽）、浓缩蜜桃清汁、雨生红球藻虾青素微囊粉、维生素 C、透明质酸钠、针叶樱桃粉、含 SOD 酵母粉、米糠油粉、关山樱花粉
太阳神	滋之饮 TM 透明质酸钠果汁饮品	广东太阳神集团有限公司	生物健®饮料原液Ⅱ型（水、鸡）、混合浓缩果汁、胶原蛋白肽、透明质酸钠、鲣鱼弹性蛋白肽、γ-氨基丁酸、燕窝肽

续表

品牌	产品名称	公司	主要成分
花喜	花喜葡萄籽透明质酸钠水光蛋白饮	浙江花喜年华健康管理有限公司	鱼胶原蛋白肽、蔓越莓浓缩汁、蓝莓浓缩汁、红树莓浓缩汁、胶原蛋白粉（含胶原三肽）、透明质酸钠、针叶樱桃粉、雨生红球藻、鲣鱼弹性蛋白肽、含SOD酵母粉、葡萄籽提取物、烟酰胺
中国药材	刺梨胶原蛋白肽饮品	国药集团贵州大健康产业发展有限公司	鱼胶原蛋白肽、刺梨原汁、梨浓缩汁、浓缩苹果汁、浓缩柠檬汁、透明质酸钠
燕之屋	小分子燕窝透明质酸钠精华饮	厦门燕之屋生物工程股份有限公司	胶原蛋白肽、燕窝、透明质酸钠、浓缩苹果汁、银耳多糖
杞滋堂	珍宝白枸杞玻尿酸SOD饮品	宁夏华宝枸杞产业有限公司	枸杞原浆、透明质酸钠、含SOD酵母粉、烟酰胺
太古	玫瑰茄银耳透明质酸钠植物饮料	太古糖业（中国）有限公司	玫瑰茄液、重瓣红玫瑰液、浓缩苹果汁、罗汉果粉、银耳粉、透明质酸钠、烟酸、抗坏血酸钠
善颜	透明质酸钠液态饮	山东福瑞达生物工程有限公司	血橙浓缩汁、黑加仑浓缩汁、樱桃浓缩汁、西柚浓缩汁、青柠浓缩汁、水蜜桃浓缩汁、透明质酸钠、橄榄果粉、γ-氨基丁酸、银耳多糖、雨生红球藻、红葡萄浓缩粉、酵母抽提物
研汁工社	研汁工社透明质酸钠饮品	研汁工社（杭州）食品科技有限公司	浓缩苹果清汁、石榴浓缩汁、透明质酸钠、燕窝肽粉、针叶樱桃粉、桑葚粉、香瓜冻干浓缩粉、番茄粉
每日每加	γ-氨基丁酸胶原蛋白饮品	珠海食代说食品有限公司	胶原蛋白肽、γ-氨基丁酸、透明质酸钠、鲣鱼弹性蛋白肽、*N*-乙酰神经氨酸、烟酰胺、盐酸吡哆醇
每日完胜	γ-氨基丁酸饮	上海乐奔拓健康科技有限公司	芦笋粉固体饮料、针叶樱桃粉固体饮料、γ-氨基丁酸、酵母抽提物、透明质酸钠
娃哈哈营养快线	水果牛奶饮品	杭州娃哈哈集团有限公司	乳粉（全脂乳粉、脱脂乳粉）、浓缩苹果汁、维生素E、牛磺酸、柠檬酸锌、烟酰胺、亚硒酸钠、透明质酸钠、乳酸链球菌素
蒙牛友芝友	透明质酸钠牛乳饮品	内蒙古蒙牛乳业（集团）股份有限公司	全脂乳粉、透明质酸钠
颂优乳	白桃燕麦酸乳含乳饮料	成都植果电子商务有限公司	乳粉、燕麦、浓缩苹果汁、浓缩桃清汁、大豆蛋白粉、胶原蛋白肽、透明质酸钠、天然维生素E、保加利亚乳杆菌、嗜热链球菌
蓝色烟囱谷为纤	玻尿酸燕麦轻乳	谷之禅张家口食品有限公司	燕麦、透明质酸钠
喜茶	喜茶轻乳茶茉莉绿妍奶茶饮料	喜小瓶茶饮（珠海）有限责任公司	全脂乳粉、茉莉绿妍（茉莉花茶）、脱脂乳粉、纯牛奶（灭菌乳）、胶原蛋白肽、透明质酸钠、稀奶油
奈雪的茶	葡萄乌龙茶果汁茶饮料	深圳市品道餐饮管理有限公司	浓缩葡萄汁、浓缩苹果汁、乌龙茶茶叶、罗汉果浓缩汁、紫胡萝卜汁、透明质酸钠、维生素C
第5季	茉莉柚子果汁茶饮料	广东健力宝股份有限公司	浓缩柚子汁、茉莉花茶（绿茶茶坯）、透明质酸钠、维生素C

续表

品牌	产品名称	公司	主要成分
BOyO	BOyO 鲜萃咖啡液	山东百阜福瑞达制药有限公司	咖啡浓缩液、速溶咖啡粉、HAmella（透明质酸钠、银耳多糖）
安创蓓康	熬酸梅汤	安创蓓康（上海）国际贸易有限公司	乌梅、山楂、橘皮（陈皮）、红枣、桂花、甘草、透明质酸钠
安创蓓康	透明质酸钠能量饮料	安创蓓康（上海）国际贸易有限公司	枸杞多糖、牛磺酸、透明质酸钠、叶黄素酯、烟酰胺、维生素 B_6、维生素 B_{12}、维生素 C、食用香精（含瓜拉纳提取物）
CELSIUS 燃力士	电解质饮料	摄氏（北京）饮料有限公司	钙（乳酸钙）、食用盐、氯化钾、镁（硫酸镁）、透明质酸钠、维生素 E（dl-α-醋酸生育酚）、烟酸（烟酰胺）、锌（硫酸锌）、维生素 B_6（盐酸吡哆醇）
艾小驼	透明质酸钠益生菌固体饮料	华熙生物科技股份有限公司	乳糖醇、低聚异麦芽糖、菊粉、低聚果糖、植物乳杆菌、柳橙水果粉、低聚木糖、鼠李糖乳杆菌、两歧双歧杆菌、嗜热链球菌、乳双歧杆菌、副干酪乳杆菌、罗伊氏乳杆菌、格氏乳杆菌、长双歧杆菌、婴儿双歧杆菌、青春双歧杆菌、干酪乳杆菌、透明质酸钠、维生素 C
艾小驼	悦瘦益生菌固体饮料	华熙生物科技股份有限公司	低聚异麦芽糖、菊粉、乳糖醇、植物乳杆菌、乳双歧杆菌、柠檬粉、低聚果糖、透明质酸钠、低聚甘露糖、副干酪乳杆菌、动物双歧杆菌、鼠李糖乳杆菌、两歧双歧杆菌、嗜热链球菌、副干酪乳杆菌、嗜酸乳杆菌、乳双歧杆菌、长双歧杆菌、薄荷粉、维生素 C
北京同仁堂	透明质酸钠血橙针叶樱桃粉风味固体饮料	北京同仁堂兴安保健科技有限责任公司滦南分公司	血橙浓缩粉、石榴果汁粉、针叶樱桃浓缩粉、酵母抽提物、γ-氨基丁酸、透明质酸钠、副干酪乳杆菌、植物乳杆菌、嗜酸乳杆菌
营小养	透明质酸钠胶原蛋白肽固体饮料	杭州营小养健康管理有限公司	胶原蛋白肽、百香果果粉、维生素 C、弹性蛋白肽、透明质酸钠、γ-氨基丁酸
藻活力	虾青素透明质酸钠固体饮料	云南爱尔康生物技术有限公司	虾青素微囊粉、鱼胶原蛋白肽粉、透明质酸钠、抗坏血酸
Fnf	玻尿酸果茶	深圳市基茶供应链有限公司	蜜桃乌龙茶浓缩液、蜜桃浓缩汁、透明质酸钠
立顿	立顿冻干白桃乌龙茶固体饮料	联合利华（中国）有限公司	桃原浆、糖水白桃丁、火龙果泥、龙眼蜂蜜、喷干速溶乌龙茶、维生素 C、透明质酸钠
WPLUS+	透明质酸钠咖啡固体饮料	华熙生物科技股份有限公司	速溶咖啡、菊粉、咖啡豆浓缩粉、白芸豆提取物、冷萃冻干速溶咖啡、透明质酸钠、维生素 C、维生素 E
鼓励发条	鼓励发条超有料咖啡™酸橙美式固体饮料	咖乐纷（北京）品牌管理有限公司	冷萃冻干咖啡粉（云南）、胶原蛋白肽、菊粉、柳橙果粉、维生素 C、透明质酸钠
中啡	玻尿酸黑咖啡	云南中啡食品有限公司	速溶咖啡粉、透明质酸钠
屋里可可	透明质酸钠牛乳可可固体饮料	北京众拾盛禾科技有限公司	全脂乳粉、椰子花糖、可可粉、透明质酸钠
小味日记	透明质酸钠豆浆粉	广州小味日记食品有限公司	速溶豆粉（黄豆）、黄豆、透明质酸钠、鱼胶原蛋白肽、维生素 E

18.6.4 酒

表 18-5 国内含透明质酸的酒类

品牌	产品名称	公司	主要成分
燕京狮王	狮王波光酿玫瑰葡萄精酿啤酒	燕京啤酒	麦芽、小麦芽、透明质酸钠、浓缩红葡萄汁
莱宝鲜啤黑色兔子	荔枝风味玻尿酸啤酒	上海莱宝啤酒酿造有限公司	大麦芽、小麦芽、浓缩荔枝清汁、透明质酸钠
玻嗨皮	玻嗨皮透明质酸钠精酿白啤	上海玻嗨皮啤酒坊有限公司	大麦芽、小麦麦芽、燕麦、橘皮、芫荽、透明质酸钠
她语	果酒	天津全食代科技有限公司	芒果浓缩汁、苹果浓缩汁、粮食乙醇、抗性糊精、透明质酸钠

18.6.5 可可制品、巧克力和巧克力制品

表 18-6 国内含透明质酸的可可制品、巧克力和巧克力制品

品牌	产品名称	公司	主要成分
诺心	嘭嘭猫巧克力吐司	诺心食品（上海）有限公司	小麦粉、黄油、透明质酸钠黑巧克力制品（黑巧克力、透明质酸钠）、稀奶油、可可粉
巧力美元气生巧	玻尿酸生巧克力	辽宁巧力美食品科技有限公司	巧克力（可可液块、可可脂、可可粉等）、稀奶油、黄油、透明质酸钠

18.6.6 糖果

表 18-7 国内含透明质酸的糖果

品牌	产品名称	公司	主要成分
黑零	透明质酸钠白芸豆压片糖果	华熙生物科技股份有限公司	速溶咖啡、生咖啡豆粉（绿咖啡）浓缩粉、白芸豆提取物、速溶绿茶粉、罗伊氏乳杆菌、透明质酸钠
黑零	透明质酸钠叶黄素酯野樱莓味软糖	华熙生物科技股份有限公司	透明质酸钠、叶黄素酯微囊粉、黑果腺肋花楸果（野樱莓）浓缩果汁、胶原蛋白肽、磷脂酰丝氨酸
黑零	透明质酸钠 γ-氨基丁酸软糖	华熙生物科技股份有限公司	胶原蛋白肽、透明质酸钠、γ-氨基丁酸、维生素 C
Wonderlab	Wonderlab™ 透明质酸钠夹心软糖	深圳精准健康食物科技有限公司	针叶樱桃果浓缩粉、维生素 C、透明质酸钠、冷冻浓缩桃清汁、米糠油粉、紫胡萝卜浓缩汁

续表

品牌	产品名称	公司	主要成分
可益康	透明质酸钠胶原蛋白肽软糖	中粮集团有限公司	胶原蛋白肽、西柚粉、柠檬原汁、维生素C、透明质酸钠
北京同仁堂	透明质酸钠软糖	北京同仁堂兴安保健科技有限责任公司滦南分公司	水蜜桃果粉、鱼胶原蛋白肽粉、酵母抽提物、沙棘果粉、鲣鱼弹性蛋白粉、生姜粉、胶原三肽、透明质酸钠、苹果浓缩汁
北京同仁堂	玫瑰油透明质酸钠凝胶糖果	北京同仁堂兴安保健科技有限责任公司	草莓浓缩汁、水蜜桃浓缩汁、苹果浓缩汁、玫瑰油、玫瑰花（重瓣红玫瑰）、透明质酸钠、鱼胶原蛋白肽粉、维生素C
贝欧宝	贝欧宝透明质酸钠软糖	深圳市阿麦斯食品科技有限公司	胶原蛋白肽、透明质酸钠、γ-氨基丁酸、紫薯复合果蔬浓缩汁
天下仁和	玫瑰油透明质酸凝胶软糖	江西仁和康健科技有限公司	玫瑰油、胶原蛋白粉、重瓣红玫瑰、透明质酸钠
Lumi	胶原蛋白肽透明质酸钠软糖	禄美生物科技（上海）有限公司	胶原蛋白肽、透明质酸钠
京东京造	叶黄素酯软糖	北京京东健康有限公司	胡萝卜浓缩汁、叶黄素酯粉、透明质酸钠、蓝莓粉、二羟基-β-胡萝卜素
恒顺味道	白醋透明质酸钠软糖	江苏恒顺醋业股份有限公司	6°白醋（酿造食醋类）、透明质酸钠
乐了	酵母透明质酸钠气泡糖	北京玖又肆分之叁品牌运营管理有限公司	碳酸氢钠、山竹粉、生姜粉（黑）、透明质酸钠、鱼胶原蛋白肽、酵母粉、酵母抽提物、蓝莓水果粉、荔枝果汁粉

18.6.7　冷冻饮品

表 18-8　国内含透明质酸的冷冻饮品

品牌	产品名称	公司	主要成分
蒙牛蒂兰圣雪	荔枝味爆珠牛乳冰淇淋	内蒙古蒙牛乳业（集团）股份有限公司	生牛乳、稀奶油、荔枝爆珠果味酱、加糖荔枝汁、乳粉、火龙果浆、无水奶油、透明质酸钠
喜茶	喜茶芝芝桃桃冰棒	深圳猩米科技有限公司	乳粉、黄油、桃浓缩汁、苹果丁、水蜜桃泥、奶油干酪、菊粉、绿妍茶（茉莉花茶）、干酪粉、透明质酸钠、绿茶粉、甜菜根汁

18.6.8　国外透明质酸食品

表 18-9　国外透明质酸食品

国家	品牌	产品名称	主要成分
日本	Fancl	玻尿酸片	透明质酸

续表

国家	品牌	产品名称	主要成分
日本	Pola	胶原蛋白口服液	胶原蛋白、透明质酸
日本	Coca Cola	卡拉达巡茶	绿茶、熊竹草、藤叶、甘草提取物粉、陈皮、透明质酸
韩国	Bblab	低分子鱼胶原蛋白粉	低分子鱼胶原蛋白、弹性蛋白、透明质酸、维生素 C
韩国	Lotte	苹果味魔芋果冻	鱼胶原蛋白肽、透明质酸、苹果浓缩汁
美国	Move Free	氨糖软骨素	盐酸氨基葡萄糖、二甲基砜、果糖硼酸钙、硫酸软骨素、透明质酸
美国	GNC	女士透明质酸胶囊	透明质酸
美国	Clevr	限量版玫瑰抹茶拿铁	有机抹茶、透明质酸钠、有机灵芝提取物、玫瑰提取物
美国	Esmond Natural	透明质酸复合片	雪莲培养物、透明质酸钠、人参、蓝莓
美国	NOW	透明质酸胶囊	透明质酸
美国	Baxyl Boost	Baxyl Boost 膳食补充剂	透明质酸、虾青素
德国	Proceanis	玻尿酸口服液	透明质酸、石榴提取物
德国	Doppelherz	胶原蛋白 Q10 水光片	胶原蛋白、透明质酸、Q10
德国	Biomenta	胶原蛋白肽童颜液态饮	胶原蛋白肽、透明质酸、鱼子酱精华
德国	Moleqlar	透明质酸膳食补充剂	透明质酸、L-甘氨酸
德国	Sunday Natural Products	胶原蛋白透明质酸膳食补充剂	竹提取物、卵胚层蛋壳膜粉、透明质酸钠、维生素 E 复合物
德国	Warnke	玻尿酸胶囊	透明质酸
德国	HECH	美白丸	二甲基亚砜、烟酰胺、透明质酸、谷胱甘肽、葡萄籽提取物
法国	Floreve	玻尿酸口服液（小红针）	透明质酸、神经酰胺
澳大利亚	Swisse	胶原蛋白水光片	透明质酸、胶原蛋白肽、维生素 A、维生素 C、维生素 E
澳大利亚	SpringLeaf	透明质酸胶原蛋白肽软糖	透明质酸、胶原蛋白肽
加拿大	Organika	透明质酸胶囊	透明质酸
加拿大	Vorst	透明质酸维生素 C 胶囊	维生素 C、透明质酸
荷兰	Orangefit	胶原蛋白膳食补充剂	L-脯氨酸、L-甘氨酸、L-赖氨酸盐酸盐、透明质酸、针叶樱桃提取物

（宋永民　冯晓毅　姜秀敏）

参考文献

陈洁, 增田泰伸, 臼田美香, 等. 2012. 口服透明质酸对小鼠佐剂性关节炎的作用. 食品科学, 33(23): 287-290.

冯宁, 石艳丽, 郭风仙, 等. 2016. 口服透明质酸对皮肤水分的改善作用及体内抗氧化作用研究. 食品与药品, 18(6): 386-390.

郭风仙, 高芃, 耿桂英, 等. 2010a. 透明质酸钠的毒理学研究. 中国生化药物杂志, 31(5): 316-319.

郭风仙, 耿桂英, 汪会玲, 等. 2010b. 透明质酸钠排除致畸性的试验. 食品与药品, 12(9): 321-323.

杭兴伟, 增田泰伸, 木村守, 等. 2015. 硫酸氨基葡萄糖对口服透明质酸缓解小鼠佐剂性关节炎的增效作用. 食品科学, 36(05): 189-194.

蒋秋燕. 2006. 透明质酸口服吸收及其机制的研究. 青岛: 中国海洋大学博士学位论文

蒋秋燕, 凌沛学, 程艳娜, 等. 2008. 口服透明质酸在动物体内的分布. 中国生化药物杂志, 29(2): 73-76.

蒋秋燕, 凌沛学, 黄思玲, 等. 2006. 连续口服透明质酸的吸收研究//中国药学会全国骨科药物与临床应用学术研讨会论文集. 桂林: 中国药学会生化与生物技术药物专业委员会: 191-195.

刘杰. 2011. 口服透明质酸对实验性小鼠骨关节炎的作用及其药物动力学的初步探讨. 上海: 第二军医大学硕士学位论文

牛沂菲, 王海方, 付杰, 等. 2018. 透明质酸促进肠道抵抗感染. 生物化学与生物物理进展, 45(9): 981-986.

彭坤. 2022. 骨质疏松性骨折治疗效果的改善: 研究现状及策略分析. 中国组织工程研究, 26(6): 980-984.

宋永民, 丁厚强, 郭学平. 2014. 透明质酸在食品中的应用. 食品与药品, 16(4): 299-302.

杨桂兰, 曲保恩, 郭学平, 等. 2006. 透明质酸钠毒性实验. 食品与药品, 8(9): 40-41.

王钊, 徐康, 王方, 等. 2021. 经口给予透明质酸的生理功能及其作用机制研究进展. 食品科学, 42(23): 1-10.

位元元, 张洪斌, 马爱勤, 等. 2019. 透明质酸多糖增稠适用于吞咽困难的肠内营养制剂及其流变学性质. 食品科学, 40(01): 50-55.

周荷益, 岑晓娟, 王颖, 等. 2020. 皮肤老化相关的关键成分与结构特征概述. 香料香精化妆品, (3): 82-86.

Al-Bayaty F, Abdulla M, Darwish P. 2011. Evaluation of hyaluronate anti-ulcer activity against gastric mucosal injury. African Journal of Pharmacy and Pharmacology, 5(1): 23-30.

Andor B C, Cerbu S, Barattini D F, et al. 2019. Pilot, open and non-controlled trial to assess the objective parameters which correlate knee mobility with pain reduction in patients affected by knee osteoarthritis and treated with oral hyaluronic acid. Revista de Chimie, 70(9): 3364-3371.

Asari A, Kanemitsu T, Kurihara H. 2010. Oral administration of high molecular weight hyaluronan(900 kDa)controls immune system *via* toll-like receptor 4 in the intestinal epithelium.

Journal of Biological Chemistry, 285(32): 24751-24758.

Aslan M, Simsek G, Dayi E. 2006. The effect of hyaluronic acid-supplemented bone graft in bone healing: experimental study in rabbits. Journal of Biomaterials Applications, 20(3): 209-220.

Balogh L, Polyak A, Mathe D, et al. 2008. Absorption, uptake and tissue affinity of high-molecular-weight hyaluronan after oral administration in rats and dogs. Journal of Agricultural & Food Chemistry, 56(22): 10582-10593.

Bastow E R, Byers S, Golub S B, et al. 2008. Hyaluronan synthesis and degradation in cartilage and bone. Cellular and Molecular Life Sciences, 65(3): 395-413.

Baumann L. 2007. Skin ageing and its treatment. The Journal of Pathology, 211(2): 241-251.

Becker L C, Bergfeld W F, Belsito D V, et al. 2009. Final report of the safety assessment of hyaluronic acid, potassium hyaluronate, and sodium hyaluronate. International Journal of Toxicology, 28(4 Suppl): 5-67.

Bellar A, Kessler S P, Obery D R, et al. 2019. Safety of hyaluronan 35 in healthy human subjects: a pilot study. Nutrients, 11(5): 1135.

Bernal G, Solà R M, Casajuana M C, et al. 2019. Effect of rooster comb extract, rich in hyaluronic acid, on isokinetic parameters in adults with mild knee pain. Archivos de Medicina Del Deporte, 35(6): 358-368.

Berneburg M, Trelles M, Friguet B, et al. 2008. How best to halt and/or revert UV - induced skin ageing: strategies, facts and fiction. Experimental dermatology, 17(3): 228-229.

Bertheim U, HellströS. 1994. The distribution of hyaluronan in human skin and mature, hypertrophic and keloid scars. British Journal of Plastic Surgery, 47(7): 483-489.

Bioulac B, Heppt W, Heppt M. 2015. Transfer of autologous fat and plasma: the future of anti-aging medicine? HNO, 63: 497-503.

Bode L. 2012. Human milk oligosaccharides: every baby needs a sugar *Mama*. Glycobiology, 22(9): 1147-1162.

Burge K, Eckert J, Wilson A, et al. 2022. Hyaluronic acid 35 kDa protects against a hyperosmotic, formula feeding model of necrotizing enterocolitis. Nutrients, 14(9): 1779.

Campo G M, Avenoso A, Campo S, et al. 2008a. NF - kB and caspases are involved in the hyaluronan and chondroitin - 4 - sulphate - exerted antioxidant effect in fibroblast cultures exposed to oxidative stress. Journal of Applied Toxicology: An International Journal, 28(4): 509-517.

Campo G M, Avenoso A, Campo S, et al. 2008b. Chondroitin-4-sulphate inhibits NF-kB translocation and caspase activation in collagen-induced arthritis in mice. Osteoarthritis and Cartilage, 16(12): 1474-1483.

Campo G M, Avenoso A, Campo S, et al. 2004. Reduction of DNA fragmentation and hydroxyl radical production by hyaluronic acid and chondroitin-4-sulphate in iron plus ascorbate-induced oxidative stress in fibroblast cultures. Free Radical Research, 38(6): 601-611.

Caviglia R, Ribolsi M, Maggiano N, et al. 2005. Dilated intercellular spaces of esophageal epithelium in nonerosive reflux disease patients with physiological esophageal acid exposure. The American Journal of Gastroenterology, 100(3): 543-548.

Chaaban H, Burge K, Eckert J, et al. 2021. Acceleration of small intestine development and remodeling of the microbiome following hyaluronan 35 kDa treatment in neonatal mice.

Nutrients, 13(6): 2030.
Cicero A F G, Girolimetto N, Bentivenga C, et al. 2020. Short-term effect of a new oral sodium hyaluronate formulation on knee osteoarthritis: a double-blind, randomized, placebo-controlled clinical trial. Diseases, 8(3): 26.
Coppa G V, Facinelli B, Magi G, et al. 2016. Human milk glycosaminoglycans inhibit in vitro the adhesion of Escherichia coli and Salmonella fyris to human intestinal cells. Pediatric Research, 79(4): 603-607.
Coppa G V, Gabrielli O, Buzzega D, et al. 2011. Composition and structure elucidation of human milk glycosaminoglycans. Glycobiology, 21(3): 295-303.
Cyphert J M, Trempus C S, Garantziotis S. 2015. Size matters: molecular weight specificity of hyaluronan effects in cell biology. International Journal of Cell Biology, 2015(1): 563818.
Di Cerbo A, Aponte M, Esposito R, et al. 2013. Comparison of the effects of hyaluronidase and hyaluronic acid on probiotics growth. BMC Microbiology, 13: 243.
Fraser J R E, Laurent T C, Laurent U B G. 1997. Hyaluronan: its nature, distribution, functions and turnover. Journal of Internal Medicine, 242(1): 27-33.
Gaffney J, Matou-Nasri S, Grau-Olivares M, et al. 2010. Therapeutic applications of hyaluronan. Molecular BioSystems, 6(3): 437-443.
Galia T L, Micali A, Puzzolo D, et al. 2014. Oral low-molecular weight hyaluronic acid in the treatment of atrophic vaginitis. International Journal of Clinical Medicine, 5(11): 617-624.
Galluccio F, Barskova T, Cerinic M M. 2015. Short-term effect of the combination of hyaluronic acid, chondroitin sulfate, and keratin matrix on early symptomatic knee osteoarthritis. European Journal of Rheumatology, 2(3): 106-108.
Greco R M, Iocono J A, Ehrlich H P. 1998. Hyaluronic acid stimulates human fibroblast proliferation within a collagen matrix. Journal of Cellular Physiology, 177(3): 465-473.
Groschwitz K R, Hogan S P. 2009. Intestinal barrier function: Molecular regulation and disease pathogenesis. Journal of Allergy and Clinical Immunology, 124(1): 3-20.
Grulee C G, Sanford H N, Herron P H. 1934. Breast and artificial feeding-influence on morbidity and mortality of twenty thousand infants. Journal of the American Medical Association, 103(10): 735-739.
Guadagna S, Barattini D F, Pricop M, et al. 2018. Oral hyaluronan for the treatment of knee osteoarthritis: a systematic review. Progress in Nutrition, 20(4): 537-544.
Gunasekaran A, Eckert J, Burge K, et al. 2020. Hyaluronan 35 kDa enhances epithelial barrier function and protects against the development of murine necrotizing enterocolitis. Pediatric Research, 87(7): 1177-1184.
Gupta R C, Lall R, Srivastava A, et al. 2019. Hyaluronic acid: molecular mechanisms and therapeutic trajectory. Frontiers in Veterinary Science, 6: 192.
Hara T, Horiya N, Katoh M, et al. 1991. Micronucleus test in mice on sodium hyaluronate(SL-1010). Japanese Pharmacology and Therapeutics, 19(1): 193-197.
Hasegawa T, Miyoshi K, Nomura A, et al. 1984. Subacute toxicity test on sodium hyaluronate(SPH)in rats by intraperitoneal administration for 3 months and recovery test. Pharmacometrics, 28(6): 1021-1040.
Hayes R, Dennerstein L. 2005. The impact of aging on sexual function and sexual dysfunction in

women: a review of population - based studies. The Journal of Sexual Medicine, 2(3): 317-330.
Hill D R, Kessler S P, Rho H K, et al. 2012. Specific-sized hyaluronan fragments promote expression of human β-defensin 2 in intestinal epithelium. Journal of Biological Chemistry, 287(36): 30610-30624.
Hill D R, Rho H K, Kessler S P, et al. 2013. Human milk hyaluronan enhances innate defense of the intestinal epithelium. Journal of Biological Chemistry, 288(40): 29090-29104.
Hisada N, Satsu H, Mori A, et al. 2008. Low-molecular-weight hyaluronan permeates through human intestinal Caco-2 cell monolayers *via* the paracellular pathway. Bioscience, Biotechnology, and Biochemistry, 72(4): 1111-1114.
Hsu T F, Su Z R, Hsieh Y H, et al. 2021. Oral hyaluronan relieves wrinkles and improves dry skin: a 12-week double-blinded, placebo-controlled study. Nutrients, 13(7): 2220.
Ishibashi G, Yamagata T, Rikitake S, et al. 2002. Digestion and fermentation of hyaluronic acid. Journal for the Integrated Study of Dietary Habits, 13(2): 107-111.
Iwaso H, Sato T. 2009. Examination of the efficacy and safety of oral administration of Hyabest J, highly pure hyaluronic acid, for knee joint pain. Japanese Journal of Clinical Sports Medicine, 58: 566-572.
Jenkins M R, Sikon A L. 2008. Update on nonhormonal approaches to menopausal management. Cleveland Clinic Journal of Medicine, 75(Suppl 4): S17-S24.
Jensen G S, Attridge V L, Lenninger M R, et al. 2015. Oral intake of a liquid high-molecular-weight hyaluronan associated with relief of chronic pain and reduced use of pain medication: results of a randomized, placebo-controlled double-blind pilot study. Journal of Medicinal Food, 18(1): 95-101.
Jiang D H, Liang J R, Noble P W. 2007. Hyaluronan in tissue injury and repair. Annual Review of Cell and Developmental Biology, 23(1): 435-461.
Kalman D S, Heimer M, Valdeon A, et al. 2008. Effect of a natural extract of chicken combs with a high content of hyaluronic acid(hyal-joint)on pain relief and quality of life in subjects with knee osteoarthritis: a pilot randomized double-blind placebo-controlled trial. Nutrition Journal, 7: 3.
Kameji R, Itokawa S, Yamawaki C, et al. 1991. Antigenicity tests on sodium hyaluronate (SL-1010) in rabbit. Jpn Pharmacol Ther, 19(Suppl 1): S159-S175.
Kawada C, Yoshida T, Yoshida H, et al. 2015a. Ingestion of hyaluronans (molecular weights 800 k and 300 k) improves dry skin conditions: a randomized, double blind, controlled study. Journal of Clinical Biochemistry & Nutrition, 56(1): 66-73.
Kawada C, Kimura M, Masuda Y, et al. 2015b. Oral administration of hyaluronan prevents skin dryness and epidermal thickening in ultraviolet irradiated hairless mice. Journal of Photochemistry and Photobiology B: Biology, 153: 215-221.
Kessler S P, Obery D R, de la Motte C. 2015. Hyaluronan synthase 3 null mice exhibit decreased intestinal inflammation and tissue damage in the DSS-induced colitis model. International Journal of Cell Biology, 2015(1): 745237.
Kessler S P, Obery D R, Nickerson K P, et al. 2018. Multifunctional role of 35 kilodalton hyaluronan in promoting defense of the intestinal epithelium. Journal of Histochemistry and Cytochemistry, 66(4): 273-287.
Kim Y, Kessler S P, Obery D R, et al. 2017. Hyaluronan 35kDa treatment protects mice from

Citrobacter rodentium infection and induces epithelial tight junction protein ZO-1 *in vivo*. Matrix Biology, 62: 28-39.

Kim Y S, Koh J M, Lee Y S, et al. 2009. Increased circulating heat shock protein 60 induced by menopause, stimulates apoptosis of osteoblast-lineage cells via up-regulation of toll-like receptors. Bone, 45(1): 68-76.

Kim Y, West G A, Ray G, et al. 2018. Layilin is critical for mediating hyaluronan 35kDa-induced intestinal epithelial tight junction protein ZO-1 *in vitro* and *in vivo*. Matrix Biology, 66: 93-109.

Kimura M, Maeshima T, Kubota T, et al. 2016. Absorption of orally administered hyaluronan. Journal of Medicinal Food, 19(12): 1172-1179.

Kotla N G, Bonam S R, Rasala S, et al. 2021. Recent advances and prospects of hyaluronan as a multifunctional therapeutic system. Journal of Controlled Release, 336: 598-620.

Kvietys P R, Granger D N. 2010. Role of intestinal lymphatics in interstitial volume regulation and transmucosal water transport. Annals of the New York Academy of Sciences, 1207(Suppl 1): E29-E43.

Lewis R J. 2004. Sax's Dangerous Properties of lndustrial Materials, 11th ed. New York: John Wiley & Sons.

Liu N F. 2004. Trafficking of hyaluronan in the interstitium and its possible implications. Lymphology, 37(1): 6-14.

Longas M O, Russell C S, He X Y. 1987. Evidence for structural changes in dermatan sulfate and hyaluronic acid with aging. Carbohydrate Research, 159(1): 127-136.

Ma J, Granton P V, Holdsworth D W, et al. 2013. Oral administration of hyaluronan reduces bone turnover in ovariectomized rats. Journal of Agricultural and Food Chemistry, 61(2): 339-345.

Ma S Y, Nam Y R, Jeon J, et al. 2015. Simple and efficient radiolabeling of hyaluronic acid and its *in vivo* evaluation *via* oral administration. Journal of Radioanalytical & Nuclear Chemistry, 305(1): 139-145.

Majors A K, Austin R C, de la Motte C A, et al. 2003. Endoplasmic reticulum stress induces hyaluronan deposition and leukocyte adhesion. Journal of Biological Chemistry, 278(47): 47223-47231.

Mao T Y, Su C W, Ji Q R, et al. 2021. Hyaluronan-induced alterations of the gut microbiome protects mice against *Citrobacter rodentium* infection and intestinal inflammation. Gut Microbes, 13(1): 1972757.

Martinez-Puig D, Möller I, Fernández C, et al. 2013. Efficacy of oral administration of yoghurt supplemented with a preparation containing hyaluronic acid(Mobilee™)in adults with mild joint discomfort: a randomized, double-blind, placebo-controlled intervention study. Mediterranean Journal of Nutrition and Metabolism, 6(1): 63-68.

Mashiko T, Kinoshita K, Kanayama K, et al. 2015. Perpendicular strut injection of hyaluronic acid filler for deep wrinkles. Plastic and Reconstructive Surgery Global Open, 3(11): e567.

Meyer L J M, Stern R. 1994. Age-dependent changes of hyaluronan in human skin. Journal of Investigative Dermatology, 102(3): 385-389.

Michelotti A, Cestone E, De Ponti I, et al. 2021. Oral intake of a new full-spectrum hyaluronan improves skin profilometry and ageing: a randomized, double-blind, placebo-controlled clinical trial. European Journal of Dermatology, 31(6): 798-805.

Miyoshi K, Hasegawa T, Nakazawa M. 1985. Chronic toxicity test on sodium hyaluronate(SPH)in beagle dogs by intra-articular administration for 6 months and recovery test(1)General findings. Pharmacometrics, 29(1): 49-81.

Moffatt P, Lee E R, St-Jacques B, et al. 2011. Hyaluronan production by means of Has2 gene expression in chondrocytes is essential for long bone development. Developmental Dynamics, 240(2): 404-412.

Moller I, Martinez-Puig D, Chetrit C, 2009. Lb012 oral administration of a natural extract rich in hyaluronic acid for the treatment of knee oa with synovitis: a retrospective cohort study. Clinical Nutrition Supplements, 4(2): 171-172.

Moriña D, Fernández-Castillejo S, Valls R M, et al. 2018. Effectiveness of a low-fat yoghurt supplemented with rooster comb extract on muscle strength in adults with mild knee pain and mechanisms of action on muscle regeneration. Food & Function, 9(6): 3244-3253.

Moriña D, Solà R, Valls R M, et al. 2013. Efficacy of a low-fat yogurt supplemented with a rooster comb extract on joint function in mild knee pain patients: a subject-level meta-analysis. Annals of Nutrition and Metabolism, 63: 1386.

Morita H, Kawakami Y, Shimomura K, et al. 1991a. Acute toxicity study of sodium yaluronate(SL-1010)in rats and dogs. Jpn Pharmacol Ther, 19(1): 13-18.

Morita H, Kawakami Y, Suzuki S, et al. 1991b. Thirteen-week subcutaneous toxicity study on sodium hyaluronate(SL-1010)with 4-week recovery test in rats. Jpn Pharmacol Ther, 19: 19-52.

Morita H, Shimomura K, Suzuki S, et al. 1991c. Thirteen-week subcutaneous toxicity study on sodium hyaluronate(SL-1010)with 4-week recovery test in dogs. Japanese Pharmacology and Therapeutics, 19(1): 53-80.

Nagano K, Goto S, Okabe R, et al. 1984. Acute toxicity test of sodium hyaluronate(SPH). Japanese Pharmacology and Therapeutics, 12(12): 37-45.

Nagaoka I, Nabeshima K, Murakami S, et al. 2010. Evaluation of the effects of a supplementary diet containing chicken comb extract on symptoms and cartilage metabolism in patients with knee osteoarthritis. Experimental and Therapeutic Medicine Journal, 1(5): 817-827.

Necas J, Bartosikova L, Brauner P, et al. 2008. Hyaluronic acid(hyaluronan): a review. Veterinární Medicína, 53(8): 397-411.

Nelson F R, Zvirbulis R A, Zonca B, et al. 2015. The effects of an oral preparation containing hyaluronic acid (Oralvisc®) on obese knee osteoarthritis patients determined by pain, function, bradykinin, leptin, inflammatory cytokines, and heavy water analyses. Rheumatology International, 35(1): 43-52.

Neudecker B A, Csoka A B, Mio K, et al. 2000. Hyaluronan: the natural skin moisturizer. Cosmetic Science and Technology Series, 319-355.

Oe M, Mitsugi K, Odanaka W, et al. 2014. Dietary hyaluronic acid migrates into the skin of rats. Scientific World Journal, (1): 378024.

Oe M, Tashiro T, Yoshida H, et al. 2016. Oral hyaluronan relieves knee pain: a review.Nutrition Journal, 15: 11.

Oe M, Sakai S, Yoshida H, et al. 2017. Oral hyaluronan relieves wrinkles: a double-blinded, placebo-controlled study over a 12-week period. Clinical, Cosmetic & Investigational Dermatology, 10: 267-273.

Oe M, Yoshida T, Kanemitsu T, et al. 2011. Repeated 28-day oral toxicological study of hyaluronic acid in rats. Pharmacometrics, 81(1-2): 11-21.

Ogura M, Takabe W, Yagi M, et al. 2018. Study for investigation of symptomatic improvement and safety of the ingestion of rooster comb degradation product containing low-molecular hyaluronic acid (INJUV) in individuals with knee and lower back pain; open-label trial with no control group. Glycative Stress Research, 5(1): 55-67.

Onishi M, Nagate T, Aaigou K, et al. 1992. Mutagenicity studies of sodium hyaluronte(SH). Yakuri to chiryo, 20(3): 65-72

Ono C, Fujiwara Y, Koura S, et al. 1992a. Reproductive and developmental toxicity study on sodium hyaluronate(SH)-(2)Study on subcutaneous administration to rats prior to and in the early stages of pregnancy. Japanese Pharmacology and Therapeutics, 20(3): 27-35.

Ono C, Ishitobi H, Kuzuoka K, et al. 1992b. Reproductive and developmental toxicity study on sodium hyaluronate(SH)-(3)Study on subcutaneous administration to rats during the perinatal and lactation period. Japanese Pharmacology and Therapeutics, 20(3): 37-50.

Ono C, Iwama A, Kitsuya A, et al. 1992c. Reproductive and developmental toxicity study on sodium hyaluronate (SH)-(1) Study on subcutancous administration to rats during the period of organogenesis. Japanese Pharmacology and Therapeutics, 20(3): 11-26.

Oshima T, Miwa H, Joh T. 2008. Changes in the expression of claudins in active ulcerative colitis. Journal of Gastroenterology and Hepatology, 23: S146-S150.

Palmieri B, Corbascio D, Capone S, et al. 2009. Preliminary clinical experience with a new natural compound in the treatment of oesophagitis and gastritis: symptomatic effect. Trends in Medicine, 9(4): 219-225.

Palmieri B, Merighi A, Corbascio D, et al. 2013. Fixed combination of hyaluronic acid and chondroitin-sulphate oral formulation in a randomized double blind, placebo controlled study for the treatment of symptoms in patients with non-erosive gastroesophageal reflux. European Review for Medical and Pharmacological Sciences, 17(24): 3272-3278.

Pilloni A, Bernard G W. 1998. The effect of hyaluronan on mouse intramembranous osteogenesis *in vitro*. Cell and Tissue Research, 294(2): 323-333.

Prince C W. 2004. Roles of hyaluronan in bone resorption. BMC Musculoskeletal Disorders, 5: 12.

Ray S, Huang E, West G A, et al. 2023. 35kDa hyaluronan ameliorates ethanol driven loss of anti-microbial defense and intestinal barrier integrity in a TLR4-dependent manner. Matrix Biology, 115: 71-80.

Ribaldone D G, Rajesh P, Chandradhara D, et al. 2021. A randomized, double-blind, placebo-controlled pilot study to evaluate the efficacy and tolerability of a novel oral bioadhesive formulation for the treatment of nonerosive reflux disease-related symptoms. European Journal of Gastroenterology & Hepatology, 32(2): 163-170.

Ricci M, Micheloni G M, Berti M, et al. 2017. Clinical comparison of oral administration and viscosupplementation of hyaluronic acid (HA) in early knee osteoarthritis. Musculoskeletal Surgery, 101(1): 45-49.

Riehl T E, Foster L, Stenson W F. 2012. Hyaluronic acid is radioprotective in the intestine through a TLR4 and COX-2-mediated mechanism. American Journal of Physiology Gastrointestinal and Liver Physiology, 302(3): G309-G316.

Romano C, Scarpignato C. 2022. Pharmacologic treatment of GERD in adolescents: Is esophageal mucosal protection an option? Therapeutic Advances in Gastroenterology, 15: 17562848221115319.

Sánchez J, Bonet M L, Keijer J, et al. 2014. Blood cells transcriptomics as source of potential biomarkers of articular health improvement: effects of oral intake of a rooster combs extract rich in hyaluronic acid. Genes & Nutrition, 9(5): 417.

Sato T, Iwaso H. 2009. An effectiveness study of hyaluronic acid [Hyabest®(J)] in the treatment of osteoarthritis of the knee on the patients in the United States. Journal New Remedy & Clinic, 58(3): 249-256.

Sato T, Iwaso H. 2008. An effectiveness study of hyaluronic acid [Hyabest®(J)] in the treatment of osteoarthritis of the knee. Journal of New Remedies & Clinics, 57(2): 260-269.

Sato Y, Joumura T, Takekuma Y, et al. 2020. Transfer of orally administered hyaluronan to the lymph. European Journal of Pharmaceutics and Biopharmaceutics, 154: 210-213.

Savarino E, Zentilin P, Mastracci L, et al. 2013. Microscopic esophagitis distinguishes patients with non-erosive reflux disease from those with functional heartburn. Journal of Gastroenterology, 48(4): 473-482.

Savarino V, Pace F, Scarpignato C, et al. 2017. Randomised clinical trial: mucosal protection combined with acid suppression in the treatment of non-erosive reflux disease - efficacy of Esoxx, a hyaluronic acid-chondroitin sulphate based bioadhesive formulation. Alimentary Pharmacology & Therapeutics, 45(5): 631-642.

Serra Aguado C I, Ramos-Plá J J, Soler C, et al. 2021. Effects of oral hyaluronic acid administration in dogs following tibial tuberosity advancement surgery for cranial cruciate ligament injury. Animals (Basel), 11(5): 1264.

Solà R, Valls R M, Martorell I, et al. 2015. A low-fat yoghurt supplemented with a rooster comb extract on muscle joint function in adults with mild knee pain: a randomized, double blind, parallel, placebo-controlled, clinical trial of efficacy. Food & Function, 6(11): 3531-3539.

Stancíková M, Svík K, Istok R, et al. 2004. The effects of hyaluronan on bone resorption and bone mineral density in a rat model of estrogen deficiency-induced osteopenia. International Journal of Tissue Reactions, 26(1-2): 9-16.

Sugiyama C, Kobayashi H. 1991a. Mutagenicity tests on sodium hyaluronate (SL-1010)(II). In vitro cytogenetic test. Japanese Pharmacology and Therapeutics, 19(1): 183-191.

Sugiyama C, Yagame O. 1991b. Mutagenicity tests on sodium hyaluronate(SL-1010)(I). Reverse mutation test in bacteria. Japanese Pharmacology and Therapeutics, 19(1): 177-181.

Sze J H, Brownlie J C, Love C A. 2016. Biotechnological production of hyaluronic acid: a mini review. 3 Biotech, 6(1): 67.

Takamizawa N, Shioya N, Nagaoka H, et al. 2016. Effects and safety of a dietary supplement containing hyaluronic acid derived from chicken combs on knee pain, stiffness and discomfort: A randomized, double-blind, placebocontrolled, parallel-group comparison study. Japanese Pharmacology & Therapeutics, 44: 207-217.

Takemoto M, Ohzone Y, Asahi K. 1992. Antigenicity test of sodium hyaluronate(SH). Japanese Pharmacology and Therapeutics, 20(3): 59-64.

Tanaka C, Sasa H, Hirama S, et al. 1991a. Reproductive and developmental toxicity studies of sodium hyaluronate (SL-1010)(I). Fertility study in rats. Japanese Pharmacology and Therapeutics, 19(1):

81-92.

Tanaka C, Sasa H, Hirama S, et al. 1991b. Reproductive and developmental toxicity studies of sodium hyaluronate (SL-1010)(II). Teratogenicity study in rats. Japanese Pharmacology and Therapeutics, 19(1): 93-110.

Tashiro T, Seino S, Sato T, et al. 2012. Oral administration of polymer hyaluronic acid alleviates symptoms of knee osteoarthritis: a double-blind, placebo-controlled study over a 12-month period. The Scientific World Journal, 2012: 167928.

Tateda C, Nagaoka S, Nagai T, et al. 1992. Reproductive and developmental toxicity study on sodium hyaluronate(SH)-(4)study on subcutaneous administration to rabbits during the period of organogenesis. Japanese Pharmacology and Therapeutics, 20(3): 51-58.

Tucker K L. 2009. Osteoporosis prevention and nutrition. Current Osteoporosis Reports, 7(4): 111-117.

Volpi N, Schiller J, Stern R, et al. 2009. Role, metabolism, chemical modifications and applications of hyaluronan. Current Medicinal Chemistry, 16(14): 1718-1745.

Wada K, Hashimoto Y, Mizutani M, et al. 1991. Reproductive and developmental toxicity studies of sodium hyaluronate (SL-1010)(III). Tertognicity study in rabbits. Japanese Pharmacology and Therapeutics, 19(1): 111-119.

Wakisaka Y, Eiro H, Matsumoto H, et al. 1991. Acute toxicity of sodium hyaluronate(SL-1010)in mice. Japanese Pharmacology and Therapeutics, 19(1): 7-12.

Wang S J, Wang Y H, Huang L C. 2021. The effect of oral low molecular weight liquid hyaluronic acid combination with glucosamine and chondroitin on knee osteoarthritis patients with mild knee pain: an 8-week randomized double-blind placebo-controlled trial. Medicine, 100(5): e24252.

Yoshimura M, Aoba Y, Naito K, et al. 2012a. Effect of a chicken comb extract-containing supplement on subclinical joint pain in collegiate soccer players. Experimental and Therapeutic Medicine, 3(3): 457-462.

Yoshimura M, Aoba Y, Watari T, et al. 2012b. Evaluation of the effect of a chicken comb extract-containing supplement on cartilage and bone metabolism in athletes. Experimental and Therapeutic Medicine, 4(4): 577-580.

Yuan H, Amin R, Ye X, et al. 2015. Determination of hyaluronan molecular mass distribution in human breast milk. Analytical Biochemistry, 474: 78-88.

Zentilin P, Savarino V, Mastracci L, et al. 2005. Reassessment of the diagnostic value of histology in patients with GERD, using multiple biopsy sites and an appropriate control group. The American Journal of Gastroenterology, 100(10): 2299-2306.

Zhao H, Tanaka T, Mitlitski V, et al. 2008. Protective effect of hyaluronate on oxidative DNA damage in WI-38 and A549 cells. International Journal of Oncology, 32(6): 1159-1167.

Zheng L, Riehl T E, Stenson W F. 2009. Regulation of colonic epithelial repair in mice by toll-like receptors and hyaluronic acid. Gastroenterology, 137(6): 2041-2051.

第 19 章　透明质酸在新兴领域的应用

本章主要介绍了透明质酸的新兴应用研究及市场应用情况。①透明质酸在口腔清洁护理领域的应用。透明质酸是口腔组织的重要组成成分，具有滋润口腔、改善口干、抑制牙菌斑、改善牙龈状况、修复口腔黏膜损伤等作用，目前已有多种以透明质酸为功效成分的牙膏、漱口水等口腔清洁护理产品上市。②透明质酸在纺织领域的应用。基于透明质酸的护肤功效开发护肤型纺织品是近年来功能性纺织品的创新发展方向之一，常用的方法是制备含有透明质酸的纤维或面料，然后加工成具有保湿护肤作用的内衣、T 恤、床品等纺织品。③透明质酸在造纸领域的应用。透明质酸优异的保湿作用可赋予面巾纸柔软、护肤的特性，适用于肌肤敏感人群，也有研究将透明质酸用于壁纸、包装纸等非肌肤接触类纸张中。④透明质酸在烟草领域的应用。透明质酸可作为烟草保润剂用于卷烟的生产加工过程中，具有保持烟叶水分、增加烟叶柔软性、保持烟草香气、提高抽吸舒适度等作用。⑤透明质酸在宠物领域的应用。与在人类产品中的应用类似，透明质酸可用于宠物医药、宠物洗护、宠物营养等产品中，有助于改善宠物健康状况。

19.1　概　　述

透明质酸（hyaluronic acid，HA）作为一种天然安全、可降解、多功效的生物材料，不仅在医药、化妆品、食品等领域有极其广泛的应用，其保湿、润滑、修复的特性也可用于日用品，甚至宠物用产品中。随着 HA 生产技术的不断进步，HA 原料价格大幅降低，进一步促进了 HA 在口腔清洁护理、纺织、造纸、烟草、宠物等新兴领域的应用。

19.2　透明质酸在口腔清洁护理领域的应用

口腔健康是人体健康的重要组成部分，而口腔清洁护理是保持口腔卫生、预防或减轻口腔疾病、改善口腔健康状况的重要手段（相建强，2013）。口腔清洁护理用品主要包括牙膏、牙刷、漱口水及其他口腔用品。随着人们生活水平的提高和消费意识的不断升级，口腔清洁护理用品的品质和功能成为越来越多消费者关注的重点。传统口腔清洁护理产品大多以清洁牙齿、预防龋齿、减轻牙齿敏感、抑制牙菌斑等作用为主，而近些年来，具有减轻牙龈问题、修复口腔黏膜、清新口气、养护口腔等作用的产品更受到市场的欢迎（徐春生，2019）。英敏特信息咨询（上海）有限公司（Mintel）在《2020 年口腔卫生产品创新报告》中提到，将口腔健康纳入美容范畴是当前产品创新的重要特点之一，借鉴美容市场的灵感，开发时尚的包装设计，推出新颖的产品概念，甚至使用化妆品原料作为口腔清洁护理产品的功效成分。

HA 作为化妆品界的明星成分，具有润滑、保湿、修复等功能，为口腔清洁护理产品升级带来新的选择，受到越来越多口腔产品开发者的关注。Mintel 全球新产品数据库（Global New Products Database，GNPD）的资料显示，自 2018 年开始，全球市场上含 HA 的口腔清洁护理产品有了显著增加（图 19-1）。

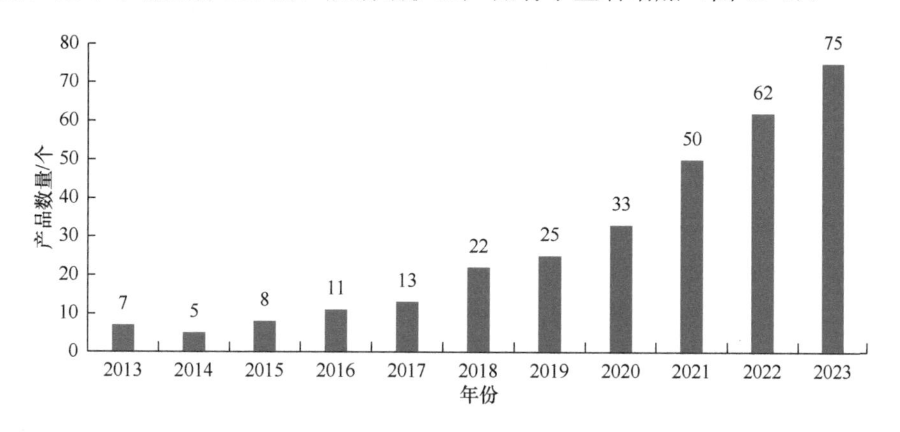

图 19-1　近十年含 HA 的口腔清洁护理产品全球上市数量

2020 年 6 月 29 日，中国《化妆品监督管理条例》正式出台，规定“牙膏参照本条例有关普通化妆品的规定进行管理”。政策的调整促进了中国市场美容护肤与口腔护理的跨界融合，HA 作为一种天然来源、多功效的成分，将迎来更大的应用契机。

19.2.1　透明质酸的口腔护理作用

在口腔组织中，牙周软组织、牙龈和牙周韧带中的 HA 含量高于牙槽骨和牙骨质等硬组织。口腔黏膜的组织结构与皮肤相似，由上皮和固有层组成，HA 主要存在于固有层（Dahiya and Kamal，2013；边专，2020；Ijuin et al.，2001）。采用酶联免疫吸附试验（enzyme-linked immunosorbent assay，ELISA）检测正常人唾液中 HA 含量，结果显示，全唾液中的 HA 含量为 136～587 ng/mL，唾液中高浓度的 HA 有助于润滑和保护口腔黏膜，并促进口腔内伤口快速愈合而无瘢痕（邢汝东等，2001）。HA 也是牙髓组织中细胞外基质的重要成分，在维持细胞稳态、血管与细胞间的物质传递中发挥重要的功能。陈蔚婷和蒋备战（2020）对炎症牙髓组织进行免疫染色以及 qRT-PCR（quantitative real-time polymerase chain reaction）检测，结果提示牙髓组织中的 HA 及其合成酶（hyaluronan synthase，HAS）HAS2、HAS3 都可能参与了对牙髓组织炎症感染状态的调控。此外，也有研究发现 HAS3 在牙胚发育各时期呈现差异性分布表达，提示 HA 可能与牙胚的形态发生密切相关（杨国峰等，2015）。

国内外多项研究显示，HA 在口腔溃疡、牙周疾病、颞下颌关节紊乱综合征等疾病的治疗中发挥着越来越重要的作用（黄思玲等，2017）。现在 HA 对口腔疾病的辅助治疗作用也延伸到口腔清洁护理领域，可用于改善口干、减轻牙龈炎症、修复口腔黏膜等（王海英和施裔磊，2021）。

口干症是由疾病、药物、损伤等多种原因引起的以口腔干燥为首要症状的一系列主观症候的总称。口干症的患病率为 5.5%～46%，在 65 岁以上的老年人群中达到 30%～40%（张英和崔丹，2017）。口腔干燥会使口腔软组织如口腔黏膜、牙龈组织等更易遭受物理、化学或生物学损伤，长期口干会改变口腔内环境，引起口臭，引发口腔炎症，严重情况下还可能造成吐字和吞咽困难。HA 具有优良的保水性，在化妆品中常作为保湿剂使用。研究者采用含有 HA 的组合物缓解和治疗口腔干燥，对比使用前后的唾液量，发现其具有持久的口腔保湿效果，同时无毒无味，口感舒适（王兵等，2016）。对于由疾病、药物、放化疗及老化引起的慢性和暂时性口干症，可以将 HA 作为缓解口干症状组合物的有效成分之一，可润滑口腔，并保持口腔湿润（孟祥璟等，2016）。高露洁公司申请了治疗口腔干燥的洁齿剂组合物专利，将 HA 添加至牙膏和口腔漱洗液中，可起到保持水分、预防和改善口干的作用（皮尔奇和马斯特斯，2015）。

菌斑性牙龈炎是由病原微生物引起的牙龈组织慢性感染性疾病，是牙周炎的前期病变，如不及时、彻底地治疗，很可能在机体内外因素作用下发展为牙周炎，对人们的口腔健康及全身健康产生极大的危害。使用纸片扩散法研究 HA 对 4 种最常见的牙周病原菌的抑菌性能，发现浓度为 2 mg/mL 的 HA 对牙龈卟啉单胞菌（*Porphyromonas gingivalis*）、伴放线放线杆菌（*Actinobacillus actinomycetemcomitans*）、中间普雷沃菌（*Prevotella intermedia*）和具核梭杆菌（*Fusobacterium nucleatum*）均有抑制作用，而浓度降到 1 mg/mL 时，对 *P. gingivalis* 和 *P. intermedia* 仍有抑制作用（黄姣，2004）。

氯己定是漱口水中最常用的抑菌成分。有研究者比较了 0.2%氯己定和 0.8%HA 对 *P. gingivalis* 的抑制作用，结果显示 0.8% HA 组作用 24 h、48 h、72 h 时，*P. gingivalis* 菌落数均有明显下降，而 0.2%氯己定组在作用 72 h 时 *P. gingivalis* 菌落数才有明显下降，且 48 h 和 72 h 时的菌落数高于 0.8%HA 组，说明 0.8%HA 对 *P. gingivalis* 的体外抑制作用优于 0.2%氯己定（Binshabaib et al.，2020）。在实际应用中，氯己定有刺激黏膜、着色等副作用，研究人员试图将 HA 作为其替代成分或配合使用以减少其用量，Gizligoz 等（2020）选择 33 例健康受试者，采用随机、双盲、交叉的临床研究方法，以菌斑指数（plaque index，PI）、改良牙龈指数（modified gingival index，MGI）、龈沟液（gingival crevicular fluid，GCF）体积为评价指标，评估 0.025%HA 漱口水、0.2%氯己定漱口水和纯水的口腔清洁护理作用。结果显示，HA 抑制菌斑的效果略低于氯己定；HA 对 MGI 和 GCF 的改善作用与氯己定相近；与氯己定漱口水相比，HA 漱口水的口感更好。以 75 例菌斑性牙龈炎的患者作为研究对象，观察分别使用 0.12%氯己定漱口水、0.025%HA 漱口水、抗氧化剂漱口水三种市售产品的抗菌性，也得到了类似结果，三种漱口水改善牙龈出血的情况相近，但受试者对 HA 漱口水的接受度更高（Abdulkareem et al.，2020）。也有研究者将 0.12%HA 加入 0.12%氯己定漱口水中，发现与单独应用氯己定相比，HA 与氯己定复配可更显著地抑制牙菌斑的生成（Genovesi et al.，2017）。

HA 对口腔炎症也有重要的调节作用。研究发现，平均分子量 1300 kDa 的 HA 在浓度为 5 mg/mL 时可显著抑制由 *P. gingivalis* 诱导的人牙龈细胞产生的炎性因子 IL-6、IL-8、IL-1β、IL-4 和 IL-10，抑制率分别为 80.17%、 69.07%、88.61%、84.56%、84.66%（Chen et al.，2019）。低分子量 HA 对牙龈炎的疗效更为显著，含 2%低分子量 HA 的牙膏在短期内可明显减轻牙龈炎的普遍症状，如牙龈不适、胀痛、口臭等，并能改善牙龈出血、牙龈颜色等体征（张华伟等，2015）。含 HA 和海藻糖的牙膏专利显示，产品中添加 0.05%～0.5%的 HA，可为口腔提供湿性环境，抑制炎性因子产生，具有保湿护龈的功效（雷锡全等，2019）。

口腔黏膜是人体重要的防护系统，不良的饮食习惯、疾病、刷牙方式不当等多种因素都会造成口腔黏膜的损伤。HA 作为机体内源性成分，在伤口愈合过程中扮演重要角色。在大鼠口腔伤口部位应用外源性 HA，可明显提高损伤组织中

HA 和III型胶原的含量，从而促进伤口的愈合并减少瘢痕组织的形成（Hammad et al.，2011）。张震（2019）采用 SD 大鼠口腔上腭黏膜圆形全层缺损模型（φ3mm），研究外源性 HA 对口腔创伤愈合的影响，试验结果显示 HA 可促进创面愈合，同时减轻愈合过程中的炎症反应，促进黏膜上皮再生。

19.2.2 透明质酸在口腔清洁护理产品中的应用趋势

HA 是高分子聚合物，根据生产工艺的不同，可以制备分子量从几千到几百万不等的原料产品。不同分子量的 HA 具有不同的生物活性，大分子 HA 成膜性强，可在口腔内表面形成物理屏障，具有阻止水分蒸发、滋润口腔黏膜、隔离细菌或异物刺激、保护细胞等作用；小分子 HA 可透皮吸收，补充内源性 HA，具有清除自由基、促进伤口愈合等作用。不同分子量 HA 复配具有更好的口腔护理作用，将分子量 2～5 kDa 的水解 HA（30%～40%）、分子量 200～600 kDa 的 HA（35%～45%）、分子量 1300～1500 kDa 的 HA（20%～30%）制备为组合物，试验结果显示其具有显著的口腔保湿、抵抗牙龈细胞炎症、修复受损口腔细胞等作用，可应用于牙膏、漱口水、喷雾等多种产品，全面呵护口腔健康（冯宁等，2022）。

2002 年，第一款含 HA 的漱口水，即日本 Yoshida 公司的“Oral Wet Mouthwash”问世；2007 年，第一款含 HA 的牙膏“Sapphire Sensitive Toothpaste”在荷兰上市。至今，全球含 HA 的口腔清洁护理产品已有 200 余个，其中中国市场含 HA 的牙膏、漱口水、喷雾等产品超过 50 个。近几年，行业知名品牌纷纷采用将不同分子量的 HA 组合物与其他活性物质复配，协同增效，共同改善口腔健康的应用方式。薇美姿实业（广东）股份有限公司公开的专利中，将 HA 组合物与柠檬酸锌复配，具有口腔日常保健、预防口腔疾病的功效（陈敏珊等，2018）；高露洁棕榄（中国）有限公司公开了包含氧化锌和柠檬酸锌以及大分子 HA 的口腔护理组合物专利，此组合物可用于牙膏、漱口水等口腔清洁产品，具有改善口干、抑菌、降低龋齿等多种作用（马努斯等，2022）；重庆登康口腔护理用品股份有限公司的研究人员利用 HA 的成膜性，将氟离子缓释到牙齿表面，可有效防止龋齿，并减少氟化物对口腔组织的刺激（张红等，2020）；联合利华（中国）有限公司的刘炜宁等（2021）将 HA 与硅酸钙结合以促进牙齿再矿化，具有优异的小管封闭效果，可减少牙齿超敏性；云南白药集团股份有限公司的李黎仙等（2023）将 HA 组合物与三七提取物、美洲大蠊提取物等活性成分制成凝胶制剂，在口腔黏膜组织炎症及溃疡预防和修复方面具有良好的效果，可用于制备牙膏及治疗口腔疾病的产品。表 19-1

总结了部分含 HA 的口腔清洁护理产品。

表 19-1　部分含 HA 的口腔清洁护理产品

品牌	产地	产品	HA 支持的功效宣称
SUNSTAR GUM®	意大利	口腔保湿护理系列，包括牙膏、啫喱膏、漱口水、喷雾	滋润并舒缓口腔干燥症状，保护口腔，远离口腔干燥带来的伤害
Biorepair®	意大利	口腔舒适护理牙膏、Tooth Milk Mouthwash	滋养牙龈，促进口腔黏膜软组织修复
Tantum®	意大利	美白漱口水、抑菌漱口水	形成屏障，减少细菌对牙齿的侵袭
Sanogyl®	法国	Multi-Protection Mouthwash	滋润强健牙龈
LACALUT®	德国	Gum Protection & Gentle Whitening Toothpaste	滋润口腔，强健牙龈
ORAL-O-SEPT®	奥地利	Whitening Hyaluronic Acid & Actipone PX3 Toothpaste	保护口腔，健康牙龈
Curasept®	澳大利亚	HAP Anti-Plaque Toothpaste	预防牙龈问题
Hyalogic®	美国	Dr.John's Tooth Gel	富含高保湿因子透明质酸
Bonabits®	韩国	Noble Peach Blossom Toothpaste	祛除牙菌斑，预防口腔炎症
Wakodo Oral plus®	日本	滋润保湿啫喱膏、漱口水	防口干，祛口臭
SUNSTAR Ora2®	日本	奢选香氛漱口水	水润保湿，美容级口腔护理
Helper Tasuke®	日本	口腔保湿漱口水、喷雾	保湿护理，清新口气
高露洁®	中国	360°精粹养龈牙膏	修护牙龈组织
中华®	中国	酵素减菌牙膏、抗糖修护漱口水	修复口腔黏膜
舒克®	中国	口气清新漱口水、喷雾	改善口干，滋润口腔
齿力佳®	中国	酵素美白护龈牙膏	滋养护龈
WO®	中国	双萃美白屏障牙膏、漱口水	构建美白屏障
冷酸灵®	中国	医研修护漱口水	活性修复因子，滋润敏感口腔
晶神®	中国	甘润口气清新喷雾	天然保湿因子，减少炎性因子释放
参半®	中国	清爽口腔漱口水、喷雾	清新口气

19.3　透明质酸在纺织领域的应用

19.3.1　纺织品中透明质酸的添加方法

随着科技的飞速发展和经济水平的不断提升，纺织品在满足衣物的基本功能如避寒遮体、美观合体之外，已被赋予了全新的含义。人们希望衣物能够有益肌肤健康，甚至有防病治病的功能，因此功能性纺织品应运而生。

功能性纺织品是指借助某些特殊的物理或化学方式处理而被赋予一些特殊功能的纺织品（滕越等，2020），按照功能性可分为舒适型、医用卫生保健型、生态型、防护型、智能型等。其中，将美容活性物质引入纺织品的研究早在 20 世纪 80 年代末就开始了。2006 年，英国纺织和服装工业标准局（BNITH）正式定义了美容（护肤）纺织品，即"一种具有美容美妆作用的纺织制品，其上含有某种物质或制剂，可在人体表面不同的部位特别是皮肤上持续地释放出来，具有一种或多种特定的功能，如清洁、香氛、外观变化、防护作用和抑制气味，使人体保持良好状态"（唐昱，2013）。

因技术所限，最初的护肤纺织品并不能充分和持久地起效，因而也受到消费者的质疑。时至今日，科技的进步与创新为护肤纺织品功效的耐久性提供了技术支持，消费者的质疑声也逐渐平息（Musante，2013）。与化妆品相比，纺织品与人体的接触时间更长、接触面积更大，织物中添加美容护肤成分可更大程度地达到皮肤保健的作用（贺志鹏，2016）。

早在 1992 年，法国有研究者公开了一种织物保湿添加剂，在其优选实施方案中，保湿添加剂为 HA（Marian，1992）。时至今日，HA 作为护肤品界的明星成分，不仅可智能保湿，还具有增加皮肤弹性、祛皱抗衰老等多种美容功效，已成为护肤纺织品的创新方式和应用热点。

1. 纤维中添加透明质酸

纤维中添加 HA 的方法比较多样。将 HA、甲壳素、丝胶蛋白等成分配制成水溶液处理纤维，可在亲肤纤维表面形成凝胶层，制得的 HA 改性纤维具有良好的亲肤性以及保湿效果（刘国成，2021）。采用层层静电自组装技术，使 HA 与壳聚糖交替沉积于棉织物纤维表面，得到生物相容性好的抗菌抗氧化改性棉织物（王利涛等，2019）。采用静电纺丝技术将 HA 与聚酰胺-6 结合制成直径 59.5 nm 的纳米纤维，HA 分布于纳米纤维中，可通过与皮肤的相互作用发挥护肤功效（Milašius et al.，2017）。将 HA 与丝素蛋白结合，并加入精油和维生素 C 进行静电纺丝，得到可缓释精油和维生素 C 的 HA/丝素蛋白纳米复合纤维，具有亲肤、护肤、美肤的效果，可用于面膜纸、贴身衣物、丝巾、袜子等纺织物（吴翔等，2017）。将结合聚乙二醇的铂纳米粒子与结合 HA 的金纳米粒子混合，均匀分布于聚酰胺纺织纤维中，可获得具有美容抗衰作用的纤维材料（Santasusana and Fabra，2015）。浙江理工大学对 HA 黏胶纤维的研究发现，HA 黏胶纤维在面纱中占的比例越高，织物对皮肤的保湿效果越好（Wang et al.，2022）。

2. 面料中添加透明质酸

将 HA 添加在面料中的最常用方法是浸轧法，将 HA 整理剂用一浸一轧的方式对面料进行后整理，可得到具有保湿护肤功能的纺织品（徐良平等，2020）。使用 HA 整理剂对 70%尼龙+30%氨纶的经编锦纶针织布进行浸轧处理，结果显示，面料后整理过程中加入 HA 对面料的颜色和牢度影响很小，且经过 HA 处理的织物具有一定的保湿效果（刘宏伟，2019）。将莫代尔棉混纺面料通过 HA 后整理工艺处理，可赋予面料抗菌保湿、吸湿排汗、柔软滑爽的特性，适用于内衣、婴幼儿服饰（陈强等，2022）。将纤维纤度不大于 0.13 dtex 的针织布浸轧 HA 溶液，85℃保温 30 min 后烘干，高温定型，HA 可牢固地吸附在针织布上，避免面料由于水洗等因素导致的保湿能力下降（侯蕴哲等，2020）。将锦纶、氨纶混纺的布料浸轧 HA 整理剂，HA 整理剂的添加量为坯布的 5%～7%，烘干定型后所得的 HA 面料柔软、舒适、亲肤（林俊生，2020）。HA 也可添加在丝绸面料中，使得柔软、亲肤的丝绸面料具有嫩肤锁水、深层滋养、淡化细纹的功效，有助于保湿、滋养皮肤（应远明和张彦哲，2019）。

此外，有研究者将 HA 先制成微胶囊，再通过浸轧的方式应用在织物中，例如，采用低温着剂和低温自交联树脂使 HA 微胶囊在较低温度下与纯棉（吴秀英，2020a）或薄型涤纶（吴秀英，2020b）等面料进行粘合，减少有效物质的破坏，使面料具有更持久的保湿功能。HA 具有高分子聚合物的特性，也可作为微胶囊的包裹材料使用，例如，将 HA 与其他大分子物质（如丝胶、壳聚糖等）组合作为微胶囊壁材，依据芯材成分功效作用的不同，制备成具有羊绒织物抗起球（郭新华等，2018a）、抗紫外线（郭新华等，2018b）、复合抗菌（郭新华等，2018c）等多种功能类型的微胶囊整理剂。以海藻酸钠、壳聚糖、HA 为壁材制备多糖微胶囊，利用壳聚糖与棉纤维上羟基之间的静电相互作用将微胶囊整理至棉织物上，可制备成用于药物或香氛缓释的功能纺织材料（刘菲等，2019）。

19.3.2　含透明质酸的纺织品

随着 HA 在纺织品中应用工艺的成熟，市场上涌现出越来越多的 HA 纺织品，如内衣、T 恤、家纺等（王海英和黄思玲，2021）。2017 年，韩国品牌 Let's young 推出适用于秋冬季的“玻尿酸恒温面膜衣”，既能起到保暖的作用，又可以让皮肤持续滋润不干燥。2019 年，国内第一款玻尿酸美肤保暖内衣裤上市，其宣称将 HA 微胶囊直接黏附在纤维面料上，可持久保湿，减缓皮肤因干燥产生的干纹、瘙痒。2020年，玻尿酸T恤成为年轻人的夏季新宠，如Cache Cache®水光美肤玻尿酸T恤、One More®玻尿酸冰氧吧T恤、乐町®黑科技玻尿酸T恤等，这些产品使用HA面料，可为肌肤提供舒适水润的感觉。2022年，都市丽人®玻尿酸家族美肌内衣秋冬上市，宣称将玻尿酸原液贮存于面料纤维，全天候柔滑润肤。2023年，爱慕股份有限公司采用将有助眠功能的海藻纤维、太极石纤维与亲肤舒适的玻尿酸整理相结合的技术，推出创新产品“睡眠衣”，并荣获全球金子午奖年度精选助眠装备奖。酒店布草品牌——斯得福®将HA与天丝结合，提出“精致睡眠，睡出水光肌”的概念。DAPU大朴的玻尿酸床品系列，在面料接触皮肤时逐渐释放HA护肤因子，宣称“睡觉时也在护肤，躺赢变美的人生”。此外，HA也有用于塑身衣、防晒衣、丝袜、围巾等产品的案例，相信随着护肤型纺织品的持续发展，HA将为越来越多的消费者提供舒适健康的护肤新体验。

19.4 透明质酸在造纸领域的应用

19.4.1 透明质酸在生活用纸中的应用

生活用纸是人们生活所用一切纸品的统称，包括卫生纸、餐巾纸、面巾纸、手帕纸、厨房用纸等卫生纸类。全球每年生活用纸总产量约6000万吨，占全球纸浆和纸张市场总量的10%～15%，亚洲目前生活用纸产能占全球近一半（陈京环，2023）。中国以庞大的人口基数和快速发展的城市化水平，拥有世界上最大的生活用纸市场，2022年中国生活用纸行业继续保持增长，总产量达1260万吨（曹振雷，2023）。造纸是传统产业，生活用纸作为造纸业的分支，其生产技术相对成熟，企业新产品开发更加聚焦消费市场、关注消费者需求。近些年，乳霜纸、棉柔巾、本色纸等突出使用功能性或具有天然环保概念的产品得到较快发展（中国造纸协会生活用纸专业委员会，2020），其中乳霜纸市场反应良好，且产品较普通纸巾拥有更高附加值，因此，福建恒安集团有限公司、东顺集团股份有限公司、浙江弘安纸业股份有限公司等众多厂家纷纷推出此类产品。

乳霜纸是将含有保湿剂、柔软剂、固定剂等成分的乳霜以喷淋、挤压等方式涂布在纸张表面，赋予纸张远超普通纸的柔软度和光滑度，同时具有一定的保湿功能，尤其适用于皮肤过敏患者、鼻炎患者、感冒患者及孕婴童等人群。目前，乳霜纸中常用保湿剂为甘油、丙二醇、聚乙二醇等成分。虽然HA有“最理想的天然保湿因子”的美誉，但价格相对高昂，相关研究和应用较少。1999年，有专利公开一种可用于花粉症鼻炎患者的柔软保湿纸巾，将 HA 作为保湿因子之一添加其中（大西春二，1999），此后鲜有文献报道。直到 2015 年以后，随着 HA 在中国美容市场的普及，造纸研究者们开始将 HA 引入生活用纸领域，并陆续申请了相关专利。在保湿纸巾（韩玲等，2016）和护肤纸巾（韩玲和陈海霞，2015）的相关专利中，HA 均被作为保湿剂添加其中。将添加 0.03%～0.05%低分子量 HA 的保湿溶液喷涂在干纸巾表面，处理后的纸巾保湿性能好、柔韧性好，不仅可用于清洁，也可滋润皮肤（王信东，2017）。原纸复卷过程中，在原纸表面喷洒含 HA 的柔软剂，可使面巾纸具有较好的柔软性，工艺简单且操作方便（许亦南等，2016）。将含有 0.01%～0.1% HA 的乳液涂布在纸巾表面，获得的纸巾每平方米均匀分布 2～10 mg 的 HA，具有良好的亲水性、吸收性、保湿性，柔软度和蓬松感较佳，不仅有较好的抑菌效果，还具有一定的肌肤美容保健功能（毕晓兴和杨涛，2019）。日本大王制纸株式会社申请了关于保湿薄页纸的制备及评价方法专利，薄页纸中含有多元醇、HA、脂肪酸酯系化合物和脂肪酰胺系化合物，其中 HA 含量为 0.01%～0.03%。感官评价结果显示，HA 薄页纸的肌肤触感优异，湿润感、顺滑性、厚度感有明显提高（保井秀太，2022）。将 HA 和水活度调节剂共同添加在纸巾中，通过调整纸巾内水活度度数与水分的关系，可显著降低纸巾的摩擦力（刘喆和杨娟，2023）。另外，也可通过 HA 与疏水性物质的组合，提高 HA 在纸巾摩擦过程中的迁移性，起到更好的护肤作用（刘喆和杨娟，2024）。

日本大王制纸株式会社于 2008 年在日本市场推出一款含 HA 的纸巾（品牌 Elleair®）；2016 年上市两款含 HA 的适用于花粉症和感冒患者的乳霜纸；2018 年在中国市场推出添加 HA、骨胶原等成分的奢华保湿系列面巾纸，专用于年轻女性和婴幼儿。2022 年，福建恒安集团有限公司推出心相印®云绒乳霜柔纸巾，柔软保湿，用于呵护嫩肌；中顺洁柔纸业股份有限公司与华熙生物科技股份有限公司联合推出图小喵®玻尿酸保湿面巾纸，宣称 HA 可有效转移至皮肤，日常擦拭即能保湿。

除面巾纸外，HA 也可用于吸油纸（Lee et al.，2013），目前上市的有 UNNY CLUB®吸油纸、MINISO®透明质酸亲肤吸油纸等产品，均宣称添加 HA，可起到保湿肌肤、平衡水油的作用。

19.4.2　透明质酸在其他纸品中的应用

对于非肌肤接触类纸品，使用 HA 可起到保水、增稠的作用。将 HA 加入壁纸原纸中，可调节纸张的控湿能力，防止干裂掉毛（李华令等，2015）；在纸张表面涂布含 HA 的乳液型湿强剂，可提高纸张的湿强度、抗张强度及耐折度（邓强，2015）；将 HA、壳聚糖、纤维素纳米纤丝等制成混合乳液，在纸页加工过程中以喷涂等方式加入，可得到高强度的纸基材料（陈嘉川等，2023）。HA 也可用于纸塑袋（程小飞，2019）、纸质快餐盒（徐江河，2019a）和耐撕裂纸盘（徐江河，2019b）等包装纸，提高纸张强度。此外，有公开专利将 HA 添加到编织用纸（曾凡跃和戚玉如，2017）、绝缘纸（李鹏飞，2018）、热升华转印纸（戚裕，2018）等纸品中。

19.5 透明质酸在烟草领域的应用

保润剂是卷烟生产过程中不可缺少的助剂，可有效保持烟叶水分，增加烟叶柔软性，减少烟叶造碎率，同时还具有降低烟气刺激、改善味道和口感、保持烟草香气的作用（贾云祯等，2018）。目前使用最广泛的烟草保润剂是多元醇类物质，如甘油、丙二醇、山梨醇等。此类保润剂虽然可以维持加工过程中的烟丝含水率、提高烟丝耐加工性，但对于成品卷烟含水率的维持及感官舒适度的改善效果较差，留香情况也不理想。所以，寻找新型多效保润剂已成为近年来烟草行业研究者的重要课题（马晓静等，2015）。

HA 是多糖物质，其双糖单位中仅含有一个氮原子，燃烧时对香烟的风味影响不大，且分子结构中存在的大量羟基、羧基等极性基团，可与水分子形成氢键。而 HA 分子在水溶液中相互缠绕形成致密的三维网状结构，阻碍烟丝表面水分子的逃逸，因此 HA 具有极好的防潮与保水的双向保润性能。比较多糖类（HA、裂褶菌多糖、壳聚糖和阿拉伯胶）、植物提取物（苹果皮、橘皮、山药、芦根和银耳提取物）、有机盐（乳酸钾和乳酸钠）三类物质的保湿性，发现 HA、芦根提取物和乳酸钾具有较高的保湿率。将 HA、芦根提取物和乳酸钾分别加入到烟草中，分析其对烟草物理保润性能的实际影响，结果表明，HA、芦根提取物和乳酸钾均能提高烟草平衡水分，降低有效水分扩散系数，并可不同程度地提高主流烟气中水分含量以及改善卷烟的感官舒适度（殷春燕，2014）。在加香过程中，HA 对香料单体有一定的定香作用，添加 HA 的烟丝中，醛类、内酯类、醇类、杂环类及酮类香料单体的持留量显著提高，且 HA 的定香效果优于丙二醇和丙三醇（白新亮等，2011）。

受行业本身的限制，目前国内外对 HA 在烟草产品中的应用报道较少。1995 年，日本研究者提出了一种使用 HA 等水溶性聚合物改良卷烟滤芯的方法，不仅可以提高生产效率,所得滤芯还容易被水分解,对环境影响小(津ヶ谷仁等,1995)。近十年来,中国多家知名烟草生产企业申请了 HA 应用于卷烟的专利。龙岩烟草工业有限责任公司申请并获授权了一种含 HA 的卷烟制造方法,在卷烟制丝加料工序中添加 HA,既可使卷烟保润增香,又能改善卷烟烟气和口感(范坚强等,2010)。红云红河烟草(集团)有限责任公司公开了一种含 HA 等天然保湿因子的烟草保润剂,可用于多种烟草制品,添加烟丝重量的 0.5%～2%就能够明显保留烟丝水分,在保持卷烟原有风格的同时,又可增加烟气湿润感,降低刺激,提高喉部舒适感(张玲等,2013)。湖南中烟工业有限责任公司的研究人员将含有 HA 等保润剂的溶液涂布或喷洒在纸质滤材上,用以降低纸质滤材卷烟的刺激性和异味,改善吸味(李克等,2011)。福建中烟工业有限责任公司公开了一种卷烟滤嘴用成型纸及卷烟的专利,其外纸层的内表层附着的 HA 作为保润物质,形成具有活性的保润层,可增强烟气润感,提高抽吸舒适度(张国强等,2015)。此外,邓其馨等(2015)还将 HA、甘油、阳离子交换树脂混合制成保润树脂,用于复合滤嘴的制备,可减少卷烟烟气中重金属对人体产生的危害。与此用途相似的是,云南中烟工业有限责任公司研制了一种含 HA 的气凝胶并用于卷烟滤嘴复合滤棒(王猛等,2020)。河南中烟工业有限责任公司公开了一种保润型内衬纸的制备方法,在内衬纸的正面涂覆水溶性树脂悬浊液,背面涂覆 HA 水溶液,经特殊成型工艺加工,内衬纸正反两面均可形成致密的高分子涂层,对香气、水分的阻隔性能大幅度提升,从而实现卷烟保香、保润的功能(楚文娟等,2020)。近年来也有关于在电子雾化烟液中添加 HA 的专利申请(张越等,2023;魏健等,2022),但因为政策、技术等原因,仍未看到有成熟产品上市。

19.6　透明质酸在宠物领域的应用

随着社会的发展,作为伴侣动物的家养宠物不断增加,人们对所饲养宠物的健康要求也不断提高。围绕宠物已形成宠物食品、用品、医疗、服务等巨大的消费市场。2017 年,全球宠物用品市场规模达 1697 亿美元。北美洲是宠物产业的最大市场,占全球宠物经济产值总额的 37%。2018 年,亚洲超越欧洲成为全球宠物经济第二大市场(陶艳和李泉清,2019)。2022 年,中国城镇宠物犬、猫超过 1.1 亿只,消费规模达 2706 亿元,产品覆盖宠物的全生命周期,包括食品、用品、医疗、服务等。

伴随着宠物角色由“看家护院”到“情感陪伴”的转变,宠物消费品也出现了精细化、功能化的特点，一些品牌公司开始在宠物食品、宠物护理、宠物医疗等产品中添加 HA。

19.6.1 透明质酸在宠物食品中的应用

衰老、疾病、环境恶化等因素都会造成宠物体内 HA 的流失，导致宠物出现皮肤干燥瘙痒、毛发稀疏、毛色暗淡、行动不灵活等症状。给宠物饲喂含 HA 的宠物食品，其中的 HA 经肠胃消化吸收并分布到皮肤、关节等器官组织，除了直接提升这些器官组织中的 HA 含量，还能促进体内 HA 的合成，起到滋养皮肤、顺亮毛发、保护关节等多重作用，有益于宠物保持健康与活力。

HA 作为宠物营养成分，在欧洲以及美国、日本、韩国已有较长的应用历史，但在中国的应用才刚刚起步。2018 年，中国农业农村部第 21 号公告中颁布了《饲料添加剂品种目录（2013）》修订列表，将“透明质酸”和“透明质酸钠”列入其中，且明确标明“可应用于犬、猫”。

1. 透明质酸口服吸收机制

蒋秋燕等（2005）采用放射免疫法研究 HA 的口服吸收机制，发现大鼠口服 HA 4 h 后，血清中 HA 含量逐步上升，说明少部分 HA 在胃内以大分子的形式被吸收，而未被吸收的 HA 在肠道内被机体吸收。同位素标记示踪试验结果显示，大鼠口服 HA 1 h 后，腺胃、小肠、皮肤、骨骼肌、眼球等部位可先后检测到外源性 HA，说明口服 HA 被机体吸收后，可分布于多个组织器官中，补充内源性 HA（Balogh et al.，2008）。

2. 透明质酸口服功效

当皮肤中 HA 含量减少时，皮肤的保水能力大大下降，屏障功能受损，进而影响肌肤与毛发的质量与外观。口服补充 HA 使皮肤细胞外基质含水量充足，有利于营养物质的吸收和代谢废物的排出，使肌肤保持健康状态，同时滋养毛囊，使毛发顺亮有光泽。研究者选择 6～7 岁的退役警犬拉布拉多犬、史宾格犬、德国牧羊犬各 20 头，随机均分为 4 组。对照组实验犬饲喂基础犬粮，其余三组在基础日粮中分别添加 0.01%、0.03%、0.09%的 HA，一天饲喂两次，连续饲喂 60 天。结果表明，0.03% HA 组实验犬的皮肤水分含量明显增加，0.09% HA 组实验犬的皮肤水分含量改善效果尤为显著（颜泽清等，2019）。在饲粮中添加 HA 可以提高猫平均日饮水量，以及血液白蛋白含量和总抗氧化能力，改善毛皮质量，显著提高毛发柔顺度和光泽度（张云海等，2023）。将 HA 添加于美毛营养膏中，可改善宠物犬、猫毛发枯燥无光泽、易打结，或异常脱毛、掉毛的症状（卞雪莲等，2021）；饲喂含 HA 的产品 1 个月，犬毛的顺滑度明显提高，顺滑度评分提高 0.5 分左右（汪迎春等，2020）。

HA 是关节滑液的主要成分，赋予滑液优异的润滑性和黏弹性，减轻应力对关节的撞击，保护关节软骨。同时，HA 可在关节软骨和滑膜表面聚积，修复被破坏的屏障，防止骨基质进一步破坏流失（尚西亮等，2012）。目前，口服含 HA 的关节保健品已成为预防或辅助治疗骨关节炎的常用手段。与人的关节问题类似，骨关节炎也是犬常见多发的一种疾病，其临床症状包括跛行、疼痛、僵化等。犬骨关节炎与关节液中 HA 的分子量和浓度密切相关，关节炎症会导致关节液中 HA 被降解，含量下降，分子量减小（刘健莹等，2017；Plickert et al.，2013）。补充外源性 HA 可促使滑膜细胞产生内源性高分子 HA，还能够抑制炎性介质的产生及增强白细胞的黏性、增殖和吞噬作用，减少炎性疼痛，加快恢复（刘晓琳等，2015）。联合应用 HA 15 mg、盐酸葡糖胺 400 mg 和硫酸软骨素 300 mg 可缓解工作犬的髋关节骨性关节炎症状（Alves et al.，2017）。国内研究者也得出相同的结论，选择 30 头具有不同程度髋关节炎症状的退役警犬，随机分为 5 组，分别饲喂基础犬粮、含葡萄糖胺 0.5%+软骨素 0.2%的犬粮、含 HA 0.03%的犬粮、含 HA 0.09%的犬粮、含 HA 0.03%+葡萄糖胺 0.25%+软骨素 0.1%的犬粮，连续饲喂 24 周，使用 Lequesne 指数评分法判断实验犬的关节改善情况。结果显示，相比于基础犬粮组，HA0.03%犬粮组的实验犬关节状态具有明显的改善；HA 0.09%犬粮组与 HA0.03%+葡萄糖胺 0.25%+软骨素 0.1%犬粮组的试验犬关节状态具有极其明显的改善，表明 HA 与氨糖和软骨素具有协同增效的作用，可以组合的形式添加在同一配方中（吕莉等，2019）。含 HA 的宠物食品可改善宠物异食症、顺滑皮毛，改善骨关节疾病（耿凤等，2019）。将 HA 与氨基葡萄糖盐酸盐、硫酸软骨素、二甲基砜、抗坏血酸等成分共同使用，添加于宠物关节保健片中，可增强宠物免疫系统功能，抑制炎性细胞增殖，促进软骨组织及骨骼发育（任思琪等，2022）。

3. 市售含透明质酸的宠物营养品

在欧美宠物市场，HA 大多被应用于改善宠物关节的营养保健品中，如美国 GNC® Natural Yummy Chicken and Peas Flavor Dog Treats、美国 Healthypets® K-10+ Joint Health Chews for Dogs、英国 Lintbells® 旗下 YuMOVE® Joint Support for Cats

等。在日本和韩国的宠物市场，HA 大多添加在犬、猫主粮中，主要起健康皮肤、亮泽皮毛的作用，例如，日本 Nippon Pet Food 公司针对不同年龄犬/猫营养需求设计的系列产品，日本 Yeaster 公司的亮毛、润眼、护肝等多款产品，韩国 Food Master Group 的饮品 Dr. Holi® Vanilla Flavoured Pet Milk 等。中国市场在 2020 年之后陆续有品牌推出含 HA 的宠物食品，包括干粮、罐头、冻干食品、猫条、保健品等多种类型，如朗诺®全价冻干成猫粮、网易严选®猫罐头、卫仕®宠物营养补充剂等。此外，美国佛蒙特州的动物营养品公司也曾推出过含有 HA 的马关节保健品，用以改善马关节润滑性，维持软骨健康。

19.6.2 透明质酸在宠物医疗中的应用

HA 具有优异的润滑性、保湿性、黏弹性以及良好的生物相容性，在宠物医疗中的应用主要集中于滴眼液、冲耳液、骨关节炎治疗等产品，如 I-Drop® Vet Plus Lubricating Eye Drops for Pets、Kinetic® Ear Rinse for Dogs、HappyTails® Joint Resolution Dog Arthritis Relief 等。

HA 在发现之初就被用于赛马的关节腔注射以缓解骨关节炎引起的跛足，且取得了较好的疗效（Rose，1979；Asheim and Lindblad，1976）。目前，HA 溶液关节腔注射仍是治疗赛马骨关节炎的重要手段之一。近几年的研究也扩展到了犬类等小型宠物。HA 也可添加到干细胞制剂中，用于治疗犬关节炎（王丙云等，2017）。使用 HA 复合尿源性干细胞复合溶液对患有膝关节软骨缺损的比格犬进行关节腔注射，治疗 12 周后，可见软骨缺损区基本被软骨样组织填满，具有光滑的表面；切片苏木精-伊红染色和甲苯胺蓝染色显示透明样软骨组织覆盖良好，与相邻边缘软骨组织完全整合（王远政等，2018）。关节注射 HA 溶液可治疗宠物犬因先天髋关节发育不良而引起的关节炎，其症状改善的临床效果显著优于传统的保守疗法（Carapeba et al.，2016）。关节注射含 HA 和曲安奈德的溶液治疗宠物犬的髋关节炎，经过 6 个月治疗，患犬的疼痛得到了显著改善（Franklin and Franklin，2021）。以上研究表明，关节腔注射 HA 在治疗宠物犬关节炎方面具有很大潜力，未来可能有相关产品推出。

HA 也可用于宠物眼护理产品中，如滴眼液、眼膏、眼用凝胶等，对角膜溃疡、干眼症、结膜炎有良好的治疗效果；也可用于犬、猫眼科手术后的组织快速修复、重建和再生，恢复眼部功能和视力（严玉霖等，2020）。秦臻等（2017）公开了一种含人间充质干细胞分泌物的小型宠物滴眼液及其制备方法，人间充质干细胞在增殖过程中会分泌多种细胞因子，可促进眼结膜及角膜的修复，配合添加 HA 后，可缩短眼结膜及角膜溃疡伤口的愈合时间，起到抗炎作用，并增加滴眼液的润滑性和舒适性。将 HA 与甾体抗炎药、植物提取物和维生素复配制备宠物滴眼液，可缓解眼睛干涩，治疗干眼症（李京和文京府，2018）。此外，也有研究显示 HA 可应用于创伤组织的愈合（严玉霖等，2018）、犬磷酸铵镁尿结石的膀胱灌注治疗（王斌等，2023；陆江等，2020）、犬精液冷藏保存（余盼等，2018）等。

19.6.3　透明质酸在宠物护理中的应用

目前，HA 在宠物护理中的应用主要包括香波、慕斯、喷雾、湿巾等品类，如 GNC® Pets Natural Herbal Shampoo、DHC® Beauty Dog Q10 Pet Brushing Lotion、Taurus® Paw Sanitizer Spray、Optixcare® Eye Cleaning Wipes for Pets、沐森堂®HA 深层洁净香波、海宝诗®玻尿酸宠物洗护系列等。将 HA 添加于宠物洗护产品中，可以修护、滋润宠物皮毛，提高宠物毛色光泽度，延缓皮肤衰老（陆江等，2017；申凤同等，2022）。

HA 是人和哺乳动物机体不可或缺的功能性多糖成分，但是由于法规、成本、消费认知等因素的限制，HA 在宠物领域应用的普及程度远不及在人类产品中的应用。相信随着宠物消费的持续升级，HA 在宠物领域的应用将有更加广阔的市场前景。

（王海英）

参 考 文 献

白新亮, 宋瑜冰, 黄华, 等. 2011. 透明质酸对烟用香料的定香效果. 烟草科技, 44(8): 39-43.
保井秀太. 2022. 薄页纸: 中国, CN109788879B.
毕晓兴, 杨涛. 2019. 一种保湿美容纸巾及其制备方法: 中国, CN109431837A.
边专. 2020. 口腔生物学(第 5 版). 北京: 人民卫生出版社.
卞雪莲, 于江涛, 张静, 等. 2021. 一种犬猫通用美毛营养膏及其制备方法: 中国, CN116195690A.
曹振雷. 2023. 2022 年生活用纸行业运行概况. 中华纸业, 44(9): 16-18.
陈嘉川, 张凯, 杨桂花. 2023. 一种利用纤维素纳米纤丝-透明质酸-壳聚糖混合乳液提高纸张物理强度性能的方法: 中国, CN112982018B.
陈京环. 2023. 全球生活用纸市场简析. 造纸信息, (3): 64-65.
陈敏珊, 王真史, 李林, 等. 2018. 一种含透明质酸混合物的多效口腔组合物: 中国,

CN107536725A.
陈强, 陈慧, 李超. 2022. 深色莫代尔棉混纺面料染整工艺: 中国, CN115897263A.
陈蔚婷, 蒋备战. 2020. 透明质酸及其合成酶在炎症牙髓组织中的表达. 口腔医学, 40(7): 606-611.
程小飞. 2019. 一种易降解环保纸塑袋及其制备方法: 中国, CN109293996A.
楚文娟, 田海英, 李怀奇, 等. 2020. 一种保润型内衬纸及其制备方法: 中国, CN109056421B.
邓其馨, 刘秀彩, 张建平, 等. 2015. 降低烟气中重金属释放量的保润树脂的制备方法及应用烟: 中国, CN103113686B.
邓强. 2015. 乳液型湿强剂及其制备方法: 中国, CN103981759B.
范坚强, 余志强, 洪祖灿, 等. 2010. 一种卷烟及其制造方法: 中国, CN101019689B.
冯宁, 宗文斌, 毛华, 等. 2022. 一种透明质酸口腔护理组合物及其制备方法和应用: 中国, CN110585062B.
耿凤, 郭学平, 侯梦奇, 等. 2019. 一种宠物食品及其制备方法: 中国, CN109965124A.
郭新华, 张会良, 叶萍, 等. 2018a. 一种羊绒织物抗起球整理剂及其制备方法: 中国, CN108004787A.
郭新华, 张会良, 叶萍, 等. 2018b. 一种抗紫外线微胶囊整理剂及其制备方法: 中国, CN107938365A.
郭新华, 张会良, 叶萍, 等. 2018c. 一种复合抗菌整理剂及其制备方法: 中国, CN107916575A.
韩玲, 陈海霞. 2015. 护肤组合物及应用其的纸巾: 中国, CN103263669B.
韩玲, 亚历克斯, 陈井春, 等. 2016. 保湿组合物及应用其的纸巾: 中国, CN103070803B.
贺志鹏. 2016. 纺织品的护肤整理. 印染助剂, 33(11): 6-8.
侯蕴哲, 赵燕, 冯振秀. 2020. 一种玻尿酸美容面料的制作工艺以及所述工艺制作的面料在制作护发巾中的应用: 中国, CN111139576A.
黄姣. 2004. Gengigel 凝胶治疗菌斑性牙龈炎的研究. 成都: 四川大学硕士学位论文.
黄思玲, 孙建斐, 郭学平. 2017. 透明质酸在口腔、耳鼻喉科的应用研究进展. 食品与药品, 19(5): 365-371.
贾云祯, 王宜鹏, 秦亚琼, 等. 2018. 烟草保润剂研究现状与发展趋势. 轻工科技, 34(1): 26-29, 33.
蒋秋燕, 凌沛学, 黄思玲, 等. 2005. 口服透明质酸在大鼠体内吸收机制的研究. 中国药学杂志, 40(23): 1811-1813.
雷锡全, 关玉宇, 彭秀清. 2019. 一种含透明质酸和海藻糖的牙膏及其制备方法: 中国, CN110123702A.
李华令, 肖昌明, 向凯. 2015. 一种耐温防干裂的 PVC 壁纸原纸及其制备方法: 中国, CN104480778A.
李京, 文京府. 2018. 一种宠物滴眼液及其制备方法: 中国, CN108420881A.
李克, 谭海风, 王诗太, 等. 2011. 保湿剂在卷烟纸质滤材中的应用: 中国, CN101731757B.
李黎仙, 高鹰, 孔祥烨, 等. 2023. 用于口腔修护的组合物及制备的凝胶制剂和应用: 中国, CN115154501B.

李鹏飞. 2018. 一种介电性能好的增强型绝缘纸: 中国, CN108824069A.
林俊生. 2020. 一种玻尿酸面料及其制造方法: 中国, CN111235723A.
刘菲, 李秋瑾, 巩继贤, 等. 2019. 层层自组装多糖微胶囊的制备及其缓释型纯棉织物修饰应用. 纺织学报, 40(2): 114-118.
刘国成. 2021. 一种基于玻尿酸的亲肤布料及其制备方法: 中国, CN110549696B.
刘宏伟. 2019. 经编内衣面料玻尿酸整理的探索. 大科技, (31): 244-245.
刘健莹, 罗春海, 刘瑶, 等. 2017. 犬膝关节骨关节炎动物模型血清及关节液中 IL-1、TNF-α 和 HA 的分析. 黑龙江八一农垦大学学报, 29(2): 29-34.
刘炜宁, 王伟冲, 周奂君, 等. 2021. 口腔护理组合物: 中国, CN115666729A.
刘晓琳, 邹连生, 刘卫. 2015. 浅谈关节保护剂在犬骨关节炎上应用. 养犬, (3): 16-18.
刘喆, 杨娟. 2024. 一种含有可迁移型透明质酸盐的纸巾与整理液组合物: 中国, CN114712262B.
刘喆, 杨娟. 2023. 一种含有透明质酸钠的纸巾及其制法: 中国, CN115191856B.
陆江, 朱道仙, 卢劲晔, 等. 2020. 用于治疗宠物犬磷酸铵镁尿结石的膀胱灌注液: 中国, CN108079210B.
陆江, 朱道仙, 卢劲晔, 等. 2017. 一种犬猫用保健香波及其制备方法: 中国, CN107049881A.
吕莉, 王元, 颜泽清, 等. 2019. 透明质酸促进犬髋关节炎改善的效果研究. 中国工作犬业, (10): 20-24.
马努斯, 李锺熏, 斯蒂尔, 等. 2022. 口腔护理组合物及使用方法: 中国, CN115006276A.
马晓静, 宁敏, 徐迎波, 等. 2015. 天然新型烟草保润剂的开发应用研究进展. 安徽农业科学, 43(19): 260-263.
孟祥璟, 刘少英, 宗工理, 等. 2016. 一种缓解口干症状的组合物及其制备方法: 中国, CN105267234A.
皮尔奇 S., 马斯特斯 J.G. 2015. 治疗口腔干燥的洁齿剂组合物: 中国, CN101795686B.
戚裕. 2018. 高光泽度热升华转印纸: 中国, CN106585154B.
秦臻, 鲁振宇, 韩洪起, 等. 2017. 含人间充质干细胞分泌物的小型宠物滴眼液及其制备方法: 中国, CN107412266A.
任思琪, 牛犇, 杭夏清, 等. 2022. 一种宠物关节保健软咀嚼片剂及其制备方法: 中国, CN114794313A.
尚西亮, 陈世益, 李云霞. 2012. 透明质酸在运动医学中的应用. 上海医药, 33(15): 12-16.
申凤同, 阚洪玲, 董建军, 等. 2022. 一种富含透明质酸或其盐的宠物洗护组合物及其制备方法: 中国, CN110613632B.
唐昱. 2013. 护肤和健康的纺织品整理. 印染, 39(16): 55-56.
陶艳, 李泉清. 2019. 宠物市场发展状况及宠物洁护用品市场分析. 中国洗涤用品工业, (8): 48-52.
滕越, 谭玉静, 王麟. 2020. 功能性纺织品的发展概况及研究分析. 纺织检测与标准, 6(4): 1-4.
汪迎春, 任阳, 王倩. 2020. 一种提高犬毛顺滑度的美毛配方: 中国, CN111034870A.
王斌, 李思聪, 梁歌, 等. 2023. 治疗动物尿结石的冲洗液及其制备方法: 中国, CN115006465B.

王兵, 邢艳平, 范雪, 等. 2016. 透明质酸和透明质酸盐在用于治疗和缓解口腔干燥的组合物的应用: 中国, CN103405470B.
王丙云, 张贝莹, 詹小舒, 等. 2017. 一种治疗犬关节炎的干细胞制剂及其制备方法: 中国, CN107375329A.
王海英, 黄思玲. 2021. 玻尿酸在功能性纺织品中的应用. 纺织导报, (4): 72-75.
王海英, 施裔磊. 2021. 透明质酸在口腔护理产品领域的应用. 日用化学品科学, 44(2): 40-44.
王利涛, 黄应祥, 林凡顺, 等. 2019. 层层静电自组装制备抗菌抗氧化棉织物. 印染, 45(1): 17-21.
王猛, 朱保昆, 张天栋, 等. 2020. 一种天然多糖气凝胶、其制备方法及在卷烟中的应用: 中国, CN105601983B.
王信东. 2017. 一种保湿纸巾及其制备方法: 中国, CN107049834A.
王远政, 陈龙, 佘荣峰, 等. 2018. 透明质酸钠结合尿源性干细胞修复创伤性软骨缺损的实验研究. 重庆医科大学学报, 43(10): 1318-1323.
魏健, 王海英, 郭学平. 2022. 一种含透明质酸和依克多因的电子烟液及其制备方法: 中国, CN112220102B.
吴翔, 汪云, 钱忠, 等. 2017. 一种透明质酸/丝素蛋白纳米纤维及其制备方法: 中国, CN106676670A.
吴秀英. 2020a. 一种纯棉面料保湿微胶囊整理工艺: 中国, CN110747651A.
吴秀英. 2020b. 一种薄型涤纶面料染色保湿整理工艺: 中国, CN110699989A.
相建强. 2013. 中国口腔护理用品工业的历史与发展现状. 日用化学品科学, 36(2): 1-8.
邢汝东, 张世国, 常世民. 2001. 正常人唾液中透明质酸含量的研究. 现代口腔医学杂志, 15(3): 176-178.
徐春生. 2019. 中国口腔清洁护理用品技术发展的现状与趋势. 日用化学品科学, 42(8): 11-16.
徐江河. 2019a. 一种高抗张强度的纸质快餐盒制备方法: 中国, CN109280403A.
徐江河. 2019b. 一种耐撕裂纸盘的制备方法: 中国, CN109251549A.
徐良平, 宫怀瑞, 胡雪丽. 2020. 一种功能性纺织品及其制备方法: 中国, CN111021059A.
许亦南, 豆正红, 方立权, 等. 2016. 一种面巾纸的增柔工艺及制得的超柔面巾纸: 中国, CN104452445B.
严玉霖, 曹景锋, 陈玲, 等. 2020. 一种犬、猫干细胞眼用制剂及其应用: 中国, CN111632068A.
严玉霖, 曹景锋, 陈玲. 2018. 一种快速愈合犬创伤组织的犬干细胞分泌因子修复液: 中国, CN104324053B.
颜泽清, 娄红军, 王元. 2019. 透明质酸对犬皮肤水分的改善效果研究. 中国工作犬业, (9): 14-15.
杨国峰, 莫申正, 蒋备战. 2015. 透明质酸在小鼠下颌第一磨牙牙胚不同发育时期的表达. 口腔医学研究, 31(7): 658-661.
殷春燕. 2014. 乳酸钾改善卷烟保润性能及烟气品质的研究. 无锡: 江南大学博士学位论文.
应远明, 张彦哲. 2019. 一种玻尿酸丝绸面料及其制作方法: 中国, CN109537279A.
余盼, 吴衍, 熊前, 等. 2018. 一种犬精液冷藏保存稀释液: 中国, CN108812646A.

曾凡跃, 戚玉如. 2017. 一种编织用纸的硬化涂层及其制备方法: 中国, CN106638143A.
张国强, 黄朝章, 张颖璞, 等. 2015. 卷烟滤嘴用成型纸及卷烟: 中国, CN204551134U.
张红, 陈凤, 张旻, 等. 2020. 一种含透明质酸的口腔用品及其制备方法: 中国, CN112618413A.
张华伟, 魏旺荣, 程锡芳, 等. 2015. 探讨生物活性透明质酸刷牙治疗牙龈炎的疗效. 临床医药文献电子杂志, 2(23): 4808-4809.
张玲, 张天栋, 付磊, 等. 2013. 一种烟草保润剂及其应用: 中国, CN103099310A.
张英, 崔丹. 2017. 口干症的临床评估及对策. 中国实用口腔科杂志, 10(9): 530-534.
张越, 徐可欣, 蔺虓霄, 等. 2023. 一种电子烟烟液及其制备方法: 中国, CN114304714B.
张云海, 崔凯, 孙海涛, 等. 2023. 饲粮中添加透明质酸钠对猫采食性能、血液指标和毛皮健康的影响. 动物营养学报, 35(3): 1957-1965.
张震. 2019. 透明质酸对大鼠口腔伤口愈合影响的组织形态学研究. 太原: 山西医科大学硕士学位论文.
中国造纸协会生活用纸专业委员会. 2020. 2019 年中国生活用纸行业盘点. 生活用纸, 20(1): 26-31.
大西春二. 1999. 柔軟しっとり保湿ティッシュペーパー: Japan, JP 特開平 11-235288.
津ヶ谷仁, 谷口寛樹, 大路信之. 1995. たばこフィルター及びの製造方法: Japan, JP 特開平 7-75542.
Abdulkareem A A, Al Marah Z A, Abdulbaqi H R, et al. 2020. A randomized double-blind clinical trial to evaluate the efficacy of chlorhexidine, antioxidant, and hyaluronic acid mouthwashes in the management of biofilm-induced gingivitis. International Journal of Dental Hygiene, 18(3): 268-277.
Alves J C, Santos A M, Jorge P I. 2017. Effect of an oral joint supplement when compared to carprofen in the management of hip osteoarthritis in working dogs. Topics in Companion Animal Medicine, 32(4): 126-129.
Asheim A, Lindblad G. 1976. Intra-articular treatment of arthritis in race-horses with sodium hyaluronate. Acta Veterinaria Scandinavica, 17(4): 379-394.
Balogh L, Polyak A, Mathe D, et al. 2008. Absorption, uptake and tissue affinity of high-molecular-weight hyaluronan after oral administration in rats and dogs. Journal of Agricultural and Food Chemistry, 56(22): 10582-10593.
Binshabaib M, Aabed K, Alotaibi F, et al. 2020. Antimicrobial efficacy of 0.8% hyaluronic acid and 0.2% chlorhexidine against *Porphyromonas gingivalis* strains: an *in-vitro* study. Pakistan Journal of Medical Sciences, 36(2): 111-114.
Carapeba G O L, Cavaleti P, Nicácio G M, et al. 2016. Intra-articular hyaluronic acid compared to traditional conservative treatment in dogs with osteoarthritis associated with hip dysplasia. Evidence-Based Complementary and Alternative Medicine, 2016: 2076921.
Chen M S, Li L, Wang Z S, et al. 2019. High molecular weight hyaluronic acid regulates P. gingivalis-induced inflammation and migration in human gingival fibroblasts *via* MAPK and NF-κB signaling pathway. Archives of Oral Biology, 98: 75-80.
Dahiya P, Kamal R. 2013. Hyaluronic Acid: a boon in periodontal therapy. North American Journal of Medical Sciences, 5(5): 309-315.

Franklin S P, Franklin A L. 2021. Randomized controlled trial comparing autologous protein solution to hyaluronic acid plus triamcinolone for treating hip osteoarthritis in dogs. Frontiers in Veterinary Science, 8: 713768.

Genovesi A, Barone A, Toti P, et al. 2017. The efficacy of 0.12% chlorhexidine versus 0.12% chlorhexidine plus hyaluronic acid mouthwash on healing of submerged single implant insertion areas: a short-term randomized controlled clinical trial. International Journal of Dental Hygiene, 15(1): 65-72.

Gizligoz B, Ince Kuka G, Tunar O L, et al. 2020. Plaque inhibitory effect of hyaluronan-containing mouthwash in a 4-day non-brushing model. Oral Health & Preventive Dentistry, 18(1): 61-70.

Hammad H M, Hammad M M, Abdelhadi I N, et al. 2011. Effects of topically applied agents on intra-oral wound healing in a rat model: a clinical and histomorphometric study. International Journal of Dental Hygiene, 9(1): 9-16.

Ijuin C, Ohno S, Tanimoto K, et al. 2001. Regulation of hyaluronan synthase gene expression in human periodontal ligament cells by tumour necrosis factor-α, interleukin-1β and interferon-Γ. Archives of Oral Biology, 46(8): 767-772.

Lee M W, Lee Y W, Seo Y B. 2013. Oil control paper containing marine algae for removing skin oil and the method for manufacturing thereof: Korea, KR101274792B1.

Marian D. 1992. Procede de preparation de compositions d'ennoblissement de textile et compositions d'ennoblissement obtenues: France, FR2675164A1.

Milašius R, Ryklin D, Yasinskaya N, et al. 2017. Development of an electrospun nanofibrous web with hyaluronic acid. Fibres and Textiles in Eastern Europe, 25(5): 8-12.

Musante G. 2013. The fabric of beauty. AATCC Review: International Magazine for Textile Professionals, 13(1): 34-38.

Plickert H D, Bondzio A, Einspanier R, et al. 2013. Hyaluronic acid concentrations in synovial fluid of dogs with different stages of osteoarthritis. Research in Veterinary Science, 94(3): 728-734.

Rose R J. 1979. The intra-articular use of sodium hyaluronate for the treatment of osteo-arthrosis in the horse. New Zealand Veterinary Journal, 27(1-2): 5-8.

Santasusana A C, Fabra E S. 2015. Cosmetic textile fiber, method for obtaining it and use thereof: United States, US2015/0035195A1.

Silva Júnior J I S, Rahal S C, Santos I F C, et al. 2020. Use of reticulated hyaluronic acid alone or associated with ozone gas in the treatment of osteoarthritis due to hip dysplasia in dogs. Frontiers in Veterinary Science, 7: 265.

Wang Q Y, Lu J L, Jin Z M, et al. 2022. Study on the structure and skin moisturizing properties of hyaluronic acid viscose fiber seamless knitted fabric for autumn and winter. Materials, 15(5): 1806.

第 20 章　透明质酸产品相关质量标准及检测方法

本章着重介绍了透明质酸（hyaluronic acid，HA）原料及其相关产品的质量控制要求和分析方法。质量标准部分汇总了国际和国内现行的针对不同应用领域的 HA 通用标准，包括医药级、化妆品级和食用级原料，以及含有 HA 的药品、医疗器械的质量控制要求。本部分采用列表形式对比总结了欧洲、日本、韩国、中国的药用标准，以及各行业标准中列出的质量控制指标及控制要求，产品开发者应在研制和生产过程中针对其不同的应用领域和应用目的选择合适的控制指标，制定合理的控制范围，以保证产品的安全性和有效性。检测方法部分介绍了产品标准中各项控制指标的分析方法，包括：HA 鉴别、含量、分子量、工艺杂质、微生物、细菌内毒素等；不同检测方法的定性定量原理、适用范围；部分分析方法可参考的操作步骤、计算方法和典型色谱图。除此之外，含 HA 产品中其他有效成分的定性定量分析也是相关产品质量控制的重点，本章在最后介绍了这类产品的分析方法，包括样品前处理方式和部分小分子物质如盐酸利多卡因及维生素的典型图谱。

20.1　概　　述

HA 作为广泛用于医药、食品和化妆品的重要原料，其质量与终端产品的安全有效性密切相关。针对不同的产品需求和应用，HA 的质量和安全要求也有所不同。目前，各国已针对不同应用场景的 HA 制定了相应的质量标准，形成了较为完善的质量安全体系，各标准对 HA 的性状、纯度、杂质、生物指标等都做了明确的规定。本章将对不同工业领域的 HA 产品质量标准的历史发展及相关要求进行简要介绍。

药品用于预防、诊断和治疗人的疾病，是有确定的适应证、功能主治和用法用量的特殊商品。医疗器械则是在医疗过程中直接或者间接用于人体的仪器、设备、器具、体外诊断试剂/校准物、材料，以及其他类似或者相关的工业化商品。HA 可作为主要原料用于药品制剂，也可作为辅料添加在口服制剂、外用制剂、眼用制剂等，起到缓控释、保湿和增稠的作用。按照相关法规的规定，含有 HA

的注射美容填充剂和伤口敷料归属于医疗器械范畴。针对不同级别的 HA 原辅料，以及以 HA 为主要成分的药品、医疗器械、化妆品和食品，相关监管机构均制定了相应的质量标准。

20.2 医药用透明质酸原料和产品质量标准

目前 HA 已作为药用原料收录于《欧洲药典》(European Pharmacopoeia，EP)、《日本药局方》(Japanese Pharmacopoeia，JP)和《韩国药典》(Korean Pharmacopoeia，KP)，以上标准已分别更新到第 11.0 版（EP11.0)、18 版（JP18）和 12 版（KP12)。美国食品药品监督管理局（Food and Drug Administration，FDA）认为 HA 为非活性成分，所以并未收录于《美国药典》（United States Pharmacopoeia，USP）中。美国材料试验协会（American Society for Testing Materials，ASTM）颁布了用于生物医学和组织工程医疗产品的透明质酸作为原料的表征和测试标准指南(Standard Guide for Characterization and Testing of Hyaluronan as Starting Materials Intended for Use in Biomedical and Tissue Engineered Medical Product Applications)，编号为 F2347，目前更新到 2015 版（ASTM F2347-15)。《中华人民共和国药典》（Ch.P）在 2020 年版第一增补本中首次收录玻璃酸钠（即 HA）为药用辅料。另外，国家食品药品监督管理局还颁布了用于组织工程医疗器械制造的 HA 原料的行业标准 YY/T 1571-2017“组织工程医疗器械产品 透明质酸钠”。

HA 药用原料标准主要规定了性状、鉴别、溶液的澄清度与颜色、特性黏数、干燥失重、核酸、氯化物、蛋白质、微生物限度、含量测定、贮藏方法等的要求（表 20-1)。此外，EP11.0、KP12 和 Ch.P2020 第一增补本还规定了产品铁元素的含量，动物来源的产品还包含硫酸化黏多糖的限度要求；JP18 和 Ch.P2020 第一增补本对产品的平均分子量以及微生物来源的产品的溶血性链球菌和溶血进行了规定，以确保产品的安全性。ASTM F2347-15 作为指导性标准，收录了性状、红外吸收光谱、核磁共振图谱、平均分子量（黏度法、压差法、分子（尺寸）排阻色谱-多角激光散射法)、含量、溶液黏度、溶液 pH、炽灼残渣、内毒素、核酸、蛋白质、硫酸化黏多糖、重金属、铁和微生物安全性相关内容，但主要是介绍检测方法，并未提供限度要求。YY/T 1571-2017 除了规定以上项目的限度和检测方法外，还根据具体的生产工艺规定了乙醇残留量和季铵盐残留量；根据原料来源，动物组织提取的 HA 需进行原材料病毒去除/灭活工艺验证，微生物发酵生产的 HA 需进行溶血性链球菌溶血素试验。

表 20-1　医药用 HA 原料标准

	EP11.0	JP18	KP12	Ch.P2020 第一增补本	ASTM F2347-15	YY/T 1571-2017
性状	白色或几乎白色粉末或纤维状聚集体，微溶或溶于水，几乎不溶于丙酮和无水乙醇，极具引湿性	白色粉末，颗粒或纤维状物。微难溶于水，几乎不溶于乙醇(99.5%)。具有吸湿性	白色粉末、颗粒或纤维团块。少量溶于水，几乎不溶于乙醇(95%)。具有吸湿性	白色或类白色的粉末、颗粒或纤维状物。本品在乙醇、丙酮或乙醚中不溶	#	白色或类白色粉末状或颗粒状或纤维状固体，无任何肉眼可见异物
鉴别						
红外吸收光谱	样品红外图谱与欧洲药典玻璃酸钠的对照图谱一致	样品红外光吸收图谱应与对照品的图谱在相同的波数下表现出相似的吸收强度	样品红外光吸收图谱应与对照品的图谱在相同的波数下表现出相似的吸收强度	样品的红外光吸收图谱应与对照图谱（光谱集 1173 图）一致	#	样品的指纹区实测谱带的波数误差应小于规定值 ±5 cm^{-1} (0.5%)
钠盐鉴别反应	+	+	+	+	#	#
溶液外观/溶液的澄清度与颜色	0.33%的生理盐水溶液应澄清，A_{600nm}≤0.01	1%的水溶液应无色澄清	0.33%的生理盐水溶液应澄清，A_{600nm}≤0.01	0.33%的生理盐水溶液应澄清，A_{600nm}≤0.01	#	0.33%的溶液应澄清，A_{600nm}≤0.01
溶液 pH	5.0～8.5（0.5%水溶液）	#	5.0～8.5（0.5%水溶液）	5.0～8.5（0.5%水溶液）	#	5.0～8.5（0.5%水溶液）
特性黏数	应为其标示值的 90%～120%	10.0～24.9 dL/g 或 25.0～55.0 dL/g	应为其标示值的 90%～120%	1.00～2.49 L/g 或 2.50～5.50 L/g	#	应为其标示值的 90%～120%
平均分子量/分子量及其分布	#	采用黏度法测定，附有相应公式	#	采用黏度法测定，附有相应公式	#	重均分子量应在生产商标示范围值范围内，Mw/Mn 在 1.0～3.0
氯化物	≤0.5%	≤0.124%	≤0.5%	≤0.5%	#	≤0.5%
铁	≤80ppm	#	≤80ppm	≤0.008%	≤80ppm	≤80 μg/g
干燥失重	≤20.0%	≤15.0%	≤20.0%	≤15.0%	#	≤15.0%
重金属	#	≤20 ppm	≤20 ppm（非口服制剂用时，≤10 ppm）	≤20 ppm	#	≤10 μg/g
核酸	A_{260nm}≤0.5 （0.33%溶液）	A_{260nm}≤0.02（0.2%溶液）	A_{260nm}≤0.5（0.33%溶液）	A_{260nm}≤0.1 （0.2%溶液）	#	A_{260nm}≤0.5（0.33%溶液）
蛋白质	≤0.3%（≤0.1%，用于生产肠胃外制剂）	≤0.05%	≤0.3%（≤0.1%，注射用）	≤0.05%	#	≤0.1%
硫酸化黏多糖（动物来源）	≤1%	醋酸纤维素膜电泳后阿利新蓝染色，除主带外无其他条带	≤1%	以测定硫酸盐代替	#	≤1%

续表

	EP11.0	JP18	KP12	Ch.P2020 第一增补本	ASTM F2347-15	YY/T 1571-2017
微生物限度						
需氧菌总数	≤10^2cfu/g	≤10^2cfu/g; TYMC≤10^1cfu/g	<100cfu/g	≤10^2cfu/g；霉菌和酵母菌总数 ≤20 cfu/g；不得检出金黄色葡萄球菌、铜绿假单胞菌和大肠埃希菌；鸡冠提取产品，每 10g 供试品中不得检出沙门菌	#	≤10^2cfu/g；霉菌和酵母菌总数 ≤ 20 cfu/g；不得检出金黄色葡萄球菌、铜绿假单胞菌和大肠埃希氏菌
细菌内毒素	<0.5 EU/mg（外周应用）<0.05 EU/mg（眼内或关节腔内注射用）	#	<0.5 EU/mg（外周应用）<0.05 EU/mg（眼内或关节腔内注射用）	#	#	<0.05 EU/mg
溶血性链球菌(微生物来源)	#	不得检出	#	不得检出	#	#
溶血(微生物来源)	#	溶血性试验不产生溶血环	#	溶血性试验不产生溶血环	#	溶血性试验不产生溶血环
含量测定	测定葡萄糖醛酸含量；95.0%～105.0%（以干品计）	测定葡萄糖醛酸含量；90.0%～105.5%（以干品计）	测定葡萄糖醛酸含量；95.0%～105.0%（以干品计）	测定葡萄糖醛酸含量；90.0%～110.0%（以干品计）	#	测定葡萄糖醛酸含量；95.0%～105.0%（以干品计）
贮藏方法	密封，避光保存	密封、避光，15℃以下保存	密封、避光保存	避光，密封，在冷处保存	#	#
备注						乙醇残留量 4000 μg/g；季铵盐残留 100 μg/g（限于组织提取法）

注：#标示该标准中没有此项控制要求；+标示应呈阳性反应。本章其余表中同此。

对于含有 HA 的药械产品，JP18 收录了精制玻璃酸钠注射液和精制玻璃酸钠滴眼液的标准（表 20-2），KP12 则收录了玻璃酸钠眼部注射液的控制标准；我国在 2011 年颁布了玻璃酸钠注射液药品标准 WS1-（X-058）-2006Z-2011，用于骨关节炎的治疗和眼科手术黏弹剂的质量控制，值得注意的是，在 2009 年之前，眼科黏弹剂和关节腔注射液均按照医疗器械管理，而在 2009 年 12 月底国家食品药品监督管理局发布的第 81 号公告中明确规定 HA 骨关节注射液按照药品、HA 眼科黏弹剂按照医疗器械管理。其他含 HA 药品的质量管理则依照各生产企业的注册标准。无论是 JP 标准还是我国的注射液标准，都是以相应的 HA 药用原料标准为依据制定的，因此其中鉴别、平均分子量和含量等项目的测定方法均引用 HA 药用原料标准，另外又针对注射剂和滴眼液剂型和应用不同对产品 pH、渗透压、细菌内毒素等进行了规定，以保证其使用的安全性。

表 20-2　含 HA 的药品标准

	WS1-(X-058)-2006Z-2011 玻璃酸钠注射液	JP18 精制玻璃酸钠注射液	JP18 精制玻璃酸钠滴眼液	KP12 玻璃酸钠眼部注射液
性状	无色澄明的黏稠液体	无色、澄明、黏稠液体	无色澄明，黏稠性的液体	
鉴别	CPC 反应	硫酸-咔唑法检测葡萄糖醛酸	水解后 Elson-Morgan 法检测氨基葡萄糖	硫酸-咔唑法检测葡萄糖醛酸
	根据《中国药典》(2010 年版二部）附录 VI H，显磷酸盐的鉴别反应	水解后 Elson-Morgan 法检测氨基葡萄糖 CPC 反应	彻底干燥后测定红外光谱，在规定位置有特征吸收	水解后 Elson-Morgan 法检测氨基葡萄糖 钠盐的鉴别反应
平均分子量	采用原料药标规定的 GPC 法测定。用于骨科，Mw6～15×10^5，Mw/Mn<3.0；用于眼科手术，Mw（1～2）×10^6，Mw/Mn<3.0	采用黏度法测定，根据标准规定的公式计算出的分子量须在产品标示的平均分子量范围内	采用黏度法测定，根据标准规定的公式计算出的分子量须在产品标示的平均分子量范围内，为(6～12)×10^5	#
黏度	#	平均分子量在 6～12×10^5，11.8～19.5 dL/g；平均分子量在(15～20)×10^5，24.5～31.5 dL/g	平均分子量在（6～12）×10^5，11.8～19.5 dL/g；运动黏度：3.0～4.0 mm^2/s 或 17～30 mm^2/s	#
含量	玻璃酸钠含量应为标示值的 90.0%～120.0%； 根据原料标准规定含量测定法测定葡萄糖醛酸含量后，按标准规定公式计算含量	玻璃酸钠含量应为标示值的 90.0%～110.0%； 根据原料标准规定含量测定法测定葡萄糖醛酸含量后，按标准规定公式计算含量	玻璃酸钠含量应为标示值的 90.0%～110.0%； 按标准规定的 GPC 法进行测定	玻璃酸钠含量应为标示值的 90.0%～110.0%； 根据原料标准规定含量测定法测定葡萄糖醛酸含量后，按标准规定公式计算含量
pH	6.5～7.5 （含玻璃酸钠 1 mg/mL 溶液）	另行规定	另行规定	6.3～8.3
吸光度	A_{257nm}≤0.3，A_{280nm}≤0.3 （含玻璃酸钠 2 mg/mL 溶液）	#	#	#
渗透压摩尔浓度	250～350 mOsmol/kg	另行规定	另行规定	#
细菌内毒素	<0.5 EU/mg（眼内注射用） <0.1 EU/mg（关节腔内注射用）	<0.003 EU/mg	另行规定	<0.5 EU/mL
其他	应符合中国药典注射剂项下有关的各项规定	应符合药典有关的各项规定，包括不溶性异物和不溶性微粒子等。应保证无菌	应符合药典有关的各项规定，包括不溶性异物和不溶性微粒子等。应保证无菌	应符合药典有关的各项规定，包括不溶性异物和不溶性微粒等。应保证无菌。蛋白质≤25 μg/g；硫酸化黏多糖：除主带外无其他条带
贮藏	遮光，密封，30℃以下，避免冻结	密封容器，或其他水溶性注射液用塑料容器	密封容器	密封容器

除了玻璃酸钠注射液，国家食品药品监督管理局还颁布了 YY/T 0308-2015（替代 YY 0308-2004）“医用透明质酸钠凝胶”和 YY/T 0962-2021“整形手术用交联

透明质酸钠凝胶”两个医疗器械标准（表 20-3）。作为需要植入人体内使用的 III

表 20-3　含 HA 的医疗器械标准

	YY/T 0308-2015 医用透明质酸钠凝胶		YY/T 0962-2021 整形手术用交联透明质酸钠凝胶	
外观	应为无色、透明黏稠状液体，无任何肉眼可见的异物		无色、透明，无任何肉眼可见的异物	
有效使用量	测得值应不少于标示装量的 93%，平均值应不少于标示装量		所测得值应在标示装量的 90%～120%	
鉴别	硫酸-咔唑法检测葡萄糖醛酸，生成紫红色溶液 CPC 反应，生成白色絮状沉淀 燃烧鉴别钠盐反应，火焰为黄色		红外鉴别：应符合制造商规定的红外图谱特征峰	
渗透压	270～350 mOsmol/kg		200～400 mOsmol/kg	
pH	6.8～7.6		6.0～7.6	
蛋白质含量	≤0.1%（质量分数）		≤20 μg/g	
重金属含量	≤10 μg/g		≤5 μg/g	
无菌和细菌内毒素	产品应无菌，细菌内毒素≤0.5 EU/mL			
溶血性链球菌溶血素	应无溶血环			
含量	透明质酸钠含量应为标示质量浓度值的 90%～120%		交联透明质酸钠含量应为标示值的 90%～120%	
生物学评价	应按照 GB/T 16886 的要求进行生物学评价，应不释放出任何对人体有不良作用的物质			
其他	工艺相关	乙醇残留量：≤200 μg/g	工艺相关	交联剂残留：若为 BDDE，应≤2.0 μg/g；若为其他，需提供质量控制指标和检验方法
	光学特征	透光率：用 9 g/L 氯化钠溶液稀释 10 倍的溶液，在波长为 300～800 nm 范围内的透过率应不小于 98.0%	配方相关	添加剂、润滑剂：润滑剂如为游离透明质酸钠，应在标称数值范围内。如加入其他助剂，应提供其限量要求及检测方法。
		紫外吸收：A_{260nm}≤1.0，A_{280nm}≤1.0	降解试验	指在体内降解吸收至局部显微镜下材料消失并且无局部炎症反应。如果产品的降解时间过长，可以用其他适当的方法进行降解试验。
		折光率：1.32～1.35	理化性质	粒径分布：D50、D90 数值应在标称数值范围内；溶胀度：应在标称数值范围内，如不适用，用其他适宜方法表征交联程度。
	其他	剪切黏度：应不小于给定剪切速率下的标示值；弹性：G′=G″所对应的剪切频率应小于标示值	产品性质	推挤力：最大推挤力、最小推挤力和平均推挤力均应在标称数值范围内。
		特性黏数：应不小于标示值		
		重均分子量：应不小于标示值；分布系数应为 1.0～3.0		

类医疗器械，两个标准都严格规定了无菌、细菌内毒素、溶血性链球菌溶血素的要求以及渗透压、蛋白质、重金属的限值，并对制造过程中产生的相关物质或产品中添加的其他物质限量进行了规定。医用 HA 凝胶的适用范围包括眼科手术黏弹剂、关节腔内注射的润滑剂和外科手术的阻隔剂。HA 凝胶应用于不同场景时，其流变学特性的要求也是不同的，因此，YY/T 0308-2015 特别增加了剪切黏度和弹性的控制项，但未对具体数值进行统一要求。整形手术用交联 HA 凝胶的粒径分布和溶胀度可影响其注射过程及填充性能，因此 YY/T 0962-2021 将它们设置为质量评价指标；交联凝胶作为填充剂的作用维持时间与在体内的降解情况密切相关，因此 YY/T 0962-2021 规定产品应进行降解试验。

20.3　化妆品用透明质酸原料质量标准

化妆品是用以清洁、养护和美化人体皮肤、毛发和牙齿等部位的日常用品，一些化妆品还具有比较特殊的功效，如美白、祛痘、生发等。因此，化妆品的质量安全监管也是关乎广大消费者健康和切身利益的重大课题。化妆品的质量安全监管主要包括对化妆品原料、化妆品生产过程、化妆品卫生化学指标及功效性指标的监管等。HA 作为一种重要的化妆品原料，也必须受到严格的质量安全监管。

各国对化妆品原料的质量安全监管政策有着一定的差异。在日本，化妆品被分为两类：一类是普通化妆品，称“化妆品”（cosmetics）；另一类是有特殊功效的化妆品，称“医药部外品”（quasi-drugs）。日本厚生劳动省对可用于生产医药部外品的原料发布“可使用成分名单”，并对这些成分的质量要求加以规定，称《医药部外品原料规格》(2021 版)，其中收录了 4 种不同规格 HA 原料产品(表 20-4)。在我国，国家食品药品监督管理局颁布的《已使用化妆品原料名称目录》收录了 HA。化妆品用 HA 原料的标准（QB/T4416—2012）则是由国家工业和信息化部于 2013 年正式颁布实施。除了常规的性状和鉴别外，医药部外品原料规格规定了原料中重金属、砷和其他酸性黏多糖的限量；对于 HA 的含量测定，该标准规定了两种检测方法，分别是氮含量法和硫酸-咔唑法。微生物发酵获得的 HA 原料需要额外检测溶血性链球菌和溶血性，以保证其安全性。而 QB/T4416—2012 对原料的卫生学指标有更严格的规定，菌落总数、霉菌和酵母菌必须在限量以下，且不得检出金黄色葡萄球菌、铜绿假单胞菌。

表 20-4　化妆品用 HA 原料标准

		日本 2021 年医药部外品原料规格				QB/T4416-2012　化妆品用原料　透明质酸钠
		透明质酸钠（1）	透明质酸钠（3）	透明质酸钠（2）	透明质酸钠溶液	透明质酸钠
来源		鸡冠提取		兽疫链球菌发酵	鸡冠提取的透明质酸钠配置的水溶液	兽疫链球菌发酵
性状		白色或淡黄色粉末，有轻微特殊气味		白色或淡黄色粉末，有轻微特殊气味	无色液体，微有特殊气味	白色至淡黄色粉末或颗粒
鉴别		硫酸-咔唑反应阳性			硫酸-咔唑反应阳性	红外光吸收图谱（4000～600 cm^{-1}）应与透明质酸钠红外光吸收对照图谱一致。
		燃烧鉴别钠盐反应为阳性			燃烧鉴别钠盐反应为阳性	
		CPC 反应阳性			#	在无色火焰中燃烧，火焰应显鲜黄色
pH		5.0～8.5（0.1%水溶液（质量体积分数）		6.0～7.0（0.1%水溶液（质量体积分数）	5.5～7.5	5.0～8.5（5 mg/mL 水溶液）
重金属		≤20 ppm				≤20 mg/kg
砷		≤2 ppm				#
蛋白质		加入三氯乙酸溶液（1→10）2 mL，放置 30 min，不会产生沉淀。		≤0.1%	#	
其他酸性黏多糖		1 mg/mL 溶液与 $BaCl_2$ 溶液反应无沉淀			#	#
干燥失重		≤15.0% [0.1 g，减压，氧化磷（V），60℃，5 h]		≤10.0% [0.1 g，减压，氧化磷（V），60℃，4 h]	#	≤10.0%
炽灼残渣		15.0%～20.0%			#	#
定量	氮含量	2.8%～4.0%		3.0%～4.0%	透明质酸钠浓度 1.0%～1.5%（硫酸-咔唑比色法测定）	透明质酸钠含量≥92.0%（硫酸-咔唑比色法测定）
	葡萄糖醛酸含量	43.0%～51.0%	37.0%～43.0%	40.0%～50.0%		
其他	#	#	#	溶血性链球菌：不得检出	黏度：50～120 mm^2/s	菌落总数≤100 cfu/g；霉菌和酵母菌≤50 cfu/g；不得检出金黄色葡萄球菌、铜绿假单胞菌
				溶血性：不得检出	蒸发余量：1.0%～1.5%（10.0 g）	
	#	#	#	#	#	平均分子量：实测值为标示值的 80%～120%；吸光度：≤0.25（5 mg/mL，水溶液，280 nm 波长）；溶液的透光率：≥99.0%

20.4　食品用透明质酸原料质量标准

食品直接关系人们的身体健康，在生产、运输和销售过程中均需要保证其质量安全。针对食品原料和食品添加剂，各国都构建了比较完善的质量安全管理体系。HA 在食品中的应用经历了较为曲折的发展过程，目前 HA 已被日本、美国、韩国、欧盟等国家和地区批准成为食品原料、新食品原料或膳食补充剂。一些国家还制定了相关标准保证其质量安全，例如，韩国的《食品添加剂标准和规格》、美国的《食品化学法典》（Food Chemicals Codex，FCC）（表 20-5）、日本的《食品添加物公定书》（第 10 版）已将 HA 收录其中，标准文件现已公开；此外，一些行业协会也颁布了行业标准，如日本健康营养食品协会（Japan Health and Nutrition Food Association，JHFA）颁布的《透明质酸食品品质规格》等。华熙生物申报的食用透明质酸钠，2008 年由国家卫生部批准为新资源食品（用于保健食品），2021 年由国家卫生健康委员会批准为新食品原料（用于普通食品）。2023 年，国家工业和信息化部发布了新版食用 HA 的行业标准 QB/T 4576—2023“透明质酸钠”。

如表 20-5 所示，各标准都对原料的性状、鉴别、含量、pH、干燥失重，以及样品中铅和砷的限量进行了规定。另外，韩国《食品添加剂标准和规格》规

表 20-5　食品用 HA 原料标准

	韩国《食品添加剂标准和规格（透明质酸）》	美国 FCC9	中国 QB/T 4576—2023
性状	吸湿性白色或淡黄色的粉末或颗粒，有轻微的特殊气味	白色或近乎白色的、吸湿性很强的粉末或纤维聚集体	产品为白色或类白色的粉末或颗粒，无正常视力可见杂质
鉴别	CPC 反应阳性	样品红外吸收光谱与标准品光谱一致	红外吸收光谱图应与透明质酸钠标准红外吸收光谱图一致（文中附有标准图谱）
	硫酸-咔唑反应阳性	燃烧鉴别钠盐反应为阳性	符合钠盐的颜色反应特征
pH	2.5～3.5（0.1%水溶液）	6.0～8.0（5 mg/mL 水溶液）	6.0～8.0（0.1%水溶液）
干燥失重	≤10.0%（1 g 样品，105℃在五氧化二磷上干燥 4 h）	≤20%（0.5 g 样品，105℃在五氧化二磷上干燥 6 h）	≤10.0%
炽灼残渣	≤5.0%	#	≤13.0%
含量	≥90.0%（硫酸-咔唑比色法）	≥95%（硫酸-咔唑比色法）	≥95%(优级品);≥90%(一级品);≥87%(合格品)
砷	≤2 ppm	≤2 mg/kg	≤0.3 mg/kg
重金属（以铅计）	≤20 ppm	≤1 mg/kg	≤0.5 mg/kg
其他	其他硫酸化黏多糖：与 $BaCl_2$ 反应无沉淀	特性黏数：标示值的 90%～120%	菌落总数≤1000 cfu/g
		氯化物：≤0.5%（1 g 样品）	霉菌和酵母菌≤100 cfu/g
			大肠菌群≤3.0 MPN/g

定样品不得含其他硫酸化黏多糖；美国 FCC 标准规定了特性黏数和氯含量；中国 QB/T 4576—2023 规定了样品的微生物限度。

20.5 透明质酸检测方法

与 HA 产品质量标准相配套的是一系列分析和检测技术。利用这些技术可以实现对 HA 产品有效性和安全性的严格控制。而随着分析检测技术的不断发展，各标准也在对检测技术进行更新迭代，以适应更高的产品质控要求。

20.5.1 透明质酸鉴别

目前各质量标准收录的 HA 鉴别方法主要有以下 4 种。

（1）氯化十六烷基吡啶（cetylpyridinium chloride，CPC）反应。CPC 是一种阳离子季铵化合物。在低盐水溶液中，HA 带负电荷，而 CPC 带正电荷，二者发生络合反应而形成白色絮状沉淀；当溶液盐浓度升高时，二者发生解离，沉淀溶解，这种盐浓度依赖的沉淀产生及溶解现象可用于判断是否有 HA 的存在。然而，值得注意的是，CPC 与其他酸性黏多糖也会发生同样的沉淀反应，因此该方法在应用于含 HA 产品的鉴别时，应注意方法专属性的确认。

（2）硫酸-咔唑反应。HA 在浓硫酸中会被降解为单糖，其中的葡萄糖醛酸与咔唑反应生成紫红色物质，可用于 HA 的鉴别。与硫酸-咔唑法类似，JP18 和 KP12 中的规定则是将 HA 水解后用 Elson-Morgan 法使氨基葡萄糖显色进行鉴别。

（3）焰色反应。某些金属及其化合物在无色火焰中灼烧时，火焰会显现不同的颜色，称为焰色反应。其中，钠及钠盐的火焰为黄色，区别于其他金属。而 HA 通常以钠盐的形式存在，因而该反应可用于 HA 钠盐的鉴别。该鉴别反应适用于透明质酸钠原料的鉴别。

（4）红外光谱。用红外光照射有机物分子时，分子中的化学键或官能团可发生振动吸收，且不同的化学键或官能团具有不同的吸收频率，因此，红外光谱可提供分子中化学键或官能团的信息。目前，药品标准一般采用两种方式规定 HA 的红外鉴别：一种是与标准收录的标准谱图进行比较（目前 EP 和 JP 均有标准图谱）；另一种则是将标准收录的标准品与样品在同一条件下测定的红外光谱图进行比较。不管采用哪一种方法，样品的红外谱图必须具有 HA 的特征吸收峰。例如，YY/T 1571—2017《组织工程医疗器械产品 透明质酸钠》标准规定，HA 典型的吸收峰（cm^{-1}）有 3275～3390、1615、1405、1377、1150、1077、1045、946 以及 893。对于含 HA 的终端产品，通常需要将 HA 沉淀、纯化后再进行红外鉴别，该方法应用于原料鉴别时专属性较强。

20.5.2　透明质酸分子量测定

大部分高聚物都是由一系列不同大小的分子组成，其分子量并不是均一的。因此，采用任何方法测定的高聚物分子量，实际上都只是统计学意义上的平均值。对于同一高聚物样品，采用不同方法测定的平均分子量是存在差异的。以数量（摩尔数）统计的平均分子量称为数均分子量（Mn），以质量统计的平均分子量称为重均分子量（Mw），而通过黏度法测定的平均分子量称为黏均分子量（Mη）。

以上这几种平均分子量并不能体现出高聚物分子量的分布情况，因此还需要测定分子量分布。一般采用多分散系数（d）表征分子量分布，其计算公式为：

$$d = \mathrm{Mw} / \mathrm{Mn}$$

其中，d 值越大，表明高聚物分子量分布越宽、分散性越大；d 值为 1 时，表明高聚物完全均一。

目前，各标准常用的测定透明质酸分子量的方法包括黏度法、分子排阻色谱法（size exclusion chromatography，SEC）和分子排阻色谱-多角激光散射法（size exclusion chromatography-multi-angle laser scattering，SEC-MALS）。

1. 黏度法

对于高聚物的稀溶液来说，其相对黏度的对数与其浓度的比值即为该高聚物的特性黏数[η]。根据特性黏数可以计算其平均分子量。在 HA 相关标准中普遍采用乌氏黏度计测定 HA 的特性黏数，并对具体的测定方法进行了规定。例如，如 JP18 中对精制 HA 特性黏数测定的规定如下：精密称取一定量样品溶解于 0.2 mol/L 氯化钠溶液中，并定容至 100 mL，其流出时间应为 0.2 mol/L 氯化钠试液流出时间的 2.0～2.4 倍，此即为样品溶液（1）。分别精密量取样品溶液（1）16 mL、12 mL 及 8 mL，用 0.2 mol/L 氯化钠试液定容至 20 mL，此即样品溶液（2）、样品溶液（3）及样品溶液（4）。在（30±0.1）℃下，将样品溶液（1）、样品溶液（2）、样品溶液（3）、样品溶液（4）及 0.2 mol/L 氯化钠溶液分别注入乌氏黏度计，记录流出时间，0.2 mol/L 氯化钠溶液流出的时间应在 200～300 s 内。

高聚物的溶液黏度与其分子量有一定的关系，在低分子物质的稀溶液中，溶质分子小、距离大，其黏度与溶剂很接近；在高聚物的稀溶液中，其分子链很长且有一定的柔性，不同分子链之间的作用力、分子内部链段之间作用力以及分子链和溶剂之间的作用使得高聚物即使在浓度较低时的黏度要比低分子溶液大得多，且分子量越大，黏度越高（郑昌仁，1986）。黏度法测定设备简单，操作便利，实验准确度也满足要求，因此成为目前最为常用的高聚物分子量测定方法。由于透明质酸在不同分子量段，其分子量与溶液黏度的经验公式会发生变化。例如，JP18 中对黏度法测定精制 HA 平均分子量的规定如下：

（1）当标示平均分子量在（5～14.9）$\times 10^5$ Da 时，采用以下公式计算：

$$平均分子量=\left(\frac{[\eta]\times 10^5}{36}\right)^{\frac{1}{0.78}}$$

其中，$[\eta]$为测定的特性黏数。

（2）当标示平均分子量在（15～39）$\times 10^5$ Da 时，采用以下公式计算：

$$平均分子量=\left(\frac{[\eta]\times 10^5}{22.8}\right)^{\frac{1}{0.816}}$$

其中，$[\eta]$为测定的特性黏数。

特性黏数法仅能获得 HA 的平均分子量，不能反映高聚物的分子量分布情况，且测定结果易受黏度计型号（李国凤等，2003）、测定温度、计算方式影响（赵海云等，2022），在进行产品对比分析时，应严格统一测定方法和实验条件。该方法仅适用于 HA 原料的分子量测定。

2. 分子排阻色谱法

分子（尺寸）排阻色谱法（SEC）也称凝胶渗透色谱（gel permeation chromatography，GPC）。它采用具有不同尺寸孔径的化学惰性颗粒状凝胶为色谱柱填料，当聚合物分子流经色谱柱时，其中，大分子能进入的孔隙少，随流动相流经的路径短，因此保留时间短；小分子能进入的孔隙多，因此其路径就会延长，保留时间变长，使大小分子得到分离。高聚物的保留时间与分子量之间呈线性相关，因此可采用与待测物质结构类似、已知分子量且分散度较低的系列样品作为对照品，绘制保留时间和分子量的对应关系曲线，利用该曲线方程即可计算待测高聚物的平均分子量和分子量分布。

国内的医药级 HA 原料采用分子排阻色谱法测定样品分子量。为了保证试验的准确性和精密度，标准规定了具体的色谱条件，包括色谱柱、流动相和流速、对照品和样品浓度、进样量、检测器等。例如，WS1-（X-072）-2011Z 玻璃酸钠原料药标准规定，测定 HA 分子量和分子量分布的色谱柱为 Shodex SB-806HQ（8.0mm×300mm）或其他适宜的凝胶柱；以 0.2 mol/L NaCl 溶液（含 0.01% NaN_3）为流动相，柱温 35℃，流速为 0.5 mL/min，示差折光检测器；以流动相配制的 1mg/mL 样品溶液作为供试品溶液，另取 4～5 个分子量已知（1×10^4～500×10^4 Da）的聚苯乙烯磺酸钠对照品，同法制成 0.1 mg/mL 的溶液作为系列对照品溶液。取上述溶液各 100 μL，分别注入液相色谱仪，记录色谱图，由 GPC 软件进行普适校正计算线性回归方程：对照品 K 值为 0.00018，α 值为 0.65；样品 K 值为 0.00057，α 值为 0.75。取供试品溶液 100 μL，同法测定，用 GPC 软件计算出供试品的分子量及分子量分布。

由于高聚物结构复杂，聚合形态多种多样，待测物质往往难以取得结构一致的标准分子量对照，不同高聚物的分子量和保留时间之间的关系并不能由统一的线性方程来表示，因此，对照品与待测样品结构不同时，需要经验常数校正。分子排阻色谱法的分子量测定结果受对照品种类、校正常数、色谱柱类型等测定条件的影响较大，对照品批次及色谱柱批次的变化往往也会造成同一待测样品测试结果的偏差。

3. 分子排阻色谱-多角激光散射法

SEC-MALS 法是在 SEC 法基础上发展起来的测定高聚物分子量的分析方法，它采用多角激光散射检测器（MALS）替代了原来的示差折光检测器或 UV 检测器。当经过色谱柱分离的待测物质被激光照射时，激光的能量使分子中的电荷被迫振动产生散射光，散射光和入射光强度比（瑞利比）与物质的摩尔质量、浓度和折光指数增量（d_n/d_c 值）有相关性，瑞利比公式如下：

$$\frac{K^{*}\times c}{R(\theta)}=\frac{1}{Mw\times P(\theta)}+2A_2\times c$$

其中，Mw 为待测物质的重均分子量，形状因子 P（θ）取近似值 1，第二维利系数 A_2 在稀溶液中取值为 0，光对比参数 K^*、过剩瑞利比 R（θ）、溶液浓度 c 均可由多角激光光散射检测器联合示差检测器直接或间接测量得到，因此根据上述公式可以计算得到待测物质的重均分子量。因为该方法不需要使用标准物质制作标准曲线推算相对分子量，因此得到的结果习惯被称为绝对分子量；此外，该方法可以同时提供高聚物的分布系数、聚合态信息、分段分布占比、均方根半径等更多信息。

最简单的激光散射检测器仅在两个点上对散射光强度进行测量。但是，单凭两个角度的检测难以建立起可靠的校正曲线，结果可靠性也较低。现在的激光检测器系统倾向于配备数量较多的检测点（如十八角度），能够拟合更加复杂的散射模式曲线，测得更精确的分子量。

该方法可选择与 SEC 法效能相近的凝胶色谱柱，流动相通常为盐溶液，如 0.2 mol/L 氯化钠、0.1 mol/L 硝酸钠（刘莉莉等，2013），使用过程中应注意加入防腐体系或定期过滤除菌。供试溶液中的 HA 浓度通常控制在 0.05～0.5 mg/mL，在激光检测器中，物质分子量大则激光信号强，分子量小则激光信号弱，因此应根据标示分子量适当调整样品浓度，避免出现信噪比低或峰拖尾的状况而影响测定结果的准确性。

d_n/d_c 值是 SEC-MALS 中的一个重要参数，它参与瑞利比公式中 K^* 值的计算，需要在建立方法时采用示差折光检测器测定。应选取纯度较高的待测物质，用流动相配制成 5～6 个浓度梯度，过滤后依次直接注入示差检测器后计算得出。测定过程中应注意提前用流动相充分平衡检测池，并注入流动相采集基线信号，样品浓度应尽可能准确。

SEC-MALS 法检测速度快，重现性好，其测定结果与通过经典的黏度法计算得到的分子量基本一致，同时还可获得估算质量（calculated mass）、分散系数（Mw/Mn）、分子量分布分析（distribution analysis）、均方根半径（R_z）、分子构型等信息，HA 分子量的测定典型色谱图如图 20-1 所示。然而该方法中的

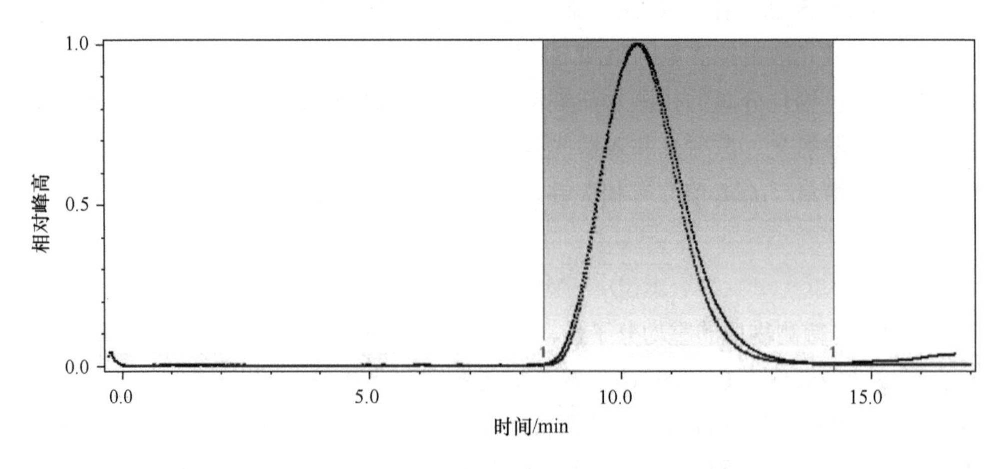

图 20-1 SEC-MALS 法测定 HA 分子量典型色谱图

多角激光散射仪设备较为昂贵、折光指数增量的测定对待测样品的纯度要求也较高，目前国内的 YY/T 1571—2017 和 YY/T 0308—2015 将其收录为 HA 重均分子量和分子量分布的测定方法。ASTM F2347-15 也将其收录在 HA 分子量的测定方法之中。

20.5.3　透明质酸含量测定

1. 硫酸-咔唑法

现行的 HA 相关标准中均采用硫酸-咔唑法测定 HA 含量。该方法先将大分子 HA 在硫酸作用下降解为葡萄糖醛酸，葡萄糖醛酸进一步与咔唑发生反应生成紫红色物质，该物质在 530 nm 处的吸收与葡萄糖醛酸浓度呈线性关系，因此可由葡萄糖醛酸含量计算透明质酸的含量。

《中华人民共和国药典（2020 年版）》第一增补本玻璃酸钠药用辅料标准规定的含量测定法如下：取本品，精密称定，用水溶解并定量稀释制成 1 mL 中约含 80 μg 的溶液，摇匀，作为供试品溶液。取葡萄糖醛酸对照品适量，精密称定，用水溶解并定量稀释制成 1 mL 中约含 60 μg 的溶液，摇匀，作为对照品溶液。精密量取对照品溶液 0 mL、0.2 mL、0.4 mL、0.6 mL、0.8 mL、1.0 mL，分别置 25 mL 具塞试管中，依次分别加水至 1.0 mL，振摇，冰浴中冷却，并在不断振摇下缓缓滴加 0.025 mol/L 硼砂硫酸溶液 5.0 mL，密塞，沸水浴中加热 10 min，迅速冷却，精密加入 0.125%咔唑无水乙醇溶液 0.2 mL，摇匀，沸水浴中加热 15 min，冷却至室温。按照紫外-可见分光光度法（通则 0401），以 0 管为空白，在 530 nm 波长处测定吸光度，以葡萄糖醛酸的含量（μg）对相应的吸光度计算回归方程。精密称取供试品溶液 1 g（1 g 相当于 1 mL），置 25 mL 具塞试管中，按照对照品溶液操作方法（自“冰浴中冷却”起）进行前处理后依法测定，由回归方程计算葡萄糖醛酸的含量，乘以 2.0675 即得（换算系数，为 HA 二糖与葡萄糖醛酸分子量的比值，即 401.3/194.1≈2.0675）。

硫酸-咔唑法是测定 HA 含量的经典方法，该类方法操作简便、快速、稳定，适用于不同级别的提取法或发酵法来源的 HA 原料含量的控制，也适用于配方简单的含 HA 终端产品中 HA 含量的测定。但在一些配方比较复杂的终端产品中，由于配方中的其他原辅料本身有特定波长吸收或可能与显色试剂发生反应，会造成结果偏差较大、回收率难以达到要求等问题，因此需要选择其他方法进行含量测定。

2. 高效液相色谱法

1）分子排阻色谱法（SEC 法）

分子排阻色谱法除了可应用于 HA 分子量的测定，也可用于其含量的测定。选择合适排阻范围的色谱柱使样品中的其他成分与 HA 达到完全分离，然后采用示差折光检测器等采集流出物信号，HA 峰面积与浓度呈线性关系，可通过外标法对其中的 HA 进行定量（董科云等，2012）。例如，可采用 SEC 法同时测定眼用黏弹剂中 HA 和硫酸软骨素钠的含量（张莉等，2018），其方法专属性、准确度和精密度均符合要求。由于分子排阻色谱原理是根据分子量大小对物质进行分离，因此应用于多组分产品分析时，其他大分子物质可能对 HA 含量测定造成干扰，应对方法的专属性进行确认，且所采用的对照品分子量应与样品中 HA 保持一致。

2）酶解联合高效液相色谱法

微生物来源的 HA 裂解酶能特异性地将多组分中的 HA 彻底降解为不饱和透明质酸二糖（ΔDiHA，图 20-2），降解产物较为单一，且在 232nm 处有较强特征吸收。采用氨基柱（解钰等，2021）、离子排斥色谱柱（陈玉娟等，2020）或 C18 色谱柱（张志舟等，2023）将 ΔDiHA 与其他成分分离，即可用外标法对酶解液中的 ΔDiHA 进行定量，从而测定样品中 HA 的含量。该方法中的对照品可以选择 ΔDiHA 标准物质，也可以选择高纯度 HA，采取与样品同样的处理方式制备对照溶液。该方法除了可选择紫外检测器，也可将酶解液用固相萃取柱净化后，联用质谱仪进行外标法定量（杜国辉等，2023）。

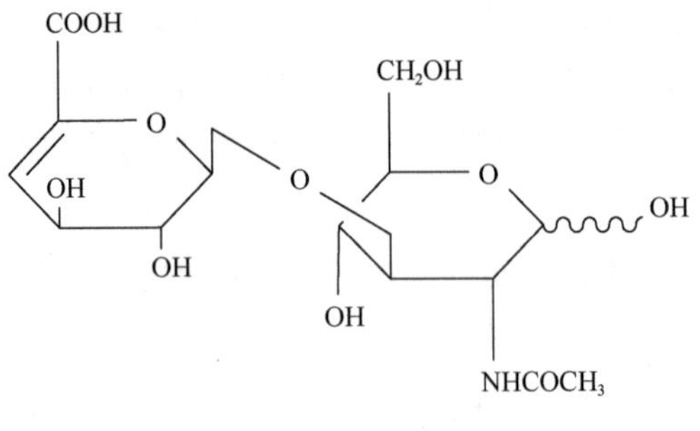

图 20-2 ΔDiHA 的结构

采用酶解法结合 HPLC 法检测 HA 含量，能排除绝大多数干扰及假阳性，如糖醛酸、有色添加物，以及能与硫酸-咔唑反应显紫红色的物质等，专属性远高于经典的硫酸-咔唑法，检测结果更加准确可靠。该方法已应用于含 HA 的药品（注射液、滴眼液）、医疗器械产品（敷料、填充剂）、食品（饮料、冲剂、奶制品、糖果、巧克力等）、日化用品（乳液、爽肤水、洗发水等）以及织物中 HA 含量的测定。本方法已收载于 2023 版 QB/T 4576 附录 B 中。

酶解是否充分对本方法的准确性至关重要，因此需要针对不同状态、剂型的终端产品，选择不同的前处理方法，以保证透明质酸酶能充分发挥作用。对于液体、凝胶类产品，可以先用酶解缓冲液对样品进行稀释，并调节溶液 pH 至 6～7；对于固体类产品，先用酶解缓冲液将样品充分溶解并稀释至合适浓度（根据标准曲线范围确定），然后按照液体样品分析；若样品中含有油脂，可选择用正己烷等低极性溶剂萃取油脂，保留水相进行酶解测定；糖果及巧克力制品应注意将样品尽可能破碎，并在溶解过程中选择适当加热、超声等手段以确保产品中 HA 的充分溶解。对于状态不均匀的产品如夹心糖果，称量时应注意取样的代表性。图 20-3 展示了几种食品中 HA 含量测定的液相图谱，上述几种产品配方复杂，但 ΔDiHA 和其他成分均能良好分离。

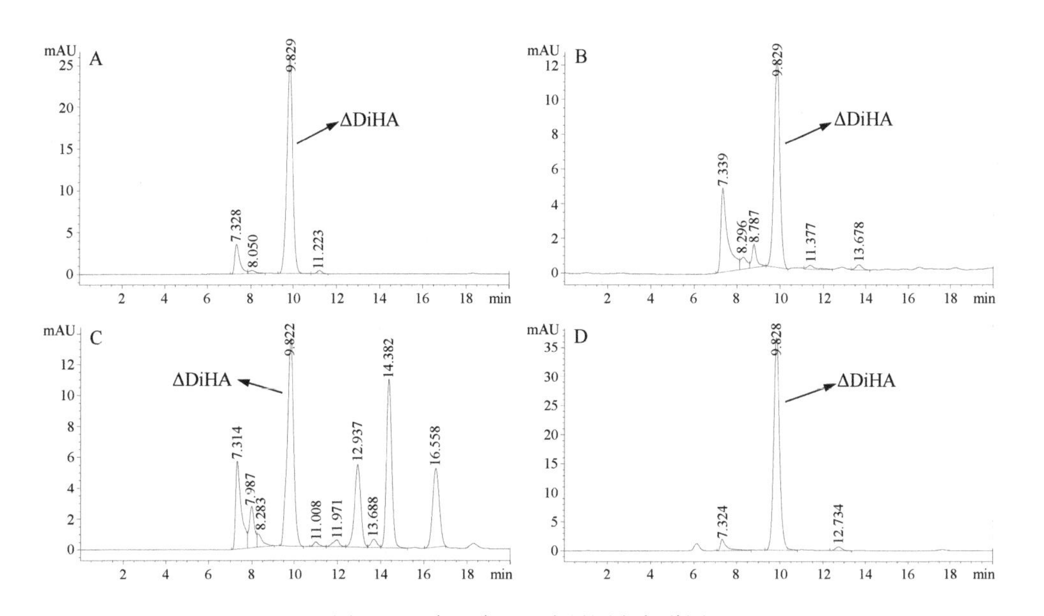

图 20-3　食品中 HA 含量测定色谱图

A、B、C、D 分别为含 HA 的固体饮料、巧克力、酸奶、糖果四种产品的 HA 含量测定色谱图

除采用酶解对样品进行前处理外，也可先将 HA 用强酸进行酸解，再利用离

子色谱测定葡萄糖醛酸含量（朱鸿达等，2023），或进行衍生化后利用 HPLC 测定葡萄糖胺的含量（曹辰辰等，2023）来对样品中的 HA 进行定量。

3. 免疫分析法

不同来源的 HA 没有种属差异，也不具备抗原性，因此无法通过免疫动物获得抗体，但透明质酸结合蛋白（hyaluronic acid binding protein，HABP）的发现，为 HA 免疫分析方法的建立提供了可能。临床上生物样本中 HA 的定量分析通常采用免疫法，包括放射免疫分析法、酶联免疫分析法、化学发光法等，方法原理均基于 HA 与 HABP 之间的特异性结合，分析方法包括竞争法和非竞争法，其中临床中应用最广泛的是酶联免疫分析法，目前已有商品试剂盒供生物样品中 HA 的前处理和测定。相比于硫酸-咔唑法和 HPLC 法，免疫分析法的专属性更强，但检测成本也更高。

由于生物样本中成分特别复杂，且 HA 的含量通常比较低，因此免疫分析法常用于血清、关节滑液等生物制品中 HA 含量的测定（柴明胜等，2003；Cheng et al.，2011；Yingsung et al.，2003；高振等，2012；吕东川等，2022），也可应用于测定保健食品中 HA 的含量（余日晖等，2012）。由于该方法是专一的抗原抗体免疫反应，因此能够排除保健食品中其他营养物质和赋形剂的干扰，准确度高。

4. 其他含量测定方法

20 世纪 50 年代，Norris 等人首次将近红外光谱（near infrared spectrometry，NIRS）技术应用于农副产品品质方面的检验。近红外光谱吸收反映的是 C-H、O-H、N-H 及 S-H 等化学键的倍频或合频信息，分析范围几乎覆盖了所有的有机化合物和混合物（孙春艳，2010）。HA 在近红外光谱区的吸收符合朗伯-比尔定律，即物质的吸光度与物质浓度存在线性关系。建立 HA 近红外吸光度和浓度之间的数学关系可用来对其进行定量分析。有研究将 NIRS 技术用于低浓度 HA 溶液和 HA 发酵液的含量测定（董芹，2011）。

毛细管电泳（capillary electrophoresis，CE）是一类以毛细管为分离通道、以高压直流电场为驱动力的分离技术，自 20 世纪 80 年代起得到迅速发展。在具有特定酸碱度缓冲液体系中，不同物质的电性和荷电荷数是不同的，在高压电场作用下，这些物质的迁移速度不同，就可以达到分离目的。HA 作为一种富含羧基的大分子，可以在适当的缓冲体系中解离为带电荷的离子，因而可采用 CE 进行分离。早在 1987 年，CE 技术就被应用于检测体外培养的牛视网膜毛细血管周细胞培养液中 HA 的含量（Stramm et al.，1987）。1994 年，研究者利用 CE 对人和牛玻璃体中的 HA 进行了分离，并测定了 A_{200nm}（Grimshaw et al.，1994）；后该方法经过改进，用于人脐带提取的 HA 和 Opelead®眼科黏弹剂中 HA 的含量测定（Hayase et al.，1997），HA 的最低检测限可达到 1 μg/mL。此后，CE 也陆续被用于膳食补充剂（Restaino et al.，2020）、化妆品（Chindaphan et al.，2019），以及包括人关节滑液（Liu et al.，2012）、小鼠血清（Zhao et al.，2016）在内的生物液体中的 HA 的定量检测，经过对方法的不断优化，检测限已达到 ng/mL。此外，CE 还可被用于 HA 产品的分子量和分子量分布的测定；将 CE 与质谱联用，可用于分离和鉴定 HA 寡糖（Kühn et al.，2003）。CE 具有分离效率高、分析速度快、样品消耗少等优势，Ch. P2020 已规定其作为单抗、重组蛋白、基因治疗药物等生物制品的标准检测方法之一，但尚未有任何 HA 相关的国家级标准对其进行收录。

另外，也有研究通过构建 BP（back propagation）神经网络数学模型，将发酵液黏度代入模型即可快速测定 HA 含量（宋磊等，2020）；高灵敏度的太赫兹双谐振超表面传感器在 HA 含量测定方面也有应用，主要用于痕量 HA 的快速定量（姜去寒等，2023）。

20.5.4　透明质酸中杂质的测定

鸡冠提取法和细菌发酵法是 HA 原料工业化生产的常用方法。与提取法相比，发酵法不受原料来源限制，且发酵液中 HA 以游离状态存在，分离纯化工艺相对简单，成本较低，更适合于形成规模化工业生产，现市场上的大部分 HA 原料均为细菌发酵法生产。发酵法生产 HA 以链球菌作为工作菌，葡萄糖为起始物，经发酵、过滤除菌体、乙醇沉淀、过滤、精制、干燥得到纯净的 HA 粉末。整个生产工艺中可能引入的杂质包括发酵培养基、菌体、酸碱调节剂、抑菌剂、金属离子螯合剂、乙醇，以及由乙醇引入的各种醇溶性物质。根据各标准规定，HA 原料及产品中常见的杂质主要包括以下三类：①产品来源携带的杂质，如鸡冠提取的 HA 可能含有的其他硫酸化多糖、微生物发酵生产 HA 可能含有的溶血性链球菌及溶血素，以及核酸、蛋白质等；②生产工艺中可能引入的杂质，如氯、铁、乙醇、季铵盐等；③其他对人体不利的杂质，如铅、砷等。针对不同杂质，各标准规定了不同的检测方法。

1. 硫酸化黏多糖

硫酸化黏多糖的检测一般是通过 Ba^{2+}与 SO_4^{2-}反应生成 $BaSO_4$沉淀，比较样品溶液和对照品溶液分别与 $BaCl_2$ 溶液反应后的 A_{660nm}，样品溶液的吸光度小于对照品溶液判定为合格（≤1%）。JP18 则是先通过纤维素膜电泳对样品成分进行简单分离，然后用阿利新蓝进行染色；阿利新蓝是一种含铜离子的苯二甲蓝染料，可与聚阴离子结合而使之染色；在对样品染色时，规定除了 HA 主带外，不应显示其他条带。

2. 核酸和蛋白质

不管是动物组织提取还是微生物发酵物工艺，HA 产品中均有可能含有核酸和蛋白质，这些物质可能会在应用过程中，特别是注射使用时引发过敏和炎症，因此需要进行严格控制。HA 中核酸残留的测定方法主要采用紫外分光光度法测定 A_{260nm}吸收。而对于蛋白质残留量，一般是采用传统的考马斯亮蓝法或福林酚法进行测定。

3. 元素杂质

产品中的元素杂质主要来源于生产工艺中所使用的设备、原辅料、溶剂及包材等。以发酵法生产 HA 为例，其工艺包括发酵、过滤、沉淀、干燥等步骤，其中发酵培养基、罐体、工艺管道、助滤剂、乙醇和沉淀过程中加入的无机盐等均可引入元素杂质并形成残留，如铁、钙、镁、钾、氯、重金属等，这些元素可能以单质、离子、化合物等形式存在，需要建立合适的分析方法对残留量进行评估。

氯离子的检测主要是通过 Ag^+和 Cl^-反应生成 AgCl 沉淀。通过对比同样加入银离子的样品溶液和 Cl^-标准溶液的颜色来判定氯离子残留是否符合限度要求。

样品中常见的重金属离子主要是铅离子（Pb^{2+}）。在弱酸性（pH3～4）条件下，Pb^{2+}与硫化氢作用，生成棕黑色的 PbS 沉淀，通过与同法处理的铅标准溶液的颜色进行比较，判断其是否在限量以下。

原子吸收光谱分析是基于试样蒸气相中被测元素的基态原子对由光源发出的该原子的特征性窄频辐射产生共振吸收，其吸光度在一定范围内与蒸气相中被测元素的基态原子浓度成正比，以此测定试样中该元素含量的一种仪器分析方法。该分析方法具有检测限低、无须添加其他试剂、灵敏度和精确性高等特点。在 HA 原料及产品的质量控制中，原子吸收光谱分析一般用于钙、镁、铁等元素的测定。

原子荧光光谱法是以原子在辐射能激发下发射的荧光强度进行定量分析的发射光谱分析法，具有很高的灵敏度，校正曲线的线性范围宽，能进行多元素同时测定。QB/T 4576—2023 规定采用原子荧光光谱测定样品中砷的含量。

电感耦合等离子体质谱（inductively coupled plasma mass spectrometry，ICP-MS）是以等离子体为离子源的质谱型分析方法，适用于同时测定物质中多种元素的量，方法灵敏度高，尤其适合于测定痕量重金属类元素。HA 经过微波消解并适当稀释后，可采用 ICP-MS 对原料中的几十种元素进行定性定量分析，如 Li、Be、B、Mg、Al、Si、P、K、Ca、Fe、Pb、Hg、Cu、Cd、As 等，检出限均能低于 ng/g 水平。

4. *残留溶剂*

残留溶剂的分析通常采用气相色谱法进行，利用氮气、氩气等载气作为流动相，推动气体样品在毛细管色谱柱中进行分离，适用于易挥发有机化合物的定性、定量分析。顶空是气相色谱中样品制备的一种方式，采用高于目标成分沸点的温度对密闭容器中的待测样品进行加热，使目标成分从样品中气化出来并达到相平衡后，抽取容器顶部的气体进行分析。

YY/T 1571—2017 规定采用顶空气相色谱法测定 HA 原料中的乙醇残留量。样品溶于 0.1 mol/L NaOH 溶液以降低黏度，在一定温度下顶空抽取气化成分注入气化室，通过低极性/中等极性的毛细管色谱柱使乙醇与其他组分分离，用氢火焰离子化检测器检测。将得到的乙醇色谱峰与外标物得到的色谱峰相比较，并计算样品中乙醇残留量。除乙醇外，由乙醇引入的其他挥发性杂质，如甲醇、醛类等，以及沉淀工艺中可能用到的丙酮，均可采用气相色谱外标法进行定量分析。

20.5.5　生物指标检测

由于来源和应用的特殊性，大部分 HA 原料及产品的标准都对微生物限量及检测方法进行了规定，包括需氧菌总数、霉菌及酵母菌总数、金黄色葡萄球菌、铜绿假单胞菌、大肠埃希菌。Ch.P2020 第一增补本中规定了 HA 中需氧菌总数、霉菌及酵母菌总数、金黄色葡萄球菌、铜绿假单胞菌、大肠埃希菌的检测方法。取样品制备 1∶20 的溶液作为供试品溶液。按照微生物计数法（Ch.P2020 年版四部通则 1105）和控制菌检查法（Ch.P2020 年版四部通则 1106）进行检测。

细菌内毒素是革兰氏阴性菌的细胞壁成分，细菌死亡或自溶时就会释放内毒素。通过注射方式进入人体的细菌内毒素可能会导致包括发热在内的全身性免疫反应，威胁人体健康。药品原料和注射制剂中的细菌内毒素含量必须受到严格的控制。Ch.P 规定采用鲎试剂测定样品的内毒素含量。

《日本药局方》中规定了微生物发酵来源的 HA 中溶血性链球菌和溶血性的要求。溶血性链球菌：取样品 0.5 g，置 150 mL 锥形瓶中，加 0.9%无菌氯化钠溶液 100 mL，振荡至溶解作为待测溶液。分别取 0.5 mL 待测溶液涂血琼脂平板 2 块，置 37℃培养 48 h，应无溶血性菌群出现或显微镜下未观察到溶血性链球菌。溶血性：取样品 0.4 g，置 150 mL 锥形瓶中，加 0.9%无菌氯化钠溶液 100 mL，振荡至溶解作为待测溶液。分别取 0.5 mL 待测溶液加入至 2 个试管中，再分别加入 1%血液混悬液 0.5 mL，混匀，37℃培养箱放置 2 h，作为供试溶液。必要时，3000 r/min 离心 10 min。同法制备空白溶液（取 0.9%无菌氯化钠溶液 0.5 mL）和阳性对照溶液（取灭菌纯化水 0.5 mL）。取供试溶液、空白溶液和阳性对照溶液置 37℃培养箱培养 2 h，观察结果。若阳性对照管浑浊，空白对照管与供试品管中的红细胞沉淀且上清液均为澄清透明，判为阴性；若空白对照管上清液为澄清透明，而供试品管的上清液浑浊，判为阳性。

20.5.6 其他成分的测定

以 HA 为主要成分的终端产品，其配方中常含有包括防腐剂、氨基酸、维生素、局部麻醉剂在内的其他物质。HA 本身的高黏性增加了其他成分的分析难度，因此需要对样品进行前处理以排除不良影响。目前在实际工作中主要通过高效液相色谱对这些物质进行检测，检测时通常会采用稀释、醇沉、酶解、固体提取等前处理方式来消除 HA 的影响。

例如，在测定交联 HA 凝胶中的盐酸利多卡因含量时，凝胶样品先经 HA 酶水浴酶解过滤后，采用 C18 柱进行分析，凝胶中盐酸利多卡因含量的线性范围为 0.24～0.36 mg/mL，系统适用性、准确度、精密度、线性、溶液稳定性均满足方法学要求（葛雪飞等，2017）。再如，HA 水凝胶中异戊巴比妥的含量测定，用甲醇∶水（4∶5，*V*/*V*）溶液将样品稀释 100 倍后，采用 C18 柱进行分析，可实现对 HA 水凝胶中异戊巴比妥的定量，线性范围在 0.5～100 mg/mL（Quarterman et al.，2022）。上述样品也可采用乙醇溶解的方式，将样品中的 HA 沉淀后过滤，排除大分子对检测的干扰。操作时应注意采用同样浓度的乙醇溶解对照品以消除溶剂效应（交联 HA 凝胶中的盐酸利多卡因典型色谱图见图 20-4）。

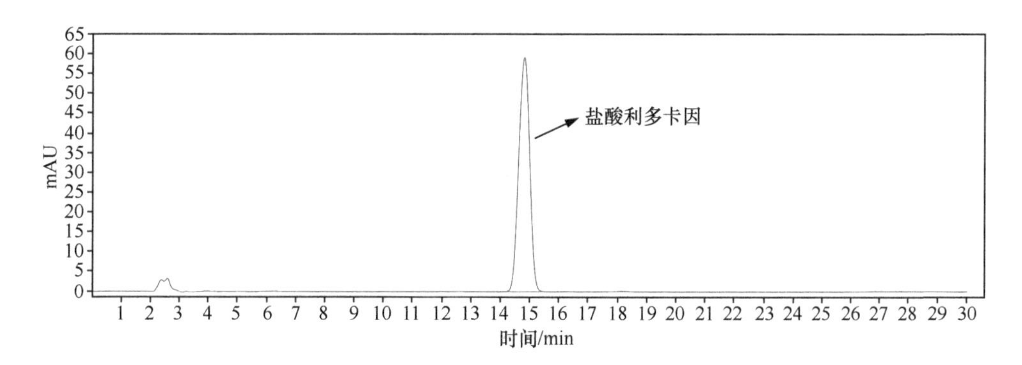

图 20-4　交联 HA 凝胶中的盐酸利多卡因色谱图

含 HA 的终端产品会添加一定量的维生素、氨基酸等营养成分以增强抗衰老、修复等功效，为确保其有效性，需要对产品中的这类小分子物质进行含量控制。例如，分析 HA 复合溶液中的维生素 B 族成分，可采用 C18 柱进行分离，以 5 mmol/L 辛烷磺酸钠-乙腈-磷酸（850∶150∶1，*V*/*V*/*V*）为流动相，对照品和供试品用流动相进行溶解或稀释，色谱图见图 20-5 和图 20-6。

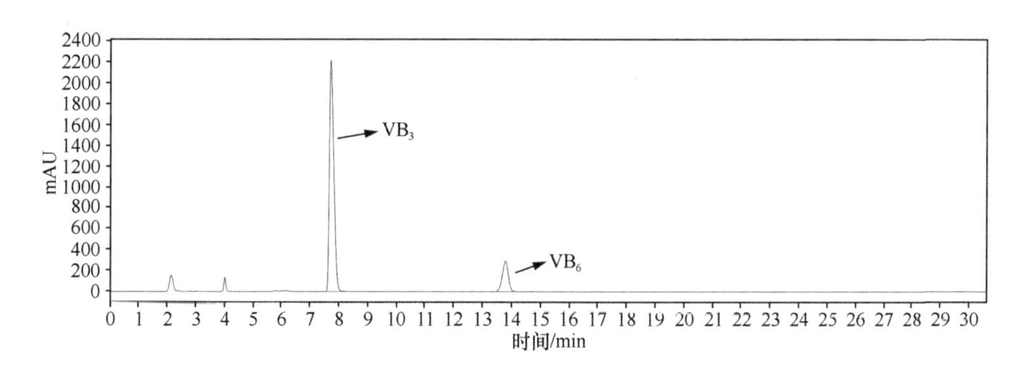

图 20-5　HA 溶液中的 VB_3、VB_6 色谱图

HA 溶液中的系列氨基酸可采用氨基酸分析仪进行定性定量，经方法学验证，HA 的存在并不影响各氨基酸的分离度及柱后的衍生化反应。如果 HA 浓度较高导致样品黏稠，可采用稀盐酸对样品进行稀释。

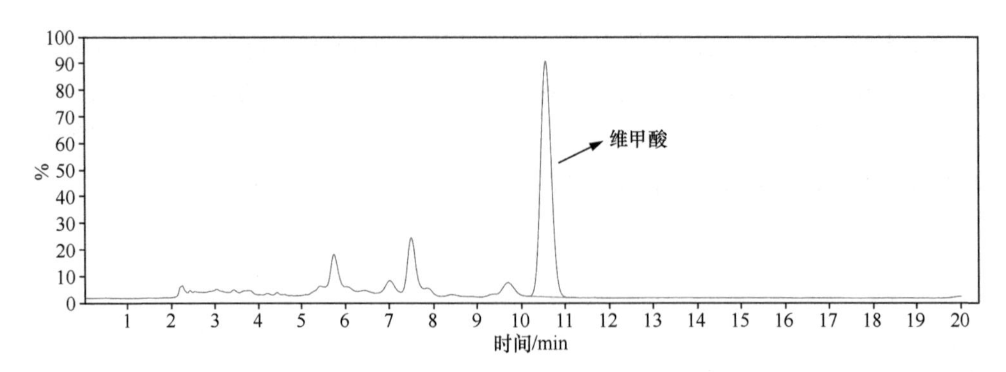

图 20-6　HA 溶液中的维甲酸色谱图

含 HA 产品中的其他小分子物质，如乙二胺四乙酸（ethylenediamine tetraacetic acid，EDTA）钠盐、甘油、多元醇、有机酸，均可采用小分子原有的分析方法进行测定，建立方法时应选择合适的前处理方式，并在进行方法学验证时特别注意专属性和准确度的验证。

（陈玉娟　王秀娟　穆淑娥　陈雯雯）

参 考 文 献

曹辰辰, 郑昕, Dongxiao Sun-Waterhouse, 等. 2023. 同时测定软骨酶解物中硫酸软骨素及透明质酸含量的高效液相色谱法的建立. 现代食品科技, 39(5): 281-289.

柴明胜, 陈铁河, 彭武林, 等. 2003. ELISA 法检测血清透明质酸在肝病诊断中的应用. 国外医学临床生物化学与检验学分册, 24(5): 303-305.

陈玉娟, 陈雯雯, 乔莉苹, 等. 2020. 高效液相色谱法测定透明质酸钠含量的研究. 药学研究, 39(3): 146-148, 180.

董科云, 栾贻宏, 郭学平. 2012. 凝胶色谱法测定透明质酸钠的含量.食品工业科技, 33(14): 137-139.

董芹. 2011. 基于近红外光谱分析技术的透明质酸分子量及含量快速检测研究. 济南: 山东大学硕士学位论文.

杜国辉, 范维江, 陈玉娟, 等. 2023. 超高效液相色谱串联质谱法测定乳制品中透明质酸. 食品工业科技, 44(8): 334-340.

高振, 李风森, 哈木拉提·吾甫尔, 等. 2012. 寒燥对慢性阻塞性肺病模型层粘连蛋白及透明质酸含量的影响.重庆医科大学学报, 37(9): 768-771.

葛雪飞, 陈丽红, 王旭敏. 2017. 交联透明质酸钠凝胶中盐酸利多卡因的 HPLC 测定. 广州化工, 45(17): 117-118, 141.

姜去寒, 马毅, 黄俐皓, 等. 2023. 高灵敏太赫兹双谐振法诺传感器检测透明质酸. 光学学报,

43(9): 0928001.

李国凤, 张凯军, 崔向珍, 等. 2003. 不同内径乌式粘度计检测透明质酸钠分子量的比较. 山东医药工业, 22(6): 44-45.

刘莉莉, 潘华先, 施燕平, 等. 2013. 医用透明质酸钠凝胶的绝对分子量及其分布的测定方法研究. 药物分析杂志, 33(8): 1435-1438.

吕东川, 贺敏, 李竹青, 等. 2022. 吖啶酯标记建立血清透明质酸磁微粒化学发光检测方法. 标记免疫分析与临床, 29(3): 478-482, 500.

宋磊, 刘苗苗, 郭燕风, 等. 2020. 发酵液中透明质酸含量的快速估测方法. 食品工业科技, 41(17): 263-268.

孙春艳. 2010. 近红外光谱法用于鉴别透明质酸、肝素和硫酸软骨素的模型研究. 济南: 山东大学硕士学位论文.

解钰, 许东辉, 刘建祯. 2021. 采用高效液相色谱法测定萘敏维滴眼液中玻璃酸钠的含量. 山西医科大学学报, 52(6): 775-779.

余日晖, 俞斐, 简旭凤, 等. 2012. 酶联免疫法检测保健食品中透明质酸的含量. 食品工业科技, 33(14): 57-59, 63.

张莉, 赵鹏, 何涛, 等. 2018. 高效液相色谱法同时测定眼用黏弹剂中透明质酸钠和硫酸软骨素钠的含量.理化检验-化学分册, 54(3): 260-263.

张志舟, 林嘉婷, 潘灿盛, 等. 2023. 乙醇沉淀结合酶解—高效液相色谱法测定固体饮料中透明质酸钠. 食品与机械, 39(5): 64-69.

赵海云, 张冬梅, 王春芳, 等. 2022. 玻璃酸钠特性黏数与相对分子质量测定研究. 中国药品标准, 23(5): 472-478.

郑昌仁. 1986. 高聚物分子量及其分布. 北京: 化学工业出版社.

朱鸿达, 张松艳, 陈自猷, 2023. 高效阴离子离子色谱-脉冲安培法测定食品中透明质酸钠含量. 化工管理, (15): 47-49, 97.

Cheng G, Swaidani S, Sharma M, et al. 2011. Hyaluronan deposition and correlation with inflammation in a murine ovalbumin model of asthma. Matrix Biology, 30(2): 126-134.

Chindaphan K, Wongravee K, Nhujak T, et al. 2019. Online preconcentration and determination of chondroitin sulfate, dermatan sulfate and hyaluronic acid in biological and cosmetic samples using capillary electrophoresis. Journal of Separation Science, 42(17): 2867-2874.

Grimshaw J, Kane A, Trocha-Grimshaw J, et al. 1994. Quantitative analysis of hyaluronan in vitreous humor using capillary electrophoresis. Electrophoresis, 15(7): 936-940.

Hayase S, Oda Y, Honda S, et al. 1997. High-performance capillary electrophoresis of hyaluronic acid: determination of its amount and molecular mass. Journal of Chromatography A, 768(2): 295-305.

Kühn A V, Rüttinger H H, Neubert R H H, et al. 2003. Identification of hyaluronic acid oligosaccharides by direct coupling of capillary electrophoresis with electrospray ion trap mass spectrometry. Rapid Communications in Mass Spectrometry, 17(6): 576-582.

Liu X M, Sun C X, Zang H C, et al. 2012. Capillary electrophoresis for simultaneous analysis of heparin, chondroitin sulfate and hyaluronic acid and its application in preparations and synovial fluid. Journal of Chromatographic Science, 50(5): 373-379.

Quarterman J C, Naguib Y W, Chakka J L, et al. 2022. HPLC-UV method validation for amobarbital and pharmaceutical stability evaluation when dispersed in a hyaluronic acid hydrogel: a new concept for post-traumatic osteoarthritis prevention. Journal of Pharmaceutical Sciences, 111(5): 1379-1390.

Restaino O F, De Rosa M, Schiraldi C. 2020. High-performance capillary electrophoresis to determine intact keratan sulfate and hyaluronic acid in animal origin chondroitin sulfate samples and food supplements. Electrophoresis, 41(20): 1740-1748.

Stramm L E, Li W Y, Aguirre G D, et al. 1987. Glycosaminoglycan synthesis and secretion by bovine retinal capillary pericytes in culture. Experimental Eye Research, 44(1): 17-28.

Yingsung W, Zhuo L S, Morgelin M, et al. 2003. Molecular heterogeneity of the SHAP-hyaluronan complex. Isolation and characterization of the complex in synovial fluid from patients with rheumatoid arthritis. The Journal of Biological Chemistry, 278(35): 32710-32718.

Zhao T, Song X L, Tan X Q, et al. 2016. Development of a rapid method for simultaneous separation of hyaluronic acid, chondroitin sulfate, dermatan sulfate and heparin by capillary electrophoresis. Carbohydrate Polymers, 141: 197-203.